电力职业教育精品教材

DIANLI XITONG JIDIAN BAOHU YU ZIDONG ZHUANGZHI

电力系统继电保护与自动装置

赵福纪　殷乔民 编著

中国电力出版社
CHINA ELECTRIC POWER PRESS

内 容 提 要

本书为电力职业院校电气类专业的通用教材，全面介绍了电气安装、电气运行、电气值班、电气检修等岗位应掌握的继电保护及自动装置方面的知识与技能。全书共十三章，主要内容包括：继电保护基础知识、线路相间短路的电流保护、线路的接地保护、距离保护、输电线路的全线速动保护、自动重合闸装置、线路微机保护装置及测试、电力变压器的继电保护、同步发电机的继电保护、发电机-变压器组保护、母线保护、高压电动机保护、电力系统安全自动装置等内容。

本书内容基本涵盖了电力系统中所有主设备的继电保护，内容翔实，应用实例丰富。主要作为高职高专、中等专业学校继电保护与自动装置、发电厂及变电站电气运行、供用电技术、电厂集控运行、电力系统自动化等相关专业的教材，电力中专学校使用本教材时，书中带“*”的内容可以选学。本书可作为电力类其他专业的参考书，也可供从事继电保护工作的工程技术人员和相关专业人员参考。

图书在版编目（CIP）数据

电力系统继电保护与自动装置 / 赵福纪等编著 . —北京：中国电力出版社，2020.9（2022.2 重印）
ISBN 978-7-5198-4795-1

Ⅰ. ①电… Ⅱ. ①赵… Ⅲ. ①电力系统－继电保护②电力系统－继电保护装置 Ⅳ. ① TM77

中国版本图书馆 CIP 数据核字（2020）第 119681 号

出版发行：中国电力出版社
地　　址：北京市东城区北京站西街 19 号（邮政编码 100005）
网　　址：http://www.cepp.sgcc.com.cn
责任编辑：畅　舒
责任校对：黄　蓓　常燕昆
装帧设计：王红柳
责任印制：吴　迪

印　　刷：三河市万龙印装有限公司
版　　次：2020 年 9 月第一版
印　　次：2022 年 2 月北京第三次印刷
开　　本：787 毫米 ×1092 毫米　16 开本
印　　张：24
字　　数：563 千字
印　　数：3001—4000 册
定　　价：78.00 元

前言

继电保护与自动装置是电力系统安全稳定运行、可靠供电的重要基础保证，是电力系统安全运行的守护神。没有继电保护装置的电力系统是不允许运行的，因为没有继电保护装置，电力系统的稳定运行是暂时的、危险的。

随着科学技术发展，电力生产技术也在不断更新。新材料、新技术、新理论大量涌现并应用于生产实践。目前，微机保护装置已经全面替代了机电式、晶体管式保护装置。传统的职业院校继电保护教材大多内容相对陈旧，还较多地停留在老式装置及原理上，部分涉及微机保护类教材则偏重于讲解硬件及软件的原理，理论偏深偏难，应用技能训练不足。我们结合电力职业教育突出理论与实践相结合，尤其是强调对实际动手能力的培养，以满足当前职业教育及电力生产实际的需要，编写了《电力系统继电保护与自动装置》一书。

教材在编写过程中充分考虑了读者对教材的不同要求，尽量从知识体系、现场实用以及理论与实践相结合三个角度进行加工，以使其满足基本理论学习、业余学习参考、实践操作指导的多种功能。本书编写工作的特点主要体现在：

(1) 问题引导，循序渐进。本书从继电保护课程教学角度出发，采用“问题引出”“展开讲解”“工程应用”的渐进式写作结构，按照问题引出到知识点应用的认知顺序讲解继电保护的工作原理，并结合具体实例对重点和难点进行深入讲解，使读者能够很快掌握继电保护基本知识，并具备继电保护系统初步安装、调试及故障排除的能力。

(2) 立足岗位，应用性强。本书以继电保护原理和应用为主，立足于教学与岗位工作的深入结合，充分体现“知行合一、工学结合”职业教育理念。书中的内容是作者多年来讲授继电保护课程的经验总结以及作者多年现场实践积累的成果，实例的教学性和应用性较强。

(3) 紧跟发展，内容充实。本书紧跟电力系统继电保护的发展步伐，新增智能型微机继电保护的内容，并介绍具体的微机继电保护实例，对学生和现场技术人员有较强的指导性。

(4) 实践拓展，巩固提高。本书除配有大量实例对知识点应用方法进行阐述外，每章结束后均配有本章小结，使读者对每一章的内容都有系统完整的认识。另外，还配有书后习题供读者熟悉巩固本章知识点。

在编写过程中作者感到书中传统的继电器和保护装置构成的基本原理，如主要的电磁型、感应型、集成电路型继电器的原理仍然不能完全删除。一方面因为技术发展的历史不能割裂；另一方面对于继电保护的基本原理，如不联系这些传统的继电器结构和作用框图，则很难讲清楚。如果这些基本原理都用微机保护的软件流程图讲解，很难给初学者一个清晰的概念和感性认识。相反的，如果通过这些传统的继电器结构和作用框图掌握了继电保护的基本原理，读者将很容易用微机保护的软件将其实现。因此本书在基本原理的讲述中仍有部分沿用传统的讲述方法，但尽可能地将传统的、过时的内容删减，而对微机保护进行系统的讲述。

本书第 1 章、第 3 章、第 4 章、第 5 章、第 6 章、第 9 章、第 12 章由赵福纪编写，第 2 章、第 7 章、第 8 章、第 10 章、第 11 章、第 13 章由殷乔民编写，全书由赵福纪负责统稿。由于编者水平有限，书中缺点、疏漏及不足之处在所难免，恳请读者批评指正。

编　者

2020 年 6 月

本书使用符号说明

一、设备、元件、名词符号

G	发电机
T	变压器
QF	断路器
QS	隔离开关
TA	电流互感器
TV	电压互感器
K	继电器和保护装置
KCC（HWJ ）	合闸位置继电器
KCT（TWJ）	跳闸位置继电器
KA	电流继电器
KV	电压继电器
KM	中间继电器
KS	信号继电器
KD	差动继电器
KT	时间继电器
LC	合闸线圈
LT	跳闸线圈
KCO	出口继电器
SD	发电机灭磁开关
M	电动机
XB	连接片
SA	按钮开关

二、电压类符号

E_A、E_B、E_C	系统等效电源或发电机的三相电动势
U_A、U_B、U_C	系统中任一母线或保护安装处的三相电压
U_{kA}、U_{kB}、U_{kC}	故障点的三相电压
U_{k1}、U_{k2}、U_{k3}	故障点的正、负、零序电压
U_{A1}、U_{B1}、U_{C1}	保护安装处各相的正序电压
U_{A2}、U_{B2}、U_{C2}	保护安装处各相的负序电压
U_{A0}、U_{B0}、U_{C0}	保护安装处各相的零序电压
U_N	额定相间电压
U_{unb}	不平衡电压
U_{φ}、$U_{\varphi\varphi}$	相电压和相间电压

三、电流类符号

I_A、I_B、I_C	三相电流

I_k	短路电流
I_1、I_2、I_0	正、负、零序电流
I_{kA}、I_{kB}、I_{kC}	故障点的各相短路电流
I_{A1}、I_{B1}、I_{C1}	三相中的正序电流
I_{A2}、I_{B2}、I_{C2}	三相中的负零序电流
I_{A0}、I_{B0}、I_{C0}	三相中的零序电流
I_{k1}、I_{k2}、I_{k0}	故障点的正、负、零序电流
I_{φ}	相电流
$I_{\varphi\varphi}$	两相电流之差
$I_{k \cdot max}$	最大短路电流
$I_{k \cdot min}$	最小短路电流
I_L	负荷电流
$I_{L \cdot max}$	最大负荷电流
I_N	额定电流
$I_{N \cdot T}$	变压器的额定电流
$I_{N \cdot G}$	发电机的额定电流
I_{unb}	不平衡电流
I_e	励磁电流

四、阻抗类符号

R	电阻
X	电抗
$Z=R+jX$	阻抗
Z_L	线路阻抗
Z_{LG}	“导线—地”回路阻抗
R_t	过渡电阻
Z_T	变压器阻抗
Z_G	发电机阻抗
$Z_{L \cdot min}$	最小负荷阻抗
Z_S	系统阻抗
Z_{Σ}	综合阻抗

五、保护装置及继电器的有关参数

I_{set}	根据保护设计预定的、不能随意改变的、输入到保护装置内的一次整定电流。分别用′、″、‴代表Ⅰ、Ⅱ、Ⅲ段的整定值
I_{act}	在故障时的实际动作电流
I_{re}	保护装置的一次返回电流
U_{set}	输入到保护装置的一次整定电压
U_{act}	在故障时的实际动作电压
U_{re}	保护装置的一次返回电压
Z_{set}	输入到保护装置的一次整定阻抗
Z_{act}	在故障时实际的动作阻抗

Z_{re}	保护装置的一次返回阻抗
$I_{\mathrm{K\cdot set}}$	输入到保护装置的二次整定电流
$I_{\mathrm{K\cdot re}}$	保护装置的二次返回电流
$I_{\mathrm{K\cdot bs}}$	保护装置的二次闭锁电流
I_{op}	差动保护的动作量
I_{res}	差动保护的制动量
$U_{\mathrm{K\cdot set}}$	输入到保护装置的二次整定电压
$U_{\mathrm{K\cdot re}}$	保护装置的二次返回电压
$Z_{\mathrm{K\cdot set}}$	输入到保护装置的二次整定阻抗
$Z_{\mathrm{K\cdot re}}$	保护装置的二次返回阻抗
$Z_{\mathrm{K\cdot set}}$	输入到保护装置的二次整定阻抗
I_{K}	加入保护装置中的电流
U_{K}	加入到保护装置中的电压
$Z_{\mathrm{K}}=\dfrac{U_{\mathrm{K}}}{I_{\mathrm{K}}}$	保护装置的测量阻抗

六、常用的系数

K_{rel}	可靠系数
K_{sen}	灵敏系数
K_{re}	返回系数
K_{ast}	自启动系数
K_{ss}	同型系数
n_{TA}	电流互感器的变比
n_{TV}	电压互感器的变比

七、逻辑图例

序号	符号	说明	序号	符号	说明
1	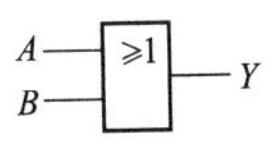	“或”门	5	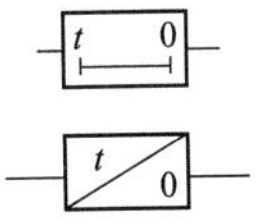	延时动作瞬时返回（延时）
2	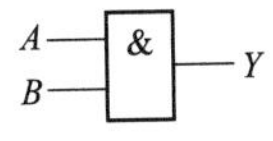	“与”门	6	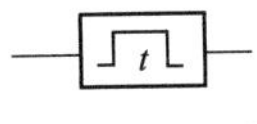	瞬时动作延时返回（记忆）
3	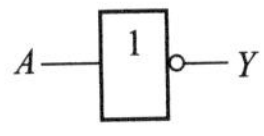	“非”门（反相器）	7	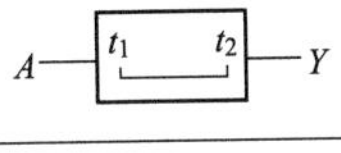	延时动作延时返回
4	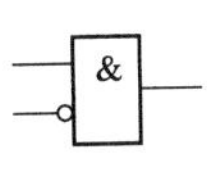	“否”门（禁止运算）	8	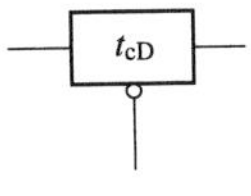	充电延时瞬时放电（充放电）

本书中在介绍具体微机保护产品时，有些厂家仍用了很多旧符号或不规范角标，为了保持说明书的原状，方便读者阅读具体说明书时方便，作者对该部分未经改动。

电力系统继电保护
与自动装置

目录

第1章 继电保护基础知识

电力系统在运行中，因其组成元器件数量多、传输地域广、运行情况复杂，可能会出现各种故障或不正常的运行状态。为了保证电力系统的安全稳定运行，必须对电力系统中所有投入运行的设备配置相应的保护装置，即电力系统继电保护。

本章主要学习介绍电力系统的故障和不正常运行状态特征，电力系统继电保护的任务和作用，为保证电力系统的安全正常运行对继电保护装置提出的基本要求，以及继电保护装置的基本工作原理。按照不同的分类方式对继电保护进行分类说明。学习微机保护及其特点，学习微机保护硬件构成及各部分功能。学习完本章内容后，应对继电保护整体上有个基本的认识。

本章的学习目标：

了解电力系统的运行状态；

继电保护的作用与任务；

能说明继电保护的基本原理；

对继电保护的基本要求；

掌握电流互感器、电压互感器的工作原理及特点；

掌握电磁型电流、电压（过电压、低电压）、时间继电器的工作原理；

掌握微机保护的硬件系统；

了解微机保护的软件系统。

1.1 继电保护的任务及基本要求

电力系统由于受自然因素和人为因素的影响，不可避免地会发生各种形式的故障和异常运行，对电气设备及设备所在系统产生种种不良影响和严重后果。因此，为了保护设备及系统的安全，电力系统中所有投入运行的电气设备，都必须配置有相应的继电保护装置。

1.1.1 电力系统的故障

电力系统故障主要包括各种类型的短路和断线。最常见同时也是最危险故障是各种形式的短路，即相与相之间或相与地之间的短接，以及发电机或变压器同一绕组不同线匝之间的短接。电力系统短路的基本形式有三相短路、两相短路、单相接地短路、两相接地短路及发电机或变压器同一相绕组不同线匝之间的短接（简称匝间短路）。

电力系统发生故障时可能产生的后果如下：

（1）故障点的电弧使故障设备损坏。

（2）短路电流使故障回路中的设备遭到损坏。短路电流比工作电流大得多，可达额定电流的几倍至几十倍，其热效应和电动力效应可能使短路回路中的设备受到损坏。

（3）短路时可能使电力系统的电压大幅度下降，使用户的正常工作遭到破坏，影响用户产品质量，严重时可能造成电压崩溃，引起大面积停电。

（4）破坏电力系统运行的稳定性，可能引起系统振荡，甚至造成电力系统的瓦解。

电力系统的正常工作遭到破坏，但未形成故障，称为不正常工作状态。如电气设备的过负荷、由于功率缺额引起的系统频率下降、发电机突然甩负荷产生的过电压以及系统振荡等，都属于不正常工作状态。

故障和不正常工作状态都可能引起事故，轻者造成小面积的停电，重者造成人身伤亡和设备损坏甚至大面积的恶性停电事故。

事故是指系统或其中的一部分正常工作遭到破坏，造成对用户的少送电或人身伤亡和设备破坏。前者称为停电事故，后者称为人身事故和设备事故。

1.1.2 电力系统继电保护的任务

GB 50062—2008《电力装置的继电保护和自动装置设计规范》规定：电力系统中的电力设备和线路，应装设反应短路故障和异常运行的保护装置。继电保护和自动装置应能尽快地切除短路故障和恢复供电。继电保护是电力系统的“哨兵”，它通过装置反映电力系统元件的不正常和故障信号，动作于发信号和跳闸，能迅速、正确地隔离电力系统发生的各种故障，避免大面积地区停电事故，确保电力系统安全、稳定运行。

为了减轻故障和不正常工作状态造成的影响，继电保护的任务是：

（1）当电力系统出现故障时，继电保护装置应能自动、快速、有选择地将故障元件从系统中切除，使故障元件免受损坏，保证系统其他部分继续运行。

（2）当电力系统出现不正常工作状态时，继电保护能及时反应，一般发出信号，告诉值班人员予以处理；在无人值班时，保护装置可经过延时作用于减负荷或跳闸。

（3）可以与电力系统中的其他自动化装置配合，采取预定措施，缩短事故停电时间，提高电力系统运行的可靠性。

1.1.3 对继电保护的基本要求

由继电保护装置的任务可知，它要具有实时检测判断、实时选择性动作和发出信号的功能，才能及时发现和处理系统故障和不正常运行状态，发挥其保护电力系统安全运行的作用。因此，要求继电保护装置快速、准确、灵敏又可靠地动作，即在技术上必须满足四个基本要求：可靠性、选择性、速动性和灵敏性，简称为继电保护的“四性”。

继电保护性能通常用“四性”原则来衡量。一般情况下，动作于跳闸的继电保护要满足“四性”原则。

1. 可靠性

保护装置的可靠性是指在该保护装置规定的保护范围内发生了它应该动作的故障时，它不应该拒绝动作，而在任何其他该保护装置不应该动作的情况下，则不应该误动作。

可靠性主要取决于保护装置本身的质量和运行维护水平。一般来说，保护的原理完善，装置组成元件的质量越高、接线越简单、模拟式保护回路中继电器的接点数量越少，保护装置的工作就越可靠。同时，精细的制造工艺、正确的调整试验、良好的运行维护以及丰富的运行经验，对于提高保护的可靠性也具有重要的作用。对于微机保护可靠性决定于微机硬件的质量、软件的正确性和整定的正确性。

继电保护装置的拒动或误动都会给电力系统带来严重危害，但在提高保护装置可靠性的措施上，防止保护误动与防止保护拒动往往是相互矛盾的。由于不同的电力系统结构不同，电气元器件在电力系统的位置不同，误动和拒动的危害程度也就不同，因而提高可靠性的侧重点在不同情况下有所不同。例如，对于传送大功率的输电线路保护，一般强调不误动的可靠性；而对于其他线路保护，则往往强调不拒动的可靠性。至于大型发电机组的继电保护，无论它的拒动或误动，都会引起较大的经济损失，因此需要权衡利弊，依据实际情况兼顾这两方面的要求。

2. 选择性

继电保护装置的选择性是指，当电力系统发生故障时，首先应由保护装置将故障设备或线路从电力系统中切除；如果保护或断路器拒动，应由相邻设备、线路的保护装置或断路器失灵保护来切除故障。也就是说，保护装置的动作应只切除故障设备，或使故障的影响限制在最小范围，保证非故障元器件仍能继续正常运行。

下面以图 1-1 所示系统为例，详细说明选择性的概念。

在图 1-1 所示的网络中，假设所有设备上都装设有电流保护装置。当 k_1 点短路时，由于短路电流总是由电流源流向故障点，因此保护 1、2、3、4 均有短路电流流过，均可能动作，但根据选择性的要求，应该是由保护 1、2 分别动作于跳开断路器 QF1 和 QF2，将故障点切除。同理，当 k_2 点短路时，根据电流分布情况，保护 1、2、3、4、5、6 均有短路电流流过，但只有保护 6 动作于断路器 QF6 跳闸，才是具有选择性的保护。

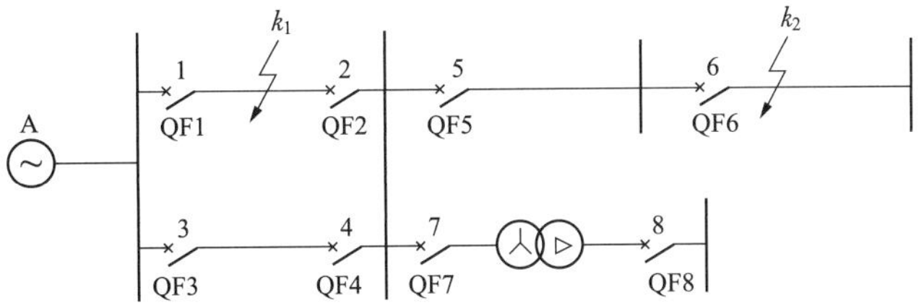

图 1-1　继电保护选择性示例图

另一方面，由于保护和断路器都存在拒动的可能性，因此在要求保护动作具有选择性的同时，还需要考虑后备保护的问题。如图 1-1 所示的网络中，当 k_2 点发生短路而保护 6 或断路器 QF6 拒动时，其相邻的保护 5 动作于断路器 QF5 跳闸也可把故障消除。此时保护 5 所起的作用就是相邻元件的后备保护。因为在这种情况下，保护 5 的动作虽然扩大了停电范围，但仍起到了使故障的影响范围限制在最小的作用。保护 5 的这种作用，称为远后备保护。

在复杂的高压电网中，当实现远后备保护困难时，也可采用近后备保护的方式，即在每个元件上装设主保护和后备保护，当元件的主保护拒动时，由后备保护实现故障的切除。由于这种后备保护作用是在主保护安装处实现的，又称为近后备保护。

远后备保护的性能相比于近后备保护的性能较完善，它对相邻元器件的保护装置、断路器、二次回路和直流电源引起的拒动，均能起到后备保护的作用，同时实现简单、经济，通常在电压较低的线路上优先采用。只有当远后备保护不能满足灵敏度和速动性要求时，才考虑采用近后备保护的方式。

3. 速动性

速动性，顾名思义就是要求继电保护装置要尽可能快地切除故障，以减少设备及用户在大电流、低电压状态运行的时间，降低设备的损坏程度。有关保护的速动性的要求应注意以下两个问题：

（1）切除故障的时间为继电保护动作时间和断路器跳闸时间之和。因此，要缩短故障切除时间，不仅要求保护动作速度快，与之对应的断路器跳闸时间也应尽可能短。

（2）保护的速动性要求是相对的，不同电压等级的电力系统要求不同。一般来讲，电压等级越高的电力系统，保护的动作时间越短。

在实际应用中，为防止干扰信号造成保护的误动作，应人为设置一定的动作时限。目前继电保护的动作速度完全能满足电力系统的要求。最快的继电保护装置的动作时间约为5ms。

4. 灵敏性

灵敏性是指继电保护装置对保护范围内发生的故障或异常工作状态的反应能力。保护装置的灵敏性要求与选择性要求关系密切，在电力系统故障时，故障设备的保护必须先能够灵敏地反应故障，才可能有选择地切除故障，因此能有选择切除故障的保护，必须同时具备灵敏性。

继电保护的灵敏性，通常用灵敏系数来衡量。灵敏系数应根据对继电保护动作最不利的条件进行计算。

对于反应故障时参数增大的继电保护，其灵敏度系数为

$$K_{sen}=\frac{\text{保护区末端金属性短路时故障参数的最小计算值}}{\text{继电保护的动作参数}} \tag{1-1}$$

对于反应故障时参数降低的继电保护，其灵敏度系数为

$$K_{sen}=\frac{\text{继电保护的动作参数}}{\text{保护区末端金属性短路时故障参数的最大计算值}} \tag{1-2}$$

考虑到故障可能是非金属性的短路等因素，因此要求 $K_{sen}>1$。

以上“四性”基本要求，贯穿整个继电保护全过程。要注意四项基本要求间的矛盾与统一，同时满足四项基本要求的保护装置投资成本将增大。因此，在选择继电保护时应考虑经济性。经济性首先要着眼于对整个国民经济有利，而不应局限于节省继电保护的投资。同时，对于那些次要而数量很大的电气元件，也不应装设复杂而昂贵的继电保护。

1.2 继电保护的基本构成与分类

1.2.1 继电保护的基本构成

随着科学技术的快速发展，现在继电保护基本上以微机保护为主，来实现电力系统的安全。但无论哪种保护为了实现其强大的功能，它必须能够区分系统正常运行与发生故障或不正常工作状态之间的区别。

电力系统发生故障时，有些参数发生变化，与系统正常运行时不同，例如电流增

大、电压降低、线路始端测量的阻抗减小以及电流之间的相位差发生变化等。利用这些差别可以构成各种不同原理的继电保护。

继电保护装置一般由测量部分、逻辑部分和执行部分组成，其原理结构如图 1-2 所示。

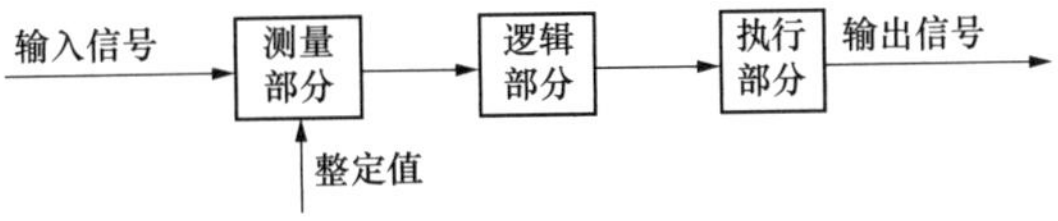

图 1-2　继电保护基本原理构成

1. 测量部分

测量部分的作用是测量被保护元件的运行参数，并与已给定的整定值进行比较，以判断被保护元件是否发生故障。

定值是根据电力系统的结构、参数及运行条件、整定计算的原则计算或根据运行经验给出。

2. 逻辑部分

逻辑部分的作用是根据测量部分的输出信号，按照预定的逻辑关系，判断保护是否动作，如动作则将有关命令传给执行部分。继电保护中常用的逻辑回路有或、与、非、“延时启动”“延时返回”及“记忆”等类型。

3. 执行部分

执行部分的作用是根据逻辑部分输出的信号，按照预定的任务动作于断路器跳闸或发出信号。

1.2.2　继电保护的分类

继电保护的种类很多，按被保护对象、保护原理、反应故障的类型、保护所起的作用等，可分为不同的类型。

1. 按保护所反应的故障类型

按保护所反应的故障类型可分为相间短路保护、接地保护、匝间短路保护、失磁保护等。

2. 按保护功能

按保护的功能可分为主保护、后备保护和辅助保护。

（1）主保护：满足系统稳定和设备安全要求，能以最快速度、有选择地切除被保护设备和线路故障的保护。

（2）后备保护：是指当主保护或断路器拒动时起作用的继电保护，有远后备和近后备两种方式。在图 1-1 中，当 K2 点故障时，保护 6 应作为线路 L4 的主保护动作于 QF6 跳闸将故障切除；当 QF6 拒动时，保护 5 作为 L4 的后备保护动作于 QF5 跳闸将故障切除，但同时扩大了停电范围。关于远后备和近后备的概念将在第 2 章中作详细阐述。

（3）辅助保护：是指为弥补主保护某些性能的不足而装设的保护。

3. 按保护对象

按保护的对象可分为输电线路保护、发电机保护、变压器保护、电动机保护、母线保护、电容器保护等。

4. 按保护所反应的物理量

按保护所反应的物理量可分为电流保护、电压保护、方向电流保护、距离保护、差动保护、高频保护、瓦斯保护等。

1.3 继 电 器

目前，继电保护已经普遍采用微机保护，但是，传统的继电器和保护装置构成的基本原理，如主要的电磁型、感应型、晶体管型、集成电路型继电器的原理仍然不能完全删除。一方面因为技术发展的历史不能割裂；另一方面对于继电保护的基本原理，如不联系这些传统的继电器结构和作用框图，则很难讲清楚。如果这些基本原理都用微机保护的软件流程图讲解，很难给初学者一个清晰的概念和感性认识。相反的，如果通过这些传统的继电器结构和作用框图掌握了继电保护的基本原理，读者将很容易用微机保护的软件将其实现。因此本书在基本原理的讲述中部分仍沿用传统的讲述方法，但尽可能地将传统的、过时的内容删减，而将微机保护进行系统的讲述。

1.3.1 继电器的定义与分类

各种继电保护装置原理和算法的实现都建立在其硬件系统之上。继电保护最早的硬件称为继电器，是一种能反应一个弱信号的变化而突然动作，闭合或断开其触点以控制一个较大功率的电路或设备的器件，故又称之为替续器或电驿器。继电保护也因此而得名，意指用继电器实现的电力系统的保护。

继电器按其输入信号性质的不同分为非电量继电器和电量继电器或电气继电器两类。非电量继电器有电压力继电器、温度继电器、气体继电器、液面降低继电器、位置继电器及声继电器、光继电器等。非电量继电器用于各个工业领域，在电力系统中也有应用。本书将着重阐述电气继电器及其应用于电力系统的问题。

电力系统的飞速发展对继电保护不断提出更高要求，电子技术、计算机技术与通信技术的不断更新又为继电保护技术的发展提供了新的可能性。因此继电保护技术在近百年的时间里经历了四个发展阶段，即机电式保护（电磁型、感应式）、晶体管式保护、集成电路式保护、数字式保护（亦称微机保护）。

1.3.2 电磁型电流继电器

电流继电器的作用是测量电流的大小。电流继电器的结构和图形符号如图 1-3 所示。

电流继电器线圈导线较粗、匝数少，串接在电流互感器的二次侧使用，作为电流保护的测量启动元件，用以判断被保护对象的运行状态。

电磁型继电器由铁芯、线圈、固定在转轴上的 Z 形舌片、螺旋弹簧和动、静触点构成。通过继电器的电流产生电磁力矩 M_c，作用于 Z 形舌片，螺旋弹簧产生反作用力矩 M_s，作用于转轴。当 M_c 大于 M_s 时，使 Z 形舌片转动，带动动合触点闭合，称之为继电器动作。继电器的动作条件为

$$M_c > M_s \tag{1-3}$$

动合触点指的是继电器不通电或通电不足时处于打开状态的触点。

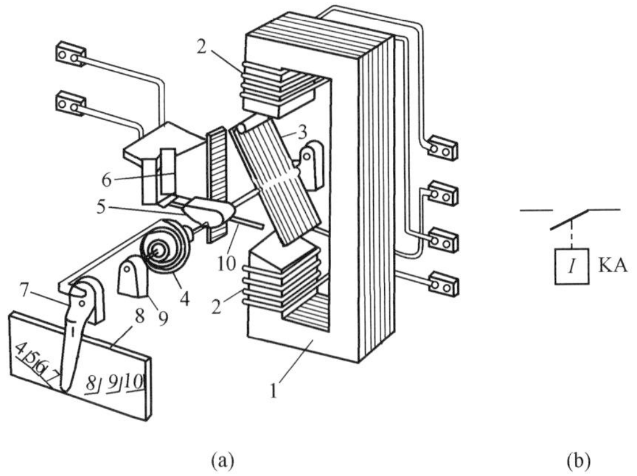

图 1-3　电磁型电流继电器结构图与符号

（a）结构图；（b）图形符号

1—电磁铁；2—线圈；3—Z 形舌片；4—螺旋弹簧；5—动触点；6—静触点；
7—整定值调整把手；8—刻度盘；9—轴承；10—止挡

使继电器动作的最小电流称为动作电流，用 I_{act} 表示。

继电器动作后，若通过继电器的电流减小，则电流产生的电磁力矩 M_c 随之减小。当电磁力矩 M_c 小于螺旋弹簧产生的反作用力矩 M_s 时，Z 形舌片在 M_s 的作用下回到原来动作前的位置，动合触点断开，称之为继电器返回。继电器的返回条件为

$$M_c < M_s \tag{1-4}$$

使继电器返回的最大电流称为返回电流，用 I_r 表示。返回电流 I_r 总小于动作电流 I_{act}。

返回电流 I_r 与动作电流 I_{act} 的比值称为返回系数 K_r，K_r＝0.85～0.95。K_r 表达式为

$$K_r = \frac{I_r}{I_{act}} \tag{1-5}$$

继电器的定值调整通常有两种方式：①调整整定把手，改变弹簧力矩；②改变内部线圈的串并联方式。如图 1-4 所示。电流继电器线圈并联时的动作电流是线圈串联的2 倍。

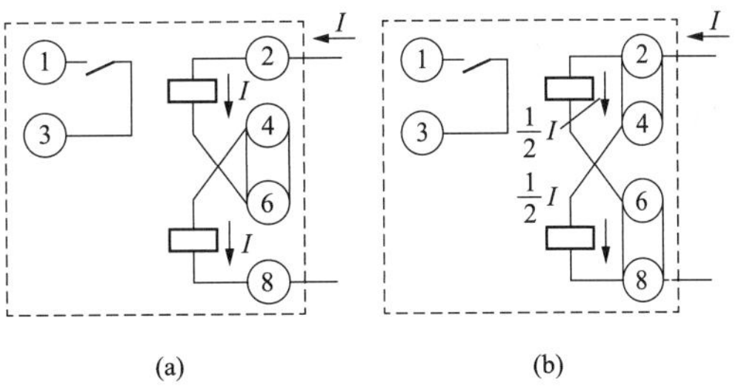

图 1-4　电磁型继电器内部接线图

（a）线圈串联；（b）线圈并联

1.3.3　电磁型电压继电器

电压继电器的作用是测量电压的高低，应用时并接在电压互感器的二次侧，作为保护的测量启动元件。电磁型电压继电器的结构与电流继电器基本相同，但电压继电器的线圈导线细、匝数多，绕组多采用康铜线绕制。电压继电器的图形符号如图 1-5 所示。

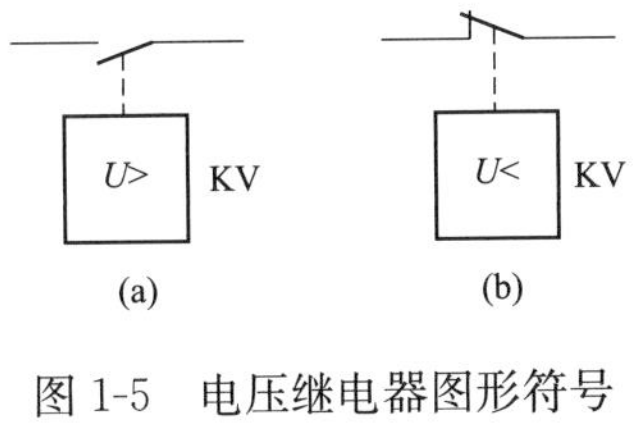

图 1-5　电压继电器图形符号

（a）过电压继电器；（b）低电压继电器

电压继电器分为过电压继电器和低电压继电器。过电压继电器的动作和返回、动作值和返回值的概念与电

流继电器相似。低电压继电器内部常设动断触点，动断触点又称为动断触点，在继电器不通电或通电不足时处于闭合状态。所以系统正常运行时，电压互感器的二次额定电压加在低电压继电器上，产生的电磁转矩 M_c 大于螺旋弹簧产生的反作用力矩 M_s，触点被吸持，处于断开状态；当发生短路故障时，系统电压下降，电压互感器的二次电压随之下降，当产生的电磁转矩 M_c 小于螺旋弹簧产生的反作用力矩 M_s，其触点闭合，称为低电压继电器动作。使低电压继电器动作的最高电压称为低电压继电器的动作电压 U_{act}。

在故障切除以后电压恢复过程中，当电压升高到产生的电磁转矩 M_c 大于螺旋弹簧产生的反作用力矩 M_s 时，其触点断开，称为低电压继电器返回。使低电压继电器返回的最低电压称为低电压继电器的返回电压 U_r。

低电压继电器的返回系数

$$K_r = \frac{U_r}{U_{act}} > 1 \tag{1-6}$$

电压继电器的动作值的调整与电流继电器类似，仍可通过改变整定把手位置和改变内部线圈的串并联方式来实现。

大家思考一下：串联与并联线圈会对动作值产生怎样的影响？

1.3.4 电磁型中间继电器

中间继电器起中间桥梁作用，与前述的电流继电器、电压继电器相比，有如下特点：①触点的数量多；②触点的容量大；③可实现短时延时；④可实现自保持。所以中间继电器能满足复杂保护和自动装置的接线需要，应用非常广泛。中间继电器在保护中的作用主要是扩展前级继电器触点的数和容量，在特殊情况下实现延时或自保持功能。电磁型中间继电器一般都是吸引衔铁式的，其结构及图形符号如图 1-6 所示。

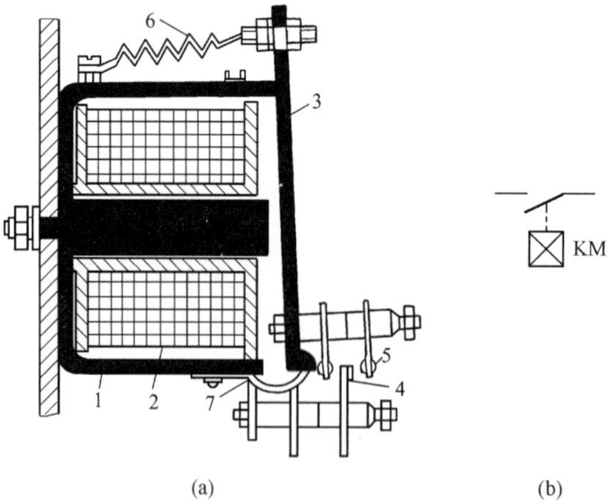

图 1-6 电磁型中间继电器结构及图形符号

(a) 结构图；(b) 图形符号

1—电磁铁；2—线圈；3—活动衔铁；4—静触点；5—动触点；6—弹簧；7—衔铁行程限制

为保证在操作电压降低时继电器仍能可靠动作，中间继电器的动作电压一般不应大于额定电压的 70%（动作电流不应大于铭牌额定电流），在线圈所加电压（或电流）完全消失时返回。具有自保持功能的中间继电器，其保持电流不应大于额定电流的 80%，保持电压不应大于其额定电压的65%。

在DZS型中间继电器的铁芯上，装设了短路环或短路线圈等磁阻尼元件，所以当继电器接通或断开电源时，短路环短路线圈中的感应电流总是力图阻止磁通的变化，延缓了铁芯中磁通建立或消失的过程，从而得到了一定的动作延时或返回延时，所以这类中间继电器具有一定的短延时功能。

1.3.5　电磁型时间继电器

时间继电器的作用是为继电保护装置建立必要的动作延时，以保证继电保护动作的选择性和某种正确的逻辑关系。时间继电器的操作电源一般多为直流电源，所以多为直流时间继电器。对时间继电器的要求：①带电能准确地延时动作；②失电能可靠地瞬时返回。

电磁型时间继电器的结构及图形符号如图1-7所示。它主要由电磁部分、钟表机构和触点组成。

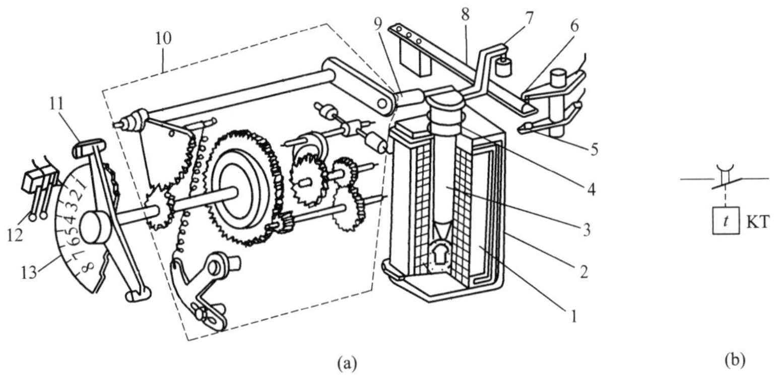

图1-7　电磁型时间继电器结构及图形符号

(a) 结构图；(b) 图形符号

1—线圈；2—电磁铁；3—衔铁；4—返回弹簧；5、6—固定瞬时动断、动合触点；7—扎头；8—可瞬动触点；9—曲柄杠杆；10—时钟机构；11、12—动静触点；13—刻度盘

1.3.6　电磁型信号继电器

信号继电器作为装置动作的信号指示器，标示装置所处的状态、接通灯光信号或音响回路。信号继电器的触点为自保持，由值班人员手动或电动复归。

DX-11型信号继电器的结构及图形符号如图1-8所示，当线圈中通电时，衔铁3克服弹簧6的拉力被吸引，信号牌9失去支持而落下，并保持在垂直位置，动静触点闭合，从信号牌显示窗口可以看到掉牌。在值班员手动转动复归旋钮后才能将掉牌信号和触点复归。信号牌恢复到水平位置后，由衔铁3支持，准备下一次动作。

信号继电器分为电流型和电压型两种。电流启动的DXM-2A型信号继电器结构如图1-9所示。继电器采用磁力自保持，灯光显示，电动复归。当工作线圈通电时，电流产生磁通与置于线圈内永久磁铁的磁通方向相同，磁通通过簧片使触点相吸而接通，信号指示灯亮。工作线圈断电后，由永久磁铁磁通保持触点闭合。复归时给释放线圈加电压，其所产生的磁通与永久磁铁的磁通方向相反而互相抵消，触点返回。

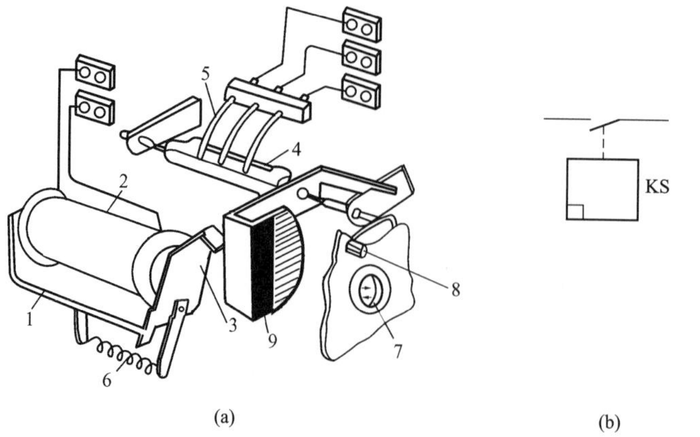

图 1-8　DX-11 型信号继电器结构及图形符号

（a）结构图；（b）图形符号

1—电磁铁；2—线圈；3—衔铁；4—动触点；5—静触点；6—弹簧；7—信号牌显示窗口；8—复归旋钮；9—信号牌

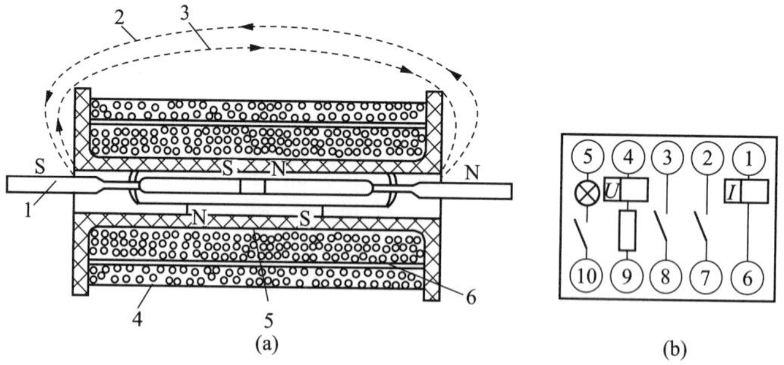

图 1-9　DXM-2A 型信号继电器结构及接线图

（a）结构图；（b）接线图

1—干簧触点；2—工作线圈磁通；3—释放线圈磁通；4—释放线圈；5—永久磁铁；6—工作线圈

电压启动的信号继电器的原理与之相同。

1.4　变　换　器

1.4.1　变换器的作用

保护装置动作判据主要为母线电压（线路电压）和线路电流，因此需要将母线（线路）电压互感器及电流互感器输出的二次电压、电流送入继电保护装置。若测量继电器为机电型，电流或电压互感器二次侧一般直接接到继电器的线圈；若保护装置为整流型、晶体管型、微机型的继电器，电流互感器和电压互感器输出的二次电流、电压需要经变换器进行线性变换后，再接入测量电路。变换器的基本作用如下。

（1）电量变换：将互感器二次电压（额定值 100V）、二次电流（额定值 5A 或 1A），转换成弱电压（数伏），以适应弱电元件的要求。

（2）电气隔离：电流互感器和电压互感器二次侧的保护接地，是用于保证人身和设备安全的，而弱电元件往往与直流电源连接，直流回路不允许直接接地，故需要经变换器实现电气隔离，如图 1-10 所示。

（3）调节定值：整流型、晶体管型继电保护可以通过改变变换器一次或二次绕组抽头来改变测量继电器的动作值。

继电保护中常用的变换器有电压变换器（TVM）、电流变换器（TAM）和电抗变压器（TX），TVM 的作用是电压变换，TAM、TX 的作用是将电流变换成与之成正比的电压。

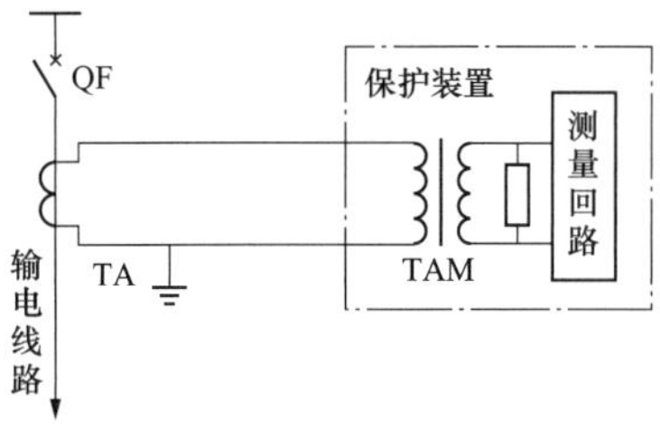

图 1-10　电流变换器 TAM 的电气隔离作用示意图

1.4.2　电压变换器(TVM)

电压变换器原理接线如图 1-11 所示。电压变换器一次侧与电压互感器 TV 相连，电压互感器二次侧有工作接地，电容 C 容量很小，起抗干扰作用。

从电压变换器一次侧看进去，输入阻抗很大，对于负荷而言可以看成一个电压源，电压变换器两侧电压成正比，即 $\dot{U}_2=K_U\dot{U}_1$（K_U 为电压变换器的变比）。

1.4.3　电流变换器（TAM）

电流变换器的原理接线如图 1-12 所示。从电流变换器（TAM）一次侧看进去，输入阻抗很小，对于负荷而言可以看成一个电流源。

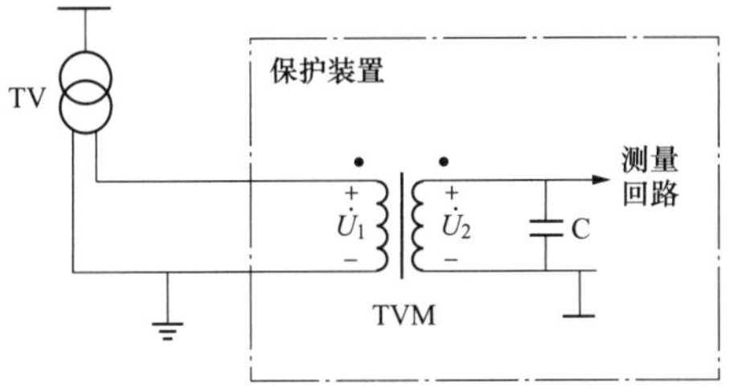

图 1-11　电压变换器原理接线图

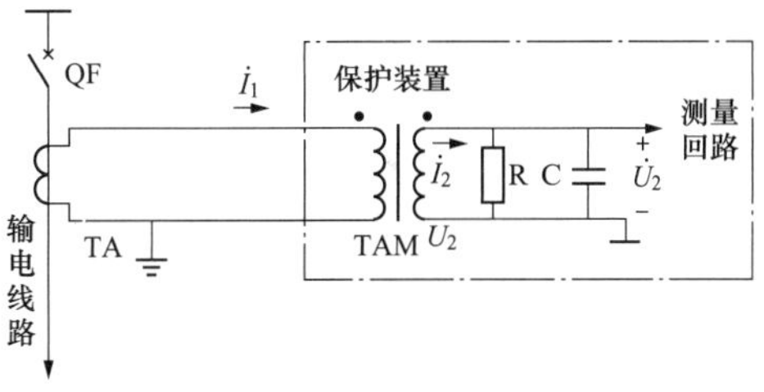

图 1-12　电流变换器原理接线图

电流变换器的二次电流（一般为毫安级）与一次电流成正比，二次电流在电阻上形成二次电压，即 $\dot{U}_2=RK_I\dot{I}_1$，则 K_I 为电流变换器的变比。

1.4.4　电抗变压器（TX）

电抗变压器（TX）也可以将电流互感器（TA）输出的二次电流变换为电压，其等效电路如图 1-13 所示。电抗变换器输入阻抗很小，串联于电流互感器二次回路，对于负荷，电抗变换器近似为电压源。电抗变换器励磁阻抗相对于负荷来说很小，可以认为一次电流全部用于励磁，这样二次电压归算到一次侧的输出电压 $\dot{U}_2'=\dot{I}_1\dot{Z}_m$，不经归算的电压 $\dot{U}_2=\dot{K}_I\dot{I}_1$，$\dot{K}_I$ 称为电抗变换器的转移阻抗。

与电流变换器的电压变换电路不同，电抗变换器输出电压超前输入电流一定相位角，具有“电抗特性”。由于电抗变换器励磁阻抗较小，其铁芯一般带有气隙。

电抗变换器转移阻抗 $\dot{K}_I$ 的大小可通过调整铁芯气隙及一、二次绕组匝数来改变；

转移阻抗的角度通过并联于辅助绕组两端的电阻 R_{ph} 调整。R_{ph} 越大，转移阻抗角越接近 90°；R_{ph} 越小，则转移阻抗角越小。转移阻抗角调整示意图如图 1-14 所示。

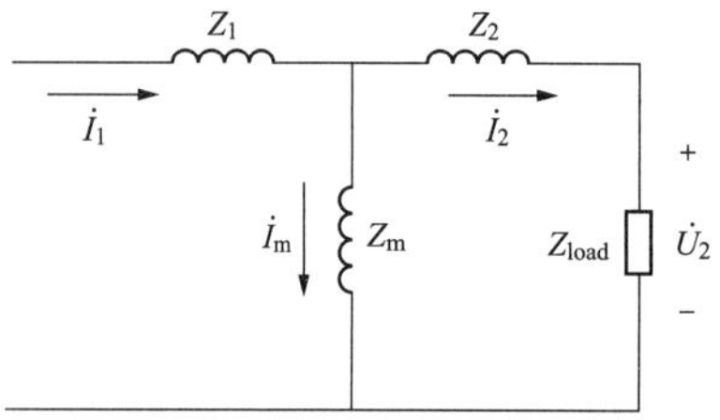

图 1-13　电抗变换器的等效电路图

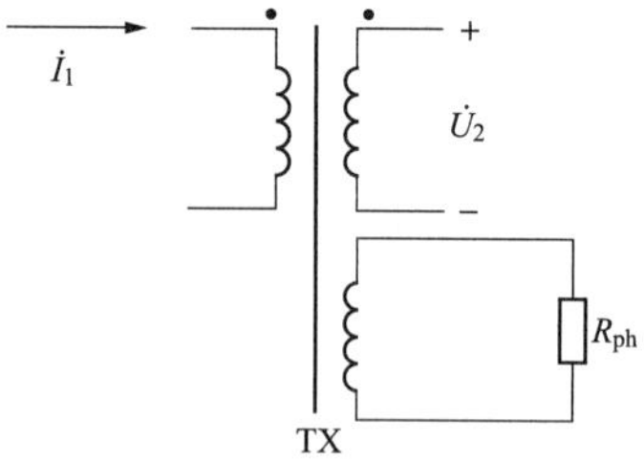

图 1-14　电抗变换器转移阻抗角调整示意图

在继电保护装置中，电抗变换器可用来构成电流继电器、电流相序过滤器以及阻抗继电器的模拟阻抗等。

1.5　数字逻辑电路在继电保护中的应用

数字逻辑电路在继电保护中得到了广泛的应用，它可以分为两种类型：一种是对传统型的保护，它是采用电子元件来实现的；另一种是对微机保护，它是采用软件来实现的，在微机保护中没有电子门电路，而是用“与”门、“或”门、“非”门来表示程序的逻辑关系。下面分别举例加以说明。

1.5.1　在传统型保护上的应用

传统型保护的逻辑功能是利用电子电路来实现的。其电路有多种，如分立元器件逻辑门电路、TTL 集成逻辑门电路、CMOS 集成逻辑门电路、组合逻辑电路等。这里，仅介绍二极管“与”门、二极管“或”门、三极管“非”门来说明其电路原理。

1. 二极管“与”门

图 1-15 是硅二极管“与”门电路，其工作原理如下。

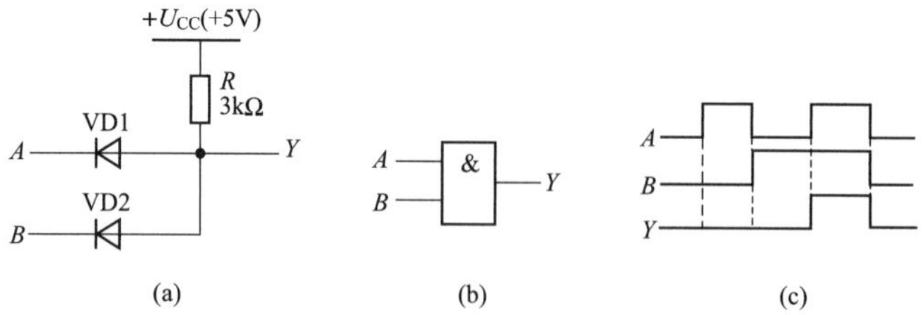

图 1-15　二极管“与”门

(a) 电路；(b) 逻辑符号；(c) 输入、输出电压波形

(1) A、B 端输入均为 0V 时，$+V_{CC}$ 通过电阻 R 使 VD1、VD2 导通，Y 端输出为 +0.7V 的低电平。

(2) A 端输入为 +5V 的高电平，B 端输入为 0V 的低电平时，VD1 截止，VD2 导通，Y 端输出为 +0.7V 的低电平。

(3) B 端输入为 +5V 的高电平，A 端输入为 0V 的低电平时，VD2 截止，VD1 导通，Y 端输出为 0.7V 的低电平。

(4) A、B 端输入均为+5V 高电平时，VD1、VD2 均截止，Y 端输出为+5V 的高电平。

(5) 用 0 表示低电平，用 1 表示高电平，可得表 1-1。

(6) 由表 1-1 可得：只要输入为 0，输出就为 0，输入全为 1 时，输出就为 1，是与逻辑关系，即 $Y=AB$。

表 1-1　图 1-15 电路的逻辑运算表

输入		输出
A	B	Y
0	0	0
0	1	0
1	0	0
1	1	1

“与”门电路其逻辑运算关系可归纳为记忆口诀：有 0 出 0，全 1 才 1。

2. 二极管“或”门

图 1-16 是硅二极管“或”门电路，其工作原理如下。

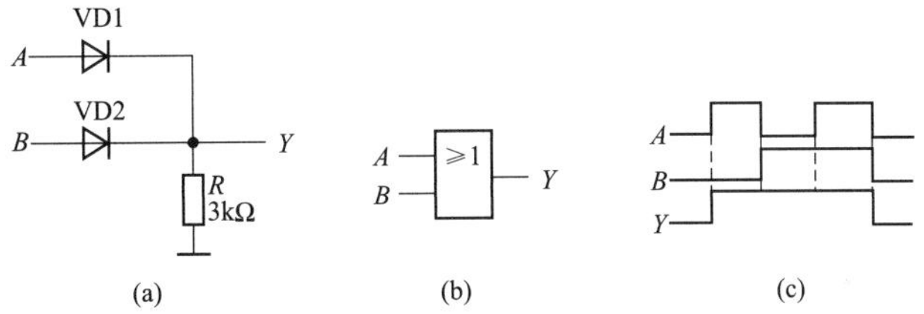

图 1-16　二极管“或”门

(a) 电路；(b) 逻辑符号；(c) 输入、输出电压波形

(1) A、B 端输入均为 0V 时，VD1、VD2 均截止，Y 端输出为 0V。

(2) A 端输入为+5V，B 端输入为 0V 时，VD1 导通，VD2 截止，Y 端输出为 (5V−0.7V)=4.3V（高电平）。

(3) B 端输入为+5V，A 端输入为 0V 时，VD1 截止，VD2 导通，Y 端输出为 4.3V。

(4) A、B 端均输入+5V 时，VD1、VD2 均导通，Y 端输出 4.3V。

“或”门电路其逻辑运算关系可归纳为记忆口诀：有 1 出 1，全 0 才 0。

3. 三极管“非”门

图 1-17 是硅三极管“非”门电路，其工作原理如下。

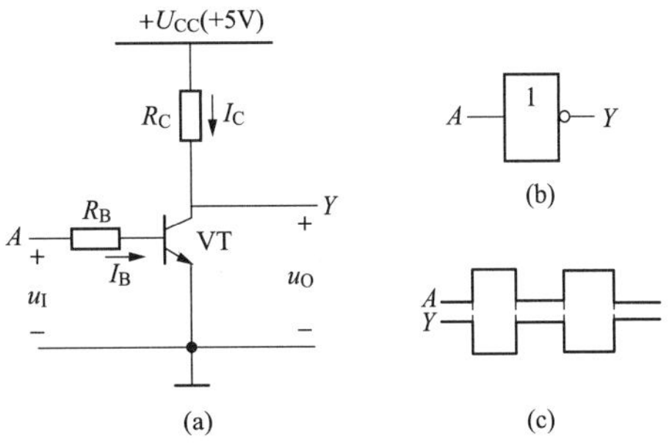

图 1-17　三极管“非”门

(a) 电路；(b) 逻辑符号；

(c) 输入、输出波形

当 A 端输入为 0V 时，三极管 VT 截止，输出 Y 端为+5V；当 A 端输入为+5V 时，VT 饱和导通，Y 端输出为 0.3V（低电平），

用 0 表示低电平，1 表示高电平，可得表 1-2，由表得知，输入和输出是非逻辑关系，即

$$Y = \bar{A}$$

表 1-2　　图 1-17 电路的逻辑运算表

输入	输出
A	Y
0	1
1	0

“非”门电路其逻辑运算关系可归纳为记忆口诀：有 0 出 1，全 1 才 0。

4. 禁止运算（否门）

禁止逻辑符号（否门）如图 1-18 所示，B 的输入经过一个反相器加在与逻辑上。只要有 B 的输入（$B=1$），肯定 Y 没有输出（$Y=0$），只有 B 没有输入（$B=0$）而且 A 有输入（$A=1$）时，Y 才有输出（$Y=1$）。其逻辑表达式为

$$Y = A * B \text{非}$$

5. 延时运算

延时逻辑符号如图 1-19 所示，该图中第一个时间 t_1 是延时动作时间，它表示当 A 有输入（$A=1$）后经过 t_1 延时后 Y 才有输出（$Y=1$）。第二个时间 t_2 是延时返回时间，它表示当 A 的输入返回（$A=0$）以后，经过 t_2 的延时后 Y 才返回（$Y=0$）。

6. 脉冲展宽运算

脉冲展宽逻辑符号如图 1-20 所示。该图表示，当 A 有输入（$A=1$）时，就有 $Y(Y=1)$，此后不管 A 什么时候消失（$A=0$），Y 固定输出（$Y=l$）t 时间，t 时间后 Y 没有输出（$Y=0$）。

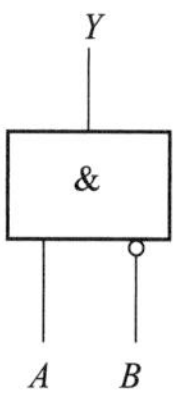

图 1-18　禁止逻辑符号

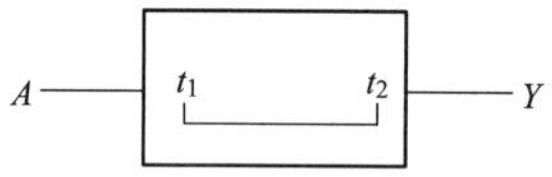

图 1-19　延时逻辑符号

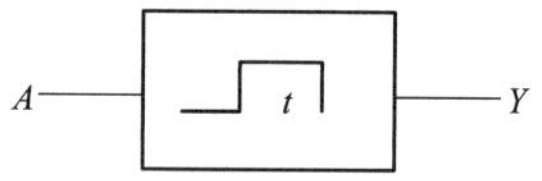

图 1-20　脉冲展宽逻辑符号

在传统型保护上应用逻辑回路是很广泛的，下面举例来加以说明。

【例 1-1】 图 1-21 是大容量汽轮发电机低励、失磁保护原理图，图中阻抗元件 Z 是判断低励、失磁故障的主要判据。按静稳定边界圆或按异步边界圆整定，以励磁低电压元件 U_{fd} 作为闭锁元件，用母线低电压元件 U 监视高压母线电压，是另一个主要判别元件。发电机失磁后，励磁低电压元件 U_{fd} 动作，阻抗元件 Z 动作，此时，若母线电压已降到接近于崩溃电压值时，则母线低电压元件 U 动作，使“与”门 Y1 输出逻辑 1，经延时 t_1 动作于停机。t_1 用于躲过振荡过程中的短时电压降低，一般取 0.5～1s。

由于有励磁低电压元件 U_{fd} 实现闭锁，短路故障和电压回路断线故障时，Y1 都输出 0，不会误动作于停机。若母线电压并未下降到崩溃电压，Y1 也是输出 0，也不会动作于停机。但是这时 Y2 将输出 1，立即发出声光信号，表示发电机已经失步，但还不能确切判断是系统振荡还是失步引起失步，如果确是失磁故障，则经延时 t_2 动作于停机，一般取 0.5～1s。

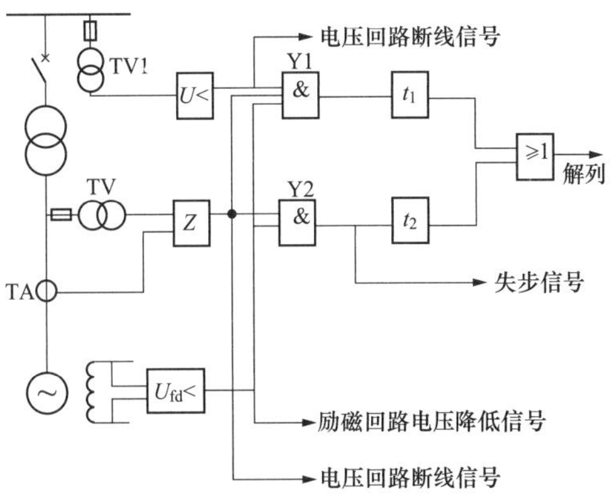

图 1-21　大容量汽轮发电机低励、失磁保护

1.5.2　在微机保护上的应用

在上面已指出微机保护是在软件上实现逻辑功能的，下面先简单介绍是如何用软件实现逻辑功能的。这里，仅说明三种逻辑功能的实现方法。

（1）“与”逻辑功能。图 1-22 是“与”逻辑符号转换为软件流程图。由图可见，当 $A=1$ 且 $B=1$ 时（Y），$F=1$。

（2）“或”逻辑功能。图 1-23 是“或”逻辑符号转换为软件流程图。由图可见，当 $A=1$ 或 $B=1$ 时（Y），$F=1$。

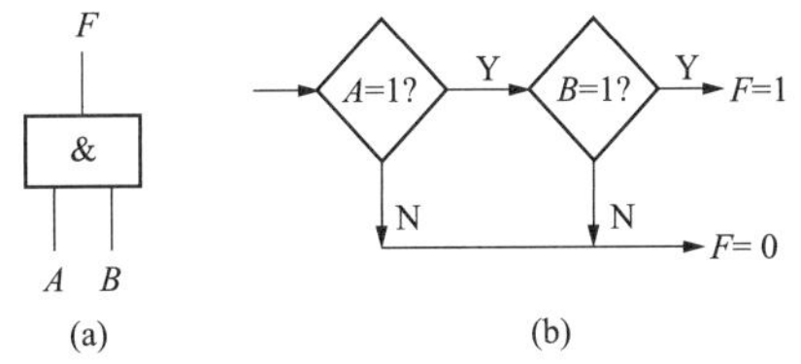

图 1-22　“与”逻辑符号转换为软件流程图

（a）“与”逻辑符号图；（b）“与”逻辑软件流程图

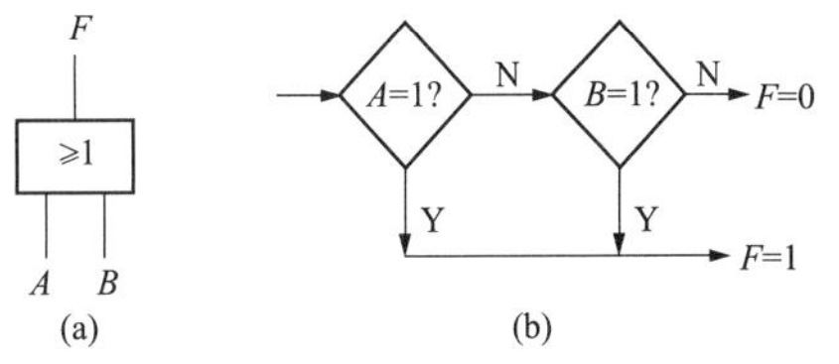

图 1-23　“或”逻辑符号转换为软件流程图

（a）“或”逻辑符号图；（b）“或”逻辑软件流程图

（3）“非”逻辑功能。图 1-24 是“非”逻辑功能由逻辑符号转换为软件流程图。由图可见，当 $A=1$ 时（Y），$F=0$。

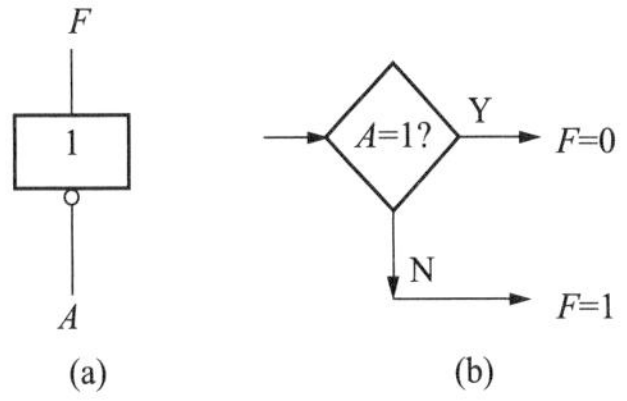

图 1-24　“非”逻辑符号转换为软件流程图

（a）“非”逻辑符号图；

（b）“非”逻辑软件流程图

下面举例说明逻辑框图在微机保护上的具体应用。

应该说明的是，在逻辑框图中用电子学的“与”门、“或”门、“非”门等来表示程序的逻辑关系，但要注意在微机保护的逻辑框图中没有电子门电路。按照电子门电路的逻辑关系，“非”门的控制端为“1”时，无论被控输入端是 0 或 1，“非”门均被闭锁，其输出端均为“0”；当“非”门控制端为“0”时，“非”门输出端就随输入被控端的变化而变化，即闭锁解除。

【例 1-2】　低压闭锁方向电流Ⅱ段保护逻辑框图。由图 1-25 可见，在低电压闭锁和 TV 断线闭锁均投入时，当正常运行时 $U_{uv}>U_{set}$ 及 $U_{wu}>U_{set}$ 或 TV 二次断线，否门 Z1 均被闭锁而输出 0，“与”门 Y3 也就输出 0，即 U 相Ⅱ段不动作。当 $U_{uv}<U_{set}$ 及 $U_{wu}<$

U_{set}，“与”门 Y1 和“与”门 Y2 均输出 0，否门 Z1 闭锁解除，如 DA=1 正方向元件动作，这时只要满足 $I_u>I_{set}$ 条件，H1 和 Y5 输出 1，限时速断时延启动并经过整定时限 t_{01} 延时，保护动作发出 F01 信号，经“或”门 H2 发出跳闸命令。

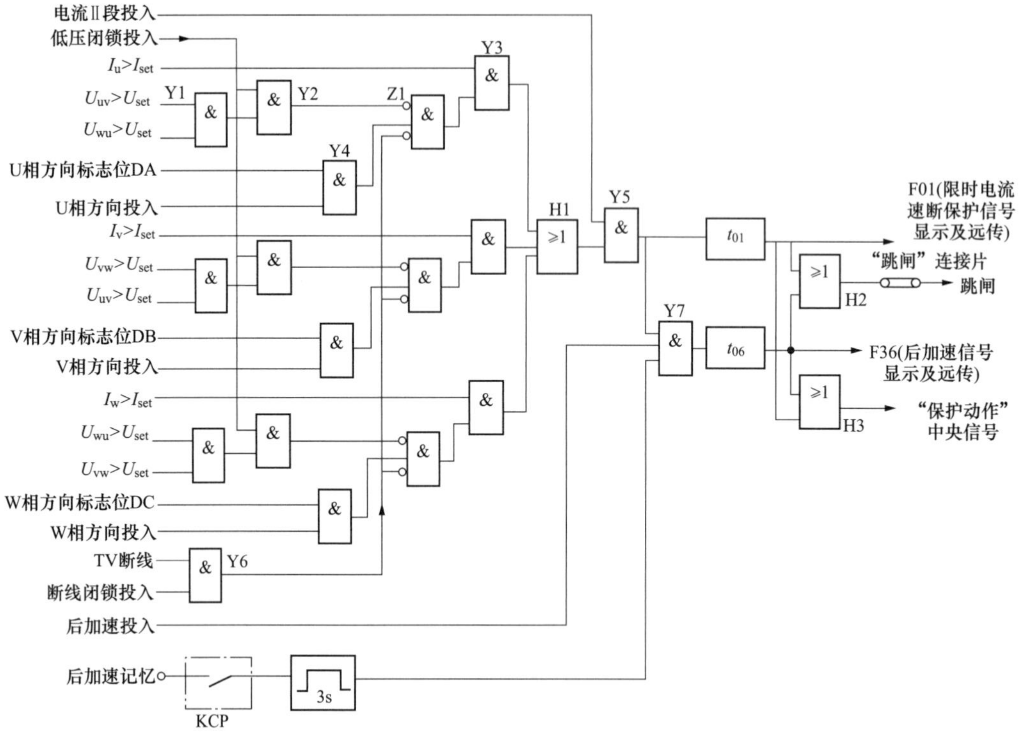

图 1-25　低电压闭锁方向电流Ⅱ段保护逻辑框图

【例 1-3】 图 1-26 是重合闸程序逻辑框图。由图可见，在位置不对应启动重合闸投入及跳闸位置 KTP 动合触点和合后状态 KKJ 动合触点同时闭合时，Y4 输出 1，H2 和 Z3 输出 1 并自保持，重合闸被启动。在保护启动重合闸投入时，如果保护动作，Z5 输入的控制端为 1，首先闭锁“与”门 Z5，禁止重合闸，与此同时 H2 和 Z3 输出 1 并自保持。在保护出口跳闸后，保护输出 0，“与”门 Z5 闭锁解除，Z3 自保持输出 1，重合闸启动。

【例 1-4】 图 1-27 是变压器复合电压启动（方向）过电流保护逻辑框图（只画出Ⅰ段，其他类似，但最末一段不设方向元件控制）。图中“或”门 H1 的输出 1 表示复合电压已动作，U_2 为保护安装侧母线上负序电压，U_{2set} 为负序整定电压，$U_{\varphi\varphi min}$ 为母线上最低相间电压，KW1、KW2、KW3 为保护安装侧 U、V、W 相的功率方向元件，I_U、I_V、I_W 为保护安装侧变压器三相电流，I_{1set} 为Ⅰ段电流定值。KG1～4 为控制字，KG1 为 1 时，方向元件投入，KG1 为 0 时，方向元件退出，可以看出，各相的电流元件和各自的方向元件构成与关系，符合按相启动的原则；KG2 为其他侧复合电压控制字，KG2 为 1 时，其他侧复合电压对该侧方向电流保护起到闭锁作用，KG2 为 0 时，其他复合电压不引入：KG3 为复合电压控制字，KG3 为 1 时，复合电压起闭锁作用，KG3 为 0 时，复合电压不起闭锁作用；KG4 为保护段投、退控制字，KG4 为 1 时，该段投入，KG4

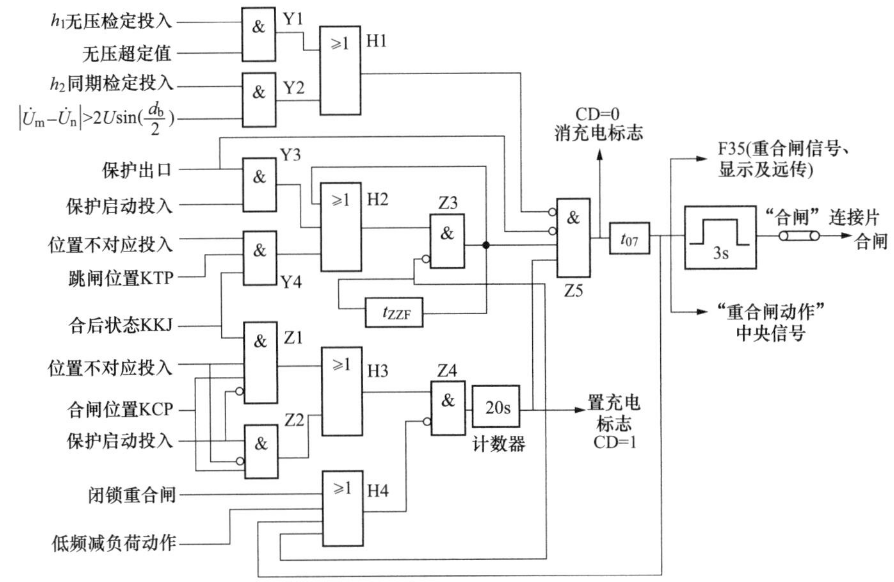

图 1-26　重合闸程序逻辑框图

为 0 时，该段退出。XB1 为保护退、投连接片。由此可见，KG1＝1、KG3＝1 时为复合电压闭锁的方向过电流保护；KG1＝1、KG3＝0 时为方向过电流保护；KG1＝0、KG3＝1 时为复合电压闭锁的过电流保护。

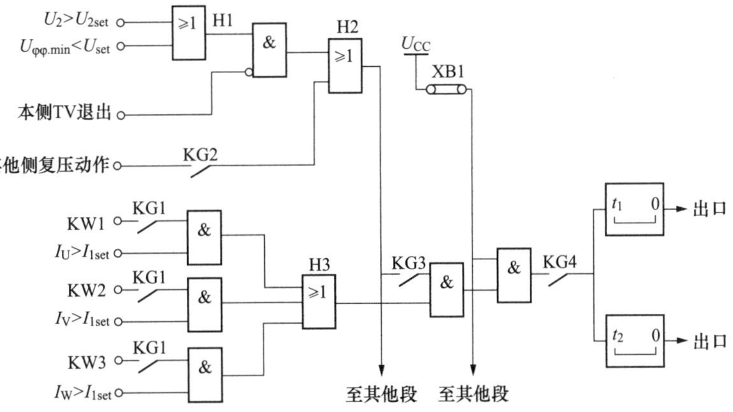

图 1-27　变压器复合电压启动方向过电流保护逻辑图

【例 1-5】 图 1-28 是变压器的零序（接地）保护逻辑框图。零序保护由两段零序电流构成。Ⅰ段整定电流与相邻线路零序过电流保护Ⅰ或Ⅱ段或快速主保护配合。Ⅰ段保护设两个时限 t_1、t_2，t_1 与邻线路零序过电流Ⅰ或Ⅱ段配合，取 0.5～1s，动作于母线解列或分段断路器：$t_2=t_1+\Delta t$，断开变压器高压侧断路器。第Ⅱ段与相邻元件零序电流保护后备段相配合；Ⅱ段保护也设两个时限 t_4、t_5，t_4 比相邻元件零序电流保护后备段最长动作时限大一个级差，动作于母线解列或跳分段断路器：$t_5=t_4+\Delta t$，断开变压器高压侧断路器。为防止变压器接入电网前高压侧接地时误跳母联断路器，在母联解列回路中串入高压侧断路器 QF1 的动合辅助触点。

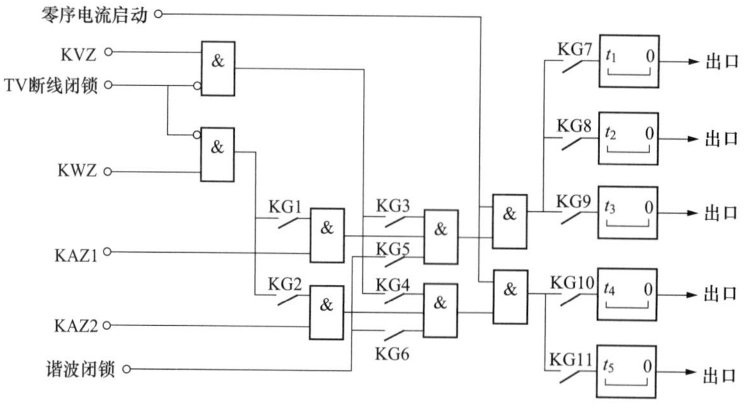

图 1-28　变压器零序（接地）保护逻辑框图

KVZ—零序电压继电器；KAZ1、KAZ2—零序电流继电器；KWZ—零序功率方向继电器；KG1～KG11—控制字

1.6　微机保护的硬件系统

微机保护是指以微型机、微处理器为核心构成的继电保护。微机保护与常规保护以不同的方法来实现相同的工作原理。其最大的区别在于前者不仅有实现继电保护功能的硬件电路，还有保护和管理功能的软件程序；而后者只有硬件电路。微机保护是常规保护的发展和进化，用微型计算机来实现更为复杂的保护原理；而常规保护由功能不同的继电器来实现，所有逻辑和延时也都是由继电器来完成。

1.6.1　微机保护的特点

1. 维护调试方便

模拟式继电保护装置的调试工作量很大，尤其是一些复杂的保护，例如高压线路的保护，调试时间较长。微机保护的硬件是由单片机和相关的外围设备构成，各种复杂的保护功能是由软件来实现的。保护装置对硬件和软件都具有自诊断功能，一旦发现异常就会发出警告。如硬件部分通上电源后没有警报，就可确认装置是完好的。微机保护装置的调试项目少，操作简单，大大减轻了运行维护的工作量。

2. 可靠性高

微机保护的程序有极强的综合分析和判断能力，它可以实现常规保护很难做到的自动纠错，即自动识别和排除干扰，防止由于干扰而造成误动作。它还有自诊断能力，能够自动检测出本身硬件的异常，因此可靠性高。

3. 保护性能更加完善

由于计算机的应用，使传统的继电保护中存在很多技术问题，可以找到新的解决方法。例如，接地距离保护承受过渡电阻能力的改善，距离保护如何区分振荡和短路，变压器差动保护如何识别励磁涌流和内部故障等问题都已提出了许多新的原理和解决方法。可以说，只要找出正常与故障的区别特征，微机保护基本上都能予以实现。

4. 提供更多信息

应用微型计算机后，如果配置一台打印机或者其他显示设备，可以在系统发生故障后提供多种信息，例如保护各部分的动作顺序和动作时间记录，故障类型和相别及故障前后电压和电流的波形记录等。对于线路保护，还可以计算和显示故障点的位置。同时，微机保护易于获得附加功能，或通过网络连接到后台计算机监控系统。

5. 灵活性大

由于微机保护的特性和功能主要由软件决定，而不同原理的保护可以采用通用硬件。因此，只要改变软件就可以改变保护的特性和功能，从而可以灵活地适应电力系统运行方式的变化和其他要求。

总之，微机保护是继电保护技术的全新内容，思维方法与布线逻辑的保护相比完全不一样。保护的每一种功能由计算（程序）来完成。不同原理的微机保护由不同的软件（程序）来实现，但硬件基本相同。

微机保护知识初学者觉得比较抽象，总有摸不着边际的感觉，不像布线逻辑构成的保护很容易从理论到实际建立起整体概念，如三段式电流保护，掌握了三段电流保护的知识后，买几个继电器就可以组装。而微机保护知识很难从硬件、软件、保护原理三方面建立起整体概念。这就要注意学习方法，学习微机保护要将微机的知识与继电保护的知识有机地结合起来且侧重点应放在继电保护方面。微机保护不像布线逻辑构成的保护，自己是无法组装的，因为微机保护除硬件外还有软件，厂家对软件（程序）是保密的。所以，对微机保护的硬件了解其型式即可，对微机保护的软件只需了解过程，各种保护要了解原理，重点掌握微机保护装置的使用方法。

微机保护与前述保护相比，也有它简单的一面，那就是不同原理的保护其硬件电路基本相同，不像前述保护，如阻抗保护与差动保护它们的硬件完全不同。所以，在学习微机保护时，只要搞清楚了一种保护的硬件结构，其他保护的硬件电路就不难掌握了。

微机保护中的算法与数字滤波应该是微机保护中的核心内容，因为，算法是保护的数学模型，是编程序的依据。而我们这里讲算法与数字滤波并不是培养微机保护编程人员，而是帮助大家了解微机保护原理，建立对微机保护的整体概念。

1.6.2　微机保护的硬件构成

1. 微机保护装置硬件部分的构成

微机保护装置硬件系统按功能可分为以下五个部分。硬件系统框图如图 1-29 所示。

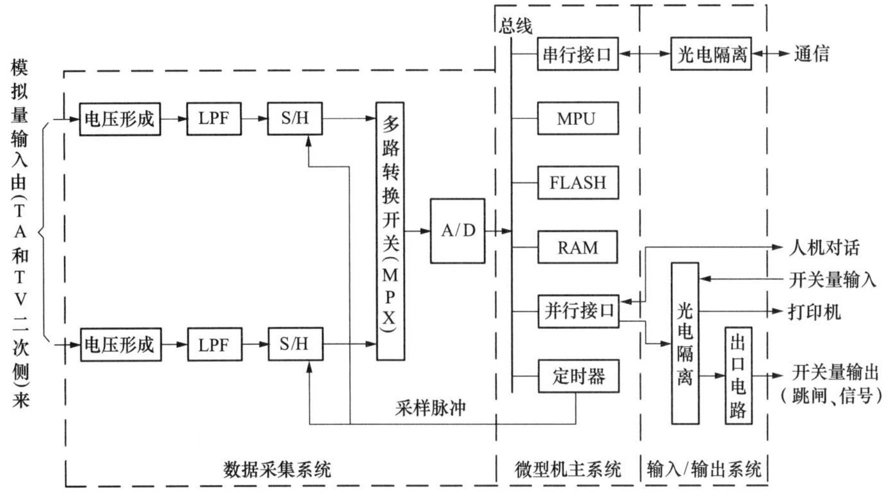

图 1-29　微机保护硬件系统框图

（1）数据采集系统即模拟量输入系统。其包括电压形成回路、模拟滤波回路、采样保持电路、多路转换电路以及模数转换电路，主要功能是将模拟输入量转换为所需的数字量。

（2）微型机主系统。其包括中央处理器（CPU）、存储器、定时器/计数器以及控制电路，中央处理器执行存放在存储器中的程序，对由数据采集系统输入的数据进行分析处理，以完成各种继电保护的功能。

（3）开关量输入/输出系统。其由若干并行接口、光电隔离器件及中间继电器等组成，以完成各种保护的出口跳闸、信号警报、外部接点输入及人机对话等功能。

（4）通信接口。其包括通信接口及网络接口，以实现多机通信或联网。

（5）电源。其通常采用开关式逆变电源，用来供给中央处理器、数字电路、A/D 转换芯片及继电器所需的电源。

2. 数据采集系统

（1）电压形成回路。电压形成回路用来完成输入信号的变换与隔离。

微机保护要从被保护的电气元件的电流互感器、电压互感器或其他变换器上取得信息，但这些互感器的二次侧数值的输入范围对微机保护装置硬件电路并不适用，故需要降低和变换。在微机保护中通常要求输入信号为±5V 或±10V 的电压信号，具体取决于所用的模数转换器。因此，一般采用中间变换器来实现以上的变换，如电压变换器、电流变换器或电抗变压器。电流电压变换回路除了起电量变换作用外，还起到隔离作用，它使微机电路在电气上与电力系统隔离。如图 1-30 所示。

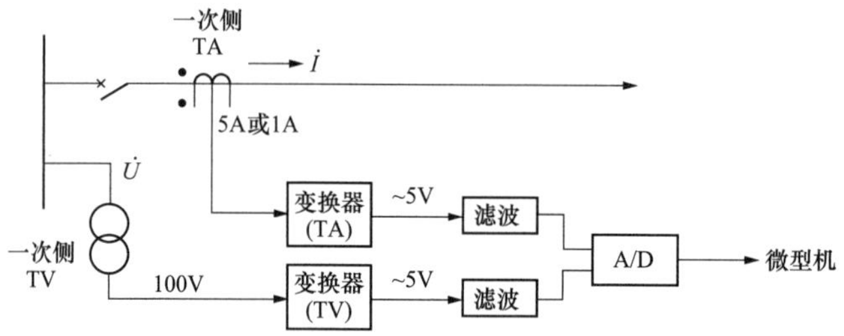

图 1-30　电压形成回路图

（2）模拟低通滤波器（LPF）。滤波器是一种能使有用频率信号通过，同时抑制无用频率信号的电路。随着数字信号处理技术的发展，除了模拟滤波器之外，还出现了数字滤波器。对微机保护系统来说，在故障初瞬间，电压、电流信号中可能含有相当高的频率分量，为防止频率混叠，采样频率 f_s 不得不用得很高，从而对硬件速度提出过高的要求。但实际上目前大多数的微机保护原理都是反应工频量的，在这种情况下，可以在采样前用一个模拟低通滤波器将高频分量滤掉，这样就可以降低 f_s，从而降低对硬件提出的要求。由于数字滤波器的作用，通常并不要求低通滤波器滤掉所有的高频分量而仅用它滤掉 $f_s/2$ 以上的分量，以消除频率混叠。低于 $f_s/2$ 的其他暂态频率分量，可以通过数字滤波器来滤除。

最简单的模拟低通滤波器是 RC 低通滤波器，由两级 RC 滤波电路构成，如图 1-31 所示。只要调整 R、C 数值就可改变低通滤波器的截止频率。

此时截止频率可设计为 $f_s/2$，以限制输入信号的最高频率。

（3）采样保持（S/H）电路及采样频率的选择。采样保持电路的作用是在一个极短的时间内测量模拟输入量在该时刻的瞬时值，并在模数转换器进行转换的期间保持其输出不变，即把随时间连续变化的电气量离散化。

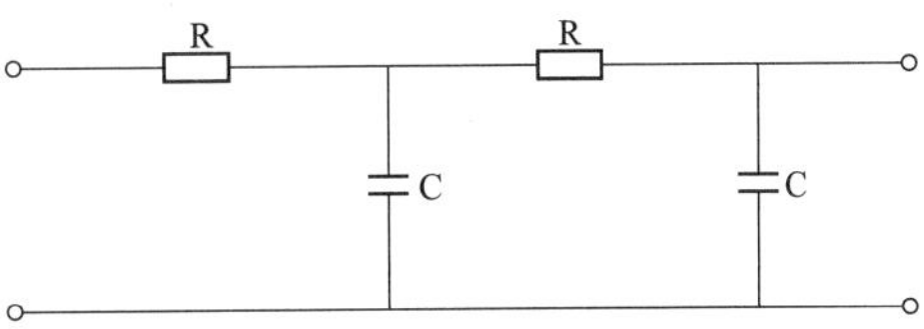

图 1-31　RC 低通滤波器

采样保持电路的工作原理可用图 1-32（a）说明。

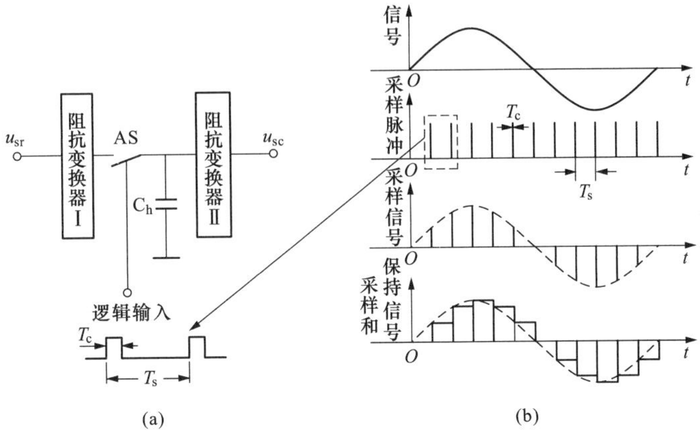

图 1-32　采样保持电路原理图

（a）采样保持电路原理图；（b）采样保持过程

它由一个电子模拟开关 AS、保持电容 C_h 以及两个阻抗变换器组成。开关 AS 受逻辑输入端电平控制。在高电平时 AS 闭合，此时，电路处于采样状态，C_h 迅速充电，电容上电压等于该采样时刻的电压值（u_i）。AS 的闭合时间应满足使 C_h 有足够的充电或放电时间即采样时间。为了缩短采样时间，这里采用阻抗变换器Ⅰ，它在输入端呈现高阻抗，输出端呈现低阻抗，使 C_h 上电压能迅速跟踪到 u_i 值。AS 打开时，电容 C_h上保持住 AS 打开瞬间的电压，电路处于保持状态。同样为了提高保持能力，电路中也采用了另一个阻抗变换器Ⅱ，它对 C_h 呈现高阻抗。采样保持的过程如图 1-32（b）所示。

在图 1-32（b）中两个相邻采样点间的时间间隔为采样周期 T_s，采样周期的倒数为采样频率 f_s。采样频率 f_s 的选择是微机保护硬件设计中的一个关键问题。采样频率越高，要求中央处理器的速度越高。因为微机保护是一个实时系统，数据采集系统以采样的频率不断地向中央处理器输入数据，中央处理器必须要来得及在两个相邻采样间隔时间 T_s 内处理完对每一组采样值所必须作的各种操作和运算，否则，中央处理器将跟不上实时节拍而无法工作。相反，采样频率过低，将不能真实反映被采样信号的情况。

微机保护所反应的电力系统参数是经过采样离散化之后的数字量。那么，连续时间信号经采样离散化成为离散时间信号后是否会丢失一些信息，也就是说这离散信号能否真实地反映被采样的连续信号呢？只要满足采样定理的要求，就能做到这一点。采样定理的内容为：为了使信号采样后能够不失真地还原，采样频率必须不小于输入信号最高频率的 2 倍。

（4）模拟量多路转换开关（MPX）。多路转换开关的作用是在某一时刻只将一路模拟量送入 A/D 变换器进行 A/D 转换。

由于模数变换器复杂及价格昂贵，通常不宜对各路电压、电流模拟量同时进行 A/D 转换，而是采用多路 S/H 共用一个 A/D 变换器，中间经多路转换开关切换，轮流由公用的 A/D 变换器将模拟量转换成数字量。由于保护装置所需同时采样的电流和电压模拟量不会很多，只要 A/D 变换器的转换速度足够高，上述同时采样的要求是能够满足的。

（5）模数转换器（A/D)。在单片机的实时测控和智能化仪表等应用系统中，常需将检测到的连续变化的模拟量（如电压、电流、温度、压力、速度等）转化成离散的数字量，才能输入到单片微机中进行处理。实现模拟量变换成数字量的硬件芯片称为模数转换器，也称为 A/D 转换器。

根据 A/D 转换器的原理可将其分成两大类。一类是直接型 A/D 转换器，如逐次逼近式 A/D 转换器，输入的模拟电压被直接转换成数字代码，不经任何中间变量；另一类是间接型 A/D 转换器，如 VFC 变换式 A/D 转换器，它是首先把输入的模拟电压转换成某种中间变量（频率)，然后再把这个中间变量转换成数字代码输出。

3. 微型机主系统

一般的单片机都有一定的内部寄存器、存储器和输入、输出口。但当单片机用于实现保护功能时，首先遇到的问题就是存储器的扩展。单片机内部虽然设置了一定容量的存储器，但这种存储器一般容量较小，远远满足不了实际需要，因此需要从外部进行扩展，配置外部存储器，包括程序存储器和数据存储器。为了满足继电保护定值设置的需求，还配置了电可擦除的可编程只读存储器。程序通常存放于程序存储器（EPROM）中，计算过程和故障数据记录所需要的临时存储是由数据存储器（RAM）实现。设定值或其他重要信息则放在电可擦除可编程只读存储器（EEPROM）中，它可在 5V 电源下反复读写，无需特殊读写电路，写入成功后即使断电也不会丢失数据。微处理器通过其数据线、地址线、控制线及译码器来与存储器部件进行通信。

4. 开关量输入输出回路

（1）开关量输入回路。微机保护装置的开关量输入即触点状态（接通或断开）的输入电路如图 1-33 所示。

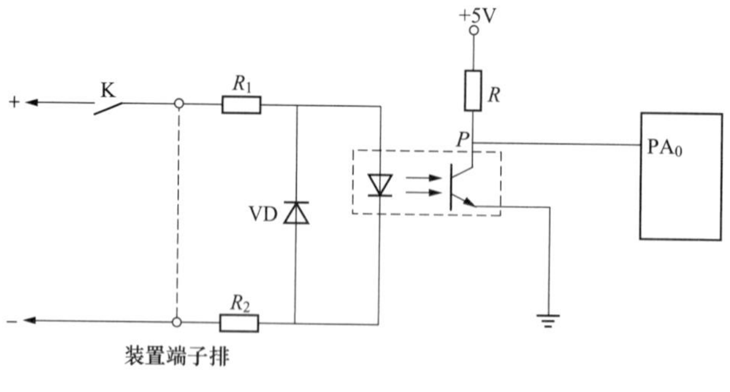

图 1-33　开关量输入回路图

微机保护装置的开关量输入包括断路器和隔离开关的辅助触点或跳合闸位置继电器触点、外部装置闭锁触点、气体继电器触点，还包括某些装置上连接片位置输入等。

图 1-33 中虚线框内是一个光电耦合器件，集成在一个芯片内。当外部触点 K 接通时，有电流通过光电器件的发光二极管回路，使光敏三极管导通，P 点电位为 0 电位。K 打开时，则光敏三极管截止，P 点电位为 5V。因此三极管的导通和截止完全反映了

外部触点的状态。光电耦合芯片的两个互相隔离部分间的分布电容仅仅是几个皮法，因此可大大削弱干扰。由于一般光电耦合芯片发光二极管的反向击穿电压较低，为防止开关量输入回路电源极性接反时损坏光电耦合器，图中二极管 VD 对光隔芯片起保护作用。

(2) 开关量输出回路。开关量输出主要包括保护的跳闸出口信号以及本地和中央信号等。一般都采用并行接口的输出口来控制有触点继电器的方法，但为提高抗干扰能力，通常也经过一级光电隔离，如图 1-34 所示。只要由软件使并行口的 PB_0 输出“0”，PB_1 输出“1”，便可使“与非”门 H 输出低电平，光敏三极管导通，继电器 K 被吸合。

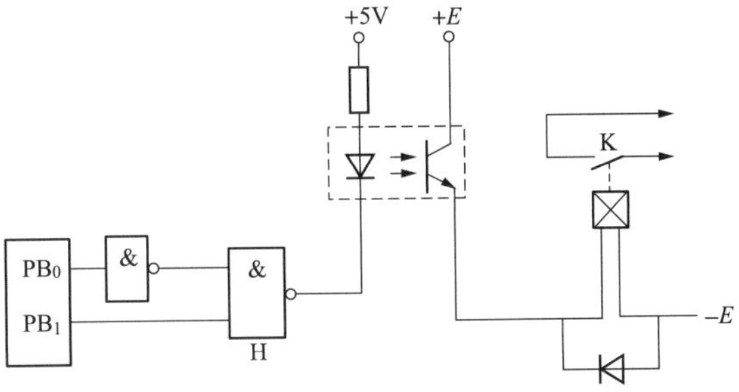

图 1-34　开关量输出回路图

在初始化和需要继电器 K 返回时，应使 PB_0 输出“1”，PB_1 输出“0”。设置反相器及“与非”门而不是将发光二极管直接同并行口相连，一方面是因为并行口带负载能力有限，不足以驱动发光二极管；另一方面因为采用“与非”门后要满足两个条件才能使 K 动作，增加了抗干扰能力。图中的 PB_0 经一反相器，而 PB_1 却不经反相器，这样设计可防止拉合直流电源的过程中继电器 K 的短时只误动。因为在拉合直流电源过程中，当 5V 电源处在中间某一临界电压值时，可能由于逻辑电路工作紊乱而造成保护误动作，将别是保护装置的电源往往接有大量的电容器，所以拉合直流电源时，无论是 5V 电源还是驱动继电器用的电源 E，都可能相当缓慢地上升或下降，从而完全可能来得及使继电器 K 的触点短时闭合，采用图 1-34 中的接法后，由于两个相反的条件的互相制约，可以可靠地防止继电器的误动作。

(3) 打印机并行接口回路。打印机作为微机保护装置的输出设备，在调试状态下输入相应的键盘命令，微机保护装置可将执行结果通过打印机打印出来，以了解装置是否正常。在运行状态下，系统发生故障后，可将有关故障信息、保护动作行为及采样报告打印出来，为分析事故提供依据。由于继电保护对可靠性要求特别高，而它的工作环境电磁干扰比较严重，打印机引线可引入干扰，因此，微机保护装置与打印机数据线连接均经光电隔离。

(4) 人机对话接口回路。人机对话接口回路主要包括以下两部分内容。

1) 对显示器和键盘的控制，为调试、整定与运行提供简易的人机对话功能。

2) 由硬件时钟芯片提供日历与计时，可实现从毫秒到月份的自动计时。

5. 通信接口

随着微机特别是单片机的发展，其应用已从单机逐渐转向多机或联网。而多机应用的关键在于微机之间的相互通信，互传数字信息。

6. 电源

微机保护系统对电源要求较高，通常这种电源是逆变电源，即将直流逆变为交流，再把交流整流为微机系统所需的直流。它把变电站强电系统的直流电源与微机的弱电系统电源完全隔离开，通过逆变后的直流电源具有极强的抗干扰能力，可以完全消除来自变电站中因断路器跳合闸等原因产生的强干扰。

目前，微机保护装置均按模块化设计，对于成套的微机保护、各种线路保护、元件保护，都是由上述五个部分的模块化电路组成的。所不同的是软件系统及硬件模块化的组合与数量不同，即不同的保护用不同的软件来实现，不同的使用场合按不同的模块化组合方式构成。这样的成套微机保护装置，给设计及调试人员带来了极大方便。

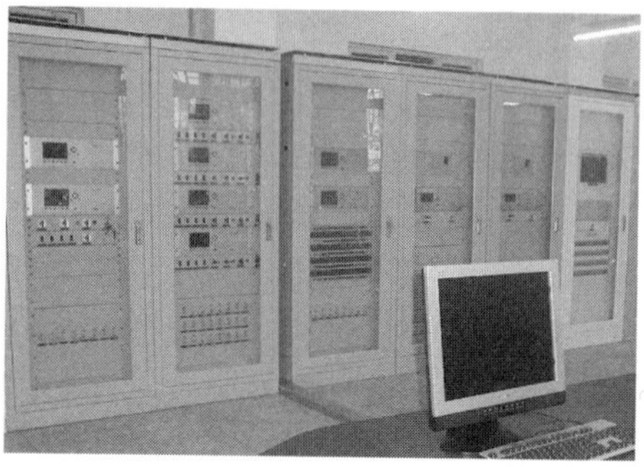

图 1-35　继电保护屏

1.6.3　微机保护装置面板布置

微机保护装置的面板不同厂家有所不同，其共同之处是要整齐、清晰，同一水平线上安装同类仪表或装置，同时还应使操作方便、布局美观。对于保护设备来说，在屏面上装有保护装置转换（控制）开关、信号指示灯、打印机、保护出口连接片。其目的是要保护装置的信号及命令的输入与输出功能易操作和清晰。图 1-35 为保护屏，图 1-36 为保护装置。

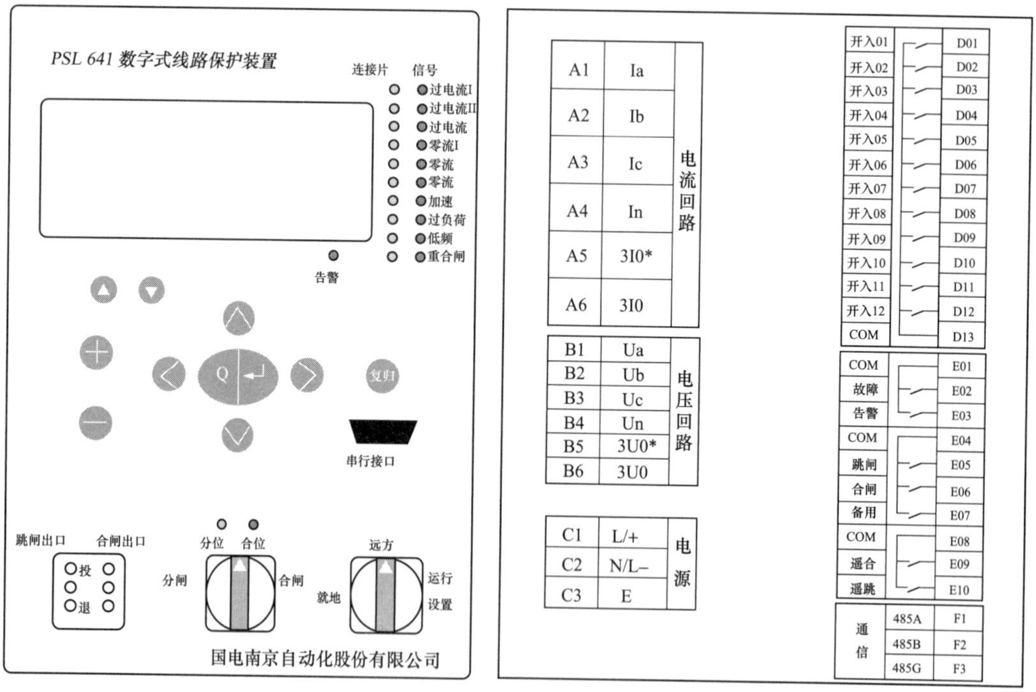

(a)　　　　　　　　(b)

图 1-36　微机保护装置面板照片

（a）正面面板；（b）背面端子

1. 显示窗

显示窗主要用来显示自检状态、正常运行时状态、故障状态、调试状态等。通过显示窗可以完成基本的人机对话及装置自身的信息输出。

2. 键盘

键盘用于对微型机进行人工控制，完成定值录入、数据打印、状态查询等。键盘上主要有“上”“下”“左”“右”“+”“−”“确定”“取消”等键。

3. 信号指示灯

信号指示灯主要指示保护的工作状态，有正常运行指示、TV 断线、重合闸充放电状态、跳闸状态、信号复归等信号。

4. 并行或串行通信或调试接口

并行或串行通信或调试接口通过外接设备对设备进行软件调试，也可以进行保护功能的测试。

1.7　微机保护的软件系统

1.7.1　微机保护的逻辑程序

保护 CPU 系统的软件基本上由主程序和多个中断服务程序组成。主程序一般有三个基本模块，即初始化和自检循环模块、保护逻辑判断模块、跳闸（及后加速）处理模块。不同的保护装置就有不同的保护逻辑判断模块，而其他两个模块是大同小异的。

中断服务程序包括采样中断服务程序和通信及定时器服务程序。不同的保护装置有不同的采样算法。

图 1-37 是典型微机保护程序结构框图，主程序按固定的采样周期接受采样中断进入采样程序，在采样程序中进行模拟量采集与滤波、开关量的采集、装置硬件自检、交流电流断线和启动判据的计算，根据是否满足启动条件而进入正常运行程序或故障处理程序。

下面对图 1-37 进行较详细的说明。

1. 保护的主程序框图原理

图 1-38 是微机保护的主程序逻辑框图。保护装置接通电源（即上电）或整组复位

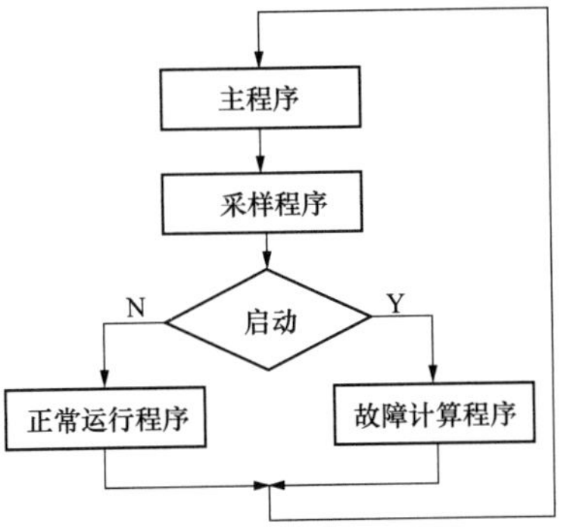

图 1-37　典型微机保护程序结构框图

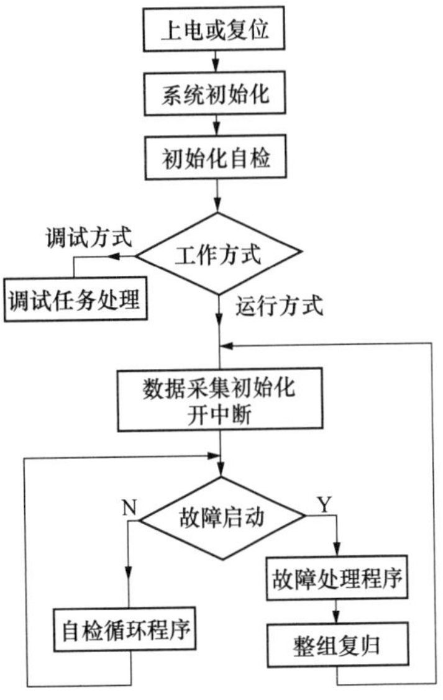

图 1-38　微机保护主程序逻辑框图

时，CPU 响应复位中断，进入主程序入口。首先执行系统初始化功能。系统初始化完成后，进行初始化自检，自检内容包括 RAM 读写检查、定值检查、EPROM 求和检查及其输出通道自检。初始化自检正确后，主程序进行工作方式判别；主程序进行运行方式判别后，根据结果分别进行执行调试任务处理或数据采集初始化开中断处理。进入故障启动程序。当无故障时，则进入自检循环程序；当有故障时，则进入故障处理程序；在故障处理程序完成后，整组复归时间到后，执行整组复归操作，保护装置返回到故障前的状态，为下一次保护动作做好准备。

2. 采样中断服务程序

图 1-39 是采样中断服务程序。在采样中断服务程序中，主要进行模拟量采集与滤波、启动判据的计算等。

在图 1-39 中，在响应采样中断后，执行数据采集任务，然后根据故障启动标志确定是否进入故障启动判据程序。如果启动标志已置位，表明已经开始故障处理程序，则无需运行故障启动判据计算程序，直接中断返回；而当故障启动标志未置位时，则需运行启动判据计算程序后中断返回。

当采样中断服务程序的启动元件判保护启动时，程序就转入故障处理程序。

3. 故障处理程序

该程序的逻辑框图如图 1-40 所示。它包括保护软连接片的投切检查、保护定值比较、保护逻辑判断、跳闸处理程序和后加速部分。

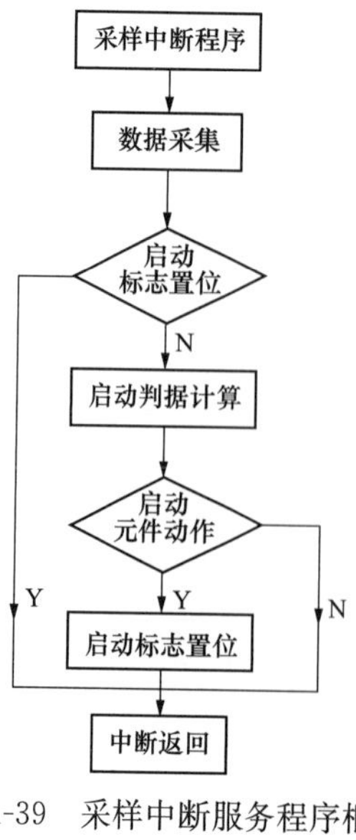

图 1-39　采样中断服务程序框图

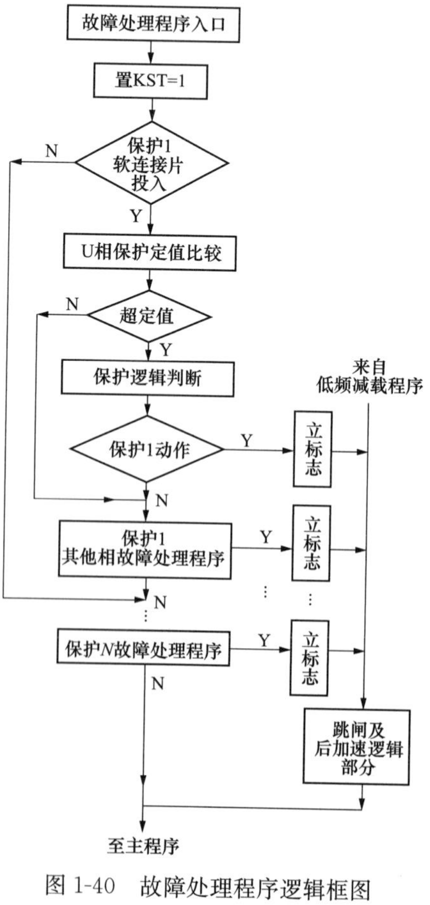

图 1-40　故障处理程序逻辑框图

进入故障处理程序入口后，先置标志位 KST=1，驱动启动继电器开放保护。由于保护的功能不同，其逻辑判断和故障处理程序也不同。

通常微机保护总是多种功能的成套保护装置，一个 CPU 有时要分别处理多个保护功能。例如，电容器保护中要处理电流速断、欠电压、过电压、零序过电流等保护，因此在故障处理程序中要安排处理多个保护的逻辑程序，显然各种不同的保护装置因功能不同，逻辑判断、故障处理程序是不会相同的。但就其原理而言都需先查询保护“软连接片”（即开关量定值）是否投入？其数值型定值有否超限？如果软连接片未投入则转入其他保护功能的处理程序；如果该保护软连接片已投入并超定值，则转入该保护的逻辑判断处理程序；若逻辑判断保护动作，则先置该保护动作标志“1”，报出保护动作信号，然后进入跳合闸、重合闸及后加速的故障处理程序。在各保护逻辑判断中，如 A 相的数值型定值未超定值或逻辑判断程序未判保护动作，则进入 B 相及 C 相的逻辑判断和故障处理程序。

应该指出的是，由于各保护的逻辑判断不同，故对于其功能将在以后各章中分别加以说明。

1.7.2 微机保护各逻辑程序之间的关系

图 1-41 表示了主程序、采样中断服务与故障处理程序之间的关系。从图 1-41 可见，在主程序完成后通过 CPU 的定时器进入采样中断服务程序。而采样中断服务结束后就自动转回，执行主程序中原被中断了的指令。如在采样与计算后，发现被保护设备有故障，就会启动保护，进入故障处理程序，而不再回到原被中断的主程序那里去。在故障处理程序进行的过程中，仍要定时进入采样中断服务程序，以保证保护的实时性和动作的正确性。在故障处理程序结束后，程序就返回到主程序的自检循环部分。

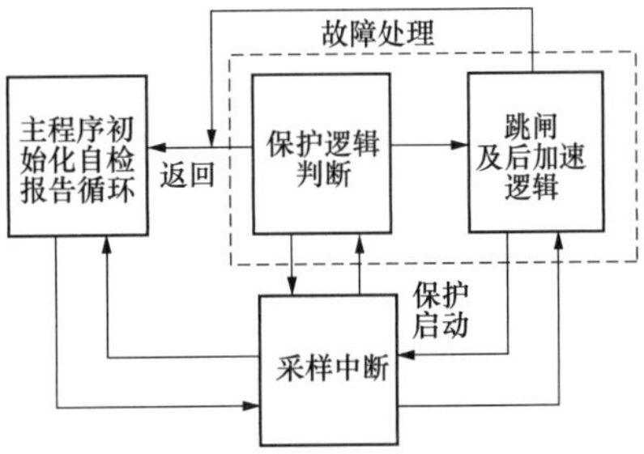

图 1-41 主程序、采样中断服务与故障处理程序之间的关系

本 章 小 结

电力系统中所有投入运行的设备，都配置有相应的继电保护装置。

1. 继电保护的基本任务是反应电力系统中元器件的故障或不正常运行状态，并动作于断路器跳闸或发出信号的一种自动装置，是通过预防事故或缩小事故范围来提高系统运行的可靠性，是保证电力系统安全运行的必不可少的措施之一。

2. 为实现继电保护装置在电力系统中所承担的任务和作用，对继电保护装置有四个基本要求，即选择性、速动性、灵敏性和可靠性。这四个方面既紧密联系，又相互矛盾。在确定继电保护方案时，应该从电力系统的实际情况出发，分清主次，求得最优情况下的统一。

3. 继电保护根据发生故障前后各种电气参量变化的特点，构成各种不同原理的保护，根据保护的对象、保护动作的结果、保护工作的原理及保护实现技术的不同，继电保护装置有不同的分类。

4. 无论是哪一种保护装置，都是由测量部分、逻辑部分和执行部分组成。继电器的动作值、返回值及返回系数是其基本参数，但反映过量继电器与反映欠量继电器动作值、返回值及返回系数时，其含义是不一样的。电磁继电器主要有电流继电器、电压继电器、中间继电器及信号继电器等。

5. 微机保护的硬件主要由数据采集系统、微型机主系统、开关量输入和输出电路组成，数据采集系统是将模拟量转换成适用于微机保护的数据量；微机主系统包括中央处理器、存储器、定时器等。微机保护的软件主要包括主程序、中断服务程序和故障处理程序。微机保护装置的软件通常可分为监控程序和运行程序两部分。所谓监控程序包括对人机接口键盘命令处理程序及为插件调试、整定设置显示等配置的程序。所谓运行程序就是指保护装置在运行状态下所需执行的程序。

思 考 与 实 践

1. 何谓电力系统的故障、不正常运行状态与事故？它们之间有何关系？

2. 什么是继电保护装置？其任务是什么？

3. 对继电保护的基本要求是什么？各自的含义是什么？

4. 继电保护装置一般由哪几部分组成？其作用是什么？

5. 继电保护的种类有哪些？

6. 什么是主保护和后备保护？后备保护的作用是什么？远后备保护和近后备保护有什么区别？

7. 什么是低电压继电器动作电压？

8. 什么是低电压继电器返回电压？

9. 什么是电磁型电流继电器的动作电流、返回电流、返回系数？其动作电流如何调整？

10. 试说明信号继电器以及中间继电器的作用。

11. 后备保护的作用是什么？何谓近后备和远后备？

12. 什么是微机保护？

13. 微机保护的软件是怎样构成的？主程序和中断服务程序各有何作用？

14. 微机保护的硬件由哪些部分构成？各部分的作用是什么？

15. 微机保护的使用特点有哪些？

16. 模拟信号与数字信号有什么区别？

第2章 线路相间短路的电流保护

电网在正常运行时，输电线路上流过正常的负荷电流，母线电压约为额定电压。当输电线路发生短路时，电流增大。根据这一特征，可以构成反应故障时电流增大而动作的电流保护。

本章主要介绍单侧电源网络的相间短路保护的三段式电流保护和多侧电源网络相间短路保护的方向电流保护，以及电网单相接地故障的零序电流保护，重点介绍这些保护的工作原理、保护装置的整定计算和接线方式。

本章的学习目标：

熟练掌握三段式电流保护各段的原理、整定计算方法、特点；

知道阶梯形时限特性；

掌握阶段式方向电流保护的构成，方向元件的作用、原理、接线；

知道功率方向继电器的作用及90°接线方式；

掌握中性点直接接地系统、中性点非直接接地系统单相接地的特点及保护方式；

掌握零序方向元件的原理、接线。

2.1 电流保护概述

2.1.1 保护装置的启动电流

电流增大和电压降低是电力系统中发生短路故障的基本特征。利用此特征实现的保护是基本的，也是最早得到应用的继电保护原理。电力系统发生短路时，短路电流将大大超过正常运行时的负荷电流，因此，可以利用短路时的短路电流构成保护。这种反应电流增大而动作的保护称为电流保护。

继电保护装置往往是由多套反应不同物理量或者不同动作时限的保护构成的。电流保护又可以根据其动作速度和保护范围的不同分为无时限电流速断保护、限时电流速断保护和定时限过电流保护。当电力系统发生短路时，继电保护装置中几种保护将同时对短路参数进行测量，并根据各自的保护范围，作出选择性判断，以最快的速度切除故障。也就是说在故障过程中，继电保护装置中的几种保护都可能启动，而启动的保护中速度最快的动作于断路器跳闸。

在系统发生短路时，首先要启动整套保护，开放保护装置出口回路的正电源，以准备保护动作于出口，同时启动故障计算程序，分析故障量来判断故障是否在保护区内，以何种速度跳闸，这个过程称为启动。对于电流保护来说，大部分装置采用电流突变量元件，即反应两相电流差的突变量元件作为启动元件，当突变量大于某一定值，保护装置启动。通常情况下，整套保护装置有一个总启动元件，而装置中反应某一变量的保护又有自己的启动元件。只有在总装置启动后，保护元件动作才可能出口。例如当线路发

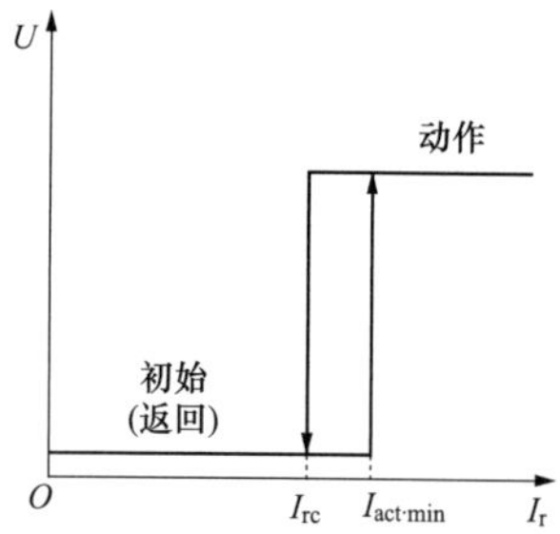

图 2-1　继电特性

生相间短路，保护装置总启动，电流保护同时启动，经过必要的延时出口，跳开断路器，切除故障，称电流保护动作并出口。由此可见保护装置的总启动元件须有很高的灵敏度。

保护装置中的继电器都具有继电特性。继电特性就是指当输入量（如通过的电流）变化到某一数值时，其触点的状态发生突变（反应在节点的输出），继电器具有明确而快速的动作特性，即继电特性，如图 2-1 所示。保护装置中使保护动作的最小电流称为保护的动作电流，用 $I_{act\cdot min}$ 表示；使保护返回的最大电流称为返回电流，用 I_{re} 表示；返回电流与动作电流的比值称为返回系数，用 K_{re} 表示，即

$$K_{re} = \frac{I_{re}}{I_{act\cdot min}} \tag{2-1}$$

2.1.2　电力系统的运行方式

在电源电动势一定的情况下，线路上任一点发生短路时，短路电流的大小与短路点至电源之间的总电抗及短路类型有关。三相短路电流大小计算式为

$$I_K^{(3)} = \frac{E_s}{X_s + x_1 L_k} \tag{2-2}$$

式中　E_s——系统等效电源的相电动势；

X_s——归算至保护安装处至电源的等效电抗；

x_1——线路单位长度的正序电抗；

L_k——短路点至保护安装处的距离。

当系统运行方式一定时 E_s 和 X_s 为常数，这时三相短路电流取决于短路点的远近。改变 L_k，计算 $I_k^{(3)}$，即可绘出 $I_k^{(3)} = f(L)$ 一系列曲线。图 2-2 中的曲线①为系统最大运行方式下，三相短路电流随短路距离变化的曲线；曲线②为系统最小运行方式下，两相短路电流随短路距离变化的曲线。

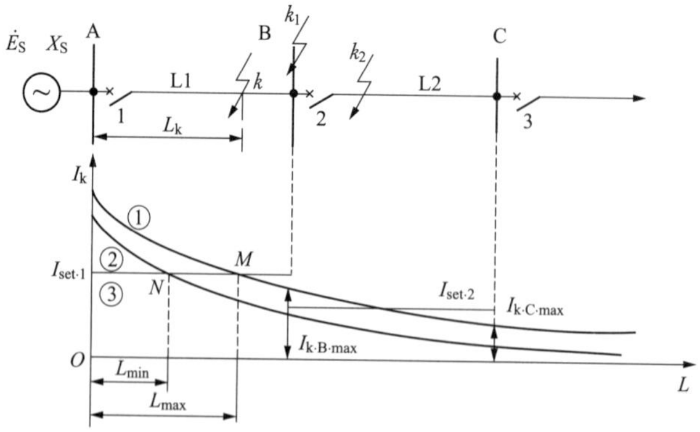

图 2-2　单侧电源线路的无时限电流速断保护工作原理图

L_{min}—最小保护区；L_{max}—最大保护区

所谓最大运行方式是指归算到保护安装处系统的等值阻抗最小，$X_s = X_{s\cdot min}$，通过保护的短路电流最大的运行方式；最小运行方式是指归算到保护安装处的系统等值阻抗最大，即 $X_s = X_{s\cdot max}$，通过保护的短路电流最小的运行方式。故障点距保护安装处越近

时，短路电流越大。

最大和最小运行方式的选取，对不同安装地点的保护，应视网络的实际情况而定。同一运行方式下，同一故障点的 $I_k^{(2)}=\frac{\sqrt{3}}{2}I_k^{(3)}$。

可见，系统最大运行方式下的三相短路电流最大，系统最小运行方式下的两相短路电流最小。图 2-2 中短路电流曲线①对应最大运行方式下三相短路情况，曲线②对应最小运行方式两相短路情况。

2.1.3　电流保护的二次值

在图 2-2 中使电流保护启动或动作的电流是电流互感器二次侧电流，并非线路中的电流。电流互感器的二次侧电流 I_2 与线路中的电流 I_1 之间的关系为

$$I_2=\frac{I_1}{n_{TA}} \tag{2-3}$$

式中　I_1——线路中的电流；

n_{TA}——电流互感器的变比。

在电流保护装置中，动作电流和返回电流数值的大小是根据保护选择性、灵敏度及可靠性等因素确定的，具体内容在下面几节中讲述。

2.2　无时限电流速断保护

2.2.1　无时限电流速断保护的定义及构成

1. 定义

无时限电流速断保护，简称为电流速断保护，又称为电流Ⅰ段保护。当电力系统的相间短路故障发生在靠近电源侧时，非常大的短路电流不仅对系统电力设备构成很大的损坏，还可能危及电力系统的安全，甚至造成电网的崩溃，这就要求能快速的切除故障来维护电网的安全。无时限电流速断保护的是反应电流的增大而瞬时动作的一种保护。它广泛地应用于输电线路及电气设备保护中。

2. 构成及原理

（1）常规电磁保护原理图。无时限电流速断保护的单相原理图如图 2-3 所示。保护由电流继电器 KA、中间继电器 KM、信号继电器 KS 组成。

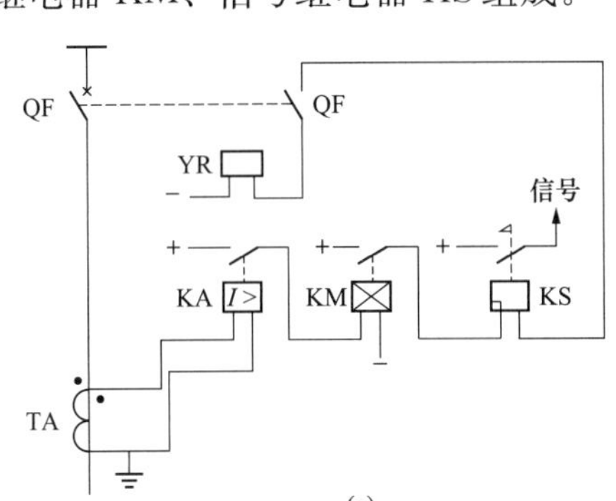

图 2-3　无时限电流速断保护的单相原理图（一）

（a）常规电磁保护原理图

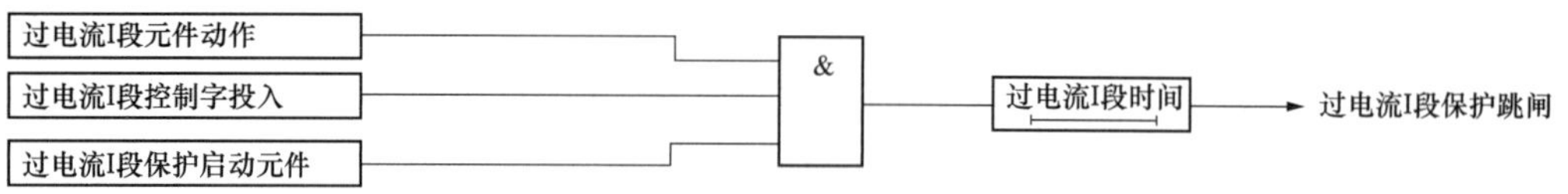

(b)

图 2-3　无时限电流速断保护的单相原理图（二）
（b）微机保护逻辑框图

电流测量元件 KA 接于电流互感器 TA 的二次侧，正常运行时，线路流过的是负荷电流，TA 的二次电流小于 KA 的动作电流，保护不动作；当线路发生短路故障时，线路流过短路电流，当流过 KA 的电流大于它的动作电流时，测量元件 KA 动作，触点闭合，启动中间继电器元件 KM，KM 触点闭合，一方面控制断路器跳闸，切除故障线路；另一方面启动信号元件 KS，KS 动作，发出保护动作的告警信号。

（2）微机保护逻辑框图。瞬时电流速断保护的单相构成原理接线如图 2-3（b）所示。为取得保护的级间配合时限可整定为速断或带极短的时限。

2.2.2　无时限电流速断保护的整定

瞬时电流速断保护反应线路故障时电流增大而动作，并且没有动作延时，所以必须保证只有在被保护线路上发生短路时才动作，例如图 2-2 的保护 1 必须只反应线路 L1 上的短路，而对 L1 以外的短路故障均不应动作，这就是保护的选择性要求。瞬时电流速断保护是通过对动作电流的合理整定来保证选择性的。

为了保证瞬时电流速断保护动作的选择性，应按躲过本线路末端最大短路电流来整定计算。对于图 2-2 保护 1 的动作电流，应该大于线路 L2 始端短路时的最大短路电流。实际上，线路 L2 始端短路与线路 L1 末端短路时反应到保护 1 的短路电流几乎没有区别，因此，线路 L1 的瞬时电流速断保护动作电流的整定原则为：躲过本线路末端短路的可能出现的最大短路电流 $I_{k\cdot B\cdot max}$，计算如下

$$I_{set\cdot 1}^{I} > I_{k\cdot B\cdot max}^{(3)}$$

或

$$I_{set\cdot 1}^{I} = K_{rel}^{I} I_{k\cdot B\cdot max}^{(3)} \tag{2-4}$$

式中　$I_{set\cdot 1}^{I}$——保护装置 1 的整定电流，线路中的一次电流达到保护装置整定电流时保护启动；

K_{rel}^{I}——可靠系数，考虑到继电器的误差、短路电流计算误差和非周期量影响等，取 1.2～1.3；

$I_{k\cdot B\cdot max}^{(3)}$——最大运行方式下，被保护线路末端变电站 B 母线上三相短路时的短路电流，一般取短路最初瞬间即 $t=0$ 时的短路电流周期分量有效值。

无时限电流速断保护是靠动作电流获得选择性。即使本线路以外发生短路故障也能保证选择性。

2.2.3　保护范围、灵敏度的校验

在已知保护的动作电流后，大于动作电流的短路电流对应的短路点区域，就是保护范围。保护的范围随运行方式、故障类型的变化而变化，在各种运行方式下发生各种短路时保护都能动作切除故障的短路点位置的最小范围称为最小保护范围，例如保护 1 的

最小保护范围为图 2-2 中直线 $I_{set \cdot 1}$与曲线②的交点的前面部分。最小保护范围在系统最小运行方式下两相短路时出现。一般情况下，应按这种运行方式和故障类型来校验保护的最小范围，要求大于被保护线路全长的 15％～20％。

2.2.4　评价

瞬时电流速断保护的优点是简单可靠、动作迅速，缺点是不可能保护线路的全长，并且保护范围直接受运行方式变化的影响。

规程规定：最小保护范围不小于被保护线路全长的 15％；最大保护范围大于被保护线路全长 50％，否则保护将不被采用。

2.3　限时电流速断保护

2.3.1　限时电流速断保护的作用

1. 作用

无时限电流速断保护的保护范围只是线路的一部分，为了保护线路的其余部分，又能较快地切除故障，往往需要再装设一套具有延时的电流速断保护，又称限时电流速断保护，简称电流Ⅱ段。

图 2-4 所示，E_S 线路末端 k_1 点短路与相邻线路首端 k_2 点短路时，其短路电流基本相同。为了保护线路全长，本线路限时电流速断保护的保护范围必须延伸到相邻线路内。考虑到选择性，限时电流速断保护的动作时限和动作电流都必须与相邻元件无时限速断保护相配合。

2. 构成

限时电流速断保护就是在速断保护的基础上加一定的延时构成的。接线如图 2-5 所示。它比瞬时电流速断保护接线增加了时间继电器 KT，这样当电流继电器 KA 启动后，还必须经过时间继电器 KT 的延时 $t_1^{\rm II}$ 才能动作于跳闸。而如果在 $t_1^{\rm II}$ 以前故障已经切除，则电流继电器 KA 立即返回，整个保护随即复归原状，不会形成误动作。

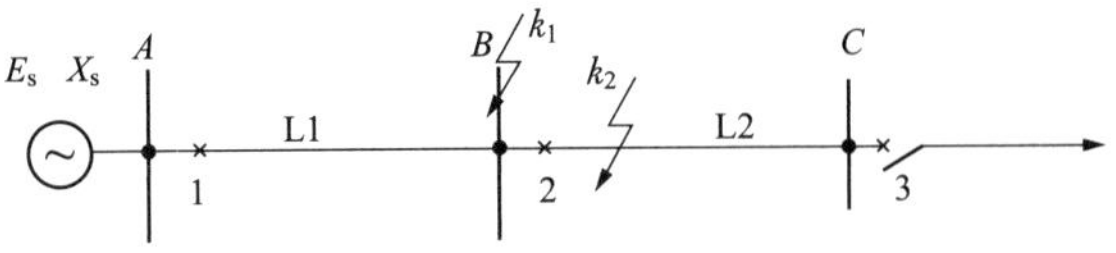

图 2-4　限时电流速断保护

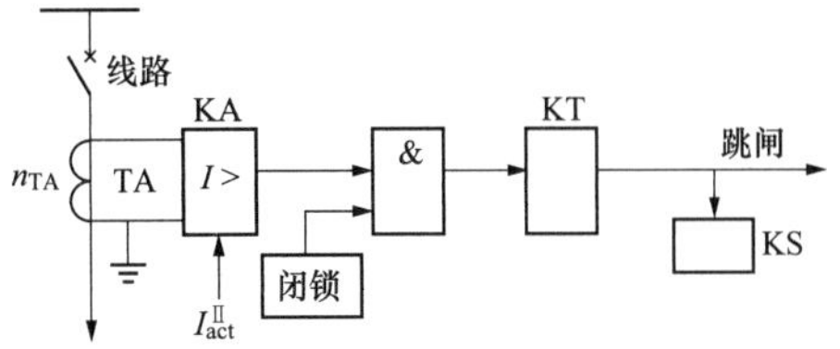

图 2-5　限时电流速断保护的单相原理接线图

3. 工作原理

如图 2-6 所示中的限时电流速断保护 1，因为要求保护线路的全长，所以它的保护范围必然要延伸到下级线路中去，这样当下级线路出口处发生短路时，它就要动作。是无选择性动作。为了保证动作的选择性，就必须使保护的动作带有一定的时限，此时限的大小与其延伸的范围有关。如果它的保护范围不超过下级线路速断保护的范围，动作时限则比下级线路的速断保护高出一个时间阶梯 Δt(0.3～0.6s，一般取 0.5s)。如果与下级线路的速断保护配合后，在本线路末端短路时灵敏性不足，则此限时电流速断保护必须与下级线路的限时电流速断保护配合，动作时限比下级的限时速断保护高出一个时间阶梯，即两个时间阶梯 $2\Delta t$，约为 1s。

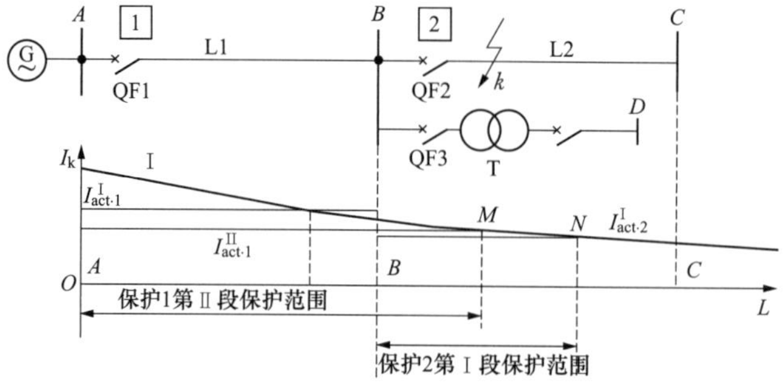

图 2-6　限时电流速断保护动作整定分析图

2.3.2　动作时限的整定

为了保护线路全长，本线路限时电流速断保护的保护范围必须延伸到相邻线路内。考虑到选择性，限时电流速断保护的动作时限和动作电流都必须与相邻元件无时限速断保护相配合。

图 2-6 中，线路 L2 的 BM 段处于线路 L2 的第Ⅰ段电流保护和线路 L1 的第Ⅱ段电流保护的双重保护范围内，在 BM 段发生短路时，必然出现这两段保护的同时动作。为了保证选择性，应由 L2 的第Ⅰ段电流保护动作跳开 QF2，L1 的第Ⅱ段电流保护不跳开 QF1。为此，L1 的限时速断的动作时限 t_1^{II}，应选择比下级线路 L2 瞬时速断保护的动作时限 t_2^{I} 高出一个时间阶梯 Δt，即

$$t_1^{II} = t_2^{I} + \Delta t \approx \Delta t \tag{2-5}$$

2.3.3　动作电流的整定

设图 2-6 所示系统保护 2 装有瞬时电流速断，其动作电流按式（2-4）计算后为 $I_{set\cdot2}^{I}$，它与短路电流变化曲线的交点 N 即为保护 2 瞬时电流速断的保护范围。根据以上分析，保护 1 的限时电流速断范围不应超出保护 2 瞬时电流速断的范围。因此它的动作电流就应该整定为

$$I_{set\cdot1}^{II} > I_{set\cdot2}^{I} \tag{2-6}$$

引入可靠系数 K_{rel}^{II}（一般取为 1.1～1.2），则得

$$I_{set\cdot1}^{II} = K_{rel}^{II} I_{set\cdot2}^{I} \tag{2-7}$$

2.3.4　灵敏度校验

为了能够保护本线路的全长，限时电流速断保护必须在系统最小运行方式下，线路末端发生两相短路时，具有足够的反应能力，这个能力通常用灵敏系数 K_{sen} 来衡量。对反应于数值上升而动作的过量保护装置，灵敏系数的含义是

$$K_{sen} = \frac{\text{保护区末端金属性短路时故障参数的最小计算值}}{\text{保护装置的动作参数值}} \tag{2-8}$$

为了保证在线路末端短路时，保护装置一定能够动作，考虑到电流互感器 TA、电流继电器误差，根据规程要求 $K_{sen} \geqslant 1.3 \sim 1.5$。

当灵敏度不能满足规程要求时，可与下一相邻线路的限时电流速断保护相配合，即动作电流相配合和动作时限相配合。

2.3.5　限时电流速断保护的特点

（1）限时电流速断保护的保护范围大于本线路全长。

（2）依靠动作电流值和动作时间共同保证其选择性。

（3）与第Ⅰ段共同构成被保护线路的主保护，兼作第Ⅰ段的近后备保护。

2.4　定时限过电流保护

2.4.1　定时限过电流保护作用

定时限过电流保护简称过电流保护，也称电流Ⅲ段。通常是指其动作电流按躲过线路最大负荷电流整定的一种保护。正常运行时，它不会动作；电网发生故障时，一般情况下故障电流比最大负荷电流大得多，所以过电流保护具有较高的灵敏性。因此，过电流保护不仅能保护本线路全长，而且还能保护相邻线路全长甚至更远。

为防止本线路主保护（瞬时电流速断、限时电流速断保护）拒动和下一级线路的保护或断路器拒动，装设定时限过电流保护作为本线路的近后备和下一线路的远后备保护。过电流保护有两种：一种是保护启动后出口动作时间是固定的整定时间，称为定时限过电流保护；另一种是出口动作时间与过电流的倍数相关，电流越大，出口动作越快，称为反时限过电流保护。

定时限过电流保护的原理接线与限时电流速断保护相同，只是动作电流和动作时限不同。

2.4.2　动作电流的整定

在图 2-7 所示的电网中，为保证在正常情况下过电流保护不动作，保护装置的动作电流必须大于该线路上出现的最大负荷电流 $I_{L\cdot max}$，即

$$I_{set}^{Ⅲ} > I_{L\cdot max} \tag{2-9}$$

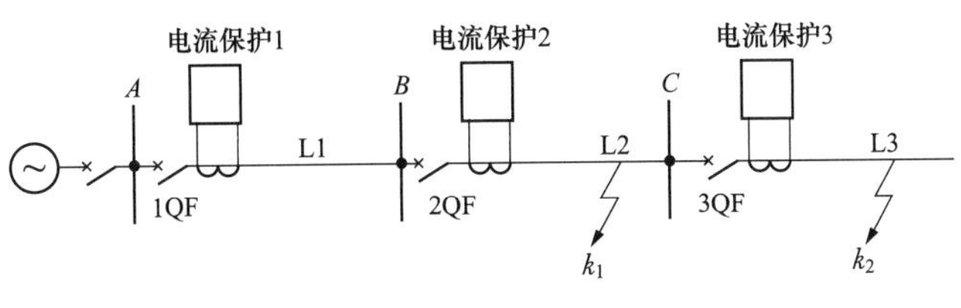

图 2-7　定时限过电流保护配置图

同时还必须考虑在外部故障切除后电压恢复，负荷自启动电流作用下保护装置必须能够返回，其返回电流 I_{re} 应大于负荷自启动电流 $K_{ast}I_{L\cdot max}$，即

$$I_{re} > K_{ast} I_{L\cdot max} \tag{2-10}$$

故得

$$K_{re}=\frac{I_{re}}{I_{act}^{Ⅲ}} \tag{2-11}$$

由式（2-10）和式（2-11）可得

$$I_{set}^{Ⅲ}>\frac{K_{ast}I_{L\cdot max}}{K_{re}} \tag{2-12}$$

为保证两个条件都满足，取以上两个条件中较大者为动作电流整定值，即

$$I_{set}^{Ⅲ}=\frac{K_{rel}}{K_{re}}K_{ast}I_{L\cdot max} \tag{2-13}$$

式中 K_{ast}——自启动系数，一般取 1.5～3；

K_{rel}——可靠系数，一般取 1.15～1.25；

K_{re}——电流继电器的返回系数，一般取 0.85～0.95。

2.4.3 动作时限的确定

如图 2-8 所示，假定在每条线路首端均装有过电流保护，各保护的动作电流均按照躲开被保护元件上各自的最大负荷电流来整定。这样当 k_1 点短路时，保护 1～5 在短路电流的作用下都可能启动，为满足选择性要求，应该只有保护 1 动作切除故障，而保护 2～5 在故障切除之后应立即返回。这个要求只有依靠使各保护装置带有不同的时限来满足。保护 1 位于电力系统的最末端，假设其过电流保护动作时间为 $t_1^{Ⅲ}$，对保护 2 来讲，为了保证 k_1 点短路时动作的选择性，则应整定其动作时 $t_2^{Ⅲ}>t_1^{Ⅲ}$，即 $t_2^{Ⅲ}=t_1^{Ⅲ}+\Delta t$。

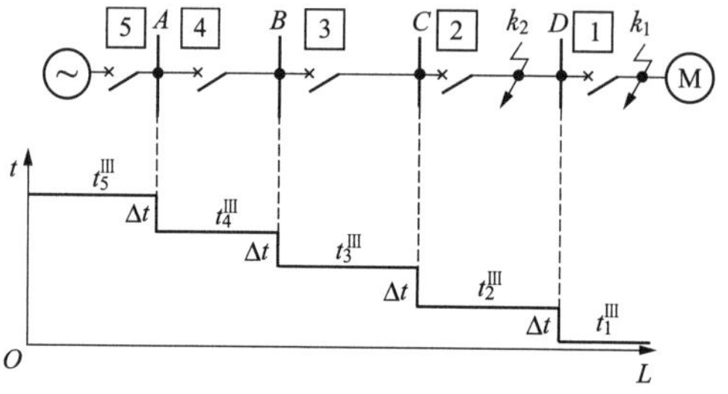

图 2-8 单侧电源放射形网络中定时限过电流保护的动作时限示意图

依次类推，保护 3、4、5 的动作时限均应比相邻元件保护的动作时限高出至少一个 Δt，只有这样才能充分保证动作的选择性。即 $t_1^{Ⅲ}<t_2^{Ⅲ}<t_3^{Ⅲ}<t_4^{Ⅲ}<t_5^{Ⅲ}$。

由此可见，定时限过电流保护动作时限的配合原则是，各保护装置的动作时限从用户到电源逐级增加一个级差 Δt(一般取 0.5s)，如图 2-8 所示，其形状好似一个阶梯，故称为阶梯形时限特性。在电网终端的过电流保护时限最短，可取 0.5s 作主保护；其他保护的时限较长，只能作后备保护。

这种保护的动作时限，经整定计算确定之后不再变化且和短路电流的大小无关，因此称为定时限过电流保护。

第Ⅰ段电流保护依据动作电流整定保证选择性，第Ⅱ段电流保护依据动作电流和时限整定共同保证选择性，第Ⅲ段电流保护依据动作时限的“阶梯形时限特性”配合来保证选择性。

2.4.4　灵敏度校验

过电流保护灵敏系数的校验仍采用式（2-6）。当过电流保护 4 作为本线路 AB 的近后备时，要求

$$K_{\mathrm{sen}}^{\mathrm{III}}=\frac{I_{\mathrm{k\cdot B\cdot nin}}}{I_{\mathrm{set}}^{\mathrm{III}}}=1.3\sim1.5 \tag{2-14}$$

当作为相邻线路 BC 的远后备保护时，要求

$$K_{\mathrm{sen}}^{\mathrm{III}}=\frac{I_{\mathrm{k\cdot C\cdot nin}}}{I_{\mathrm{set}}^{\mathrm{III}}}\geqslant1.2 \tag{2-15}$$

2.4.5　定时限过电流的特点

（1）第Ⅲ段的动作电流比第Ⅰ、Ⅱ段的小，其灵敏度比第Ⅰ、Ⅱ段高，但电流保护受运行方式的影响大，线路越简单，可靠性越高。

（2）在后备保护之间，只有灵敏系数和动作时限都互相配合时，才能保证选择性；在单侧电源辐射网中，有较好的选择性（靠动作电流、动作时限），但在多电源或单电源环网等复杂网络中可能无法保证选择性。

（3）保护范围是本线路和相邻下一线路全长。

（4）电网末端第Ⅲ段的动作时间可以是保护中所有元件的固有动作时间之和（可瞬时动作），故可不设电流速断保护；末级线路保护亦可简化（Ⅰ＋Ⅲ或Ⅲ），越接近电源，t^{III}越长，应设三段式保护。

2.5　阶段式电流保护

2.5.1　阶段式电流保护的构成

无时限电流速断保护只能保护线路首端的一部分；限时电流速断保护能保护本线路全长，但不能作为相邻下一线路的后备；定时限过电流保护能保护本线路及相邻下一线路全长，然而动作时限较长。为了迅速、可靠地切除被保护线路上的故障，可将上述三种保护组合在一起构成一套保护，称为阶段式电流保护。

由瞬时电流速断保护构成电流Ⅰ段，限时电流速断保护为电流Ⅱ段，过电流保护为电流Ⅲ段；电流Ⅰ、Ⅱ段共同构成主保护，能以最快的速度切除线路首端故障和以较快的速度切除线路全长范围内的故障，电流Ⅲ段作为后备保护，既作为本线路电流Ⅰ、Ⅱ段保护的近后备保护，也作为下一线路的远后备保护。

阶段式电流保护不一定都用三段，也可以只用两段，即瞬时或限时电流速断保护作为电流Ⅰ段，过电流保护作为电流Ⅱ段，构成两段式电流保护。

2.5.2　三段式电流保护原理与展开图

继电保护的接线图一般分为原理图、展开图和安装图三种形式。微机型保护装置由于其实现原理比较复杂，一般画出框图或逻辑图，表示出保护装置的基本功能及它们之间的联系。框图是原理图的设计依据；逻辑图则表示出各元件或回路之间的逻辑关系。

保护装置的原理图（又称归总式原理图）可以清楚地表示出接线图中各元件间的电气联系和动作原理。在原理接线图上所有电气元件都是以整体形式表示，其相互联系的电流回路、电压回路和直流回路都综合在一起。为了便于阅读和表明动作原理，一般还将一次回路的有关部分，如断路器、跳闸线圈、辅助接点以及被保护的设备等都画在一起。

展开图是原理图的另一种表示方法。它的特点是按供电给二次回路的每个独立电源来划分的，即将装置的交流电流回路，交流电压回路和直流回路分开来表示。在原理图中所包括的继电器和其他电器的各个组成部分如线圈、触点等在展开图中被分开画在它们所属的不同回路中，属于同一个继电器的全部元件要注以同一文字符号，以便在不同回路中查找。

图 2-9 为三段式电流保护的接线图。保护采用两相不完全星形接线，为了在 Yd 接线的变压器后两相短路时提高第Ⅲ段的灵敏度，故该段采用了两相三继电器式接线。

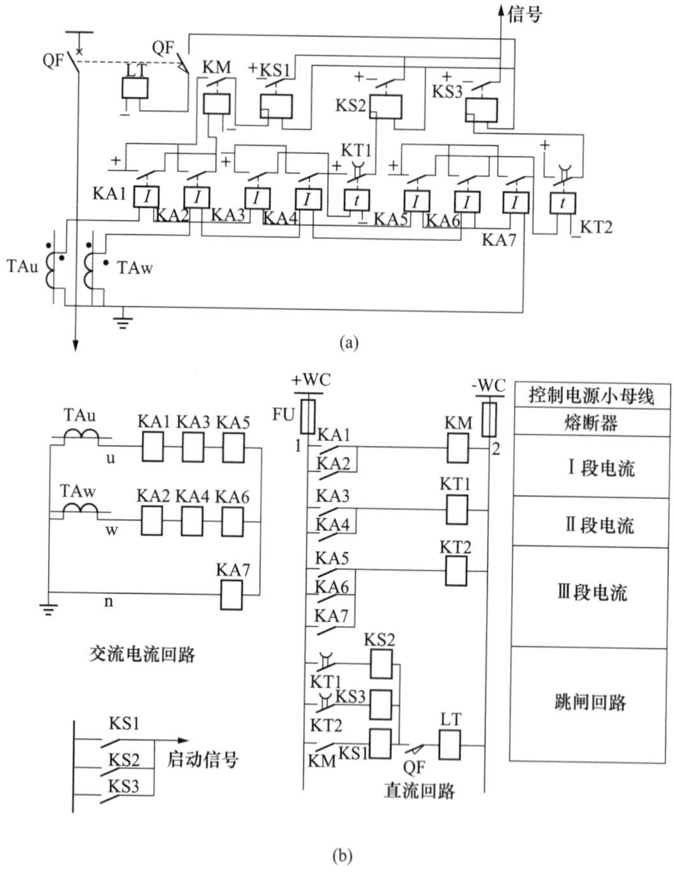

图 2-9　三段式电流保护原理图和展开图

（a）原理图；（b）展开图

微机线路保护的原理可以用逻辑图表示，图 2-10 为微机三段式过电流保护的逻辑原理图。装置设三段式保护，其中Ⅰ、Ⅱ段为定时限过电流保护，Ⅲ段可设定时限或反时限，由控制字进行选择。各段电流及时间定值可独立整定，分别设置整定控制字（GLx）控制三段保护的投退。Ⅲ段可选择反时限方式（FSX），过负荷（GFH）三相电流按“或”门启动。保护动作的前提是启动元件必须启动，保护才能发挥正常功能。

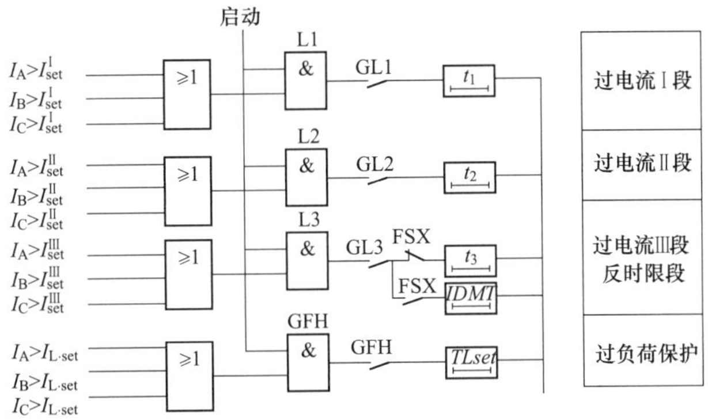

图 2-10　微机三段式过电流保护逻辑原理图

IDMT—反时限电流保护；*TLset*—跳闸延时

2.5.3　阶段式电流保护的时限特性

图 2-11 所示为阶段式电流保护的时限特性，三段式电流保护的动作电流、保护范围及动作时限的配合情况。由图可见，在被保护线路首端 k_1 故障时，保护的第Ⅰ段将瞬时动作；在被保护线路末端 k_2 故障时，保护的第Ⅱ段将带 0.5s 时限切除故障；而第Ⅲ段只起后备作用。所以，装有三段式电流保护的线路，一般情况下，都可以在 0.5s 时间内切除故障。

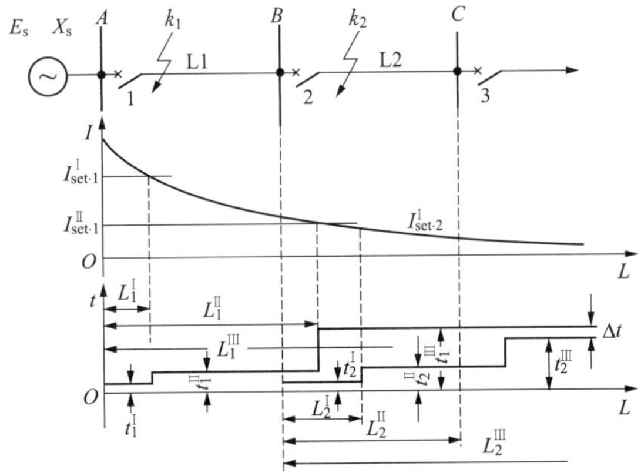

图 2-11　单侧电源线路三段式电流保护的配合情况示意图

本线路的第Ⅲ段应与相邻下一线路的第Ⅲ段从时限上进行配合，当前后两线路的负荷变化不大时，还应从灵敏度上进行配合。

2.5.4　主保护与后备保护

按照第 1 章给出的主保护的定义，仅依靠电流Ⅰ段保护不能构成线路主保护，因为电流Ⅰ段保护不能切除线路上所有的故障。只有电流Ⅰ段保护和电流Ⅱ段保护共同配合，才能构成线路的主保护，即满足系统稳定和设备安全要求，能以最快速度、有选择地切除被保护设备和线路故障。

除了主保护，线路上还应配有后备保护。所谓后备保护是指主保护或断路器拒动时，用以切除故障的保护。一旦主保护设备或断路器发生故障拒动，依赖后备保护切除故障。电流Ⅱ段保护既属于主保护，同时又属于后备保护；定时限过电流保护（电流Ⅲ段保护）属于后备保护。由电流Ⅰ段、电流Ⅱ段和电流Ⅲ段保护共同构成了三段式电流保护。图 2-12 所示为三段式电流保护的保护区示意图。

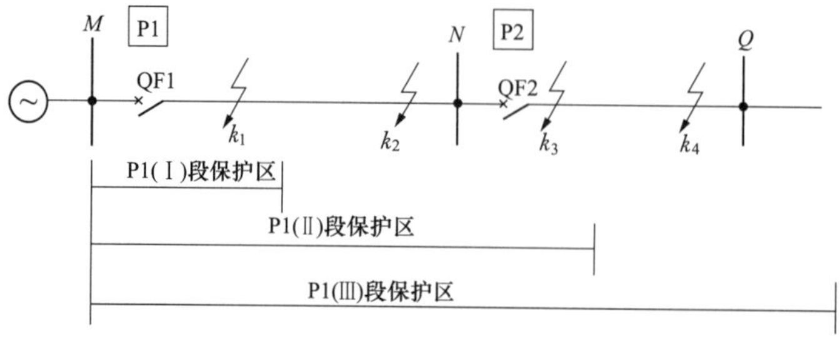

图 2-12　三段式电流保护的保护区示意图

后备保护分为远后备、近后备两种方式。

近后备是当主保护拒动时，由本电力设备线路的另一套保护实现的后备保护。如 k_1 处故障，P1 的Ⅰ段保护拒动，将由 P1 的Ⅱ段保护经延时跳开 QF1；k_2 处故障，P1 的Ⅱ段保护拒动，将由 P1 的Ⅲ段保护经延时跳开 QF1。

远后备是当主保护或断路器拒动时，由相邻电力设备或线路的保护来实现的后备保护。例如 k_3 处故障，如果 QF2 拒动，将由 P1 的Ⅱ段保护经延时跳开 QF1；k_4 处故障，如果 P2 拒动，将由 P1 的Ⅲ段保护经延时跳开 QF1。

可以看出，Ⅰ段保护不能保护本线路全长，无后备保护作用；Ⅱ段保护具有对本线路Ⅰ段保护的近后备作用以及对相邻下一线路保护部分的远后备作用。当 k_2 及 k_4 处发生故障的同时，如相应的断路器或保护拒动，在不装设Ⅲ段保护的情况下，故障将不能被切除，这是不允许的。因此，必须设立Ⅲ段保护提供完整的近后备及远后备作用，显然Ⅲ段应能保护本线路及相邻下一线路全长。

综上所述，Ⅲ段保护为后备保护，既是本线路主保护的近后备保护又是下一线路的远后备保护，其保护区应超出相邻下一线路范围。

2.6　电流、电压联锁速断保护

2.6.1　电压保护的特点

发生短路时，母线电压下降，低电压保护由母线电压构成判据，整定示意图如图 2-13 所示。

电压保护具有以下特点：

(1) 母线电压变化规律与短路电流相反，故障点距离电源越近母线电压越低。

(2) 最大运行方式下短路电流较大，母线电压水平高，电压保护的保护区缩短。

(3) 仅由母线电压不能判别是母线上哪条线路故障，因此电压保护无法单独用于线路保护。

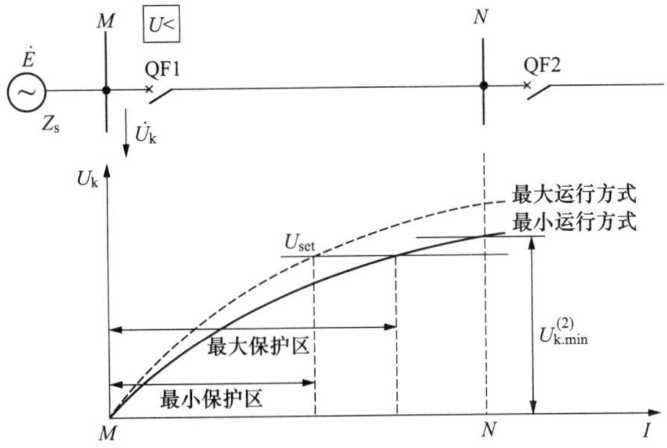

图 2-13　低电压保护整定示意图

2.6.2　电压闭锁电流速断保护

为了保证选择性，电流速断保护应按最大运行方式来整定动作电流，但在最小运行方式下保护范围要缩小；而电压速断保护应按最小运行方式来整定动作电压，但在最大运行方式下保护范围要缩小。电压电流闭锁速断保护是兼用电流和电压元件、综合电流和电压速断保护特点的一种保护。

在有些电力系统中，由于最大和最小运行方式相差很大，不能采用电流速断保护或电压速断保护。但出现这两种运行方式的时间较少，大多数时间是在某一种运行方式（称为常见运行方式）下工作。在这种情况下，可以考虑采用电流闭锁电压速断保护或电压闭锁电流速断保护，也称为电流、电压联锁速断保护。该保护按系统最常见的运行方式整定，当系统运行方式不是最常见运行方式时，其保护区缩短，不会丧失选择性。

电流、电压联锁速断保护整定方法如图 2-14 所示，按常见运行方式下三相短路时电流、电压保护均有 80％的保护区的原则整定。当系统运行方式改变时，如变为最大运行方式，如图 2-14 中虚线所示，电流速断保护区伸长，但电压保护区缩短，电流保护动作，但电压保护不动作。由于电流保护与电压保护构成与逻辑出口，因此电流、电压联锁速断保护不会出口动作。运行方式变小时，则电压速断保护区伸长，但电流保护区缩短，电压保护动作，但电流保护不动作，电流、电压联锁速断保护不会误动作，因此保护不会失去选择性。

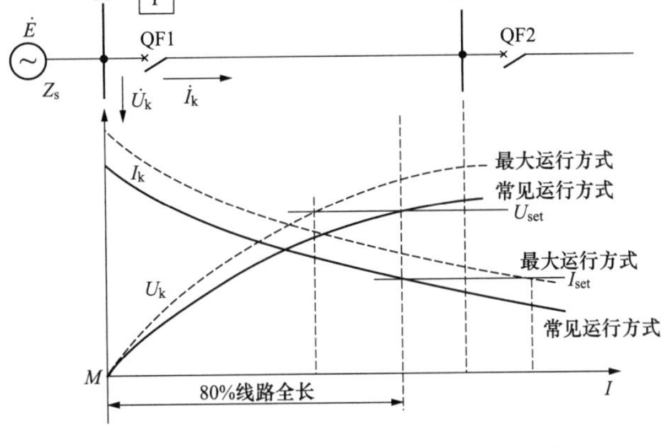

图 2-14　电流、电压联锁速断保护整定示意图

电流、电压闭锁速断保护的启动元件包括电流元件和电压元件，只有在两者都动作的情况下，保护才启动。保护逻辑框图如图 2-15 所示。图中，电流元件由 A、C 相电流继电器组成，电压元件由三个反应线电压的低电压继电器组成，电流元件与电压元件构成与逻辑出口。

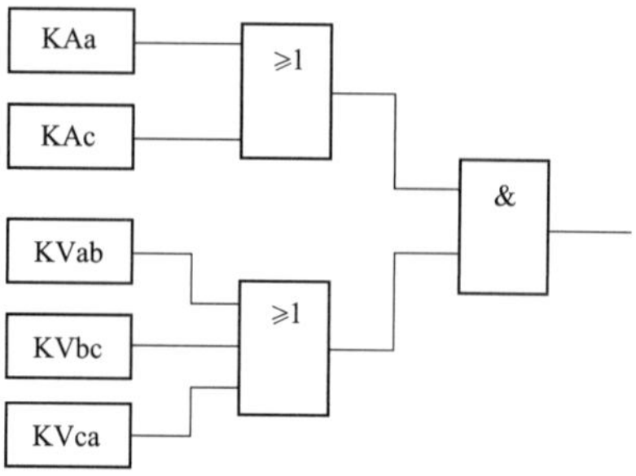

图 2-15　电流、电压联锁速断保护逻辑框图

*2.7　方向电流保护

2.7.1　电流保护方向性问题的提出

提高供电可靠性，保证电能质量是电力系统运行的基本要求，单电源辐射形网络的供电可靠性较差，这在前面讲解选择性问题时已经感觉到了，采用双电源辐射供电或单电源环网供电形式可以使供电可靠性大大提高，如图 2-16 所示。但必须在线路两侧都装设断路器和保护装置，以便在线路故障时，两侧断路器可以跳闸切除故障。当在图 2-16（a）和（b）中的 k_1 点发生相间短路时，要求保护 3 和 4 动作，断开 3QF 和 4QF 两个断路器，即切除故障元件，保证非故障设备继续运行。在这种电网中，如果还采用一般的电流保护作为相间短路保护，往往不能满足选择性的要求。

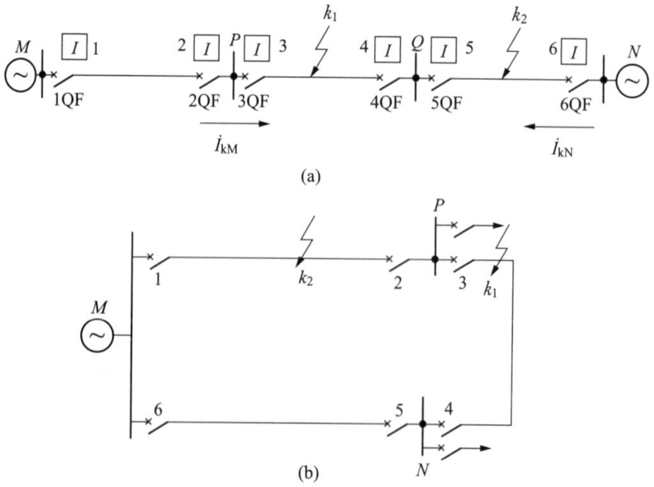

图 2-16　电网示意图

（a）双电源供电的辐射形电网；（b）单电源供电的环形电网

例如：在图 2-16（a）的保护 3 的Ⅰ段范围内 k_1 点短路，则 M 侧电源供给的短路电流为 $\dot{I}_{kM}$，N 侧电源供给的短路电流为 $\dot{I}_{kN}$，若 $I_{kM}>I_{set.2}$则保护 2 和 3 的无时限电流速断保护同时动作，错误地将断路器 2QF 跳开，造成变电站 P 全部停电。所以对电流速断保护来说，在双电源线路上难于满足选择性的要求。

对电流保护第Ⅲ段而言，k_1 点短路故障时，为保证选择性，要求保护 5 的时限大于保护 4 的时限，即 $t_5>t_4$；而当 k_2 点短路故障时，又要求 $t_4>t_5$，显然这是无法整定的，所以出现了矛盾的要求和结果。也就是说明原来在单电源辐射形供电网络中应用的过电流保护已经不适应新的供电网络的要求了。

2.7.2 解决问题的措施

但是，经过分析得知，无论保护 2 还是保护 3，凡是它们不应该动作时，流过它们所在处的短路电流都是由线路流向母线的，凡是它们应该动作时，流过它们所在处的短路电流都是由母线流向线路的。所以为了保证选择性，为此，应在 k_1 点短路时，保护 2、5 不反应，而在 k_2 点短路时，保护 4 不反应。根据 k_1 点、k_2 点短路时，流经保护的短路功率方向不同是可以实现的。k_1 点短路时，流经保护 2、5 的短路功率方向是被保护线路流向母线，保护不应该动作；而流经保护 3、4 的短路功率方向是母线流向被保护线路，保护应该动作。所以若在过电流保护 2、3、4、5 上各加一功率方向元件，则只有当短路功率是由母线流向线路时，才允许保护动作，反之不动作。这样，就解决了保护动作的选择性问题。这种在过电流保护中加一方向元件的保护称为方向电流保护。

在原来的过电流保护基础上增加了方向判别元件即功率方向继电器。关于功率方向是这样规定的：功率的方向由母线流向线路的方向为正，由线路流向母线的方向为负。功率方向由功率方向继电器来判断。当功率方向为正时功率方向继电器动作，其动合触点接通，当功率方向为负时不动作，其动合触点断开。

图 2-17 所示为一双侧电源辐射形电网，电网中装设了方向过电流保护，图中所示箭头方向，即为各保护的动作方向，这样就可将两个方向的保护拆开看成两个单电源辐射形电网的保护。其中，保护 1、3、5 为一组，保护 2、4、6 为另一组，如各同方向保护的时限仍按阶梯原则来整定，它们的时限特性如图 2-17（b）所示。当 L2 上发生短路时，保护 2 和 5 处的短路功率方向是由线路流向母线，功率为负，保护不动作。而保护 1、3、4、6 处短路功率方向为由母线流向线路，即功率为正，故保护 1、3、4、6 都启动，

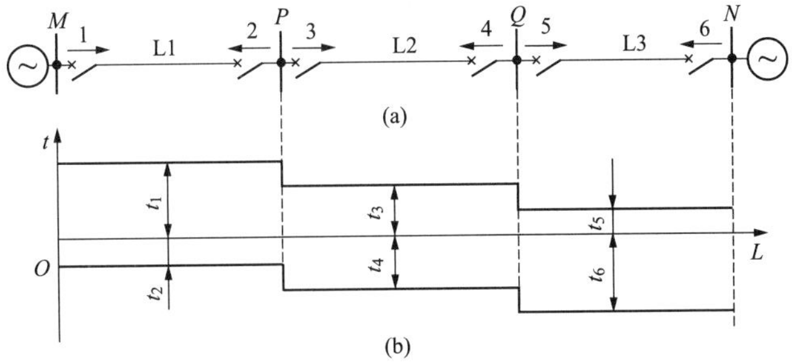

图 2-17 双侧电源辐射形电网及其保护时限示意图

（a）双侧电源辐射形电网；（b）保护时限特性

但由于 $t_1>t_3$，$t_6>t_4$，故保护 3 和 4 先动作跳开相应断路器，短路故障消除，保护 1 和 6 返回，从而保证了保护动作的选择性。

2.7.3 方向电流保护单相原理接线图

由以上分析可知，判别短路功率的方向是解决电流保护用于双侧电源供电或单电源环网供电线路选择性问题的有效方法。增加判别功率方向的电流保护称为方向电流保护，其原理接线图和逻辑框图如图 2-18 所示。

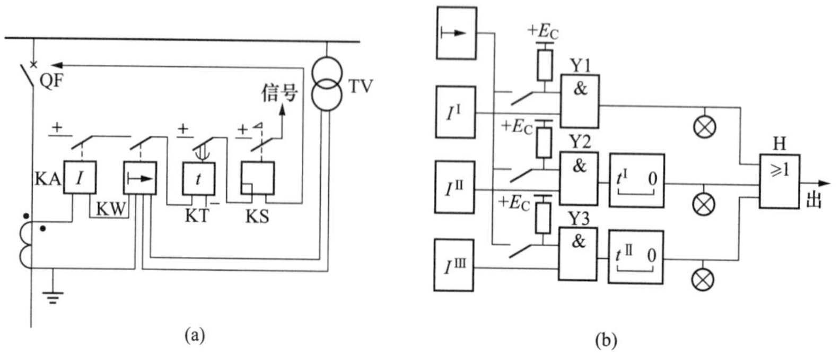

图 2-18 方向电流保护原理接线图及逻辑框图

（a）原理接线图；（b）逻辑框图

其中电流继电器 KA 为电流测量元件，用来判别短路故障是否在保护区内；功率方向继电器 KW，用来判别短路故障方向；时间继电器 KT，用来建立过电流保护动作时限。

2.7.4 加装功率方向继电器的原则

虽然加装功率方向继电器构成方向电流保护是保证双电源或单电源环网供电时保护动作选择性的有效方法，但是否过电流保护应用在双电源或单电源环网供电时必须加装功率方向继电器呢？答案是否定的，理由：①由分析知并不是所有的过电流保护都一定会误动；②增加功率方向继电器会增加投资；③增加功率方向继电器会使保护逻辑关系变得复杂，降低可靠性。所以如果某套过电流保护不会误动作时就没必要加装功率方向继电器了。

加装功率方向继电器的原则如下：①在双侧电源供电或单电源环网供电线路中，同一母线两侧的过电流保护，动作时间短者必须加装功率方向继电器，动作时间长者没必要加装；②如果同一母线两侧的保护的动作时间相同，则两个保护必须同时加装功率方向继电器。

实际生产的微机保护中，方向元件总是存在的，必要时通过控制字选至“on”或用连接片将方向元件投入运行；不必要时将控制字选至“off”或将连接片打开。

2.7.5 功率方向继电器

功率方向继电器的作用是判别功率的方向。正方向故障，功率从母线流向线路时动作；反方向故障，功率从线路流向母线时不动作。

$$P = UI\cos\varphi \tag{2-16}$$

式中　U——保护安装处母线的电压；

I——保护安装处的电流；

φ——电压 U 与电流 I 的相位角。

当正向故障时，φ 在 0°～90°范围内变化，为锐角，$P>0$；当反向故障时，φ 角增加 180°，为钝角，$P<0$。所以方向元件的动作条件为

$$-90° \leqslant \arg \frac{\dot{U}_K}{\dot{I}_K} \leqslant 90° \tag{2-17}$$

分析功率方向继电器时必须掌握以下几个概念：

(1) 动作区——以某一电气量为参考相量，另一个（一些）电气量在某一区域变化时，继电器能动作，该区域就是继电器的动作区。

(2) 死区——在保护范围内发生故障时，保护应该动作但由于某种因素使保护拒绝动作的区域，称为继电器的死区。

(3) 最大灵敏角——继电器的动作量最大、制动量最小（或保护范围最长）时，接入继电器的电压与电流的夹角称为最大灵敏角 $\varphi_{sen \cdot max}$。

2.7.6　功率方向继电器的接线方式

功率方向继电器的接线方式，是指在三相系统中继电器电压及电流的接入方式。

对功率方向继电器接线方式的要求是：①应能正确反应故障的方向，保证正方向短路时动作，反方向短路时不动作；②应有足够高的灵敏度，力求电压与电流相位角接近最大灵敏角。

在相间短路保护中，广泛采用的接线方式是 90°接线方式，所谓 90°接线方式是指电流线圈接入本相电流，电压线圈则按照一定顺序接至其他两相的线电压上，系统三相对称时，$\cos\varphi=1$，加入继电器的电流超前电压 90°。例如，取 $\dot{I}_m=\dot{I}_a$，$\dot{U}_m=\dot{U}_{bc}$时，其相位关系如图 2-19 所示。

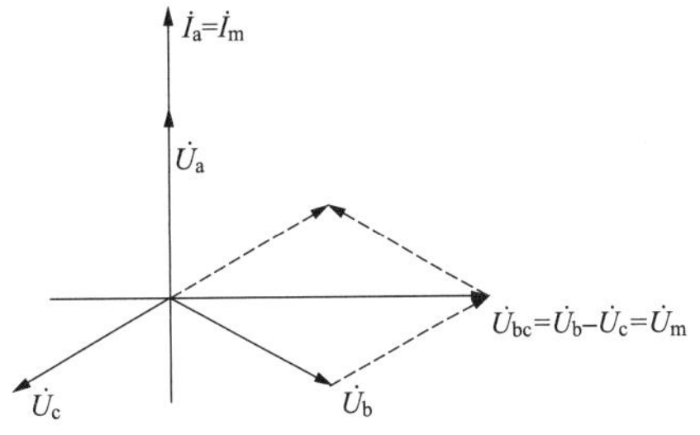

图 2-19　90°接线方式中电流、电压相位关系

功率方向继电器 90°接线方式接入的电流及电压量见表 2-1。

表 2-1　90°接线方式接入功率方向继电器的电流及电压量

功率方向继电器	$\dot{I}_m$	$\dot{U}_m$
KW1	$\dot{I}_A$	$\dot{U}_{BC}$
KW2	$\dot{I}_B$	$\dot{U}_{CA}$
KW3	$\dot{I}_C$	$\dot{U}_{AB}$

2.7.7　方向过电流保护的原理接线

1. 原理接线

三段式方向电流保护的单相逻辑框图如图 2-20（a）所示。从图中可以看出，为了提高三段式方向电流保护装置的可靠性，保护装置中每相的Ⅰ、Ⅱ、Ⅲ段可以根据需要

共用一个功率方向元件。图 2-20（b）所示为定时限方向过电流保护的单相原理接线图。图中 KW 为功率方向继电器，KA 为电流继电器，由 KW 判别功率的方向，KA 判别电流的大小，只有在正向范围内故障，KW、KA 均动作时保护才能启动。

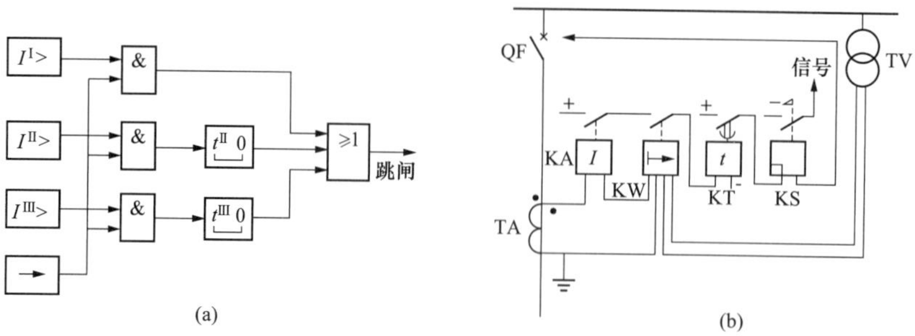

图 2-20　三段式方向电流保护的单相原理图

（a）单相逻辑框图；（b）定时限过电流保护的单相原理接线图

功率方向继电器的接线即为 90°接线方式。在接入电流、电压时要特别注意电流线圈和电压线圈的极性，实际应用中，如果有一个线圈极性接错，就会出现正方向短路时拒动，而反方向短路时误动的严重后果。所以，90°接线方式的继电器电流、电压的接线极性十分重要。

2. 方向电流速断保护的整定计算

在两端供电的辐射网或单电源环网中，同样也可以构成瞬时方向电流速断保护和限时方向电流速断保护。它们的整定计算可按一般不带方向的电流速断保护整定计算原则进行。由于它装设了方向元件，故不必考虑反方向短路，按保护正方向短路配合整定计算。

2.7.8　非故障相电流的影响和按相启动接线

1. 非故障相电流的影响

由电力系统故障分析可知，电网中发生不对称短路时，非故障相中仍有电流流过，此电流称为非故障相电流。非故障相功率方向继电器不能判别故障方向，处于动作状态，还是处于制动状态，完全由负荷电流性质确定。对于接地短路故障，非故障相中除负荷电流外，还存在零序电流分量，故对功率方向继电器的影响更为显著。现以发生两相短路为例，说明非故障相电流对方向电流保护的影响和消除影响的方法。当图 2-21 中线路 L2 上 k 点发生 BC 两相短路时，BC 两相中有短路电流流向故障点，而非故障相 A 相仍有负荷电流 $\dot{I}_1$ 流过保护 1，则保护 1 中 A 相功率方向元件将发生误动作。

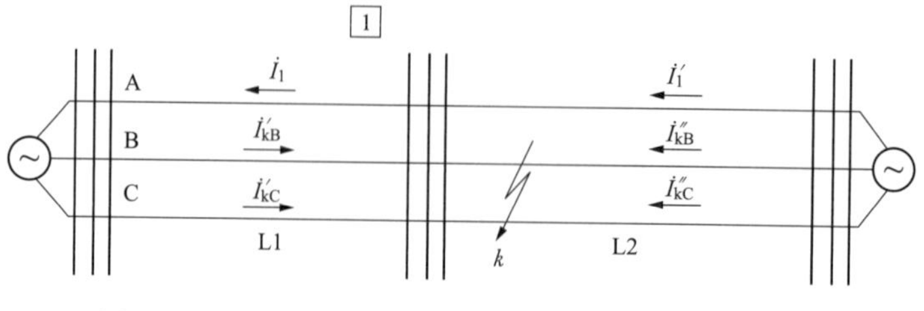

图 2-21　两相短路时非故障相中负荷电流影响的示意图

防止非故障相电流影响的措施是：①提高电流测量元件的动作值；②电流继电器和功率方向继电器的触点采用按相启动接线。

2. 按相启动

按相启动接线是指同名相（如 A 相）的电流元件触点 KA1 与功率方向继电器的触点 KW1 直接串联，构成“与”门后再三相并联，然后接入时间元件 KT 的线圈，如图 2-22（a）所示。这种按相启动接线方式能够保证在反方向发生不对称短路时，因非故障相电流元件不会动作，所以保护不会误动作。若不采用按相启动接线，如图 2-22（b）所示，则故障相电流将通过非故障相的功率方向继电器启动时间继电器，造成保护的误动作。所以，要采用按相启动接线，否则会使保护误动作。

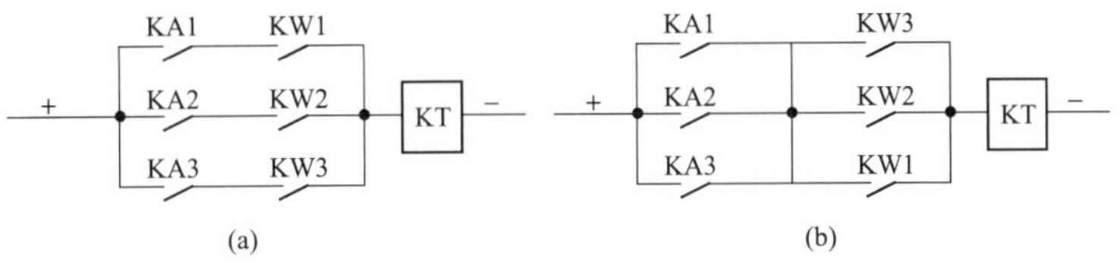

图 2-22 方向电流保护的启动方式

（a）按相启动；（b）非按相启动

在三相系统中，方向过电流保护如何启动问题是非常重要的。图 2-22（a）为方向过电流保护的按相启动接线，即先把同名相的电流继电器 KA 和功率方向继电器 KW 的触点直接串联构成“与”门，再把各同名相串联支路并联起来构成“或”门，然后与时间继电器 KT 的线圈串联。图 2-22（b）为方向过电流保护的非按相启动接线，即先把各相电流继电器 KA 的触点相并联、各相功率方向继电器的触点相并联，再将其串联，然后与时间继电器 KT 的线圈串联。

在图 2-22 中，由于非故障相电流的影响，保护 1 的 A 相方向元件启动，而电流启动元件不动作；B、C 相的电流启动元件动作，而方向元件不动作。此时，若按图 2-22（a）的按相启动接线，串联“与”门后再并联“或”门，能够保证反方向发生不对称短路时，非故障相电流元件不会动作，所以保护 1 不会误动作；若按图 2-22（b）的非按相启动接线，则故障相电流将通过非故障相的功率方向继电器启动时间继电器，保护 1 会误动作。可见，在方向电流保护中，必须采用按相启动接线。

本 章 小 结

1. 35kV 以下的单侧电网广泛采用针对相间短路的电流保护，一般为三段式结构：瞬时电流速断保护、限时电流速断保护和定时限过电流保护。瞬时电流速断保护的工作电流是按避开本线路末端短路时的最大短路电流来整定，以固有的动作时限（约 0.1s）动作于跳闸；限时电流速断保护的动作电流是按相邻元件的第Ⅰ段相配合来整定，以 0.5～1s 的时间动作于跳闸；定时限过电流保护的动作电流是按避开负荷电流来整定，其动作时间按阶梯原则来整定，时限较长。由此可见，瞬时电流速断保护的选择性是靠动作电流来保证的，限时电流速断保护的选择性是靠动作电流和动作时限来保证的，定时限过电流保护则靠动作时限来保证选择性。

2. 对于多侧电网，如果同单侧电网一样，仅采用三段式的电流保护，就满足不了选择性的要求。为了解决这个问题，必须在三段式电流保护的基础上加装判断电流方向的方向元件，即功率方向继电器，实现方向电流保护。功率方向继电器的任务是测量接入继电器中电压和电流之间的相位角，以判断正、反方向故障。在相间短路的方向电流保护中，功率方向继电器采用90°接线方式，电流继电器与功率继电器的触点采用按相启动接线。在方向电流保护的整定计算时，只需考虑同方向的保护配合，同方向的阶段式方向电流保护的Ⅰ、Ⅱ、Ⅲ段的整定计算可按单侧电网相间短路的阶段式电流保护的整定方法进行计算。

思考与实践

1. 什么是电流保护？有哪几种类型？

2. 什么是最大运行方式和最小运行方式？

3. 无时限电流速断保护的整定原则是什么？如不按照最大运行方式整定会出现什么问题？

4. 限时电流速断保护的整定原则是什么？如何进行灵敏度校验？

5. 定时限过电流保护的动作时限如何规定？

6. 速断和过电流在整定条件方面有什么根本区别？

7. 三段式电流保护中，各段的保护范围大致是多少？线路的主保护和后备保护如何构成？

8. 什么是阶段式电流保护？

9. 在双侧电源辐射形电网或环形电网中，阶段式电流保护会出现什么问题？

10. 方向电流保护适用于什么场合？

11. 什么是功率方向继电器？其动作条件是什么？

12. 什么是相间短路的功率方向继电器的接线方式？有哪些要求？

13. 什么是“90°接线”？画出相量图加以说明。

14. 什么是“按相启动”接线，有何作用？

第3章 线路的接地保护

本章介绍电网发生接地故障时零序电流、电压保护的构成及其特点。通过理论讲解、图形示意，了解零序电流、电压过滤器及绝缘监察装置的工作原理，熟悉三段零序电流保护、零序方向保护的构成及其接线方式。

本章的学习目标：

掌握大接地电流系统发生接地故障的基本特征；

熟悉大接地电流系统发生接地故障时零序电流与零序电压的变化规律；

掌握知道阶段式零序电流保护；

了解中性点不接地系统发生接地故障时电流、电压的变化规律；

熟悉知道继电绝缘监视装置的原理。

3.1 中性点直接接地系统接地故障分析

3.1.1 中性点直接接地系统接地短路故障特征

电力系统中性点工作方式分为中性点直接接地、中性点经消弧线圈接地和中性点不接地三种方式，其中后两种也称为中性点非直接接地方式。在我国，110kV 以上电压等级的电网一般采用中性点直接接地方式，66kV 以下电网一般采用中性点非直接接地方式。

接地故障是指导线与大地之间的不正常连接，包括单相接地故障和两相接地故障。根据运行统计，单相接地故障占高压线路总故障次数的 70%以上、占配电线路总故障次数的 80%以上，而且绝大多数相间故障都是由单相接地故障发展而来的。因此接地故障保护对于电力线乃至整个电力系统安全运行至关重要。

当中性点直接接地系统发生一点接地故障，即构成单相接地短路时，将产生很大的故障电流，故中性点直接接地系统又称为大电流系统。当采用完全星形接线方式时，利用前几节介绍的电流保护也能起到单相接地短路保护的作用，但其灵敏度难以满足要求。因此，为了反映这种接地故障，还需设置专门的接地短路保护，并作用于跳闸。

中性点直接接地系统根据系统发生接地故障时，将出现很大零序电流的特点，利用其零序电流构成接地保护，反应零序电流的保护装置称为零序电流保护。本节详细介绍中性点直接接地系统的零序电流接地保护。

3.1.2 中性点直接接地电网接地短路时零序分量的特点

中性点直接接地系统正常运行时，无零序电压和零序电流，而当发生单相接地短路时，将出现零序电压和零序电流。图 3-1（a）所示网络发生接地短路时的零序等效网络如图 3-1（b）所示，零序电流 $\dot{I}_{k0}$ 可以看成是在故障点出现一个零序电压 $\dot{U}_{k0}$ 而产生的。

对零序电流的方向采用母线流向故障点为正，零序电压的方向是线路高于大地的电压为正，如图 3-1（b）中所示。

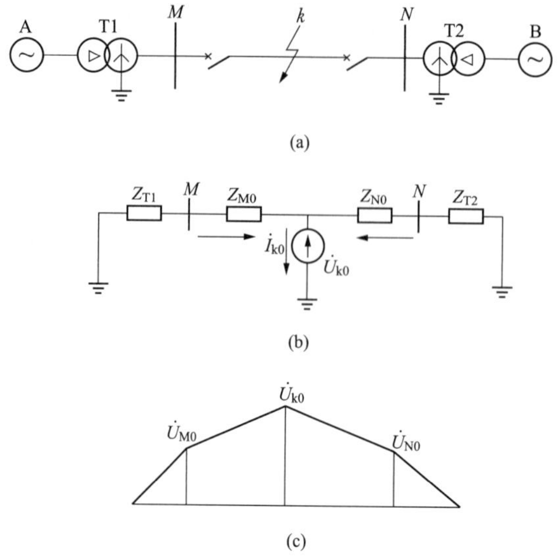

图 3-1　接地短路时的零序等效网络图

（a）系统接线；（b）零序网络；（c）零序电压分布

由零序等效网络图可见，中性点直接接地方式发生接地短路时，零序分量有如下特点：

（1）故障点的零序电压最高，且离故障点越远零序电压越低，而中性点的零序电压为零，如图 3-1（c）所示。

（2）零序电流由零序电压产生，它必须经过变压器中性点构成回路，所以它只能在中性点接地网络中流动，而中性点非接地网络中不存在零序电流。

（3）零序电流的大小主要决定于线路的零序阻抗和中性点接地变压器的零序阻抗及变压器接地中性点的数目和位置，而与电源的数量和位置无关。因此只要系统中性点接地数目和分布不变，即使电源运行方式变化，零序电流仍可保持不变。

（4）故障线路零序功率的方向与正序功率的方向相反，是由线路流向母线的。

3.2　中性点直接接地系统的零序保护

3.2.1　零序电流的获取

为了利用零序电流实现零序电流保护，并反应于零序电流增大而使继电器动作，首先要取得零序电压、零序电流等零序分量。零序电压和零序电流可通过一种零序分量过滤器取得，零序分量过滤器有零序电压过滤器和零序电流过滤器。

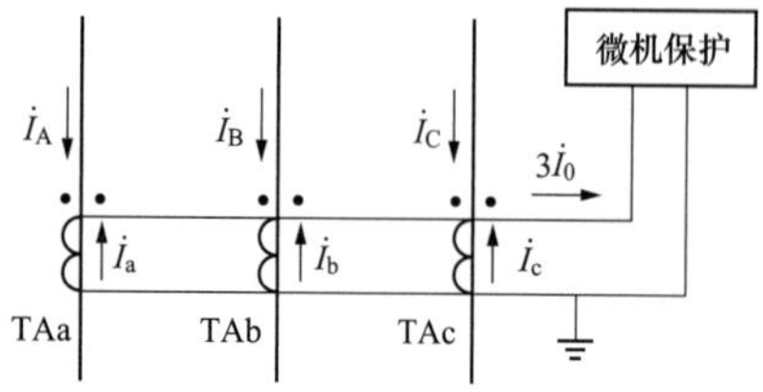

图 3-2　零序电流过滤器

1. 外接 $3\dot{I}_0$ 方式

为取得零序电流，通常采用 3 个电流互感器按图 3-2 的方式连接，此时三相电流互感器二次

侧流入继电器中的电流为

$$\dot{I}_j = \dot{I}_a + \dot{I}_b + \dot{I}_c \tag{3-1}$$

在实际使用中，零序电流过滤器并不需要专门一组电流互感器，而是利用相间短路保护用电流互感器，在中性线上获取零序电流。接地故障时流入继电器的电流为零序电流，即

$$\dot{I}_j = \dot{I}_a + \dot{I}_b + \dot{I}_c = 3\dot{I}_0 \tag{3-2}$$

在正常运行和发生无接地相间短路时，零序电流过滤器也存在一个输出电流，即 $\dot{I}_j = \dot{I}_{unb}$，称为不平衡电流，它是由于电流互感器铁芯的磁化曲线不完全相同以及制造过程中的某些差别引起的。当发生接地短路时，过滤器输出端输出的零序电流 $3\dot{I}_0$ 远大于不平衡电流 $\dot{I}_{unb}$，因此可以忽略 $\dot{I}_{unb}$，使零序保护反应于零序电流而动作。

对于采用电缆引出的送电线路，还广泛采用零序电流互感器接线以获得 $3\dot{I}_0$，如图 3-3 所示。电流互感器套在电缆的外面，穿过铁芯的电缆就是电流互感器的一次绕组，只有当一次侧出现零序电流时，在互感器的二次侧才有输出电流 $3\dot{I}_0$。与零序电流过滤器相比，采用这种接线方式的优点是没有不平衡电流，同时接线也更简单，但只能在电缆上实现。

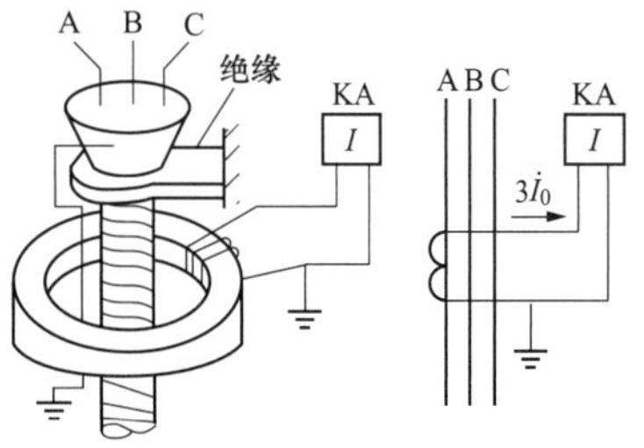

图 3-3　零序电流互感器接线示意图

2. 自产 $3\dot{I}_0$ 方式

微机保护根据数据采集系统得到的三相电流值再用软件进行相加得到 $3\dot{I}_0$ 值。

目前微机保护零序电流的获取，外接 $3\dot{I}_0$ 与自产 $3\dot{I}_0$ 两种方式都采用，通过比较两种方式得到的 $3\dot{I}_0$ 值可以检测数据采集系统是否正常。

3.2.2　零序电压的获取

1. 外接 $3\dot{U}_0$ 方式

将三相五柱式电压互感器或三个单相电压互感器的二次绕组首尾相连，即接成开口三角形，即可获取零序电压，如图 3-4（a）、（b）所示。

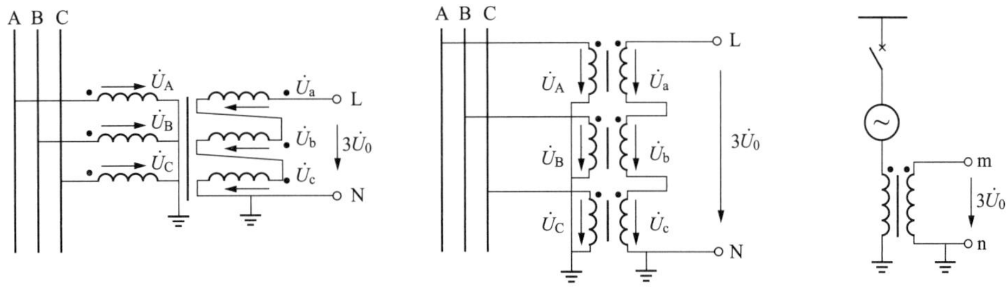

(a)　(b)　(c)

图 3-4　外接零序电压的获取

（a）、（b）零序电压过滤器；（c）由发电机中性点电压互感器取得

2. 自产 $3\dot{U}_0$ 方式

将电压互感器基本二次侧绕组三相电压送入微机保护装置，装置内部的软件进行相

量相加后得到 $3\dot{U}_0$ 值。

目前零序电压的获取大多数采用自产 $3\dot{U}_0$ 方式，只有在电压互感器断线时才改用外接 $3\dot{U}_0$ 方式。

3.2.3 三段式零序电流保护

中性点直接接地系统的零序电流保护，一般采用三段式零序电流保护，如图 3-5 所示，其原理与三段式相间短路保护基本相似，不同的是零序电流保护只反应电流的零序分量。

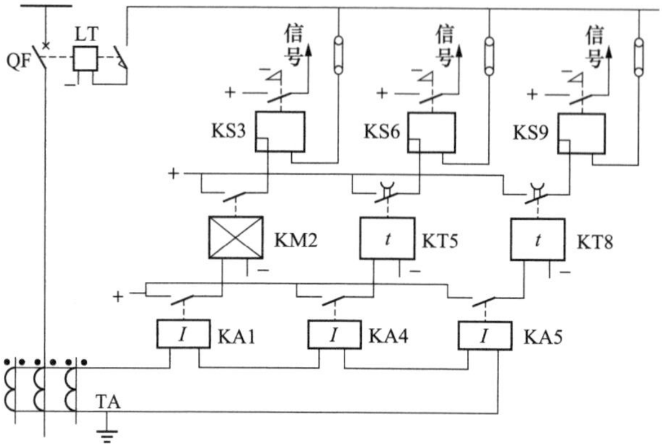

图 3-5 三段式零序电流保护原理图

三段式零序电流保护：零序电流Ⅰ段——瞬时零序电流速断，只保护线路的一部分；零序电流Ⅱ段——限时零序电流速断，可保护本线路全长，并与相邻线路瞬时零序电流速断保护相配合，带 0.5s 延时，与零序电流Ⅰ段共同构成本线路接地故障的主保护；零序电流Ⅲ段——零序过电流保护，其动作时限按阶梯原则整定，作为本线路和相邻线路单相接地故障的后备保护。

1. 瞬时零序电流速断保护——零序电流Ⅰ段

反应接地故障的零序电流速断保护其选择性是靠动作电流的整定获得的。三段保护的第Ⅰ段是瞬时零序电流速断保护。在发生接地故障时，动作电流的整定原则如下：

(1) 避开被保护线路末端发生接地短路时可能出现的最大零序电流 $3\dot{I}_{0\cdot\max}$，引入可靠系数 K_{rel}^{I}（一般取 1.2～1.3），即

$$I_{set}^{I} = K_{rel}^{I} \cdot 3I_{0\cdot\max} \tag{3-3}$$

(2) 避开断路器三相触头不同期合闸时出现的零序电流 $3\dot{I}_{0\cdot ust}$，即

$$I_{set}^{I} = K_{rel}^{I} \cdot 3I_{0\cdot ust} \tag{3-4}$$

$3\dot{I}_{0\cdot ust}$只在不同期合闸期间存在，所以持续时间较短。若保护动作时间大于断路器三相不同期合闸时间，则可以不考虑这个整定条件。

按上述两项原则整定的零序Ⅰ段，称为灵敏的零序Ⅰ段，其灵敏系数按保护范围的长度来校验，要求最小保护范围不小于线路全长的 15%，这对零序Ⅰ段是较易满足的。

(3) 在 220kV 及以上电压等级的电网中，常采用综合重合闸装置，致使系统容易出现非全相运行状态。在非全相运行情况下又出现振荡时，将有较大的非全相振荡零序电

流，此时上述灵敏的零序Ⅰ段可能误动作。为避免这种误动作，可由综合重合闸闭锁灵敏的零序Ⅰ段，而为了仍有快速的零序保护，可增设不灵敏的零序Ⅰ段，它按躲过非全相振荡时出现的最大零序电流整定。

零序电流Ⅰ段的动作电流取上述3个条件计算的最大者。

按照上述条件整定的动作电流可能较大，从而使保护范围过小。为了解决这个矛盾，可设置两个零序Ⅰ段保护：

（1）灵敏Ⅰ段：动作电流按上述原则中的前两条中取值较大的进行整定。其值较小，保护范围较大，主要对全相运行状态下的接地故障起保护作用；当单相重合闸启动时，则将其自动闭锁。

（2）不灵敏Ⅰ段：动作电流按上述第3个原则整定，其值较大，主要是在单相重合闸过程中，其他两相又发生接地故障时，弥补失去灵敏Ⅰ段的缺陷，尽快将故障切除。两者在全相和非全相的运行状态之间互相切换。

无时限零序电流速断保护的最小保护范围应不小于被保护线路全长的15%。

2. 限时零序电流速断保护——零序电流Ⅱ段

零序Ⅰ段能瞬时动作，但不能保护本线路全长。为了较快地切除被保护线路全长上的接地故障，还应装设限时零序电流速断保护（零序Ⅱ段）。

（1）动作电流的整定。零序Ⅱ段的整定计算类似于相间短路保护的限时电流速断保护，它的动作电流应与下一线路的零序Ⅰ段相配合，即保护范围不超过下一线路零序Ⅰ段的保护范围。

在两保护之间的变电站B母线上接有中性点接地变压器时，零序电流的变化曲线如图3-6所示。当线路VW相上发生接地短路时，流过保护2的零序电流$3I_0$与流过保护1的零序电流$3\dot{I}_0$不等，$3\dot{I}_0$中的一部分经变压器T2的中性点流回。

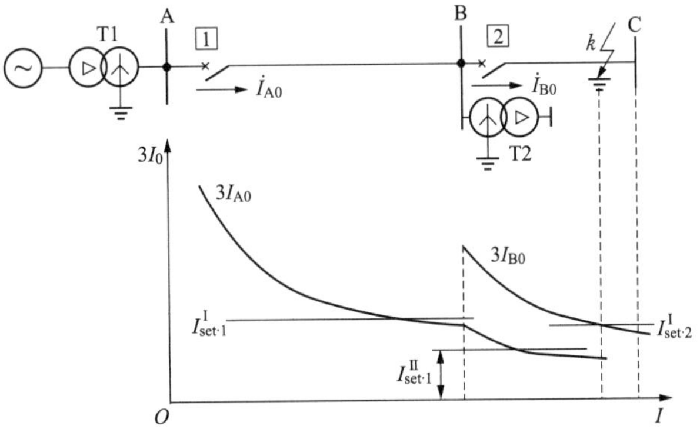

图3-6　限时零序电流速断保护动作电流的整定

零序Ⅱ段的动作电流应与下一段线路的零序Ⅰ段保护相配合。图3-5所示线路发生接地故障时的Ⅱ段动作电流整定为

$$I^{\text{II}}_{set\cdot1} = K^{\text{II}}_{rel} K_{bra} \cdot I^{\text{I}}_{set\cdot2} \tag{3-5}$$

式中　$I^{\text{II}}_{set\cdot1}$——保护1零序Ⅱ段的动作电流；

K^{II}_{rel}——可靠系数，取1.2；

K_{bra}——保护2零序Ⅰ段保护区末端接地短路时，考虑变压器T3分流作用引入的分支系数；

$I_{set\cdot 2}^{I}$——相邻下一线路保护 2 零序 I 段的动作电流。

（2）动作时限的整定。零序Ⅱ段的动作时限与相邻线路零序 I 段相配合，动作时限一般取 0.5s；当零序Ⅱ段的动作时限与相邻线路的零序Ⅱ段相配合时，动作时限应比相邻线路的Ⅱ段动作时限高出一个时限级差，即 $t_1^{II}=t_2^{II}+\Delta t$，一般为 1～1.2s。

（3）灵敏度校验。零序Ⅱ段的灵敏系数，应按照本线路末端接地短路时的最小零序电流来校验，并满足 $K_{sen}^{II}\geqslant 1.5$ 的要求。即

$$K_{sen}^{II}=\frac{3I_{0min}}{I_{set\cdot 1}^{II}} \tag{3-6}$$

式中　$I_{0\cdot min}$——本线路末端接地短路时的最小零序电流。

规程规定，零序Ⅱ段的灵敏系数大于等于 1.5。

3. 零序过电流保护——零序电流Ⅲ段

零序过电流保护的作用相当于相间短路的过电流保护，一般作为后备保护，在中性点直接接地电网中的终端线路上也可作为主保护。

（1）动作电流的整定。

1）避开下一条线路出口处相间短路时所出现的最大不平衡电流 $I_{unb\cdot max}$，即

$$I_{set}^{III}=K_{rel}^{III}I_{unb\cdot max} \tag{3-7}$$

式中　K_{rel}^{III}——可靠系数，取 1.2；

$I_{unb\cdot max}$——下一条线路出口处相间短路时的最大不平衡电流。

2）与相邻线路Ⅲ段零序电流保护的灵敏度相配合，以保证动作的选择性，即本线路零序Ⅲ段的保护范围不能超出相邻线路上零序Ⅲ段的保护范围，否则可能产生越级跳闸。当两个保护之间具有分支电路时（有中性点接地变压器时），动作电流整定为

$$I_{set}^{III}=K_{rel}^{III}K_{bra}I_{set\cdot 2}^{III} \tag{3-8}$$

式中　$I_{set\cdot 2}^{III}$——相邻线路保护 2 的零序Ⅲ段的动作电流；

K_{bra}——分支系数。

（2）灵敏度校验。作为本条线路后备保护时，按本线路末端发生接地故障时的最小零序电流 $3I_{0\cdot min}$来校验，即要求

$$K_{sen}=\frac{3I_{0\cdot min}}{I_{set\cdot 1}^{III}}\geqslant 1.5 \tag{3-9}$$

（3）动作时限的整定。按上述原则整定的零序过电流保护，其动作电流一般都比较小，因此当同一电压等级内发生接地短路时，流过零序电流的各个保护环节都可能启动。为保证保护动作的选择性，各保护的动作时限应按阶梯原则来选择，如图 3-7 所示。

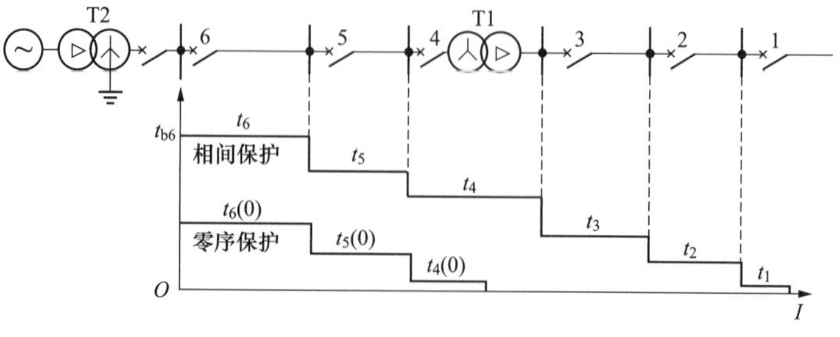

图 3-7　零序过电流保护的时限特性

安装在变压器 T1 上的零序过电流保护 4 是瞬时动作的，并且当变压器低压侧发生接地故障时，高压侧没有零序电流，因此不需考虑和下一级保护的配合关系。所以零序电流保护时限应从保护 4 开始按阶梯原则整定，即 $t_4<t_5<t_6$。

图 3-7 中还同时绘出了相间短路过电流保护的时限特性，其过电流保护的动作时限必须从离电源最远的保护 1 开始，按阶梯原则逐级配合。显然，在同一线路上零序过电流保护的动作时限要小于相间短路过电流保护的动作时限，这也是零序Ⅲ段的一个优点。

3.2.4　零序电流方向保护

1. 方向性问题的提出

在双侧或多侧电源的电网中，电源处变压器的中性点一般至少有一点接地，如图 3-8（a）所示的电网。当在线路上发生接地故障时，零序电流流经各个中性点接地变压器。图 3-8（b）、（c）分别画出了 k_1 点与 k_2 点短路时的零序等值网络。当在 k_1 点短路时，应由保护 1 和 2 动作切除故障，但零序电流 $\dot{I}_{02}$流过保护 2 与 3，保护 3 有可能动作。同理当在 k_2 点短路时，保护 2 可能动作。因此，与方向电流保护相同，必须在零序电流保护上增加功率方向元件，判别零序电流的方向，构成零序方向电流保护，以保证选择性。

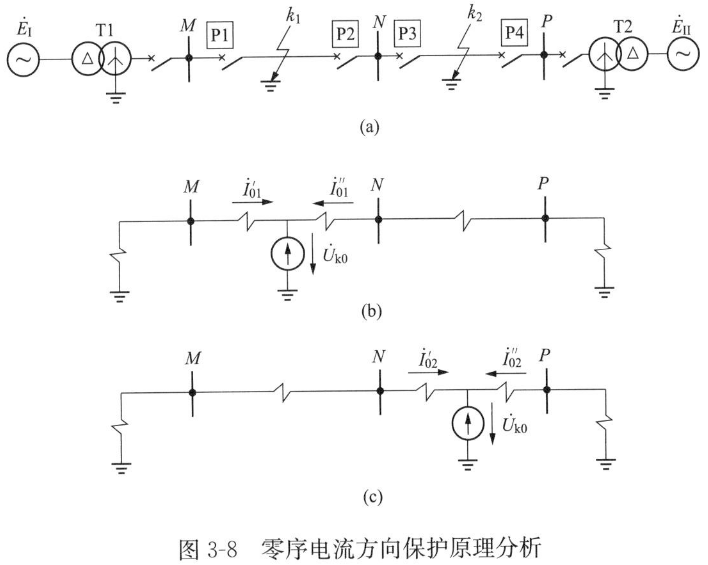

图 3-8　零序电流方向保护原理分析

（a）网络接线；（b）k_1 点短路的零序网络；（c）k_2 点短路的零序网络

2. 零序功率方向元件

方向性零序电流保护利用零序功率方向继电器作为方向元件。零序功率方向继电器所需的输入零序电流取自零序电流过滤器或零序电流互感器，所需的输入零序电压取自零序电压过滤器，由于在保护的正方向和反方向发生接地短路时，零序电压和零序电流的相角差是不同的，零序功率方向继电器则反应于该相角差而动作。当保护正方向发生接地短路时，它动作：反方向发生接地短路时，它不动作。由它控制三段式零序电流保护，只有零序功率方向继电器和电流元件同时动作后，才能分别启动各段的中间继电器或各种的时间继电器去跳闸。

测量零序电压和零序电流的夹角，满足下述动作方程继电器动作，反之继电器不动作

$$-190^\circ < \arg\frac{\dot{U}_0}{\dot{I}_0} < -10^\circ \tag{3-10}$$

3. 阶段式零序方向电流保护

三段式零序方向电流保护的原理接线图如图 3-9 所示。只有在零序功率方向元件动作后，零序电流保护才能动作于跳闸。当发生正方向接地故障时，KWO 判别功率方向为正向动作，电流继电器流过故障电流动作，故保护跳闸。Ⅰ、Ⅱ、Ⅲ段零序电流保护共用一个功率方向继电器 KWO。

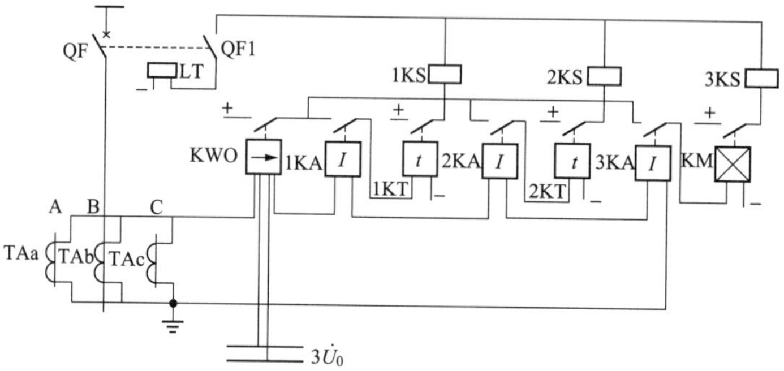

图 3-9　三段式零序方向电流保护的原理接线图

3.2.5　对大接地电流系统零序保护的评价

带方向和不带方向的零序电流保护是简单而有效的接地保护方式，它与采用完全星形接线方式的相间短路电流保护兼作接地短路保护比较，具有如下特点：

（1）灵敏度高。过电流保护是按躲过最大负荷电流整定，继电器动作电流一般为 5～7A。而零序过电流保护是按躲过最大不平衡电流整定，继电器动作电流一般为 2～4A。因此，零序过电流保护的灵敏度高。

由于零序阻抗远较正序阻抗、负序阻抗大，故线路始端与末端接地短路时，零序电流变化显著，曲线较陡，因此，零序Ⅰ段和零序Ⅱ段保护范围较大，其保护范围受系统运行方式影响较小。

（2）动作迅速。零序过电流保护的动作时限，不必与 Yd 接线的降压变压器后的线路保护动作时限相配合，因此，其动作时限比相间过电流保护动作时限短。

（3）不受系统振荡和过负荷的影响。当系统发生振荡和对称过负荷时，三相是对称的，反应相间短路的电流保护都受其影响，可能误动作。而零序电流保护则不受其影响，因为振荡及对称过负荷时，无零序分量。

（4）接线简单、经济、可靠。零序电流保护反应单一的零序分量，故用一个测量继电器就可以反应接地短路，使用继电器的数量少。所以，零序电流保护接线简单、经济、调试维护方便、动作可靠。

在 110kV 及其以上的电网系统中，单相接地故障约占全部故障的 80%左右，并且其他故障也往往是由单相接地故障发展起来的。因此，采用专门的零序保护就具有显著

优越性。从我国电力系统的实际运行经验中，也充分证明了这一点。

但是，随着系统电压的不断提高，电网结构日趋复杂，特别是在电压较高的网络中，零序电流保护在整定配合上，无法满足灵敏度和选择性的要求，此时可采用接地距离保护。

3.3　中性点非直接接地系统的零序保护

3.3.1　中性点非直接接地系统单相接地故障的特点

在图 3-10 所示的中性点不接地电网中，用集中电容表示电网三相的对地电容，并设负荷电流为零，各相对地等值集中电容相等。正常运行时，电源和负载都是对称的，故系统无零序电压和零序电流。电源中性点和对称星形边接电容的中性点（大地）同电位，即中性点对地电压为零 $U_N=0$，各相对地电压等于各自相电压。

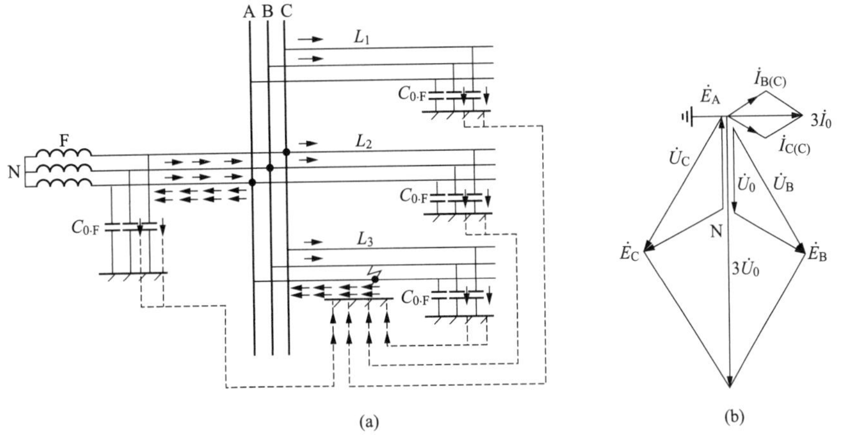

图 3-10　中性点不接地系统单相接地
(a) 电容电流分布图；(b) 电流、电压相量图

当在电网中发生单相接地故障时，三相电压不对称，电网出现零序电压。

各相电压相量如图 3-10（b）所示，从相量图也可看出 $3\dot{U}_0$ 的大小是正常运行时 A 相电压的 3 倍，方向相反，B、C 两相对地电压升高$\sqrt{3}$倍。

当 A 相接地时，由于 $\dot{U}_A=0$，各条线路 A 相对地电容电流 $\dot{I}_{A(C)}=0$，B、C 相的电容电流 $\dot{I}_{B(C)}$、$\dot{I}_{C(C)}$ 则经大地、故障点、故障线路和电源构成回路，所以出现零序电流，由图 3-10（a）可见，各线路的电容电流从 A 相流入后又分别从 B 相和 C 相流出，由此可见，非故障线路或元件零序电容电流数值等于本身的对地电容电流，方向由母线流向线路，零序电流超前零序电压 90°。

可见，故障线路始端的零序电流为整个电网非故障元件的零序电流之和，方向由线路流向母线，$3\dot{I}_0$ 滞后 $\dot{U}_0$ 90°。根据这些特点可构成各种中性点不接地电网的保护方式。

综上所述：当发生单相接地故障时：①接地故障相对地电压降为零，其他两相对地电压升高为线电压（$\sqrt{3}$倍相电压），产生零序电压，但相间电压仍保持不变。②接地故障相电容电流也降为零，其他两相电容电流随之升高到正常电流的$\sqrt{3}$倍，产生零序电流。③非故障线路的零序电流为本线路两非故障相的电容电流的相量和，其相位超前零序电压90°，方向由母线流向线路；故障线路始端的零序电流等于系统全部非故障线路对地电容电流之和，其相位滞后零序电压90°，其方向为由线路流向母线，如图3-10（a）所示。

3.3.2　中性点非直接接地系统的接地保护

中性点不接地电网发生单相接地时，由于故障点电流很小，三相线电压仍然对称，对负荷供电影响小，因此一般情况下允许再继续运行1～2h，要求保护装置发信号，而不必跳闸，只在对人身和设备的安全有危险时，才动作于跳闸。

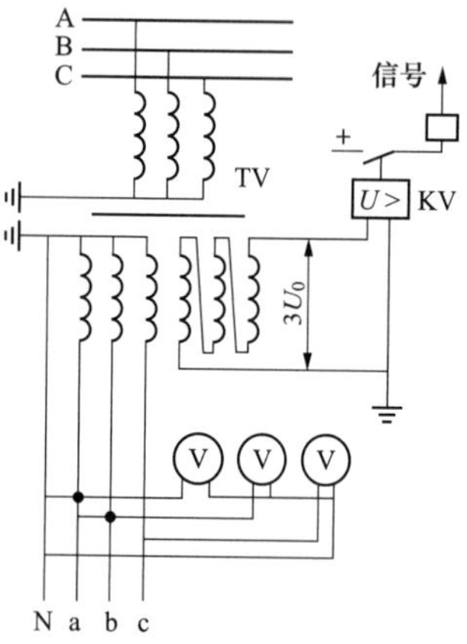

图3-11　绝缘监视装置原理接线图

中性点不接地系统单相接地的保护方式通常有无选择性地绝缘监视装置、零序电流保护、零序功率方向保护等。

1. 绝缘监视装置

绝缘监视装置是利用单相接地时出现的零序电压的特点构成的，其原理接线如图3-11所示。电压互感器的二次侧有两组绕组，其中一组接成星形，分别接三只电压表用以测量三相对地电压；另一组绕组接成开口三角形，以取得零序电压，在开口三角形的开口处接入一个过电压继电器，用来反应系统的零序电压，动作时接通信号回路。

2. 零序电流保护

当发生单相接地故障时，故障线路的零序电流是所有非故障元件的零序电流之和，所以当出线较多时，故障线路零序电流比非故障线路零序电流大得多，利用这个特点就可以构成选择性的零序电流保护。原理示意图如图3-12所示。

3. 零序功率方向保护

当变电站出线较少时，故障线路零序电流与非故障线路零序电路大小比较接近时，很难实施选择性地零序电流保护，可以利用故障线路与非故障线路零序功率方向不同的特点，构成有选择性地零序功率方向保护。原理接线图如图3-13所示。

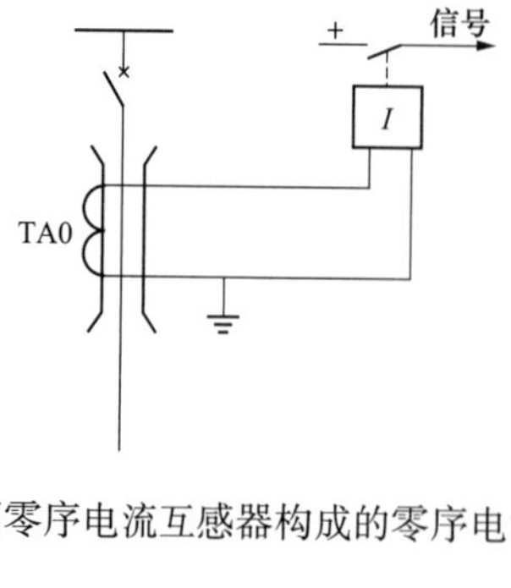

图3-12　用零序电流互感器构成的零序电流接地保护

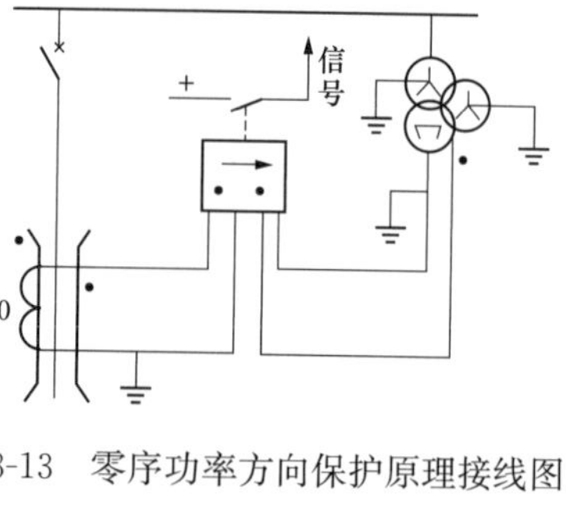

图3-13　零序功率方向保护原理接线图

*3.4　微机保护装置零序保护框图简介

RCS-902A/B/C/D型微机保护装置是南京南瑞继保电气有限公司开发生产的线路成

套保护装置，是一套用微机实现的数字式超高压线路成套快速保护装置，可用作 220kV 及以上电压等级输电线路的主保护及后备保护。RCS-902A/B/C/D 型微机保护装置包括以纵联距离保护和零序方向元件为主体的快速主保护，由工频变化量距离元件构成的快速Ⅰ段保护。RCS-902A 型微机保护装置由三段式相间和接地距离保护及两个延时段零序方向过电流保护构成全套后备保护；RCS-902B 型微机保护装置是由三段式相间和接地距离保护及四个延时段零序方向过电流保护构成的全套后备保护；RCS-902C 型微机保护装置设有分相命令，纵联保护的方向按相比较，适用于同杆并架双回线路，后备保护配置同 RCS-902A 型微机保护装置；RCS-902D 型微机保护装置以 RCS-902A 型微机保护装置为基础，仅将零序Ⅲ段方向过电流保护改为零序反时限方向过电流保护。RCS-902A/B/C/D 型微机保护装置有分相出口，配有自动重合闸功能，对单母线或双母线接线的断路器实现单相重合、三相重合和综合重合闸。现简单介绍与零序保护有关的框图。

3.4.1　RCS-902A 型微机保护装置的零序保护框图

图 3-14 所示为 RCS-902A 型微机保护装置的零序保护框图。

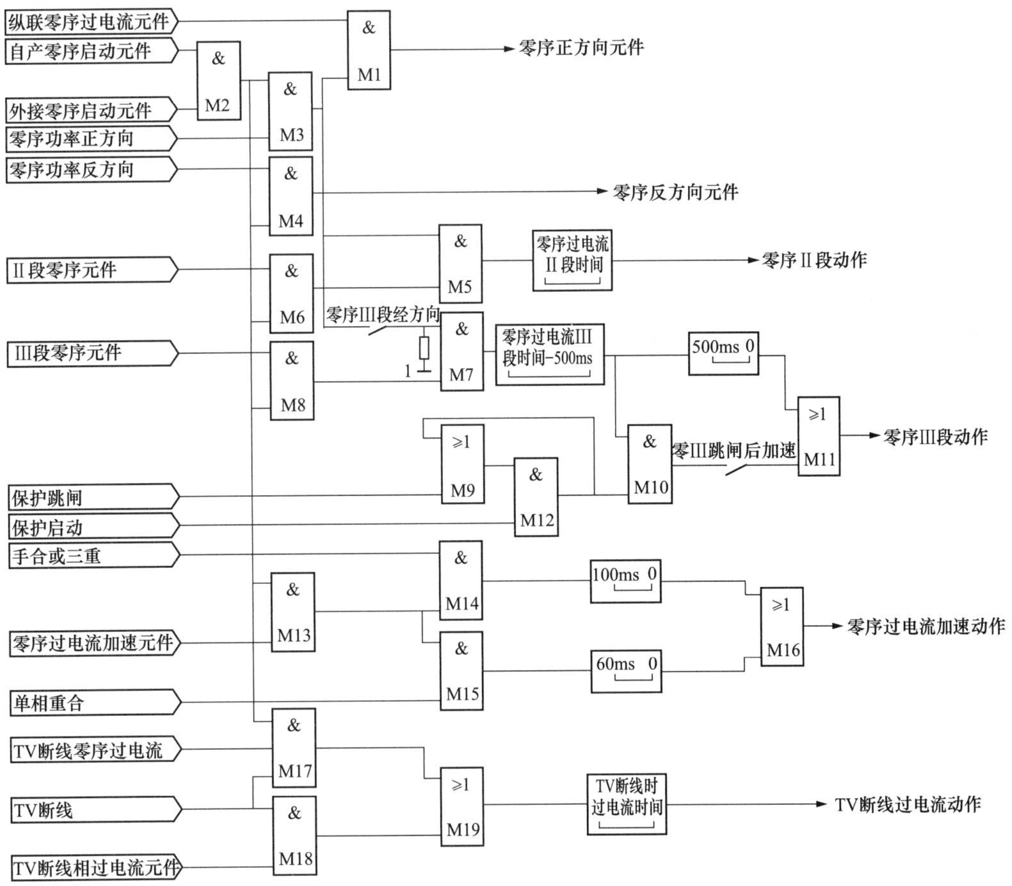

图 3-14　RCS-902A 型微机保护装置的零序保护框图

（1）RCS-902A 型微机保护装置设置了两个带延时段的零序方向过电流保护，Ⅱ段零序受零序正方向元件控制，Ⅲ段零序则由用户选择经或不经方向元件控制。

（2）对 RCS-902A 型微机保护装置，当用户置“零Ⅲ跳闸后加速”为 1，则跳闸前零序Ⅲ段的动作时间为“零序过电流Ⅲ段时间”，跳闸后零序Ⅲ段的动作时间缩短 500ms。

（3）TV 断线时，本装置自动投入零序过电流和相过电流元件，两个元件经同一延时段出口。

（4）所有零序电流保护都受零序启动过电流元件 M2 控制，因此各零序电流保护定值应大于零序启动电流定值。纵联零序反方向的电流定值固定取零序启动过电流定值，而纵联零序正方向的电流定值取零序方向比较过电流定值。

（5）单相重合时零序加速时间延时为 60ms，手合和三相重合时加速时间延时为 100ms。

3.4.2 RCS-902B 型微机保护装置零序保护框图

RCS-902B 型微机保护装置是由三段式相间和接地距离保护及四个延时段零序方向过电流保护构成的全套后备保护，图 3-15 所示为 RCS-902B 型微机保护装置零序保护框图。

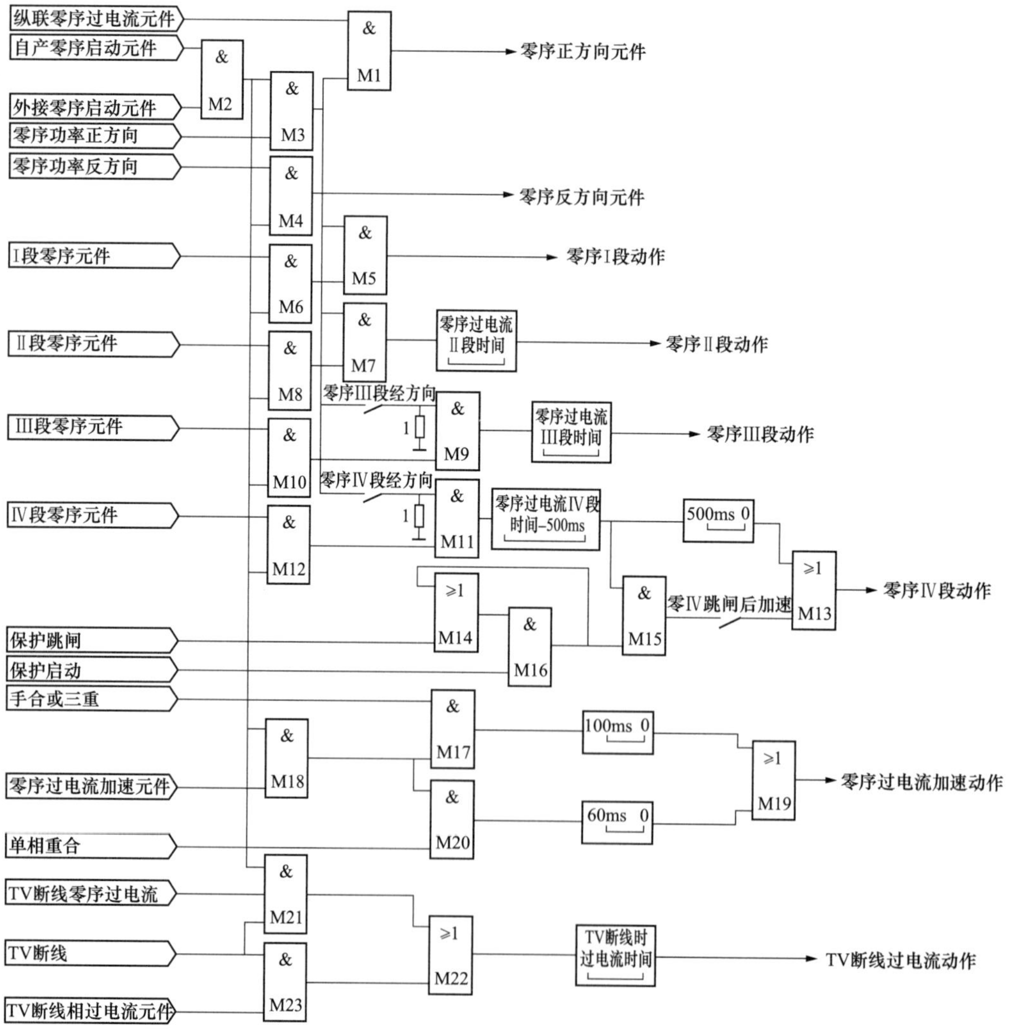

图 3-15　RCS-902B 型微机保护装置零序保护框图

（1）RCS-902B型设置了速跳的Ⅰ段零序方向过流和三个带延时段的零序方向过流保护，Ⅰ、Ⅱ段零序受零序正方向元件控制，Ⅲ、Ⅳ段零序则由用户选择经或不经方向元件控制。

（2）对RCS-902B型，当用户置“零Ⅳ跳闸后加速”为1，则跳闸前零序Ⅳ段的动作时间为“零序过电流Ⅳ段时间”，则跳闸后零序Ⅳ段的动作时间缩短500ms。

（3）TV断线时，本装置自动投入零序过电流和相过电流元件，两个元件经同一延时段出口。

（4）所有零序电流保护都受零序启动过电流元件控制，因此各零序电流保护定值应大于零序启动电流定值。纵联零序反方向的电流定值固定取零序启动过电流定值，而纵联零序正方向的电流定值取零序方向比较过电流定值。

（5）单相重合时零序加速时间延时为60ms，手合和三相重合时加速时间延时为100ms，其过电流定值用零序过电流加速段定值。

本　章　小　结

1. 对于中性点直接接地电网的接地短路故障，广泛采用零序电流保护。零序电流保护是根据故障发生时零序分量的特点，即故障点将出现较大的零序电压和零序电流，获得动作电流的数值。与多侧电网的电流保护一样，在线路中也需要加装判断保护方向的零序功率继电器。零序电流保护也采用三段式的保护，其各段的工作原理同单侧电网相间短路电流保护的三段式电流保护类似。

2. 中性点非直接接电网包括中性点经消弧圈接地和中性点不接地方式，分别采用不同的接地保护方式。对于中性点不接地的电网，根据发生接地故障时零序分量的特点，采用的保护方式主要有：绝缘监视装置、零序电流保护和零序功率方向保护。

思　考　与　实　践

1. 中性点直接接地系统发生接地故障时有什么特点？

2. 通过哪些方法可以获得零序电压和零序电流？

3. 当保护区内发生接地短路时，保护安装处的零序电压和零序电流的相位关系是什么？

4. 零序电流速断保护是按什么原则整定的？

5. 限时零序电流速断保护是按什么原则整定的？

6. 零序电流保护为什么要加装方向元件？

7. 中性点不接地系统单相接地时的电流和电压有什么特点？

8. 画出绝缘监视装置的原理图并简述其工作原理。

9. 中性点不接地系统发生单相接地故障时为什么可以不立即跳闸？

10. 简述针对中性点不接地系统的接地保护方法。

第4章 距离保护

电流、电压保护的突出优点是简单、经济及工作可靠，但是由于这种保护装置的定值整定、保护范围及灵敏系数等方面都直接受电网接线方式及系统运行方式的影响。如高压长距离重负荷线路，由于负荷电流大，线路末端短路时，短路电流与负荷电流相差不大，故电流保护不能满足灵敏度要求；其保护区受系统运行方式变化的影响较大，在某些运行方式下速断保护的保护范围很小，甚至没有保护区。对于多电源复杂网络，电流保护的动作时限往往不能按选择性的要求整定，动作时限长，难以满足电力系统对保护的快速性要求。因此，在结构复杂的高压电网中就必须采用性能更加完善的保护装置，距离保护就是其中之一。本章主要讨论距离保护的基本原理、参数选择、整定计算以及实现距离保护的核心元件——阻抗继电器。

本章的学习目标：

掌握距离保护概念；

知道三段式距离保护构成；

能画出阻抗继电器特性圆；

掌握距离保护的工作原理与整定计算方法；

理解过渡电阻、振荡对距离保护的影响；

会进行阶段式距离保护装置维护及调试；

会熟练阅读阶段式距离保护逻辑图及二次展开图。

4.1 距离保护概述

在结构简单的电网中，应用电流保护或方向电流保护，一般都能满足可靠性、选择性、灵敏性和速动性的要求。但在高电压或结构复杂的电网中是难以满足要求的。

电流保护的保护范围随系统运行方式的变化而变化，在某些运行方式下，电流速断保护或限时电流速断保护的保护范围将变得很小，电流速断保护有时甚至没有保护区，不能满足电力系统稳定性的要求。此外，对长距离、重负载线路，由于线路的最大负载电流可能与线路末端短路时的短路电流相差甚微，这种情况下，即使采用过电流保护，其灵敏性也常常不能满足要求。为此，就必须采用性能更加完善的保护装置，而距离保护就是适应这种要求产生的一种保护原理。

4.1.1 距离保护的原理

距离保护是通过测量被保护线路始端电压和线路电流的比值而动作的一种保护，这个比值被称为测量阻抗，用来完成这一测量任务的元件称为阻抗继电器。在线路正常运行时的测量阻抗称为负荷阻抗，其值较大；当系统发生短路时，测量阻抗等于保护安装处到短路点之间的线路阻抗，其值较小，而且故障点越靠近保护安装处，其值越小。当测量阻抗小于预先规定的整定阻抗值时，保护动作。因为在短路时的测量阻抗反应了短路点到保护安装点之间距离的长短，所以称这种原理的保护为距离保护。

如图 4-1 所示，线路在正常运行时，保护安装处的测量电压 $\dot{U}_m$ 与测量电流 $\dot{I}_m$ 之比测量阻抗 Z_m 为

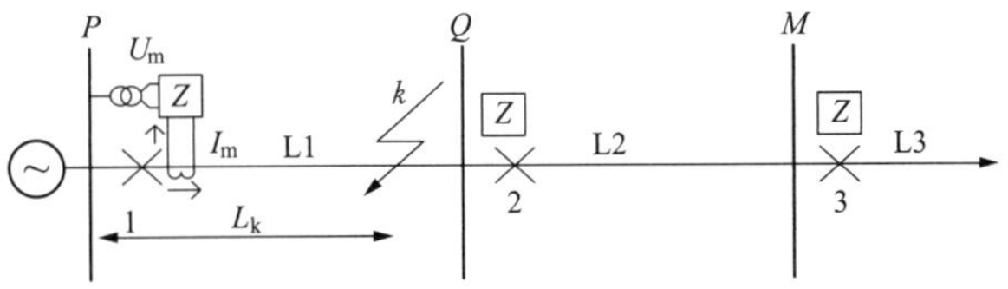

图 4-1　距离保护工作原理系统接线图

$$Z_m=\frac{\dot{U}_m}{\dot{I}_m}=z_1L+Z_L \tag{4-1}$$

式中　$\dot{U}_m$——测量电压；

$\dot{I}_m$——测量电流；

Z_m——测量阻抗；

z_1——线路单位长度的正序阻抗值；

L——线路长度；

Z_L——负荷阻抗。

当图 4-1 所示线路发生相间故障时，测量阻抗为

$$Z_m=\frac{\dot{U}_m}{\dot{I}_m}=z_1L_K \tag{4-2}$$

式中　L_K——故障点到保护安装处之间的距离；

$\dot{I}_m$——测量值为保护安装处的线电流；

$\dot{U}_m$——测量值为保护安装处母线的线电压；

z_1——被保护线路单位长度的正序阻抗。

比较式（4-1）与式（4-2）可知，故障时的测量阻抗明显变小，且其大小与故障点到保护安装处之间的距离成正比。只要测量出这段阻抗的大小，也就等于测出了线路长度。这种反应故障点到保护安装处之间的距离，并根据这一距离的远近决定动作时限的保护，称为距离保护。距离保护实质上是反应阻抗的降低而动作的阻抗保护。

由于故障时 Z_m 只与故障点 k 至保护安装处的距离成正比，基本不受系统运行方式的影响。所以距离保护的保护范围基本不随系统运行方式变化而变化。

4.1.2　距离保护的时限特性

距离保护的动作时限与故障点至保护安装处之间的距离的关系，称为距离保护的时限特性。目前广泛应用的是三段式或四段式阶梯时限特性的距离保护，分别称为距离保护的Ⅰ、Ⅱ、Ⅲ、Ⅳ段。下面主要介绍三段式距离保护。

为了保证选择性，距离Ⅰ段的保护范围应限制在本线路内，其动作阻抗应小于线路阻抗，通常其保护范围为被保护线路的全长的 80%～85%。

距离Ⅱ段的保护范围超出本线路全长，才能保护线路全长，所以应与相邻下一线路Ⅰ段相配合，即不超出下一线路Ⅰ段保护范围，动作时限也与之配合。

如图 4-2 所示，1 处保护的Ⅰ、Ⅱ、Ⅲ段动作时限和保护范围。

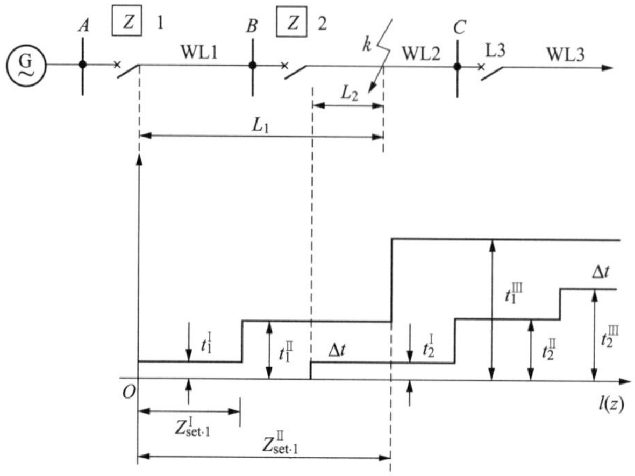

图 4-2　三段式距离保护的阶梯形时限特性

距离保护Ⅲ段作为Ⅰ、Ⅱ段的近后备保护又作相邻下一线路距离保护和断路器拒动时的远后备保护。

距离Ⅲ段整定阻抗的选择按躲过正常运行时的最小负荷阻抗整定。Ⅲ段保护范围较大，所以其动作时限也按阶梯时限原则整定。即

$$t_1^{\mathrm{III}} = t_2^{\mathrm{III}} + \Delta t$$

除了采用三段式距离保护外，也可以采用两段式距离保护。

由图 4-2 可以看出，当 k 点发生短路时，从保护 2 安装处到 k 点的距离为 L_2，保护 2 将以 t_2^{I} 的时间动作；从保护 1 安装处到 k 点的距离 L_1，保护 1 将要以 t_1^{II} 的时间动作，$t_1^{\mathrm{II}} > t_2^{\mathrm{I}}$，保护 2 将动作于跳闸，切除故障，满足了选择性要求。由于距离保护从原理上保证了离故障点近的保护的动作时间总是小于离故障点远的保护的动作时间，故障总是由距故障点近的保护首先切除，因此它能在多电源的复杂网络中保证动作的选择性。

4.1.3　距离保护主要组成

距离保护主要有五个组成部分，其逻辑框图如图 4-3 所示。

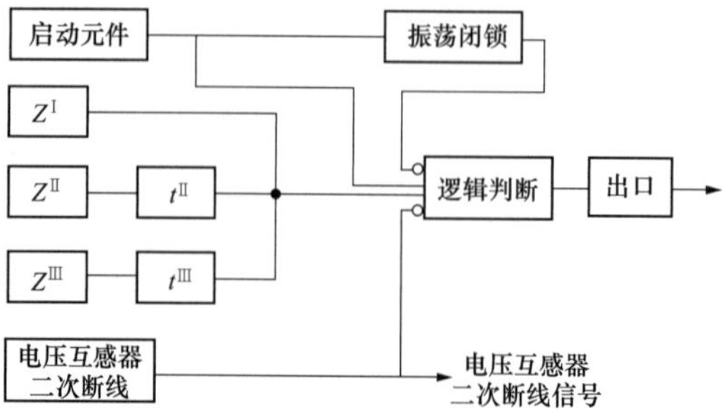

图 4-3　距离保护组成逻辑框图

1. 启动元件

当线路发生短路时，立即启动整套保护装置，以判断故障点是否在被保护线路的保护范围内。启动元件一般具有较高的灵敏度，目前启动元件有突变量电流启动元件、负序电流启动元件、零序电流与负序电流复合启动元件等。

2. 测量元件

测量元件用于测量故障点至保护安装处之间的距离，以决定保护是否动作。测量元件是距离保护的核心元件，距离保护的Ⅰ、Ⅱ、Ⅲ段各有一个测量元件，分别用来判断各自保护区内的故障。用于测量故障点到保护安装处阻抗（或距离）的继电器称为阻抗继电器。能使阻抗继电器动作的最大测量阻抗称为动作阻抗。阻抗是一个有大小和相位的相量。

3. 方向元件

方向元件测量故障点是否在保护的正方向，以防止反方向短路时，保护误动作。

4. 时间元件

时间元件建立保护的动作时限，以保证距离保护的选择性。

5. 闭锁元件

闭锁元件在非短路故障情况下，防止保护误动作。可能引起距离保护误动作的主要原因有两个：一是测量电压的电压互感器二次断线，使得测量阻抗为零而引起距离保护误动作；二是电力系统发生振荡时，振荡中心处于保护区内或附近引起距离保护误动作。

4.2　阻抗继电器的构成原理及应用

阻抗继电器是距离保护装置的核心元件，其主要作用是测量短路点到保护安装处的距离，并与整定值进行比较，以确定保护是否动作。下面以单相式阻抗继电器为例进行分析。

4.2.1　阻抗继电器及其动作特性

单相式阻抗继电器是指加入继电器只有一个电压$\dot{U}_r$（可以是相电压或线电压）和一个电流$\dot{I}_r$（可以是相电流或两相电流差）的阻抗继电器，$\dot{U}_r$和$\dot{I}_r$比值称为测量阻抗Z_m。如图4-4（a）所示，NP线路上任意一点故障时，阻抗继电器加入的电流是故障电流的二次值$\dot{I}_r$，接入的电压是保护安装处母线残余电压的二次值$\dot{U}_r$，则阻抗继电器的测量阻抗（感受阻抗）Z_m可表示为

$$Z_m=\frac{\dot{U}_r}{\dot{I}_r} \tag{4-3}$$

由于电压互感器（TV）和电流互感器（TA）的变比均不等于1，所以发生故障时阻抗继电器的测量阻抗不等于故障点到保护安装处的线路阻抗，但Z_m与Z_K成正比，比例常数为n_{TA}/n_{TV}。

在复数平面上，测量阻抗Z_m可以写成$Z=R+jX$的复数形式。为了便于比较测量阻抗Z_m与整定阻抗Z_{set}，通常将它们画在同一阻抗复数平面上。以图4-4（a）中的NP

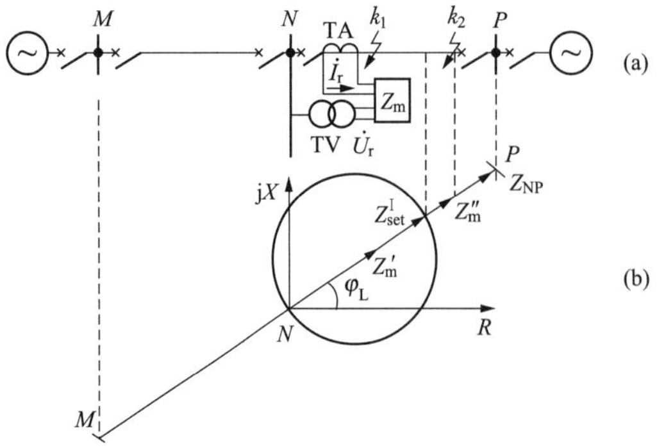

图 4-4 阻抗继电器的动作特性分析

(a) 系统接线；(b) 阻抗继电器的动作特征

线路的保护 2 为例，在图 4-4（b）上，将线路的始端 N 置于坐标原点，保护正方向故障时的测量阻抗在第 1 象限，即落在直线 NP 上，NP 与 R 轴之间的夹角为线路的阻抗角。保护反方向故障时的测量阻抗则在第Ⅲ象限，即落在直线 NM 上。假如线路 NP 距离保护的Ⅰ段测量元件的整定阻抗 $Z_{set}^{I}=0.85Z_{NP}$ 且整定阻抗角 $\varphi_{set}=\varphi_L$（线路阻抗角），那么 Z_{set}^{I} 在复数平面上的位置必然在 NP 上。

Z_{set}^{I} 所表示的这一线段即为继电器的动作区，线段以外的区域即为非动作区。在保护范围内的 k_1 点短路时，测量阻抗 $Z_m^{I}<Z_{set}^{I}$，继电器动作；在保护范围外的 k_2 点短路时，测量阻抗 $Z_m^{II}>Z_{set}^{I}$，继电器不动作。

实际上具有直线形动作特性的阻抗继电器是不能采用的，因为在考虑到故障点过渡电阻及互感器角度误差的影响时，测量阻抗 Z_m 将不会落在整定阻抗的直线上。为了保证在保护范围内发生故障时阻抗继电器均能动作，必须扩大其动作区。目前广泛应用的是在保证整定阻抗 Z_{set} 不变的情况下，将动作区扩展为位置不同的各种圆或多边形。

阻抗的变化包括幅值的变化和复角的变化，阻抗表示在复平面上为矢量，不同方向的相量是不能比较它们的大小的，所以阻抗保护与电流保护的特性不同。阻抗继电器要测量阻抗幅值的变化和相位的变化，其动作特性为复平面上的“几何面积”（称为动作区），当测量阻抗落在动作区时，继电器动作，测量阻抗落在动作区外时，继电器不动作。

所以阻抗继电器的动作特性指的是在复数平面上表示的，所有能使阻抗继电器动作的测量阻抗相量所组成的几何图形。为了能反应线路阻抗，距离保护的测量元件通常有多种动作特性：圆动作特性、扩展圆动作特性、多边形动作特性、复合特性等。

无论是哪种动作特性，都以闭合曲线内部为动作区，如圆动作特性的测量元件，圆内为动作区，测量阻抗落在圆内保护即可动作。

4.2.2 圆特性阻抗继电器

根据动作特性圆在阻抗复平面上位置和大小的不同，圆特性又可分为偏移圆特性、方向圆特性和全阻抗圆特性等几种。

1. 偏移圆特性

偏移圆特性的动作区域如图 4-5（c）所示，它有两个整定阻抗，即正方向整定阻抗 Z_{set} 和反方向 $-\alpha Z_{set}$ 整定阻抗，α 为偏移度，通常为 10%左右。两整定阻抗对应矢量末端的连线就是特性圆的直径。特性圆包括坐标原点，圆心位于 $\frac{1}{2}(1-\alpha)Z_{set}$ 处，半径为 $\frac{1}{2}(1+\alpha)Z_{set}$，圆内为动作区，圆外为非动作区，当测量阻抗正好落在圆周上时，阻抗继电器临界动作。

对应于该特性的动作方程，可以有两种不同的表达形式，一种是比较两个量大小的绝对值比较原理表达式，另一种是比较两个量相位的相位比较原理表达式，它们分别称为绝对值（或幅值）比较动作方程和相位比较动作方程。

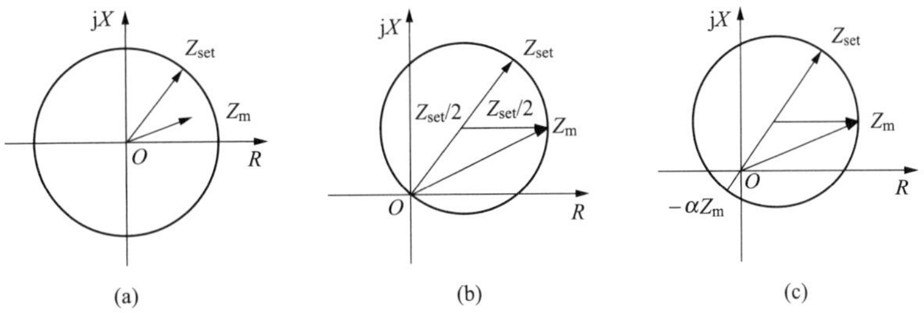

图 4-5　圆特性

(a) 全阻抗圆特性；(b) 方向圆特性；(c) 偏移圆特性

绝对值比较动作方程为

$$\left|Z_{\rm m}-\frac{1-\alpha}{2}Z_{\rm set}\right|\leqslant\left|\frac{1+\alpha}{2}Z_{\rm set}\right| \tag{4-4}$$

相位比较动作方程为

$$-90^\circ\leqslant\arg\frac{Z_{\rm set}-Z_{\rm m}}{\alpha Z_{\rm m}+Z_{\rm m}}\leqslant 90^\circ \tag{4-5}$$

由分析可知：偏移特性阻抗继电器的动作区包括坐标原点，正向保护范围长，反向保护范围短，反方向保护范围的大小取决于 α 的大小，理想的 α 值为正方向故障无死区、反方向故障尽可能不误动作。既可消除保护死区，又具有方向性。

偏移圆特性一般也应用于距离保护中的距离Ⅲ段。

2. 方向圆特性

在上述的偏移圆特性中，如果令 $\alpha=0$，$Z_{\rm set}$ 为直径，则动作特性变化成方向圆特性，动作区域如图 4-5（b）所示。特性圆经过坐标原点处，圆心位于 $\frac{1}{2}Z_{\rm set}$ 处，半径为 $\frac{1}{2}Z_{\rm set}$。

可以得到方向圆特性的绝对值比较动作方程为

$$\left|Z_{\rm m}-\frac{1}{2}Z_{\rm set}\right|\leqslant\left|\frac{1}{2}Z_{\rm set}\right| \tag{4-6}$$

$$-90^\circ\leqslant\arg\frac{Z_{\rm set}-Z_{\rm m}}{Z_{\rm m}}\leqslant 90^\circ \tag{4-7}$$

与偏移阻抗特性类似，方向圆特性对于不同的 $Z_{\rm m}$ 阻抗角，动作阻抗也是不同的。在整定阻抗的方向上，动作阻抗最大，正好等于整定阻抗；其他方向的动作阻抗都小于整定阻抗；在整定阻抗的相反方向，动作阻抗降为 0，即在反方向没有动作区，反向故障时不会动作，阻抗元件本身具有方向性。方向特性的阻抗元件一般用于距离保护的主保护段（Ⅰ段和Ⅱ段）中。

3. 全阻抗圆特性

在偏移圆特性中，如果令 $\alpha=1$，$Z_{\rm set}$ 为半径，则动作特性变化成全阻抗圆特性，动作区域如图 4-5（a）所示。特性圆的圆心位于坐标原点处，半径为 $Z_{\rm set}$。

将 $\alpha=1$，代入式（4-4），可以得到全阻抗特性的绝对值比较动作方程为

$$|Z_{\rm m}|\leqslant|Z_{\rm set}| \tag{4-8}$$

将 $\alpha=1$，代入式（4-5），可得到全阻抗特性的相位比较动作方程为

$$-90^\circ\leqslant\arg\frac{Z_{\rm set}-Z_{\rm m}}{Z_{\rm set}+Z_{\rm m}}\leqslant 90^\circ \tag{4-9}$$

全阻抗继电器的特性是一个以坐标原点为圆心、以整定阻抗的绝对值$|Z_{set}|$为半径所作的一个圆，圆内为动作区，圆外为非动作区。不论短路故障发生在正方向，还是反方向，只要测量阻抗 Z_m 落在圆内，继电器就动作，所以称为全阻抗继电器。

全阻抗圆特性在各个方向上的动作阻抗都相同，它在正向或反向故障的情况下具有相同的保护区，即阻抗元件本身不具方向性。全阻抗元件可以应用于单侧电源的系统中，当应用于多侧电源系统时，应与方向元件相配合。一般应用在距离保护的Ⅲ段。

4.2.3 多边形阻抗元件动作特性

前述圆特性阻抗继电器，虽然构造简单、调节方便，但它存在两个缺点：当用于短线路时，圆特性的整定阻抗较小，动作特性圆也就比较小，区内经过渡电阻短路时，测量阻抗容易落在区外，导致测量元件拒绝动作；当用于长距离重负荷线路时，整定阻抗值较大，动作特性圆也就比较大，负荷阻抗有可能落在圆内，从而导致测量元件误动作。为弥补以上不足，近年来，具有多边形动作特性的阻抗继电器得到了推广应用。

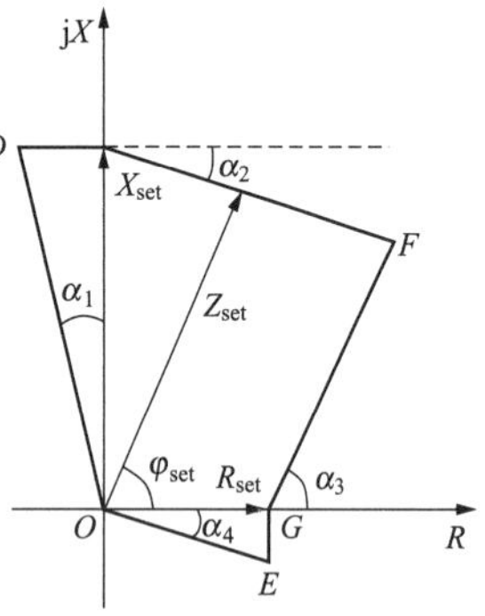

图 4-6　多边形阻抗元件的动作特性

多边形阻抗元件动作特性如图 4-6 所示。图中：

（1）第二象限角度 α_1。当线路上发生金属性短路时，测量阻抗的相位有可能超过 90°，为防止保护拒动，线段 OD 应以纵轴为基准向逆时针方向倾斜，一般取 15°～30°。

（2）电抗线倾斜角度 α_2。防止保护区末端经过过渡电阻短路时可能出现的超范围动作（超越），一般取 7°～15°。

（3）角度 α_3。在双电源线路上，考虑到经过过渡电阻短路时，线路始端故障时的附加测量阻抗比末端故障时小，所以该角度小于线路阻抗角，一般取 60°。该角度等于 Z_{set} 的整定角 φ_{set}。

（4）第四象限角度 α_4。当线路出口经过过渡电阻短路时，测量阻抗可能呈现容性，为保证可靠动作，一般取 15°～30°。

（5）一般情况下，用户需要整定两个值 X_{set}、R_{set}，其他参数由保护软件来处理。

4.2.4 理想的阻抗元件动作特性

圆特性阻抗继电器较好地解决了超越问题，但抵抗过渡电阻的能力较差，四边形特性阻抗继电器却正好相反，解决了抵抗过渡电阻的问题但超越问题没有解决，而且传统的保护要实现四边形特性非常难，要解决使用过程中的超越等问题就更加有难度了。所以微机保护应用以来，较好地解决了这些矛盾。

多边形阻抗继电器在微机保护中实现容易，且多边形阻抗继电器反映故障点过渡电阻能力强、躲过负荷阻抗能力好，所以多边形阻抗继电器在微机保护中应用得相当广泛。若测量阻抗落在多边形阻抗特性内部，就判定为保护区内故障；若测量阻抗落在多边形阻抗特性外部，就判定为保护区外故障。

在线路 OQ 上 OA 为保护区。为了防止过渡电阻的影响，理想的阻抗元件动作特性是以 OA 和 AB 为边的平行四边形，如图 4-7 所示。

上述理想阻抗元件动作特性应用于实际时，存在两个严重缺点：

（1）保护出口处三相对称短路时会出现死区；

（2）在下一线路出口处短路时，当短路阻抗角 φ_K 小于保护整定角 φ_{set} 时，保护可能会超出其保护范围，而非选择性动作。

4.2.5　实际应用的阻抗元件动作特性

实际应用的阻抗元件动作特性如图 4-8 所示。图中：

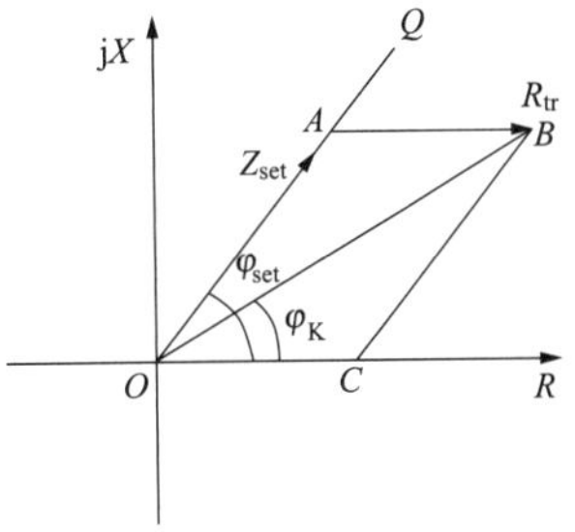

图 4-7　阻抗元件理想四边形动作特性阻抗

Z_{set}—整定阻抗；R_{tr}—过渡电阻

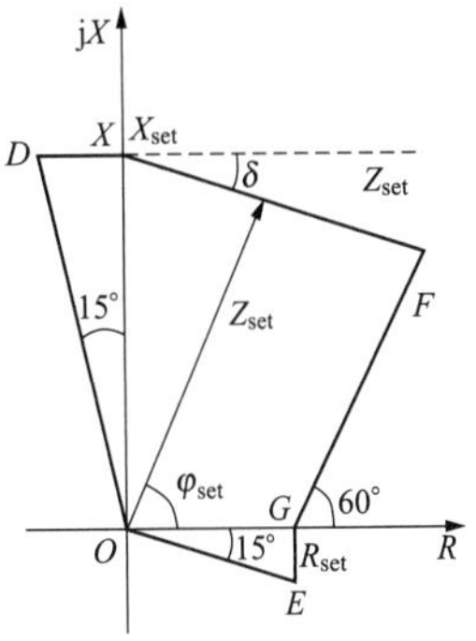

图 4-8　阻抗元件实际四边形动作特性

（1）为了使保护不超出保护范围，而出现非选择性动作，线段 XF 应下倾。运行证明 δ=arctg(1/8) 即能满足要求。

（2）为了使保护出口处短路不出现拒动作，线段 OE 应下倾。

保护出口处短路在过渡电阻的作用下，测量阻抗为

$$Z_m = R_{tr}\frac{I_k^{\mathrm{I}}}{I_k}e^{j\theta} \tag{4-10}$$

式中　I_k^{I}——流过本保护的电流，单电源时与 I_k 相等；

I_k——流过短路点的电流；

R_{tr}——过渡电阻；

$e^{j\theta}$——I_k^{I} 超前 I_k 的角度。

当 θ 为负角时，Z_m 将在 R 轴下方，为了使保护能可靠动作，线段 OE 应下倾 15°。

（3）线段 OD 应左倾的原因是：当线路上发生金属性短路时，测量阻抗的相位有可能超过 90°，为防止保护拒动，线段 OD 应左倾 15°。

（4）线段 FG 的角度：线段 FG 的角度通常比整定角 φ_{set} 小。由于线路首端比末端短路时的切除时间要快，所以线路首端的过渡电阻比线路末端影响小，通常选择 60°。

一般情况下，用户需要整定两个值 X_{set}、R_{set}，其他参数由保护软件来处理，但 R_{set} 分为大电阻分量定值 R_L 和小电阻分量定值 R_S 两种情形，程序将根据不同情况自动选用 R_L 或 R_S。

4.2.6　阻抗继电器接线方式

反应相间故障的阻抗继电器采用线电压和两相电流差的接线方式。这种接线方式称为 0°接线。继电器端子上所加电压和电流见表 4-1。

表 4-1　0°接线时阻抗继电器所加电压和电流

阻抗继电器	$\dot{U}_k$	$\dot{I}_k$
KR1	$\dot{U}_{AB}$	$\dot{I}_A-\dot{I}_B$
KR2	$\dot{U}_{BC}$	$\dot{I}_B-\dot{I}_C$
KR3	$\dot{U}_{CA}$	$\dot{I}_C-\dot{I}_A$

各种故障情况下采用 0°接线方式阻抗继电器的测量阻抗分析。

（1）如图 4-9 所示三相对称短路时，3 个阻抗继电器的工作情况完全相同，因此仅以 KR1 为例进行分析。设短路点 k 至保护安装处之间的距离为 l，线路每千米的正序阻抗为 Z_1，则加入阻抗继电器 KR1 的电压为

$$\dot{U}_{AB}=\dot{U}_A-\dot{U}_B=\dot{I}_AZ_1l-\dot{I}_BZ_1l=(\dot{I}_A-\dot{I}_B)Z_1l \tag{4-11}$$

故此时 KR1 的测量阻抗为

$$Z_{k1}^{(2)}=\frac{\dot{U}_{AB}}{\dot{I}_A-\dot{I}_B}=Z_1l \tag{4-12}$$

（2）如图 4-10 所示 BC 两相短路时，对接于故障相间的阻抗继电器 KR2 来说，所加电压为

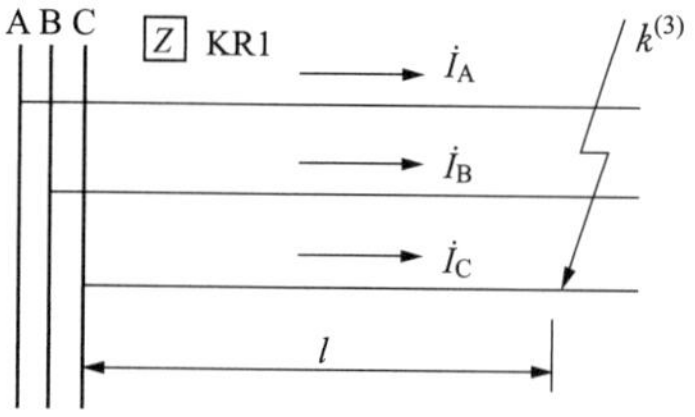

图 4-9　三相短路时测量阻抗

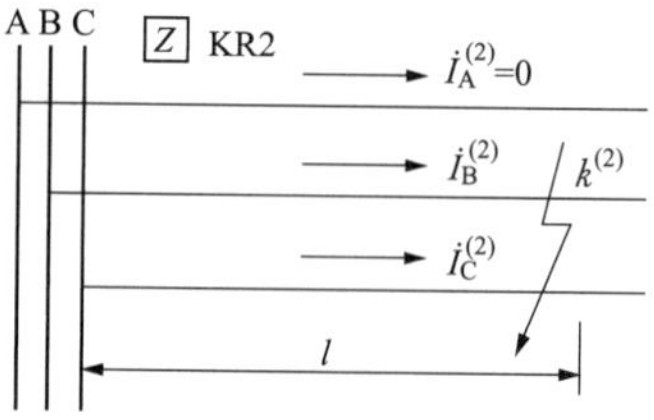

图 4-10　两相短路时测量阻抗

$$\dot{U}_{k2}^{(2)}=\dot{U}_{BC}^{(2)}=\dot{I}_B^{(2)}Z_1l-\dot{I}_C^{(2)}Z_1l=[\dot{I}_B^{(2)}-\dot{I}_C^{(2)}]Z_1l \tag{4-13}$$

故此时 KR2 的测量阻抗为

$$Z_{k2}^{(2)}=\frac{\dot{U}_{AB}^{(2)}}{\dot{I}_B^{(2)}-\dot{I}_C^{(2)}}=Z_1l \tag{4-14}$$

应该注意，此时对 KR1 和 KR3 来说，由于加给它们的电压为故障相与非故障相相间电压，其值较 $\dot{U}_{BC}$ 高，而流过它们的电流却只有一个故障相的电流，其值较 $\dot{I}_B-\dot{I}_C$ 小，因此它们的测量阻抗较 KR2 的大，故它们可能拒动。但因 KR2 能正确动作，所以 KR1、KR3 的拒动不会影响整套保护的动作。

由上述分析可知，反应相间故障的阻抗继电器采用 0°接线方式能满足要求。

4.3　影响距离保护正确动作的因素及消除方法

阻抗继电器正确测量是距离保护正确判断的前提和基础，影响阻抗继电器正确测量的因素较多，主要的影响因素有：

（1）故障点的过渡电阻。

（2）故障点到保护安装处之间的分支电流。

(3) 电压互感器二次回路断线。

(4) 电力系统振荡。

4.3.1　过渡电阻的影响

当短路点存在过渡电阻时，必然直接影响阻抗继电器的测量阻抗。故障点的过渡电阻是指当相间短路或接地短路时，短路电流从一相流到另一相或从相导线流入地的回路中所通过的物质的电阻，包括过渡物电阻和电弧电阻两部分，由于分析金属性短路，所以这里不考虑过渡物电阻，只分析电弧电阻。

电弧电阻 R_T 的大小可根据经验公式得出

$$R_T = 1050\frac{L_L}{I_k}(\Omega) \tag{4-15}$$

式中　L_L——电弧长度，m；

　　I_k——短路电流（电弧电流）有效值，A。

过渡电阻呈电阻性质，它的存在使测量增大、保护范围缩小、保护的灵敏度降低。但是 R_T 对不同特性的阻抗继电器以及对不同位置的继电器的影响程度是不同的。

(1) R_T 的最大值出现在短路后 0.3～0.5s，所以对距离第Ⅱ段的影响最大。

(2) 由于方向阻抗继电器的动作区域面积最小，所以 R_T 对方向阻抗继电器的影响最大，对全阻抗继电器的影响最小。

(3) R_T 对离故障点近的距离保护的影响大，而对距离远的距离的影响小。

过渡电阻的影响如图 4-11 所示。

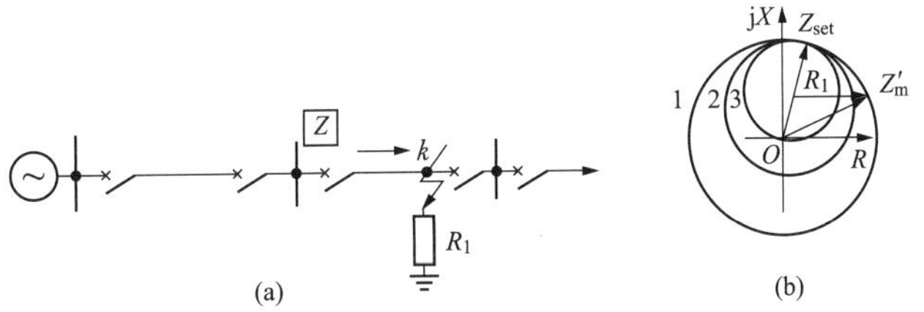

图 4-11　过渡电阻对阻抗继电器的影响

(a) 网络图；(b) 动作特性图

解决过渡电阻 R_r 对距离继电器的影响的办法有：

(1) 采用四边形特性阻抗继电器。

(2) 使用能完全躲开过渡电阻的算法。

4.3.2　分支电流的影响

当短路点与保护安装处之间存在有分支电路时，就出现分支电流，距离保护受到此分支电流的影响，其阻抗继电器的测量阻抗将增大或减小。

分支电流有助增电流和汲取电流两种情况。如图 4-12 所示为助增电流，当 k 点短路时，通过故障线路的电流 $\dot{I}_{Bk}=\dot{I}_{AB}+\dot{I}'_{AB}$，此值将大于 $\dot{I}_{AB}$。这种使故障线路电流增大的现象，称为助增。这时在变电站 A 距离保护 QF1 处的保护的测量阻抗为

$$Z_m = \frac{I_{AB}Z_1L_{AB}+\dot{I}_{Bk}Z_1L_k}{\dot{I}_{AB}} = Z_1L_{AB}+\frac{\dot{I}_{Bk}}{\dot{I}_{AB}}Z_1L_k = Z_1L_{AB}+K_{bra}Z_1L_k \tag{4-16}$$

式中　K_{bra}——分支系数，考虑到助增电流的影响，$K_{bra}>1$；

L_k——保护安装处到故障点 k 之间的距离；

L_{AB}——线路 AB 的长度。

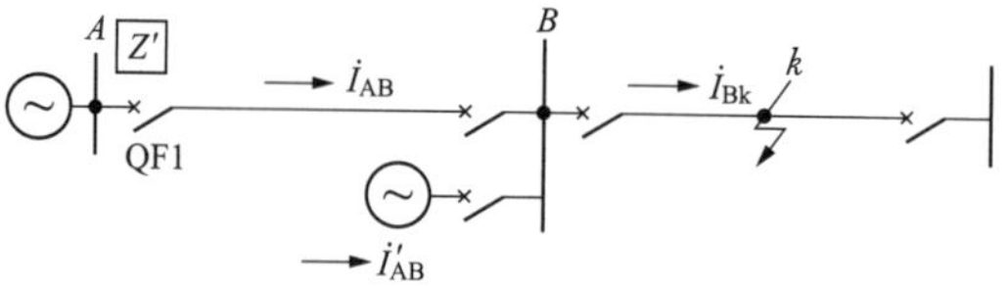

图 4-12　具有助增电流的网络图

同时也表明，助增电流的存在使得保护第Ⅱ段测量阻抗增大，保护范围缩小了。解决的措施就是在整定计算时引入一个大于 1 的合适的分支系数，适当地增加第Ⅱ段的整定阻抗值，以抵消由于助增电流的存在对距离第Ⅱ段保护范围缩小的影响。

图 4-13 所示为汲取电流网络图，当在平行线路上的 k 点短路时，通过故障线路的电流 $\dot{I}_{Bk2}$ 将小于线路 $A—B$ 中的电流 $\dot{I}_{AB}$。这种使故障线路中电流减小的现象，称为汲取。

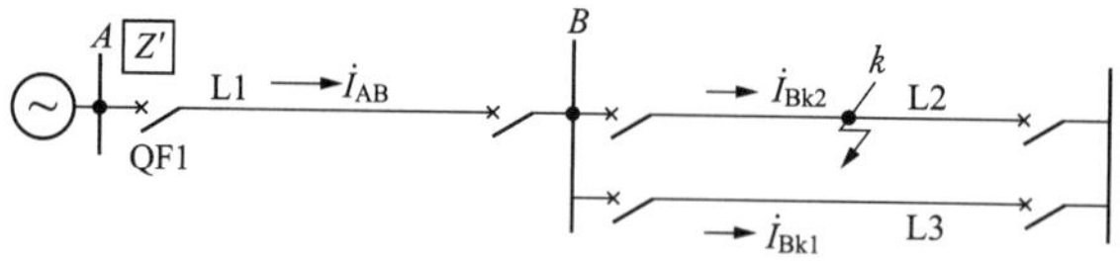

图 4-13　具有汲取电流的网络图

这时在变电站 A 距离保护 QF1 处的保护的测量阻抗为

$$Z_m=\frac{\dot{I}_{AB}Z_1L_{AB}+\dot{I}_{Bk2}Z_1L_k}{\dot{I}_{AB}}=Z_1L_{AB}+\frac{\dot{I}_{Bk2}}{\dot{I}_{AB}}Z_1L_k=Z_1L_{AB}+K_{bra}Z_1L_k \tag{4-17}$$

式中　K_{bra}——分支系数，考虑到汲取电流的影响，$K_{bra}<1$。

同时也表明，汲取电流的存在使得保护第Ⅱ段测量阻抗减小，保护范围扩大了，可能导致保护超范围地误动作。解决的措施就是在整定计算时引入一个小于 1 的合适的分支系数，适当地减小第Ⅱ段的整定阻抗值，以抵消由于汲取电流的存在对距离第Ⅱ段保护范围扩大的影响。

4.3.3　二次回路断线的影响

运行中，测量阻抗 $Z_m=\dfrac{\dot{U}_m}{\dot{I}_m}$。当电压互感器二次回路断线时，$\dot{U}_m=0$，$Z_m=0$，阻抗元件将误动作。微机保护中任何保护的出口必须在保护装置总启动的条件下才会实现，而保护总启动通常是电流元件，电流元件不受电压回路断线的影响，可以在失压过程中起到可靠的闭锁作用。但在断线失压后，又有外部故障因启动元件启动，将会造成保护的误动。为了防止这种误动作，微机保护仍然应有专门的闭锁措施，当出现电压互感器二次回路断线时，将距离保护闭锁。但闭锁元件的责任已经大大减轻了，并不需要瞬时闭锁，可以略带延时。

断线闭锁措施：在常规保护中采用断线闭锁继电器，而微机保护是采用特殊措施进行闭锁。下面对微机保护的断线闭锁进行讲述。

二次回路断线时的特点：

(1) 一次回路是正常的，一次回路中将有电流通过，电流互感器中将存在电流，即保护检无电流。如果电流互感器有电流存在可能是断线。

(2) 断路器的位置处于合闸后位置，合闸位置继电器处于闭合状态；跳闸位置继电器处于断开状态。

(3) 三相电压绝对值之和很小（二次三相断线），两相电压之差（二次两相断线或单相断线）很大或三相电压有效值之和的绝对值不小。

(4) 对于检查同期或检查无电压要求的线路，线路上有电压。

根据上述特点，微机保护就通过逻辑判断后，发出断线信号，并闭锁距离保护。

4.3.4 系统振荡的影响

并联运行的电力系统或发电厂之间因短路切除太慢或遭受较大冲击时出现功率角大范围周期性变化的现象，称为电力系统振荡。系统振荡时，系统两侧等效电动势间的夹角 δ 可能在 0°～360°范围内作周期性变化，从而使系统中各点的电压、线路电流、功率大小和方向以及距离保护的测量阻抗也都呈现周期性变化。这样，距离保护就有可能因系统振荡而动作。用于防止系统振荡时保护误动的措施，就称为振荡闭锁。

电力系统振荡时，各电源电势之间的相角随时间而变化，系统中出现以一定周期变化的电流，该电流称为振荡电流。同时，系统中各点电压的幅值也随时间变化。系统振荡时，距离保护是否误动作，关键是：一要看振荡时 Z_m 是否穿过动作区；二要看 Z_m 在动作区的停留时间。

分析知距离第Ⅰ段受振荡的影响最大，只要振荡时，Z_m 穿过动作区，保护就会误动作，距离保护第Ⅲ段受系统振荡的影响小，因为第Ⅲ段的动作时间长。所以在距离保护中增加振荡闭锁装置，要求当系统振荡时能够将误动作的距离继电器闭锁，防止距离保护误动作，当发生短路时又能及时开放保护，防止保护因闭锁而拒动。

振荡与短路的区别是：

(1) 振荡时电流和各点电压的幅值均作周期性变化，变化速率较小；短路时电流、电压是突变的，变化速率大。

(2) 振荡时，任一点的电流与电压之间的相位关系都随 δ 的变化而改变，而短路时电流和电压之间相位基本不变。

(3) 振荡时三相对称，系统不会出现零序、负序分量，而短路时，总要长期或瞬间出现负序或零序分量。所以有无负序电流是区分故障还是振荡的重要判据。

根据以上区别，振荡闭锁可分为两种，一种是利用负序分量的出现与否来实现，另一种是利用电流、电压或测量阻抗的变化速度不同来实现。

系统故障时会有负序分量出现，即使是三相对称短路，在短路开始瞬间也会出现短时的负序分量。而系统振荡时三相完全对称，没有负序分量。因此可以用负序电流元件来区分是故障还是振荡。但用负序电流元件作振荡闭锁回路的启动元件时，在振荡电流较大的情况下，由于各相电流互感器误差不同，也会使负序电流过滤器有不平衡输出，这时它就不能很好地区别故障和振荡。较好的办法是，根据故障时负序电流是突变的，而振荡时负序电流则是缓慢变化的这一差别，用负序电流增量元件作振荡闭锁回路的启动元件，来区别是故障还是振荡。

4.4 微机距离保护

上面所讲述的距离保护的基本原理、动作方程、动作判据、动作特性，影响其正确工作的因素等也适用于微机保护。距离保护的各个环节都可以用程序模块实现，由于微机的存储、计算、比较、逻辑判断的功能很强，因而用微机实现的保护各个环节更为准确、快速和可靠，还可以依据微机数字式数据处理的能力增加新的功能，如数字滤波、自适应在线整定、优化处理、循环比较、定义动作特性，以及人工智能的应用等，使微机距离保护的性能大大优于模拟式距离保护。

下面仅以 RCS-943 型高压线路微机保护为例介绍微机距离保护中几个主要环节的实现原理。本装置为由微机实现的数字式输电线路成套快速保护装置，可用作 110kV 输电线路的主保护及后备保护。

RCS-943 型包括以分相电流差动和零序电流差动为主体的快速主保护，由三段相间和接地距离保护、四段零序方向过电流保护构成的全套后备保护；装置配有三相一次重合闸功能、过负荷告警功能；装置还带有跳合闸操作回路以及交流电压切换回路。

4.4.1 距离继电器

本装置设有三阶段式相间、接地距离继电器和两个作为远后备的四边形相间、接地距离继电器。继电器由正序电压极化，因而有较大的测量故障过渡电阻的能力；当用于短线路时，为了进一步扩大测量过渡电阻的能力，还可将Ⅰ、Ⅱ段阻抗特性向第Ⅰ象限偏移；接地距离继电器设有零序电抗特性，可防止接地故障时继电器超越。

正序极化电压较高时，由正序电压极化的距离继电器有很好的方向性；当正序电压下降至 $10\%U_N$ 以下时，进入三相低压程序，由正序电压记忆量极化，Ⅰ、Ⅱ段距离继电器在动作前设置正的门槛，保证母线三相故障时继电器不可能失去方向性；继电器动作后则改为反门槛，保证正方向三相故障继电器动作后一直保持到故障切除。Ⅲ段距离继电器始终采用反门槛，因而三相短路Ⅲ段稳态特性包含原点，不存在电压死区。

4.4.2 低压距离继电器

当正序电压小于 $10\%U_N$ 时，进入低压距离程序。正方向故障时，低压距离继电器暂态动作特性如图 4-14。

Z_S 为保护安装处背后等值电源阻抗，测量阻抗 Z_k 在阻抗复数平面上的动作特性是以 Z_{ZD} 至 $-Z_S$ 连线为直径的圆，动作特性包含原点表明正向出口经或不经过渡电阻故障时都能正确动作，并不表示反方向故障时会误动作；反方向故障时的动作特性必须以反方向故障为前提导出。

反方向故障时，测量阻抗 $-Z_k$ 在阻抗复数平面上的动作特性是以 Z_{ZD} 与 Z'_S 连线为直径的圆，如图 4-15 所示，其中，Z'_S 为保护安装处到对侧系统的总阻抗。当 $-Z_k$ 在圆内时动作，可见，继电器有明确的方向性，不可能误判方向。

以上的结论是在记忆电压消失以前，即继电器的暂态特性，当记忆电压消失后，正方向故障时，测量阻抗 Z_k 在阻抗复数平面上的动作特性如图 4-16 所示，反方向故障时，

$-Z_k$ 动作特性也如图 4-16 所示。由于动作特性经过原点，因此母线和出口故障时，继电器处于动作边界；为了保证母线故障，特别是经弧光电阻三相故障时不会误动作，Ⅰ、Ⅱ段距离继电器在动作前设置正的门槛，其幅值取最大弧光压降，保证母线三相故障时继电器不可能失去方向性；继电器动作后则改为反门槛，相当于将特性圆包含原点，保证正方向出口三相故障继电器动作后一直保持到故障切除。为了保证Ⅲ段距离继电器的后备性能，Ⅲ段距离继电器始终采用反门槛，因而三相短路Ⅲ段稳态特性包含原点，不存在电压死区。

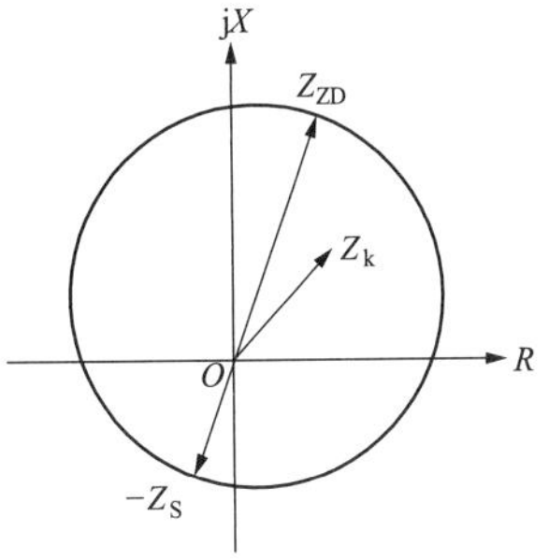

图 4-14　正方向故障时动作特性

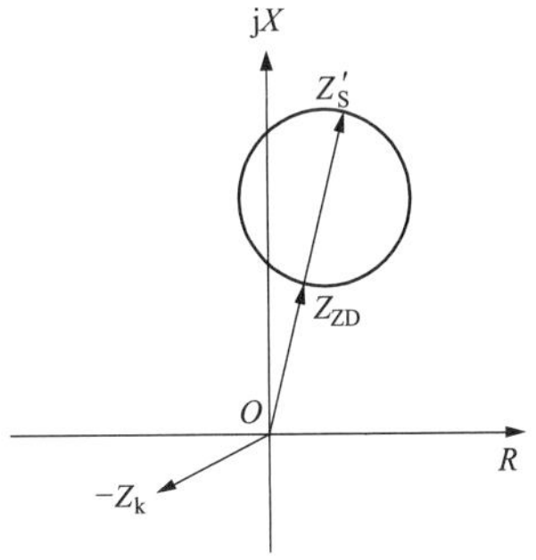

图 4-15　反方向故障时的动作特性

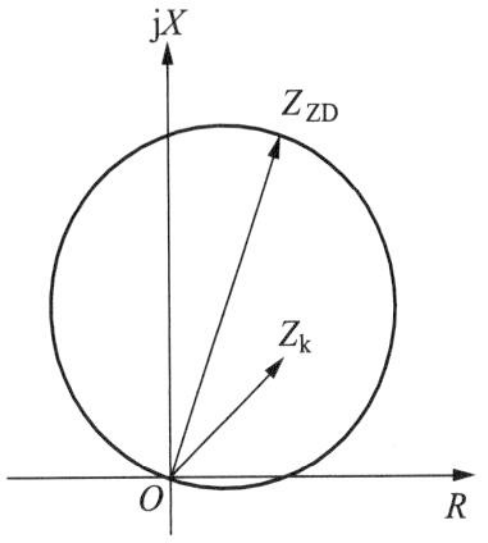

图 4-16　三相短路稳态特性

4.4.3　接地距离继电器

1. Ⅲ段接地距离继电器

Ⅲ段接地距离继电器由阻抗圆接地距离继电器和四边形接地距离继电器相“或”构成，四边形接地距离继电器可作为长线末端变压器后故障的远后备。

（1）阻抗圆接地距离继电器。继电器的极化电压采用当前正序电压，非记忆量，这是因为接地故障时，正序电压主要由非故障相形成，基本保留了故障前的正序电压相位，因此，Ⅲ段接地距离继电器的特性与低压时的暂态特性完全一致，见图 4-14、图 4-15，继电器有很好的方向性。

（2）四边形接地距离继电器。四边形接地距离继电器的动作特性如图 4-17 中的 *ABCD*，Z_{ZD}为接地Ⅲ段圆阻抗定值，Z_{REC}为接地Ⅲ段四边形定值，四边形中 *BC* 段与 Z_{ZD}平行，且与Ⅲ段圆阻抗相切；*AD* 段延长线过原点偏移 j*X* 轴 15°；*AB* 段与 *CD* 段分别在 $Z_{ZD}/2$ 和 Z_{REC}处垂直于 Z_{ZD}。整定四边形定值时只需整定 Z_{REC}即可。

2. Ⅰ、Ⅱ段接地距离继电器

Ⅰ、Ⅱ段接地距离继电器由方向阻抗继电器和零序电抗继电器相“与”构成。

Ⅰ、Ⅱ段方向阻抗继电器的极化电压，较Ⅲ段增加了一个偏移角 θ_1，其作用是在短线路应用时，将方向阻抗特性向第Ⅰ象限偏移，以扩大允许故障过渡电阻的能力。θ_1 的整定可按 0°、15°、30°三挡选择。方向阻抗与零序电抗继电器两部分结合，增强了在短线上使用时允许过渡电阻的能力，如图 4-18 所示。

4.4.4　相间距离继电器

1. Ⅲ段相间距离继电器

Ⅲ段相间距离继电器由阻抗圆相间距离继电器和四边形相间距离继电器相“或”构成，四边形相间距离继电器可作为长线末端变压器后故障的远后备。

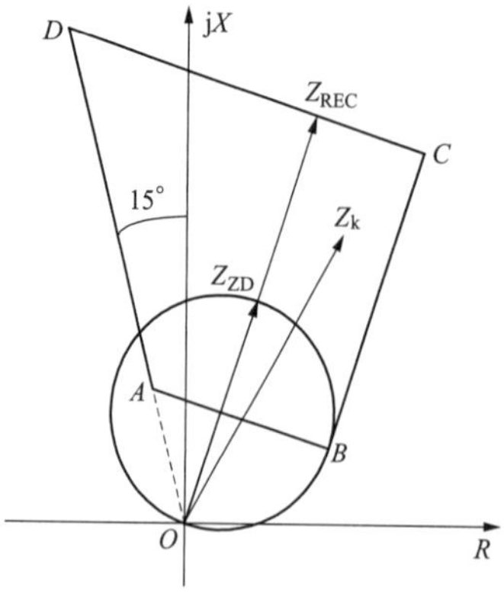

图 4-17　四边形相间距离继电器的动作特性

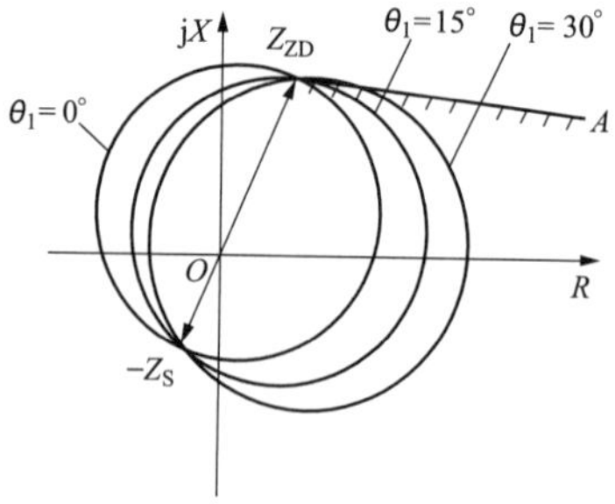

图 4-18　正方向故障时继电器特性

（1）阻抗圆相间距离继电器。继电器的极化电压采用正序电压，不带记忆。因相间故障其正序电压基本保留了故障前电压的相位；故障相的动作特性见图 4-14、图 4-15，继电器有很好的方向性。

三相短路时，由于极化电压无记忆作用，其动作特性为一过原点的圆，如图 4-16 所示。由于正序电压较低时，由低压距离继电器测量，因此，这里既不存在死区也不存在母线故障失去方向性问题。

（2）四边形相间距离继电器。四边形相间距离继电器动作特性同四边形接地距离继电器，如图 4-17 所示，只是工作电压和极化电压以相间量计算。

2. Ⅰ、Ⅱ段相间距离继电器

Ⅰ、Ⅱ段相间距离继电器由方向阻抗继电器和电抗继电器相“与”构成。

Ⅰ、Ⅱ段方向阻抗继电器的极化电压与接地距离Ⅰ、Ⅱ段一样，较Ⅲ段增加了一个偏移角 θ_2，其作用也是为了在短线路使用时增加允许过渡电阻的能力。θ_2 的整定可按 0°、15°、30°三挡选择。方向阻抗与电抗继电器两部分结合，增强了在短线上使用时允许过渡电阻的能力。

4.4.5　振荡闭锁

装置的振荡闭锁分三个部分，任意一个元件动作开放保护。

1. 启动开放元件

启动元件开放瞬间，若按躲过最大负荷整定的正序过电流元件不动作或动作时间尚不到 10ms，则将振荡闭锁开放 160ms。

该元件在正常运行突然发生故障时立即开放 160ms，当系统振荡时，正序过电流元件动作，其后再有故障时，该元件已被闭锁，另外当区外故障或操作后 160ms 再有故障时也被闭锁。

2. 不对称故障开放元件

不对称故障时，振荡闭锁回路还可由对称分量元件开放。

3. 对称故障开放元件

在启动元件开放 160ms 以后或系统振荡过程中，如发生三相故障，则上述两项开放措施均不能开放振荡闭锁，本装置中另设置了专门的振荡判别元件，即测量振荡中心电压

$$U_{OS}=U\cos\varphi$$

式中　U——正序电压；

　　φ——正序电压和电流之间的夹角。

在系统正常运行或系统振荡时，$U\cos\varphi$ 反应振荡中心的正序电压；在三相短路时，$U\cos\varphi$ 为弧光电阻上的压降，三相短路时过渡电阻是弧光电阻，弧光电阻上压降小于 $5\%U_N$。

本装置采用的动作判据分两部分：

$$-0.03U_N < U_{OS} < 0.08U_N \text{ 延时 150ms 开放。}$$

$$-0.1U_N < U_{OS} < 0.25U_N \text{ 延时 500ms 开放。}$$

4.4.6　距离保护逻辑

距离保护动作逻辑如图 4-19 所示。

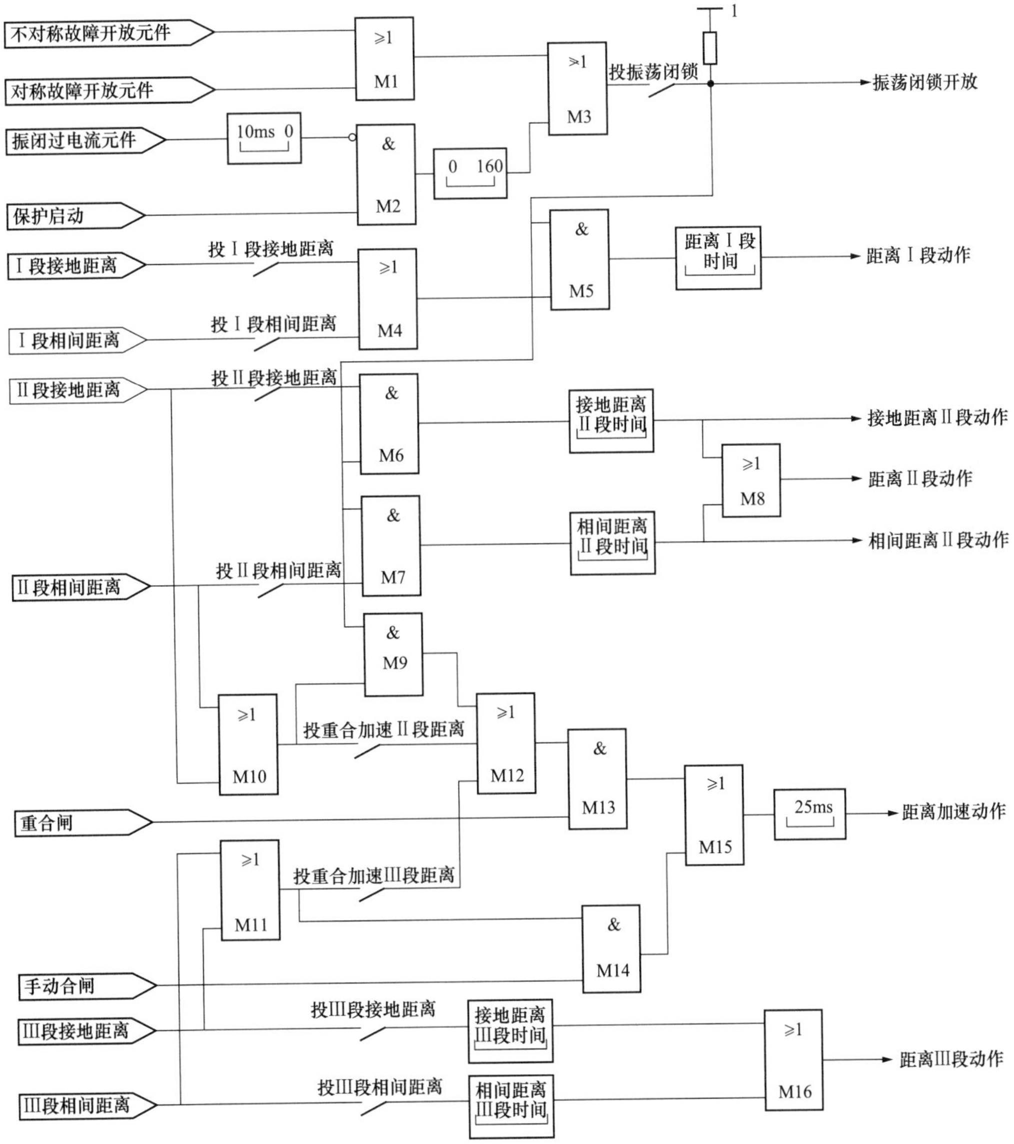

图 4-19　RCS-943 型距离保护框图

（1）保护启动时，如果按躲过最大负荷电流整定的振荡闭锁过电流元件尚未动作或动作不到10ms，则开放振荡闭锁160ms，另外不对称故障开放元件、对称故障开放元件任一元件开放则开放振荡闭锁；用户可选择“投振荡闭锁”去闭锁Ⅰ、Ⅱ段距离保护，否则距离保护Ⅰ、Ⅱ段不经振荡闭锁而直接开放。

（2）合闸于故障线路时加速跳闸可由两种方式：一是受振闭控制的Ⅱ段距离继电器在合闸过程中加速跳闸；二是在合闸时，还可选择“投重合加速Ⅱ段距离”、“投重合加速Ⅲ段距离”、由不经振荡闭锁的Ⅱ段或Ⅲ段距离继电器加速跳闸。手合时总是加速Ⅲ段距离。

（3）接地距离Ⅰ、Ⅱ段经零序电流闭锁，为保证距离Ⅲ段的远后备作用，接地距离Ⅲ段不经零序电流闭锁。

4.5 距离保护的整定计算

距离保护一般采用三段式阶梯型时限特性，在进行整定计算时，要计算各段的动作阻抗、动作时限并进行灵敏性校验。现以图4-20为例对距离保护的整定计算原则进行详细阐述。设线路 AB 和 BC 上都装设三段式距离保护，保护Ⅰ各段动作值的整定计算原则如下。

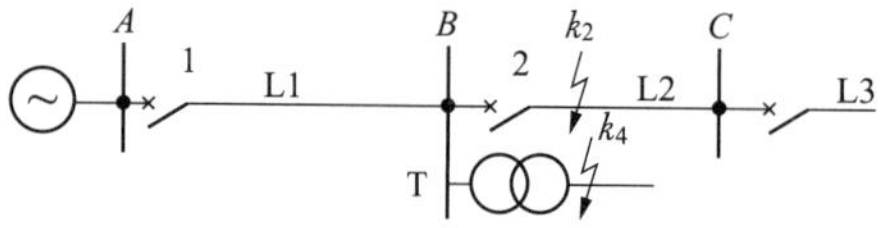

图4-20 距离保护整定计算示意图

4.5.1 距离保护Ⅰ段的整定

为了保证保护的选择性，在相邻的下一线路首端短路时本保护不动作，距离保护Ⅰ段的动作阻抗不应超过本线路全长的阻抗 z_1L_{AB}，取可靠系数 K_{rel}^{I}，则

$$Z_{set}^{I}=K_{rel}^{I}z_1L_{AB} \tag{4-18}$$

式中 Z_{set}^{I}——线路 AB 中保护1距离Ⅰ段的动作阻抗；

K_{rel}^{I}——可靠系数，取0.8～0.85，考虑继电器误差、互感器误差及裕度系数，若线路参数未经实测，则取0.8；

z_1——线路单位长度的正序阻抗；

L_{AB}——线路的长度。

4.5.2 距离保护Ⅱ段的整定

第Ⅱ段保护考虑与相邻下一线路的配合，同时还要考虑线路末端母线上的电源及线路的情况，因此要考虑分支系数的影响。

1. 动作阻抗的整定

为了保证保护的速动性与选择性，本保护的保护范围不应超出相邻下一线路的第Ⅰ段保护区，即

$$Z_{set}^{II}=K_{rel}^{II}(z_1L_{AB}+K_{bra\cdot min}Z_{T\cdot min}) \tag{4-19}$$

式中 K_{rel}^{II}——可靠系数，又称为配合系数，通常取0.7～0.8；

$K_{bra\cdot min}$——分支系数，见本章第4.3节；

$Z_{T\cdot min}$——线路末端母线上的变压器最小等值电抗，当两台及以上并列运行时，取

其等值并联阻抗。

为了使相邻下一线路首端短路时本线路保护不会出现误动作，本线路保护的动作时限应与相邻的下一线路第Ⅰ段进行配合，即

$$t_1^{\mathrm{II}} = t_2^{\mathrm{I}} + \Delta t = 0.5\mathrm{s} \tag{4-20}$$

2. 灵敏度校验

距离保护Ⅱ段应按被保护线路末端短路时的条件校验，即

$$K_{\mathrm{sen}}^{\mathrm{II}} = \frac{Z_{\mathrm{set}}^{\mathrm{II}}}{z_1 L_{\mathrm{AB}}} \geqslant 1.3 \tag{4-21}$$

当灵敏度不能满足要求时，应增大保护的保护区，即与相邻下一线路距离Ⅱ段保护进行配合，即

$$Z_{\mathrm{set}\cdot 1}^{\mathrm{II}} = K_{\mathrm{rel}}^{\mathrm{II}}(z_1 L_{\mathrm{AB}} + K_{\mathrm{bra}\cdot\mathrm{min}} Z_{\mathrm{set}\cdot 2}^{\mathrm{II}}) \tag{4-22}$$

为了保护相邻线路首端短路时本保护不会出现误动作，本保护的动作时限应与相邻的下线路第Ⅱ段进行配合，即

$$t_1^{\mathrm{II}} = t_2^{\mathrm{II}} + \Delta t = 1.0\mathrm{s}$$

4.5.3　距离保护Ⅲ段的整定

1. 动作阻抗的整定

距离保护Ⅲ段是Ⅰ、Ⅱ段的后备保护，也是相邻下一线路的远后备保护，因此，它应保证在正常运行时不动作，而在短路时可靠启动，即

$$Z_{\mathrm{set}}^{\mathrm{III}} = \frac{Z_{\mathrm{L}\cdot\mathrm{min}}}{K_{\mathrm{rel}}^{\mathrm{III}} K_{\mathrm{re}} K_{\mathrm{ms}}} \tag{4-23}$$

$$Z_{\mathrm{L}\cdot\mathrm{min}} = \frac{0.9 U_{\varphi}}{I_{\mathrm{L}\cdot\mathrm{max}}} \tag{4-24}$$

式中　$K_{\mathrm{rel}}^{\mathrm{III}}$——可靠系数，通常取1.2～1.3；

K_{re}——返回系数，通常取1.15～1.25；

K_{ms}——电动机自启动系数，通常取大于1；

$Z_{\mathrm{L}\cdot\mathrm{min}}$——最小负荷阻抗；

U_{φ}——相电压；

$I_{\mathrm{L}\cdot\mathrm{max}}$——不考虑电动机自启动的最大负荷电流。

为了保证选择性，距离保护Ⅲ段的动作时限应按阶梯时限特性进行整定，即

$$t_1^{\mathrm{III}} = t_2^{\mathrm{III}} + \Delta t \tag{4-25}$$

式中　t_2^{III}——相邻下一线路第Ⅲ段动作时限。

2. 灵敏度校验

首先作为本线路的近后备保护进行灵敏度校验，检验式为

$$K_{\mathrm{sen}}^{\mathrm{III}} = \frac{Z_{\mathrm{set}}^{\mathrm{III}}}{Z_1 L_{\mathrm{AB}}} \geqslant 1.5$$

作为相邻下一线路的远后备保护进行灵敏度校验，检验式为

$$K_{\mathrm{sen}}^{\mathrm{III}} = \frac{Z_{\mathrm{set}}^{\mathrm{III}}}{Z_1 L_{\mathrm{AB}} + K_{\mathrm{bra}\cdot\mathrm{max}} Z_1 L_{\mathrm{BC}}} \geqslant 1.2$$

本 章 小 结

距离保护是测量故障点到保护安装处阻抗的一种保护；距离保护是通过测量故障点到保护安装处阻抗的大小间接反应线路距离长短，所以距离保护的实质是阻抗保护。

阻抗继电器是组成距离保护的基本原件。本章以整流型圆阻抗继电器为例，全面分析阻抗继电器的工作特性。方向阻抗继电器的应用最为普遍，如何消除方向阻抗继电器的死区是方向阻抗继电器的难点内容。

反应相间短路故障的阻抗继电器通常采用0°接线，反应接地短路故障的阻抗继电器通常采用一相电流加零序电流补偿接线。

影响阻抗继电器工作的因素很多，重点掌握短路点过渡电阻、分支电流、系统振荡对距离保护的影响及克服方法。其中，系统振荡对阻抗保护的影响及克服方法是难点，需要分析系统振荡时电气量的变化情况，找出测量阻抗的变化轨迹。当该轨迹穿越阻抗继电器动作区且在区内停留的时间大于保护的动作时间时，保护就会误动作。需要根据系统振荡和短路故障时电气量变化特点的不同，设置振荡闭锁装置，防止距离保护误动作。距离保护通常利用负序和零序电流增量元件构成振荡闭锁装置的启动元件，该装置具有较高的灵敏度和较快的动作速度。

距离保护的各个环节都可以用微机程序模块实现，由于微机的存储、计算、比较、逻辑判断的功能很强，因而用微机实现的保护各个环节更为准确、快速和可靠，还可以依据微机数字式数据处理的能力增加新的功能，如数字滤波、自适应在线整定、优化处理、循环比较、定义动作特性，以及人工智能的应用等，使微机距离保护的性能大大优于模拟式距离保护。三段式距离保护各段之间也存在保护范围、动作值和动作时限的配合问题，可以结合阶段式电流保护学习掌握。

思 考 与 实 践

1. 距离Ⅰ段的保护范围是多少？动作时间是多少？
2. 距离保护相对于电流保护而言有什么优点？
3. 距离保护装置一般由哪几部分组成？试简述各部分的作用。
4. 为什么阻抗继电器的动作特性必须是一个区域？常用动作区域的形状有哪些？
5. 反映相间故障的阻抗继电器是如何接线的？
6. 影响阻抗继电器正确测量的因素有哪些？
7. 过渡电阻对阻抗继电器正确测量的影响是什么？
8. 助增电流对阻抗继电器的正确测量的影响是什么？
9. 振荡闭锁装置的作用是什么？
10. 断线闭锁装置的作用是什么？
11. 距离保护Ⅰ段的整定值通常为多少？为什么？
12. 三段式距离保护是如何整定的？
13. 三段式距离保护是如何来实现选择性的？

第5章 输电线路的全线速动保护

前面几章介绍的电流、电压保护和距离保护，其测量信息均取自输电线路的一侧。这种单端测量的保护不能从电量的变化上判断保护区末端的情况，因而不能准确判断保护区末端附近的区内外故障。所以，这些保护从原理上就不能实现全线速动。如距离保护的第Ⅰ段，最多也只能瞬时切除被保护线路全长的80%～85%范围内的故障，线路其余部分发生的短路，则要靠带时限的保护来切除。这在高电压大容量的电力系统中，往往不能满足系统稳定性要求。

本章介绍采用纵联保护原理构成的输电线路的纵联保护，差动保护和高频保护（也称电力线载波纵联保护），以实现线路全长范围内故障的无时限切除。

本章的学习目标

知道纵差动保护应用特点；

知道不平衡电流对保护的影响；

输电线路纵联保护构成、工作原理和特点；

理解通过测量输电线路两侧电气量判别线路是否发生故障的继电保护基本原理；

了解传递两侧电气量信息通道的构成原理；

掌握线路纵差、方向高频保护的基本工作原理；

熟悉光纤差动保护原理。

5.1 线路纵联保护概述

5.1.1 基本概念

根据前几章讲述的电流、电压保护和距离保护的原理，其测量信息均取自输电线路的一侧，这种单端测量的保护不能从电量的变化上判断保护区末端的情况，因而不能准确判断保护区末端附近的区内外故障，所以这些保护从原理上就不能实现全线速动保护。如距离保护的第Ⅰ段，最多也只能瞬时切除被保护线路全长的80%～85%范围以内的故障，对于线路末端故障，则要靠Ⅱ段延时切除。这在220kV及以上电压等级的电网中难于满足系统稳定对快速切除故障的要求。研究和实践表明反应线路两侧的电气量可以快速、可靠地区分本线路内部任意点短路与外部短路，实现线路全长范围内故障无时限切除。为此需要将线路一侧电气量信息传到另一侧去，两侧的电气量同时比较、联合工作，也就是说在线路两侧之间发生纵向的联系，以这种方式构成的保护称为输电线路的纵联保护。

下面以图5-1所示线路为例简要说明输电线路的纵联保护的基本原理。当线路MN正常运行以及被保护线路外部（如k_2点）短路时，按规定的电流正方向看，M侧电流为正，N侧电流为负，两侧电流大小相等、方向相反，即$\dot{I}_M+\dot{I}_N=0$。当线路内部短路

（如 k_1 点）时，流经输电线两侧的故障电流均为正方向；且 $\dot{I}_M+\dot{I}_N=\dot{I}_k$（$\dot{I}_k$ 为 k_1 点短路电流）。利用被保护元件两侧电流和在内部短路与外部短路时一个是短路点电流很大、一个几乎为零的差异，构成电流差动保护；利用两侧电流在内部短路时几乎同相、外部短路几乎反相的特点，比较两侧电流的相位，可以构成电流相位差动保护。

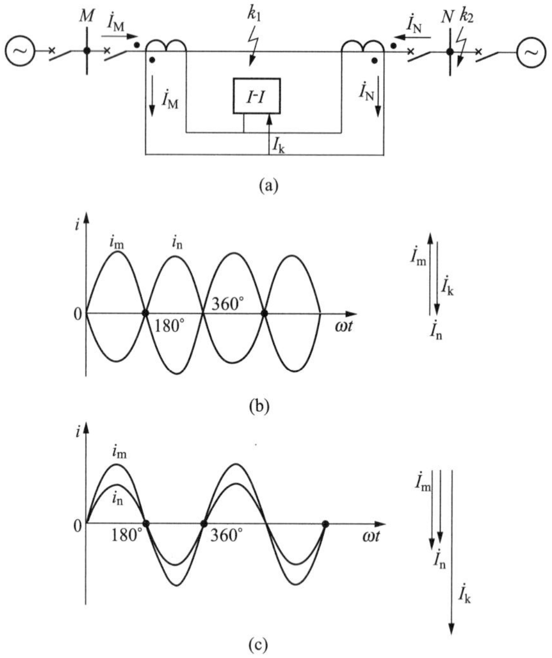

图 5-1　纵联保护的基本原理

（a）原理示意图；（b）外部短路两侧电流；（c）内部短路两侧电流

5.1.2　输电线路纵联保护的类型

一般纵联保护可以按照保护动作原理或所利用通道类型进行分类。

1. 按照保护动作原理分

输电线路的纵联保护比较两端不同电气量的差别构成不同原理的纵联保护。

（1）纵联电流差动保护。这类保护利用通道将本侧电流的波形或代表电流相位的信号传送到对侧，每侧保护根据对两侧电流的幅值和相位比较的结果区分是区内还是区外故障，称为纵联电流差动保护。

（2）方向比较式纵联保护。两侧保护装置将本侧的功率方向、测量阻抗是否在规定的方向、区段内的判别结果传送到对侧，每侧保护装置根据两侧的判别结果，区分是区内还是区外故障，按照保护判别方向所用的原理可分为方向纵联保护与距离纵联保护。

2. 按所利用通道类型分

纵联保护按照所利用信息通道的不同类型可以分为四种，分别是导引线纵联保护（简称导引线保护）、电力线载波纵联保护（简称载波保护）、微波纵联保护（简称微波保护）、光纤纵联保护（简称光纤保护）。

5.2　导引线纵联电流差动保护

5.2.1　导引线纵联电流差动保护基本工作原理

导引线纵联差动保护是一种用辅助导线或称导引线作为通道的纵联保护，其基本原理是基于比较被保护线路始端和末端电流的大小和相位，下面就以短线路为例进行说明。如图 5-2 所示，在线路的两端装设特性和变比完全相同的电流互感器，两侧电流互感器一次回路的正极性均接于靠近母线的一侧，二次回路的同极性端子相连接（标"·"号者为正极性），差动继电器则并联在电流互感器的二次端子上，两侧电流互感器之间的线路是差动保护的保护范围。按照电流互感器极性和正方向的规定，一次侧电流从"·"端流入，二次侧电流从"·"端流出。当线路正常运行或外部故障时，流入差动继电器的电流是两侧电流互感器二次侧电流之差，近似为零，也就是相当于继电器中没有电流流过；当被保护线路内部故障时，流入差动继电器的电流是两侧电流互感器二次侧电流之和。

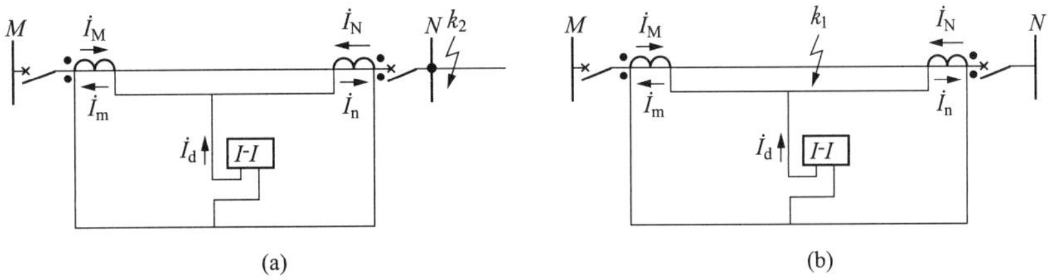

图 5-2　纵联电流差动保护故障电流分布

（a）区外故障电流分布；（b）区内故障电流分布

即当线路正常运行或外部故障（指在两侧电流互感器所包括的范围之外如 k_2 点）时，如图 5-2（a）所示。规定一次侧电流的正方向为从母线流向被保护的线路，那么 M 侧电流为正，N 侧电流为负，两侧电流大小相等、方向相反，即 $\dot{I}_M+\dot{I}_N=0$，流入差动继电器线圈的电流为

$$\dot{I}_d=(\dot{I}_m+\dot{I}_n)=\frac{1}{n_{TA}}(\dot{I}_M+\dot{I}_N)=0 \tag{5-1}$$

式中　n_{TA}——电流互感器变比。

但实际上，由于两侧电流互感器的励磁特性不可能完全一致，因此继电器线圈会流入一个不平衡电流（见后述）。

当线路内部（如 k_1 点）故障时，如图 5-2（b）所示，流经输电线两侧的故障电流均为正方向，且 $\dot{I}_M+\dot{I}_N=\dot{I}_k$（$\dot{I}_k$ 为 k_1 点短路电流），流入差动继电器线圈的电流为

$$\dot{I}_d=(\dot{I}_m+\dot{I}_n)=\frac{1}{n_{TA}}(\dot{I}_M+\dot{I}_N)=\frac{\dot{I}_k}{n_{TA}} \tag{5-2}$$

式中　$\dot{I}_k$——流入故障点总的短路电流。

由式（5-2）可知，线路内部故障时，流入差动继电器线圈的电流为两侧电源供给短路点的总电流，大于继电器的动作电流，继电器动作，将线路两侧的断路器跳开。

从以上分析看出，纵差动保护装置的保护范围就是线路两侧电流互感器之间的距离。保护范围以外短路时，保护不动作，故不需要与相邻元件的保护在动作值和动作时限上互相配合，因此，它可以实现全线瞬时动作切除故障，但它不能作相邻元件的后备保护。

在线路正常运行或外部故障时，由于两侧电流互感器的特性不可能完全一致，以致反映在电流互感器二次回路的电流不等，继电器中将通过不平衡电流。

5.2.2 纵联差动保护的不平衡电流

在上述分析保护原理时，正常运行及区外故障不计电流互感器的误差，流入差动继电器中的电流为零，这是理想的情况。实际上电流互感器存在励磁电流，并且两侧电流互感器的励磁特性不完全一致，则在正常运行或外部故障时有差流流入差动继电器，可以分析证明：流入差动继电器的电流为

$$\dot{I} = \frac{1}{n_{TA}}(\dot{I}'_{I\cdot E} - \dot{I}_{I\cdot E}) = \dot{I}_{unb} \tag{5-3}$$

式中　$\dot{I}'_{I\cdot E}$、$\dot{I}_{I\cdot E}$——两电流互感器的励磁电流。

此时流入继电器的电流，称为不平衡电流，用 $\dot{I}_{unb}$表示，它等于两侧电流互感器的励磁电流相量差。当外部故障时，短路电流使铁芯严重饱和，从而使励磁电流急剧增大，从而使 $\dot{I}_{unb}$比正常运行时的不平衡电流大很多。

由于差动保护是瞬时动作的，因此，还需进一步考虑在外部短路的暂态过程中，差动回路出现的不平衡电流。图 5-3 表示了外部短路电流 i_k 随时间 t 变化的曲线及暂态过程中的不平衡电流。在外部短路开始时，一次侧短路电流中含有非周期分量，它很难变换到二次侧，大部分成为电流互感器的励磁电流而使铁芯饱和，同时电流互感器励磁回路及二次回路电感对应的磁通不能突变，将在二次回路引起非周期分量电流。因此，在暂态过程中，励磁电流大大地超过稳态值，并含有大量缓慢衰减的非周期分量，使 $\dot{I}_{unb}$大为增加。图 5-3（b）为不平衡电流波形，暂态不平衡电流可能超过稳态不平衡电流的几倍，而且由于两个电流互感器的励磁电流含有很大的非周期分量，从而使不平衡电流偏向时间轴某一侧。由于励磁回路具有很大的电感，励磁电流上升缓慢，图中不平衡电流最大值出现在短路开始稍后的时段。

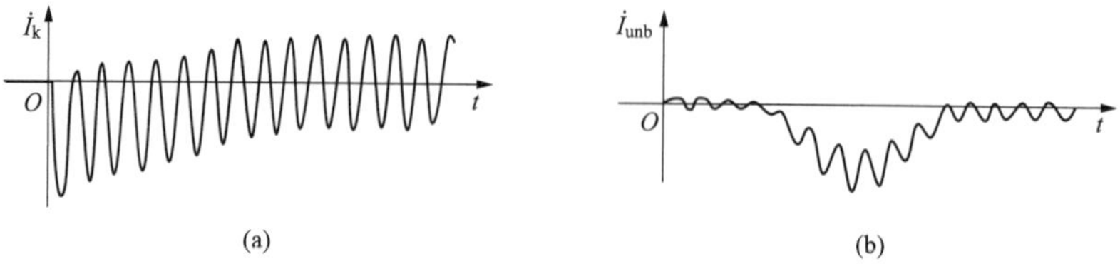

图 5-3　外部短路暂态过程

（a）外部短路电流；（b）不平衡电流

为了避免在不平衡电流作用下差动保护误动作，需要提高差动保护的整定值，躲开最大不平衡电流。但这样就降低了保护的灵敏度，因此，必须采取措施减小不平衡电流及其影响。在线路纵差动保护中可采用速饱和变流器或带制动特性的差动继电器。

5.2.3　纵联保护差动继电器动作特性

输电线路纵联电流差动保护常用不带制动作用和带有制动作用的两种动作特性，分述如下。

1. 不带制动作用的差动继电器特性

其动作方程是

$$I_d = |\dot{I}_m + \dot{I}_n| \geqslant I_{op} \tag{5-4}$$

式中　I_d——流入差动继电器的电流；

I_{op}——差动继电器的动作电流整定值。

I_{op}通常按以下两个条件来选取：

（1）躲过外部短路时的最大不平衡电流，即

$$I_{op} = K_{rel} K_{np} K_{er} K_{st} I_{k\cdot max} \tag{5-5}$$

式中　K_{rel}——可靠系数，取1.2～1.3。

K_{np}——非周期分量系数，当差动回路采用速饱和变流器时，K_{np}为1；当差动回路是用串联电阻降低不平衡电流时，为1.5～2。

K_{er}——电流互感器的10%误差系数。

K_{st}——同型系数，在两侧电流互感器同型号时取0.5，不同型号时取1。

$I_{k\cdot max}$——外部短路时流过电流互感器的最大短路电流（二次值）。

（2）躲过最大负荷电流。考虑正常运行时一侧电流互感器二次断线时差动继电器在流过线路的最大负荷电流时保护不动作，即

$$I_{op} = K_{erl} I_{L\cdot max} \tag{5-6}$$

式中　K_{rel}——可靠系数，取1.2～1.3；

$I_{L\cdot max}$——线路正常运行时的最大负荷电流的二次值。

取以上两个整定值中较大的一个作为差动继电器的整定值。保护应满足线路在单侧电源运行发生内部短路时有足够的灵敏度，即

$$K_{sen} = \frac{I_{k\cdot min}}{I_{op}} \geqslant 2 \tag{5-7}$$

式中　$I_{k\cdot min}$——单侧最小电源作用且被保护线路末端短路时，流过保护的最小短路电流。

若纵差保护不满足灵敏度要求，则可采用带制动特性的纵差保护。

2. 带有制动作用的差动继电器特性

这种原理的差动继电器有两组线圈，制动线圈流过两侧互感器的循环电流$|\dot{I}_m - \dot{I}_n|$，在正常运行和外部短路时制动作用增强，在动作线圈中流过两侧互感器中的差电流$|\dot{I}_m + \dot{I}_n|$，在内部短路时制动作用减弱（相当于无制动作用），而动作的作用极强。带制动线圈的差动继电器的结构原理和动作特性如图5-4所示。

此类继电器的动作方程为

$$|\dot{I}_m + \dot{I}_n| - K|\dot{I}_m - \dot{I}_n| \geqslant I_{d\cdot op\cdot min} \tag{5-8}$$

式（5-8）中K为制动系数，可在0～1之间选择；$I_{d\cdot op\cdot min}$为很小的门槛，克服继电器动作机械摩擦或保证电路状态发生翻转需要的值，远小于无制动作用时按式（5-5）或式（5-6）计算的值。

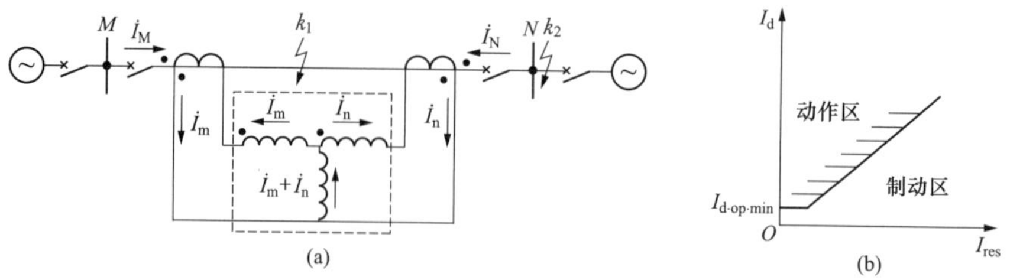

图 5-4　带制动线圈的差动继电器原理及动作特性

(a) 差动继电器原理示意图；(b) 动作特性

这种动作电流 $|\dot{I}_m+\dot{I}_n|$ 不是定值而是随制动电流 $|\dot{I}_m-\dot{I}_n|$ 变化的特性，称为制动特性。不仅提高了内部短路时的灵敏性而且提高了在外部短路时不动作的可靠性，因而在电流差动保护中得到了广泛的应用。

5.2.4　比率制动式电流差动保护

1. 比率制动特性

线路在正常负荷状态下，电流互感器的误差很小，这时差动保护的差回路不平衡电流 I_{unb} 也很小。但随着外部短路电流的增大，电流互感器就可能饱和，误差也随着增大，这时不平衡电流也就随之增大。当 I_{unb} 超过保护动作电流时，差动保护就会误动。

如果将继电器做成这样的特性：它的动作电流将随着不平衡电流的增大而增大且比不平衡电流增大得还要快，则上述误动就不会出现。除了需要差动电流作为动作电流外，还引入外部短路电流作为制动电流，这样当外部短路电流增大时，制动电流随之增大。这种特性的差动继电器最早在具有磁力制动特性的 BCH 型继电器中实现，后在整流型差动继电器里将制动电流做成正比于穿越性的短路电流，并使继电器的动作电流随制动电流按比率增大，在内部故障时制动作用却很小。这种继电器称为比率制动式差动继电器，后在微机保护中进一步得到广泛深入的应用。

所谓比率制动特性就是指差动元件的动作电流随外部短路电流的增大而自动增大，而且动作电流的增大比最大不平衡电流的增大还要快。这样就可避免由于外部短路电流的增大而造成的差动元件误动作，同时对于内部短路故障又有较高的灵敏度。

2. 构成原理

由以上讨论可见，当选择某种制动电流 I_{res}，使其大小正比于区外故障时的穿越性短路电流，而继电器的动作电流 I_{op} 随制动电流增大而自动增加，这种具有比率制动特性的差动继电器就能很好地克服因区外故障短路电流在差动回路里产生的不平衡电流的影响。我们把动作电流 I_{op} 和制动电流 I_{res} 的比值称为制动系数，把这种继电器称为带比率制动特性的差动继电器。

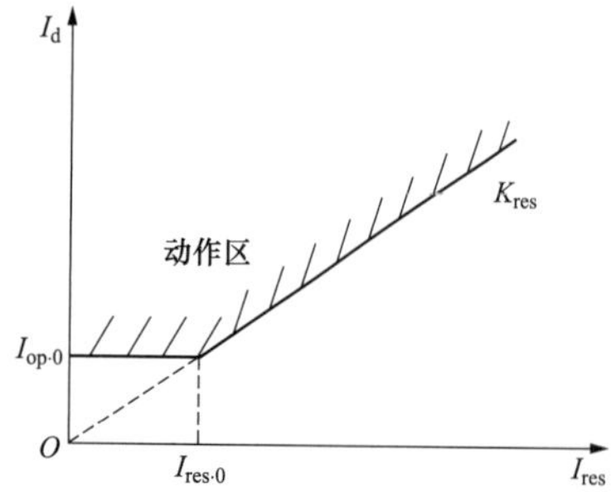

图 5-5　比率制动电流差动元件的动作特性

比率制动电流差动元件动作特性如图 5-5 所示，差动电流为 $I_d=|\dot{I}_m+\dot{I}_n|$，即两侧电流相量和的幅值；引入制动电流 $I_{res}=|\dot{I}_m-\dot{I}_n|$，即两侧电流相量差的幅值。图中 $I_{op\cdot 0}$ 为启动电流，$I_{res\cdot 0}$ 为拐点制动

电流，阴影部分为动作区，折线的斜率为制动系数 K_{res}，一般取 0.5～0.75，动作特性方程为

$$\begin{cases} I_d > I_{op\cdot 0}, I_{res} < I_{res\cdot 0} \\ I_d > K_{res} I_{res}, I_{res} > I_{res\cdot 0} \end{cases} \tag{5-9}$$

由于保护引入了制动量，式（5-9）中的动作判据由两部分组成：第一部分表示当保护制动电流小于拐点制动电流时，差动电流要大于保护的启动电流，保护才能够出口，启动电流可按躲过正常运行时保护的不平衡电流来整定，保证纵差保护在线路正常运行时可靠不动作；第二部分表示当保护制动电流大于拐点制动电流时，保护的动作电流即差动电流要随着制动电流的增大而大，防止外部故障穿越性电流形成的不平衡电流导致保护误动，现分析如下。

如图 5-6（a）所示，外部故障时，设 I_k 为“穿越性”的外部故障电流，差动电流不会进入动作区，保护可靠不动。

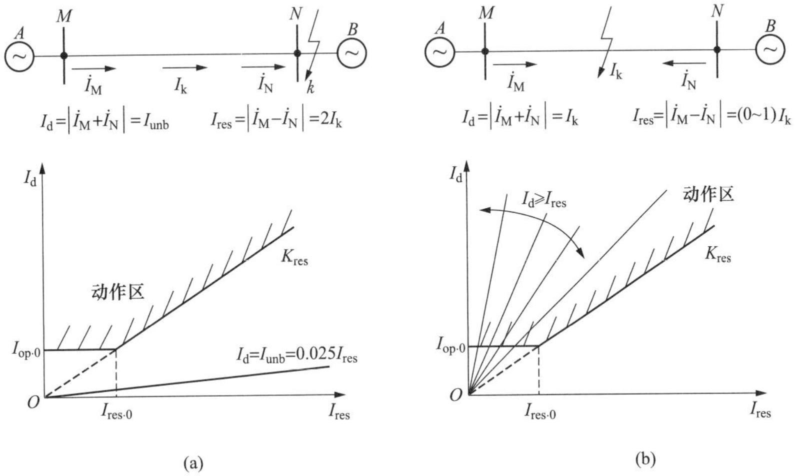

图 5-6　比率制动特性分析

（a）外部故障；（b）内部故障

内部故障情况如图 5-6（b）所示，I_k 为故障点总的短路电流，$I_d=I_k$，$I_{res}=(0\sim1)I_k$，$I_d \geqslant I_{res}$，满足动作判据，保护可靠动作。

5.2.5　纵联差动保护的特点

导引线纵联差动保护是利用辅助导线或称为导引线作为通道而实现的一种纵联保护形式，是纵联保护中最简单的一种保护。

导引线通道由两根或三根辅助金属导线构成导引线，可以采用铠装通信电缆中的芯线作为导引线通道。使用时，将铠装外皮在两端接地，以减小地电位差的影响和电力线路雷电感应引起的过电压。

导引线自身的阻抗增大了电流互感器的负载，且被保护线路越长，导引线也越长，电流互感器的负载会增大更多，使其传送特性变差，影响纵联保护的正确工作。导引线分布电容电流也会对纵联保护的工作产生影响，在有些情况下需要专门的补偿措施。采用导引线作为通信通道将两端电气量进行比较，可以构成输电线路的导引线纵联差动保

护。这种原理的保护由于上述技术上存在的困难，只能用在短线路上，其投资随线路长度而增加，当线路较长（超过 10km 以上）时就不经济了。对于超过 10km 的输电线路是不适用的，实际上，这种原理的保护更适合作发电机、变压器、母线和大型电动机的主保护。

5.3 输电线路高频保护

5.3.1 高频保护概述

在高压输电线路上，为提高传输功率和保证电力系统并联运行的稳定性，对继电保护的快速性提出很高的要求。利用纵差动原理上的先进性，改进它的不足（辅助导线问题），即可构成新的保护类型——高频保护。

高频保护是将线路两端的电气量转换成高频电流信号（40～500kHz），利用输电线路本身构成的高频通道，将高频信号传送至对侧进行比较，来决定保护是否动作的一种继电保护。高频保护由继电部分、高频收发信机及高频通道等几部分组成，如图 5-7 所示。

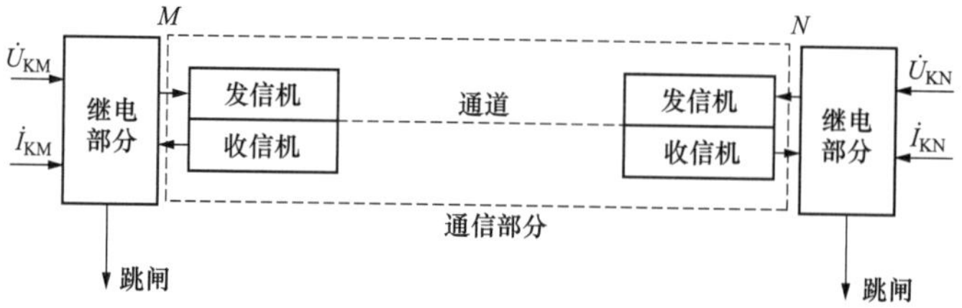

图 5-7　高频保护结构框图

高频保护按其工作原理不同，可以分为方向高频保护和相差动高频保护两大类。目前，国内广泛用的高频保护有高频闭锁方向保护、高频闭锁距离保护和高频闭锁零序电流保护。

5.3.2 相-地制高频通道

1. 高频通道组成

继电保护的高频通道有载波通道、微波通道、光纤通道三种。利用输电线路作为载体的载波通道有相-相制高频通道和相-地制高频道。电力系统中广泛采用的是相-地制高频通道。相-地高频通道只需在一相线路上装设构成通道的设备，虽然受到的干扰和高频信号的衰耗较大，但比较经济。高频通道中的频率为 40～500kHz，太高了衰耗大，太低了干扰大。

相地制高频通道构成示意图如图 5-8 所示。

下面对图 5-8 中的高频加工设备的构成及其作用进行介绍。

（1）高频阻波器——作用是阻止高频电流向母线分流而增加衰耗。单频阻波器是调谐于发信机工作频率的 LC 并联谐振电路。对高频频率来说其阻抗很大（大于 800～1000Ω），以防止高频电流的外泄。

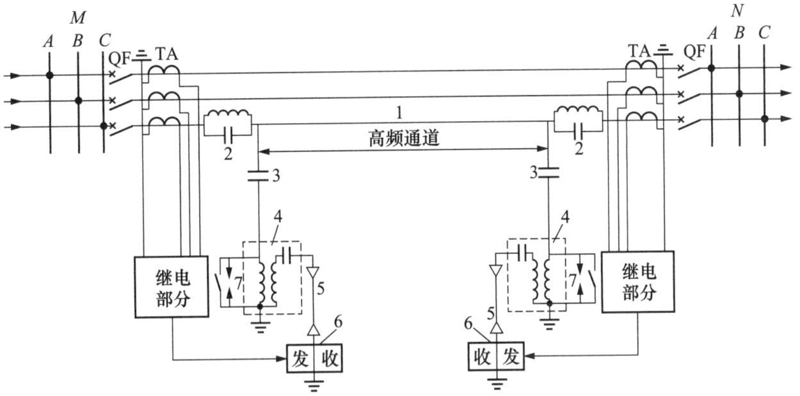

图 5-8　相-地制高频通道构成示意图

1—输电线路；2—高频阻波器；3—耦合电容器；4—结合滤波器；
5—高频电缆；6—高频收发信机；7—接地开关与放电间隙

(2) 耦合电容器——作用是为使工频对地泄漏电流减到极小。采用耦合电容器，它的电容量极小，对工频信号呈现非常大的阻抗，同时可以防止工频电压侵入高频收、发信机；对高频载波电流则阻抗很小，与连接滤波器共同组成带通滤波器，只允许此通带频率内的高频电流通过。

(3) 结合滤波器——它由有电磁耦合的两个电感线圈组成。它的作用是进行阻抗匹配。与耦合电容器一起构成带通滤波器，使高频电流能顺利流通。在结合滤波器线路侧的线圈两端还并接避雷器和接地开关。当有高电压从输电线路侵入时，可通过避雷器入地，保护了高频电缆和高频收发信机设备以及人身安全。当工作人员在结合滤波器上工作时或结合滤波器退出工作时将接地开关合上，以保障人身安全。

(4) 高频电缆——它将户外的结合滤波器与户内的收发信机（载波机）联系起来。高频电缆有对称电缆和不对称电缆两种。

(5) 高频收、发信机——高频收发信机由继电保护部分控制发出预定频率（可设定）的高频信号。

2. 高频通道的工作方式

高频信号与高频电流之间不是对等关系，因为高频通道有三种工作方式可选择。

(1) 故障启动发信机方式：电力系统正常运行时收发信机不发信，通道中无高频电流，当电力系统故障时，启动元件启动收发信机发信。因此，对故障启动发信方式而言，高频电流代表高频信号。

(2) 长期发信方式：电力系统正常运行时，收发信机连续发信，高频电流持续存在，用于监视通道是否完好。而高频电流的消失代表高频信号。

(3) 移频方式：电力系统正常运行时，收发信机发出频率为 f_1 的调频电流，用于监视通道。当电力系统故障时，收发信机发出频率为 f_2 的高频电流，频率为 f_2 的高频电流代表高频信号。

3. 高频信号的性质

按高频信号的作用，高频信号可分为闭锁信号、允许信号和跳闸信号三种。

闭锁信号是制止保护动作将保护闭锁的信号。当线路内部故障时，两端保护不发出闭锁信号，通道中无闭锁信号，保护作用于跳闸。因此，无闭锁信号是保护动作于跳闸的必要条件，其逻辑图如图 5-9（a）所示。当线路外部短路故障时，通道中有高频闭锁信号，两端保护不动作。由于这一方式只要求外部故障时通道才传送高频信号，而内部故障时则不传递高频信号。因此，线路故障对传送闭锁信号无影响，通道可靠性高。所以，在输电线路作高频通道时，广泛采用故障启动发信方式。

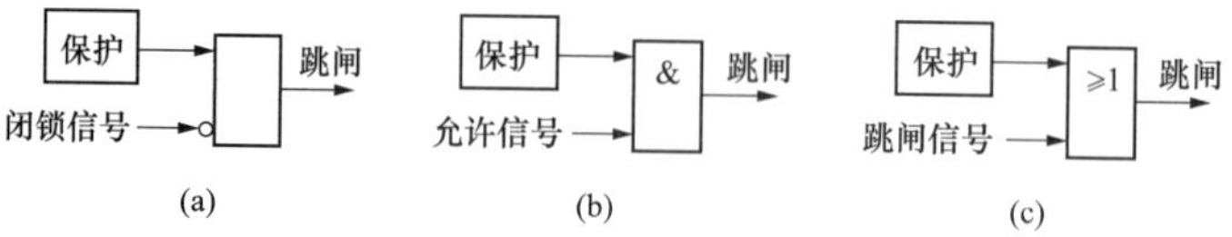

图 5-9 高频保护信号作用的逻辑关系图

（a）闭锁信号；（b）允许信号；（c）跳闸信号

允许信号是允许保护动作于跳闸的高频信号。收到高频允许信号是保护动作于跳闸的必要条件，图 5-9（b）是允许信号的逻辑图。从图中可见，只有继电保护动作，同时又有允许信号时，保护才能动作于跳闸。这一方式在外部故障时不出现因允许信号使保护误动作的问题，不须进行时间配合，因此保护的动作速度可加快。

跳闸信号是线路对端发来的直接使保护动作于跳闸的信号。只要收到对端发来的跳闸信号，保护就作用于跳闸，而不管本端保护是否启动。跳闸信号的逻辑图如图 5-9（c）所示，它与本端继电保护部分间具有“或”逻辑关系。

5.3.3 高频闭锁方向保护

高频闭锁方向保护是线路两侧的方向元件分别对短路的方向作出判断，并利用高频信号作出综合判断，进而决定是否跳闸的一种保护。广泛采用的是故障时启动发信并发闭锁信号的工作方式。如图 5-10 所示为高频闭锁方向保护的作用原理。当线路 *BC* 上发生故障时，短路功率的方向如图 5-10 所示。

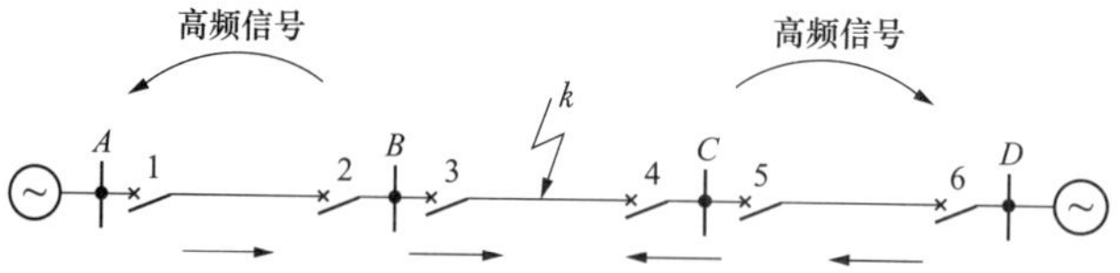

图 5-10 高频闭锁方向保护作用原理说明图

安装在线路 *BC* 两端的高频闭锁方向保护 3 和保护 4 的功率方向为正，故保护 3 和保护 4 都不发出闭锁信号，保护动作，瞬时跳开两端的断路器。对于非故障线路 *AB* 和 *CD*，其靠近故障线路一端的功率方向为负。该端的保护 2 和保护 5 发出高频闭锁信号，此信号一方面被自己的收信机接收，另一方面传输至对端，被对端的保护 1 和保护 6 的收信机接收，使得保护 1、2、5、6 均被闭锁。高频闭锁方向保护最大的优点就是利用非故障线路近故障点端功率为负，该端保护发出闭锁信号，闭锁非故障线路的保护，防其误动作，可以保证在内部故障并伴随有通道破坏时，故障线路的保护装置仍能正确地动作。那么高频闭锁方向保护是如何构成的呢？

高频闭锁方向保护的继电部分由两种主要元件组成：一是启动元件，主要用于故障时启动发信机，发出高频闭锁信号；二是方向元件，主要测量故障方向，在保护的正方向故障时准备好跳闸回路。

1. 电流元件启动的高频闭锁方向保护

图 5-11 所示工作原理如下：

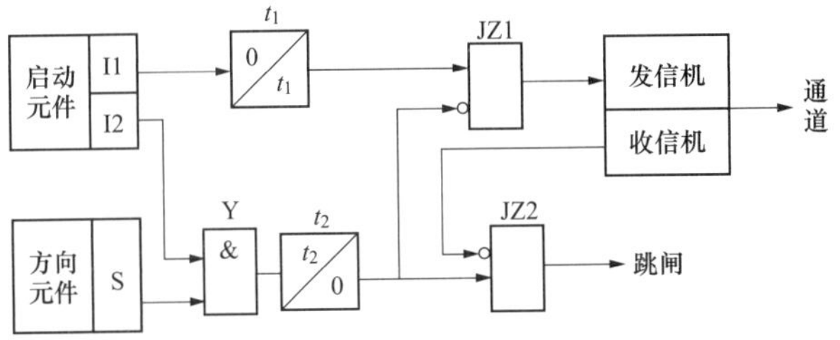

图 5-11　电流元件启动的高频闭锁方向保护原理框图

（1）正常运行时，启动元件不动作，发信机不发信，保护不动作。

（2）区外故障，启动元件动作，启动发信机发信，但靠近故障点的那套保护接受的是反方向电流，方向元件 S 不动作，两侧收信机均能收到这侧发信机发出的高频信号，保护被闭锁，有选择地动作。

（3）内部故障时，两侧保护的启动元件启动。I1 启动发信，I2 启动跳闸回路，两侧方向元件均测得正方向故障，保护动作，经 t_2 延时后，将控制门 JZ1 闭锁，使两侧发信机均停信，此时两侧收信机收不到信号，两侧控制门 JZ2 均开放，故两侧保护都动作于跳闸。

采用两个灵敏度不同的电流启动元件，是考虑到被保护线路两侧电流互感器的误差不同和两侧电流启动元件动作值的误差。如果只用一个电流启动元件，在被保护线路外部短路而短路电流接近启动元件动作值时，近短路点侧的电流启动元件可能拒动，导致该侧发信机不发信；而远离短路侧的电流启动元件可能动作，导致该侧收信机收不到高频信号，从而引起该侧断路器误跳闸。采用两个动作电流不等的电流启动元件，就可以防止这种无选择性动作。用动作电流较小的电流启动元件 I1 去启动发信机，用动作电流较大的启动元件 I2 启动跳闸回路，这样被保护线路任一侧的启动元件 I2 动作之前，两侧的启动元件 I1 都已先动作，从而保证了在外部短路时发信机能可靠发信，避免了上述误动作。

时间元件 t_1 是瞬时动作、延时返回的时间电路，它的作用是在启动元件返回后，使接受反向功率那一侧的发信机继续发闭锁信号。这是为了在外部短路切除后，防止非故障线路接受正向功率那一侧的方向元件在闭锁信号消失后来不及返回而发生误动。

时间元件 t_2 是延时动作、瞬时返回的时间电路，它的作用是为了推迟停信和接通跳闸回路的时间，以等待对侧闭锁信号的到来。在区外故障时，让远故障点侧的保护收到对侧送来的高频闭锁信号，从而防止保护误动。

2. 远方启动的高频闭锁方向保护

图 5-12 所示为远方启动方式的高频闭锁方向保护框图。这种启动方式只有一个启动元件 I，发信机既可由启动元件启动，也可由收信机收到对侧高频信号后，经延时元件 t_3、“或”门 H、“禁止”门 JZ1 启动发信，这种启动方式称为远方启动。在外部短路时，任何一侧启动元件启动后，不仅启动本侧发信机，而且通过高频通道用本侧发信机发出的高频信号启动对侧发信机。在两侧相互远方起信后，为了使发信机固定启动一段时间，设置了时间元件 t_3，该元件瞬时启动，经 t_3 固定时间返回，时间 t_3 就是发信机固定启动时间。在收信机收到对侧发来的高频信号时，时间元件 t_3 立即发出一个持续时间为

t_3 的脉冲，经“或”门 H，“禁止”门 JZ1 使发信机发信。经过时间 t_3 后，远方启动回路就自动切断。t_3 时间应大于外部短路可能持续的时间，一般取 5～8s。

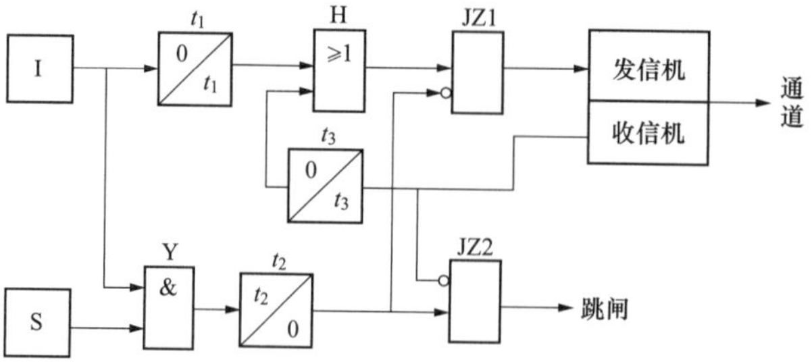

图 5-12　远方启动的高频闭锁方向保护原理框图

在外部短路时，如果近故障侧启动元件不动作，远离故障侧的启动元件启动，则近故障点侧的保护可由远方启动，将对端保护闭锁，防止远短路点侧的保护误动作。为此在 t_2 延时内，一定要收到对侧发回的高频信号，以保证 JZ2 一直闭锁。因此，t_3 的延时应大于高频信号在高频通道上往返一次所需的时间。

远方启动方式的主要缺点是在单侧电源下内部短路时，受电侧被远方启动后不能停信，这样就会造成电源侧保护拒动。因此，单侧电源输电线路的高频保护不采用远方启动方式。

3. 方向元件启动的高频闭锁方向保护

如图 5-13 所示，方向元件启动的高频闭锁方向保护，它的工作原理与图 5-11 的工作原理基本相同，所不同的是将启动元件换成了 S_-。线路两侧装设完全相同的两个半套保护，采用故障时发信并使用闭锁信号的方式。图中 S_- 为反方向短路动作的方向元件，即反方向短路时，S_- 有输出，用以启动发信。S_+ 为正方向短路动作的方向元件，即正方向故障时，S_+ 有输出，启动跳闸回路。为区分正常运行和故障，方向元件一般采用负序功率方向元件。

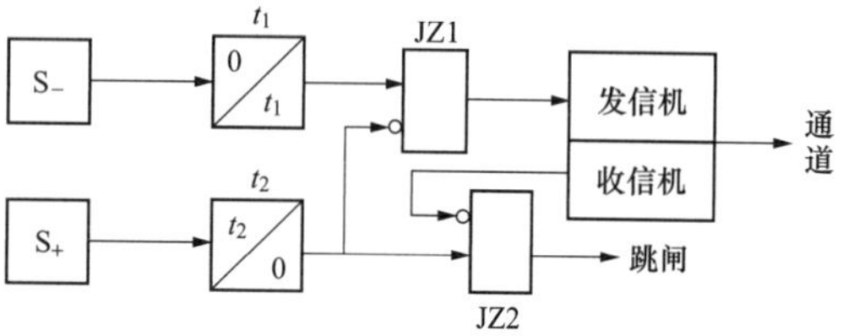

图 5-13　方向元件启动的高频闭锁方向保护原理框图

正常运行时，两侧保护的方向元件均不动作，既不启动发信，也不开放跳闸回路。

区外故障时（k 点），远故障点 M 侧的正方向元件 S_{M+} 有输出，准备跳闸；近故障点 N 侧的反方向元件 S_{N-} 有输出，启动发信机发出高频闭锁信号。两侧收信机均收到闭锁信号后，将控制门 JZ2 关闭，两侧保护均被闭锁。

双侧电源线路区内故障时，两侧反方向短路方向元件 S_{M-}、S_{N-} 都无输出，两侧的发信机都不发信，收信机收不到信号，控制门 JZ2 开放，两侧正方向短路方向元件 S_{M+}、S_{N+} 均有输出，经过 t_2 延时后，两侧断路器同时跳闸。单侧电源线路区内故障时，受电侧肯定不发信，不会造成保护拒动。

原理图中设置 t_2 延时电路的目的，与图 5-11 中的 t_2 相同。t_2 延时动作后将控制门 JZ1 关闭，这可防止区外故障的暂态过程中保护误动作。设置 t_2 延时返回电路的目的是，在区外故障切除后的一段时间继续发信，避免远故障点侧的保护因高频闭锁信号过早消失及本侧的方向元件迟返回而造成误动。由于启动元件换成了方向元件，仅判别方向，没有定值，所以灵敏度高。

5.3.4　高频闭锁距离保护

高频闭锁方向保护可以快速地切除保护范围内部的各种故障，但不能作为下一条线路的后备保护。对距离保护，当内部故障时，利用高频闭锁保护的特点，能瞬时切除线路任一点的故障；而当外部故障时，利用距离保护的特点，起到后备保护的作用。

高频闭锁距离保护兼有高频方向和距离两种保护的优点，并能简化保护的接线。

高频闭锁距离保护原理框图如图 5-14 所示。它由距离保护和高频闭锁两部分组成。

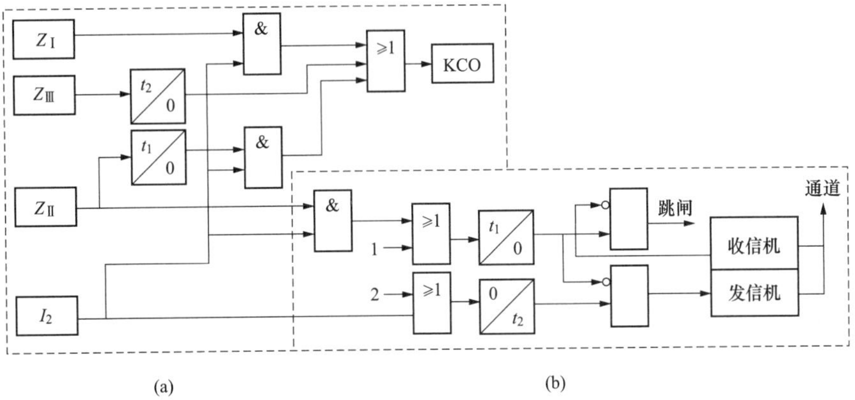

图 5-14　高频闭锁距离保护原理框图

(a) 距离保护；(b) 高频闭锁

距离保护为三段式，Ⅰ、Ⅱ、Ⅲ段都采用独立的方向阻抗继电器作为测量元件。高频闭锁部分与距离保护部分共用同一个负序电流启动元件 I_2，方向判别元件与距离保护的第Ⅱ段（也可用第Ⅲ段）共用方向阻抗继电器 Z_{II}。

当被保护线路发生区内故障时，两侧保护的负序电流启动元件 I_2 和测量元件 Z_{II} 都启动，经 t_1 延时，分别跳开两侧断路器。其高频闭锁部分工作情况与前述基本相同。此时线路一侧或两侧的距离Ⅰ段保护也可动作于跳闸。

若发生区外故障时，近故障点侧保护的测量元件 Z_{II} 不启动，跳闸回路不会启动。近故障点侧的负序电流启动元件 I_2 启动发信，两侧收信机收到信号，闭锁两侧跳闸回路。此时，远故障点侧距离保护的Ⅱ或Ⅲ段可以经出口继电器 KCO 跳闸，作相邻线路保护的后备。

高频闭锁距离保护能正确反映并快速切除各种对称和不对称短路故障，且保护有足够的灵敏度。高频闭锁距离保护中的距离保护，可兼作相邻线路和元件的远后备保护。当高频部分故障时，距离保护仍能继续工作，对线路进行保护。

图中的 1、2 两个端子用于与零序电流方向保护相连，用以构成高频闭锁零序电流方向保护。

5.3.5　相差高频保护

1. 基本工作原理

相差高频保护的基本工作原理是比较被保护线路两侧电流的相位，即利用高频信号将电流的相位传送到对侧去进行比较。

假设线路两侧的电动势同相，系统中各元件的阻抗角相等（实际上它们是有差异的）。电流的正方向仍然规定从母线流向线路为正，从线路流向母线为负。这样，当被保护线路内部故障时，两侧电流都从母线流向线路，其方向为正且相位相同，如图 5-15（a）所示；当被保护线路外部故障时，两侧电流相位差为 180°，如图 5-15（b）所示。

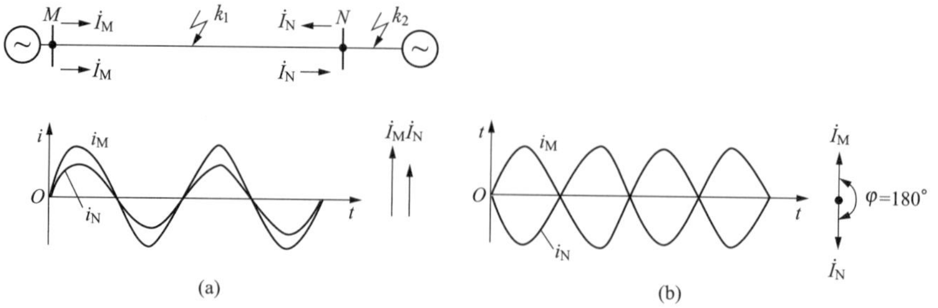

图 5-15　线路两侧电流相位图

（a）线路内部故障；（b）线路外部故障

为了比较被保护线路两侧电流的相位，必须将一侧的电流相位信号传送到另一侧，这样才能构成比相系统，由比相系统给出比较结果。为了满足以上要求，采用高频通道正常工作时不发出高频闭锁信号，而在外部故障时发出闭锁信号的方式来构成保护。在相差高频保护中，因传送的是电流相位信号，所以被比较的电流首先经过放大限幅，变为反映电流相位的电压方波，再用电压方波对高频电流进行调制。实际上可以做成当短路电流为正半周时，使它操作高频发信机发出高频信号，在负半周时则不发出信号，如此不断地交替进行。

当被保护区内故障时，由于两侧同时发出高频信号，也同时停止发信。此时两侧收信机收到的高频信号是间断的，即正半周有高频信号，负半周无高频信号，如图 5-16（a）所示。当被保护线路区外故障时，由于两侧电流相位相差 180°。线路两侧的发信机交替工作，收信机收到的高频信号是连续的高频信号。由于信号在传输过程中幅值有损耗，因此送到对侧的信号幅值就要小一些，如图 5-16（b）所示。

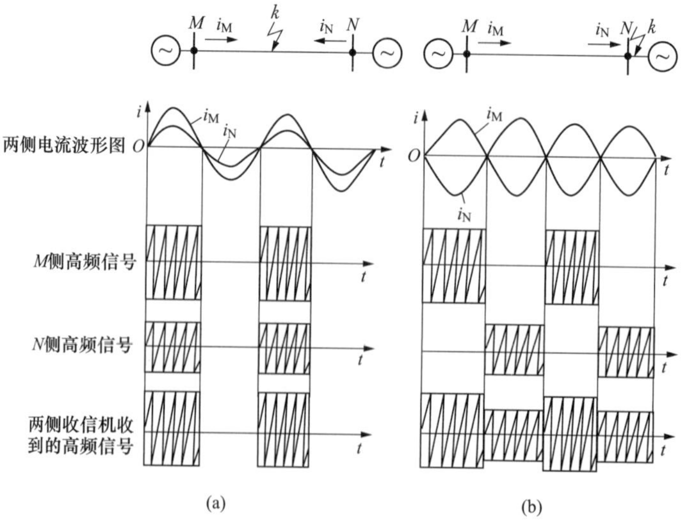

图 5-16　相差高频保护的工作情况

（a）内部故障；（b）外部故障

由以上分析可见，相位比较实际上是通过收信机所收到的高频信号来进行的。在被保护范围内部发生故障时，两侧收信机收到的高频信号重叠约 10ms，保护瞬时动作于跳闸，立即跳闸。即使被保护线路区内故障时高频通道遭破坏，不能传送高频信号，但收信机仍能收到本侧发信机发出的间断高频信号，因而不会影响保护跳闸。在被保护线路区外故障时，两侧的收信机收到的高频信号是连续的，线路两侧的高频信号互为闭锁，使两侧保护不能跳闸。

2. 比相元件

相差高频保护中，用来判别高频电流连续与否以及间断角度大小的回路称为相位比较回路，简称为比相元件，原理框图如图 5-17 所示，其工作原理如下。

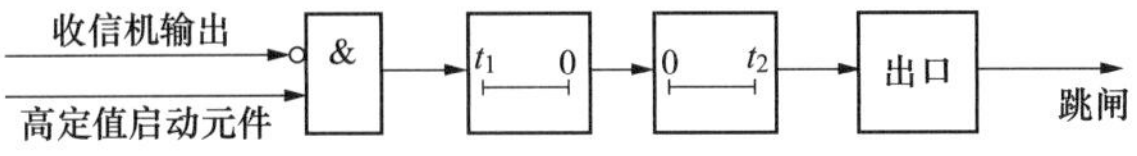

图 5-17　比相元件原理框图

当线路外部发生短路故障时，灵敏度不同的两套启动元件都应动作，其中灵敏度较低的高定值启动元件动作后为“与”门电路的一个输入端输入高电平。此时两端短路电流方向相反，收信机收到的高频电流波形连续为正，取反后封锁“与”门，比相回路无输出，因此保护无动作。

而当线路内部发生短路故障时，两端的短路电流相位相同，导致收信机收到的高频信号断续，断续时间大约为 10ms。在高频电流信号间断期间，收信机输出为零，“与”门电路有输出。若间断时间大于设定值（防止外部故障时，由于各种误差使保护误动而设置的闭锁角）时，延时元件有输出，此输出脉冲经展宽、整形后，作用于出口跳闸。

3. 相差高频保护构成

相差高频保护中继电部分的原理框图如图 5-18 所示，它包括启动元件、操作元件和电流比相元件。

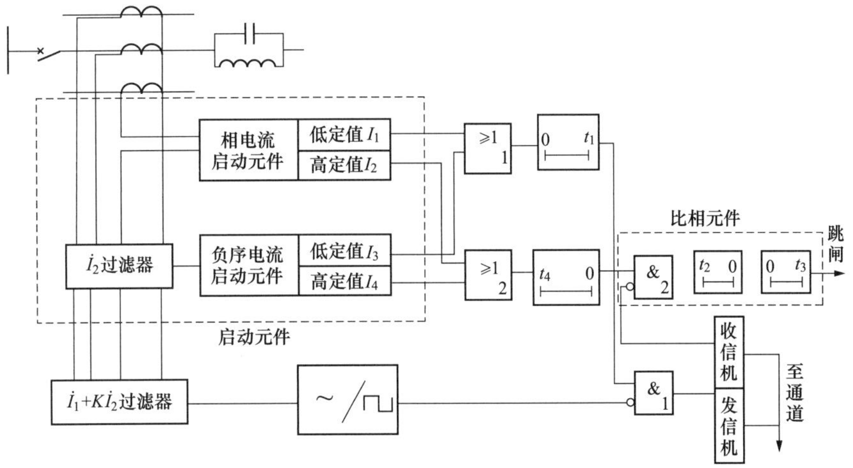

图 5-18　相差高频保护继电部分的原理框图

启动元件由 I_1～I_4 组成，其中 I_1 和 I_2 接于相电流，作为三相短路的启动元件；I_3 和 I_4 接于负序电流过滤器，作为不对称短路的启动元件。启动元件 I_1 和 I_3 整定得比较灵敏，经“或”门Ⅰ并联在一起，动作后经 t_1 延时返回，启动发信机；I_2 和 I_4 整定得较不灵敏，经“或”门 2 在一起，经延时 t_4 回路开放相位比较回路的“与”门 $\&_2$，做好跳闸准备。这样就保证了区外故障总是先启动发信，经 t_2（故障切除后，先停止比相，约 15ms）延时等待对侧高频信号到来后才开始比相，从而可防止区外短路误动。外部故障时，经延时 t_3 才停止发信，可防止外部故障时切除由于两侧低定值启动元件返回时间不一致而出现高频信号不连续所造成的保护误动作。

4. 操作元件

操作元件的作用是将输电线路上的 50Hz 电流转变成为一个 50Hz 的方波电压信号，然后以此工频方波信号控制发信机在工频正半周发信、负半周停信，相当于通信技术中的“调制”过程，此工频方波电流也称为操作电流。因此，要求操作电流首先是能够反应所有类型的故障。其次当线路内部故障时，两侧操作电流的相位差为 0°或接近 0°；当线路外部发生故障时，两侧操作电流的相位差为 180°或接近 180°。

如图 5-18 所示，操作元件由电流复合过滤器 $\dot{I}_1+K\dot{I}_2$、方波形成回路和 $\&_1$ 电路构成。电流复合过滤器将三相电流复合成一个单相电流，它能够正确反应各种故障。方波形成回路将断续的高频信号波形整定成频率 50Hz、占空比约为 50%的方波。

5. 相差高频保护的适用线路

相差高频保护的基本原理是利用高频通道比较被保护线路两侧三相电流及中性线上零序电流的相位。具体实现时，只需要知道在工频半个周期内线路两侧电流极性相同的时间，该时间大于定值即可判为内部故障。当用“1”代表电流极性为正（与规定正方向相同），用“0”代表电流极性为负（与规定正方向相反）时，为判断两侧同名相电流的相位，每个采样点只需要传送一位数到对端，对于三相电流及中性线上零序电流则只需传送一个四位数到对端即可。

该保护对各种短路具有相同的判断能力，且能判断出故障相，便于与自动重合闸配合实现单相跳闸和单相重合。另外，对同杆双回线的跨线故障处理极其有利，当双回线中的一回线发生 A 相接地，另一回线发生 B 相接地时，这种保护可做到只切除这两个故障相，其他四相能继续运行，然后进行单相重合。这一点是其他保护难以做到的。

*5.4 输电线路的光纤保护

5.4.1 光纤通道

1. 光纤通信系统

目前，光纤通道已在电力系统中得到广泛应用。利用光纤通道传递输电线路两端电气量信息构成的保护，称为光纤继电保护。从光的波动性观点看，光是一种电磁波。光纤通信的波长范围是 0.8～1.7μm，是一种不可见光，一种不能引起人的视觉的电磁波。

任何一种通信系统，都是将用户的信息，例如话音、图像和数据等调制到载送信息的载波上，然后经传输介质将载有信息的载波传送到收信方；收信方再用解调的方法，从载有信息的载波中将收信方所需的用户信息取出，达到通信的目的。光纤通信是以光为载波，以光纤作为传输介质的一种通信方式，用户信息同样需经调制和解调处理。

调制和解调的方式不同，光纤通信系统的组成方式也不同。下面以直接检测接收光纤系统为例简要介绍。

直接检测接收式的光纤通信系统构成如图 5-19 所示。图中的电端机，就是电通信中使用的载波机、电视图像收发信设备和计算机等终端设备。所谓发信光端机，主要部分是激光器和附属的驱动电路，其作用是将发信电端机送来的电信号（它通常是载有用户信息的已调电信号）调制到激光器所发出的光载波上，使之转换成载有信息的光信号，而后送入光纤，传输到收信端。所谓收信光端机，主要部分是光电检测器和它的放大电路，其作用是将经光纤送来的已调制的光信号进行直接检测，将其还原成原来的电信号。

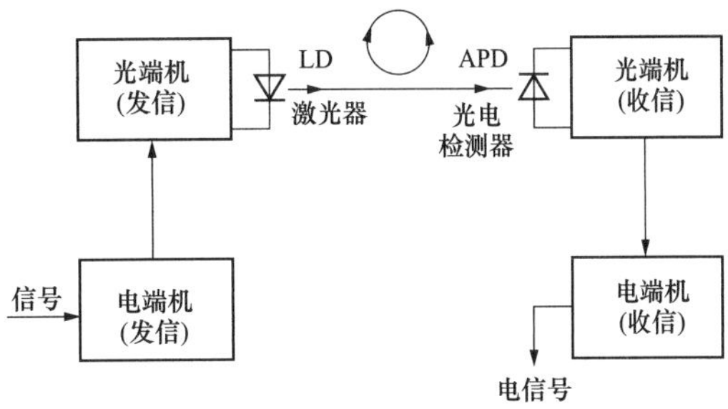

图 5-19　光纤通道构成示意图

如图 5-19 所示系统，在发信端由“发信电端机”和“发信光端机”组成，先将信号进行电信号载波调制，转换为光信号，再调制传输到光纤上；在收信端由“收信光端机”和“收信电端机”组成，将光纤传输过来的光信号进行直接检测，将其解调还原成原来的电信号，就可以得到用户所需的信息，达到通信的目的。

光纤通道需要伴随输电线路敷设等长度的光纤，因此其投资较大，这是它的主要缺点。但由于其通信容量很大（是微波通信容量的 7.4×10^4 倍，是电力线载波通信容量的 7.4×10^8 倍），传输速度快，例如一个特大图书馆的全部图书信息，一根光纤在 20s 内就能全部传送完毕，可以节约大量有色金属材料，还兼有敷设方便，抗腐蚀，不易受潮，不受电磁干扰等优点，因此广泛应用在 220kV 及以上线路上。

2. 光纤的结构

通信用光纤其结构的立体图与截面图如图 5-20（a）（b）所示，它由纤芯、包层、涂覆层和套塑四部分组成。纤芯用于传送光的信号；包层由掺有杂质的二氧化硅组成；涂覆层及套塑构成的保护套能承受较大的冲击，用以加强光纤的机械强度，起保护光纤的作用。

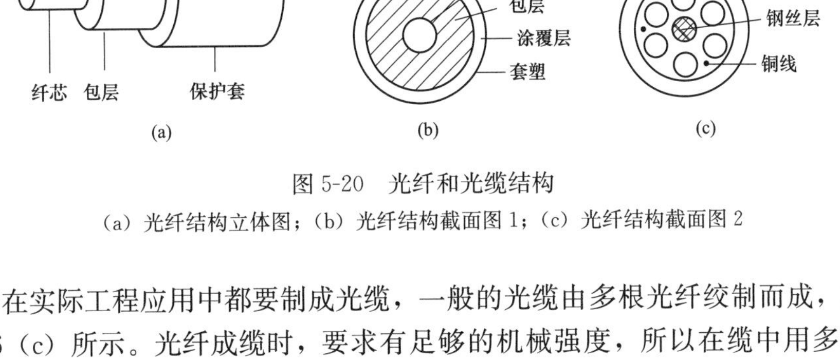

图 5-20　光纤和光缆结构

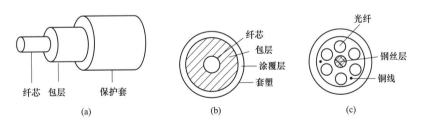

（a）光纤结构立体图；（b）光纤结构截面图 1；（c）光纤结构截面图 2

光纤在实际工程应用中都要制成光缆，一般的光缆由多根光纤绞制而成，其截面图如图 5-16（c）所示。光纤成缆时，要求有足够的机械强度，所以在缆中用多股钢丝来充任加固件。有时还在光缆中绞制一对或多对铜线，用作电信号的传送或作为电源线之用。光缆内光纤的数量可根据实际工程要求而绞制。

在电力系统中光缆的敷设有以下方式：地埋式——将光缆埋入地下；缠绕式——将光缆缠绕在高压输电线路导线上；悬挂式——将光缆并行悬挂在高压输电线路导线上；复合地线式——外层的金属保护层作为输电线路的架空地线，内层是绞制的光纤。

3. 光纤通信的特点

光纤通信具有通信容量大、中继距离长、不受电磁干扰、资源丰富、重量轻、体积小等特点。所以，在国家电网公司制定的有关文件中就已明确提出，应积极推广使用光纤通道作为纵联保护的通道方式。由于光纤通道的通信容量大，因此可以利用它构成输电线路的分相纵联保护，例如，分相纵联电流差动保护、分相纵联距离及方向保护等。目前，采用专用光纤通道的传输距离已达到 120km 以上。

5.4.2 光纤纵联差动保护

光纤纵联差动保护是通过光纤通道将测量信号从一侧传送到另一侧的。光纤通信广泛采用脉冲编码调制（PCM）方式。当被保护线路很短时，通过光缆直接将光信号送到对侧，在每半套保护装置中都将电信号变成光信号送出，又将所接收的光信号变为电信号供保护使用。由于光与电之间互不干扰，所以光纤保护没有导引线保护的问题，在经济上也可以与导引线保护竞争。近期发展的在架空输电线的接地线中铺设光纤的方法既经济又安全，很有发展前途。当被保护线路很长时，应与通信、远动等复用。下面以 RCS-931A 型超高压线路成套保护装置为例加以说明。

RCS-931A 型保护装置配有分相电流差动保护、两段零序电流保护、两个延时段零序方向电流保护、工频变化量距离保护、三段式相间距离保护、三段式接地距离保护、自动重合闸构成；通信速率为 64kbit/s；设有分相电流差动和零序电流差动继电器全线速跳功能，并利用两端数据进行测距；线路近处故障跳闸时间小于 10ms，线路中间故障跳闸时间小于 15ms，线路远处故障跳闸时间小于 25ms。

1. 通信与通道

数字差动保护的关键是线路两侧差动保护之间电流数据的交换，本装置中的数据采用 64kbit/s 高速数据通道、同步通信方式。采用 64kbit/s 的传输速率，主要是考虑差动保护的数据信息，可以复接数字通信（PCM 微波或 PCM 光纤通信）设备的 64kbit/s 数字接口，从而实现远距离传送。当采用复接 PCM 通信设备时，数据信号是从 PCM 的 64kbit/s 同向接口实现复接（其“64kbit/s 同向接口”的有关技术指标参见 CCITT 推荐标准：G703 中的“64kbit/s 接口”）。不论采用专用光纤或复用 PCM（脉冲编码调制）设备，本装置的通信出入口都采用光纤传输方式。

通信接口的原理如图 5-21 所示，其功能是将传送差动保护电流及开关量信息的串行通信控制器（SCC）收发的 NRZI 码变换成 64kbit/s 同向接口的线路码型，经光电转换后，由光纤通道来传输。使用内部时钟还是外时钟由控制字来实现。

由于装置是采用 64kbit/s 同步数据通信方式，就存在同步时钟提取问题，若通道是采用专用光纤通道，装置的时钟应采用内时钟方式，即两侧的装置发送时钟工作为“主-主”方式（见图 5-22），数据发送采用本机的内部时钟，接收时钟从接收数据码流中提取。

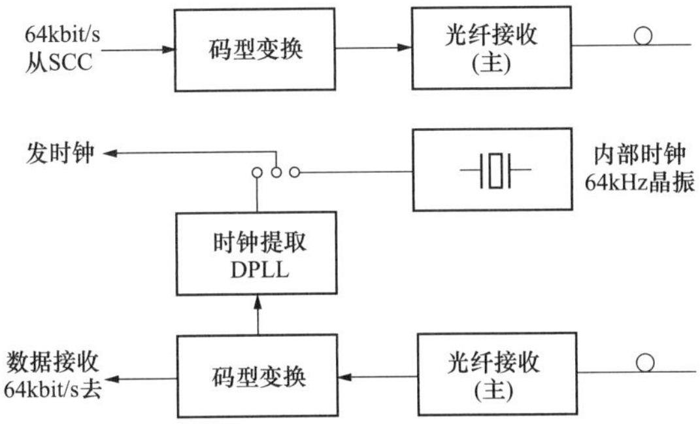

图 5-21　通信接口框图

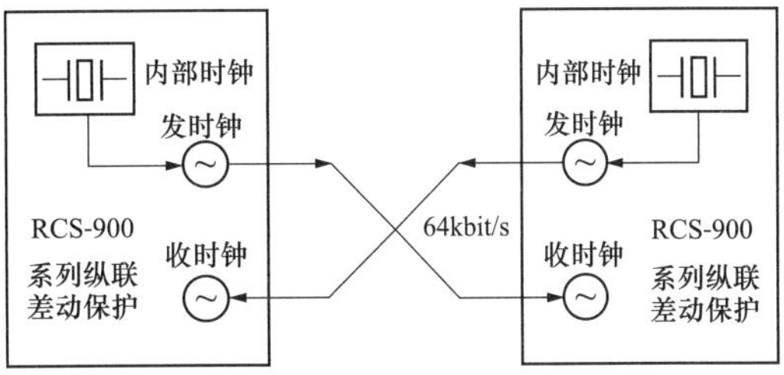

图 5-22　内时钟（主-主）框图

若通道是通过 64kbit/s 同向接口复接 PCM 通信设备，则应采用外部时钟方式，即两侧装置的发送时钟工作在“从-从”方式（见图 5-23），数据发送时钟和接收时钟为同一时钟源，均是从接收数据码流中提取。此时，两侧 PCM（脉冲编码调制）通信设备所复接的 2M 基群口，由于装置是采用 64kbit/s 同步数据通信方式，就存在同步时钟提取问题，若通道是采用专用光纤通道，装置的时钟应采用内时钟方式，即两侧的装置发送时钟工作为“主-主”方式（见图 5-18），数据发送采用本机的内部时钟，接收时钟从接收数据码流中提取。若通道是通过 64kbit/s 同向接口复接 PCM 通信设备，则应采用外部时钟方式，即两侧装置的发送时钟工作在“从-从”方式（见图 5-23），数据发送时钟和接收时钟为同一时钟源，均是从接收数据码流中提取。此时，两侧 PCM 通信设备所复接的 2M 基群口，仅在 PDH 网中应按主-从方式来整定，否则，由于两侧 PCM（脉冲编码调制）设备的 64kbit/s 的 2M 终端口的时钟存在微小的差异，会使装置在数据接收中出现定时滑码现象。复接 PCM 通信设备时，对通道的误码率要求参照《光纤通道传输保护信息通用技术条件》（DL/T 364—2019）中有关条款。

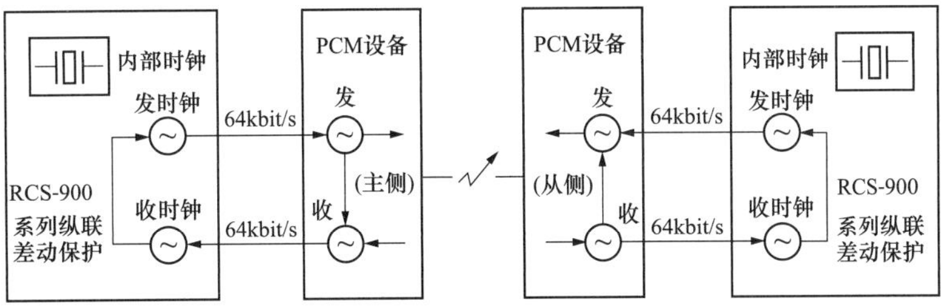

图 5-23　外时钟（从-从）框图

如图 5-24 所示，控制字“专用光纤”置“1”，选择“专用光纤”作为信道时，线路两侧的装置通过光纤通道直接连接。两侧装置的通信只需要解决位同步，而不存在多个低次群之间的系统同步问题，两侧装置通信发时钟均采用内部独立的 64kbit/s 晶振，即内时钟力式，亦称为“主-主”方式。

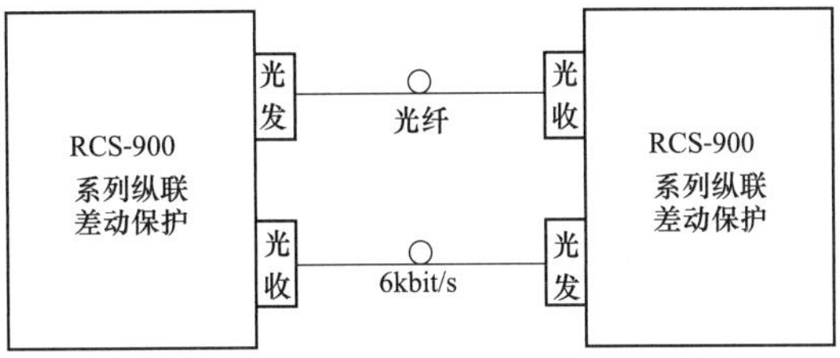

图 5-24　专用光纤方式连接

如图 5-24 所示，控制字“专用光纤”置“0”，选择“复用通道”作为信道时，RCS-931 型保护装置从接收码流中提取时钟（收时钟）实现位同步，同时将收时钟作为信息的发送时钟实现系统同步。两侧装置通信收、发时钟均采用外部的时钟，即外时钟方式，也称为“从-从”方式。若采用 SDH 通信网络设备，由于 SDH 时钟都同步于上级时钟，各时钟是同频同相的，无须进行时钟设置。若两侧采用 PDH 准同步通信设备时，有可能还得对两侧的 PDH 通信设备进行通信时钟设置，即把一侧的通信时钟设为主时钟（内时钟），另一侧通信时钟设为从时钟，否则会因为 PDH 的速率适配，而产生周期性的数据丢失（或重复）问题。进行时钟设置的目的是保证数字通道传输无周期性的误码、滑码、数据丢失等问题。

采用专用光纤或复用通道，需整定控制字“专用光纤”来决定通信时钟方式。控制字“专用光纤”置为 1，装置自动采用内时钟方式；反之，自动采用外时钟方式。采用专用光纤光缆时，线路两侧的装置通过光纤通道直接连接，见图 5-25。

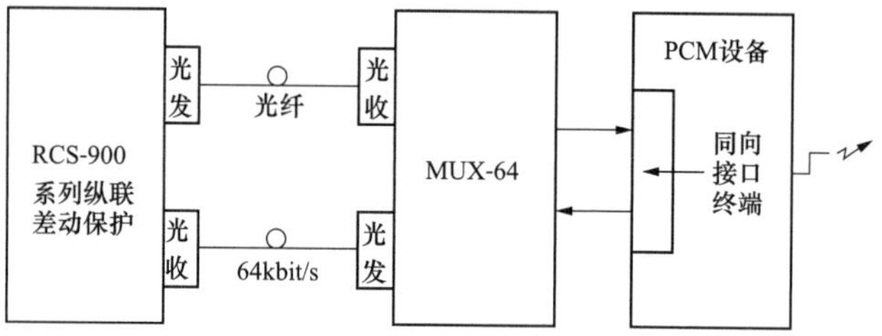

图 5-25　数字复接方式连接

若通过数字接口复接 PCM（脉冲编码调制）设备时，需在通信机房内加装一台专用光电变换的数字复接接口设备 MUX-64。

2. 主要保护逻辑

图 5-26 所示为光纤分相电流差动保护逻辑框图。

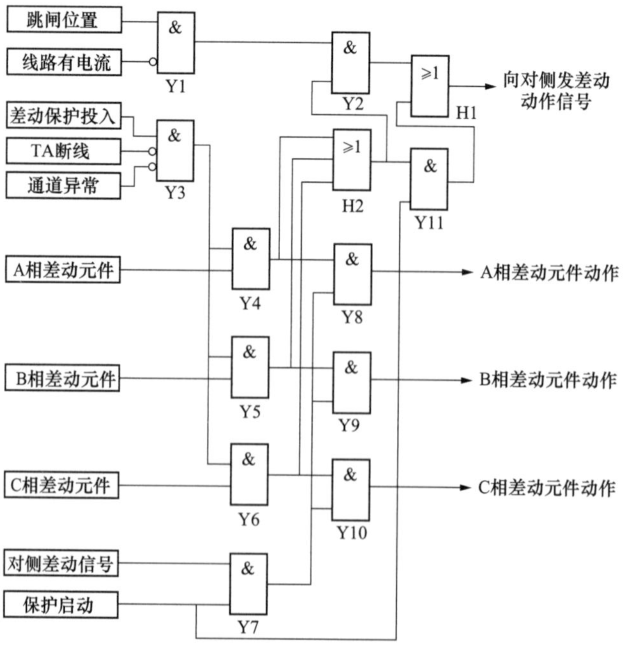

图 5-26　电流差动保护逻辑框图

主要由启动元件、TA断线闭锁元件、分相电流差动元件、通道监视、收信回路组成。其中，分相电流差动元件可由相电流差动元件、相电流变化量差动元件和零序电流差动元件组成。

（1）内部故障。线路内部故障后，启动元件开放出口元件正电源，故障相电流差动元件动作，同时向对侧保护发出“差动保护动作”信号。本侧保护启动且收到对侧“差动保护动作”信号情况下，故障相电流差动元件向跳闸逻辑部分发出分相电流差动元件动作信号。

（2）外部故障。线路外部故障后，保护启动元件启动，但两侧分相电流差动元件均不会动作，也收不到对侧保护的“差动保护动作”信号，保护不出口跳闸。

（3）电流互感器断线。系统正常运行时若TA断线，差动电流大小为负荷电流。TA断线瞬间，断线侧的启动元件和差动元件可能动作，但对侧的启动元件不动作，不会向本侧发差动保护动作信号，从而保证纵联差动保护不会误动。TA断线元件的判据为有自产零序电流而无零序电压，延时10s动作。TA断线元件动作后可以闭锁差动保护，防止再发生外部故障时保护误动，同时发出“TA断线”告警信号。

（4）通道异常。通道异常时闭锁各分相电流差动元件出口，防止保护误动。

（5）本侧开关三相在跳闸位置时对侧手合于故障线路。如图5-27所示，本侧开关三相在跳闸位置时如对侧手合于故障线路，则本侧保护不启动，而对侧保护启动，两侧分相差动元件均动作。本侧保护中，“或”门H2及“与”门Y1经“与”门Y2、“或”门H1向对侧发出差动保护动作信号，解决了本侧不发“差动保护动作信号”的问题。

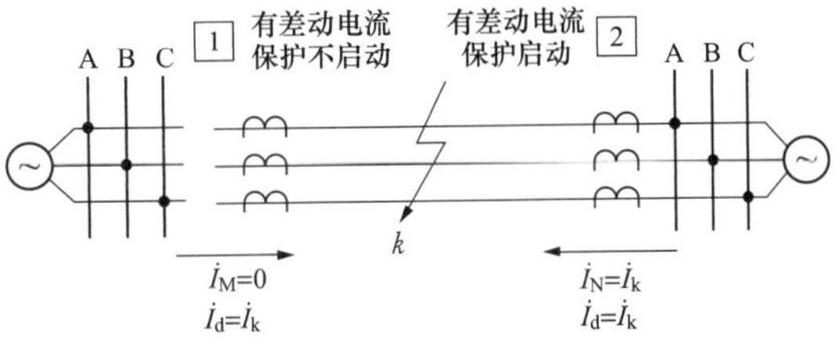

图5-27　手合于故障线路情况

本 章 小 结

前几章介绍的阶段式电流保护和距离保护，是将线路一端的电气量引入保护装置，为了保证选择性，保护的Ⅰ段只能保护线路的一部分，线路其余部分发生故障时，只能由第Ⅱ、Ⅲ段延时切除。而在超高压、大容量的输电线路上，为了保证系统的稳定性，要求在全线路范围内任意一点发生故障时保护都能瞬时切除，因此在这种情况下必须装设输电线路的全线。速动保护，也称为输电线路的纵联保护。

本章介绍了输电线路的纵联保护的基本原理、通道的构成以及纵联保护传送信号的分类，并由此引出本章的重点：高频保护。高频保护分为方向高频保护和相差高频保护。这两种高频保护是对线路两端的电流进行功率方向和相位的比较而构成的一种保护，它可提高电力系统运行的稳定性和重合闸的成功率。而高频闭锁距离保护既具有高频保护全线速动的功能，又有距离保护Ⅲ段做相邻后备保护的功能。

导引线差动保护是比较被保护线路两侧电流的大小和相位，保护范围为线路全长，且动作具有选择性。但是，这种保护适合在短线路上采用。

电力线载波高频保护是利用输电线路本身，作为高频信号的通道。高频闭锁方向保护是比较线路两侧功率的方向，两侧均为正方向时保护动作；有一侧为反方向时，闭锁保护。

微波通道和光纤通道无需加装高压设备，频带宽，信道多，在输电线路的纵联保护中得到了越来越广泛的应用。

思考与实践

1. 什么是纵差动保护？
2. 不平衡电流是如何产生的？
3. 不平衡电流对纵差动保护有何影响？
4. 纵差保护有哪些优缺点？适用于什么样的线路？
5. 高频保护与距离保护相比有何优点？说明构成高频保护的基本工作原理。
6. 高频保护的频率有多高？
7. 高频阻波器作用是什么？
8. 高频闭锁方向保护原理什么？
9. “相-地”制高频通道由哪些元件组成？各元件作用如何？
10. 何谓故障启动发信、长期发信？各有何特点？
11. 说明高频收发信机的构成。
12. 什么是闭锁信号、允许信号和跳闸信号？采用闭锁信号有何优、缺点？
13. 说明闭锁式高频方向保护的基本工作原理。
14. 光纤通道有何优、缺点？光纤传输光波的基本原理是什么？

第6章　自动重合闸装置

输电线路是电力系统中输送电能最主要的环节，也是电力系统中运行环境最恶劣的电力设备。因此，输电线路运行的可靠性直接影响整个电力系统的安全运行水平，直接决定系统供电的可靠性，所以提高输电线路的运行可靠性意义重大。提高输电线路运行可靠性的技术手段很多，这里主要通过在输电线路上采用自动重合闸装置的方法来提高输电线路运行的可靠性。

本章主要介绍自动重合闸的作用、分类，单侧输电线路的三相一次自动重合闸、双侧电源的三相一次自动重合闸以及自动重合闸装置与保护的配合方式、综合自动重合闸等。通过本单元的学习，能达到了解自动重合闸装置的功能、结构、特性等的目的。

本章的学习目标：

知道自动重合闸的重要性；

对自动重合闸装置的基本要求；

知道自动重合闸装置的分类及作用；

知道重合闸的四种工作方式；

会根据重合闸工作方式进行保护动作行为分析；

了解重合闸程序逻辑。

6.1　自动重合闸装置概述

6.1.1　自动重合闸的作用

自动重合闸装置就是能将跳闸后的断路器自动重新投入的装置，简称 ARC 装置。

在电力系统的各种故障中，输电线路特别是架空线路发生故障几率约占电力系统总故障的 90%左右，故障几率最多，因此采取措施提高输电线路的可靠性对电力系统的安全稳定运行具有非常重要的意义。

输电线路的故障大多数是瞬时性故障，如雷电引起的绝缘子表面闪络、线路对树枝放电、大风引起的碰线、鸟害以及绝缘子表面污闪等。此类故障几率占输电线路故障的 80%～90%。若输电线路采用自动重合闸装置，就能将被保护切除的线路重新投入系统运行，减少因暂时性故障引起的停电，从而提高了线路供电的可靠性。如果输电线路断路器如发生误碰跳闸、继电保护误动作时，自动重合闸装置可以及时纠正。在双电源供电的线路上采用自动重合闸装置，能使两侧系统在重合闸后稳定运行，提高了系统并列运行的稳定性。

ARC（自动重合闸装置）装置不能区分发生的是暂时性故障还是永久性故障，如果 ARC 装置将相应断路器重合到永久性故障线路上（如倒杆、断线等现象），继电保护装置将断路器重新跳开，ARC 装置将不再动作，称这种情况为重合闸不成功。可以用重合成功的次数与重合总动作次数之比的百分数来表示重合闸的成功率，运行资料表明，重合闸成功率一般在60%～90%之间。

由于自动重合闸本身结构简单，工作可靠，而且带来的效益可观，是保证电力系统安全运行、可靠供电、提高电力系统稳定的一项有效措施，因此广泛的应用在各种电压等级的输电线路上。规程规定："1kV及以上的架空线路和电缆线路与架空线路混合线路，在具有断路器的条件下，应装设ARC"。但是，采用ARC后，对系统也会带来不利影响：当重合于永久性故障时，系统再次受到短路电流的冲击，可能引起系统振荡；同时，断路器在短时间内连续两次切断短路电流，使断路器的工作条件恶化。因此，自动重合闸的使用有时受系统和设备条件的制约。

输电线路上采用自动重合闸的主要作用如下：

(1) 提高供电的可靠性，减少线路停电次数，对单侧电源的单回线路作用尤为显著。

(2) 在高压线路上采用ARC，可提高电网运行的稳定性。因而，自动重合闸技术被列为提高电力系统暂态稳定的重要措施之一。

(3) 对断路器本身由于机构不良或继电保护误动作而引起的误跳闸，能起纠正的作用。

(4) 自动重合闸与继电保护相配合，在很多情况下可以加速切除故障。

6.1.2 装设自动重合闸的规定

(1) 1kV及以上的架空线路及电缆与架空混合线路，在具有断路器的条件下，如用电设备允许且无备用电源自动投入时，应装设自动重合闸装置。

(2) 旁路断路器与兼作旁路的母线联络断路器，应装设自动重合闸装置。

(3) 必要时母线故障可采用母线自动重合闸装置。

6.1.3 对自动重合闸装置的基本要求

(1) 自动重合闸装置应动作迅速，即在满足故障点去游离（介质绝缘强度恢复）所需的时间和断路器消弧室及其传动机构准备好再次动作所需时间的条件下，ARC动作时间应尽可能短。因为从断路器断开到ARC发出合闸脉冲命令时间越短，用户停电时间就可以相应缩短，从而减轻故障对用户和系统带来的不良影响。

(2) 自动重合闸应采用不对应启动方式，即当控制开关在合闸位置而断路器实际上在断开位置的情况下，使重合闸启动。除此之外，也可以由继电保护来启动重合闸（简称保护启动方式）。前者的优点是可以使因误碰而跳闸的断路器迅速重合上，而保护启动方式却只能在保护动作的情况下才启动ARC，所以不能纠正由误碰引起的断路器跳闸。

(3) 自动重合闸装置不允许任意多次重合，动作次数应符合预先的规定。如一次ARC应该只动作一次。当重合于永久性故障断路器再次跳闸时，ARC就不应再次重合。这是因为当ARC多次重合于永久性故障时，会使系统遭受多次冲击，损坏断路器，并扩大事故。

(4) 自动重合闸装置动作后，应能自动复归，准备好下一次再动作。对10kV及以下电压的线路，如当地有值班人员，为简化重合闸的实现，可以采用手动复归。采用手动复归的缺点是，当重合闸动作后，在值班人员未及时复归以前若又一次发生故障，则ARC将拒动。这种情况在雷雨季节和雷害活动较多的地方尤其可能发生。

(5) 自动重合闸应能在重合闸动作后或重合闸动作前，加速继电保护的动作。ARC

与继电保护配合，可以加速故障的切除，此时应注意：在进行三相重合时，断路器三相不同期时合闸会产生零序电流，应采取措施防止零序电流保护误动作。

（6）自动重合闸应能自动闭锁。当母线差动保护或按频率自动减负荷装置动作时，以及当断路器处于不正常状态，如操动机构中使用的气压或液压降低等，而不允许实现重合闸时，应将 ARC 装置自动闭锁。

（7）在双侧电源线路上实现重合闸时，应考虑时间配合问题以及合闸时两侧电源间的同步问题。

（8）由值班人员手动操作或通过遥控装置将断路器断开时，ARC 装置不应该动作。

（9）手动合闸于故障线路，断路器被继电保护断开时，ARC 装置不应该动作。因为此时可能是由于检修质量不合格、隐患未消除或接地线未拆除等原因所形成的永久性故障，因此再重合一次也不可能成功。

6.1.4　自动重合闸装置的分类

ARC 装置按其作用于断路器的工作方式可分为三相自动重合闸装置、单相自动重合闸装置、综合自动重合闸装置三种。

一般情况下，在小接地电流系统中，均采用三相自动重合闸装置。

所谓单相自动重合闸指的是输电线路发生单相故障时，继电保护动作，只跳开故障相断路器，随后进行单相自动重合闸；发生相间短路故障时，继电保护动作跳开三相断路器，而后不进行三相重合闸的重合闸方式。

所谓三相自动重合闸指的是无论输电线路发生任何类型的故障时，继电保护均动作跳开三相断路器，随即进行三相重合闸的重合方式。

所谓综合重合闸指的是如果发生了单相短路故障，继电保护动作只跳开故障相断路器，随即进行单相自动重合，如果发生了相间短路故障，则继电保护动作跳开三相断路器，随即进行三相自动重合。

综合重合闸装置既可用作单相 ARC，又可用作三相 ARC，还可以同时兼有单相 ARC 与三相 ARC 的功能的重合闸方式。通过切换开关的切换，可以实现如下四个功能：①单相自动重合闸；②三相自动重合闸；③综合自动重合闸；④重合闸停用方式。

按其运行于不同结构的输电线路来分，有单电源供电线路的自动重合闸装置和双电源供电线路的自动重合闸装置。

按其与继电保护配合方式来分，有重合闸前加速保护动作和重合闸后加速保护动作的自动重合闸装置。

按其动作次数来分，有一次动作和二次动作的自动重合闸装置等。

所谓二次重合闸是第一次重合闸时，故障还未消失，继电保护又将断路器跳开，自动重合闸再发第二次合闸命令。对于永久性短路故障，这样做的后果是系统将在短时间内连续受到三次短路电流的冲击，对系统稳定很不利，断路器也需要在短时间内连续切除三次短路电流，所以二次重合闸很少使用。

6.2　单电源线路的自动重合闸

单侧电源线路只有一侧电源供电，不存在非同步重合的问题，自动重合闸装置装于线路的送电侧。

在我国的电力系统中，单侧电源线路广泛采用三相一次重合闸方式。所谓三相一次重合闸，是指不论在输电线路上发生相间短路还是单相接地短路，继电保护装置动作将线路三相断路器一齐断开，然后重合闸装置动作，将三相断路器重新合上的重合闸方式。当故障为瞬时性时，重合成功；当故障为永久性时，则继电保护再次将三相断路器一齐断开，不再重合。常规式三相一次重合闸装置工作流程如图 6-1 所示。

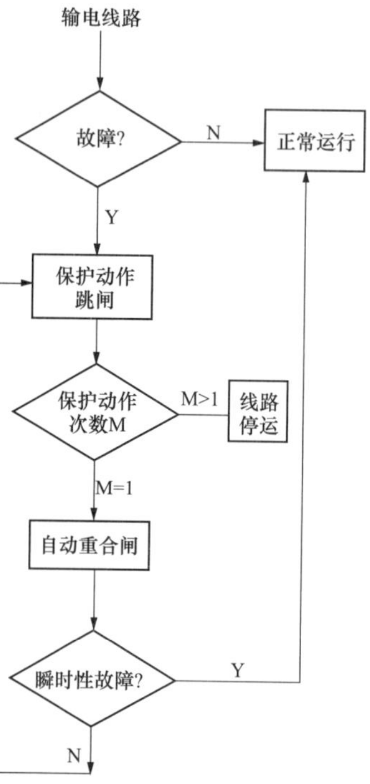

图 6-1　常规式三相一次自动重合闸工作流程简图

6.2.1　常规式三相一次自动重合闸装置的构成及工作原理

1. 常规式三相一次自动重合闸装置的构成

常规式三相一次自动重合闸装置由重合闸启动回路、重合闸时间元件、一次合闸脉冲元件及执行元件四部分组成。重合闸启动回路是用以启动重合闸时间元件的回路，一般按控制开关与断路器位置不对应原理启动；重合闸时间元件是用来保证断路器断开之后，故障点有足够的去游离时间和断路器操动机构复归所需的时间，以使重合闸重合成功；一次合闸脉冲元件用以保证重合闸装置只重合一次，通常利用电容放电来获得重合闸脉冲；执行元件用来将重合闸动作信号送至合闸回路和信号回路，使断路器重新合闸及发出重合闸动作信号。

2. 常规式三相一次自动重合闸装置的接线

常规式三相一次自动重合闸装置原理接线图如图 6-2 所示。它是按不对应原理启动的具有后加速保护动作性能的三相一次自动重合闸装置。图中虚线框内为 DH-2A 型重合闸继电器内部接线，其内部由时间继电器 KT、中间继电器 KM、电容 C、充电电阻 R4、放电电阻 R6 及信号灯 HL 组成。图中，KCT 是断路器跳闸位置继电器，当断路器处于断开位置时，KCT 的线圈通过断路器辅助动断触点 QF1 及合闸接触器 KMC 的线圈而励磁，KCT 的动合触点闭合。由于 KCT 线圈电阻的限流作用，流过合闸接触器 KMC 中电流很小，此时 KMC 不会动作去合断路器。KCF 是防跳继电器，用于防止断路器多次重合于永久性故障线路。KAT 是加速保护动作的中间继电器，它具有瞬时动作，延时返回的特点。KS 是表示重合闸动作的信号继电器。SA 是手动操作的控制开关，触点的通断情况见表 6-1。ST 是投退开关，用来投入或退出重合闸装置。

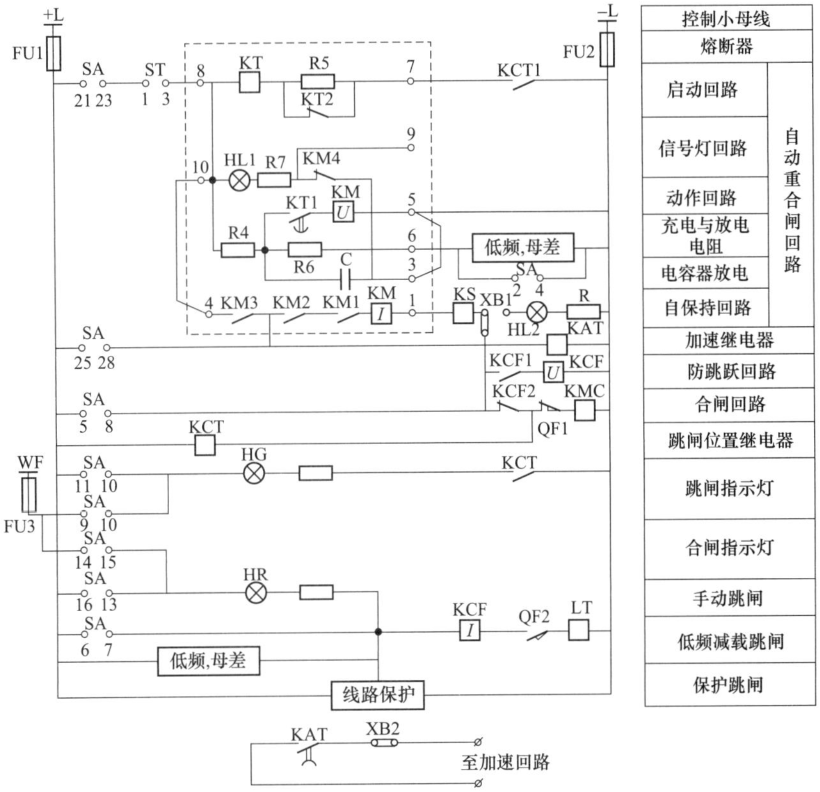

图 6-2　常规式三相一次自动重合闸装置原理接线图

表 6-1　　**SA 触点通断状况**

操作状态		手动合闸	合闸后	手动跳闸	跳闸后
SA 触点号	2-4	—	—	—	×
	5-8	×	—	—	—
	6-7	—	—	×	—
	21-23	×	×	—	—
	25-28	×	—	—	—

注　“×”表示通，“—”表示断。

3. 常规式三相一次自动重合闸工作原理

(1) 正常运行情况下，断路器处于合闸状态，断路器辅助动断触点 QF1 断开→KCT 线圈失电→KCT1 触点打开。而 SA 处在合后位置，其触点 SA21-23 接通，ST 投入（1-3 接通），重合闸继电器的电容 C 经 R4 充满电，电容器 C 两端电压等于电源电压，自动重合闸（ARC）处于准备动作状态。用来监视继电器 KM 触点及电压线圈是否完好的信号灯 HL1 亮。

（2）线路发生故障时，断路器跳闸，QF1 闭合→KCT 得电→KCT1 闭合→启动 KT→KT 经过整定好的延时→KT1 闭合→电容器 C 放电→KM 启动→闭合其动合触点 KM1、KM2、KM3→KMC 励磁，断路器重新合上，同时 KS 励磁，发出重合闸动作信号。

注意：KT2 动断触点的作用是，时间继电器 KT 线圈励磁后瞬时断开，将 R5 接入 KT 线圈回路，保证它的热稳定性。

若为瞬时性故障，断路器合闸后，KM 因电流自保持线圈失去电流而返回。同时，KCT 失电→KCT1 断开→KT 失电，触点 KT1 断开→电容器 C 经 R4 重新充满电，又使电容 C 两端建立电压。整个回路复归，准备再次动作。

（3）若为永久性故障，断路器合闸后，继电保护动作再次将断路器断开→QF1 闭合→KCT 得电→KCT1 闭合，KT 启动→KT1 经过整定的延时闭合→电容器由于充电时间短，两端电压达不到 KM 的动作电压，KM 不动作。电容器 C 也不会继续充电，因为在 KM 电压线圈的电阻（一般几千欧）比 R4（一般几兆欧）要小的多，根据串联电路的分压定理，KM 电压线圈上的电压远小于动作电压，保证了自动重合闸只重合一次。

以上即为三相一次自动重合闸的基本动作行为，通过分析，可实现三相一次重合闸。

4. 该电路重合闸装置的基本要求检验

下面对照前面对自动重合闸的基本要求来分析此装置能否满足要求：

（1）用控制开关 SA 手动跳闸时，SA 发出预跳命令→其触点 SA2-4 接通→将 C 上的电荷经 R6（一般几百欧）很快放掉。SA 发出跳闸命令→其触点 SA6-7 接通→断路器跳闸→KCT 闭合→KT 启动，经过 0.5～1s 的延时→KT1 闭合。这时，储能电容器 C 两端早已没有电压，KM 不能启动→重合闸不能重合。

（2）手动合闸于故障线路时。SA 手动合闸时，触点 21-23 接通，2-4 断开，电容 C 开始充电，同时 SA5-8 触点闭合，接通合闸回路，QF 合闸。SA25-28 触点闭合，启动加速继电器 KAT。当合于故障线路时，保护动作，经 KAT 的动合触点使 QF 加速跳闸。C 尚未充满电，不能使 KM 启动，所以断路器不能自动重合。

（3）重合闸闭锁回路。有些情况下，断路器跳闸后不允许自动重合。例如，按频率自动减负荷装置动作使断路器跳闸时，重合闸装置不应动作。在这种情况下，应将自动重合闸装置闭锁。为此，可将自动按频率减负荷装置的出口辅助触点与 SA 2-4 触点并联。当自动按频率减负荷装置动作时，相应的辅助触点闭合，接通电容器 C 对 R6 的放电回路，从而保证了重合闸装置在这些情况不会动作，达到闭锁重合闸的目的。

（4）防止跳跃现象发生的措施。如果线路发生永久性故障，并且第一次重合时出现了 KM1、KM2、KM3 触点粘住而不能返回时，当继电保护第二次动作使断路器跳闸后，由于断路器辅助触点 QF1 又闭合，若无防跳继电器，则被粘住的 KM 触点会立即启动合闸接触器 KMC，使断路器第二次重合，因为是永久性故障，保护再次动作跳闸。这样，断路器跳闸、合闸不断反复，形成“跳跃”现象，这是不允许的。为防止断路器多次重合于永久性故障，装设了防跳继电器 KCF。KCF 在其电流线圈通电流时动作，电压线圈有电压时保持。当断路器第一次跳闸时，虽然串在跳闸线圈回路中的 KCF 电流线圈使 KCF 动作，但因 KCF 电压线圈没有自保持电压，当断路器跳闸后，KCF 自动返回。当断路器第二次跳闸时，KCF 又动作，如果这时 KM 触点粘住而不能返回，则 KCF 电压线圈得到自保持电压，因而处于自保持状态，其动断触点 KCF2 一直断开，切断了 KMC 的合闸回路，防止了断路器第二次合闸。同时 KM 动合触点粘住后，KM 的动断触点 KM4 断开、信号灯 HL1 熄灭，给出重合闸故障信号，以便运行人员及时处理。

（5）手动合闸到故障线路。当手动合闸于故障线路时，如果 SA5-8 粘牢，在保护动作使断路器跳闸后，KCF 电流线圈启动，并经 SA5-8、KCF1 接通 KCF 电压自保持回路，使 SA5-8 断开之前 KCF 不返回，因此防跳继电器 KCF 同样能防止因合闸脉冲过长而引起的断路器多次重合。

通过以上分析，上例中的电气式三相一次重合闸装置能够满足对自动重合闸装置的基本要求。

6.2.2　用软件实现的三相一次自动重合闸

在使用三相自动重合闸的中、低压线路上，自动重合闸是由该线路微机保护测控装置中的一段程序来完成的，所以可从重合闸的程序框图来认识重合闸的基本原理。三相一次重合闸的程序框图如图 6-3 所示。

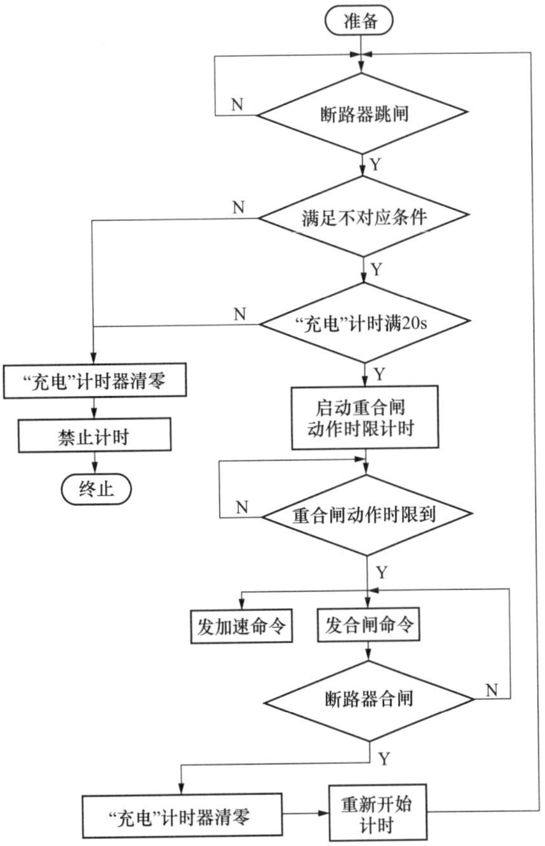

图 6-3　软件实现的三相一次重合闸程序框图

1. 重合闸的准备动作状态

从线路投运开始，程序就开始做重合闸的准备。在微机保护测控装置中，常采用一个计数器来判断计时是否满 20s（该值就是重合闸的复归时间定值，并且是可以整定的，为便于说明，这里先假设为固定值）来表明重合闸是否已准备就绪。当计数器计时满 20s 时，表明重合闸已准备就绪，允许重合闸。当计数器计时未满 20s 时，即使其他条件满足，也不允许重合。如果在计数器计时的过程中，或计数器计时已满 20s 后，有闭锁重合闸的条件出现时，程序会将计数器清零，并禁止计数。程序检测到计数器计时未满，即禁止重合。这个过程是模拟了传统重合闸装置中的电容充放电原理来设计的，该原理在前面常规型重合闸装置中已做介绍。由于这个原因，所以在许多产品说明书中仍以“充电”是否完成来描述重合闸是否准备就绪，因此常把该计数器称为“充电”计数器。

2. 重合闸的启动方式

重合闸的启动有两种方式：控制开关与断路器位置不对应启动和保护启动。

（1）控制开关与断路器位置不对应启动方式。重合闸的位置不对应启动就是断路器控制开关 SA 处“合闸后”状态、断路器处跳闸状态，两者位置不对应启动重合闸。

用位置不对应启动重合闸的方式，线路发生故障保护将断路器跳开后，出现控制开关与断路器位置不对应，从而启动重合闸；如果由于某种原因，例如工作人员误碰断路器操动机构、断路器操动机构失灵、断路器控制回路存在问题以及保护装置出口继电器的触点因撞击振动而闭合等，这一系列因素致使断路器发生“偷跳”（此时线路没有故障存在），则位置不对应同样能启动重合闸。可见，位置不对应启动重合闸可以纠正各种原因引起的断路器“偷跳”。断路器“偷跳”时，保护因线路没有故障处于不动作状态，保护不能启动重合闸。

位置不对应启动重合闸的方式简单可靠，在各级电网的重合闸中有着良好的运行效果，是所有自动重合闸启动的基本方式，对提高供电可靠性和系统的稳定性具有重要意义。为判断断路器是否处跳闸状态，需要应用到断路器的辅助触点和跳闸位置继电器。因此，当发生断路器辅助触点接触不良、跳闸位置继电器异常以及触点粘牢等情况时，位置不对应启动重合闸失效，这显然是这一启动方式的缺点。

为克服位置不对应启动重合闸的这一缺点，在断路器跳闸位置继电器每相动作条件中还增加了线路相应相无电流条件的检查，进一步确认并提高了启动重合闸的可靠性。

如果是采用遥控跳闸、合闸，只需将遥控命令与断路器的位置比较即可实现不对应启动。另外，目前许多变电站不再使用控制开关操作断路器，这时可将相应的操作开关或按钮的位置与断路器的位置比较，也可实现不对应启动。总之，只要符合不对应启动的基本原理即可。

（2）保护启动方式。目前大多数线路自动重合闸装置，在保护动作发出跳闸命令后，重合闸才发合闸命令，因此自动重合闸应支持保护跳闸命令的启动方式。

保护启动重合闸，就是用线路保护跳闸出口触点来启动重合闸。对于保护启动方式，重合闸启动的条件是：保护动作且断路器已跳闸。因为是采用跳闸出口触点来启动重合闸，保护启动重合闸可纠正继电保护误动作引起的误跳闸，但不能纠正断路器的“偷跳”。

在常规式重合闸回路中，一般只采用不对应启动方式来启动重合闸，而在微机保护测控装置中，常常兼用两种启动方式（注意：在有些保护装置中这两种方式不能同时投入，只有经控制字选择一种启动方式）。图 6-3 中仅画出了不对应启动方式的启动过程。

当微机保护测控装置检测到断路器跳闸时，先判断是否符合不对应启动条件，即检测控制开关是否在合位。如果控制开关在分位，那么就不满足不对应条件（即控制开关在跳位，断路器也在跳闸位置，它们的位置对应），程序将“充电”计数器计时清零，并退出运行。如果没有手动跳闸信号，那么说明不对应条件满足（即控制开关在合位，而断路器在跳闸位置，它们的位置不对应），程序开始检测重合闸是否准备就绪，即“充电”计数器计时是否满 20s。如果“充电”计数器计时不满 20s，程序将“充电”计数器清零，并禁止重合；如果计时满 20s，则立即启动重合闸动作时限计时。

3. 重合闸充电

线路发生故障时，ARC 动作一次，表示断路器进行了一次“跳闸→合闸”过程。为保证断路器切断能力的恢复，断路器进入第二次“跳闸→合闸”过程须有足够的时间，否则切断能力会下降。为此，ARC 动作后需经一定间隔时间（也可称 ARC 复归时间）才能投入，一般这一间隔时间取 15～25s。另外，线路上发生永久性故障时，ARC 动作后，也应经一定时间后 ARC 才能动作，以免 ARC 的多次动作。

为满足上述两方面的要求，重合闸充电时间取 15～25s。在非数字式重合闸中（如图 6-2 所示的常规式重合闸），利用电容器放电获得一次重合闸脉冲。电容器具有充电慢、放电快的特点，因此该电容器充电到能使 ARC 动作的充电时间应为 15～25s。在数字式重合闸中（软件实现的重合闸），模拟电容器充电是一个计数器，计数器计数相当于电容器充电，计数器清零相当于电容器放电。

重合闸的充电条件应是：

（1）重合闸投入运行处正常工作状态，说明保护装置未启动。

（2）在重合闸未启动情况下，三相断路器处合闸状态，断路器跳闸位置继电器未动作。断路器处合闸状态，说明控制开关处“合闸后”状态，断路器跳闸位置继电器未动作。

（3）在重合闸未启动情况下，断路器正常状态下的气压或油压正常，说明断路器可以进行跳合闸，允许充电。

（4）没有闭锁重合闸的输入信号。

（5）在重合闸未启动情况下，没有 TV 断线失压信号。当 TV 断线失压时，保护装置工作不正常，重合闸装置对无电压、同期的检定也会发生错误。在这种情况下，装置内部输出闭锁重合闸的信号，实现闭锁，不允许充电。

4. 重合闸的计时

重合闸启动后，并不立即发出合闸命令，而是当重合闸动作时限的延时结束后才发出合闸命令。在发出合闸命令的同时，还要发加速保护的命令。

当断路器合闸后，重合闸“充电”计数器重新开始计时。如果是线路发生瞬时性故障引起的跳闸或断路器误跳闸，重合命令发出后，重合成功，重合闸“充电”计数器重新从零开始计时，经 20s 后计时结束，准备下一次动作。如果是线路永久性故障引起的跳闸，则断路器会被线路保护再次跳开，程序将循环执行。当程序开始检测重合闸是否准备就绪时，由于重合闸“充电”计势器的计时未满 20s（这是由于在断路器重合闸后，重合闸“充电”计数器是从零重新开始计时，虽然经线路保护动作时间和断路器跳闸时间，但由于保护已被重合闸加速，所以它们的动作时间总和很短，故“充电”计数器计时不足 20s)，程序将“充电”计数器清零，并禁止重合。

5. 自动重合闸的闭锁

在某些情况下，断路器跳闸后不允许自动重合，因此，应将重合闸装置闭锁。重合闸闭锁就是将重合闸“充电”计数器瞬间清零。闭锁重合闸主要有以下方面：

（1）当手动操作合闸时，如果合于故障线路，保护装置会立刻动作将断路器跳闸，此时重合闸不允许启动。程序开始检测重合闸是否准备就绪时，由于重合闸“充电”计数器的计时未满 20s（这是由于在断路器合闸后，重合闸“充电”计数器是从零重新开始计时的，虽然经线路保护动作时间和断路器跳闸时间，但因保护已被手动合闸加速，所以它们的动作时间总和很短，故“充电”计数器计时不足 20s），程序将“充电”计数器清零，并禁止重合。

（2）手动跳闸或通过遥控装置将断路器跳闸时，应闭锁重合闸。

（3）当断路器失灵保护动作跳闸或母线保护动作跳闸未使用母线重合闸时、按频率自动减负荷动作跳闸时、低电压保护动作跳闸时、过负荷保护动作跳闸时等，均应闭锁重合闸。

（4）断路器液压（或气压）操动机构的液（气）压降低到不允许合闸的程度，或断路器弹簧操动机构的弹簧未储能。

（5）断路器控制回路断线时。

（6）当选择检查无电压或检查同期工作时，检测到母线 TV、线路侧 TV 二次回路断线失电压，使检查无电压、检查同步失去了正确性时，应闭锁重合闸。

（7）检查线路无电压或检查同期不成功时。

（8）重合闸停用断路器跳闸。

（9）重合闸发出重合脉冲的同时，闭锁重合闸。

6.2.3　软件实现的三相一次自动重合闸工作原理

图 6-4 所示为微机型单电源三相一次自动重合闸的逻辑框图。D1、D2、D6 为“与”门，D4、D5 为“或”门，D3、D7 为“延时”门（延时动作，瞬时返回），SW1、SW2 与 SW3 是选择开关。SW1 合，投自动重合闸；SW2、SW3 只能合一个且必须合一个，SW2 合代表重合闸选用断路器启动方式，SW3 合代表重合闸选用保护启动方式。

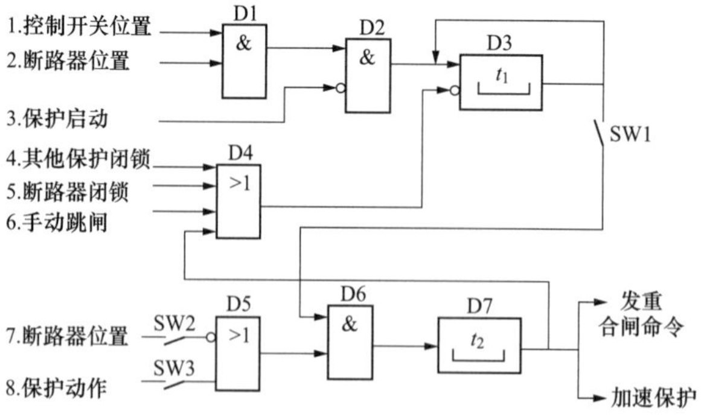

图 6-4　单电源三相一次自动重合闸的逻辑框图

1. 自动重合闸输入量的定义

输入量 1：“1”代表控制开关处于合闸后位置，“0”代表控制开关处于其他位置。

输入量 2、7：“1”代表断路器处于合闸位置，“0”代表断路器处于分闸位置。

输入量 3：“1”代表保护已启动，“0”代表保护未启动。

输入量 4：“1”代表有保护闭锁信号，“0”代表无闭锁信号。

输入量 5："1"代表断路器出现故障，"0"代表断路器允许进行自动重合闸。

输入量 6："1"代表有手动合闸信号，"0"代表无手动合闸信号。

输入量 8："1"代表保护动作，"0"代表未动作。

2. 自动重合闸动作原理

（1）线路正常运行时，控制开关处于合闸后位置，断路器处于合闸位置，控制开关位置与断路器位置对应。此时，输入量 1、2 为"1"，输入量 3、4、5、6 为"0"，"与"门 D1、D2 输出为"1"，"或"门 D4 输出为"0"，D3 经 t_1 延时（整定为 20～25s）后导通输出"1"并自保持，D3 经 SW1 将信号送给 D6，重合闸处于准备工作状态。

（2）线路发生瞬时性故障时，继电保护动作，断路器跳闸，控制开关位置与断路器位置出现不对应。设此时选择的是 SW2 合，SW3 开，输入量 7 为"0"，经 SW2 使 D5 通，D5 输出"1"，D6 通，经 D7 的 t_2 延时（整定为 0.5～1s）后，发重合闸命令；同时启动 D4，解除 D3 的自保持。由于是瞬时性故障，重合成功，控制开关位置与断路器位置恢复到对应状态。输入量 1、2 为"1"，经 t_1 延时，使 D3 自保持，准备好下次动作。

（3）线路发生持续故障时，重合闸过程同线路发生瞬时性故障。重合闸后，故障并未消失，保护装置第二次动作，在 D3 没有通（无法自保持）之前"否"掉 D2 及 D2 不通，D3 无法通，保证了只重合闸一次。保护第一次动作时也"否"掉了 D2，但 D3 已自保持，使得重合闸信号仍能经过 SW1 送到 D6。

（4）需要闭锁重合闸的信号（如其他保护闭锁信号、断路器出现故障、手动合等），并通 D4，"否"掉 D3，就不会重合闸了。

6.2.4 单侧电源线路三相自动重合闸的整定

1. 重合闸动作时限的整定

重合闸的动作时限是指从断路器主触头断开故障到断路器收到合闸脉冲的时间（在常规式重合闸中指 KT1 的延时）。为了尽可能缩短停电时间，重合闸的动作时限原则上应越短越好。但考虑到如下两方面的原因，重合闸的动作又必须带一定的时延。

（1）必须考虑故障点有足够的断电时间，以使故障点绝缘强度恢复，才有可能重合闸成功。

（2）必须考虑当重合闸装置动作时，继电保护装置一定要返回、断路器操动机构等已恢复至正常状态，才允许合闸的时间。另外还应留有一定的时间裕度。

运行经验表明，单侧电源线路的三相重合闸动作时间取 0.8～1s 较为合适。

2. 重合闸复归时间的整定

重合闸复归时间就是从一次重合结束到下一次允许重合之间所需的最短间隔时间（在常规式重合闸中即电容 C 上电压从零值充电到能使中间继电器 KM 动作所需的时间）。复归时间的整定需考虑以下两个方面因素：

（1）必须保证当断路器重合到永久性故障时，由最长时限段的保护切除故障时，ARC 不会再次动作去重合断路器。

（2）保证断路器切断能力的恢复，即当重合闸动作成功后，复归时间不小于断路器恢复到再次动作所需的时间。

综合这两方面的要求，重合闸复归时间一般取 15～25s。

*6.3 双电源线路的自动重合闸

6.3.1 双侧电源线路三相一次自动重合闸特点

对于双端供电的输电线路，两端均有电源，当故障被线路两端断路器切除以后，电力系统可能分裂为两个独立部分。这时采用 ARC 装置，除满足前述的基本要求外，还应考虑时间配合及同期两个问题。

1. 时间配合问题

当双侧电源线路发生故障时，线路两侧的保护装置可能以不同的时限断开两侧断路器，为保证故障电弧的熄灭和足够的去游离时间，以使 ARC 动作有可能成功，线路两侧 ARC 应保证在两侧断路器都跳闸以后 0.5～1.5s，再进行合闸。

2. 同期问题

当线路上发生故障，两侧断路器跳闸以后，线路两侧电源电动势出现相位差，有可能失去同步。后合闸的断路器在进行重合时，应考虑两侧电源是否同步，以及是否允许非同步合闸的问题。

因此，在双侧电源线路上，应根据电网的接线方式和具体的运行情况，采取不同的重合闸方式。

双侧电源的重合闸方式可以归纳为两大类，一类是检定同期重合闸，另一类是不检定同期重合闸。前者有检定无电压和检定同期的三相一次重合闸及检查平行线路有电流的重合闸等；后者有非同期重合闸、快速重合闸、解列重合闸及自同期重合闸等。

6.3.2 双侧电源线路重合闸的方式

对于双端供电线路，可根据具体线路情况选择合适的重合闸方式，重合闸方式主要有以下几种。

1. 不检查同期的 ARC

如图 6-5 所示，并列运行的发电厂或电力系统之间，在电气上有紧密联系时（如具有三个以上联系的线路或三个紧密联系的线路），同时断开所有联系的可能性几乎为零，因此当任一条线路断开后再进行重合闸时，不可能出现非同期合闸的问题。在这种情况下，就可以采用不检查同期的 ARC（其实已知两端系统是同期的）。

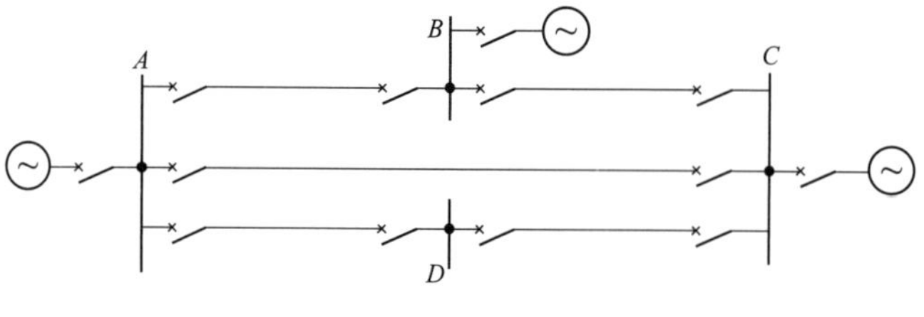

图 6-5 紧密联系的电力系统接线图

2. 快速 ARC

当线路上发生故障时，保护很快地将故障线路两侧的断路器断开，并随即进行重合。由于从故障开始到重新合上断路器的整个过程很短（0.5～0.6s），两侧电源电势相位差还不大，系统还不可能失步；即使两侧电源电势相位差已经较大，由于重合闸周期很短，断路器重合后，系统也会很快将之拉入同步。

3. 非同期 ARC

当故障线路两侧断路器断开后，即使线路两侧电源已经失去同步，也自动重新合上断路器，然后期待系统将之自拉入同步。采用非同期 ARC 后，在两侧电源由失步拉入同步的过程中，系统处于振荡状态，可能引起某些保护误动作和甩负荷。因此，在采用非同期 ARC 时，应采取相应措施。

4. 检查平行线路电流的 ARC

没有其他联系的平行线路，当不能采用非同期 ARC 时，可采用检查另一回线路有电流的 ARC 方式，当另一回路上有电流，即表示两侧电源仍然是同步的，可以进行重合闸，如图 6-6 所示。

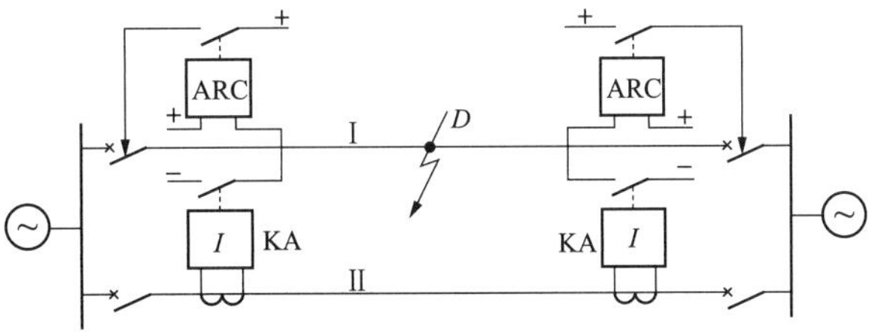

图 6-6　检查平行线路电流的 ARC 原理示意图

5. 自动解列的 ARC

双侧电源的单回线路，当不能采用非同期 ARC 时，一般可采用解列的 ARC 方式。

小电源带当地重要负荷，系统侧带不重要负荷，双侧并列，正常时由系统向小电源侧输送功率。当线路发生系统侧保护装置动作，跳开系统侧断路器，小电源侧保护装置动作使解列点断路器跳闸，而不跳线路断路器，以保证对重要用户的供电可靠性。

6. 检查同期的 ARC

在如图 6-7 所示，线路一端装置有检查无电压的 ARC，在另一端装有检查同期的 ARC，当线路发生故障时，两端断路器跳开后，一端只要利用低电压继电器检查线路无电压，就动作合上断路器，若重合至暂时性故障线路，则另一端检查同期，当满足同期条件时，将该端断路器合上，从而完成两端线路的重合。如果线路上发生的是永久性故障，线路从两端断开，检查无电压侧重合后，保护又将断路器断开，而另一端不再重合闸。这样装有无电压检查 ARC 端的、断路器的工作条件要比装有检查同期 ARC 端的断路器的工作条件差，切除故障次数较多，所以通常在线路两端同时装上有检查无电压和检查同期的断路器，利用连接片定期切换其工作方式，以使两端断路器工作条件接近相同。工作流程如图 6-8 所示。

这种重合闸方式是在单侧电源线路的三相一次重合闸基础上增加条件来实现的，即除在线路两侧均装设单侧电源线路三相一次重合闸装置外，两侧还装设检定线路无电压的低电压元件（KV）和检定两侧电源同步的检查同期元件（KY），并把 KV 和 KY 的触点串入重合闸时间元件的启动回路中。

正常运行时，两侧同步检定元件 KY 通过连接片均投入，而检无电压侧（M 侧）KV 元件仅一侧投入，另一侧（N 侧）KV 通过连接片断开。

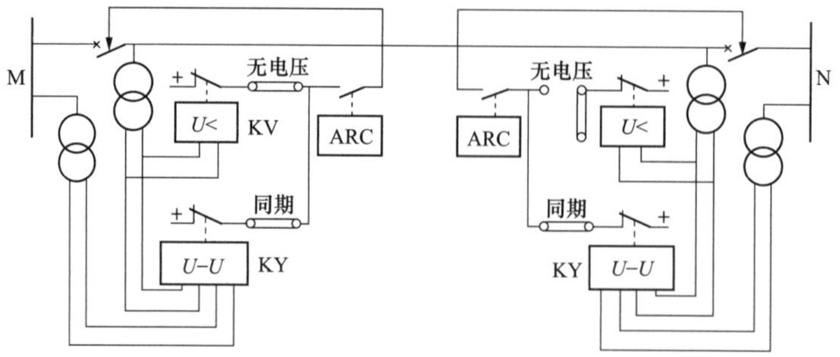

图 6-7　检查无电压和检查同期的三相自动重合闸原理接线图

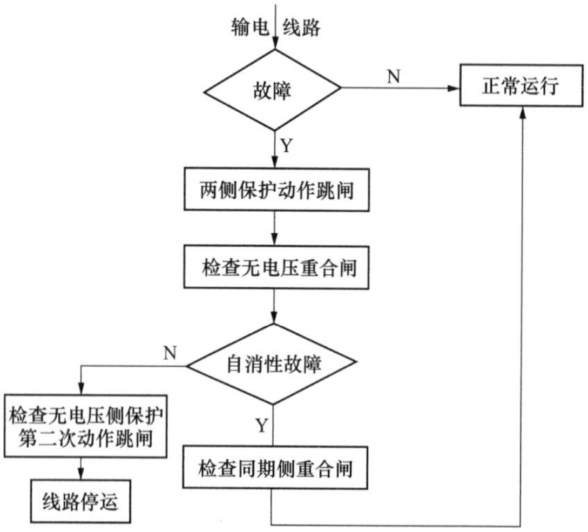

图 6-8　检查无电压和检查同期 ARC 工作流程图

其工作原理如下：当输电线路上发生故障时，两侧继电保护动作跳开两侧断路器后，线路失去电压，两侧的 KY 不动作，其触点打开。这时检无电压的 M 侧低电压元件 KV 动作，其触点闭合，经无电压连接片启动自动重合闸（ARC），经设定时间 M 侧断路器重合。如果线路发生的永久性故障，则 M 侧后加速保护动作，再次跳开该侧断路器不再重合。由于 N 侧断路器已跳开，这样 N 侧线路无电压，N 侧母线上有电压，N 侧同步检定元件 KY 触点不闭合，所以 N 侧自动重合闸不会动作。

如果线路上发生的是瞬时性故障，则 M 侧检无电压重合成功。N 侧线路有电压，此时 N 侧同步检定元件 KY 即有母线电压，又有线路侧电压，N 侧同期检定元件检测两电压的电压差、频率差及相角差是否在允许范围内，当满足同期条件时，KY 触点闭合，且闭合时间大于重合闸时间，经同期连接片使 N 侧自动重合闸动作，合上 N 侧断路器，线路恢复正常供电。

由以上分析可知，无电压侧断路器在重合至永久性故障时，将连续两次切断短路电流，而同步侧断路器不会动作，显然其工作条件比同步侧恶劣，为使两侧断路器工作条件接近相同，利用连接片可定期切换两侧重合闸的工作方式。

在正常运行时，又有某种原因（如误碰跳闸、保护误动等），使断路器误跳时，如果是同步侧断路器误跳闸，该侧同期元件检查同期条件满足，使断路器重合；如果是无电压侧断路器误跳时，由于线路上有电压，检查无电压条件不满足而不重合，为此无电压侧也投入同期检定连接片，目的就是在这种情况下通过检查同期实现自动重合，恢复正常运行。这样无电压侧不仅要投入检无电压元件 KV，还应投入检查同期元件 KY，两者并联工作。而同步侧只投入检查同期元件，检无电压元件不投入。如两侧都投上检无电压元件，会造成非同期合闸，合闸瞬间产生很大的冲击电流，系统可能产生振荡。

6.3.3　双电源线路上重合闸的选择方式

1. 对于联系紧密的发电厂或电力系统之间

同时断开所有联系的可能性基本不存在，所以采用不检查同期的自动重合闸。

2. 对于联系较弱的系统

（1）采用非同期重合闸最大冲击电流超过系统所能承受的运行值时，采用检定无电压和检定同期的自动重合闸。

（2）如果采用非同期重合闸，最大的冲击电流不超过系统所能承受的允许值，但采用非同期重合闸对系统安全性有影响时，可在正常运行时采用非同期重合闸，在其他联络线断开，只有一回线运行时，将重合闸停用。

（3）在没有旁路的双回线路上，不能采用非同期重合闸时，可采用检定另一回线有电流的重合闸。

（4）在双侧电源的单回线路：①不能采用非同期重合闸时，可采用解列重合闸。②水电厂在条件许可时，可采用自同期重合闸。

3. 满足下列条件，且有必要时采用非同期重合闸

（1）采用非同期重合闸时，流过发电机、同步调相机或电力变压器的最大冲击电流不超过规定值。

（2）在非同期重合闸后产生的振荡过程中，对重要负荷影响较小，或者可采取措施减小其影响。

（3）220kV 线路满足上述采用三相重合闸要求时，可采用三相重合闸，否则采用综合重合闸。330～500kV 线路一般装设综合重合闸。

6.4　重合闸与继电保护的配合

在电力系统中，自动重合闸与继电保护关系密切。如果使自动重合闸与继电保护很好的配合工作，可以加速切除故障，提高供电的可靠性。自动重合闸与继电保护的配合方式有自动重合闸前加速保护和自动重合闸后加速保护两种。

6.4.1　自动重合闸前加速保护

自动重合闸前加速保护，简称为前加速。一般用于具有几段串联的辐射形线路中，自动重合闸装置仅装在靠近电源的一段线路上。当线路上发生故障时，靠近电源侧的保护首先无选择性地瞬时动作跳闸，而后借助自动重合闸来纠正这种非选择性动作。

如图 6-9（a）所示的单电源供电的辐射形网络中，线路 L1、L2、L3 上各装有一套定时限过电流保护，其动作时限按阶梯时限原则整定。这样，线路 L1 上定时限过电流保护动作时限最长。为了加速故障的切除，在线路 L1 靠近电源侧的断路器处另装有一套能保护到线路 L3 的无选择性电流速断保护和三相自动重合闸装置。

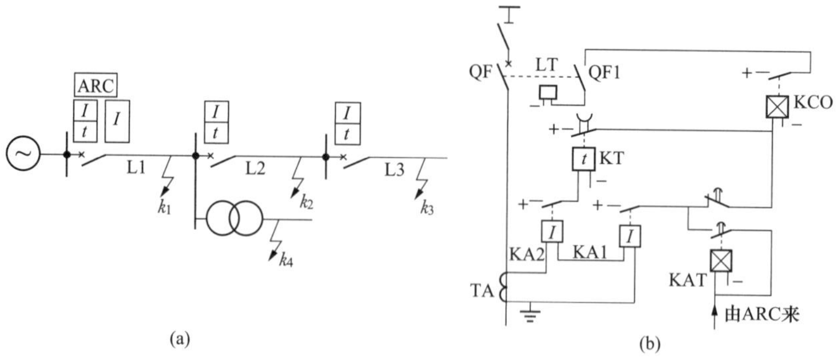

图 6-9 自动重合闸前加速保护
（a）原理说明图；（b）原理接线图

当线路 L1、L2、L3 上任意一点发生故障时，电流速断保护因不带延时，故总是首先动作瞬时跳开电源侧断路器，然后启动重合闸装置，将该断路器重新合上，并同时将无选择性的电流速断保护闭锁。若故障是瞬时性的，则重合成功，恢复正常供电；若故障是永久性的，则依靠各段线路定时限过电流保护有选择性地切除故障。可见，ARC 前加速保护既能加速切除瞬时故障，又能在 ARC 动作后，有选择性地切除永久性故障。

实现自动重合闸前加速保护动作的方法是将重合闸装置中加速继电器 KAT 的动断触点串联接于电流速断保护出口回路，如图 6-9（b）所示，图中，KA1 是电流速断保护继电器，KA2 是过电流保护继电器。当线路发生故障时，因加速继电器 KAT 未动作，电流速断保护的 KA1 动作后经加速继电器 KAT 的动断触点启动保护出口中间继电器 KCO，使电源侧断路器瞬时跳闸，随即 ARC 启动，发合闸脉冲，同时启动加速继电器 KAT，使 KAT 的动断触点打开，动合触点闭合。如果重合于永久性故障，则 KA1 触点再闭合，使 KAT 自保持，电流速断保护不能经 KAT 的触点去瞬时跳闸，只有等过电流保护时间继电器 KT 的延时触点闭合后，才能去跳闸。这样，重合闸动作后，保护有选择性地切除永久性故障。

采用重合闸前加速的优点是能快速切除瞬时故障，而且设备少，只需一套重合闸装置，接线简单，易于实现。其缺点是：切除永久性故障时间长；装有重合闸装置的断路器动作次数较多，且一旦此断路器或重合闸装置拒动，则使停电范围大。因此，重合闸前加速主要适用于 35kV 以下的发电厂和变电站引出的直配线上，以便能快速切除故障。

6.4.2 自动重合闸后加速保护

自动重合闸后加速保护一般简称后加速。采用后加速时，必须在线路各段上都装设有选择性的保护和自动重合闸装置，如图 6-10（a）所示，但不设专用的电流速断保护。当任一线路上发生故障时，首先由故障线路的选择性保护动作将故障切除，然后由故障线路的自动重合闸装置进行重合。如果是瞬时故障，则重合成功，线路恢复正常供电；如果是永久性故障，则故障线路的加速保护装置不带延时地将故障再次切除。这样，就在重合闸动作后加速了保护动作，使永久性故障尽快地切除。

实现 ARC 后加速的方法是，将加速继电器 KAT 的动合触点与电流保护的电流继电器 KA 的动合触点串联，如图 6-10（b）所示。

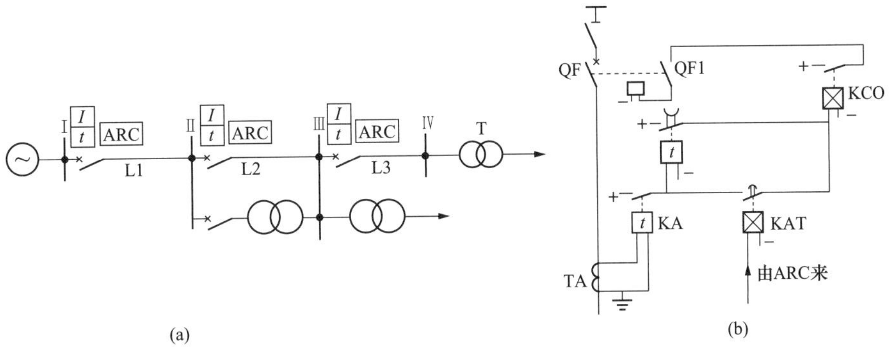

图 6-10　自动重合闸后加速保护

（a）原理说明图；（b）原理接线图

当线路发生故障时，KA 动作，加速继电器 KAT 未动作，其动合触点打开。只有当按选择性原则动作的延时触点 KT 闭合后，才启动出口中间继电器 KCO，跳开相应线路的断路器，随后自动重合闸动作，重新合上断路器，同时也启动加速继电器 KAT，KAT 动作后，其动合触点闭合。这时若重合于永久性故障上，则 KA 再次动作，KAT 动合触点瞬时启动 KCO，使断路器再次跳闸，这样实现了重合闸后加速保护。

采用重合闸后加速的优点是第一次保护装置动作跳闸是有选择性的，不会扩大停电范围。特别是在重要的高压电网中，一般不允许保护无选择地动作，故应用这种重合闸后加速方式较合适；其次，这种方式使再次断开永久性故障的时间加快，有利于系统并联运行的稳定性。其缺点是第一次切除故障带延时，因而影响了重合闸的动作效果，另外，每段线路均需装设一套重合闸，设备投资大。

自动重合闸后加速保护广泛用于 35kV 以上的电网中，应用范围不受电网结构的限制。

6.5　微机型自动重合闸

通过前面对重合闸装置任务的详细分析，发现模拟式 ARC 装置尽管技术成熟，但存在定时精度不高、继电逻辑复杂、可靠性不高等缺点，所以我们引入数字式自动重合闸装置来解决这些问题。由于当前电力系统实际应用中，自动重合闸装置（包括前后加速）已经与各种继电保护单元“融合”在一起，形成了数字式线路保护测控装置。因此，通过引入数字式自动重合闸装置的典型方案 RCS-943 数字式线路保护测控装置，来详细解析 RCS-943 数字式线路保护测控装置的基本配置和重合闸部分的工作原理，进而掌握数字式自动重合闸装置的基本原理。

6.5.1　保护测控装置的基本配置及规格

RCS-943 是一种适用于 110kV 及以下电压等级的非直接接地系统或小电阻接地系统中的方向线路保护测控装置（以下简称测控装置），可在开关柜就地安装。

1. 保护配置

测控装置保护方面的主要功能有：

（1）三相一次重合闸（检无电压、同期、不检）。

（2）一段定值可分别独立整定的合闸加速保护（可选前加速或后加速）。

（3）低电压闭锁的三段式定时限方向过电流保护、零序过电流保护等。

2. 测控功能

测控装置测控方面的主要功能有：

（1）9 路遥信开关信号输入采集、装置遥信变位、事故遥信。

（2）正常断路器遥控分合、小电流接地探测遥控分合。

（3）P、Q、I_A、I_C、U_A、U_B、U_C、U_{AB}、U_{BC}、U_{CA}、U_0、F、$\cos\varphi$ 等 13 个模拟量的遥测。

（4）开关事故分合次数统计及事件顺序记录 SOE 等。

（5）4 路脉冲输入。

3. 重合闸主要技术数据

重合闸时间：0.1～9.9s；定值误差：＜5%。

6.5.2 RCS-943 重合闸部分的工作原理

（1）本装置重合闸为三相一次重合闸方式，可根据故障的严重程度引入闭锁重合闸的方式。工作框图如图 6-11 所示。

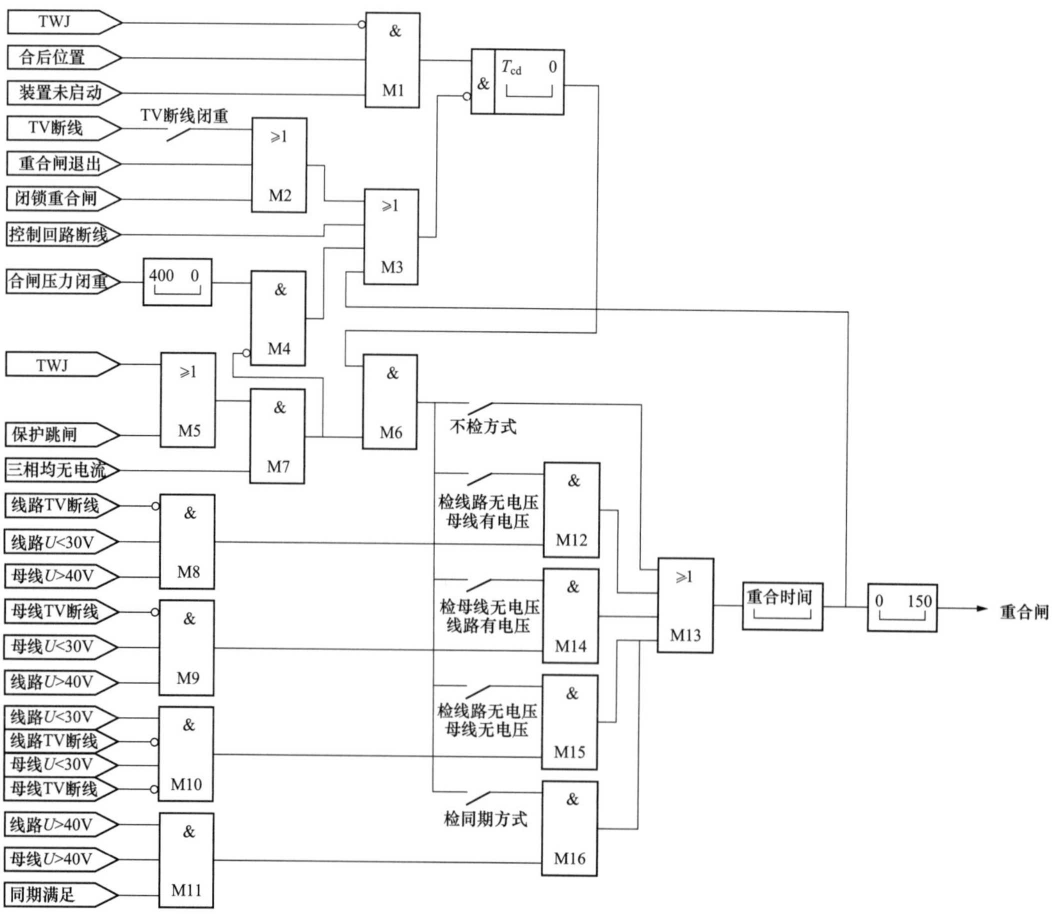

图 6-11 重合闸逻辑框图

（2）三相电流全部消失时跳闸固定动作。

（3）重合闸退出指定值中重合闸投入控制字置“0”。

（4）重合闸充电在正常运行时进行，重合闸投入、无 TWJ（跳闸位置继电器，旧符号 KCT）、无控制回路断线、无 TV 断线或虽有 TV 断线但控制字“TV 断线闭锁重合闸”置“0”，经 10s 后充电完成。

（5）重合闸由独立的重合闸启动元件来启动。当保护跳闸后或开关偷跳均可启动重合闸。

（6）重合方式可选用检查线路无电压母线有电压重合闸、检查母线无电压线路有电压重合闸、检查线路无电压母线无电压重合闸、检查同期重合闸，也可选用不检查而直接重合闸方式。检查线路无电压母线有电压时，检查线路电压小于 30V 且无线路电压断线，同时三相母线电压均大于 40V 时，检查线路无电压母线有电压条件满足，而不管线路电压用的是相电压还是相间电压；检查母线无电压线路有电压时，检查三相母线电压均小于 30V 且无母线 TV 断线，同时线路电压大于 40V 时，检查母线无电压线路有电压条件满足；检查线路无电压母线无电压时，检查三相母线电压均小于 30V 且无母线 TV 断线，同时线路电压小于 30V 且无线路电压断线时，检查线路无电压母线无电压条件满足；检查同期时，检查线路电压和三相母线电压均大于 40V 且线路电压和母线电压间的相位在整定范围内时，检查同期条件满足。正常运行时测量 U_X 与 U_A 之间的相位差，与定值中的固定角度差定值比较，若两者的角度差大于 10°，则经 500ms 报“角差整定异常”告警。

（7）重合闸条件满足后，经整定的重合闸延时，发重合闸脉冲 150ms。

本 章 小 结

自动重合闸（缩写为 ARC）是将因故障跳开后的断路器按需要自动投入的一种自动装置。自动重合闸可快速恢复瞬时性故障元件的供电，纠正由于断路器或继电保护误动作而引起的误跳闸，有效地消除瞬时性故障对电力系统可靠性的影响，保证系统安全运行。自动重合闸分为三相、单相及综合重合闸。

对于自动重合闸装置的基本要求应重点领会。因为每项基本要求最终都会体现到具体的自动重合闸装置中。本任务根据基本要求，对自动重合闸装置进行了详细的技术分析，以便大家掌握如何选择合适的自动重合闸装置。

对于双电源自动重合闸有多种方式，应结合实际情况正确选用。

另外，重合闸与继电保护应有效地配合，以加速切除故障，提高供电的可靠性。应重点掌握的是重合闸前加速、重合闸后加速这两种配合保护方式的原理、接线以及各自的优、缺点。

思 考 与 实 践

1. 何为瞬时性故障、何为永久性故障？
2. 什么是自动重合闸装置？重合闸有什么作用？
3. 按作用于断路器的方式重合闸可分为哪几类？

4. 对自动重合闸的基本要求有哪些?

5. 双电源线路上实现重合闸需要考虑哪两个问题?

6. 试述重合闸动作时限的选择原则。

7. 双电源线路上发生瞬时性接地故障时，说明检查无电压和检查同期三相一次自动重合闸的动作过程。

8. 什么是前加速保护方式?

9. 什么是后加速保护方式?

10. 比较重合闸前加速和后加速的优、缺点。

第7章 线路微机保护装置及测试

为保证线路安全运行，对不同电压等级的线路，应按照《继电保护和安全自动装置技术规程》(GB/T 14285—2006) 规定分别配置符合要求的保护装置。使其符合可靠性、选择性、灵敏性和速动性的要求。

电力系统继电保护和电网安全自动装置及其二次回路接线，必须按照《继电保护和电网安全自动装置检验规程》(DL/T 995—2016) 要求进行检验检测，确保处于健康运行状态。

本章主要学习各类电压等级线路保护配置要求；常用的线路微机保护装置；微机保护校验仪的使用；微机保护装置的校验等内容。

本章的学习目标：

掌握线路保护的配置要求；

熟练掌握微机保护校验仪的使用；

了解 RCS-9611C、RCS-943 型微机保护的结构原理；

熟悉微机保护的通用调试检验；

熟悉线路微机保护主要功能的调试检验。

7.1 线路保护的配置

7.1.1 35kV(10kV) 线路保护配置

根据 10kV、20kV、35 (66) kV 线路所在电力网接地方式特点，按照《继电保护和安全自动装置技术规程》(GB/T 14285—2006) 规定分别配置符合要求的保护装置。

1. 10kV 线路保护典型配置

按照 10kV 线路的电源结构分为单侧电源线路、双侧电源线路、环形网络的线路三种。单侧电源线路、双侧电源线路是普遍的，根据《继电保护和安全自动装置技术规程》(GB/T 14285—2006) “3kV～10kV 不宜出现环形网络的运行方式，应开环运行。当必须以环形方式运行时，为简化保护，可采用故障时将环网自动解列而后恢复的方法，对于不宜解列的线路，按双侧电源线路的规定。”

(1) 单侧电源线路保护配置。

1) 反应相间短路的阶段式电流保护，可以是三段式或者两段式电流保护，三段式电流保护包括不带时限的电流速断保护，即无时限电流速断保护，又称瞬时电流速断保护、带短时限的电流速断保护即限时电流速断保护和过电流保护。

当过电流保护的时限为不大于 0.5～0.7s，并没有保护配合上的要求时，可不装设电流速断保护；自重要的变配电所引出的线路应装设瞬时电流速断保护。当瞬时电流速断保护不能满足选择性要求时，应装设带短时限的电流速断保护，过电流保护可采用定时限或反时限特性。

2) 反应接地故障的保护，包括可动作于跳闸的阶段式零序电流保护、动作于信号的监视装置等。

对于中性点非有效接地电力网，在发电厂和变电站母线上应采用单相接地监视装置；线路上，宜采用有选择性的零序电流保护或零序功率方向保护，保护动作于跳闸。

对于中性点经低电阻接地电力网，应装设二段零序电流保护，第一段为零序电流速断保护，时限宜与相间速断保护相同，第二段为零序过电流保护，时限宜与相间过电流保护相同。若零序时限速断保护不能保证选择性需要时，也可以配置两套零序过电流保护。

3）带时限动作于信号的过负荷保护。保护宜带时限动作于信号，必要时可动作于跳闸。

4）其他保护。自动重合闸、低周/低频减载等系统稳定功能的保护。

保护配置如图 7-1 所示。

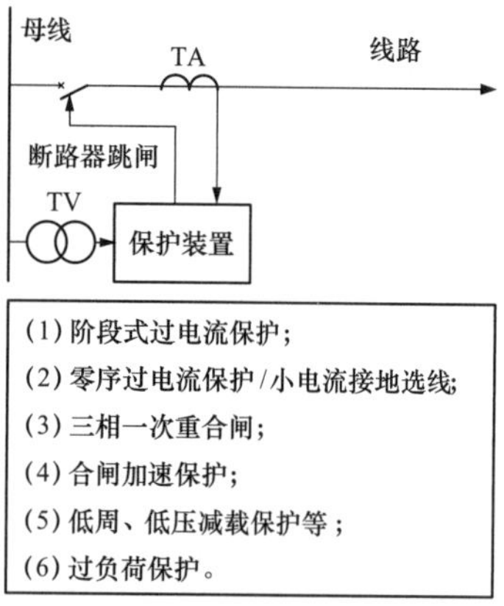
母线
TA
线路
断路器跳闸
TV
保护装置
(1) 阶段式过电流保护；
(2) 零序过电流保护/小电流接地选线；
(3) 三相一次重合闸；
(4) 合闸加速保护；
(5) 低周、低压减载保护等；
(6) 过负荷保护。

图 7-1　单侧电源线路保护配置图

（2）双侧电源线路保护配置。

1）可装设带方向或不带方向的电流速断保护和过电流保护。

2）短线路、电缆线路、并联连接的电缆线路宜采用光纤电流差动保护作为主保护，带方向或不带方向的电流保护作为后备保护。

3）并列运行的平行线路尽可能不并列运行，当必须并列运行时，应配以光纤电流差动保护，带方向或不带方向的电流保护作后备保护。

保护配置如图 7-2 所示。

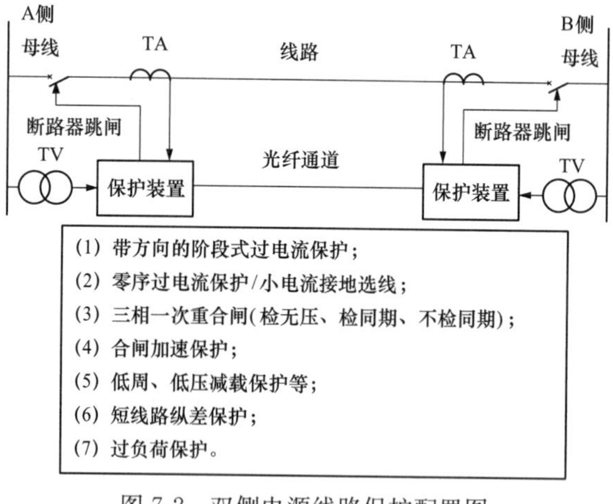

图 7-2　双侧电源线路保护配置图

2. 20kV 线路保护典型配置

根据《继电保护和安全自动装置技术规程》（GB/T 14285—2006）无论是单电源辐射形电网，还是双电源及单电源环网，均配置如下保护：

（1）三相式相间短路的阶段式（方向）电流保护。

（2）动作于跳闸的阶段式（方向）零序电流保护。

（3）过负荷保护。

当相间短路的阶段式电流保护灵敏度不能满足要求时，可以添加低电压或者复合电压闭锁元件。对于较短的主要线路可以采用短线路差动保护，配置可参考图 7-2。

3. 35（66）kV 线路保护典型配置

35（66）kV 中性点非有效接地电力网的线路保护，根据《继电保护和安全自动装置技术规程》（GB/T 14285—2006）主要装设相间短路保护和单相接地保护。

（1）单侧电源线路。

1）一段或两段式电流速断保护和过电流保护（复合电压闭锁元件）。

2）零序电流保护/单相接地监视装置。

3）动作于信号的过负荷保护。

保护装置具体功能如图 7-3 所示。

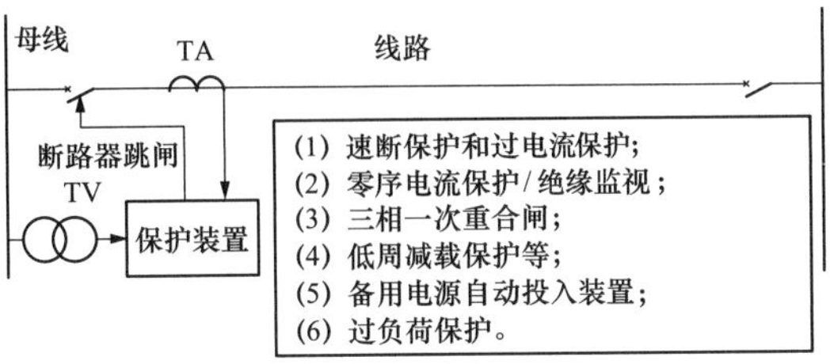

图 7-3　35（66）kV 单侧电源线路基本保护配置

（2）复杂网络的单回线路。

1）一段或两段式（方向）电流速断保护和过电流保护（复合电压闭锁元件）。

2）阶段式距离保护。

3）动作于信号的过负荷保护。

保护装置具体功能如图 7-4 所示。

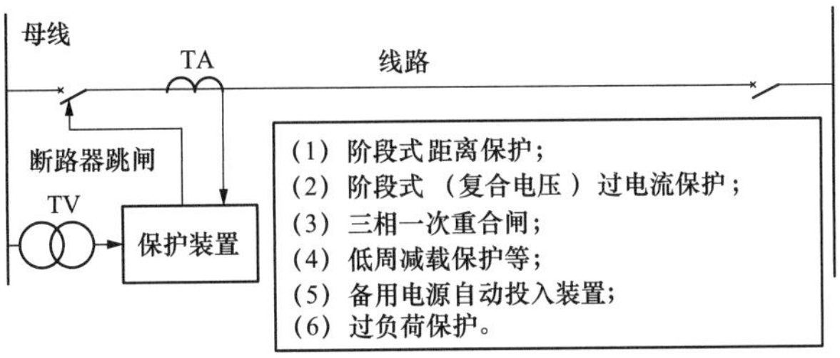

图 7-4　复杂网络的单回线路保护配置

（3）双电源线路。35（66）kV 级输电线路一般配置阶段式距离保护与过电流保护的后备保护，对于特别重要线路，可以配置全线速动的纵联距离保护或光纤差动保护。

保护装置具体功能如图 7-5 所示。

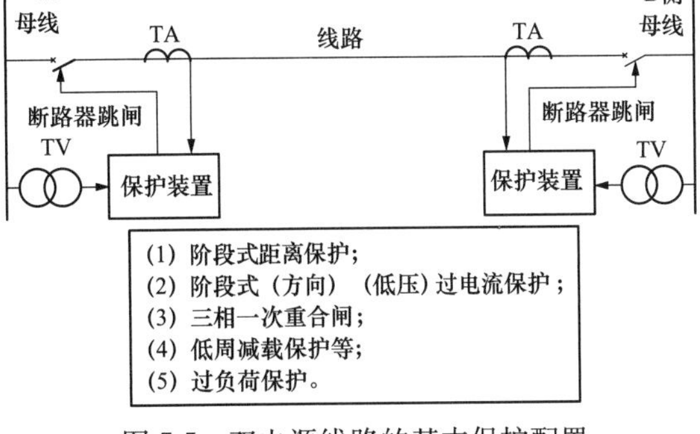

图 7-5　双电源线路的基本保护配置

7.1.2　110kV 线路保护配置

1. 110kV 线路保护典型配置

根据《继电保护和安全自动装置技术规程》（GB/T 14285—2006）和《电力装置的继电保护和自动装置设计规范》（GB/T 50062—2008），110kV 线路保护可以配置下列保护：

（1）阶段式电流保护。

（2）阶段式距离保护。

（3）阶段式零序保护。

（4）全线速动保护。

实际应用过程中，阶段式电流保护基本上不能满足要求，而广泛采用阶段式距离保护、阶段式零序保护，对于特别重要的线路配置全线速动保护。

2. 单侧电源线路典型配置

（1）三段相间和接地距离保护。

（2）三段或四段零序方向过电流保护。

（3）低周减载保护。

（4）三相一次重合闸。

（5）过负荷告警。

保护配置如图 7-6 所示。

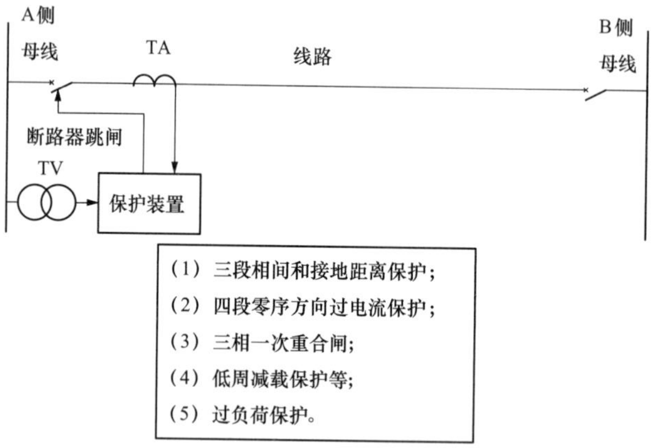

图 7-6　110kV 单侧电源线路典型保护配置

虽然规程规定 110kV 线路可以采用阶段式电流保护，但是由于线路较长、负荷较大。阶段式电流保护各段灵敏度均不能满足要求，而距离保护具有稳定的保护范围与灵敏度，且受负荷影响小的优点，因而成为 110kV 线路的主要保护。

110kV 系统为中性点直接接地电网，接地短路保护主要为阶段式零序保护和接地距离保护。

线路为单电源线路，保护仅装在电源侧。

3. 双侧电源线路典型配置

（1）三段相间和接地距离保护。

（2）三段或四段零序方向过电流保护。

（3）全线速动保护。

（4）低周减载保护。
（5）三相一次重合闸。
（6）过负荷告警。
配置如图 7-7 所示。

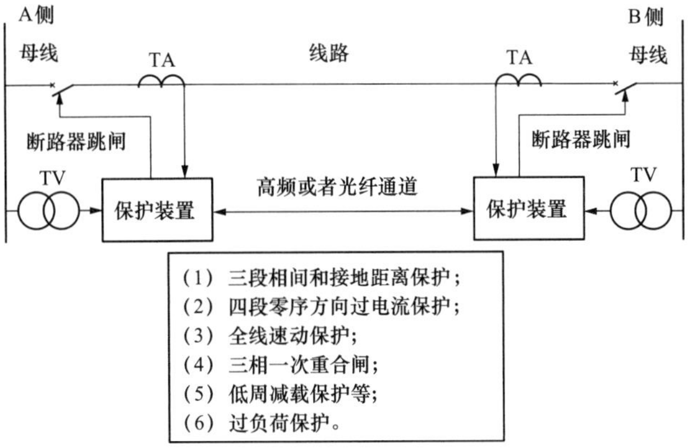

图 7-7　110kV 双侧电源线路典型保护配置

对于双电源线路，当电力系统提出稳定性要求时，将采用全线速动保护，否则采用阶段式距离保护和零序保护作为主保护，后备保护采用远后备。

7.1.3　220kV 线路保护配置

《继电保护和安全自动装置技术规程》（GB/T 14285—2006）规定：“对 220kV 线路，为了有选择性的快速切除故障，防止电网事故扩大，保证电网安全、优质、经济运行，一般情况下，应按下列要求装设两套全线速动保护，在旁路断路器代线路运行时，至少应保留一套全线速动保护运行。”对于保护功能的规定是：“220kV 线路保护应按加强主保护简化后备保护的基本原则配置和整定。”按照断路器接线方式不同，分别进行配置。

对于 220kV 及以上电压等级单断路器接线方式的输电线路，要求配置全线速动主保护以及完备的后备保护，线路保护为双重化配置；对于较长的重要线路，为防止过电压，线路两侧可考虑配置过电压保护装置；每个断路器配置一个操作箱，完成保护的跳合闸操作。

对于具备光纤通道条件的线路，两套主保护中推荐必选一套差动保护；对于具有不同路由光纤通道条件，推荐选用差动保护与纵联距离保护配合的配置方案。如图 7-8 所示。

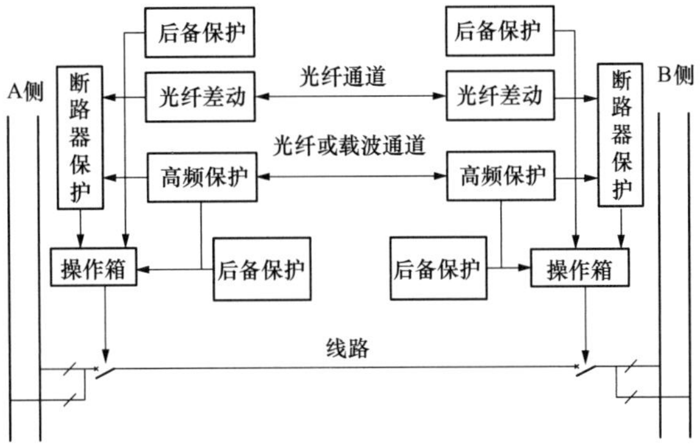

图 7-8　220kV 单断路器接线方式保护配置

保护双重化配置要求：交流采样回路、直流电源回路两套保护应相互独立，任意一套保护或回路损坏不影响另一套保护及其相关回路，两套保护装置的主保护应采用不同原理，一套采用纵联差动，另一套应采用纵联距离，两种原理互为冗余，以构成完善的线路主保护。断路器辅助保护与线路保护应分别配置，功能划分明确，合理分配于线路保护和辅助保护中，配置简洁，功能安全可靠。

具体配置为：

线路主保护双重化：一套为光纤纵差保护，另一套为高频距离保护或者高频方向保护。

后备保护：每套主保护分别采用三段式距离保护和阶段式零序保护为后备保护。

辅助保护：断路器保护按照断路器配置，功能包括重合闸、失灵保护、三相不一致保护、过电流保护等。

根据保护配置情况，每个断路器配置一个操作箱，完成线路及辅助保护的跳合闸出口。

根据单回线、同杆并架双回线、串补电容线路、单通道、双通道等系统情况可具体选择不同的保护装置型号。

不同厂家的纵联方向保护装置工作原理大同小异，国内主要厂家的纵联方向保护、纵联距离保护、纵联差动保护装置型号见表 7-1～表 7-3。

表 7-1　纵联方向保护装置主保护与后备保护功能表

保护类型	RCS901(LFP901)	CSL102B	PSL601A	WXH-801A/B
全线速动主保护	纵联变化量方向 纵联零序方向	纵联突变量方向 纵联距离方向 纵联零序方向	能量积分方向 阻抗方向 零序方向	纵联距离方向 纵联零序方向
快速独立主保护	工频变化量阻抗	无	工频变化量阻抗	无
相间距离保护	三段式	三段式	三段式	三段式
接地距离保护	三段式	三段式	三段式	三段式
零序保护	两段零序	四段零序	四段零序	四段零序
重合闸	自动重合闸	自动重合闸	自动重合闸	自动重合闸

表 7-2　纵联距离保护装置主保护与后备保护功能表

保护类型	RCS902(LFP902)	CSL101B	PSL602G	WXH-802A/B
全线速动主保护	纵联变化量方向 纵联零序方向	纵联距离	纵联距离 纵联零序	纵联距离
快速独立主保护	工频变化量阻抗	工频变化量阻抗	波形比较法快速距离保护	无
相间距离保护	三段式	三段式	三段式	三段式
接地距离保护	三段式	三段式	三段式	三段式
零序保护	两段零序	四段零序	四段零序	四段零序
重合闸	自动重合闸	自动重合闸	自动重合闸	自动重合闸

表 7-3　纵联差动保护装置主保护与后备保护功能表

保护类型	RCS931	CSL103B	PSL603G	WXH-803A/B
全线速动主保护	纵联分相差动 纵联零序差动	纵联电流差动	纵联分相差动 纵联零序差动	纵联电流差动 纵联零序差动
快速独立主保护	工频变化量阻抗	无	波形比较法快速距离保护	无
相间距离保护	三段式	三段式	三段式	三段式

续表

保护类型	RCS931	CSL103B	PSL603G	WXH-803A/B
接地距离保护	三段式	三段式	三段式	三段式
零序保护	两段零序	四段零序	四段零序	四段零序
重合闸	自动重合闸	自动重合闸	自动重合闸	自动重合闸

对于 220kV 单断路器接线方式保护均配置重合闸功能，220kV 双断路器 3/2 接线方式保护装置不配置重合闸。

7.2　微机继电保护测试仪

微机继电保护测试仪也称为微机继电保护校验仪，是保证电力系统继电保护与自动装置安全可靠运行的一种重要测试工具。可对各类型电压、电流、频率、功率、阻抗、谐波、差动的继电器等分别以手动或自动方式进行测试，可以模拟各种故障类型进行距离、零序保护装置定值校验及保护装置的整组实验，可测试高压线路保护（单、双端测试）、自动重合闸、中间继电器、同步继电器、过励磁保护、反时限正负序过电流保护、定时限正负序过电流保护、复压闭锁过电流保护、频率及低周减载保护、逆功率保护、失步保护、定子接地保护、负序零序及相间功率保护、故障回放等。

这里主要是对北京博电 PW 微机继电保护测试仪的原理和使用方法进行介绍，其他的继电保护测试仪的原理和使用方法类似。

7.2.1　微机继电保护简单介绍

1. 面板说明

现以继电保护 PW 测试仪为例，对测试仪软硬件简要介绍。

PW 测试仪面板如图 7-9 所示。

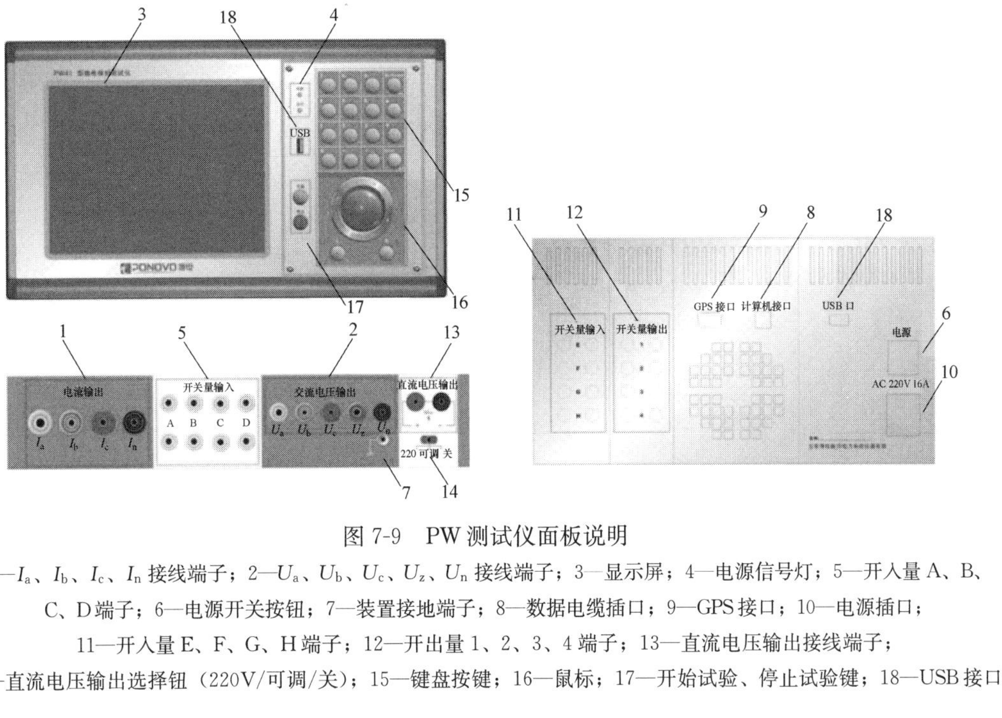

图 7-9　PW 测试仪面板说明

1—I_a、I_b、I_c、I_n 接线端子；2—U_a、U_b、U_c、U_z、U_n 接线端子；3—显示屏；4—电源信号灯；5—开入量 A、B、C、D端子；6—电源开关按钮；7—装置接地端子；8—数据电缆插口；9—GPS接口；10—电源插口；11—开入量 E、F、G、H端子；12—开出量 1、2、3、4 端子；13—直流电压输出接线端子；14—直流电压输出选择钮（220V/可调/关）；15—键盘按键；16—鼠标；17—开始试验、停止试验键；18—USB接口

2. 工具条中常用按钮视窗介绍

工具条中常用按钮视窗介绍见表 7-4。

表 7-4　测试仪常用按钮视窗

序号	按钮	功能	功能释义
1		测试窗	设置试验参数、定义保护特性、添加测试项目
2		试验开始按钮	用于开始试验
3		矢量图	显示输出状态或设定值的矢量。电压矢量有△和Y两种表达
4		波形监视	实时显示测试仪输出端口输出值的波形，对输出波形进行监视
5	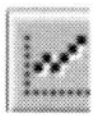	历史状态	实时记录电压、电流值随时间变化的曲线及保护装置的动作情况
6	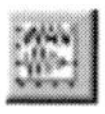	录波	从测试仪中读取其在试验中采样的电压、电流值及开关量的状态，实现对输出值的录波和试验分析
7		试验结果列表	记录试验结果。对要保存在报告里的试验数据进行筛选和评估设置
8		试验报告	打开试验报告
9		功率窗	显示三相电压、电流、功率及功率因数。用于表计校验
10		停止试验按钮	用于正常结束试验或中途强行停止
11		序分量	显示电压、电流的正序、负序和零序分量
12		详细列表	显示四相电压、三相电流的各通道输出值的基波和谐波的幅值、相位及频率
13		保存按钮	保存试验参数按钮
14		同步指示器	显示系统和待并侧两个电压的相位变化情况
15	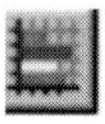	坐标设置	可以对坐标轴图形中的参数进行颜色设置，以便图形更清晰

7.2.2　测试流程步骤

每个测试模块基本分为六个步骤：

（1）定义保护特性参数。

（2）定义测试方法，包括变量、变化范围、所测故障类型等试验参数，添加测试项目。

（3）对照硬件配置编辑接线图。

（4）定制所需的测试报告。

（5）在现场打开参数文件，启动执行程序。不需干预，实现轻松自如的现场测试工作。

（6）生成您所满意的测试报告，然后打印、归档。

在上述六个测试步骤中，前四个步骤都可在办公室或家中由保护工程师认真完成，以保证了测试计划和方案的准确性。到现场只需按软件界面中给定的接线图进行接线，然后启动执行程序即可获得您所需的测试结果和测试报告，保证了极少的现场工作量。可避免因现场头绪多，可能出现的紧急情况下，保护工程师无法保持清晰思路而可能造成测试项目的遗漏、测试方法错误而导致的测试结果不正确的出现。同时，对于时间紧迫、任务重的网络停电后所进行的继保装置的检测有着无可比拟的优势。

7.2.3　测试仪实际测试步骤

1. 测试模块选择

点击打开 PW(A) 软件的测试模块选择窗口（见图 7-10）。根据测试项目选择对应的测试模块，并进入选中的测试模块中，如图 7-11 所示。（以线路保护定值校验为例）

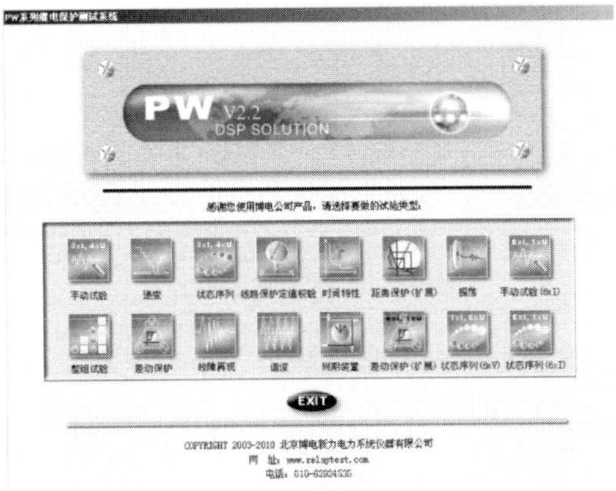

图 7-10　测试模块选择窗口

2. 试验接线

根据测试项目的要求，将测试仪的电流、电压输出端及开入、开出量端口与保护装置的电流、电压及动作接点的端子相连接，如图 7-12 所示。

（1）测试仪的三相电压、三相电流输出分别接到被测保护装置的电压、电流输入端子。

（2）测试仪的开入量 A、B、C 的一端接到被测保护装置的跳闸出口接点 CKJA、CKJB、CKJC 上，另一端短接并接到保护跳闸的正电源。

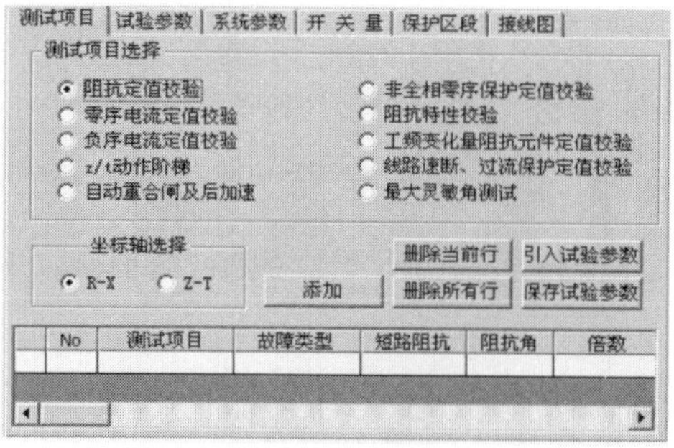

图 7-11　选中的测试模块

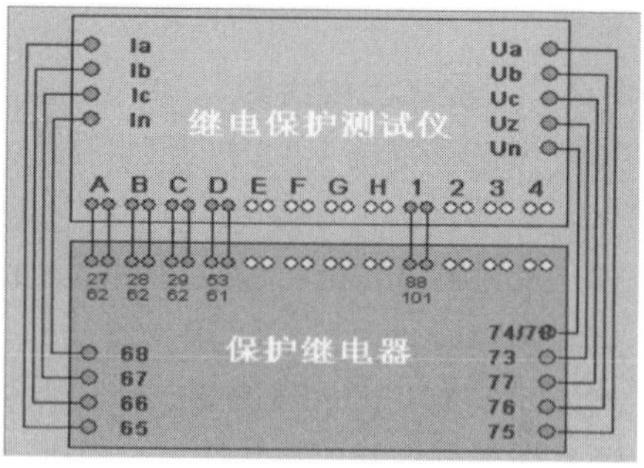

图 7-12　试验接线

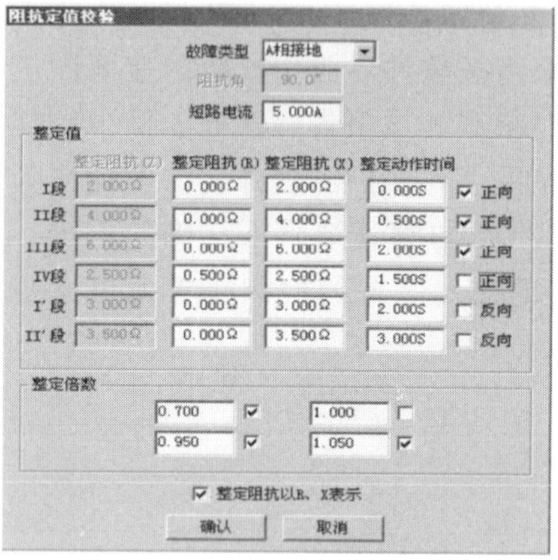

图 7-13　添加测试项

测试仪的开出量接入保护装置的高频启动的接点上或位置继电器的接点上。

3. 添加测试项

点击 添加 按钮，在弹出的属性页对话框中依据定值要求设置试验参数，如图 7-13 所示。

此外，在添加某些测试点时（如差动保护测试），可在“测试项目”属性页图形上单击鼠标左键选择要添加的测试点，再右键弹出对话框点击“添加测试点”即可。然后在图 7-13 中点击 确认 ，就将测试参数添加到测试项目列表中，如图 7-14 所示。

	No	测试项目	故障类型	短路阻抗	阻抗角	倍数
✔	5	阻抗定值	A相接地	3.800Ω	90.0°	0.950
✔	6	阻抗定值	A相接地	4.200Ω	90.0°	1.050
✔	7	阻抗定值	A相接地	4.200Ω	90.0°	0.700
✔	8	阻抗定值	A相接地	5.700Ω	90.0°	0.950
✔	9	阻抗定值	A相接地	6.300Ω	90.0°	1.050
✔	10	零序定值	A相接地	1.000Ω	90.0°	0.950
✔	11	零序定值	A相接地	1.000Ω	90.0°	1.050
✔	12	零序定值	A相接地	1.000Ω	90.0°	0.950

图 7-14　测试项目列表

可一次完成所有测试项目的添加并进行测试，也可选择其中某一项目进行测试（如只做距离，或只做零序定值校验）。将鼠标移到测试项目列表中，单击鼠标右键☑表示选中即要做的项目，☐为不做的试验。如图 7-14 第一列。

4. 试验参数设置

根据保护装置测试项目的实际情况设定试验参数，如时间、故障触发方式、直流电压等一些必须设定的试验参数，如图 7-15 所示。这些参数可能是定值单中没有的，但在试验过程中参数设定的正确与否直接影响到保护的测试结果。

5. 系统参数设置

系统参数属性页（见图 7-16）中的参数在定值单或保护装置说明书及其二次回路中有明确的规定。但“防接点抖动时间”是用来提供给测试仪确认保护的动作与否的，保护装置动作其接点闭合（或打开）状态的时间大于设置的防抖动时间时，测试仪才确认为开入量翻转即保护动作，否则，确认保护不动作。

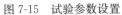

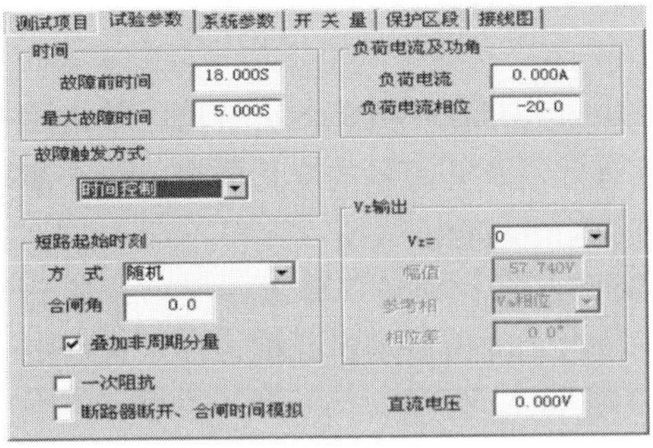

图 7-15　试验参数设置

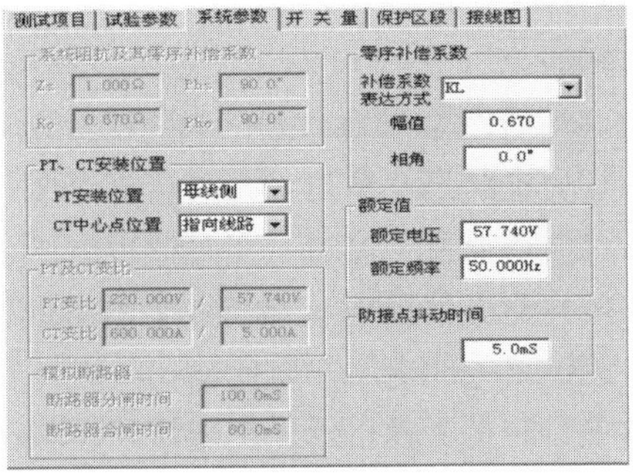

图 7-16　系统参数设置

6. 开关量设置

针对保护装置的不同测试项目的要求，在开关量设置上也有不同。

对于元件保护，其开入量选择 A、B、C、D、E、F、G、H 中的任何一个即可，若开入量的逻辑关系选择为“逻辑或”，则八个开入量中只要有一个开入量翻转，测试仪就进入下一试验状态（如果设定了触发延后时，那么测试仪要到触发延时结束时刻，才关闭输出）。若开入量的逻辑关系选择为“逻辑与”，则八个开入量中必须是所有的开入量都翻转时测试仪才进入下一试验状态（如果设定了触发延后时，那么测试仪要到触发延时结束），如图 7-17 所示。

对于线路保护，因为保护装置的重合闸设置有综重方式（分相跳闸）和三重方式（三相跳闸），使得开入量的选择必须跟重合闸方式相对应。如果保护是三重方式，开入量 A、B、C 亦需设成三跳方式，保护跳闸出口接点连接到 A、B、C 任何一个开入端均可，重合闸接点接在 D 上。如果保护是综重方式，开入量 A、B、C 要与保护跳闸出口接点对应的跳 A、跳 B、跳 C 相连接，重合闸接点接在 D 上，三跳接点接在第二组保护的 E 上，如图 7-18 所示。

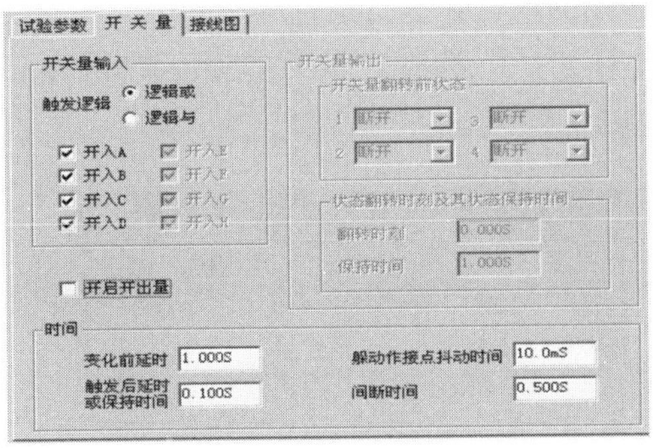

图 7-17　开关量设置

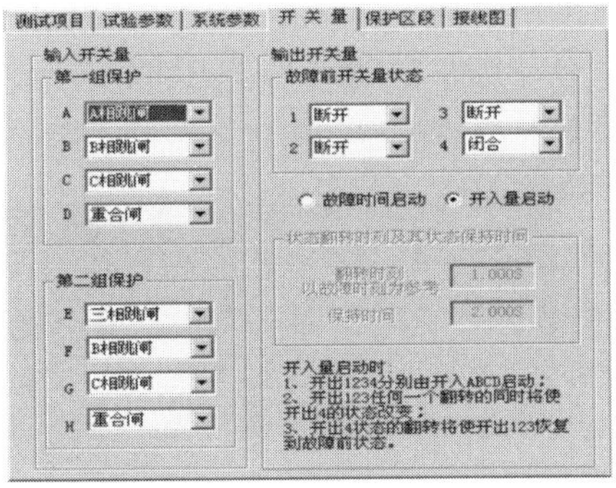

图 7-18　重合闸设置

开出量的设置要根据保护装置的测试要求而定。如测试有高频保护的高压线路微机保护装置时，将开出量接入高频信号接点，用开出量的闭合（输出）时间模拟高频信号的接收时间，当开出量的闭合时间结束时，高频保护启动并跳闸。如图 7-18 所示。

7. 开始试验

(1) 单击按钮开始试验。测试仪将按测试项目列表的顺序模拟所设置的各种故障进行输出。

(2) 单击按钮打开“矢量图”窗口，实时监视电压、电流的有效值；单击按钮打开“历史状态”窗口，实时监视电压、电流有效值及开关量的变化曲线；单击按钮打开“波形监视”窗口，实时监视电压、电流的输出波形。

(3) 测试仪随时记录保护动作值及动作时间。每一项目（如零序保护）试验完成后，测试仪关闭电压、电流输出，在计算机窗口自动弹出提示对话框，提示进行下一个测试项目时是否投、退保护连接片。如图 7-19 所示。

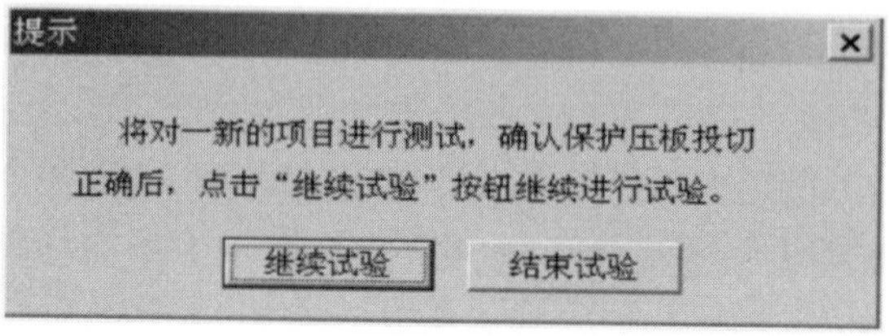

图 7-19 开始试验

(4) 投、退完保护连接片后，单击“继续试验”按钮继续进行测试项目列表中下一个的试验。

(5) 完成测试项目列表中的所有试验项目后测试仪自动结束试验。在试验结束时点击按钮打开“录波图”窗口，测试仪可以对刚做完试验的电压、电流的输出波形进行录波回采，并将波形显示在计算机窗口中，以便于对保护装置的动作情况进行分析。

(6) 试验中需要停止输出时，用鼠标点击按钮停止试验。测试完成后点击按钮，打开“试验结果”列表查看试验结果，如图 7-20 所示。对需要保存在报告里的试验数据进行筛选和评估设置。方法是把鼠标置于该表中，单击鼠标右键，弹出对话框，如图 7-21 所示。在对话框里单击所要选择的项目，进行报告测试结果的留存。还可以在“试验结果”列表中的第一列进行打“√”选择。被打“√”的留存在报告中。

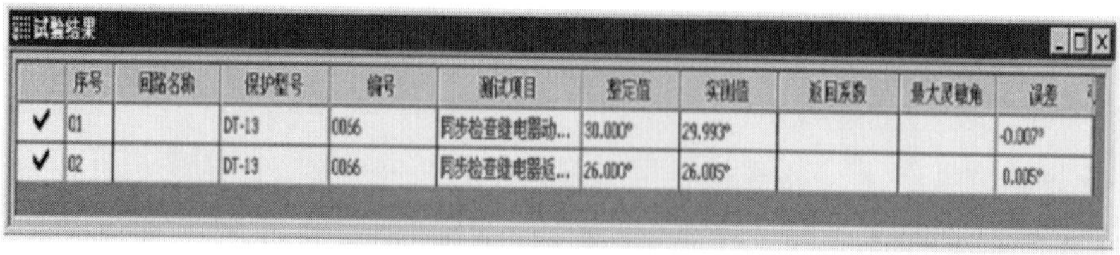
试验结果

	序号	回路名称	保护型号	编号	测试项目	整定值	实测值	返回系数	最大灵敏角	误差
✔	01		DT-13	0056	同步检查继电器动...	30.000°	29.993°			-0.007°
✔	02		DT-13	0056	同步检查继电器返...	26.000°	26.005°			0.005°

图 7-20 列表查看试验结果

8. 保存试验参数

在“文件”中选择“试验参数另存为”按钮或在工具栏中单击按钮或在“试验项目”属性页中点击保存试验参数，出现图 7-22 所示对话框，在对话框中输入路径及文件名，单击保存(S)按钮保存试验参数，以便下次试验时直接引用。

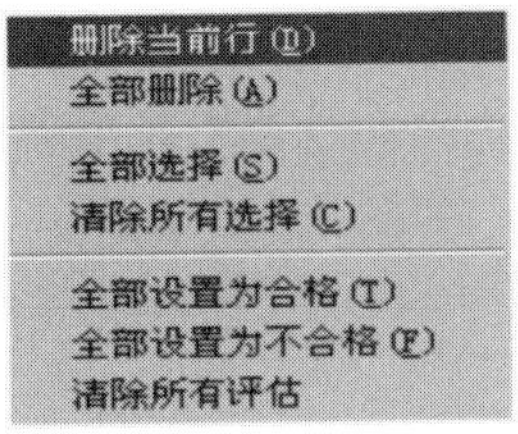

图 7-21　报告测试结果的留存

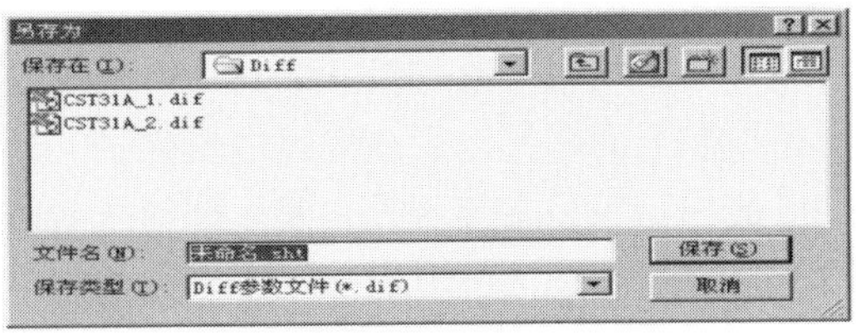

图 7-22　保存试验参数

7.3　RCS-9611C 型线路微机保护装置

7.3.1　保护基本配置

RCS-9611C 型用作 110kV 以下电压等级的非直接接地系统或小电阻接地系统中的线路的保护及测控装置，可组屏安装，也可在开关柜就地安装。图 7-23 所示为保护外形图。

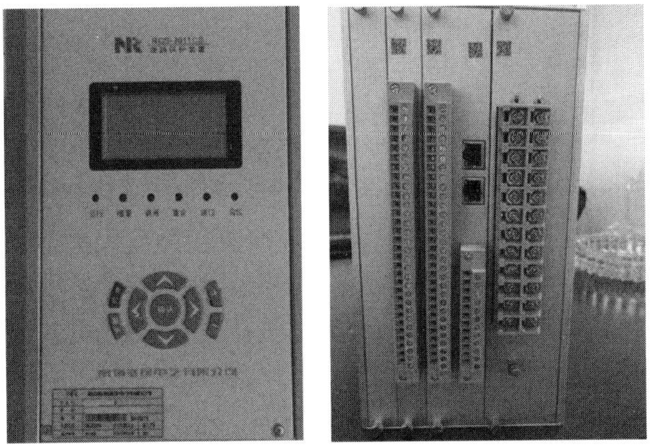

(a)　　　(b)

图 7-23　RCS-9611C 保护外形图

(a) 正面图；(b) 背面图

保护主要配置有三段可经复压和方向闭锁的过电流保护、三段零序过电流保护、过电流加速保护和零序加速保护（零序电流可自产也可外加）、过负荷功能（报警或者跳闸）、低频减载功能、三相一次重合闸（大电流跳闸闭锁重合闸）。

7.3.2　保护原理简介

1. 过电流保护

本装置设三段过电流保护，各段有独立的电流定值和时间定值以及控制字。各段可通过控制字独立选择是否经复压或方向闭锁。

复压元件：由负序电压（按相电压整定）或低电压（按线电压整定）启动。

方向元件：采用 90°接线方式，灵敏角为 45°。方向元件和电流元件接成按相启动方式。方向元件带有记忆功能，可消除近处三相短路时方向元件的死区。

在母线 TV 断线时可通过控制字“TV 断线退电流保护”选择此时是退出该电流保护的复压闭锁和方向闭锁以变成纯过电流保护，还是将该电流保护直接退出。注意此处所指的“电流保护”是指那些投了复压闭锁或者方向闭锁的电流保护段。既没有投复压闭锁也没有投方向闭锁的电流保护段不受此控制字影响。

过电流Ⅰ段和过电流Ⅱ段固定为定时限保护；过电流Ⅲ段可以经控制字选择是定时限还是反时限，反时限特性采用一般反时限，即

$$t=\frac{0.14t_p}{(I/I_p)^{0.02}-1} \tag{7-1}$$

式中 I——通入的故障电流；

t——计算的动作时间；

I_p——电流基准值；

t_p——时间常数，取过电流Ⅲ段时间。

2. 零序保护（接地保护）

当装置用于不接地或小电流接地系统，接地故障时的零序电流很小时，可以用接地试跳的功能来隔离故障。这种情况要求零序电流由外部专用的零序 TA 引入，不能够用软件自产。

当装置用于小电阻接地系统，接地零序电流相对较大时，可以用直接跳闸方法来隔离故障。相应的，本装置提供了三段零序过电流保护，其中零序Ⅰ段和零序Ⅱ段固定为定时限保护，零序Ⅲ段可经控制字选择是定时限还是反时限，反时限特性的选择同上述过电流Ⅲ段。

零序Ⅲ段可经控制字选择是跳闸还是报警。

当零序电流作跳闸和报警用时，其既可以由外部专用的零序 TA 引入，也可用软件自产（系统定值中有“零序电流自产”控制字）。

3. 过负荷保护

装置设一段独立的过负荷保护，过负荷保护可以经控制字选择是报警还是跳闸。过负荷出口跳闸后闭锁重合闸。

4. 加速保护

装置设一段过电流加速保护和一段零序加速保护。

重合闸加速可选择是重合闸前加速还是重合闸后加速。若选择前加速则在重合闸动作之前投入；若选择后加速，则在重合闸动作后投入 3s。手合加速在手合时固定投入 3s。

5. 低周保护

装置配有两段低周保护，两段低周共用一套“低周保护低频定值”“低周保护低压闭锁定值”“低周电流闭锁定值”。电压闭锁、电流闭锁功能均可投退。

装置设“DF/DT 闭锁定值”，其中Ⅰ段固定经频率滑差闭锁，Ⅱ段（后备）固定不经频率滑差（DFDT 闭锁）是指频率下降超过定值时闭锁低周保护。

在低频保护中，滑差闭锁反应的是单位时间内频率变化率，即 df/dt，当发电机出现低频故障时其频率下降存在一个相对线性过程。当系统发生故障引起频率急剧下降，或系统和 TV 回路故障暂态过程造成电压波形畸变时，导致自动装置频率采样失真时，滑差闭锁元件可防止低频减载保护的误动。同时在自动装置采取多级多轮次动作切除故

障方式时，可以避免越级动作。

低频保护中一般设有几个频率，两个相邻之间的保护定值存在数值和时间的差异，比如说第一个低频点设在 48.5Hz，动作时间是 5s，第二个低频点设在 48Hz，动作时间是 3s。当发电机发生低频故障时，如果频率下降很快，不到 5s 就下降到 48Hz，第一个低频段保护可能就不会动作，而是第二个低频保护动作，这样就会发生越级保护。为避免越级保护动作，可通过滑差系数来调整，确保不越级。

装置提供“投低周减载”硬连接片来投退低周保护。

低周保护动作后闭锁重合闸。

6. 重合闸

装置提供三相两次重合闸功能，其启动方式有不对应启动和保护启动两种。重合闸方式包括不检查、检查线路无电压、检查同期。

重合闸只有在充电完成后才投入，在无放电条件的情况下，线路在合位运行“重合闸充电时间”后充电。下列条件均可给重合闸放电：

1>手跳或者遥跳；2>闭锁重合闸开入；3>控制回路断线；4>低周保护动作；5>过负荷跳闸；6>弹簧未储能开入；7>线路 TV 断线（检查线路无电压或者检查同期投入时）；8>重合闸完成。

装置每轮充电完成，于首次故障跳开后进行第一次重合后。若重合于故障，且故障距上次重合的时间间隔超过“二次重合闭锁时间”定值，则进行第二次重合；否则不进行第二次重合。

两次重合闸的动作时间可独立整定。

7. 装置自检

当装置检测到本身硬件故障，发出装置闭锁信号，同时闭锁装置（BSJ 继电器返回）。硬件故障包括定值出错、RAM 故障、ROM 故障、电源故障、出口回路故障、CPLD 故障。

8. 装置运行告警

当装置检测到下列状况时，发运行异常信号（BJJ 继电器动作）：TWJ 异常、线路电压报警、频率异常、TV 断线、控制回路断线、接地报警、过负荷报警、零序Ⅲ段报警、弹簧未储能、TA 断线。

9. 遥控、遥测、遥信功能

遥控功能主要有三种：正常遥控跳闸、正常遥控合闸、接地选线遥控跳合闸。标准配置仅提供一组遥控输出接点（固定对应本开关），选配方式可额外再提供两组遥控。

遥测量包括 I_{am}、I_{cm}、I_0、U_A、U_B、U_C、U_{AB}、U_{BC}、U_{CA}、U_0、S、P、Q、$\cos\varphi$ 共 14 个模拟量。通过积分计算得出有功电度、无功电度，所有这些量都在当地实时计算，实时累加。电流、电压精度达到 0.2 级，其余精度达到 0.5 级。

遥信量主要有：20 路自定义遥信开入，并有事件顺序记录（SOE）。遥信分辨率小于 1ms。

7.3.3 RCS-9611C 型逻辑框图

RCS-9611C 型逻辑动作框图如图 7-24 所示。

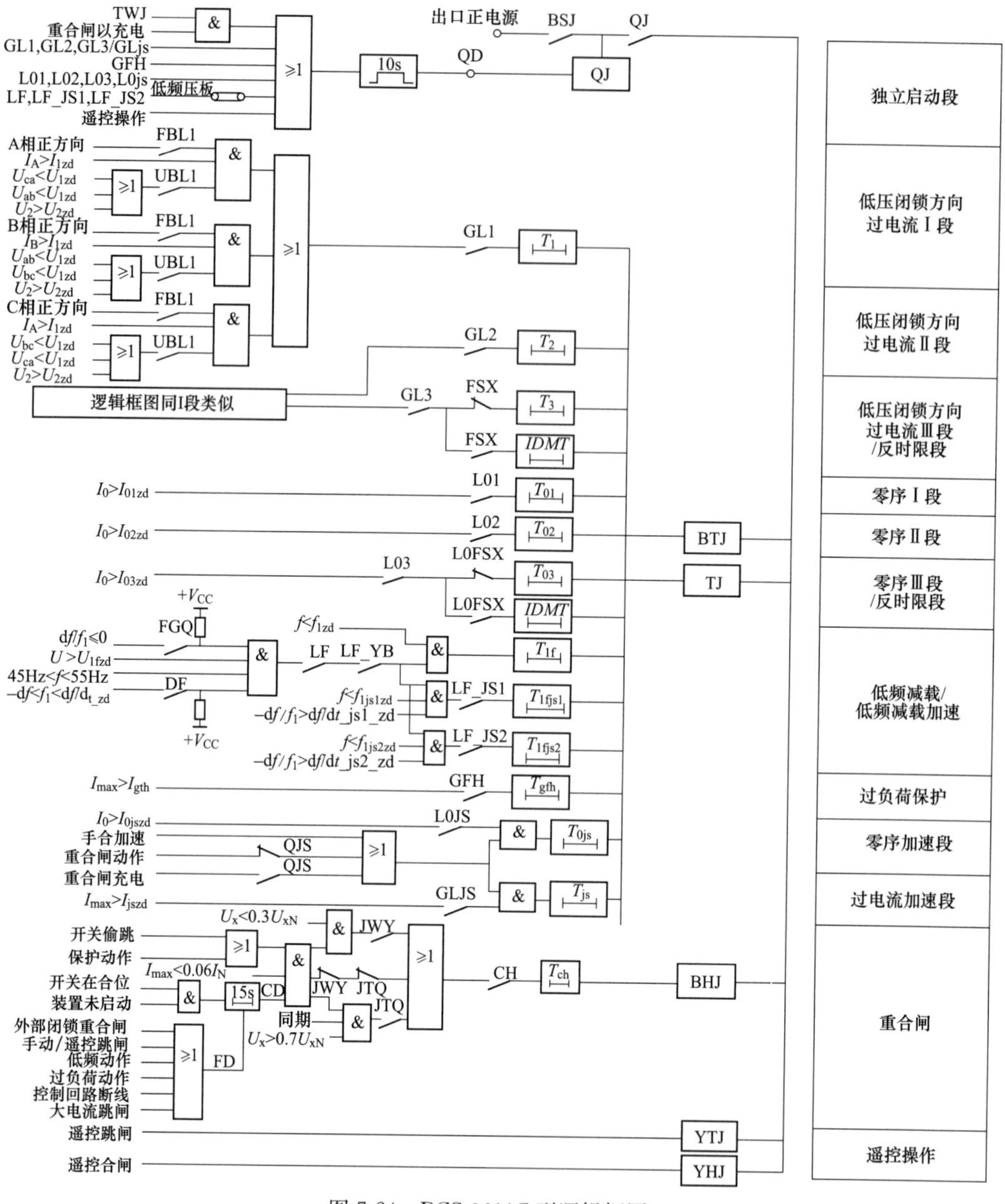

图 7-24　RCS-9611C 型逻辑框图

*7.4　RCS-943 型线路保护装置

本节以 RCS-943 型线路保护屏为例，学习高压（110kV）输配电线路保护装置的构成及检验。

RCS-943 型为由微机实现的数字式输电线路成套快速保护装置，可用作 110kV 输电线路的主保护及后备保护。

装置主要配置有以分相电流差动和零序电流差动为主体的快速主保护，由三段相间和接地距离保护、四段零序方向过电流保护构成的全套后备保护，并具有三相一次重合闸功能、过负荷告警功能。

7.4.1　RCS-943 型线路保护测控装置硬件

图 7-25 是装置的正面面板布置图。

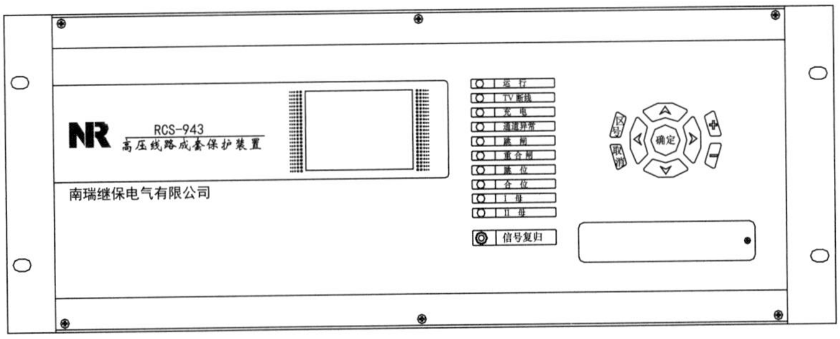

图 7-25　面板布置图

图 7-26 是装置的背面面板布置图。

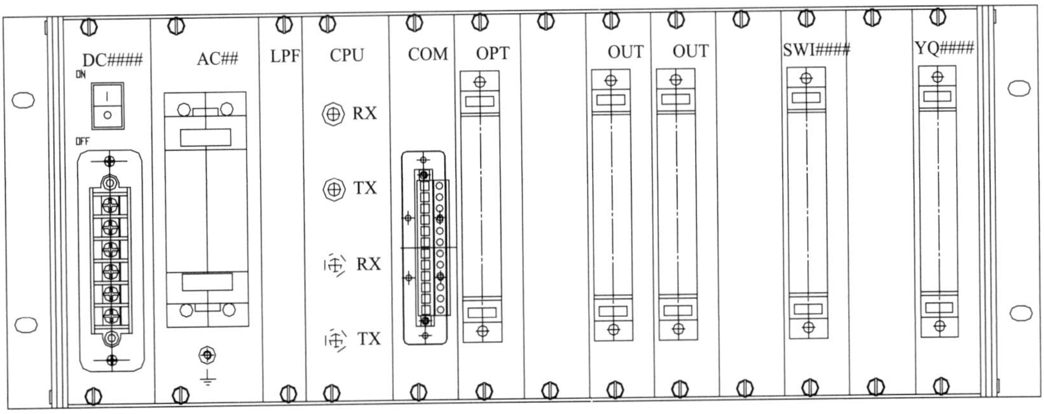

图 7-26　背面面板端子布置图（背视）

RCS-943 型线路保护测控装置组成装置的插件有：电源插件（DC）、交流输入变换插件（AC）、低通滤波插件（LPF）、CPU 插件（CPU）、通信插件（COM）、24V 光耦插件（OPT）、继电器出口插件（OUT）、操作回路插件（SWI）、电压切换插件（YQ）、显示面板（LCD）等。

1. 电源插件（DC）

从装置的背面看，第一个插件为电源插件，如图 7-27（a）所示。

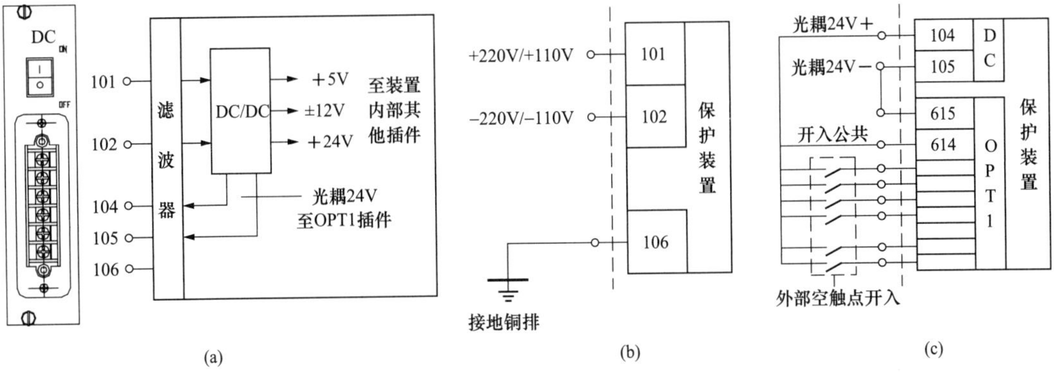

图 7-27　电源插件

保护装置的电源从 101 端子（直流电源 220V/110V＋端）、102 端子（直流电源 220V/110V－端）经抗干扰盒、背板电源开关至内部 DC/DC 转换器，输出＋5、±12、＋24V（继电器电源）给保护装置其他插件供电；另外经 104、105 端子输出一组 24V 光耦电源，其中 104 为光耦 24V＋，105 为光耦 24V－。

输入电源的额定电压有 220V 和 110V 两种，订货时请注明，投运时请检查所提供电源插件的额定输入电压是否与控制电源电压相同，电源输入连接如图 7-27（b）所示。

光耦电源的连接如图 7-27（c），电源插件输出光耦 24V－（105 端子），经外部连线直接接至 OPT 插件的光耦 24V－(615 端子)；输出光耦 24V＋（104 端子）接至屏上开入公共端子；为监视开入 24V 电源是否正常，需从开入公共端子或 104 端子经连线接至 OPT 插件的光耦 24V＋(614 端子)，其他开入的连接详见 OPT 插件。

2. 交流输入变换插件（AC）

交流输入变换插件（AC）与系统接线图如图 7-28 所示。

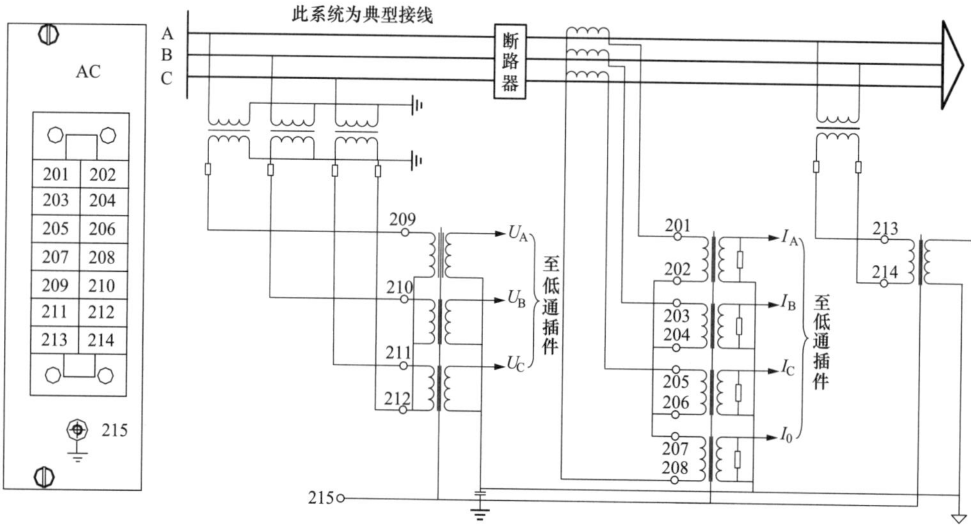

图 7-28 交流输入变换插件与系统接线图

I_A、I_B、I_C、I_0 分别为三相电流和零序电流输入，值得注意的是：虽然保护中零序方向、零序过电流元件均采用自产的零序电流计算，但是零序电流启动元件仍由外部的输入零序电流计算，因此如果零序电流不接，则所有与零序电流相关的保护均不能动作，如纵联零序方向、零序过电流等，电流变换器的线性工作范围为 $30I_N$。

U_A、U_B、U_C 为三相电压输入，额定电压为 $100/\sqrt{3}$V；U_X 为重合闸中检查无电压、检查同期元件用的电压输入，额定电压为 100V 或 $100/\sqrt{3}$V，当输入电压小于 30V 时，检查无电压条件满足，当输入电压大于 40V 时，检查同期中有电压条件满足；如重合闸不投或不检查重合，则该输入电压可以不接。如果重合闸投入且使用检查无电压或检查同期方式（由定值中重合闸方式整定），则装置在正常运行时检查该输入电压是否大于 40V，若小于 40V，经 10s 延时报线路 TV 断线告警，BJJ 继电器动作。正常运行时测量 U_X 与 U_A 之间的相位差，与定值中的固定角度差定值比较，若两者的角度差大于 10°，则经 500ms 报“角差整定异常”告警。

215 端子为装置的接地点，应将该端子接至接地铜排。

交流插件中三相电流和零序电流输入，按额定电流可分为 1、5A 两种，订货时请注明，投运前注意检查。

3. 低通滤波插件（LPF）

如图 7-29 所示，本插件无外部连线，其主要作用是：①滤除高频信号；②电平调整；③为利用本公司的专用试验仪（HELP-90A）测试创造条件。

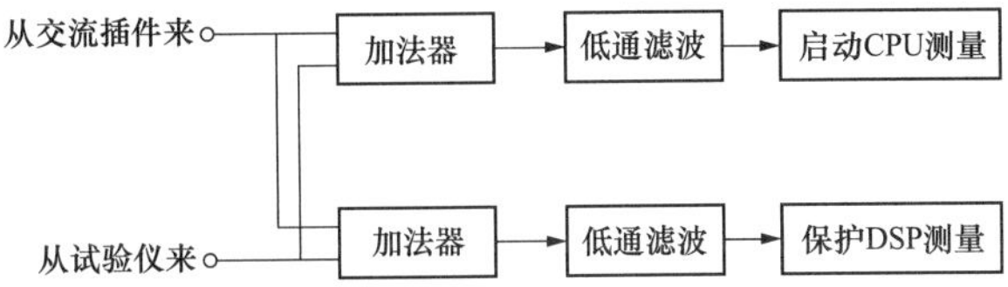

图 7-29　低通滤波原理图

由图 7-29 可见，CPU 与 DSP 采样从有源元件开始就完全独立，因此保证了任一器件损坏不至于引起保护误动。试验输入由装置前面板的 DB15 插座引入。

4. CPU 插件（CPU）

该插件是装置核心部分，由单片机（CPU）和数字信号处理器（DSP）组成，CPU 完成装置的总启动元件和人机界面及后台通信功能，DSP 完成所有的保护算法和逻辑功能。装置采样率为每周波 24 点，在每个采样点对所有保护算法和逻辑进行并行实时计算，使得装置具有很高的固有可靠性及安全性。

启动 CPU 内设总启动元件，启动后开放出口继电器的正电源，同时完成事件记录及打印、保护部分的后台通信及与面板通信；另外还具有完整的故障录波功能，录波格式与 COMTRADE 格式兼容，录波数据可单独从串口输出或打印输出。

CPU 插件还带有光端机，它通过 64KB/s（或 2048kbit/s）高速数据通道（专用光纤或复用 PCM 设备），用同步通信方式与对侧交换电流采样值和信号。

5. 通信插件（COM）

通信插件的功能是完成与监控计算机或 RTU 的连接，有六种型号可选，见表 7-5。

表 7-5　　通信插件与监控计算机或 RTU 的连接

型号	接口 1		接口 2		接口 3		接口 4		接口 5	
	类型	物理层	类型	物理层	类型	物理层	类型	物理层	类型	物理层
5A	RS485	双绞线	RS485	双绞线						
5B	RS485	光纤	RS485	光纤						
5C	以太网	绞线	以太网	绞线	RS485	双绞线				
5D	以太网	10/100M 光纤	以太网	10/100M 光纤	RS485	双绞线				
5E	以太网	绞线	以太网	绞线	以太网	绞线	以太网	绞线	RS485	双绞线
5F	RS485	双绞线	RS485	双绞线	RS485	双绞线	RS485	双绞线		

6. 24V 光耦插件（OPT）

电源插件输出的光耦 24V 电源，其正端（104 端子）应接至屏上开入公共端，其负端（105 端子）应与本板的 24V 光耦负（615 端子）直接相连；另外光耦 24V 正应与本板的 24V 光耦正（614 端子）相连，以便让保护监视光耦开入电源是否正常。

7. 继电器出口插件（OUT1）

本插件提供输出空接点，如图 7-30 所示。

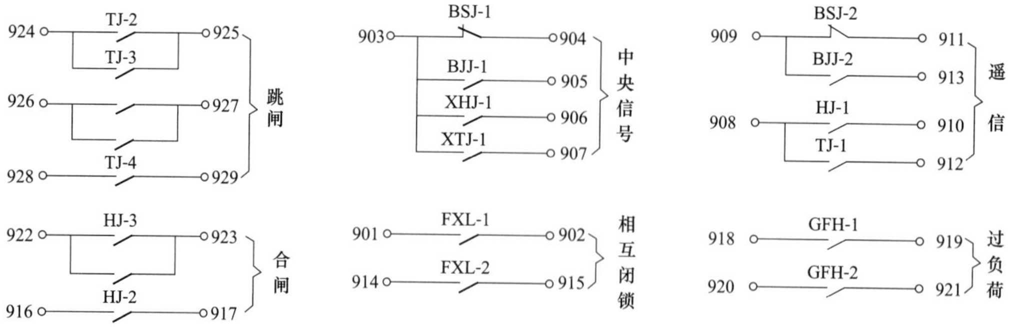

图 7-30　插件接点输出图

BSJ 为装置故障告警继电器，其输出触点 BSJ-1、BSJ-2 均为动断触点，装置退出运行如装置失电、内部故障时均闭合。

BJJ 为装置异常告警继电器，其输出接点 BJJ-1、BJJ-2 为动合触点，装置异常如 TV 断线、TWJ 异常、TA 断线等，仍有保护在运行时，发告警信号，BJJ 继电器动作，触点闭合。

XTJ、XHJ 分别为跳闸和重合闸信号磁保持继电器，保护跳闸时 XTJ 继电器动作并保持，重合闸时 XHJ 继电器动作并保持，需按信号复归按钮或由通信口发远方信号复归命令才返回。

FXL 为双回线的相互闭锁继电器，其输出触点 FXL-1、FXL-2 均为动合触点。当本线路Ⅲ段距离元件动作时触点闭合。

GFH 为过负荷报警继电器，输出触点 GFH-1、GFH-2 均为动合触点。该触点根据现场需要由用户接入外回路告警回路，也可直接接跳闸回路出口跳闸。

TJ、HJ 为跳闸出口触点和重合闸出口触点，均为瞬动触点；用 TJ-2 和 HJ-3 去启动操作回路的跳合线圈，其他供作遥信、故障录波启动、失灵用。如果断路器有两个跳闸线圈，则用 TJ-3 去启动操作回路的第二个跳圈。

8. 继电器出口 1 插件（OUT2）

OUT2 插件输出触点如图 7-31 所示。

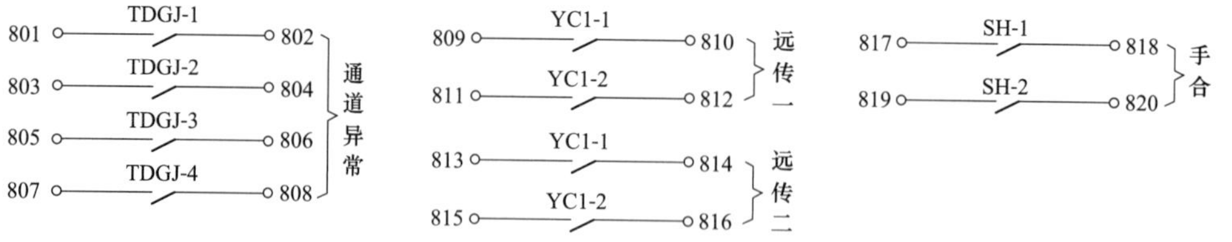

图 7-31　OUT2 插件触点输出图

装置收不到对侧信号，信号传送过程中帧异常，两侧装置与通道相关的定值有误（装置地址、主机方式、专用光纤、通道自环试验等），或者通道误码率过高（大于千分之一）都可能引起差动保护不能正常工作，此时装置报通道异常，4 组通道异常动合触点闭合。

通道正常，对侧远传 1（2）开入，对应的本侧远传一（二）2 组动合触点闭合。母差保护动作，跳闸信号可经远传 1（2），结合对侧就地判据跳对侧开关。

为满足手合检查同期的要求，本插件提供两副手合允许输出触点，SH 为手合允许继电器，其输出触点为动合触点，手合允许时（包括不检查、检查无电压、检查同期方式条件满足）触点闭合。

9. 操作回路插件（SWI）

SWI 插件原理及输出触点如图 7-32 所示。

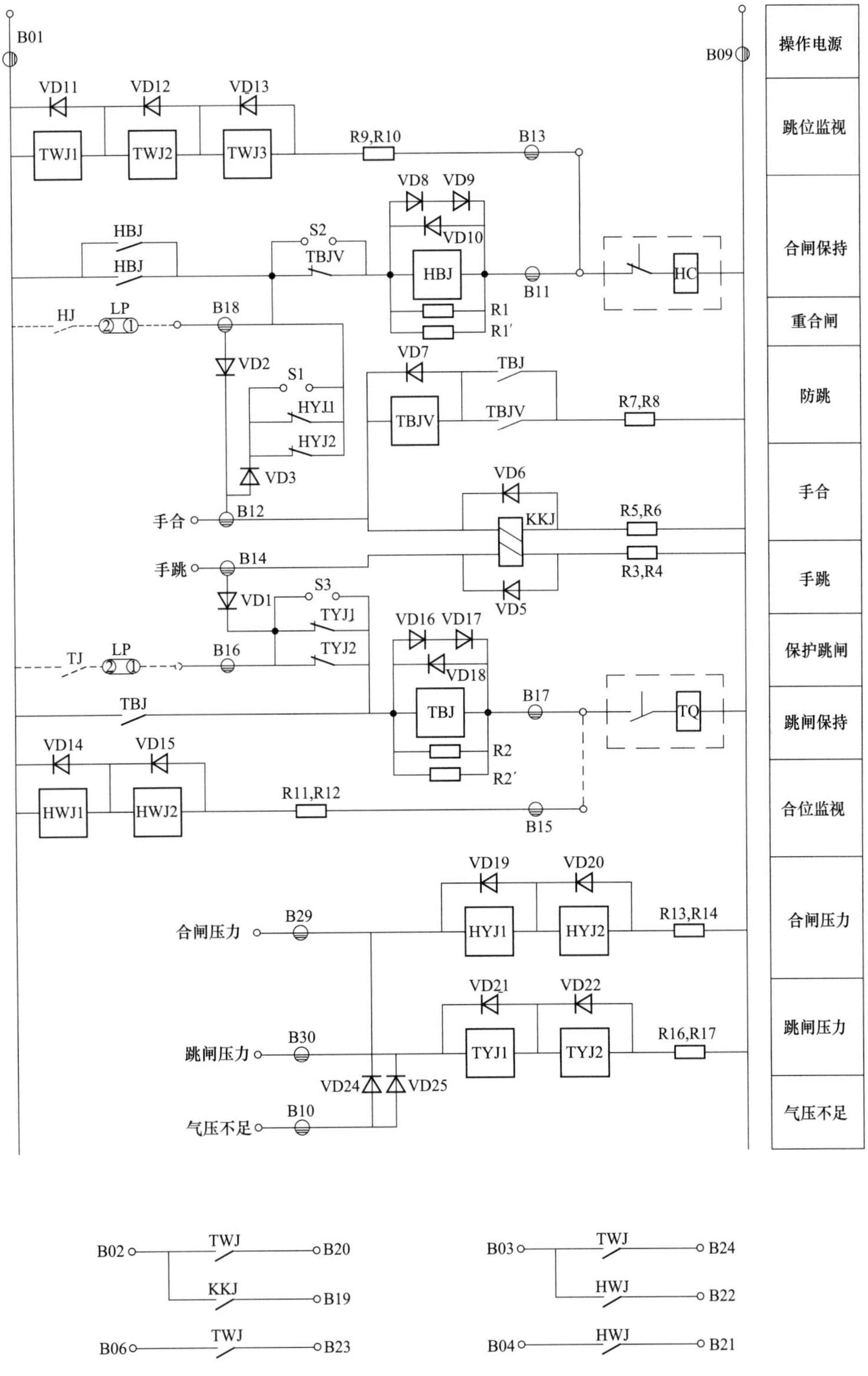

图 7-32　SWI 插件原理及触点输出图

保护开入部分直接由操作回路引入跳闸位置、合后位置 KK、合闸压力 HYJ、跳闸压力 TYJ 的弱电信号，其+5V 电源即为保护的电源。图中 KKJ 为磁保持继电器，合闸时该继电器动作并磁保持，仅手跳该继电器才复归，保护动作或开关偷跳该继电器不复归，因此其输出触点为合后 KK 位置触点。用本装置的操作回路，就不需要从 KK 把手取合后 KK 位置。也适应了无控制屏的无人值守变电站的要求。

断路器操作回路中跳合闸直流电流保持回路，可根据现场断路器跳合闸电流大小选择相应的并联电阻（R1′、R2′，跳合电流小于等于 4A 时可不并）。

7.4.2 保护原理简介

1. 纵联差动保护

（1）电流差动继电器。电流差动继电器由变化量相差动继电器、稳态相差动继电器和零序差动继电器三部分组成，其中稳态相差动继电器分为Ⅰ段和Ⅱ段。

稳态Ⅰ段：相差动电流大于 1.5 倍差动电流定值（整定值），动作时间约为 20ms。

稳态Ⅱ段：相差动电流大于差动电流定值（整定值），经 25ms 延时动作，动作时间约为 45ms。

零序差动：零序差动电流大于差动电流定值（整定值），经 40ms 延时动作，动作时间约为 60ms。

TA 断线对差动保护的影响：TA 断线时，若“TA 断线闭锁差动”整定为“1”，则闭锁电流差动保护；若“TA 断线闭锁差动”整定为“0”，且该相差流大于“TA 断线差流定值”，仍开放电流差动保护。

（2）纵联差动保护框图（见图 7-33）。

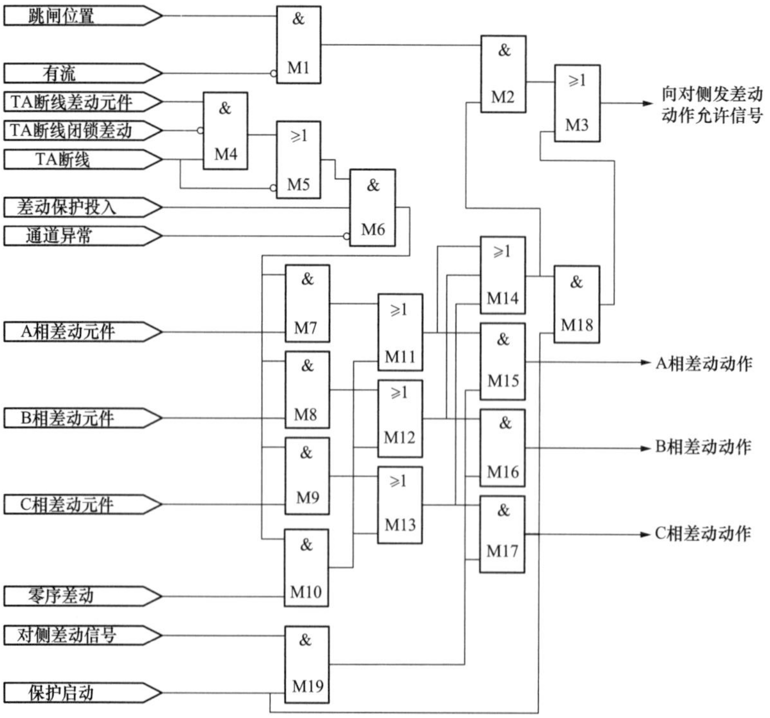

图 7-33 纵联差动保护框图

1）差动保护投入指屏上“投差动保护连接片”和定值控制字“投纵联差动保护”同时投入。

2）“A相差动元件”“B相差动元件”“C相差动元件”包括变化量差动、稳态量差动Ⅰ段或Ⅱ段动作时的分相差动，只是各自的定值有差异。

3）三相开关在跳开位置或经保护启动控制的差动继电器动作，则向对侧发差动动作允许信号。

4）TA断线瞬间，断线侧的启动元件和差动继电器可能动作，但对侧的启动元件不动作，不会向本侧发差动保护动作信号，从而保证纵联差动不会误动。TA断线时发生故障或系统扰动导致启动元件动作，若“TA断线闭锁差动”整定为“1”，则闭锁电流差动保护；若“TA断线闭锁差动”整定为“0”，且该相差流大于“TA断线差流定值”，仍开放电流差动保护。

2. 距离保护

本装置有三段式接地距离继电器和三段式相间距离继电器，Ⅲ段接地和相间距离继电器由阻抗圆距离继电器和四边形距离继电器相“或”构成，Ⅰ段和Ⅱ段均采用圆特性的距离继电器（见4.4节）。

3. 零序方向过电流保护

本装置设置了四个带延时段的零序方向过电流保护，各段零序可由控制字选择经或不经方向元件控制。零序过电流灵敏角为$\dot{U}_0$滞后$\dot{I}_0$约100°。

TV断线时，四段零序过电流保护均不经方向元件控制，“TV断线留零工段”置“0”时零序Ⅰ段退出；自动投入两段相过电流元件，两个元件延时段可分别整定。

4. 重合闸

本装置重合闸为三相一次重合闸方式。重合方式可选用检查线路无电压母线有电压重合闸、检查母线无电压线路有电压重合闸、检查线路无电压母线无电压重合闸、检查同期重合闸和不检查方式。

电压小于30V判为无电压，大于40V判为有电压。检查同期时，检查线路电压和三相母线电压均大于40V且线路电压和母线电压间的相位在整定范围内时才满足同期条件。

7.4.3　保护使用说明

1. 指示灯说明

装置面板布置参见图7-34，指示灯定义：

“运行”灯为绿色，装置正常运行时点亮，装置闭锁时熄灭；

“TV断线”灯为黄色，当发生电压回路断线时点亮；

“充电”灯为黄色，当重合充电完成时点亮；

“通道异常”灯为黄色，当通道故障或异常时点亮；

“跳闸”灯为红色，当保护动作出口点亮，在“信号复归”后熄灭；

“跳位”灯为红色、“合位”灯为绿色，指示当前开关位置；

“Ⅰ母”“Ⅱ母”灯均为绿色，指示当前母线位置。

图7-34　指示灯定义

2. 液晶显示说明

（1）保护运行时液晶显示说明。装置上电后，正常运行时液晶屏幕将显示主画面，格式如图 7-35 所示。

（2）保护动作时液晶显示说明。本装置能存储 64 次动作报告，24 次故障录波报告，当保护动作时，液晶屏幕自动显示最新一次保护动作报告，当一次动作报告中有多个动作元件时，所有动作元件及测距结果将滚屏显示，格式如图 7-36 所示。

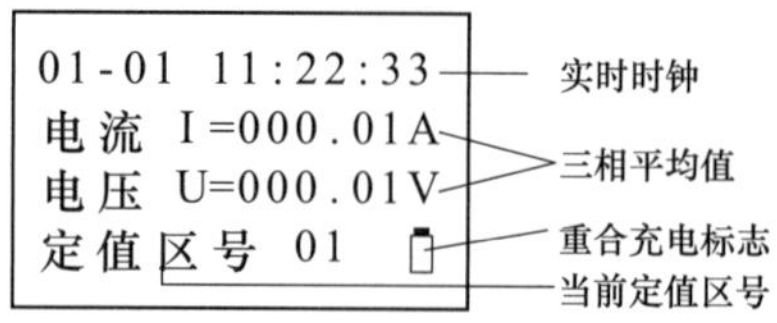

图 7-35 液晶显示说明

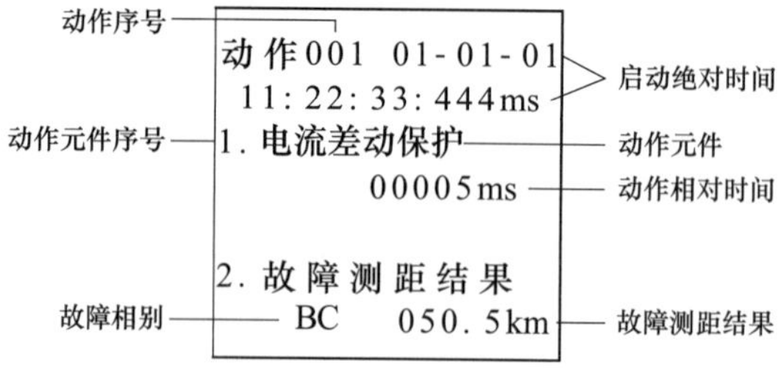

图 7-36 保护动作时液晶显示

（3）装置自检报告。本装置能存储 64 次装置自检报告，保护装置运行中，硬件自检出错或系统运行异常将立即显示自检报告，当一次自检报告中有多个出错信息时，所有自检信息将滚屏显示，格式如图 7-37 所示。

按装置或屏上复归按钮可切换显示跳闸报告、自检报告和装置正常运行状态，除了以上几种自动切换显示方式外，保护还提供了若干命令菜单，供继电保护工程师调试保护和修改定值用。

3. 命令菜单使用说明

在主画面状态下，按“▲”键可进入主菜单，通过“▲”“▼”“确认”和“取消”键选择子菜单。命令菜单采用如图 7-38 所示的树形目录结构。

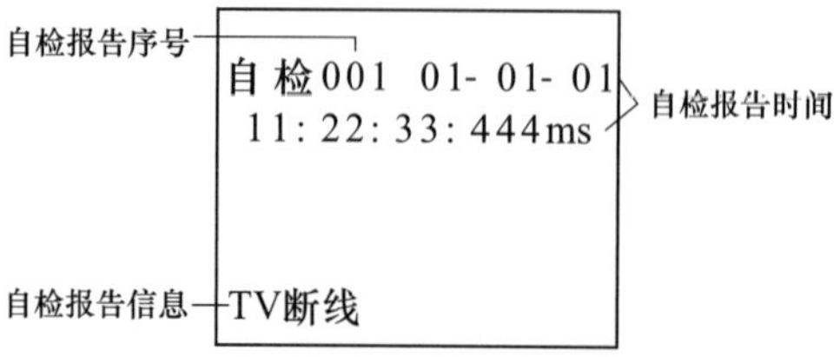

图 7-37 装置自检报告

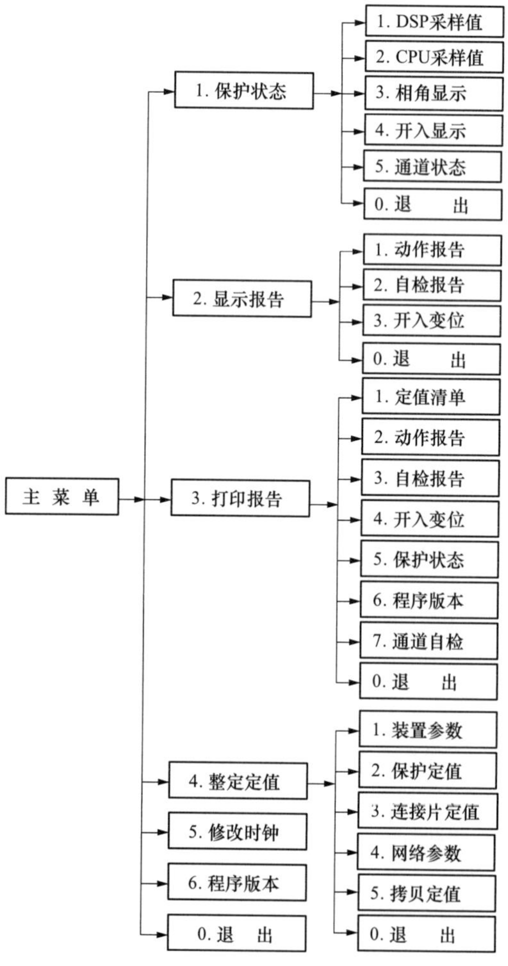

图 7-38 命令菜单

7.5　微机保护装置通用调试检验

7.5.1　安全技术措施

主要是线路微机保护装置检验的工作前准备和安全技术措施，包含继电保护运行管理规程、继电保护检验规程以及继电保护现场工作保安规定等核心知识点，通过对现场防人身触电、防止继电保护“三误”事故等危险点分析的讲解，实现对线路保护检验工作的安全控制。

1. 开工前准备

为保证检验工作的顺利进行，检修试验前要做好相关准备工作。

（1）准备好现场试验所需的仪器仪表、相关材料、工器具。主要有：组合工具1套、电缆盘（带漏电保安器，规格为220V/10A）1只、计算器1只、1000V和500V绝缘电阻表各1只、微机型继电保护测试仪2套、钳形相位表1只、试验线1套、芯片起拔器1只、数字万用表1只、模拟断路器箱2只。

（2）准备好相关技术资料，包括最新定值单、保护屏图纸、二次回路图纸、线路保护装置技术与使用说明书、保护检验规程。

（3）根据计划工作时间和内容填写工作票。

2. 二次工作安全措施票

为了确保工作过程的安全，根据现场情况填写二次工作安全措施票，见表7-6。

表7-6　二次工作安全措施票

被试设备及保护名称	某某变电站110kV线路CSC-161A保护				
工作负责人	××	工作时间	××年××月××日	签发人	×××
工作内容	CSC-161A型保护全部检验				
工作条件	1. 一次设备运行情况____。 2. 被试保护作用的断路器____。 3. 被试保护屏上的运行设备____________。 4. 被试保护屏、端子箱与其他保护连接线____				

技术安全措施：包括应打开及恢复连接片、直流线、交流线、信号线、联锁线和联锁开关等，按下列顺序做安全措施。已执行，在执行栏打“√”，按相反的顺序恢复安全措施；已恢复的，在恢复栏打“√”

序号	执行	安全措施内容	安全措施的原因	恢复
1	√	检查本屏所有保护屏上连接片在退出位置，并做好记录	防止保护误出口	√
2	√	检查本屏所有把手及开关位置，并做好记录	防止保护误出口	√
3	√	电流回路：　断开A； 对应端子排端子号［　］	防止电流回路开路，防止人员触电，防止测试仪的交流电流倒送TA	√
4	√	电流回路：　断开B； 对应端子排端子号［　］		√
5	√	电流回路：　断开C； 对应端子排端子号［D］		√
6	√	电流回路：　断开N； 对应端子排端子号［D］		√

续表

序号	执行	安全措施内容	安全措施的原因	恢复
7	√	电压回路：断开 A； 对应端子排端子号［D］	防止电压回路开路，防止人员触电，防止测试仪的交流电压倒送 TV	√
8	√	电压回路：断开 B； 对应端子排端子号［D］		√
9	√	电压回路：断开 C； 对应端子排端子号［D］		√
10	√	电压回路：断开 N； 对应端子排端子号［ ］		√
11	√	电压回路：断开 A； 对应端子排端子号［ ］		√
12	√	故录公共端：断开； 对应的端子号［ ］并用绝缘胶布包好	防止试验动作报告误传送到故障录波器	√
13	√	通信接口： 断开至监控的通信口，如果有检修连接片投检修连接片	防止保护试验信息误送到后台，频繁形成 SOE 报文	√
14	√	通信接口： 断开至保护信息管理系统的通信口，如果有检修连接片投检修连接片		√
15		补充措施：		
填票人		操作人	监护人	审核人

3. 现场检验工作危险点分析及控制

（1）防止发生人身触电。

1）误入带电间隔。

控制措施：工作前要熟悉工作地点、带电部位，检查现场安全围栏、安全警示牌、接地线等安全措施，不要疲劳作业。

2）试验电源。

控制措施：试验时要从专用的继电保护试验电源柜抽取，使用装有漏电保护器的电源盘；禁止从运行设备上拉取试验电源，防止交流混入直流系统影响保护等设备。拆（接）电源时至少有两人执行，一人操作，一人监护。必须在电源开关拉开的情况下进行。

3）相关专业配合。

控制措施：工作人员之间应相互配合，确保一、二次设备和二次回路上无人工作，传动试验必须得到值班员的许可和配合，绝缘检查结束后应对地放电。

（2）防止发生继电保护“三误”事故。继电保护三误事故是指误碰触、误整定、误接线。防三误事故的安全技术措施如下：

1）工作前应做好充分的准备工作，了解工作地点一次设备、二次设备的运行情况（本工作与运行设备有无直接联系）。熟悉本次工作的范围。

2）工作人员明确分工并熟悉图纸与检验规程等有关资料。

3）认真填写安全措施票，特别是针对复杂保护装置或有联跳回路的保护装置，如变压器保护、失灵保护、母线保护及相关联跳和启动回路，应由工作负责人认真填写，并经技术负责人审批。

4）开工后首先执行安全措施票，每一项措施都要在执行栏做好标记；检验工作结束后，要按照安全措施票逐项恢复，每一项都要做好标记。

5）接线工作要严格按照图纸进行，严禁凭记忆作为工作的依据，防止由于记忆错误导致的相关严重后果。若图纸与现场实际接线不符时，应查线核对，需要改动时要履行审批检查程序。

6）整定定值时要按照最新的整定值通知单执行，核对定值单与设备是否相符，一次设备及系统基础数据是否正常。整定完毕后要现场打印整定结果，再次核对无误。

（3）回路安全措施。

1）直流回路。

直流回路接地易造成中间继电器误出口，直流回路短路造成保护拒动。因此，工作中要使用带绝缘手柄的工具，严防直流接地或短路，不能用裸露的试验线或测试线，防止误碰金属导体部分。

2）装置试验电流的接入。

为防止运行TA回路开路运行，防止测试仪的交流电流倒送TA，而且二次通电时，电流可能通入母差保护，可能误跳运行断路器。因此必须短接交流外侧电缆，打开交流电流连接片，在端子箱将相应端子用绝缘胶布实施密封。

3）装置试验电压的接入。

为防止交流电压短路，误跳运行设备、试验电压反送电。而且保护屏顶电压小母线带电，易发生电压反送电事故引起人员触电。因此要断开交流二次电压引入回路，并用绝缘胶布对所拆线头实施绝缘包扎。

（4）其他危险点分析及控制。

1）投退保护连接片及改动定值不做记录，容易造成误整定。因此，开工前要做好连接片记录，工作结束时再一次核对连接片和定值。

2）试验中误发信号，易造成监控后台频繁报SOE（事件顺序记录）。因此要断开中央信号正电源；断开远动信号正电源；断开故障录波信号正电源；投入检修连接片，记录各切换把手位置。

3）无线通信设备易造成其他正在运行的保护设备不正确动作，因此不能在保护室内使用无线通信设备，尤其是严禁使用对讲机。

4. 线路保护现场检验相关规定

（1）微机线路保护的检验分类。检验分为三种：

1）新安装装置的验收检验。

2）运行中装置的定期检验（简称定期检验）。

3）运行中装置的补充检验（简称补充检验）。

（2）微机线路保护的检验周期和检验时间。

检验周期：微机线路保护新安装后一年内进行一次全部检验，以后每隔2～3年进行一次部分检验，每隔6年进行一次全部检验。

检验时间：110kV及以下线路保护的检验时间一般为1天，220kV及以上线路保护的检验时间一般为2～4天。

（3）微机线路保护的检验项目。微机型保护的全部、部分检验项目参见表7-7。

表 7-7　　新安装检验、全部检验和部分检验的项目（以 RCS931 型为例）

检验项目	新安装检验	全部检验	部分检验
1　通用部分	√	√	√
1.1　外观及接线检查			
1.2　绝缘电阻及耐压试验			
1.3　逆变电源的检查			
2　RCS931 型线路保护装置检查	√	√	
2.1　通电初步检验			√
2.2　开关量输入回路检验			
2.3　交流采样系统检验			√
2.4　定值整定			
3　整组功能试验	√	√	
3.1　分相光纤纵差保护			
3.2　工频变化量距离保护检验			
3.3　距离保护检验			
3.4　零序保护检验			
3.5　交流电压回路断线时保护检验			
3.6　合闸于故障线路保护检验			
3.7　输出触点和信号检查			
4　整组传动试验	√		
4.1　整组动作时间测量			
4.2　与本线路其他保护装置配合联动试验			
4.3　与断路器失灵保护配合联动试验		√	
4.4　与中央信号、远动装置配合联动试验	√		
4.5　开关量输入的整组试验			√
5　带断路器试验	√	√	√
6　带通道联检试验	√	√	
6.1　通道检查试验			
6.2　保护装置带通道试验		√	√
7　带负荷试验	√		
7.1　交流电压的相名核对			
7.2　交流电压和电流的数值、相位检验		√	
7.3　差流检验		√	√
8　定值与开关量状态的核查	√		
9　试验结论	√	√	√

注　1. 全部检验周期：新安装的微机保护装置 1 年内进行 1 次，以后每隔 6 年进行 1 次。
2. 部分检验周期：每隔 3 年进行 1 次。
3. 表中有“√”符号的项目表示要求进行检验。
4. 在进行 6 年后的全部检验时，更换逆变电源。

（4）线路保护现场检验工作流程图如图 7-39 所示。

（5）线路保护检验的安全注意事项。

1）断开直流电源后才允许插、拔插件，插、拔交流插件时应防止交流电流回路开路。

2）打印机及每块插件应保持清洁，注意防尘。

3）检验过程中发现有问题时，不要轻易更换芯片，应先查明原因，当证实确需更换芯片时，则必须更换经筛选合格的芯片，芯片插入的方向应正确，并保证接触可靠。

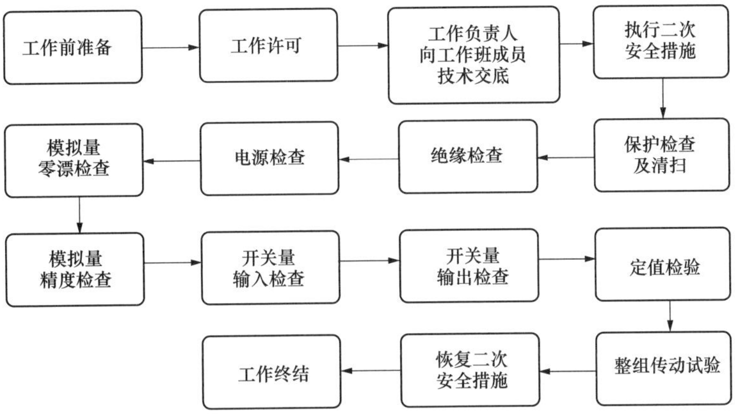

图 7-39　线路保护现场检验工作流程图

4）试验人员接触、更换芯片时，应采用人体防静电接地措施，以确保不会因人体静电而损坏芯片。

5）原则上在现场不能使用电烙铁，试验过程中如需使用电烙铁进行焊接时，应采用带接地线的电烙铁或电烙铁断电后再焊接。

6）试验过程中，应注意不要将插件插错位置。

7）检验中特别要注意断开与本保护有联系的相关回路，如跳闸回路、启动失灵回路等。因检验需要临时短接或断开的端子，应逐个记录，并在试验结束后及时恢复。

8）使用交流电源的电子仪器进行电路参数测量时，仪器外壳应与保护屏（柜）在同一点可靠接地，以防止试验过程中损坏保护装置的元件。

7.5.2　装置通电检查

通电检查是在继电保护装置检验时的必要项目，含有继电保护基本知识及继电保护检验规程等核心知识点，主要包括试验过程中的注意事项、通电前检查、上电检查等工作。

1. 装置通电检查

（1）外观及接线检查。

1）保护装置的硬件配置、标注及接线等应符合图纸要求。

2）保护装置各插件上的元器件的外观质量、焊接质量应良好，所有芯片应插紧，型号正确，芯片放置位置正确。

3）核查逆变电源插件的额定工作电压。

4）保护装置的各部件固定良好，无松动现象，装置外形应端正，无明显损坏及变形现象。

5）各插件应插、拔灵活，各插件和插座之间定位良好，插入深度合适。

6）保护装置的端子排连接应可靠，且标号应清晰正确。

7）切换开关、按钮、键盘等应操作灵活、手感良好。

8）各部件应清洁良好。

（2）绝缘电阻测试。

1）试验前准备工作。

a. 将装置的 CPU、网络、OPT1 插件拔出机箱，其余插件插入。

b. 将打印机与微机保护装置断开。

c. 逆变电源开关置“ON”位置。

d. 保护屏上各连接片置“投入”位置，重合闸方式切换开关置“停用”位置。

e. 断开直流电源、交流电压等回路。

f. 在保护屏端子排内侧分别短接交流电压回路端子、交流电流回路端子、直流电源回路端子、跳闸和合闸回路端子、开关量输入回路端子、远动接口回路端子及信号回路端子。

2）绝缘电阻检测。

a. 分组回路绝缘电阻检测。采用 1000V 绝缘电阻表分别测量各组回路间及各组回路对地的绝缘电阻（注：对开关量输入回路端子采用 500V 绝缘电阻表），绝缘电阻均应大于 10MΩ。

b. 整个二次回路的绝缘电阻检测。在保护屏端子排处将所有电流、电压及直流回路的端子连接在一起，并将电流回路的接地点拆开，用 1000V 绝缘电阻表测量整个回路对地的绝缘电阻，其绝缘电阻应大于 1.0MΩ。

c. 部分检验时仅检测交流回路对地绝缘电阻（保护装置不拔插件）。

（3）逆变电源的检验。断开保护装置跳闸出口连接片。

装置第一次上电时，试验用的直流电源应经专用双极闸刀，并从保护屏端子排上的端子接入。屏上其他装置的直流电源开关处于断开状态。

1）检验逆变电源的自启动性能。直流电源缓慢上升时的自启动性能检验。合上保护装置逆变电源插件上的电源开关，试验直流电源由零缓慢升至 80%额定电压值，此时装置运行指示灯及液晶显示应亮。

2）逆变电源输出电压检测。正常工作状态下检测，保护装置所有插件均插入，加直流额定电压，保护装置处于正常工作状态。

3）直流拉合试验。该项目在保护带开关传动试验前进行。要求合上开关，在电流、电压回路加上额定的电流、电压值，保护装置上应无任何告警信号下进行，直流电源的拉合试验，在拉合过程中合上的开关不跳闸，在保护装置上和监控后台上无保护动作信号。

2. 上电检查

（1）保护装置的通电自检。保护装置通电后，先进行全面自检。自检通过后，装置运行灯亮。除可能发“TV 断线”信号外，应无其他异常信息。此时，液晶显示屏出现短时的全亮状态，表明液晶显示屏完好。

（2）检验键盘。在保护装置正常运行状态下，按“＋”“－”键进行定值区切换，按“SET”键，进入主菜单，选中“保护定值”定值整定子菜单，分别操作“←”“→”“＋”“－”“↓”“↑”“确认”及“取消”键，以检验这些按键的功能正确。

（3）打印机与保护装置的联机试验。进行本项试验之前，打印机应进行通电自检。

将打印机与微机保护装置的通信电缆连接好。将打印机的打印纸装上，并合上打印机电源。保护装置在运行状态下，按保护柜（屏）上的“打印”按钮，打印机便自动打印出保护装置的动作报告、定值报告和自检报告，表明打印机与微机保护装置联机成功。

注：出厂设置为打印机的串行通信速率为 4800bit/s，数据长度为 8 位，无奇偶检

验，一个停止位。

(4) 软件版本和程序检验码的核查。首先，核对打印的自检报告上软件版本号是否为所要求的软件版本号。然后按“SET”键进入主菜单，选择“运行工况”，再选择“装置版本”或“装置编码”，查对软件版本与设计图纸（或整定书）上要求一致。应核对装置编码均正确。

(5) 时钟的整定与校核。

1) 时钟的整定。保护装置在“运行”状态下，按“↑”键进入主菜单后，进入“运行设置”菜单，按“SET”键进入，光标移到“时间设置”菜单，按“SET”键进入，移动光标至修改时钟，按“确认”键后进入时钟的修改和整定状态。然后进行年、月、日、时、分、秒的时间整定。保护装置的时钟每24h误差应小于10s。

2) 时钟的失电保护功能检验。时钟整定好以后，通过断、合逆变电源开关的方法，检验在直流失电一段时间的情况下，走时仍准确。断、合逆变电源开关至少应有5min时间的间隔。

7.5.3　装置交流采样检查

交流采样检查是在继电保护装置检验时检验设备的必要项目，含有继电保护基本知识、继电保护检验规程及二次回路等核心知识点，主要包括试验过程中的注意事项、试验接线、采样查看等工作。

1. 零漂检验

(1) 查看零漂：按“SET”键进入主菜单，选择“测试操作”→输入密码→选择“查看零漂”→选择CPU1按“SET”即可。

(2) 调整零漂：在交流回路不接任何接线，或测试仪断电，或现场封装置的交流回路的前提下，操作步骤同(1)，只是选择“调整零漂”→选择CPU1→选择“全部×”→按“SET”→将光标移到确认上按“SET”，装置提示“零漂调整成功”。在一段时间内(5min)零漂稳定在$0.01I_N$或0.2以内。

2. 试验接线

分别将测试仪的UA、UB、UC、UN接口，对应接到RCS-902A型装置的电压回路的A、B、C相和N相，并将电流IA、IB、IC、IN接口依次接至保护端子排的A、B、C和N相端子，并把RCS-925A型端子排9D2、9D4、9D6、9D7短接，构成电流回路。

电流采样精度检验试验接线如图7-40所示。

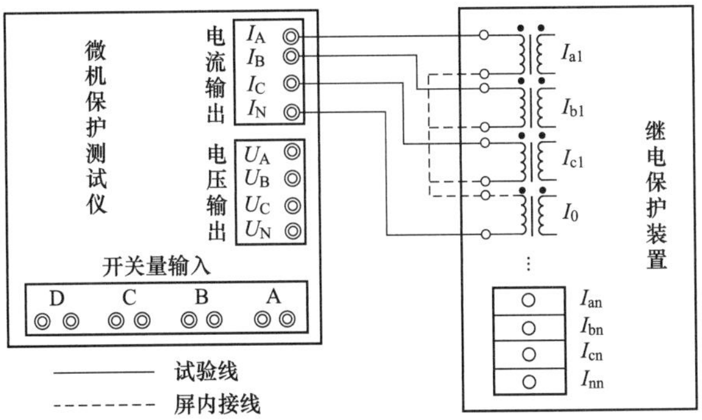

图7-40　电流采样精度检验试验接线图

电压采样精度检验试验接线如图 7-41 所示。

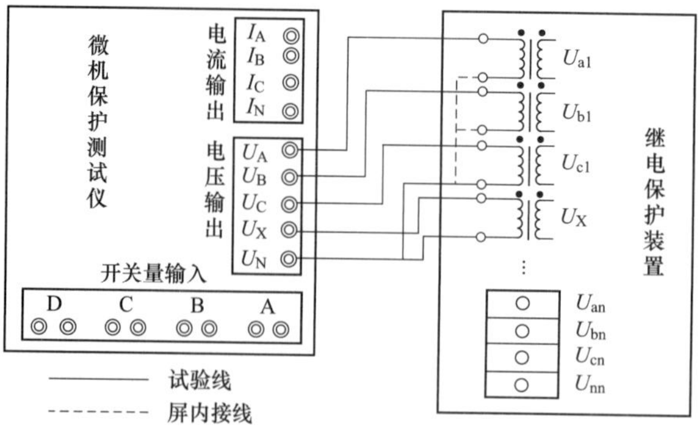

图 7-41　电压采样精度检验试验接线图

将测试仪的“开关量输入”A、B、C 的一端短接后接至保护屏端子排上的 1D17（+KM）端子，另一端分别接在 1D70、1D71、1D72（保护屏三相跳闸出口连接片下端）端子，投入连接片 1LP1、1LP2、1LP3（保护屏三相跳闸出口连接片）。

3. 采样精度检验

（1）测试仪输送值。用测试仪给装置设定测试值，给定值如图 7-42 所示。

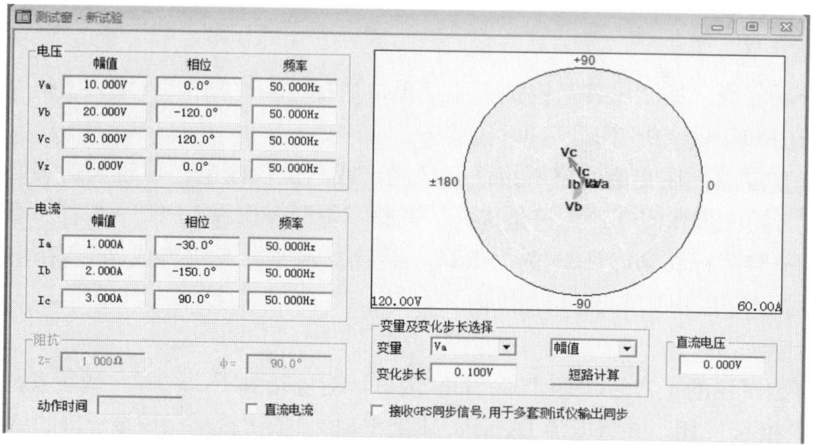

图 7-42　采样精度测试

（2）试验数据与分析。运行测试仪后，在保护装置中查看并记录电压、电流的采样值，记录见表 7-8。

表 7-8　　采样精度检验

采样值	I_A	I_B	I_C	U_A-I_A	U_B-I_B	U_C-I_C
标准值	$1\angle 0^\circ$	$2\angle 240^\circ$	$3\angle 120^\circ$	0°	0°	0°
实测值	0.99	1.99	3	358°	358°	358°
采样值	U_A	U_B	U_C	U_A-U_B	U_B-U_C	U_C-U_A
标准值	$10\angle 0^\circ$	$20\angle 240^\circ$	$30\angle 120^\circ$	120°	120°	120°
实测值	9.84	19.64	29.47	120°	120°	120°

精度标准：采样值误差小于 5%，相角误差小于 3°。

数据处理：

电流采样值误差$\frac{1-0.99}{1}\times100\%=1\%$，相角误差为2°，符合标准。

电压采样值误差$\frac{20-19.64}{20}\times100\%=1.8\%$，相角误差为0°，符合标准。

采样精度测试时，最好每一相所加幅值不一样，这样在保护装置中还可以看出相序是否错误。

7.5.4 开关量输入、输出回路

以110kV线路CSC-161A型为例，对继电保护装置检验时检验设备的必要项目开入量输入、输出进行试验，含有继电保护基本知识及二次回路等核心知识点，主要包括试验过程中的开入量试验、开入量输出等工作。

1. 开出试验

检验步骤：

（1）进入主菜单。

（2）选择开出传动。

（3）输入密码，然后选择“保护跳闸，保护合闸，遥控跳闸，遥控合闸，装置告警”按“SET”键。

（4）装置会提示：保护跳闸开出传动成功、运行灯闪烁、动作灯亮；保护合闸开出传动成功、运行灯闪烁、重合灯亮；遥控跳闸开出传动成功、运行灯闪烁；遥控合闸开出传动成功、运行灯闪烁；告警开出传动成功、运行灯闪烁、告警灯闪烁。

其他开出传动试验方法类似，只是测量的出口触点不同。

2. 开入试验

试验方法：按“SET”键进入主菜单，选择运行工况→选择“开入”，用+24V开入正电源分别点X6的各开入，相应的开入量后面的“开”会变为“合”。

7.5.5 定值的整定与打印

以110kV线路保护CSC-161A型为例，对继电保护装置检验时检验设备的必要项目定值的整定与打印进行试验，含有继电保护基本知识及继电保护检验规程等核心知识点，主要包括试验过程中定值的整定、定值的打印等工作。

1. 定值区的切换

按装置上的“+”或“-”键，装置提示：当前定值区：XX，切换到定值区：XX，再按“+”或“-”键来选择需要切换的定值区，然后按“SET”键，装置提示“确实要切换定值区吗?”左右键选择“是”后再按“SET”键，装置定值区由XX→XX切换成功，按“QUIT”键退回到正常循环显示的界面，最下面一行显示当前定值区号。

2. 定值的整定

按键“▲”“▼”用来滚动选择要修改的定值，按键“◀”“▶”用来将光标移到要修改的那一位，“+”和“-”用来修改数据，按键“取消”为不修改返回，按“确认”键完成定值整定后返回。

整定定值“菜单”中的“拷贝定值”子菜单，是将“当前区号”内的“保护定值”

拷贝到“拷贝区号”内，“拷贝区号”可通过“+”和“-”修改。

注：若整定出错，液晶会显示错误信息，需重新整定。另外，“系统频率”“电流二次额定值”整定后，保护定值必须重新整定，否则装置认为该区定值无效。整定定值的口令为：键盘的“+”“◀”“▲”“-”，输入口令时，每按一次键盘，液晶显示由“.”变为“*”，当显示四个“*”时，方可按确认。

如果有几套定值需要整定，则每一个区号对应一套整定值，按上述整定步骤分别整定各套定值。将定值整定通知单上的整定值输入保护装置，然后打印出定值报告进行核对。

3. 打印定值

按装置的“F2”快捷键，提示是否打印当前区定值，按“F2”或“SET”键是确认打印，按“QIUT”键不打印。如果要打印其他区的定值，按“SET”键进入主菜单，再选择打印→“SET”键选择定值→上下键选择需要的定值区，再按“SET”即可。

7.6 过电流保护检验

主要内容包括：过电流保护的检验、含有继电保护检验规程及二次回路等核心知识点。

7.6.1 过电流保护的检验流程

仅投入过电流保护投运连接片，要求保护功能正确，定值正确。

过电流Ⅰ段、Ⅱ段、Ⅲ段定值检验。

分别模拟A、BC、ABC相故障，模拟故障时间应大于过电流相应段保护的动作时间定值，模拟故障电流为

$$I = KI_{\text{setn}} \tag{7-2}$$

式中 K——系数，其值分别为0.95、1.05及1.2；

I_{setn}——过电流n段定值。

过电流n段保护在0.95定值（$K=0.95$）时，应可靠不动作；在1.05倍定值时，应可靠动作；在1.2倍定值时，测量过电流n段保护的动作时间。

7.6.2 现场过电流保护检验方法

以过电流Ⅱ段为例

1. 过电流Ⅱ段定值测试（假设过电流Ⅱ段定值为8A）

投入过电流保护连接片及Ⅱ段过电流保护控制字，退出过电流Ⅱ段经复压闭锁，退出过电流Ⅱ段经方向的控制字。

手动试验“变量及步长选择”部分点击“变量”选择为I_a，步长为0.1A，点击▶开始试验。点击软件上方▲来缓慢增加I_a电流，直到保护装置过电流Ⅱ动作。同时记录动作电流值与定值单定值进行对比。设置如图7-43所示。

2. 过电流Ⅱ段动作时间测试

投入过电流保护连接片及Ⅱ段过电流保护控制字，退出过电流Ⅱ段经复压闭锁，退出过电流Ⅱ段经方向的控制字。如图7-44所示。

打开“手动试验”菜单，只加入三相正常电压，无故障电流即可。点击▶开始试验。

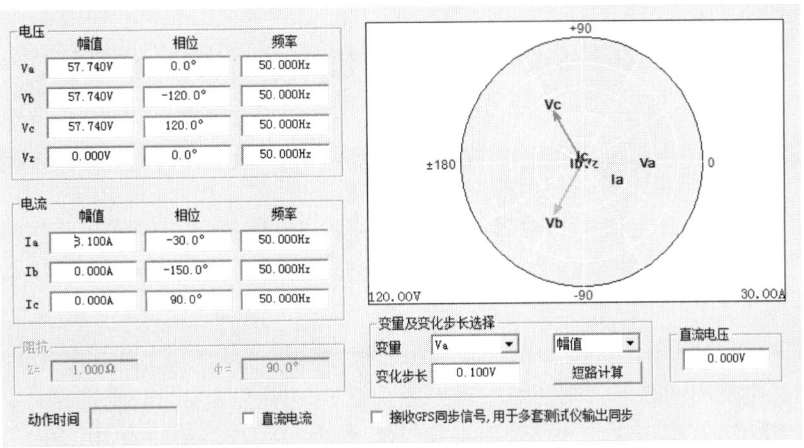

图 7-43　过电流Ⅱ段定值测试图

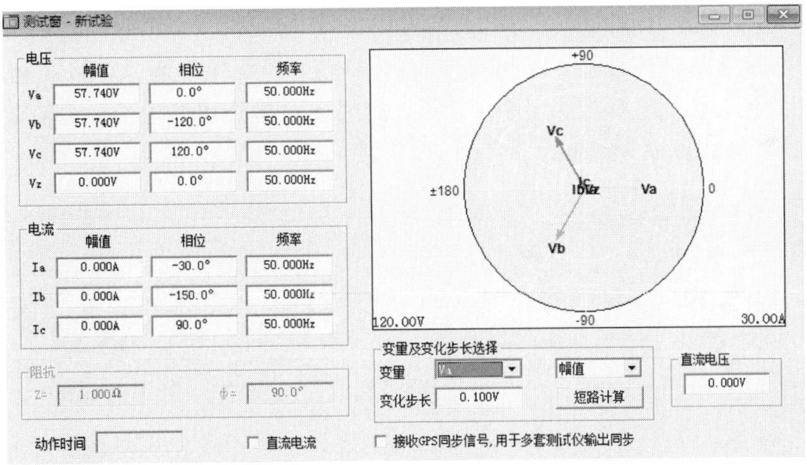

图 7-44　过电流Ⅱ段动作时间测试（故障前）

然后点击保持之前输出的状态，然后更改仪器的输出加入故障电压和故障电流（故障电流设置只要满足大于过电流Ⅱ段定值即可），如图 7-45 所示。完成后可再次点击解除输出保持，测试仪记录过电流Ⅱ段动作时间后，自动停止输出。

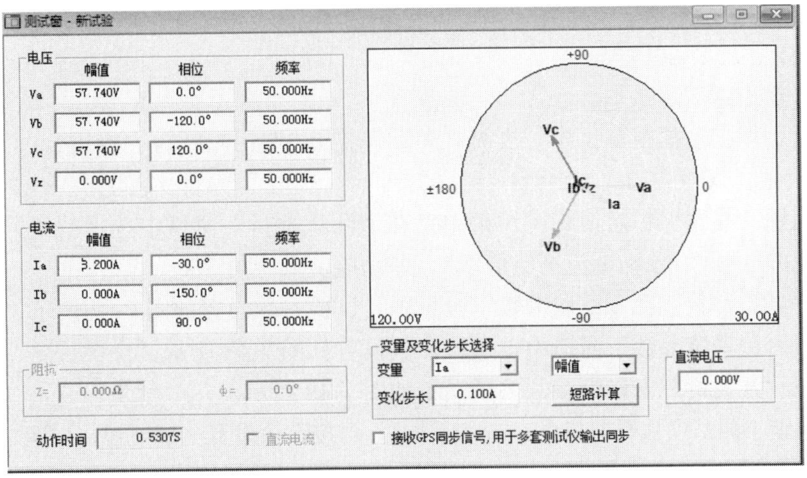

图 7-45　过电流Ⅱ段动作时间测试（故障）

*7.7 RCS-943 型线路微机保护主要功能调试

7.7.1 主保护调试

试验前整定连接片定值中的内部连接片控制字“投闭锁重合闸连接片”置“0”，其他内部保护连接片投、退控制字均置“1”，以保证内部连接片有效，试验中仅靠外部硬连接片投退保护。

(1) 将测试仪的开入量 A、D 的一端短接后接至保护屏端子排上的跳合闸回路公共端，另一端分别接至跳闸回路，合闸回路端子，分别投入跳闸连接片、合闸连接片，把 A、B、C 三相和 N 相电流、电压对应的接到保护端子排的 A、B、C 三相和 N 相电流、电压端子。

(2) 将光端机（在 CPU 插件上）的“RX”和“TX”用尾纤短接，然后把装置的纵联码本侧、对侧均设为同样数值（例如设成 12345）构成自发、自收状态，装置通道回复正常。不投入主保护连接片，A 相加入 1A 采样值，则显示本侧、对侧 A 相电流为 1A 左右，A 相差流为 2A 左右，误差小于 5%。同时一并检查本侧电压、电流幅值，相位是否满足要求，如图 7-46 所示。

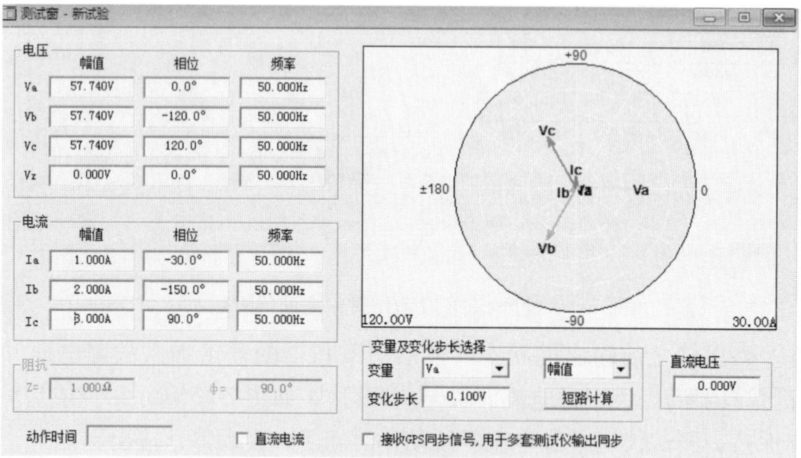

图 7-46　手动试验采样值检查

(3) 仅投主保护连接片。

(4) 整定保护定值控制字中“投纵联差动保护”“专用光纤”，“投重合闸”置“1”，“投重合闸不检”置“1”。

(5) 使用“线路保护定值校验”菜单，在“测试项目”窗口中选择“线路速断，过电流定值校验”(假设差动电流高定值 2A，差动电流低定值 1A)。

点击“试验参数”在“试验参数”窗口中，试验参数设置如图 7-47 所示。

(6) 点击“系统参数”窗口中，系统参数设置如图 7-48 所示。

(7) 在“开关量”窗口中，开关量设置如图 7-49 所示。

(8) 回到“测试项目”窗口中点击“添加”，再按定值设置测试项目，如图 7-50 所示。

点击▣测试项列表查看动作结果，如图 7-51 所示。

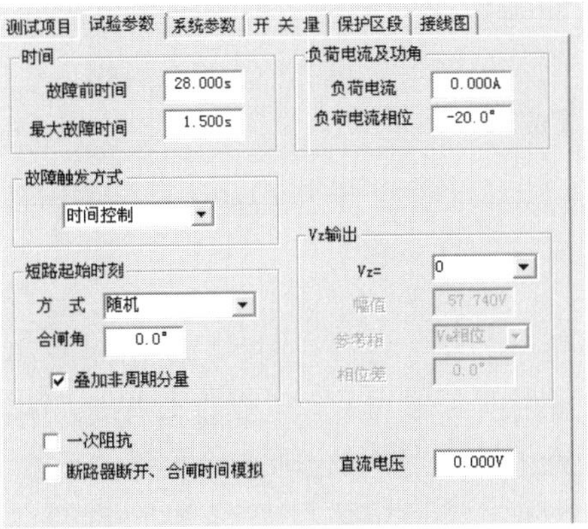

图 7-47　试验参数窗口

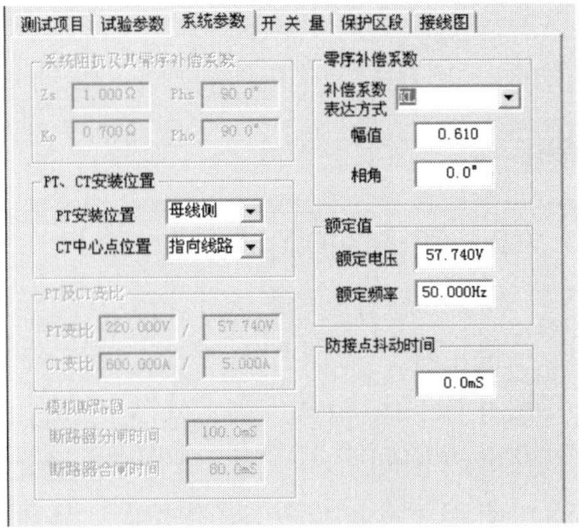

图 7-48　系统参数窗口

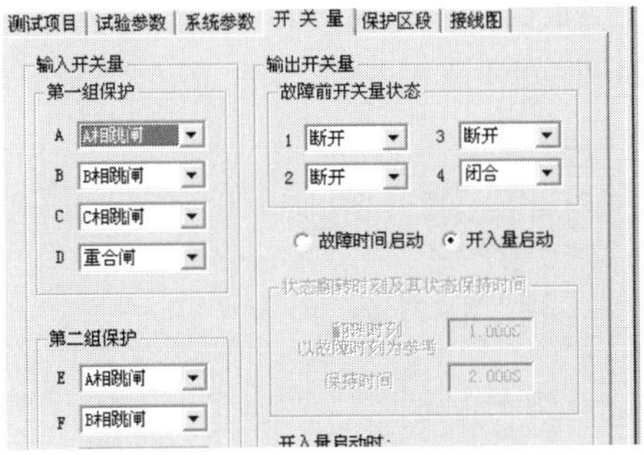

图 7-49　开关量窗口

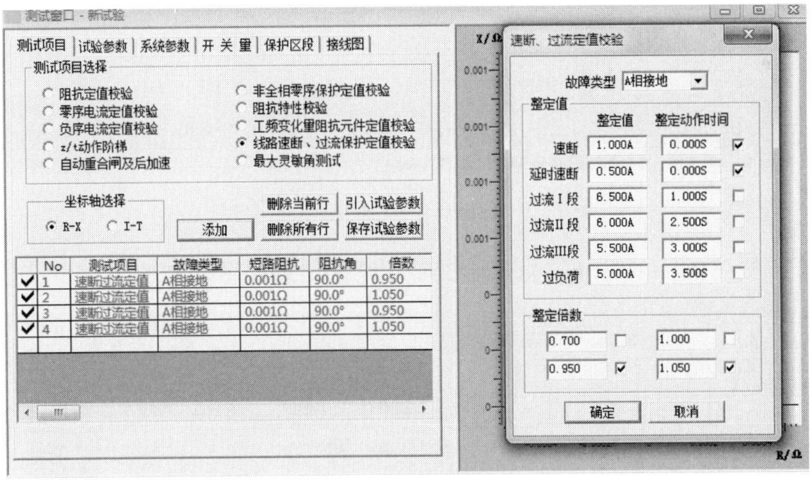

图 7-50　自环差动试验测试项目添加窗口

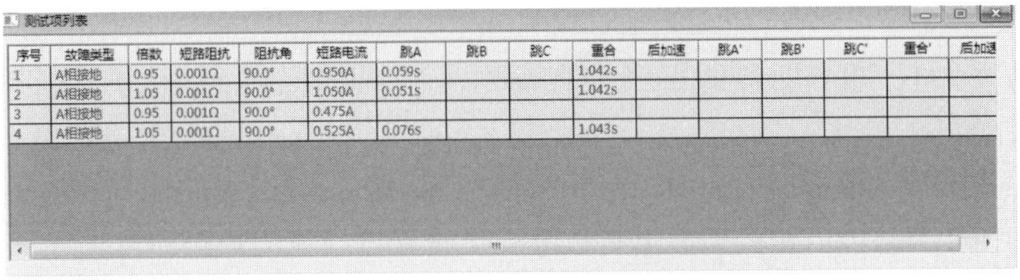
测试项列表

序号	故障类型	倍数	短路阻抗	阻抗角	短路电流	跳A	跳B	跳C	重合	后加速	跳A'	跳B'	跳C'	重合'	后加速
1	A相接地	0.95	0.001Ω	90.0°	0.950A	0.059s			1.042s						
2	A相接地	1.05	0.001Ω	90.0°	1.050A	0.051s			1.042s						
3	A相接地	0.95	0.001Ω	90.0°	0.475A										
4	A相接地	1.05	0.001Ω	90.0°	0.525A	0.076s			1.043s						

图 7-51　差动试验测试项目测试结果

当差动电流为高定值的 1.05 倍时，动作时间为较快；差动电流为高定值的 0.95 和低定值的 1.05 时，动作时间稍慢；差动电流为低定值的 0.95 时，保护不动作。

值得注意的是：通道自环试验时差动定值需减半。

7.7.2　距离保护调试

（1）仅投距离保护连接片。

（2）整定保护定值控制字中“投Ⅰ段接地距离”置“1”，“投Ⅰ段相间距离”置“1”，“投Ⅱ段接地距离”置“1”，“投Ⅱ段相间距离”置“1”，“投Ⅲ段接地距离”置“1”，“投Ⅲ段相间距离”置“1”，“投重合闸”置“1”，“投重合闸不检”置“1”。

（3）使用“线路保护定值试验”菜单中的“阻抗特性定值校验”，在“试验参数窗口”把“故障时间”设为“4s”，其他设置和光纤差动设置相同（假设接地Ⅰ段 0.5Ω，接地Ⅱ段 2Ω，时间 1s；接地Ⅲ段 5.5Ω，时间 3s）回到“测试项目”窗口点击“添加”，再按定值设置测试项目，如图 7-52 所示。

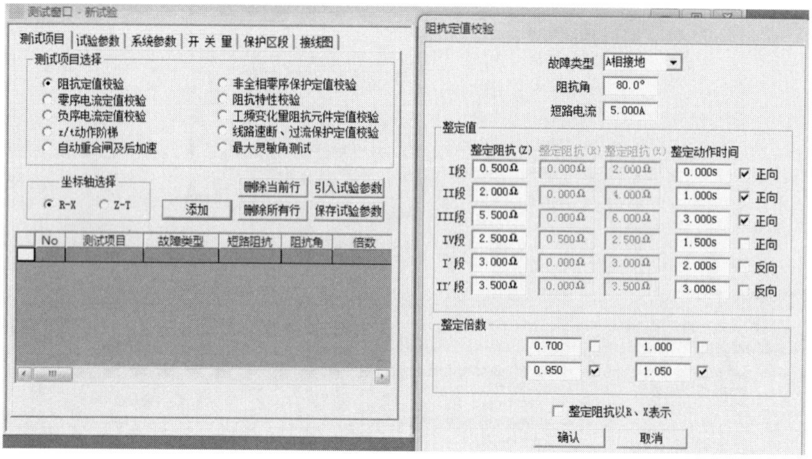

图 7-52　距离试验添加测试项目窗口

点击开始按钮 ▶（或用 F2），开始试验。测试结果如图 7-53 所示。

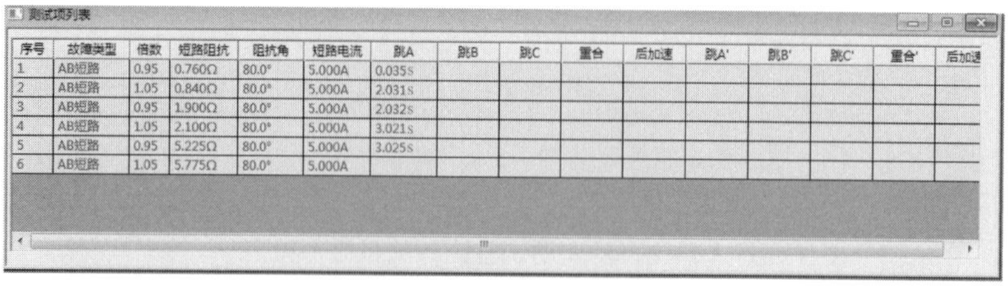

测试项列表

序号	故障类型	倍数	短路阻抗	阻抗角	短路电流	跳A	跳B	跳C	重合	后加速	跳A'	跳B'	跳C'	重合'	后加速
1	AB短路	0.95	0.760Ω	80.0°	5.000A	0.035s									
2	AB短路	1.05	0.840Ω	80.0°	5.000A	2.031s									
3	AB短路	0.95	1.900Ω	80.0°	5.000A	2.032s									
4	AB短路	1.05	2.100Ω	80.0°	5.000A	3.021s									
5	AB短路	0.95	5.225Ω	80.0°	5.000A	3.025s									
6	AB短路	1.05	5.775Ω	80.0°	5.000A										

图 7-53　接地距离测试结果

测试结果为Ⅰ、Ⅱ、Ⅲ段的 0.95 本段动作，Ⅰ、Ⅱ段的 1.05 倍下段动作，Ⅲ段的 1.05 倍不动作。

（4）加故障量，模拟反方向故障，距离保护不动作。

（5）相间距离故障方法类似只需将故障类型重新选择相间短路即可。

注：零序补偿系数 $K=\dfrac{Z_{0L}-Z_{1L}}{3Z_{1L}}$，其中 Z_{0L} 和 Z_{1L} 分别为线路的零序和正序阻抗；建

议采用实测值，如无实测值，则将计算值减去 0.05 作为整定值。

7.7.3　零序保护试验

投零序保护连接片（各分段的控制字）：

使用“线路保护定值试验”菜单中的“测试项目”窗口中选“零序定值校验”，在“试验参数窗口”把“故障时间”设为“4s”，其他设置和光纤差动设置相同（假设定值零序Ⅰ段 8A 时限 0s，零序Ⅱ段 6A 时限 1s，零序Ⅲ段 4A 时限 2s，零序Ⅳ段 2A 时限 3s），在回到“测试项目”窗口点击“添加”，再按定值设置测试项目，如图 7-54 所示。

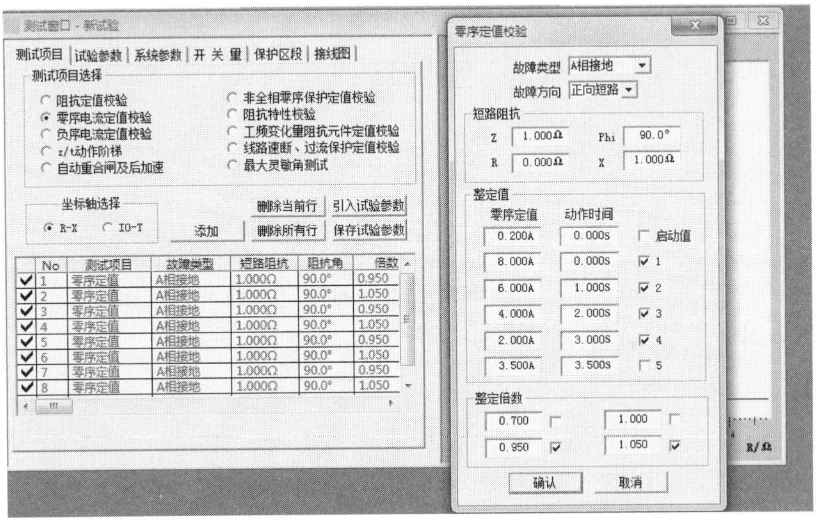

图 7-54　零序试验添加测试项目窗口

测试结果如图 7-55 所示。

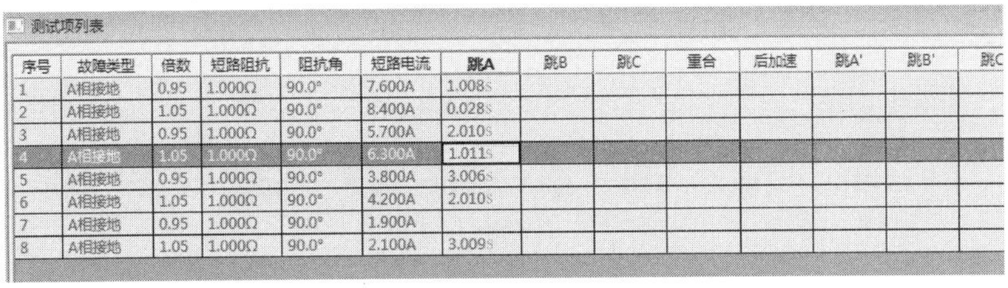

序号	故障类型	倍数	短路阻抗	阻抗角	短路电流	跳A	跳B	跳C	重合	后加速	跳A'	跳B'	跳C
1	A相接地	0.95	1.000Ω	90.0°	7.600A	1.008s							
2	A相接地	1.05	1.000Ω	90.0°	8.400A	0.028s							
3	A相接地	0.95	1.000Ω	90.0°	5.700A	2.010s							
4	A相接地	1.05	1.000Ω	90.0°	6.300A	1.011s							
5	A相接地	0.95	1.000Ω	90.0°	3.800A	3.006s							
6	A相接地	1.05	1.000Ω	90.0°	4.200A	2.010s							
7	A相接地	0.95	1.000Ω	90.0°	1.900A								
8	A相接地	1.05	1.000Ω	90.0°	2.100A	3.009s							

图 7-55　零序保护测试结果

测试结果为Ⅰ、Ⅱ、Ⅲ、Ⅳ段的 1.05 倍本段可靠动作，Ⅰ、Ⅱ、Ⅲ段的 0.95 下段动作（本段可靠不动），Ⅳ段的 0.95 不动作。

7.7.4　重合闸及后加速试验

（1）投零序保护连接片、重合闸连接片。

（2）整定保护定值控制字中“零序Ⅱ段”置“1”，“投重合闸”置“1”，“投重合闸不检”置“1”。同时要求无闭锁重合闸开入，无电压闭锁开入，无 TWJ 开入以保证装置能可靠充电。

打开“状态序列”菜单点击增加新状态，一共增加 4 个状态设置，如图 7-56～图 7-62 所示。

1）状态 1 故障前状态，如图 7-56、图 7-57 所示。

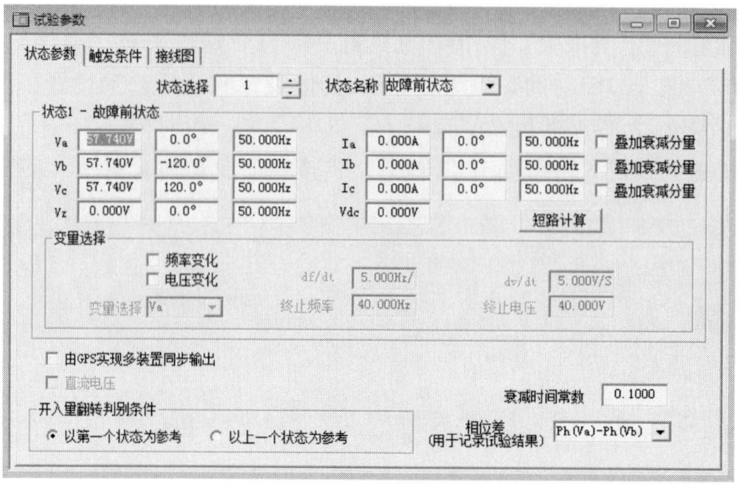

图 7-56 故障前状态（一）

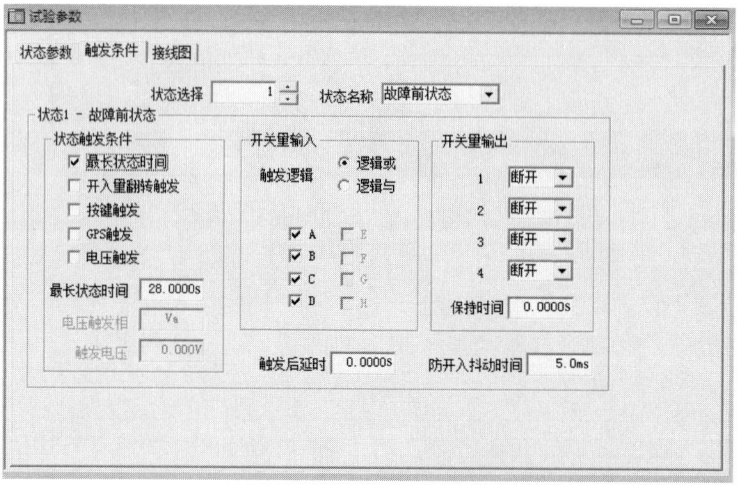

图 7-57 故障前状态（二）

2）状态 2 故障状态，如图 7-58、图 7-59 所示。

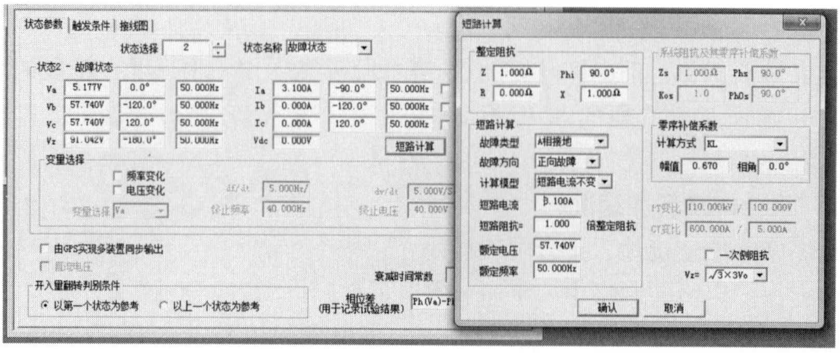

图 7-58 故障状态（一）

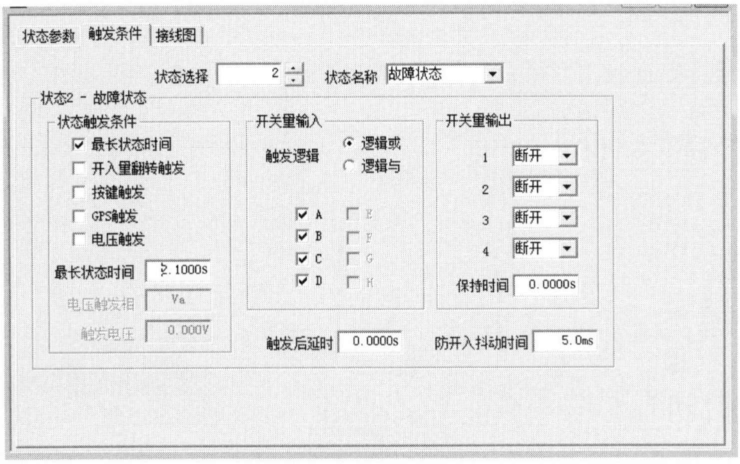

图 7-59　故障状态（二）

3）状态 3 重合闸状态，如图 7-60、图 7-61。

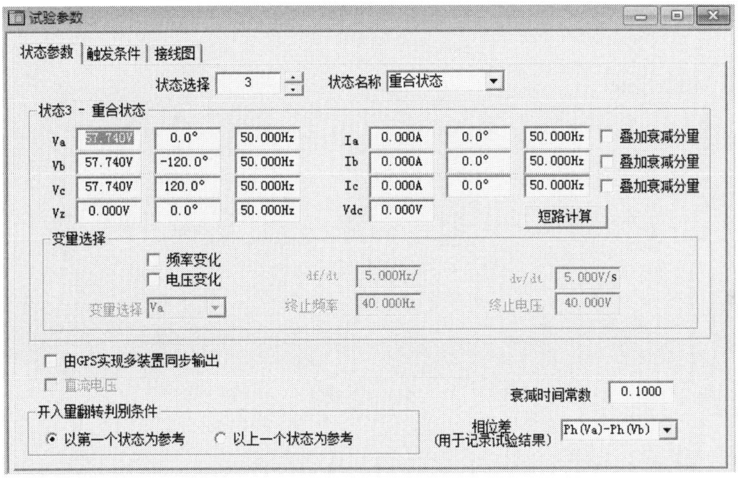

图 7-60　重合闸状态（一）

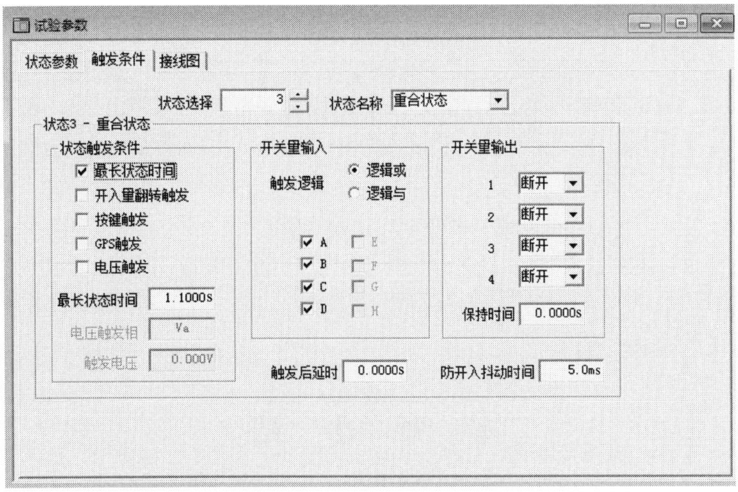

图 7-61　重合闸状态（二）

4）状态 4 后加速状态，如图 7-62、图 7-63 所示。

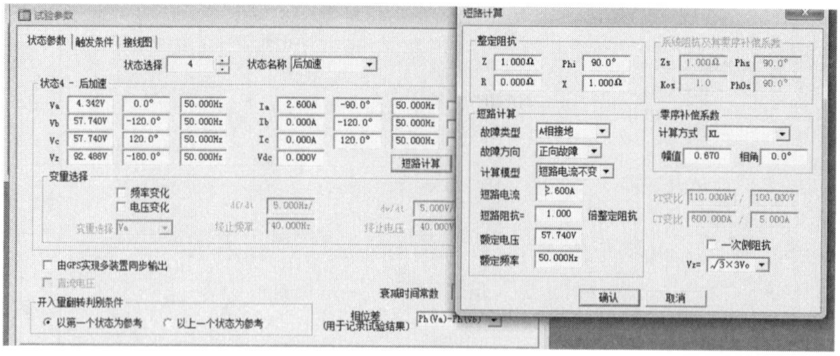

图 7-62　后加速状态（一）

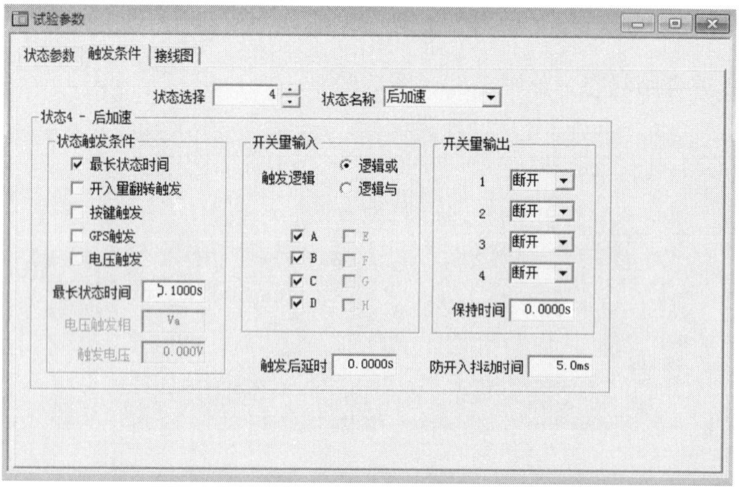

图 7-63　后加速状态（二）

5）点击开始试验，结果如图 7-64 所示。

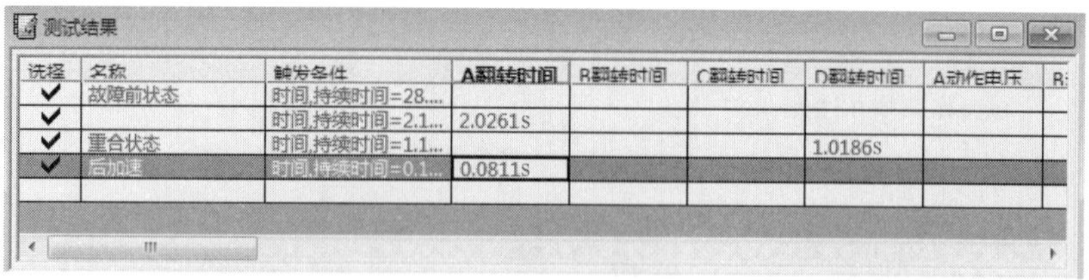
测试结果
选择
名称
触发条件
A翻转时间
B翻转时间
C翻转时间
D翻转时间
A动作电压
故障前状态
重合状态
后加速
2.0261s
1.0186s
0.0811s

图 7-64　试验结果

注：重合闸功能测试最好伴随开关的传动一起完成，即是对装置的逻辑功能测试又是对跳合闸回路的整体检查。

本　章　小　结

根据 10、20、35（66）、110、220kV 线路所在电力网接地方式特点，按照《继电保护和安全自动装置技术规程》(GB/T 14285—2006)规定分别配置符合要求的保护装置。

微机保护装置逐步取代了传统的继电保护装置，在电力系统生产中迅速广泛使用。为了实现对微机型继电保护装置的测试，继电保护测试仪成为必不可少的专用设备。

RCS-9611C型用作110kV以下电压等级的非直接接地系统或小电阻接地系统中的线路保护及测控装置。

保护主要配置有三段可经复压和方向闭锁的过电流保护、三段零序过电流保护、过电流加速保护和零序加速保护（零序电流可自产也可外加)、过负荷功能（报警或者跳闸)、低频减载功能、三相一次重合闸（大电流跳闸闭锁重合闸)。

RCS-943型为由微机实现的数字式输电线路成套快速保护装置，可用作110kV输电线路的主保护及后备保护。

装置主要配置有以分相电流差动和零序电流差动为主体的快速主保护，由三段相间和接地距离保护、四段零序方向过电流保护构成的全套后备保护，并具有三相一次重合闸功能、过负荷告警功能。

继电保护及自动装置是电网安全的重要屏障。对继电保护及自动装置进行正确的检验，是保证继电保护装置安全运行和可靠动作的重要手段。运行中的继电保护自动装置及其二次回路，由于受到灰尘、潮气、腐蚀气体的侵入和机械作用力等，使装置零件腐蚀、磨损，紧固件松动以及定值和电气特性的变化，均将影响装置正确工作的可靠性；新安装的装置也可。能由于产品的质量、安装质量、运输质量等问题，影响装置的正确工作。因此，对于投入运行前或运行一段时间的继电保护自动装置均必须进行检验，及时发现和处理设备缺陷，确保装置正常工作。

思考与实践

1. 10kV单侧电源线路保护配置的要求是什么?
2. 10kV双侧电源线路保护配置的要求是什么?
3. 35（66）kV线路保护典型配置的要求是什么?
4. 110kV线路保护典型配置的要求是什么?
5. 220kV线路保护典型配置的要求是什么?
6. 继电保护测试仪的主要作用是什么?
7. 继电保护测试仪具有哪些主要功能?
8. RCS-9611型输配电线路保护测控装置的硬件通常由哪些环节构成?
9. RCS-943型输配电线路保护测控装置的硬件通常由哪些环节构成?
10. 电力系统微机保护装置通用检验项目有哪些?
11. 电力系统微机保护装置检验注意事项主要有哪些?
12. 输配电线路保护测控装置定期检测的项目有哪些？检测正确与否的依据是什么?
13. 带方向和低电压闭锁的三段式过电流保护元件检测的项目有哪些？检测正确与否的依据是什么?

第8章 电力变压器的继电保护

电力变压器是电力系统中十分重要的供电元件，是发电厂、变电站的重要组成设备，它的故障将对电力系统供电的可靠性和系统的正常运行带来严重影响。由于绝大部分的电力变压器安装在户外，受自然条件的影响较大，同时受到所连接负荷的影响和电力系统短路故障的威胁，变压器在运行中有可能出现各种类型的故障和不正常运行状态，因此必须根据变压器的容量和重要程度来考虑装设性能良好、工作可靠的继电保护装置。

本章通过分析变压器可能发生的故障的类型及其特点，主要介绍电力变压器的气体保护、纵联差动保护、相间短路的后备保护、接地保护以及过励磁保护等基本保护措施，重点介绍了这些保护措施的工作原理、保护的原理接线以及动作电压和电流的整定。

本章的学习目标：

熟悉变压器的故障类型及其保护的配置原则；

了解瓦斯保护工作原理；

掌握变压器差动保护产生不平衡电流的原因及消除措施；

掌握变压器微机比率制动差动保护的工作原理及整定计算方法；

掌握变压器相间短路后备保护的工作原理及整定计算方法；

熟悉变压器接地保护的工作原理；

理解三绕组变压器后备保护及过负荷保护配置。

8.1 变压器的故障、不正常状态及保护配置

电力变压器（简称变压器）是连续运行的静止设备，运行比较可靠，和发电机与高压输电线路元件相比，故障概率比较低。但由于绝大部分变压器安装在户外，受自然环境影响较大，同时还受到运行时承载负荷的影响以及电力系统短路故障的影响，在变压器的运行过程中不可避免的出现各类故障和异常情况。但其故障后对电力系统的影响却很大，若保护装置本身不合理，将给变压器本身造成极大的危害。因此，对电力变压器应配置完善可靠的继电保护。

8.1.1 变压器的故障

变压器的故障主要包括以下几类。

1. 相间短路

这是变压器最严重的故障类型，包括变压器箱体内部的相间短路和引出线（从套管出口到电流互感器之间的电气一次引出线）的相间短路。由于相间短路会烧损变压器本体设备，严重时会使变压器整体报废，因此，当变压器发生这种类型的故障时，要求瞬

时切除故障。

2. 接地（或对铁芯）短路

这种短路故障只会发生在中性点接地的系统一侧。对这种故障的处理方式和相间短路故障是相同的，但同时要考虑接地短路发生在中性点附近时保护的灵敏度。

3. 匝间或层间短路

指由于导线本身的绝缘损坏，产生的绕组线匝间的短路故障。

对于大型变压器，为改善其冲击过电压性能，广泛采用新型结构和工艺，匝间短路故障发生的几率有增加的趋势。如何选择和配置灵敏的匝间短路保护，对大型变压器就显得尤为重要。

4. 铁芯局部发热和烧损

由于变压器内部磁场分布不均匀、制造工艺水平差、绕组绝缘水平下降等因素，会使铁芯局部发热和烧损，继而引发更严重的相间短路。因此，应及时检测这一类故障。

8.1.2　变压器不正常运行状态

变压器不正常运行状态是指变压器本体没有发生故障，但外部环境变化后引起了变压器的非正常工作状态。这种非正常运行状态如果不及时处理或告警，可能会引发变压器的内部故障。因此，从这种观点看，这一类保护也可称为故障预测保护。

1. 过负荷

变压器有一定的过负荷能力，但若长期处于过负荷下运行，会使变压器绕组的温度升高、绝缘水平下降，加速其老化，缩短其寿命。运行人员应及时了解变压器过负荷运行状态，以便进行相应处理。

2. 过电流

过电流一般是由于外部短路后，大电流流经变压器而引起的。由于变压器在这种电流下会烧损，一般要求和区外保护配合，经延时切除变压器。

3. 零序过电流

由于变压器高压侧绕组一般都采用分级绝缘，绝缘水平在整个绕组上不一致，当高压侧区外发生接地短路时，会使中性点电压升高，影响变压器安全运行。

4. 油面下降

由于变压器漏油等原因造成变压器油面下降，会引起变压器内部绕组过热和绝缘水平下降，给变压器的安全运行造成危害。因此当变压器油面下降时，应及时检测并予以处理。

5. 其他故障

如通风设备故障、冷却器故障等，这些故障也都必须作相应的处理。

8.1.3　变压器保护类型

针对上述变压器运行中可能出现的各种故障和不正常运行状态，应根据变压器容量大小、电压等级、重要程度和运行方式等，设置以下相应的保护装置。根据运行规程规定，变压器装设的保护有以下几种。

1. 主保护

变压器保护的主保护主要包括气体保护和纵联差动保护或电流速断保护。

（1）气体（瓦斯）保护。气体保护是变压器的主保护之一，用于反应油箱内部的各种短路故障和油面下降，其中轻气体保护瞬时动作于发信号，重气体保护瞬时动作于跳开变压器各侧断路器。

对于容量在 0.8MVA 及以上户外油浸式变压器和容量在 0.4MVA 及以上户内油浸式变压器，应装设气体保护；带负荷调压油浸式变压器的调压装置也应装设气体保护。

（2）纵联差动保护或电流速断保护。对于变压器绕组、套管及引出线的各种短路故障，应装设纵联差动保护或电流速断保护作为变压器的另一套主保护。保护瞬时动作于跳开变压器各侧断路器。

对于容量在 6.3MVA 以下厂用工作变压器和并列运行的变压器，以及 10MVA 以下厂用备用变压器和单独运行的变压器，当后备保护的动作时间大于 0.5s 时，应装设电流速断保护。

对于容量在 6.3MVA 及以上厂用工作变压器、工业企业中的重要变压器和并列运行的变压器；容量在 10MVA 及以上厂用备用变压器和单独运行的变压器；容量在 2MVA 及以上用电流速断保护灵敏系数不能满足要求的变压器，应装设纵联差动保护。对于高压侧电压为 330kV 及以上变压器，可装设双重差动保护。

2. 后备保护

变压器主保护的后备保护主要包相间短路保护和接地保护。

（1）相间短路保护。对由于外部相间短路引起的变压器过电流，应按下列规定装设相应的保护作为后备保护，保护动作后，应带时限动作于跳闸。

1）过电流保护宜用于降压变压器，保护的整定值应考虑发生事故时可能出现的过负荷。

2）复合电压启动的过电流保护，宜用于升压变压器、系统联络变压器和过电流保护不符合灵敏性要求的降压变压器。

3）负序电流的单相式低电压启动的过电流保护，可用于 63MVA 及以上升压变压器。

4）当复合电压启动的过电流保护或负序电流和单相式低电压启动的过电流保护不能满足灵敏性和选择性要求时，可采用阻抗保护。

（2）接地保护。在 110kV 及以上中性点直接接地的电网中，如变压器的中性点直接接地运行，对外部单相接地引起的过电流，应装设零序电流保护，用作变压器外部接地短路时的后备保护。保护直接动作于跳闸。

3. 异常运行保护

变压器的异常运行保护主要包括过负荷保护、过励磁保护和油温高保护等。

（1）过负荷保护。对于 0.4MVA 及以上变压器，当数台并列运行或单独运行，并作为其他负荷的电源时，应根据可能过负荷的情况，装设过负荷保护。对自耦变压器和多绕组变压器，保护应能反应公共绕组及各侧过负荷的情况。保护采用单相式，带时限动作于信号。

（2）油温高保护。对于变压器温度及箱体内压力升高和冷却系统故障，应装设相应的可动作于信号或跳闸的保护。

8.2 变压器非电量保护

利用变压器的油、气、温度等非电气量构成的变压器保护称为非电量保护，主要有瓦斯保护、压力保护、温度保护、油位保护及冷却器全停保护。非电量保护根据现场需要动作于跳闸或发信。

当非电量保护动作于发信后，运行人员应根据动作信号及时联系调度和检修部门对变压器异常情况进行处理。

8.2.1　瓦斯保护

瓦斯保护用来反应变压器油箱内部各种短路故障及油面降低，是油浸式变压器的内部故障的主保护。

当变压器油箱内发生各种短路故障时，由于短路电流和短路点电弧的作用，变压器油和绝缘材料会因为受热而分解，从而产生大量气体，从油箱流向储油柜上部。故障越严重，产生的气体越多，流向储油柜的气流和油流速度也越快，利用这种气体实现的变压器保护称为气体保护。在变压器油箱内部故障产生轻微气体或油面降低时，轻气体保护动作于发信号；当产生大量气体或油流速度超过整定值时，重气体保护动作于跳开变压器各侧断路器。

1. 气体继电器的结构和工作原理

实现变压器气体保护的主要元件是气体继电器，它安装在油箱和储油柜之间的连接管道中，如图 8-1 所示。为保证气体顺利经气体继电器进入储油柜，变压器顶盖与水平面之间应有 1%～1.5%的升高坡度，连接管道应有 2%～4%的升高坡度。

国内采用的气体继电器有 3 种形式：浮筒式、挡板式和复合式。早期的浮筒式气体继电器因浮筒漏气渗油和水银触点防震性能差，容易引起误动作。挡板式气体继电器在浮筒式的基础上，将下浮筒换成挡板而上浮筒不变。复合式气体继电器采用开口杯和挡板结构，用干簧触点代替水银触点，提高了抗震性能。

下面以目前广泛使用的开口杯挡板式气体继电器为例说明其结构和工作原理。图 8-2 所示为开口杯挡板式气体继电器的结构图。正常运行时，上、下开口杯 2 和 1 都浸在油中，开口杯和附件在油内的重力所产生的力矩小于平衡锤 4 和 13 所产生的力矩，因此开口杯向上倾，干簧触点 3 和 12 断开，变压器信号显示为正常运行状态。

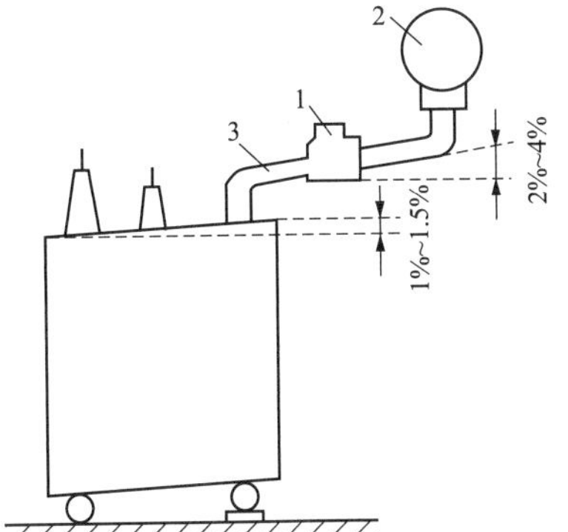

图 8-1　气体继电器安装示意图

1—气体继电器；2—储油柜；3—连接导管

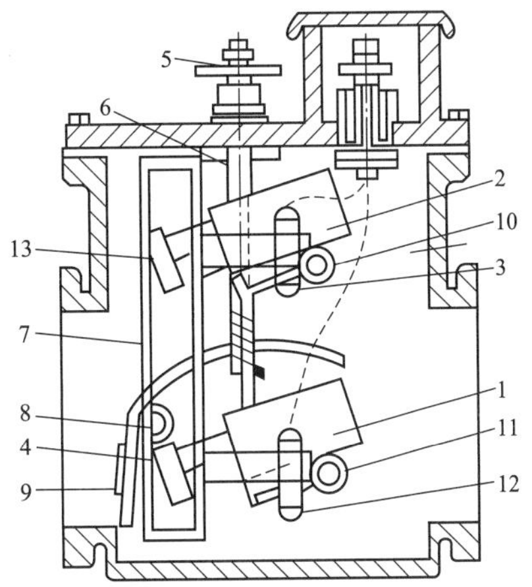

图 8-2　开口杯挡板式气体继电器结构图

1—下开口杯；2—上开口杯；3、12—干簧触点；4、13—平衡锤；5—放气阀；6—探针；7—支架；8—挡板；9—进油挡板；10、11—永久磁铁

当变压器内部发生轻微故障时，少量的气体逐渐汇聚在继电器的上部，迫使继电器内油面下降，而使开口杯露出油面，此时由于浮力的减小，开口杯和附件在空气中的重力加上油杯内油重所产生的力矩大于平衡锤13所产生的力矩，从而使上开口杯2顺时针方向转动，带动永久磁铁10靠近干簧触点3，使触点闭合，发出“轻气体”保护动作信号。

当变压器油箱内部发生严重故障时，大量气体和油流直接冲击挡板8，使下开口杯1顺时针方向旋转，带动永久磁铁11靠近下部干簧触点12，使之闭合，发出“重气体”保护动作信号，同时发出跳闸脉冲。

当变压器由于严重漏油使油面逐渐降低时，首先是上开口杯露出油面，发出报警信号，进而下开口杯露出油面后，继电器动作，发出跳闸脉冲。

值得注意的是，在变压器注油、换油、新安装或大修之后投入运行之初，由于油中混有少量气体，可能引起气体保护误动作。因此，在变压器注油或换油后、变压器新安装或大修之后投入运行之初，还有在气体继电器做试验时，重气体保护的动作出口应暂时切换至信号回路，以防止误动作。

2. 气体保护原理接线

气体保护的原理接线如图8-3所示。其中，气体继电器KG的上触点KG.1由开口杯控制，构成变压器的轻气体保护，动作于发信号，KG的下触点KG-2由挡板控制，构成重气体保护，动作后经信号继电器KS启动出口继电器KCO，由其动合触点KCO.1和KCO.2分别跳开变压器两侧断路器QF1和QF2。

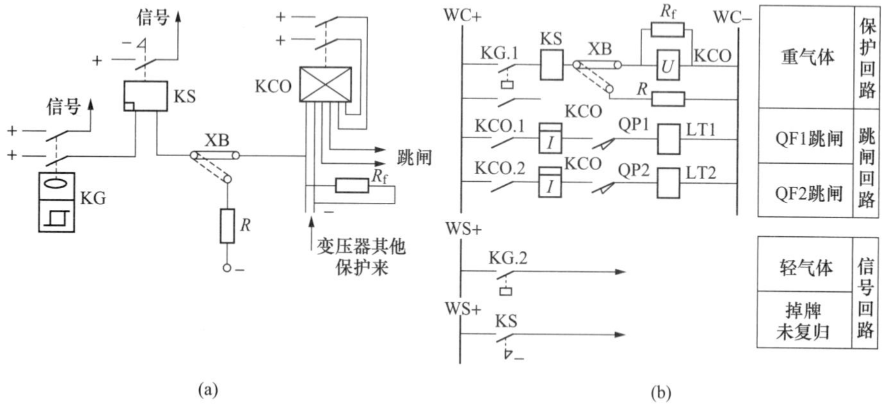

图8-3　气体保护原理接线图

（a）原理接线图；（b）展开图

变压器内部故障时，重气体保护是靠油流冲击而动作的，为防止严重故障时油流的速度不稳定，出现跳动现象而失灵，气体保护的出口继电器必须采用带电流自保持线圈的中间继电器KCO。为了防止KG.2短时闭合影响断路器可靠跳闸，可将两个电流自保持线圈分别与变压器两侧的跳闸线圈串联，此时只要重气体保护的触点KG.2闭合，出口中间继电器的电压线圈即励磁，其触点闭合后，两侧断路器的跳闸线圈即分别通过两个电流自保持线圈而产生自保持，既使气体继电器的触点KG.2断开，也可保证断路器可靠跳闸。当断路器跳闸后，断路器动合辅助触点QF1、QF2断开，解除了电流线圈的自保持作用。

为防止气体保护在变压器换油、气体继电器试验、变压器新安装或大修后投入运行之初误动作，出口回路设有切换片，可将 XB 倒向电阻 R 一侧，使气体保护改为只发信号。

8.2.2　对气体保护的评价

气体保护的主要优点是结构简单、灵敏度高、能反应变压器油箱内的各种故障，包括轻微的匝间短路故障、漏油造成的油面降低等，这是其他变压器保护无法做到的。此外，气体保护还能反应变压器铁芯局部烧损、绕组内部断线、绝缘逐渐劣化等故障。因此，气体保护是油浸式变压器内部故障最有效的保护装置，也是油浸式变压器必不可少的一种主保护。

气体保护的主要缺点是，由于不能反应变压器套管和引出线的故障，因此它不能单独作为变压器的主保护，通常要与纵联差动保护或速断保护相配合，共同作为变压器的主保护。此外，在变压器内部发生严重故障时，由于气体保护需要有一定的油流速度才能动作，相对于差动保护而言动作速度也不够快。

8.2.3　变压器的温度保护

由于 A 级绝缘变压器绕组的最高允许温度为 105℃，绕组的平均温度约比油温高 10℃，故油浸自冷或风冷变压器上层油温最高允许温度为 95℃。考虑油温对油的劣化影响，上层油温的允许值一般不超过 85℃。对于强迫油循环风冷或水冷变压器，由于油的冷却效果好，使上层油温和绕组的最热点温度降低，但绕组平均温度与上层油温的温差较大，故强油风冷变压器运行上层油温一般为 75℃，最高上层油温不超过 85℃。强油水冷变压器运行最高上层油温不超过 70℃。

变压器油的温度越高，劣化速度就越快，使用寿命就越短，为此，必须对运行中的变压器上层油温进行监视。

用于测量变压器上层油温的测温装置有带电触点的压力式温度计和遥测温度计两种。其中，带电触点的压力式温度计既可以实时显示变压器的上层油温，又可以利用电触点预先整定的温度定值来自动启动变压器冷却装置。

8.2.4　变压器压力释放阀保护

压力释放阀是用来保护油浸电气设备的装置，其作用相当于早期变压器的安全气道。变压器的主油箱和有载分接开关油箱各有一个压力释放阀。如图 8-4 所示。

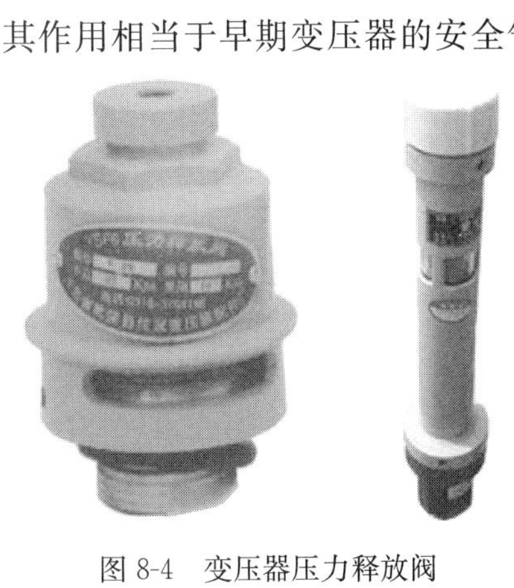

图 8-4　变压器压力释放阀

在变压器油箱内部发生故障时，油箱内的油被分解、气化，产生大量气体，油箱内压力急剧升高，此压力如不及时释放，将造成变压器油箱变形，甚至爆裂。当变压器在油箱内部发生故障、压力升高至压力释放阀的开启压力时，压力释放阀能够在 2ms 内迅速开启，使变压器油箱内的压力很快降低，从而保证了油箱安全；当压力降到关闭压力值时，压力释放阀便可靠关闭，使变压器油箱内永远保持正压，有效地防止外部空气、水分及其他杂质进入油箱。在压力释放阀动作后，其触点闭合，可瞬时动作于跳开变压器。

8.2.5 冷却器故障保护

当冷却器故障引起变压器温度超过安全限值时，并不是立即将变压器退出运行，而是允许其短暂运行一段时间，以便处理冷却器故障。这期间可以降低变压器负荷运行，使变压器温度恢复到正常水平。若在规定时间内温度不能降至正常水平，应切除变压器。

冷却器故障保护一般由反应变压器绕组电流的过电流继电器与时间继电器构成，并与温度保护配合使用，构成两段时限保护。当变压器冷却器发生故障时，温度升高，超过限值后温度保护首先动作，发出报警的同时开放冷却器故障保护出口。这时变压器电流若超过整定值，先按第一段延时 t_1 动作以减出力，使变压器负荷降低，促使变压器温度下降。若温度保护返回，则变压器维持在较低负荷下运行，以减少停运机会；若温度保护仍不能返回，说明减输出功率无效，为保证变压器的安全，变压器冷却器故障保护将以第二段延时 t_2 动作于跳闸。延时 t_2 值通常按失去冷却系统后，变压器允许运行时间整定。

8.3 电力变压器的电流速断保护

8.3.1 原理接线

对于容量较小的变压器，可在其电源侧装设电流速断保护，与瓦斯保护配合反映变压器绕组及引出线上的相间短路故障。电流速断保护的单相接线原理如图 8-5 所示。

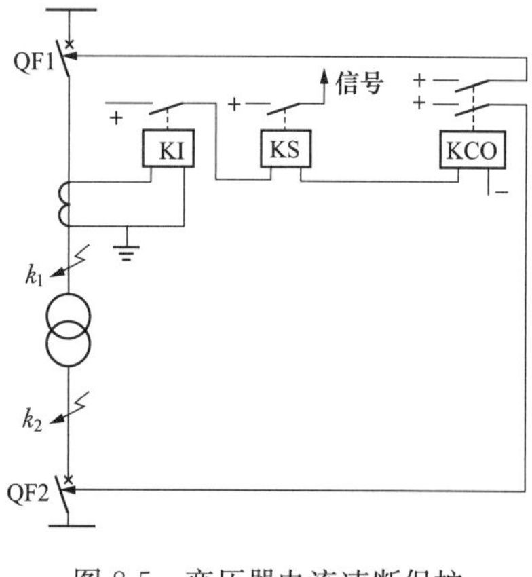

图 8-5 变压器电流速断保护单相接线原理图

当变压器的电源侧为直接接地系统时，保护采用完全星形接线；若为非直接接地系统，可采用两相不完全星形接线。

8.3.2 保护的动作电流整定

保护的动作电流按下列条件选择。

(1) 大于变压器负荷侧 k_2 点短路时流过保护的最大短路电流。即

$$I_{set} = K_{rel} I_{k\cdot max} \tag{8-1}$$

式中 K_{rel}——可靠系数，一般取 1.3～1.4；

$I_{k\cdot max}$——最大运行方式下，变压器低压侧母线发生短路故障时，流过保护的最大短路电流。

(2) 躲过变压器空载投入运行时的励滋涌流，通常取

$$I_{set} = (3 \sim 5) I_N \tag{8-2}$$

式中 I_N——保护安装侧变压器的额定电流。

取上述两条件的较大值作为保护动作的电流值。

保护的灵敏度要求

$$K_{sen}=\frac{I_{k\cdot min}^{(2)}}{I_{set}}\geqslant 2 \tag{8-3}$$

式中　$I_{k\cdot min}^{(2)}$——最小运行方式下，保护安装处两相短路时的最小短路电流。

保护动作后，瞬时断开变压器各侧断路器并发出动作信号。电流速断保护具有接线简单、动作迅速等优点，能瞬时切除变压器电源侧的引出线、出线套管及变压器内部部分线圈的故障。它的缺点是不能保护电力变压器的整个范围，当系统容量较小时，保护范围较小，灵敏度较难满足要求；在无电源的一侧，出线套管至断路器这一段发生的短路故障，要靠相间短路的后备保护才能反映，切除故障的时间较长，对系统安全运行不利；对于并列运行的变压器，负荷侧故障时，将由相间短路的后备保护无选择性地切除所有变压器，扩大了停电范围。但该保护简单、经济并且与瓦斯保护、相间短路的后备保护配合较好，因此广泛应用于小容量变压器的保护中。

8.4　变压器纵联差动保护基本原理及不平衡电流

变压器纵联差动保护是反应变压器绕组、套管和引出线上各种短路故障的主保护，能瞬时切除保护区内的短路故障，但它对油箱内部的匝间短路故障不够灵敏，而变压器油箱内部故障又是电力系统最危险故障之一，因此，纵联差动保护必须和气体保护一起构成变压器各种故障的主保护。

与输电线路纵联差动保护相比，比较变压器两侧的电气信号更容易实现，并且由于不存在辅助导线的问题，因此变压器的纵联差动保护得到了广泛应用。变压器纵联差动保护存在的特殊问题是：产生不平衡电流的原因多，不平衡电流大，因此在保护中必须采取各种措施尽量减小或消除不平衡电流。

8.4.1　变压器差动保护的基本原理

变压器纵差动保护作为变压器绕组故障时变压器的主保护，其保护区是构成差动保护的各侧电流互感器之间所包围的部分，包括变压器本身、电流互感器与变压器之间的引出线。

变压器纵差动保护与线路纵差保护的基本原理相同，都是比较被保护设备各侧电流的大小和相位的原理构成的。以一个双绕组变压器为例进行分析，如图 8-6 所示。为了分析方便，忽略变压器接线形式。设变压器变比为 n_T，变压器高压侧绕组所接的电流互感器的变比为 n_{TA1}，低压侧绕组所接的电流互感器变比为 n_{TA2}。

当正常运行或外部故障时，电流方向如图 8-6（a）所示，流入差动继电器中电流 $\dot{I}_d=\dot{I}_1'-\dot{I}_2'$，而此时继电器应不动作。在不考虑误差的情况下，流入差动继电器中的电流为零，即 $\dot{I}_d=0$。

$$\dot{I}_d=\dot{I}_1'-\dot{I}_2'=\frac{\dot{I}_1}{n_{TA1}}-\frac{\dot{I}_2}{n_{TA2}}=0 \tag{8-4}$$

式中　$\frac{\dot{I}_1}{n_{TA1}}=\frac{\dot{I}_2}{n_{TA2}}$，即$\frac{n_{TA2}}{n_{TA1}}=\frac{\dot{I}_2}{\dot{I}_1}=n_T$。

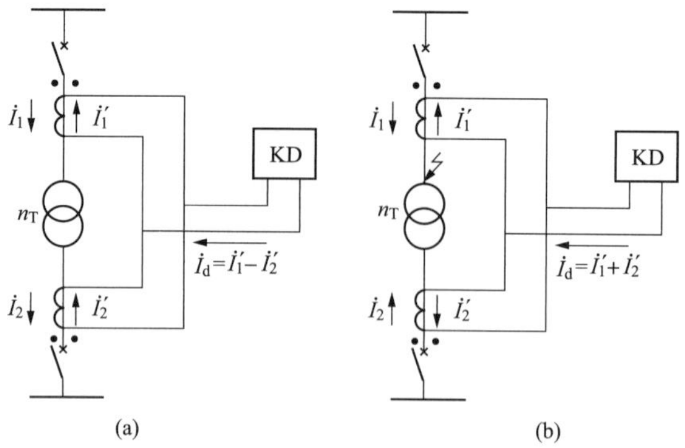

图 8-6　变压器纵差动保护原理接线图

（a）正常运行或外部故障；（b）内部故障

所以，当满足 $n_T=\frac{n_{TA2}}{n_{TA1}}$时，在正常运行或外部故障时，流入差动继电器的电流为零。

当区内发生故障时，电流方向如图 8-6（b）所示，流入差动继电器的电流 $\dot{I}_d=\dot{I}_1'+\dot{I}_2'$，保护装置可以动作。

通过以上分析，可以得出：当满足 $n_T=\frac{n_{TA2}}{n_{TA1}}$时，在区外故障或正常运行时，流入差动继电器中的电流 $\dot{I}_d$ 是两侧电流互感器二次侧电流之差 $\dot{I}_d=\dot{I}_1'-\dot{I}_2'$；在区内故障时，流入差动继电器中的电流时两个电流互感器二次侧电流之和 $\dot{I}_d=\dot{I}_1'+\dot{I}_2'$。在上面分析中，忽略了变压器接线形式，目前，大中型变电站的变压器一般采用 Yd11 的接线，d 侧超前 Y 侧 30°，即使满足 $n_T=\frac{n_{TA2}}{n_{TA1}}$ 条件，流入差动继电器的电流值也不为 0，如图 8-7 所示。

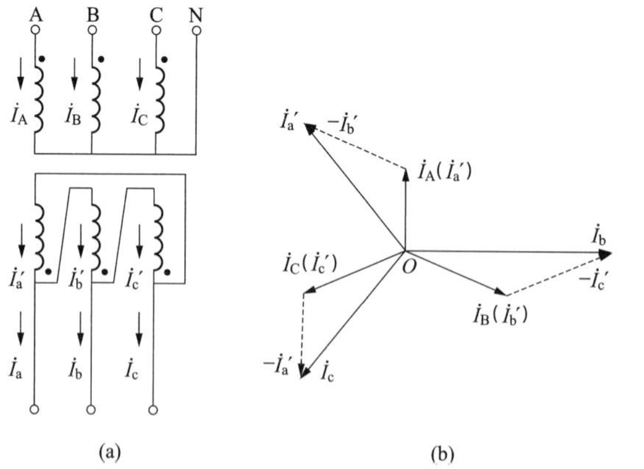

图 8-7　变压器 Yd11 联结相量图

（a）绕组接线图；（b）相量图

从图 8-7 中可以看出，在正常运行情况下 Y、d 侧同名相电流的相位相差 30°，如果直接用这两个电流构成变压器纵差动保护，即使它们的幅值相同也会产生很大的不平衡电流，所以需要进行相位校正和幅值校正。不仅如此，实际上，由于电流互感器的误差、变压器的接线方式及励磁涌流等因素的影响，即使满足式（8-4）条件，差动回路中仍会流过一定的不平衡电流 $I_{unb \cdot max}$，该值越大，差动保护的动作电流也越大，差动保护的灵敏度就越低。因此，要提高变压器纵差保护的灵敏度，关键问题是减小或消除不平衡电流的影响。

8.4.2　变压器差动保护的特点

由上述纵联差动保护的基本原理可知，变压器正常运行或发生外部故障时，流入差动继电器的电流应该为零。但实际上，由于励磁电流的存在以及其他因素的影响，正常运行或发生外部故障时，流入差动继电器的电流不等于零，而是有一定大小的电流流入差动继电器，称为不平衡电流 I_{unb}。

为了保证变压器纵联差动保护动作的选择性，差动继电器的动作电流 I_{set}应躲过外部短路时出现的最大不平衡电流 $I_{unb \cdot max}$。所以不平衡电流越大，继电器的启动电流也越大，保护的灵敏度也就越低。由于产生变压器纵联差动保护不平衡电流的原因较多，不平衡电流大是变压器纵联差动保护的主要特点，因此如何减小不平衡电流对保护的影响就成为实现变压器纵联差动保护的主要问题。下面首先对不平衡电流产生的原因和消除方法进行讨论。

在变压器差动保护中，有如下几个因素会引起不平衡电流，这也是变压器差动保护必须解决的几个特殊问题：

（1）两侧电压等级不同。

（2）两侧额定电流大小不同。

（3）两侧电流相位不同。

（4）计算变比与实际变比不同。

（5）带负荷调节分接头。

（6）励磁涌流影响。

（7）区外故障穿越电流的影响。

8.4.3　不平衡电流产生的原因及消除方法

1. 纵差动保护的相位、幅值校正

（1）模拟型变压器保护相位校正和幅值校正。如变压器为 Yd11 接线，在模拟型变压器保护中，其相位校正的方法是将变压器星形侧的电流互感器接成三角形，将变压器三角形侧的电流互感器接成星形，如图 8-8（a）所示，以补偿 30°的相位差。图中 $\dot{I}_{A1}^{Y}$、$\dot{I}_{B1}^{Y}$、$\dot{I}_{C1}^{Y}$为星形侧的一次电流，$\dot{I}_{A1}^{\triangle}$、$\dot{I}_{B1}^{\triangle}$、$\dot{I}_{C1}^{\triangle}$为三角形侧的一次电流，其相位关系如图 8-8（b）所示。采用相位补偿接线后，变压器星形侧电流互感器二次回路侧差动臂中的电流分别为 $\dot{I}_{A2}^{Y}-\dot{I}_{B2}^{Y}$、$\dot{I}_{B2}^{Y}-\dot{I}_{C2}^{Y}$、$\dot{I}_{C2}^{Y}-\dot{I}_{A2}^{Y}$，它们刚好与三角形侧电流互感器二次回路中的电流 $\dot{I}_{B2}^{\triangle}$、$\dot{I}_{C2}^{\triangle}$、$\dot{I}_{A2}^{\triangle}$同相位，如图 8-8（c）所示。这样，差动回路中两侧的电流的相位相同，但在数值上还应该进行校正。

变压器星形侧电流互感器变比为

$$K_{TA(Y)}=\frac{\sqrt{3}I_{TA(Y)}}{5} \tag{8-5}$$

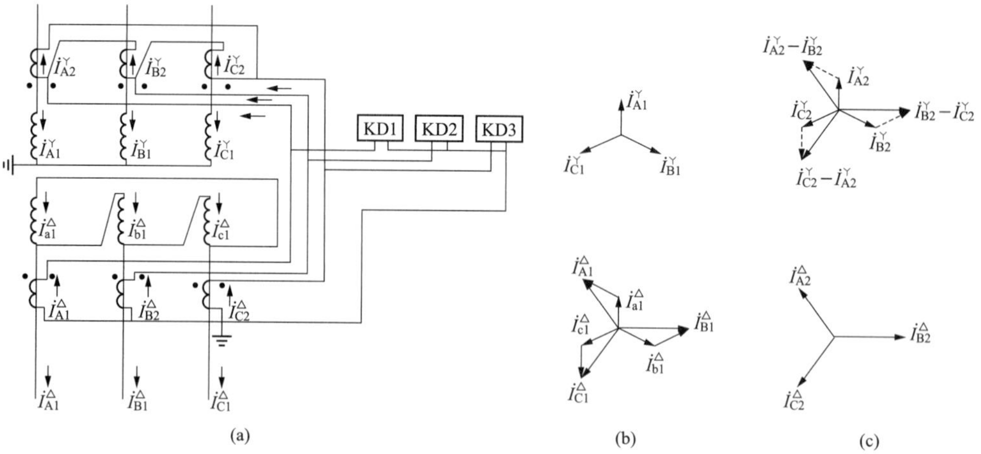

图 8-8　Yd11 接线变压器差动保护接线图和相量图

（a）原理接线图；（b）一次侧电流相量；（c）差动回路电流相量

变压器三角形侧电流互感器变比为

$$K_{TA(\triangle)}=\frac{I_{TA(\triangle)}}{5} \tag{8-6}$$

由于变压器的变比、各侧实际使用的 TA 变比之间不能完全满足一定的关系，在正常运行和外部故障时变压器两侧差动 TA 的二次电流幅值不完全相同，即使经过相位校正，从两侧流入各相差动继电器的电流幅值也不可能完全相同，在正常运行或外部故障的情况时无法满足 $\sum I=0$ 的关系。因此相位补偿算式中应引入电流平衡调整系数，详见本节“不平衡电流产生的原因及消除方法”的相关内容。

（2）微机型变压器保护相位补偿和幅值校正。在微机型变压器保护中考虑到微机保护软件计算的灵活性，由软件来进行相位校正和电流平衡的调整是很方便的，无论变压器是什么接线，两侧的电流互感器均可接成星形，如图 8-9 所示。这样电流平衡的调整更加简单，电流互感器的二次负载又可得到下降。

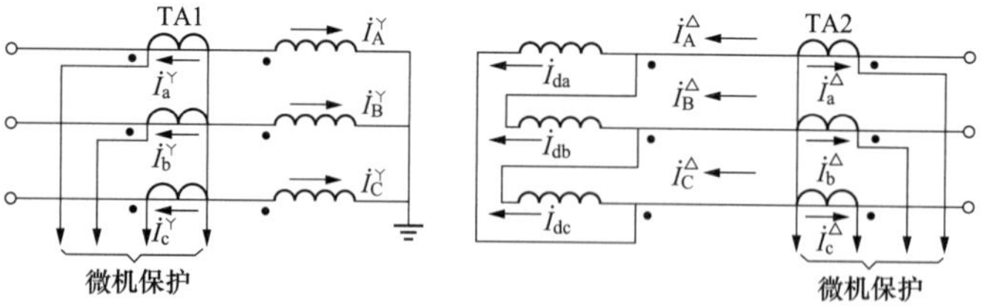

图 8-9　变压器差动保护交流接入回路示意图

图 8-9 中 $\dot{I}_{A}^{Y}$、$\dot{I}_{B}^{Y}$、$\dot{I}_{C}^{Y}$ 为星形侧一次电流，$\dot{I}_{A}^{\triangle}$、$\dot{I}_{B}^{\triangle}$、$\dot{I}_{C}^{\triangle}$ 为三角形侧一次电流。

微机保护相位校正方法有两种，方法一是高压侧移相，即将 Y 侧线电流向 d 侧线电流逆时针转 30°，例如 SGT756 型微机型变压器保护装置；方法二是低压侧移相，即将 d 侧线电流向 Y 侧线电流顺时针转 30°，例如 RCS978 型微机型变压器保护装置。下面以方法一为例进行详细讲述。

根据一次电流方向可知图 8-9 中为变压器发生内部故障，当采用高压侧移相进行相位补偿时，相量图如图 8-10（a）所示。图 8-10（a）中 $\dot{I}_{a}^{Y}-\dot{I}_{b}^{Y}$、$\dot{I}_{b}^{Y}-\dot{I}_{c}^{Y}$、$\dot{I}_{c}^{Y}-\dot{I}_{a}^{Y}$ 为高压侧差流计算值，$\dot{I}_{a}^{\triangle}$、$\dot{I}_{b}^{\triangle}$、$\dot{I}_{c}^{\triangle}$ 为低压侧差流计算值。

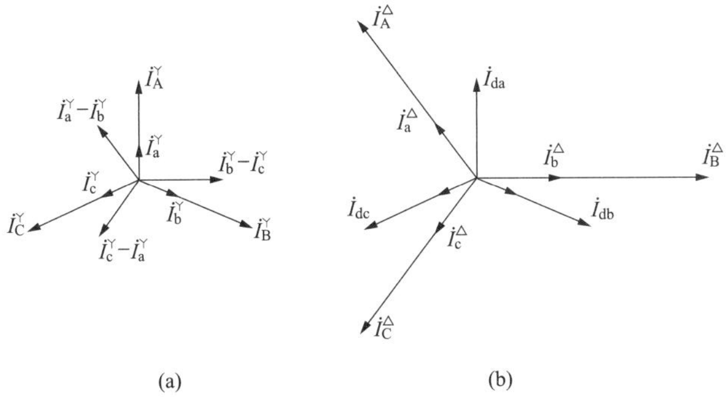

图 8-10　高压侧移相差流相量图

（a）Y侧；（b）d形侧

差流计算公式为

$$\begin{cases}\dot{I}_{A\cdot r}=\dfrac{1}{\sqrt{3}}(\dot{I}_a^{Y}-\dot{I}_b^{Y})+\dot{I}_a^{\triangle}\\ \dot{I}_{B\cdot r}=\dfrac{1}{\sqrt{3}}(\dot{I}_b^{Y}-\dot{I}_c^{Y})+\dot{I}_b^{\triangle}\\ \dot{I}_{C\cdot r}=\dfrac{1}{\sqrt{3}}(\dot{I}_c^{Y}-\dot{I}_a^{Y})+\dot{I}_c^{\triangle}\end{cases} \tag{8-7}$$

在微机保护中一般通过软件进行“相位补偿”。原理就是利用软件计算的方法来实现的。

2. 变压器励磁涌流产生的不平衡电流

变压器是一个电磁耦合元件，变压器的励磁电流仅在变压器的电源侧绕组中流动，该电流经电流互感器被反映到差动回路中。由于变压器的另一侧绕组中没有相应的电流和它平衡，因而励磁电流将全部变成不平衡电流流进差动回路。

变压器正常运行时，励磁电流很小，为额定电流的3%～5%；外部短路时，因电压降低，励磁电流更小，所以可以不考虑它的影响。而当变压器空载合闸或外部故障切除后电压恢复时，则会出现很大的励磁电流，其值可能达到变压器额定电流的6～8倍，称为励磁涌流，用$i_{e\cdot M}$表示。显然，这么大的不平衡电流流进差动回路，将引起保护误动作。如果只是单纯地通过提高保护动作电流来躲过该电流，则在变压器发生短路故障时，保护的灵敏度又不够。因此，如何识别流进差动回路的电流是励磁涌流还是短路电流，如何克服励磁涌流对差动保护的影响将是变压器纵联差动保护需要解决的一个主要问题。为此，必须对励磁涌流进行分析。

（1）变压器励磁涌流产生的原因。产生励磁涌流的原因主要是变压器铁芯严重饱和而使励磁阻抗大幅度降低。励磁涌流的大小和衰减速度与合闸瞬间电压的相位、剩磁的大小和方向、电源及变压器的容量、三相绕组的接线方式等有关。下面举例说明励磁涌流是如何产生的。

在习惯规定的正方向下，变压器铁芯中的磁通 $\dot{\Phi}$ 应滞后外加电压 $\dot{U}$90°，如图 8-11（a）虚线 1 所示。当变压器空载合闸瞬间电压瞬时值由负值趋向零变化，铁芯中磁通应为负的最大值$-\Phi_m$，然而铁芯中磁通不能突变，因此必将在铁芯中产生一个幅值为$+\Phi_m$的非周期分量磁通，即为暂态磁通，铁芯中的总磁通为暂态磁通与稳态磁通之和。显然，若不计衰减，则经半个周波即 $T/2$ 时，总磁通将达 $2\Phi_m$（虚线 2），再考虑剩磁 Φ_{resd} 且方向与 $+\Phi_m$ 同向，则总磁通将为 $\Phi_{\Sigma}=2\Phi_m+\Phi_{resd}$（虚线 3），此时变压器铁芯严重饱和，励磁电流将急剧增大，如图 8-11（b）所示。此电流就称为变压器的励磁涌流，其初值可达 6～8 倍变压器额定电流，它同时包含有大量的非周期分量和高次谐波分量，如图 8-11（c）所示。

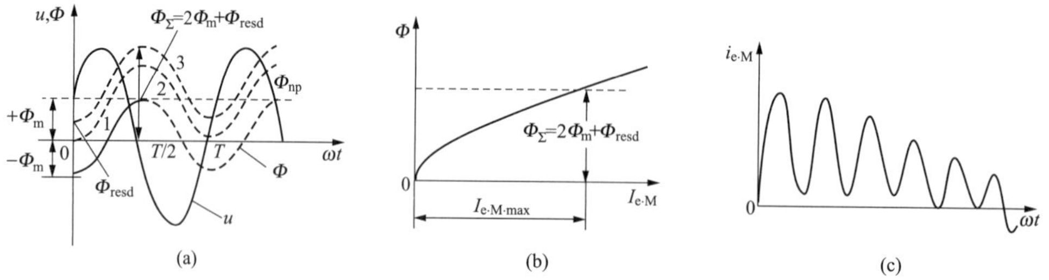

图 8-11　变压器励磁涌流的产生和变化曲线

（a）磁通变化；（b）励磁涌流和磁通关系；（c）励磁涌流波形

由于励磁涌流的大小和衰减速度与合闸瞬间外加电压的相位、铁芯中剩磁的大小和方向、电源和变压器容量以及回路阻抗等因素有关，如果正好在电压瞬时值为最大时合闸，就不会出现励磁涌流，而只有正常时的励磁电流。但对三相变压器而言，无论在哪个瞬间合闸，至少有两相会出现程度不同的励磁涌流。

（2）变压器励磁涌流的特点。

1）初始值很大，可达额定电流的 6～8 倍。

2）含有大量的非周期分量，致使涌流波形偏于时间轴的一侧。

3）含有大量高次谐波，其中以二次谐波为主。表 8-1 所示数据是对几次励磁涌流试验进行谐波分析的结果。

表 8-1　　励磁涌流中各次谐波分量的比例

各次谐波比例（%）	例 1	例 2	例 3	例 4
基波	100	100	100	100
直流	66	80	62	73
2 次谐波	36	30	50	23
3 次谐波	7	6.9	9.4	10
4 次谐波	9	6.2	5.4	—
5 次谐波	3	—	—	—

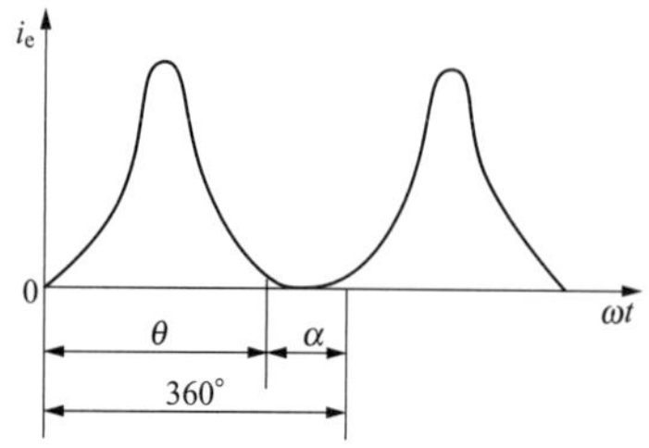

图 8-12　励磁涌流的波形

4）波形之间出现间断角，在一个周期中间断角为 α。如图 8-12 所示。

（3）躲过励磁涌流影响的措施。根据以上特点，在变压器纵联差动保护中防止励磁涌流影响的方法如下：

1）采用具有速饱和变流器的差动继电器构成变压器的纵联差动保护。

2）采用二次谐波制动原理构成变压器纵联差动保护。由于励磁涌流与短路电流的明显区别是励磁涌流中含有显著的 2 次谐波分量电流，因此采用 2 次谐波分量来制动，可有效克服励磁涌流的影响。

3）采用鉴别波形间断角原理构成的变压器纵联差动保护。由于励磁涌流波形不连续，有间断角，而短路电流在非周期分量电流衰减后波形连续，没有间断角，因此可以通过鉴别电流波形是否有间断角来区别励磁涌流和短路电流。

3. 电流互感器的计算变比与实际变比不同产生的不平衡电流

（1）原因。变压器高、低压两侧电流的大小是不相等的。为了满足正常运行或外部短路时差动回路的电流为零，应使高、低压侧（即差动臂）的电流相等，则高、低压侧电流互感器变比的比值应等于变压器的变比。但实际上由于电流互感器的标准化制造，往往选择的是与计算变比相接近且较大的标准变比的电流互感器。这样，由于变比的标准化使得其实际变比与计算变比不一致，从而产生不平衡电流。

（2）解决措施。通常采用数值补偿的方法，可以由硬件接线或软件来实现。前者用于常规变压器保护中，可采用自耦变流器或利用 BCH 型差动继电器中的平衡线圈来补偿，现在新型继电保护装置较少采用；后者用于微机变压器保护中，采用引入平衡系数进行数值补偿。基本方法是根据变压器各侧一次额定电流和差动保护用电流互感器变比，求出电流平衡调整系数 K_b，由软件实现电流自动平衡调整，消除不平衡电流影响。

4. 由两侧电流互感器型号不同产生不平衡电流

变压器各侧电流互感器型号不同。由于变压器各侧电压等级和额定电流不同，所以变压器各侧的电流互感器型号不同，它们的饱和特性、励磁电流（归算至同一侧）也就不同，从而在差动回路中产生较大的不平衡电流。由于变压器各侧电流互感器型号不同，产生的不平衡电流在差动保护的整定计算中加以考虑。

通常引入同型系数 K_{ss}来消除互感器型号对不平衡电流的影响。当两个电流互感器型号相同时，取 $K_{ss}=0.5$；否则取 $K_{ss}=1$。

5. 由变压器带负荷调整分接头产生不平衡电流

（1）产生原因。带负荷调整变压器的分接头，是电力系统中采用带负荷调压的变压器来调整电压的方法，实际上改变分接头就是改变变压器的变比 n_T。如果差动保护已按照某一变比调整好（如利用平衡线圈），则当分接头改换时，就会产生一个新的不平衡电流流入差动回路。此时不可能再用重新选择平衡线圈匝数的方法来消除这个不平衡电流。这是因为变压器的分接头经常在改变，且差动保护的电流回路在带电的情况下是不能进行操作的。因此，对由此而产生的不平衡电流，应在纵联差动保护的整定值中予以考虑。

（2）解决措施。在变压器差动保护整定计算中予以考虑，最大不平衡电流计算值中引入 ΔU，见式（8-8）。

根据上述分析，在稳态情况下，整定变压器的差动保护所采用的不平衡电流 $I_{unb\cdot max}$为

$$I_{unb\cdot max}=(K_{aper}K_{ss}\times 10\%+\Delta U+\Delta f)I_{k\cdot max} \tag{8-8}$$

式中　K_{aper}——TA 的非周期分量系数，一般取 1.5～2.0；

　　10%——电流互感器允许的最大相对误差；

　　K_{ss}——电流互感器的同型系数，型号相同时取 0.5，型号不同时取 1；

　　ΔU——由变压器带负荷调压所引起的相对误差，取电压调整范围的一半；

　　Δf——由所采用的中间互感器变比或平衡线圈的匝数与计算值不同时，所引起

的相对误差，初算时取 0.05；

$I_{k \cdot max}$——保护范围外部最大短路电流归算到二次侧的数值。

应当指出，式（8-8）计算的是变压器差动保护在稳态时所产生的最大不平衡电流，由于差动保护是瞬时动作，因此必须考虑在外部短路暂态过程中所产生的最大不平衡电流对保护的影响。目前，微机保护中常采用比率制动特性的差动保护来克服区外短路暂态不平衡电流的影响。

6. 区外故障不平衡电流的增大及解决措施

变压器在正常负荷状态下，电流互感器的误差很小，这时差动保护的差回路不平衡电流 I_{unb}也很小。但随着外部短路电流的增大，电流互感器就可能饱和，误差也随着增大，这时不平衡电流也就随之增大。当 I_{unb}超过保护动作电流时，差动保护就会误动。

如果将继电器做成这样的特性：它的动作电流将随着不平衡电流的增大而增大且比不平衡电流增大得还要快，则上述误动就不会出现。除了需要差动电流作为动作电流外，还引入外部短路电流作为制动电流，这样当外部短路电流增天时，制动电流随之增大。这种特性的差动继电器最早在具有磁力制动特性的 BCH 型继电器中实现，后在整流型差动继电器里将制动电流做成正比于穿越性的短路电流，并使继电器的动作电流随制动电流按比率增大，在内部故障时制动作用却很小。这种继电器称为比率制动式差动继电器，后在微机保护中进一步得到广泛深入的应用。

8.5 变压器比率制动式差动保护

由以上讨论可见，当选择某种制动电流 I_r，使其大小正比于区外故障时的穿越性短路电流，而继电器的动作电流 I_{op}随制动电流增大而自动增加，这种具有比率制动特性的差动继电器就能很好地克服因区外故障短路电流在差动回路里产生的不平衡电流的影响。动作电流 I_{op}和制动电流 I_r 的比值称为制动系数，把这种继电器称为带比率制动的差动继电器。

微机保护的特点使得保护装置不必通过模拟电路来构成比率制动量特性，只需通过正确的程序算法设计，就可以获得理想的比率制动特性。微机型比率制动式差动保护要实现理想的比率制动特性，关键在于寻找适当的制动电流 I_r，而差动电流 I_d 总是被选作保护的动作电流，这是不会改变的。可见设计不同方案的制动电流算法可以形成不同的比率制动特性，从而构成不同的比率制动式的差动保护原理。

8.5.1 比率制动原理

上述经过相位校正和幅值校正处理后差动保护的动作原理可以按相比较，可以用无转角、变比等于 1 的变压器来理解。以图 8-13 说明比率制动式微机变压器差动保护的原理。

比率制动的差动保护是分相设置的，所以双绕组变压器可取单相来说明其原理。如果以流入变压器的电流方向为正方向，则差动电流为 $I_d=|\dot{I}_l+\dot{I}_h|$。

为了使区外故障时制动作用最大，区内故障时制动作用最小或等于零，用最简单的方法构成制动电流，就可采用 $I_{res}=|\dot{I}_l-\dot{I}_h|/2$。

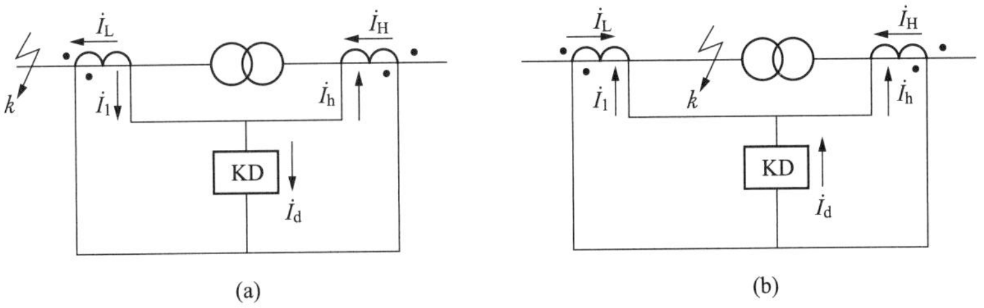

图 8-13　比率制动的微机差动保护原理

（a）变压器区外短路；（b）变压器区内短路

假设 $\dot{I}_l$、$\dot{I}_h$ 已经过软件的相位变换和电流补偿，则区外故障时，$\dot{I}_l=-\dot{I}_h$，这时 I_{res} 达到最大，I_d 为最小。

但是，由于电流互感器特性不同（或电流互感器饱和），以及有载调压使变压器的变比发生变化等会产生不平衡电流 I_{unb}，另外内部的电流算法补偿也存在一定误差，在正常运行时仍然有少量的不平衡电流，所以正常运行时 I_d 的值等于这两者之和。区内故障时，I_d 达到最大，I_{res} 为最小，I_{res} 一般不为零，也就是说区内故障时仍然带有制动量，即使这样，保护的灵敏度仍然很高。不过实际的微机差动保护装置制动量的选取上有不同的做法，关键是应在灵敏度和可靠性之间做一个最合适的选择。

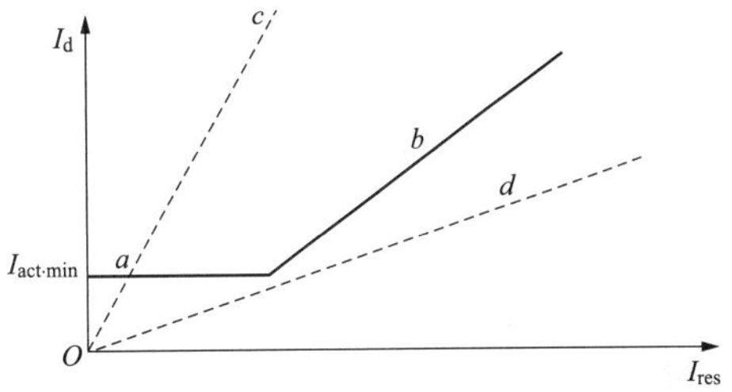

图 8-14　比率制动差动保护的特性曲线

比率制动的微机差动保护的特性曲线如图 8-14 所示，图中的纵轴表示差动电流 I_d，横轴表示制动电流 I_{res}，a、b 线段表示差动保护的动作整定值，这就是说 a、b 线段的上方为动作区，a、b 线段的下方为非动作区。另外 a、b 线段的交点通常称为拐点。c 线段表示区内短路时的差动电流 I_d。d 线段表示区外短路时的差动电流 I_d。比率制动的微机差动保护的动作原理：由于正常运行时 I_d 仍然有少量的不平衡电流 $I_{unb \cdot n}$，所以差动保护的动作电流必须大于这个不平衡电流，即 $I_{act \cdot min}>I_{unb \cdot n}$。

$I_{act \cdot min}$ 这个值用特性曲线的 a 段表示；当外部发生短路故障时，I_d 和 I_{res} 随着短路电流的增大而增大，如特性曲线的 d 线段所示，为了防止差动保护误动作，差动保护的动作电流必须随着短路电流的增大而增大，并且必须大于外部短路时的 I_{res}，特性曲线的斜线 b 线段表示的就是这个作用的动作电流变化值。当内部发生短路故障时，差动电流 I_{res} 的变化如 c 线段所示。一般来说，微机差动保护的比率制动特性曲线都是可整定的，$I_{act \cdot min}$ 按正常运行时的最大不平衡电流确定，b 线段的斜率和与横轴的交点根据所需的灵敏度进行设定。

8.5.2　两折线式差动元件

1. 差动元件的动作方程

微机型变压器差动保护中，差动元件的动作特性最基本的是采用具有两段折线形的动作特性曲线，如图 8-15 所示。

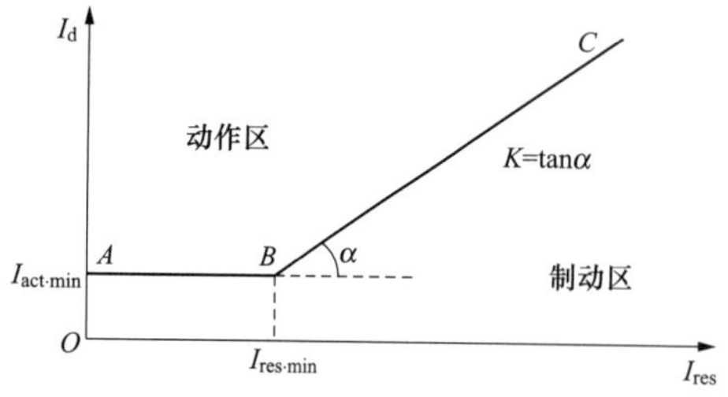

图 8-15　两折线比率制动差动保护特性曲线

在图 8-15 中，$I_{act\cdot min}$为差动元件起始动作电流幅值，也称为最小动作电流；$I_{res\cdot min}$为最小制动电流，又称为拐点电流（一般取 0.5～1.0I_{2N}，I_{2N}为变压器计算侧电流互感器二次额定计算电流）；$K=\tan\alpha$为制动段的斜率。微机变压器差动保护的差动元件采用分相差动，其比率制动特性可表示为

$$\begin{cases} I_d \geqslant I_{act\cdot min} & (I_{res} \leqslant I_{res\cdot min}) \\ I_d > I_{act\cdot min} + K(I_{res} - I_{res\cdot min}) & (I_{res} > I_{res\cdot min}) \end{cases} \tag{8-9}$$

式中　I_d——差动电流的幅值；

I_{res}——制动电流幅值。

也可用制动系数K_{res}来表示制动特性。令$K_{res}=I_d/I_{res}$，则可得到K_{res}与斜率K的关系式为

$$K_{res} = \frac{I_{act\cdot min}}{I_{res}} + K\left(1 - \frac{I_{res\cdot min}}{I_{res}}\right) \tag{8-10}$$

可以看出，K_{res}随I_{res}的大小不同有所变化，而斜率K是不变的。通常用最大制动电流$I_{res\cdot max}$对应的最大制动系数$K_{res\cdot max}$。

2. 差动电流的取得

变压器差动保护的差动电流，取各侧差动电流互感器（TA）二次电流相量和的绝对值。

对于双绕组变压器是

$$I_d=|\dot{I}_1+\dot{I}_h|$$

对于三绕组变压器或引入三侧电流的变压器是

$$I_d=|\dot{I}_h+\dot{I}_m+\dot{I}_1|$$

式中　$\dot{I}_h$、$\dot{I}_m$、$\dot{I}_1$——变压器高、中、低压侧 TA 的二次电流。

3. 制动电流的取得

（1）在微机保护中，变压器制动电流的取得方法比较灵活。对于双绕组变压器，国内微机保护有以下几种取得方式：

1）制动电流为高、低压侧 TA 二次电流相量差的一半，即：$I_{res}=|\dot{I}_1-\dot{I}_h|/2$；

2）制动电流为高、低压侧 TA 二次电流幅值和的一半，即：$I_{res}=(|\dot{I}_1|+|\dot{I}_h|)/2$；

3）制动电流为高、低压侧 TA 二次电流幅值的最大值，即：$I_{res}=\max(|\dot{I}_1|,|\dot{I}_h|)$；

4）制动电流为动作电流幅值与高、低压侧 TA 二次电流幅值之差的一半，即：$I_{res}=(|\dot{I}_{act}|-|\dot{I}_1|-|\dot{I}_h|)/2$；

5）制动电流为低压侧 TA 二次电流的幅值，即：$I_{res}=|\dot{I}_1|$。

（2）对于三绕组变压器，国内微机保护有以下取得方式：

1）制动电流为高、中、低压侧 TA 二次电流幅值和的一半，即：$I_{res}=(|\dot{I}_1|+$

$|\dot{I}_m|+|\dot{I}_h|)/2$；

2）制动电流为高、中、低压侧 TA 二次电流幅值的最大值，即：$I_{res}=\max(|\dot{I}_1|, |\dot{I}_m|, |\dot{I}_h|)$；

3）制动电流为动作电流幅值与高、中、低压侧 TA 二次电流幅值之差的一半，即：$I_{res}=(|\dot{I}_{act}|-|\dot{I}_1|-|\dot{I}_m|-|\dot{I}_h|)/2$；

4）制动电流为中、低压侧 TA 二次电流的幅值，即：$I_{res}=(|\dot{I}_1|, |\dot{I}_{lm}|)$。

注意：无论是双绕组变压器还是三绕组变压器，电流都要折算到同一侧进行计算和比较。

8.5.3　三折线式差动元件

三折线比率制动差动保护特性曲线如图 8-16 所示，该特性有两个拐点电流 $I_{res\cdot1}$ 和 $I_{res\cdot2}$。比率制动特性为三个直线段组成，制动特性可表示为

$$\begin{cases} I_d \geqslant I_{act\cdot min} & (I_{res} \leqslant I_{res\cdot min}) \\ I_d > I_{act\cdot min}+k_1(I_{res}-I_{res\cdot1}) & (I_{res\cdot1} < I_{res} \leqslant I_{res\cdot2}) \\ I_d > I_{act\cdot min}+k_1(I_{res}-I_{res\cdot1})+k_2(I_{res}-I_{res\cdot2}) & (I_{res\cdot1} < I_{res} \leqslant I_{res\cdot2}) \end{cases} \tag{8-11}$$

式中　k_1、k_2——两个制动段的斜率。

此种制动特性通常应用于降压变压器纵差动保护中，此时，$I_{res\cdot1}$ 固定为 $0.55I_{2N}$ 或 $(0.3\sim0.75)I_{2N}$ 可调，$I_{res\cdot2}$ 固定为 $3I_{2N}$ 或 $(0.5\sim3)I_{2N}$ 可调，k_2 固定为 1。这种比率制动特性容易满足灵敏度的要求，也适用于升压变压器纵差动保护中。

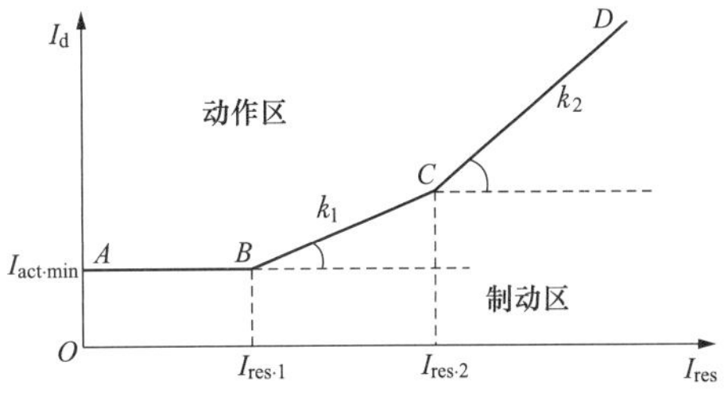

图 8-16　三折线比率制动差动保护特性曲线

两折线、三折线比率制动特性的斜率一经设定就不再发生变化。因此，有些变压器比率制动特性采用变斜率制动特性。变斜率制动特性的斜率是不固定的，随 I_{res} 发生变化。由于变斜率制动特性能较好地与不平衡电流特性配合，因此躲外部故障的不平衡电流能力较强，同时使内部短路故障时有高的灵敏度。变斜率制动特性可应用在发电机、发电机-变压器组、变压器的纵差动保护中。

8.5.4　差动速断保护

一般情况下，比率制动的微机差动保护作为变压器的主保护已足够了，但是在严重内部短路故障时，短路电流很大的情况下，电流互感器将会严重饱和而使交流暂态转变严重恶化，电流互感器的二次侧在电流互感器严重饱和时基波为零，高次谐波分量增大，比率制动的微机差动保护将无法反映区内短路故障，从而影响了比率制动的微机差动保护正确动作。

因此，微机差动保护都配有差动速断保护。差动速断保护是差动电流过电流瞬时速断保护，也就是说，差动速断保护没有制动量，它的动作一般在半个周期内实现，而决定动作的测量过程在 1/4 周期内完成，这时电流互感器还未严重饱和，能实现快速正确

地切除故障。差动速断的整定值以躲过最大不平衡电流和励磁涌流来整定，这样在正常操作和稳态运行时差动速断保护可靠不动作。根据有关文献的计算和工程经验，差动速断的整定值一般不小于变压器额定电流的 6 倍，如果灵敏度够的话，整定值取不小于变压器额定电流的 7～9 倍较好。

8.5.5 励磁涌流鉴别原理

根据前面分析，变压器空载合闸和突然丢失负荷时所产生的励磁涌流特别严重，差动保护必须采取措施防止误动，一般有下面两种方法：

1. 二次谐波制动

保护利用三相差动电流中的二次谐波分量作为励磁涌流闭锁判据，动作方程为

$$I_{set\cdot 2} = K_{res} I_{set\cdot 1} \tag{8-12}$$

式中 $I_{set\cdot 2}$——U、V、W 三相差动电流中各自的二次谐波电流；

K_{res}——二次谐波制动系数；

$I_{set\cdot 1}$——对应的三相基波差动电流动作值。

闭锁方式为“或”门出口，即任一相涌流满足条件，同时闭锁三相保护。

2. 对于 220kV 超高压变压器的差动保护

可以增加五次谐波制动量。此外比率制动保护中还有下列功能：

(1) 差流越限告警。正常情况下监视各相差流。如果任一相差流大于越限动作门槛（一般取最小动作电流的 1/2)，则启动越限告警。

(2) TA 断线判别（要求主变压器各侧 TA 二次全为星形接线）。当任一相差动电流大于 $1.1I_N$ 时，启动 TA 断线判别程序。如果本侧三相电流中一相无电流且其他两相与启动前电流相等，认为是 TA 断线。

3. 变压器谐波制动差动保护逻辑框图

变压器谐波制动差动保护逻辑框图见图 8-17。

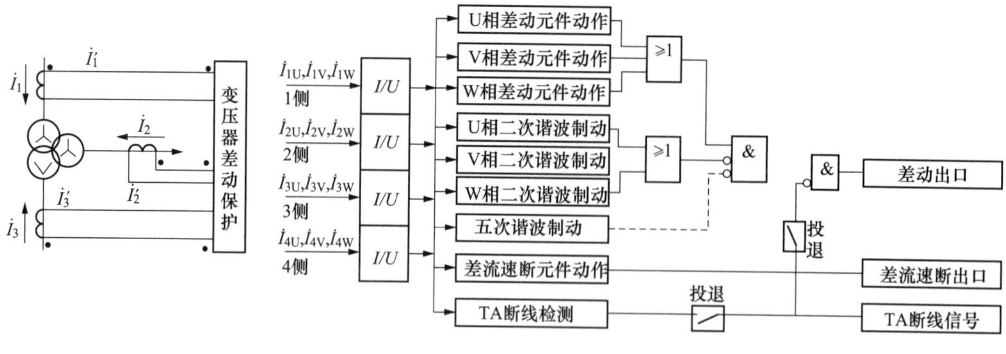

图 8-17　变压器谐波制动的差动保护逻辑框图

8.5.6 保护定值整定

1. 最小动作电流 $I_{op\cdot 0}$

应躲过正常运行时流过保护的最大不平衡差流，一般取变压器额定电流 I_N（二次侧）的 0.4～0.5。

2. 拐点制动电流 $I_{res \cdot 0}$

运行实践表明，在系统故障被切除后的暂态过程中，虽然变压器的负荷电流不超过其额定电流，但是由于差动元件两侧 TA 的暂态特性不一致，可能在差动回路中产生较大的差流，致使差动保护误动作。

为躲过区外故障被切除后的暂态过程对变压器差动保护的影响，应使保护的制动作用提早产生。$I_{res \cdot 0}$通常取（0.6～0.8）I_N。

3. 比率制动系数 K_{res}（两折线式比率制动特性）

应保证差动保护的动作电流能躲开外部故障暂态瞬间时流过差动回路的最大不平衡电流。

（1）计算最大不平衡电流 $I_{unb \cdot max}$，有

$$I_{unb \cdot max} = (K_{aper}K_{ss} \times 10\% + \Delta U + \Delta f)I_{k \cdot max} \tag{8-13}$$

式中　K_{aper}——TA 的非周期分量系数，一般取 1.5～2.0。

（2）计算动作电流最大值 $I_{op \cdot max}$。动作电流应躲过最大不平衡电流，即

$$I_{op \cdot max} = K_{rel}I_{unb \cdot max} \tag{8-14}$$

式中　K_{rel}——可靠系数，取 1.3～1.5。

（3）计算比率制动系数 K_{res}

$$K_{res} = \frac{I_{op \cdot max} - I_{op \cdot 0}}{I_{res \cdot max} - I_{res \cdot 0}} \tag{8-15}$$

式中　$I_{res \cdot max}$——最大制动电流，对于双绕组变压器 $I_{res \cdot max} = I_{k \cdot max}$。

与 $I_{op \cdot max}$和 $I_{res \cdot max}$相比，$I_{op \cdot 0}$和 $I_{res \cdot 0}$可忽略不计，因此 K_{res} 可近似等于 $I_{op \cdot max}/I_{res \cdot max}$，通常为 0.3～0.5，如图 8-18 所示。图中，虚线 OD 的斜率 $K_S = I_{unb \cdot max}/I_{res \cdot max}$，$K_{res} > K_S$。当区外发生最严重故障时，保护的理论特性点为 D 点，位于制动区，保护会可靠制动。

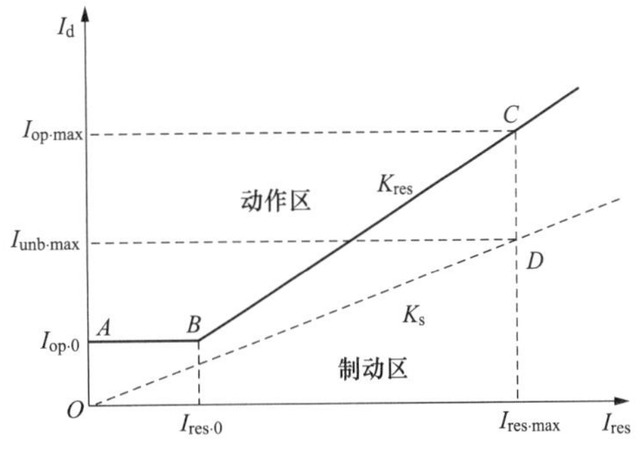

图 8-18　比率制动系数整定示意图

4. 差动速断电流 I_{op}

差动速断电流 I_{op}按以下两个原则整定：

（1）躲过变压器空载合闸或外部短路切除后电压恢复时的励磁涌流。

（2）躲过外部短路时的最大不平衡电流。

综合以上两个原则，通常取（4～10）I_N。

8.6　变压器相间短路的后备保护及过电流保护

变压器的主保护通常采用纵差动保护和瓦斯保护。除了主保护外，变压器还应装设相间短路和接地短路的后备保护。后备保护的作用是为了防止由外部短路引起的变压器绕组过电流，并作为变压器内部短路时主保护的后备以及相邻元件的后备保护。变压器的相间短路后备保护通常采用过电流保护、低电压启动的过电流保护、复合电压启动的过电流保护以及负序过电流保护等，在上述保护灵敏度不能满足要求的情况下，可采用

阻抗保护作为后备保护。

8.6.1 过电流保护

变压器过电流保护的单相原理接线如图 8-19 所示。保护装置的动作电流按躲过变压器的最大负荷电流整定，即

$$I_{set}=\frac{K_{rel}}{K_r}I_{L\cdot max} \tag{8-16}$$

式中 K_{rel}——可靠系数，取 1.2～1.3；

K_r——电流元件的返回系数，取 0.85。

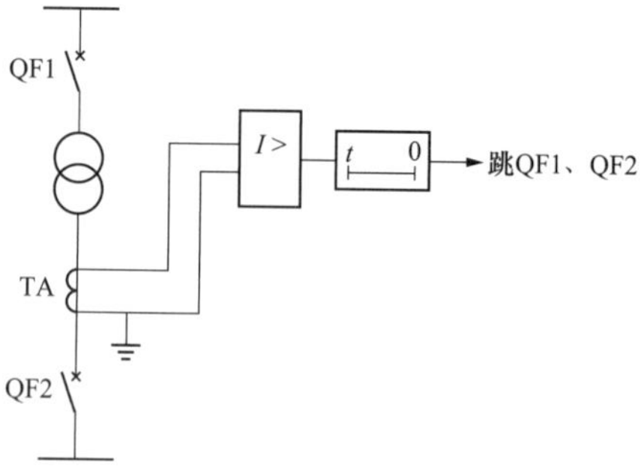

图 8-19 变压器过电流保护单相原理接线图

保护的灵敏系数校验公式为

$$K_{sen}=\frac{I_{k\cdot nin}^{(2)}}{I_{set}} \tag{8-17}$$

式中 $I_{k\cdot min}^{(2)}$——校验点最小两相短路电流。

作为近后备保护，取变压器低压侧母线为校验点，要求 $K_{sen}\geqslant 1.5\sim 2.0$；作为远后备保护，取相邻线路末端为校验点，要求 $K_{sen}\geqslant 1.2$。

保护的动作时限应比相邻元件保护的最大动作时限大一个阶梯时限 Δt。

按以上条件选择的启动电流，其值一般较大，往往不能满足相邻元件后备保护的灵敏度要求，为此必须采取其他保护方案以提高灵敏度。

8.6.2 低电压启动的过电流保护

低电压启动的过电流保护原理接线如图 8-20 所示。只有当电流元件和电压元件同时动作，才能启动时间元件经预定的延时后出口跳闸。

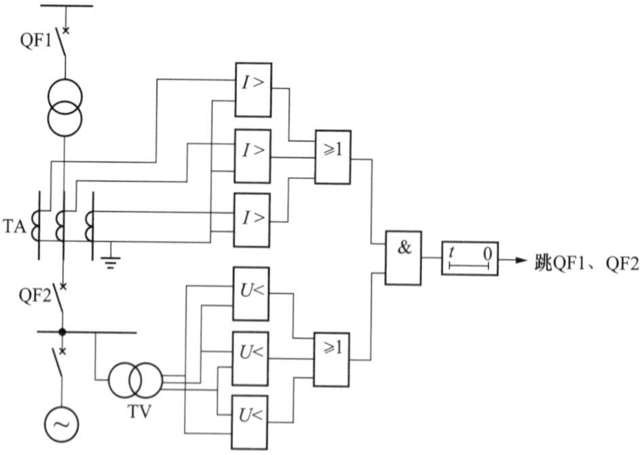

图 8-20 变压器低电压启动的过电流保护原理接线图

低电压元件的作用是保证在上述一台变压器突然切除或电动机自启动时不动作，因而电流元件的启动电流就可以不再考虑可能出现的最大负荷电流，而是按躲过变压器的额定电流整定，即

$$I_{set}=\frac{K_{rel}}{K_r}I_N \tag{8-18}$$

由于其启动电流比过电流保护的启动电流小，从而提高了保护的灵敏性。

低电压元件的定值按以下原则整定：

（1）应躲过电动机的影响。当低电压元件由变压器低压侧电压互感器供电时，应躲过正常运行时可能出现的最低电压，即

$$U_{set}=\frac{U_{L\cdot min}}{K_{rel}K_r} \tag{8-19}$$

式中　K_{rel}——可靠系数，取1.2；

K_r——电压元件的返回系数，取1.05；

$U_{L\cdot min}$——变压器正常运行时可能出现的最低相间电压，取$0.9U_N$。

（2）当低压元件由变压器高压侧互感器供电时，整定电压为

$$U_{set}=0.7U_N \tag{8-20}$$

（3）对发电厂的升压变压器，当低电压元件由发电机侧电压互感器供电时，还应躲过发电机失磁运行时出现的低电压，整定电压为

$$U_{set}=(0.5\sim0.6)U_N \tag{8-21}$$

电流元件的灵敏系数按式（8-17）校验，电压元件的灵敏系数校验式为

$$K_{sen}=\frac{U_{set}}{U_{k\cdot max}} \tag{8-22}$$

式中　$U_{k\cdot max}$——最大运行方式下，校验点三相短路时，保护安装处的最高残余相间电压。

要求近距离灵敏系数$K_{sen}\geqslant2.0$，远距离灵敏系数$K_{sen}\geqslant1.5$。

对升压变压器，如低电压元件只接在一侧电压互感器上，则当另一侧短路时，灵敏度不能满足要求。为此，可采用两套低电压元件分别接在变压器高、低压侧的电压互感器并将其触点并联，以提高灵敏度。

为防止电压互感器二次回路断线后保护误动作，还需配置电压回路断线闭锁功能。

8.6.3　复合电压启动的过电流保护

若低电压启动的过电流保护所用的低电压元件灵敏系数不满足要求时，为提高不对称短路时电压元件的灵敏度，可采用复合电压启动的过电流保护，其原理接线如图8-21所示。

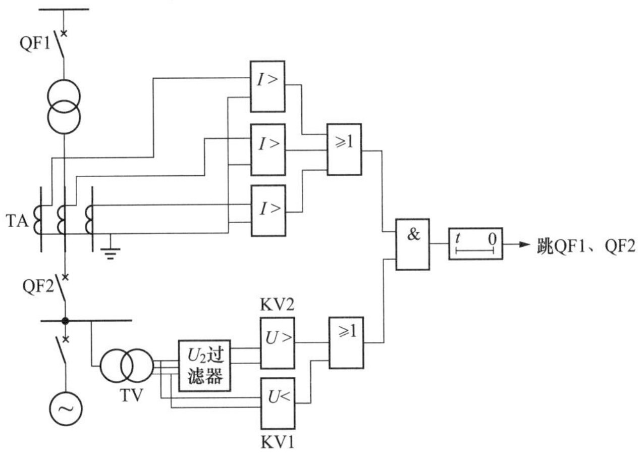

图8-21　变压器复合电压启动的过电流保护原理接线图

它将原来的三个低电压元件改为由一个负序过电压元件 KV2（电压元件接于负序电压过滤器上）和一个接于线电压上的低电压元件 KV1 组成。发生各种不对称故障时，会出现负序电压，故负序过电压元件 KV2 作为不对称故障的电压保护，而低电压元件 KV1 则作为三相短路故障时的电压保护。过电流元件和低电压元件的整定原则与低电压启动过电流保护相同。负序过电压元件的动作电压按躲过正常运行时的负序电压过滤器出现的最大不平衡电压整定，根据运行经验，取

$$U_{set} = (0.06 \sim 0.12)U_N \tag{8-23}$$

由此可见，复合电压启动过电流保护在不对称故障时负序电压元件的灵敏度高，并且接线比较简单，因此应用比较广泛。

图 8-22 所示为模拟式复合电压启动过电流保护的接线方式，三相短路时其灵敏度与低电压启动过电流保护相同。对于模拟式保护，由于技术上的原因，电压继电器的返回系数比较大，通常利用三相短路故障瞬间会出现短时负序电压的特征，采用在负序过电压继电器动作时强制使低电压继电器动作的技术措施，来消除返回系数的影响，提高保护的灵敏度，其模拟式复合电压启动的过电流保护原理接线方式如图 8-22 所示。

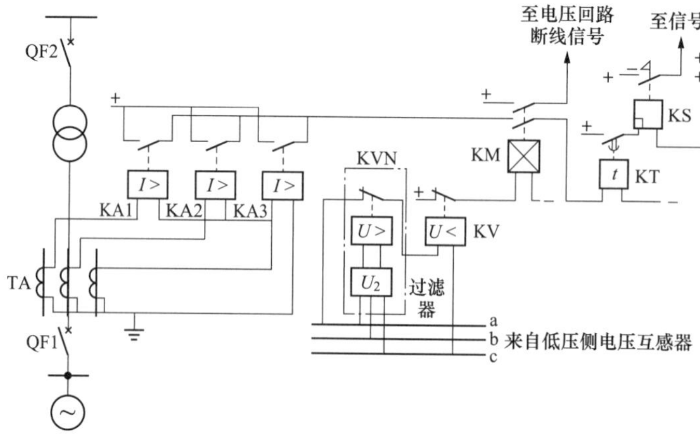

图 8-22　模拟式变压器复合电压启动的过电流保护原理接线图

装置动作原理如下：当发生不对称短路时，故障相电流继电器动作，同时负序电压继电器（KVN）动作，其动断触点断开，使低电压继电器（KV）失压，动断触点闭合，启动闭锁中间继电器（KM）。相电流继电器通过 KM 动合触点启动时间继电器（KT），经整定延时启动信号和出口继电器，将变压器两侧断路器断开。当发生对称短路时，由于短路初始瞬间也会出现短时的负序电压，KVN 也会动作，使 KV 失去电压。当负序电压消失后，KVN 返回，其动断触点闭合，此时加于 KV 线圈上的电压已是对称短路时的低电压，只要该电压小于低电压继电器的返回电压，KV 不至于返回。而且 KV 的返回电压是其启动电压的 K_r(大于 1）倍，因此，电压元件的灵敏度可提高 K_r 倍。复合电压启动的过电流保护在对称短路和不对称短路时都有较高的灵敏度。数字式电压继电器的返回系数可以达到接近于 1，故通常不采用这种方法。

对于大容量的变压器和发电机组，由于额定电流很大，而相邻元件末端两相短路故障时的故障电流可能较小，因此复合电压启动的过电流保护往往不能满足作为相邻元件后备保护时对灵敏度的要求。在这种情况下，可采用负序过电流保护，以提高不对称故

障时的灵敏度。

8.6.4　负序过电流保护

变压器负序单相式低电压启动的过电流保护的原理接线如图 8-23 所示，保护由负序电流保护装置和低电压启动的过电流保护装置构成。其中，负序电流保护装置由负序电流过滤器和电流元件 KA2 组成，用来反应不对称相间短路故障；低电压启动的过电流保护装置由电流元件 KA1 和低电压元件 KV 组成，用来反应三相对称短路。

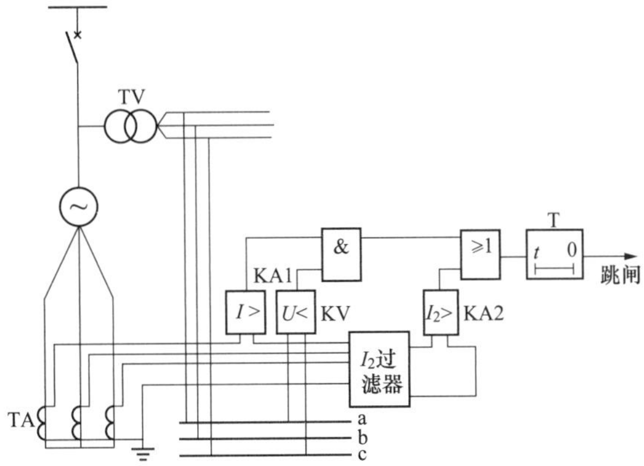

图 8-23　变压器负序单相式低电压启动的过电流保护原理接线图

负序电流保护的启动电流按以下条件选择：

(1) 躲开变压器正常运行时负序电流过滤器输出的最大不平衡电流，取 $(0.1\sim0.2)I_N$。

(2) 躲开线路一相断线时引起的负序电流。

(3) 与相邻元件上的负序电流保护在灵敏度上配合。

由于负序电流保护的整定计算比较复杂，可进行简化计算，即

$$I_{2\cdot set}=(0.5\sim0.6)I_N \tag{8-24}$$

保护灵敏度应满足

$$K_{sen}=\frac{I_{k2\cdot min}}{I_{2\cdot set}}\geqslant 1.2 \tag{8-25}$$

式中　$I_{k2\cdot min}$——负序电流最小的运行方式下，远后备保护范围末端不对称短路时，流过保护的最小负序电流。

负序电流保护的灵敏度较高，且在 Yd11 连接变压器的另一侧不对称短路时，灵敏度不受影响，接线也较简单。但因其整定计算比较复杂，所以通常在 63MVA 及以上容量的升压变压器和系统联络变压器上应用。

8.6.5　三绕组变压器后备保护的配置原则

对于三绕组变压器的后备保护，当变压器油箱内部故障时，应断开各侧断路器；当油箱外部故障时，原则上只断开近故障点侧的断路器，使变压器的其余两侧能继续运行。

对于单侧电源的三绕组变压器，应设置两套后备保护，分别装于电源侧和负荷侧，如图 8-24 所示。负荷侧保护的动作时限 $t_{\text{Ⅲ}}$ 应比该侧母线所连接的全部元件中最大的保

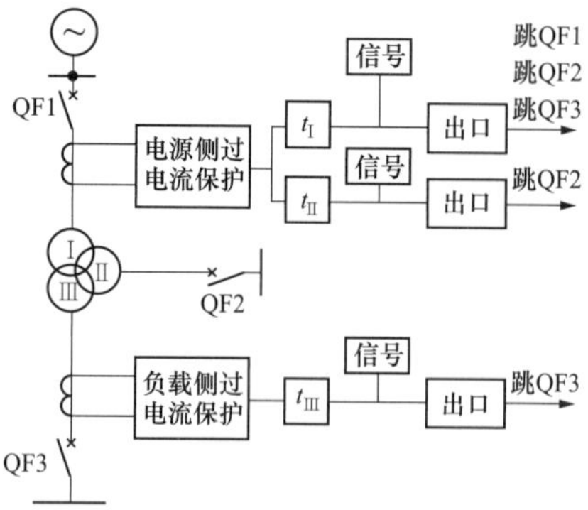

图 8-24　单侧电源三绕组变压器后备保护的配置

护动作时限高一个阶梯时限 Δt。电源侧保护带两级时限，以较小的时限 $t_{\rm II}$（$t_{\rm II}=t_{\rm III}+\Delta t$）跳开变压器Ⅱ侧断路器 QF2，以较大的时限 $t_{\rm I}$（$t_{\rm I}=t_{\rm II}+\Delta t$）跳开变压器的各侧断路器。

对于多侧电源的三绕组变压器，应在三侧都装设后备保护。对于动作时限最小的保护，应加装方向元件，动作功率方向取为由变压器指向母线。各侧保护均动作于跳开本侧断路器。在装有方向性保护的一侧，加装一套不带方向的后备保护，其时限应比三侧保护中的最大时限大一个阶梯时限 Δt，保护动作后，断开三侧断路器，作为内部故障的后备保护。

*8.7　变压器零序保护

在电力系统中，接地故障是最常见的故障形式。对于中性点直接接地电网中的变压器，一般应装设接地（零序）保护，作为相邻元件接地短路故障的远后备及变压器纵差动保护、瓦斯保护的近后备。发生接地故障时中性点将出现零序电流，母线将出现零序电压，变压器接地保护通常都是反映这些电气量而动作的。

8.7.1　中性点直接接地运行变压器的零序保护

1. 动作原理

中性点直接接地运行的变压器，可应用零序电流构成接地保护。零序电流可从接地中性点回路上的电流互感器二次侧取得，如图 8-25 中的 TA。

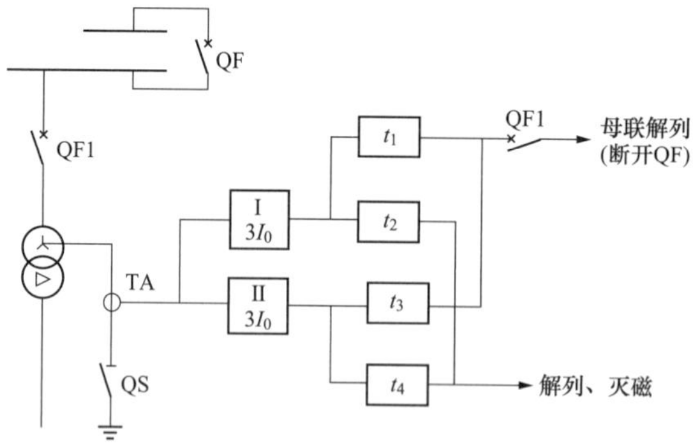

图 8-25　中性点直接接地运行变压器零序电流保护原理接线图

为提高动作的可靠性，并充分发挥后备保护的作用，保护设有Ⅰ、Ⅱ两段，每段设有两个时限，如图 8-25 所示。

零序电流保护Ⅰ段作为变压器及母线的接地故障后备保护，其启动电流和延时 t_1 应与相邻元件零序电流保护Ⅰ段相配合，通常以较短延时 t_1 动作于母线解列；以较长的延时 t_2 有选择地动作于断开变压器高压侧断路器。

零序电流保护Ⅱ段作为引出线接地故障的后备保护，其动作电流和延时 t_3 应与相邻元件零序后备段相配合。通常 t_3 应比相邻元件零序保护后备段最大延时大一个 Δt，以断开母联断路器或分段断路器，以较长的延时 t_4 动作于断开变压器高压侧断路器。

2. 保护定值的整定计算

零序电流Ⅰ段动作电流按与相邻元件零序电流Ⅰ段配合整定，即

$$I^{\mathrm{I}}_{0\cdot \mathrm{set}} = K_{\mathrm{met}} K_{\mathrm{bra}} I^{\mathrm{I}}_{0\cdot \mathrm{set}\cdot \mathrm{L}} \tag{8-26}$$

式中　K_{met}——配合系数，取 1.1～1.2；

K_{bra}——零序电流分支系数，其值等于最大运行方式下在相邻元件Ⅰ段保护范围末端发生单相接地短路时，流过本保护的零序电流与流过相邻元件的零序电流之比；

$I^{\mathrm{I}}_{0\cdot \mathrm{set}\cdot \mathrm{L}}$——相邻元件零序电流Ⅰ段动作电流。

零序电流Ⅰ段的动作时限为 $t_1=0.5\sim1.0\mathrm{s}$，$t_2=t_1+\Delta t$。

零序电流Ⅱ段的动作电流按与相邻元件零序后备保护动作电流配合整定，即

$$I^{\mathrm{II}}_{0\cdot \mathrm{set}} = K_{\mathrm{met}} K_{\mathrm{bra}} I^{\mathrm{II}}_{0\cdot \mathrm{set}\cdot \mathrm{L}} \tag{8-27}$$

式中　K_{met}——配合系数，取 1.1；

K_{bra}——零序电流分支系数，其值等于最大运行方式下在相邻元件零序电流后备保护的保护范围末端发生单相接地短路时，流过本保护的零序电流与流过相邻元件的零序电流之比；

$I^{\mathrm{II}}_{0\cdot \mathrm{set}\cdot \mathrm{L}}$——相邻元件零序后备保护动作电流。

零序电流Ⅱ段的动作时限为 $t_3=t_{\max}+\Delta t$，$t_4=t_3+\Delta t$。

零序电流保护Ⅰ段的灵敏系数按变压器母线处接地故障校验，Ⅱ段按相邻元件末端接地故障校验，校验方法与线路零序电流保护相同。

变压器高压侧断路器辅助触点 QF1 的作用是：防止变压器与系统并列之前，在变压器高压侧发生单相接地而误将母线联络断路器断开。

8.7.2　并列运行变压器的接地保护

当对于多台变压器并列运行时，通常采用一部分变压器中性点接地运行，而另一部分变压器中性点不接地运行的方式。这样可以将接地短路电流水平限制在合理范围内，同时也使整个电力系统零序电流的大小和分布情况尽量不受运行方式的变化，从而保证零序保护有稳定的保护范围和足够的灵敏度。

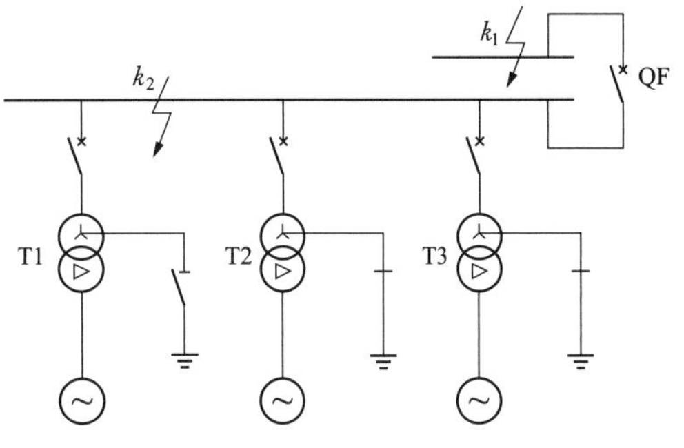

图 8-26　变压器并列运行的变电站

如图 8-26 所示，变压器 T2 和 T3 中性点接地运行，变压器 T1 中性点不接地运行。k_2 点发生单相短路时，变压器 T2 和 T3 由零序电流保护动作而被切除，变压器 T1 由于无零序电流仍将带故障运行。此时由于失去接地中性点，系统的单相短路转变成中性点不接地系统单相接地故障，将产生最高为相电压的零序电压，危及变压器和其他电力设备的绝缘，因此需要装设中性点不接地运行方式下的接地保护将变压器 T1 切除。

全绝缘变压器在所连接的系统发生单相短路且所有接地变压器跳闸后，系统失去接

地中性点（即图 8-26 中变压器 T2、T3 先跳闸）时，绝缘不会受到威胁，但此时产生的零序过电压会危及其他电力设备的绝缘，需装设零序电压保护将变压器切除。接地保护的原理接线如图 8-27 所示。

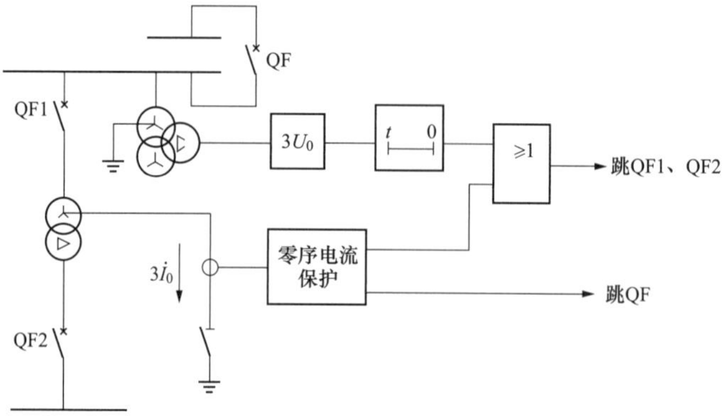

图 8-27　全绝缘变压器零序保护原理接线图

零序电流保护作为变压器中性点运行时的接地保护，与图 8-27 中变压器零序电流保护完全一样。零序电压保护作为中性点不接地运行时的接地保护，零序电压取自母线电压互感器二次侧的开口三角绕组。零序电压保护的动作电压要躲过在部分中性点接地的电网中发生单相接地时，保护安装处可能出现的最大零序电压；同时要在发生单相接地且失去接地中性点时有足够的灵敏度。考虑以上两方面的因素，零序过电压保护动作值的整定应满足

$$3U_{0\cdot max} < 3U_{0\cdot set} \leqslant U_{sat} \tag{8-28}$$

式中　$3U_{0\cdot set}$——零序过电压保护动作值；

$3U_{0\cdot max}$——在部分中性点接地的电网中发生单相接地时，保护安装处可能出现的最大零序电压（在计算时，可认为中性点直接接地系统 $X_{0\Sigma}/X_{1\Sigma}\leqslant 3$）；

U_{sat}——中性点直接接地系统的电压互感器，在失去接地中性点时发生单相接地，开口三角绕组可能出现的最低电压（因为该系统母线电压互感器开口三角绕组每相额定电压为 100V，当发生单相金属性接地故障时，开口三角绕组出现的最高电压为 300V；发生单相非金属性接地故障时，开口三角绕组出现的电压低于 300V）。

综上考虑，零序过电压保护动作电压 $3U_{0\cdot set}$一般取 180V。采取这样的动作电压是为了减少故障影响范围。例如图 8-26 所示的 k_1 点发生单相短路时，变压器 T1 零序电压保护不会启动，在变压器 T2 和 T3 的零序电流保护将联络断路器 QF 跳开后，各变压器仍能继续运行；而 k_2 点发生故障时，联络断路器 QF 和变压器 T2、T3 跳开后，系统失去接地中性点，变压器 T1 的零序电压保护动作将 T1 跳开。由于零序电压保护只有在系统失去接地中性点（无零序电流）的情况下才能够动作，因此不需要与其他元件的接地保护相配合，其动作时限只需躲过暂态电压的时间，通常取 0.3～0.5s。

8.8　变压器过负荷保护

8.8.1　保护原理

变压器长期过负荷运行时，绕组会因发热而受到损伤。我国规程规定，容量为

0.4MVA及以上的变压器，应根据实际可能出现过负荷的情况装设过负荷保护。过负荷保护可为单相式，具有定时限或反时限的动作特性。过负荷保护在检测到绕组电流大于动作电流后，经延时发出信号，运行人员据此通过减少负荷等措施使变压器保持正常运行。

由于变压器三相负荷基本对称，通常只检测一相电流。

8.8.2　保护整定

对于一般的变压器采用定时限过负荷保护，过负荷保护的动作电流应躲过变压器的额定电流，即

$$I_{set}=\frac{K_{rel}}{K_{re}}I_N \tag{8-29}$$

式中　K_{rel}——可靠系数，取1.05；

K_{re}——返回系数，取0.85；

I_N——变压器的额定电流。

为防止过负荷保护在外部短路故障及短时过负荷时误发信号，其动作时限应比变压器后备保护的时限大一个时限级差Δt。

对于大型变压器，可以采用反时限的过负荷保护，反时限特性与变压器过负荷曲线相配合。过负荷保护的动作电流和延时根据变压器绕组的过负荷倍数和允许运行时间来整定。过负荷倍数比较大时，允许运行时间较短；反之允许运行时间较长。

过负荷保护应能反应变压器各绕组的过负荷情况。对双绕组升压变压器应装在发电机电压侧；对双绕组降压变压器应设在高压侧；对于三绕组变压器，各侧负荷不同，额定容量也不一定相同，过负荷保护装设于哪一侧或哪几侧，需以能够反应变压器各绕组可能的过负荷情况确定。

8.9　RCS-9671C型变压器保护装置

RCS-9671C型装置为由多微机实现的变压器差动保护，适用于110kV及以下电压等级的双圈、三圈变压器，满足四侧差动的要求。

8.9.1　保护配置和功能

1. 保护配置

（1）差动速断保护；

（2）比率差动保护（经二次谐波闭锁）；

（3）中、低侧过电流保护；

（4）TA断线判别。

2. 保护信息功能

（1）支持装置描述的远方查看；

（2）支持系统定值的远方查看；

（3）支持保护定值和区号的远方查看、修改功能；

（4）支持软连接片状态的远方查看、投退；

（5）支持装置保护开入状态的远方查看；

（6）支持装置运行状态（包括保护动作元件的状态、运行告警和装置自检信息）的远方查看；

（7）支持远方对装置信号复归；

（8）故障录波上送功能。

支持电力行业标准 IEC 61850 和 DL/T 667—1999（IEC 60870-5-103 标准）通信规约，配有以太网通信（100Mbit/s），超五类线或光纤通信接口。

8.9.2 装置工作原理

1. 启动元件

（1）装置总启动元件。启动 CPU 设有装置总启动元件，当三相差流的最大值大于差动电流启动定值时，或者中、低压侧三相电流的最大值（I_3、I_4）大于相应的过电流定值时，启动元件动作并展宽 500ms，开放出口继电器正电源。

（2）保护启动元件。若三相差动电流最大值大于差动电流启动定值或中、低压侧电流的最大值（I_3、I_4）大于相应的过电流定值，启动元件动作，在启动元件动作后也展宽 500ms，保护进入故障测量计算程序。

2. 差动保护

由于变比和联结组别的不同，变压器在运行时各侧电流的大小及相位也不相同。装置通过软件进行Y→△变换及平衡系数调整对变压器各侧电流的幅值和相位进行补偿，具体方法参见前述。以下差动保护的说明均以各侧电流已完成幅值和相位补偿为前提。

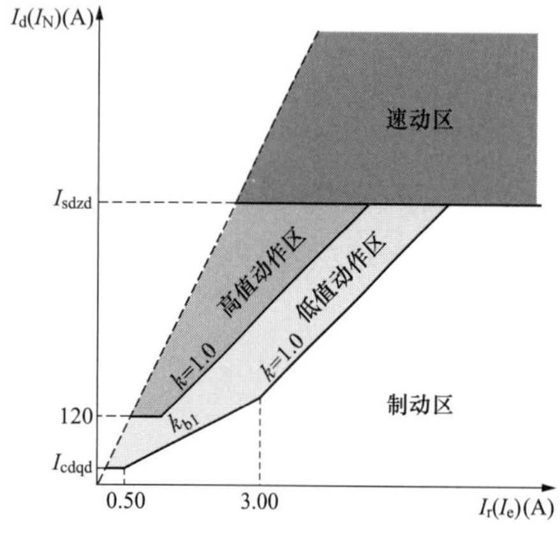

图 8-28 差动保护动作特性曲线

装置采用三折线比率差动原理，并设有低值比率差动保护、高值比率差动保护和差动速断保护。差动保护动作特性曲线如图 8-28 所示。

图中差动保护动作区包括三个部分：低值比率差动保护动作区、高值比率差动保护动作区和差动速断保护动作区，部分标注说明如下：

其中：I_d 为差动电流；I_r 为制动电流；I_{cdqd}为差动电流启动值；K_{bl}为比率差动制动系数；I_N 为变压器的额定电流；I_{sdzd}为差动速断定值。差动电流和制动电流的计算公式为

$$\begin{cases} I_d = \left| \sum_{i=1}^{4} I_i \right| \\ I_r = \frac{1}{2} \sum_{i=1}^{4} |I_i| \end{cases} \tag{8-30}$$

式中 I_i——变压器各侧电流，$i=1$，2，3，4。

（1）比率差动保护。装置设有低值比率差动保护和高值比率差动保护。

低值比率差动保护用来区分差流是由内部故障还是不平衡输出（特别是外部故障

时）引起，其动作方程如下

$$\begin{cases} I_d > I_{cdqd} & I_r \leqslant 0.5I_N \\ I_d > K_{bl} \times (I_r - 0.5I_N) + I_{cdqd} & 0.5I_N < I_r \leqslant 3I_N \\ I_d > I_r - 3I_N + K_{bl} \times 2.5I_N + I_{cdqd} & I_r > 3I_N \end{cases} \tag{8-31}$$

高值比率差动保护只经二次谐波闭锁，其比率制动特性可抗区外故障时TA暂态和稳态饱和，而在区内故障TA饱和时能可靠正确动作。高值比率差动动作方程如下

$$\begin{cases} I_d > 1.2I_N \\ I_d > I_r \end{cases} \tag{8-32}$$

（2）差动速断保护。为防止区内严重短路故障时因TA饱和而使比率差动保护延迟动作，装置设有差动速断保护，用于变压器内部严重故障时快速跳闸切除故障。差动速断保护不需要设置任何闭锁条件，当任一相差流大于差动速断定值时瞬时动作于出口继电器，跳开变压器各侧断路器。

（3）二次谐波制动。比率差动保护利用三相差流中的二次谐波作为励磁涌流闭锁判据，采用综合相闭锁方式，其动作方程如下

$$I_{d\_2nd \cdot max} > K_{2xb} \times I_{d\_1st \cdot max} \tag{8-33}$$

式中　$I_{d\_1st \cdot max}$——三相差流中的基波最大值；

$I_{d\_2nd \cdot max}$——三相差流中的二次谐波最大值；

K_{2xb}——二次谐波制动系数。

（4）TA饱和判别。为防止区外故障时TA暂态和稳态饱和可能引起比率差动保护误动作，装置采用各相差流的综合谐波作为TA饱和的判据，公式如下

$$I_{d\_nxb} > K_{nxb} \times I_{d\_1st} \tag{8-34}$$

式中　I_{d_nxb}——某相差流中的综合谐波；

I_{d_1st}——对应相差流的基波；

K_{nxb}——某一比例常数。

3. 过电流保护

装置为变压器中、低压侧（即三侧和四侧）各设置一段后备过电流保护，每段均为一个时限，分别设置整定控制字控制保护功能的投退，一般不投入该保护。

4. TA断线报警

（1）延时TA断线报警。延时TA断线报警在保护采样程序中进行，当满足以下两个条件中的任一条件，延时10s发出TA断线报警信号，但不闭锁比率差动保护。这也兼起保护装置交流采样回路的自检功能。

1）任一相差流大于TA报警门槛整定值；

2）负序电流门槛值，见式

$$I_{d2} > \alpha + \beta I_{d\_1st \cdot max} \tag{8-35}$$

式中　I_{d2}——差流的负序电流；

$I_{d\_1st \cdot max}$——三相差流中的基波最大值；

α——固定门槛值；

β——某一比例系数。

（2）瞬时TA断线报警。瞬时TA断线报警在故障测量程序中进行，满足下述任一条件则不进行瞬时TA断线判别：

1）启动前某侧三相电流均小于 $0.2I_N$，则不进行该侧 TA 断线判别；

2）启动后任一侧任一相电流大于 $1.2I_N$；

3）启动后任一侧任一相电流比启动前增加。

比率差动保护元件启动后，某侧电流同时满足下列条件则判为 TA 断线：

1）只有一相电流小于差动启动定值；

2）其他两相电流与启动前电流相等。

通过整定控制字“CTDX 闭锁比率差动”，可选择瞬时 TA 断线时是否闭锁比率差动保护。在比率差动保护元件启动后才进行瞬时 TA 断线判别，防止了瞬时 TA 断线的误闭锁。

5. 装置闭锁和告警

当检测到装置本身硬件故障时，发出装置闭锁信号（BSJ 继电器返回），闭锁整套保护。硬件故障主要包括：RAM 故障、ROM 故障、出口回路故障、CPLD 故障、定值出错和电源故障。另外，平衡系数错和接线方式错也将闭锁整套保护。当检测到下列故障：启动 CPU 通信错、启动 CPU 定值错、启动 CPU 电源故障、启动 CPU 启动异常，发出运行异常报警信号。当发生以上情况时请及时与厂家进行联系技术支持。

当检测到下列故障时，发出运行异常报警信号，需立即处理：

（1）TA 报警；

（2）TA 断线；

（3）启动 CPU 长期启动。

6. 逻辑框图

RCS-9671C 型逻辑框图如图 8-29 所示。

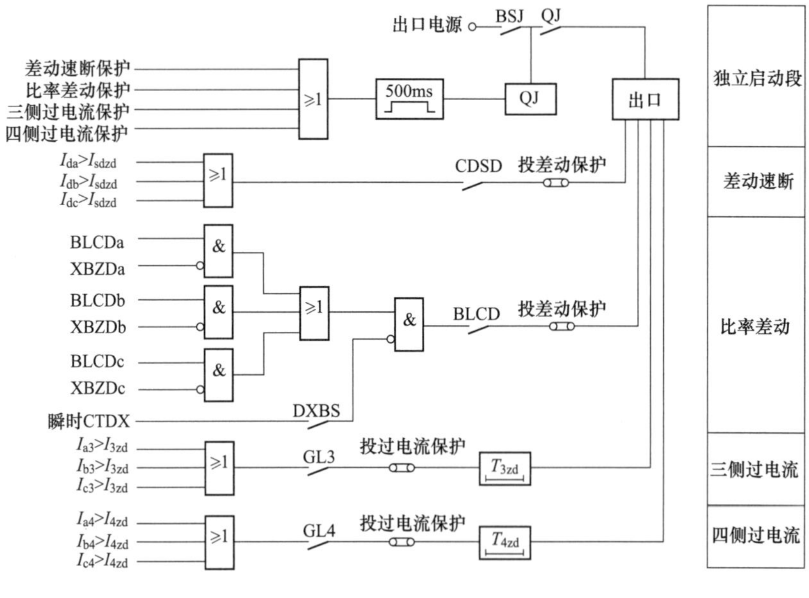

图 8-29　RCS-9671C 型逻辑框图

8.9.3　装置使用说明

装置的正面面板布置图如图 8-30（a）所示，装置的背面面板布置图如图 8-30（b）所示。

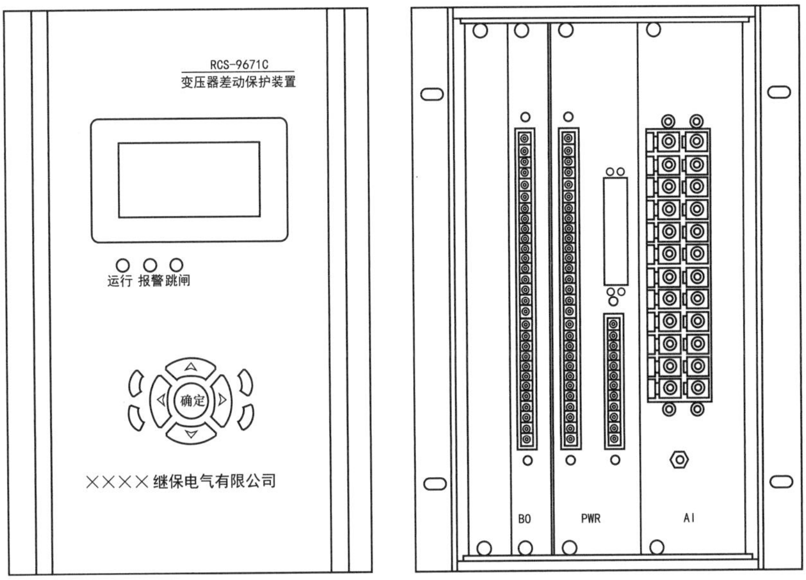

(a)　　　　(b)

图 8-30　装置的面板布置图

(a) 正面面板布置图；(b) 背面面板布置图

1. 指示灯说明

“运行”灯为绿色，装置正常运行时点亮；“报警”灯为黄色，当发生运行报警时点亮；“跳闸”灯为红色，当保护动作出口点亮，在信号复归后熄灭。

2. 液晶显示说明

(1) 保护运行时液晶显示说明。装置上电后，正常运行时液晶屏幕将显示主画面，格式如图 8-31 所示。

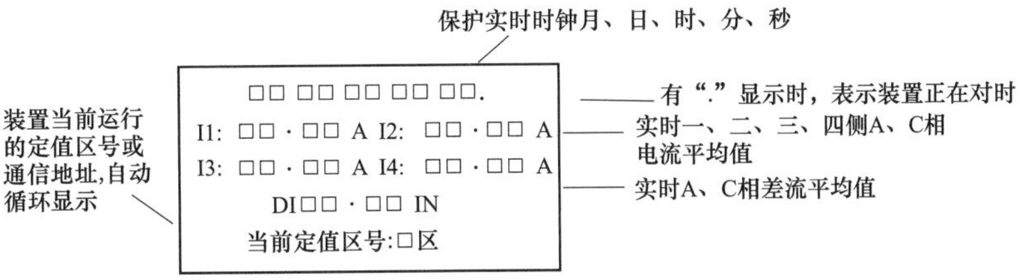

图 8-31　正常运行时液晶屏显示主画面

(2) 保护动作时液晶显示说明。本装置能存储 64 次动作报告，最多 8 次故障录波报告，当保护动作时，液晶屏幕自动显示最新一次保护动作报告，当一次动作报告中有多个动作元件时，所有动作元件将滚屏显示，格式如图 8-32 所示。

(3) 运行异常时液晶显示说明。本装置能存储 64 次运行报告，保护装置运行中检测到系统运行异常则立即显示运行报告，当一次运行报告中有多个异常信息时，所有异常信息将滚屏显示，格式如图 8-33 所示。

(4) 自检出错时液晶显示说明。本装置能存储 64 次装置自检报告，保护装置运行中，硬件自检出错将立即显示自检报告，当一次自检报告中有多个出错信息时，所有自检信息将滚屏显示，格式如图 8-34 所示。

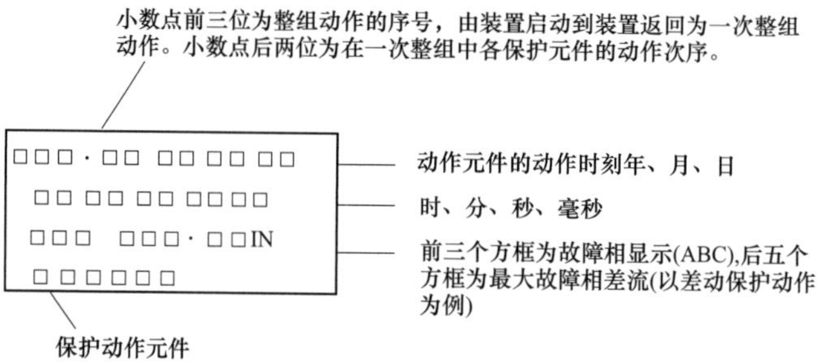

图 8-32　保护动作时液晶显示

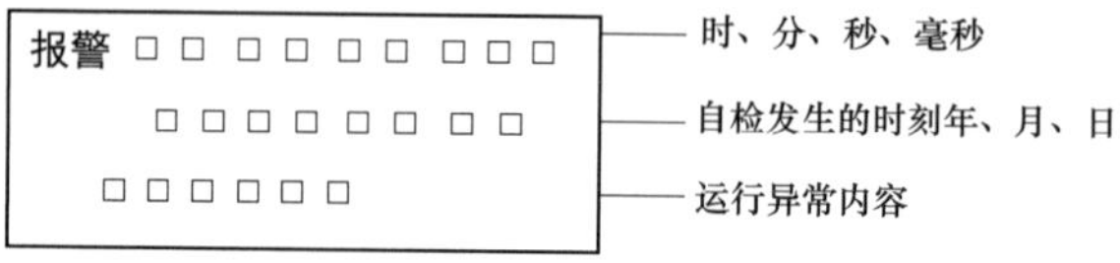

图 8-33　运行异常时液晶显示

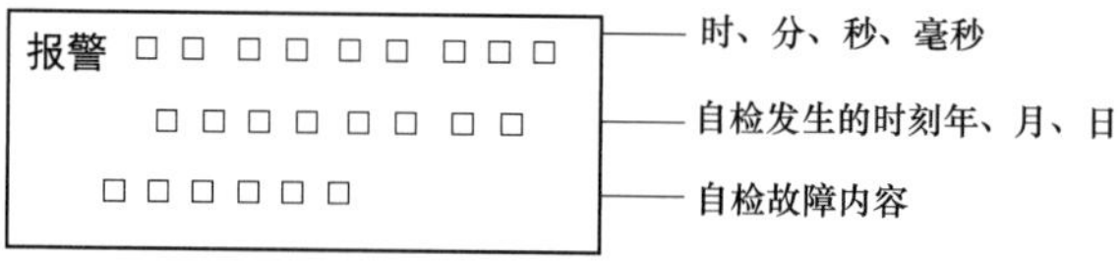

图 8-34　自检出错时液晶显示

3. 命令菜单使用说明

在主画面状态下，按“▲”键可进入主菜单，通过“▲”“▼”“确认”和“取消”键选择子菜单。在主画面下，可按“确认”键实现信号复归功能。命令菜单采用如图 8-35 所示的树形目录结构。

（1）装置整定。

按“▲”“▼”键用来滚动选择要修改的定值，按“◀”“▶”键用来将光标移到要修改的位置，“＋”和“－”键用来修改数据，按“取消”键为放弃修改返回，按“确认”键完成定值整定而后返回。

注：查看定值无需密码，如果修改定值需要输入密码，密码不正确有提示信息。

（2）保护定值整定。

1）保护定值按标准分为运行区定值（1～16 区）和编辑区定值（1～16 区）。其中运行区定值为装置当前正在运行的定值（当前运行区区号在装置主界面上显示），进入菜单“装置整定→保护定值→查看运行区”可浏览（不能直接修改）当前运行区定值。运行区区号的修改可在当地的系统定值界面和设定运行区界面中修改，本地修改后复位（重启）装置后新的运行区生效；或者可以通过后台通信修改，修改后自动生效。

2）其他非运行区（编辑区）的查看可在“查看编辑区”栏目中查看，进入后选择你要查看的定值区区号，如图 8-36 所示。其中可通过键盘修改光标所在位置目标区号（1～6），界面下方“校验码”和“时间”为目标定值区附加校验和信息及最近一次目标定值区修改时间信息，该信息跟踪目标区号变化延时 1s 后显示。选定区号后按“确认”键就可以进入相应菜单查看各定值条目。进入该菜单不需要密码，且菜单中定值条目只供浏览，不能修改；通常该菜单供运行人员使用。

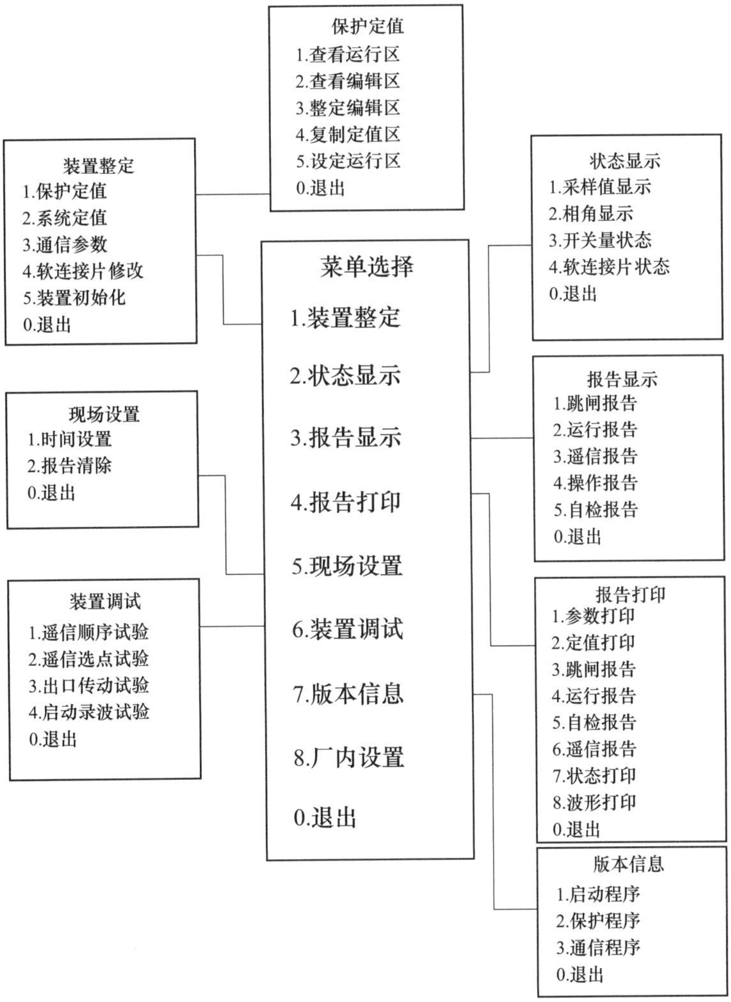

图 8-35　菜单树形目录结构图

3）保护定值的修改可进入“整定编辑区”进入相应界面整定；目标定值区选择与“查看编辑区”一样。唯一不同的是在查看各区定值条目的同时，该菜单下允许修改定值条目；如果用户在后续目标区的保护定值条目编辑浏览界面中试图修改定值（按了“＋”／“—”键），则系统将弹出密码界面（见图 8-37）。

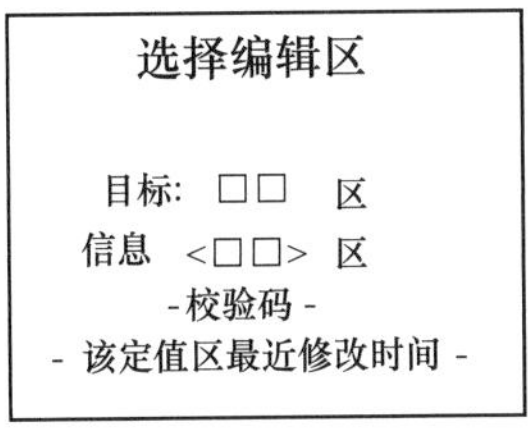

图 8-36　定值区区号

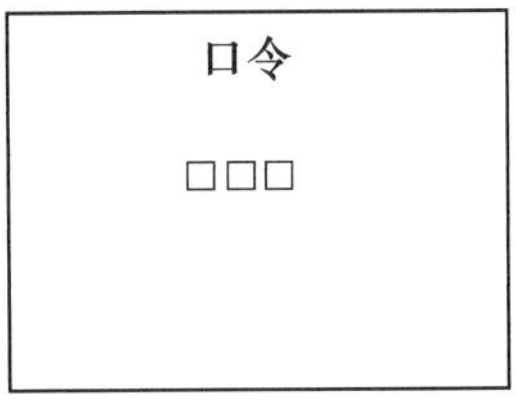

图 8-37　密码界面

如用户输入了正确的密码，则本次界面后续其他的定值条目修改操作将不再弹出密码界面。如果密码输入错误，则在本次界面中也只能进行浏览，当再次试图修改定值（按了“＋”／“—”键），则系统又将弹出密码界面。

如果经密码确认后整定的目标区指向当前运行区，就地整定后装置运行灯将熄灭，复位（重启）装置新运行区定值生效。修改非当前运行定值则无需复位（重启）装置。

（3）状态显示。本菜单主要用来显示保护装置交流电实时采样值和开入量状态，它全面地反映了该保护运行的环境，只要这些量的显示值与实际运行情况一致，则保护能正常运行，本菜单的设置为现场人员的调试与维护提供了极大的方便。对于开入状态，“1”表示投入或收到触点动作信号，“0”表示未投入或没收到触点动作信号。相角显示的门槛电流 $0.06I_n$，电流小于此门槛，相角显示为“0”。

（4）报告显示。本菜单显示跳闸报告、运行报告、遥信报告、操作报告、自检报告。本装置具备掉电保持功能，不管断电与否，它均能记忆上述报告最新的各 64 次（遥信报告 256 次）。显示格式同“液晶显示说明”。首先显示的是最新一次报告，按“▲”键显示前一个报告，按“▼”键显示后一个报告，按“取消”键退出至上一级菜单。

（5）报告打印。本菜单主要用来选择打印内容，其中包括参数、定值、跳闸报告、运行报告、自检报告、遥信报告、状态、波形的打印。

报告打印功能可以方便用户进行定值核对、装置状态查看与事故分析。

在发生事故时，建议用户妥善保存现场原始信息，将装置的定值、参数和所有报告打印保存以便于进行事后分析与责任确定。

（6）装置正常运行状态。装置正常运行时，“运行”灯应亮，告警指示灯（黄灯）应不亮。

在主画面下可按“确认”键（或通过信号复归开入），复归所有跳闸指示灯，并使液晶显示处于正常显示主画面。

本 章 小 结

电力变压器故障从大的方面可分为油箱内部故障和油箱外部故障两大类。油箱内部故障指的是绕组之间发生相间短路、一相绕组中发生的匝间短路、绕组与铁芯或引出线与外壳发生的单相接地短路。油箱外部故障主要是指油箱外部引出线之间发生的各种相间短路、引出线因绝缘套管破碎而通过油箱外壳发生的中性点接地系统侧的接地短路。针对各种故障和不正常运行状态，应根据变压器容量大小、电压等级、重要程度和运行方式等，设置相应的保护装置。

变压器的继电保护由主保护和后备保护组成，其中主保护有气体保护、纵联差动保护等，变压器的后备保护包括相间后备保护和接地后备保护等。

瓦斯保护是作为变压器本体内部匝间短路、相间短路以及油面降低的保护，是变压器内部短路故障的主保护。变压器差动保护是用来反映变压器绕组、引出线及套管上的各种相间短路的保护，也是变压器的主保护。变压器的差动保护基本原理与输电线路相同，但是，由于变压器两侧电压等级不同、Yd 接线时相位不一致、励磁涌流、电流互感器的计算电流比与标准电流比不一致、带负荷调压等原因，将在差动回路中产生较大的不平衡电流。本章分析了相位补偿及数值补偿原理与方法，为了提高变压器差动保护的灵敏度，必须设法减小不平衡电流。

微机变压器差动保护若采用星形侧的互感器的二次侧接成三角形，其目的是减小相位差产生的不平衡电流。但是当变压器为中性点直接接地运行时，当高压侧内部发生接地短路故障时，差动保护的灵敏度将降低。

以折线比率制动式差动保护为例分析了微机型差动保护的基本原理，分析了变压器微机比率制动特性的差动保护整定计算原则。需要注意的是在工程实践中，应结合厂家说明书及实际运行经验来修正整定值。

相间短路后备保护应根据变压器容量及重要程度确定采用的保护方案。同时必须考虑保护的接线方式、安装地点等问题。

反映变压器接地短路的保护，主要是利用零序分量这一特点来实现，同时与变压器接地方式有关。

分析了典型实例中微机型变压器保护的配置、原理接线及保护整定计算要求。

思考与实践

1. 变压器可能出现的故障和不正常工作状态有哪些？应分别装设哪些保护？

2. 瓦斯保护和差动保护均是变压器内部故障的主保护，两者为何不可相互替代？

3. 轻、重瓦斯保护有什么不同？

4. 试述变压器非电量保护的内容。

5. 变压器励磁涌流产生的原因和主要特征是什么？为了减小或消除励磁涌流对变压器保护的影响，可以采取哪些措施？

6. 简述变压器差动保护基本原理。

7. 微机型变压器差动保护，对励磁涌流的判别方式有哪些？

8. 请说明设置变压器差动速断保护的原因。

9. 变压器零序保护的作用是什么？

10 试述变压器差动保护产生不平衡电流的原因及克服措施。

11. 绘制二折线式比率制动变压器差动保护的动作特性，并写出动作方程。

12. 变压器相间短路的后备保护有哪几种方式？它们各自的特点如何？

13. 变压器复合电压启动的过电流保护，在变压器发生三相对称故障时是如何工作的？

14. 两台电力变压器并联工作时，若发生接地故障，零序电压与零序电流保护应如何配合工作？

15. 什么是复合电压元件？

16. 为什么变压器差动保护不能代替瓦斯保护？

17. RCS-9671C 型微机变压器保护的主要构成有哪些？

第9章 同步发电机的继电保护

同步发电机是电力系统中最重要的电力设备，它的安全可靠运行对保证电能质量和电力系统的正常工作起着决定性的作用。与电力系统中的其他设备相比，发电机在运行过程中发生故障后，对系统的影响最大，同时由于其修复工作复杂且工期长，经济损失也最大。因此，发电机必须装设专门的、性能完善可靠的继电保护装置。

本章通过分析同步发电机可能发生故障的类型及其特点，主要介绍发电机纵联差动保护、定子绕组匝间短路保护、定子绕组单相接地保护、负序过电流保护、励磁回路接地保护和失磁保护的保护原理及动作电流的整定计算，并对失步保护、逆功率保护、过电压保护和低频保护进行了简单介绍。

本章的学习目标：

熟悉发电机的故障和不正常工作状态；

掌握发电机的保护配置；

掌握发电机纵差保护的基本原理和整定原则；

理解发电机定子绕组匝间短路的保护方式；

掌握发电机100%定子接地保护工作原理；

理解励磁回路一点接地、两点接地保护原理；

理解发电机失磁保护的构成。

9.1 发电机故障和不正常工作状态及其保护

发电机在运行过程中要承受短路电流和过电压的冲击，同时发电机本身又是一个旋转的机械设备，在运行过程中还要承受原动机机械力矩的作用和轴承摩擦力的作用。因此，发电机在运行过程中出现故障及不正常运行的情况就不可避免。此外，由于大部分的发电机短路保护都存在动作死区，都存在如何减小死区提高灵敏度的问题，从而导致了在发电机保护中同一类短路故障的保护有多种形式。

9.1.1 发电机的故障类型

发电机常见的故障类型主要如下：

1. 定子绕组相间短路故障

定子绕组相间短路是对发电机危害最大的一种故障形式。由于相间短路电流大，故障点产生的电弧将会破坏绝缘，烧损铁芯和绕组，甚至损坏机组。

2. 定子绕组单相匝间短路故障

发电机定子绕组还可能发生一相匝间短路，这时被短路绕组间的短路电流和故障点的电弧将引起故障处局部过热、绝缘损坏，并有可能进一步发展成单相接地故障或相间短路故障。

3. 定子绕组单相接地故障

发电机定子绕组单相接地是指由于定子绕组绝缘损坏而引起的接地故障，它是发电机最常见的一种故障，其单相短路电流经定子铁芯构成回路，在接地电流较大或持续时间较长时，有可能使定子铁芯熔化，从而给修复工作造成很大困难。

4. 转子绕组一点接地或两点接地故障

发电机转子绕组一点接地时，由于没有构成短路电流通路，对发电机没有直接危害，但如果不及时处理，就可能造成两点接地，从而使转子绕组被短接。这不仅会烧坏转子绕组和铁芯，而且由于部分绕组短接破坏了转子磁通的对称性，将引起发电机的剧烈振动。

9.1.2　发电机的不正常运行状态

除了上述常见的发电机故障外，在发电机运行时还会出现以下各种不正常的运行状态，如果不及时处理，最终也会导致故障的发生。

1. 转子失磁

由于转子绕组断线、励磁回路故障或自动灭磁开关误动作等原因，会造成发电机转子失磁。失磁后，发电机可能进入异步运行状态，将从系统吸收大量无功功率，造成电压降低，甚至破坏系统的稳定，并引起定子过电流、机组过热和振动，威胁发电机的安全运行。

2. 定子绕组过电流

由于发电机外部三相短路故障、非同期合闸以及系统振荡等原因，会引起定子对称过电流。发电机外部不对称短路、系统非全相运行或三相负荷不对称时，发电机定子回路出现负序电流，由负序电流产生的负序旋转磁场，将在转子表面感应倍频电流，使转子表层温度升高，甚至局部烧伤。

3. 过负荷

由于负荷超过发电机额定值，或负序电流超过发电机长期允许值，都会造成对称或不对称过负荷，使定、转子温度升高，绝缘老化，寿命降低。

4. 定子绕组过电压

发电机突然甩负荷时，水轮发电机由于其调速系统惯性大，大型汽轮发电机由于功频调节器的调节过程比较迟缓，均会导致转速急剧上升，从而引起定子绕组过电压。

5. 发电机失步

发电机失步时，发电机与系统会发生振荡，当振荡中心落在发电机-变压器组内时，高、低压母线电压将大幅波动，将间接影响厂用电的安全。此外，振荡电流还会使定子绕组过电流。

6. 发电机逆功率运行

当汽轮发电机主汽门突然关闭而发电机断路器未断开时，发电机变为同步电动机运行状态，将从系统吸收有功功率（即逆功率）。这时，汽轮机叶片特别是尾叶，会与剩余蒸汽摩擦，可能导致叶片过热而损坏。

7. 发电机频率异常

当系统频率降低到汽轮机叶片的自振频率时，将造成叶片共振，引起疲劳和断裂，甚至导致发电机、变压器过励磁。

9.1.3 发电机继电保护配置原则

为了保证电力系统安全稳定运行，针对以上发电机在运行过程中可能出现的故障及不正常运行状态，按照《继电保护和安全自动装置技术规程》（GB/T 14285—2006）的规定，发电机应装设以下继电保护装置。

1. 定子相间短路保护

对于小容量（1MW 以下）的发电机，根据具体情况可采用电流速断保护，而对于大容量（1MW 以上）的发电机，应装设纵联差动保护装置。

2. 定子绕组匝间短路保护

对于发电机定子绕组的匝间短路，当定子绕组星形连接、每相有并联分支且中性点侧有分支引出端时，应装设横差动保护；对 200MW 及以上的发电机，有条件时可装设双重横差动保护。

3. 定子绕组单相接地保护

对直接连接于母线的发电机定子绕组单相接地故障，当单相接地故障电流（不考虑消弧线圈的补偿作用）大于表 9-1 规定的允许值时，应装设有选择性的接地保护装置。

表 9-1　　发电机定子绕组单相接地故障电流允许值

<table>
<tr><th>发电机额定电压（kV）</th><th colspan="2">发电机额定容量（MW）</th><th>接地电容电流允许值（A）</th></tr>
<tr><td>6.3</td><td colspan="2"><50</td><td>4</td></tr>
<tr><td rowspan="2">10.5</td><td>汽轮发电机</td><td>50～100</td><td rowspan="2">3</td></tr>
<tr><td>水轮发电机</td><td>10～100</td></tr>
<tr><td rowspan="2">13.8～15.75</td><td>汽轮发电机</td><td>125～200</td><td rowspan="2">2*</td></tr>
<tr><td>水轮发电机</td><td>40～225</td></tr>
<tr><td>20</td><td colspan="2">300～600</td><td>1</td></tr>
</table>

* 对氢冷发电机为 2.5。

对于发电机-变压器组：容量在 100MW 以下的发电机，应装设保护区不小于定子绕组串联匝数%的定子接地保护；容量在 100MW 及以上的发电机，应装设保护区为 100%的定子接地保护，保护带时限动作于信号，必要时也可以动作于切机。

4. 相间后备保护

发电机相间后备保护的形式与变压器相同，但对于大型发电机，由于主保护已双重化，故一般只需考虑相邻元件的后备保护。

5. 励磁回路一点接地和两点接地保护

对于容量在 1MW 以上的水轮发电机，应装设励磁回路一点接地保护；容量在 100MW 及以上汽轮发电机组，应装设励磁回路一点接地保护，并在检测出一点接地后，投入两点接地保护。

6. 失磁保护

对于容量在 100MW 以下不允许失磁运行的发电机，当采用直流励磁机时，应在灭磁开关断开时联锁断开发电机断路器；对采用半导体励磁及 100MW 及以上采用电动机励磁的发电机，应增设直接反应发电机失磁时电气参数变化的专用失磁保护。

7. 过负荷保护

包括定子回路的对称过负荷保护、不对称过负荷保护及转子表层过负荷保护、转子回路过负荷保护。

8. 定子绕组过电压保护

为防止定子绕组绝缘击穿和过励磁，在水轮发电机及大容量汽轮发电机上，应装设过电压保护，以反应发电机突然甩负荷时引起的定子绕组过电压。

9. 逆功率保护

为防止汽轮发电机主汽门突然关闭造成汽轮机的损坏，对于容量在200MW及以上的汽轮发电机，可考虑装设逆功率保护。

10. 其他故障及异常运行保护

为防止电力系统振荡影响机组安全运行，在300MW机组上宜装设失步保护；为防止汽轮机低频运行造成机械振动致使叶片损伤，可装设低频保护；为防止水冷却发电机断水可装设断水保护等。

此外，为了快速消除发电机的内部故障，在保护动作于发电机断路器跳闸的同时，还必须跳开灭磁开关，断开发电机励磁回路，以使转子回路电流不会在定子绕组中再感应电势，继续供给短路电流。一般而言，发电机的容量越大，所配置的保护种类越多。显然，与变压器保护相比，发电机保护的配置要复杂得多。

9.2　发电机定子绕组相间短路故障的保护

9.2.1　发电机定子绕组短路故障的特点

发电机定子绕组中性点一般不直接接地，而是通过高阻接地、消弧线圈接地或不接地，故发电机的定子绕组都设计为全绝缘。尽管如此，发电机定子绕组仍可能由于绝缘老化、过电压冲击、机械振动等原因引发单相接地和短路故障。由于发电机定子单相接地不会引起大的短路电流，不属于严重的短路性故障。发电机内部短路故障主要是指定子的各种相间和匝间短路故障，短路故障时在发电机被短接的绕组中将会出现很大的短路电流，严重损伤发电机本体，甚至使发电机报废，危害十分严重，发电机修复的费用也非常高。因此发电机定子绕组的短路故障保护历来是发电机保护的研究重点之一。

发电机定子的短路故障情况比较复杂，大体归纳起来主要有五种情况：发生单相接地，然后由于电弧引发故障点处相间短路；直接发生线棒间绝缘击穿形成相间短路；发生单相接地，然后由于电位的变化引发其他地点发生另一点的接地，从而构成两点接地短路；发电机端部放电构成相间短路；定子绕组同一相的匝间短路。

近年来短路故障的统计数据表明，发电机及其机端引出线的故障中相间短路最多，是发电机保护考虑的重点；虽然定子绕组匝间短路发生的概率相对较少，但也有发生的可能性，因此需要配置保护。

9.2.2　比率制动式纵差动保护

1. 发电机纵差保护的基本原理

发电机纵差保护是通过比较发电机机端与中性点侧电流的大小和相位来检测保护区内故障的，它主要用来反映发电机定子绕组及其引出线的相间短路故障。发电机纵差保护的构成如图 9-1 所示，同电流比、同型号的电流互感器 TA1 和 TA2 分别装于发电机机端和中性点侧，电流比为 $n_{TA1}=n_{TA2}=n_{TA}$，差动继电器 KD 接于其差动回路中，保护范围为两电流互感器之间的范围。

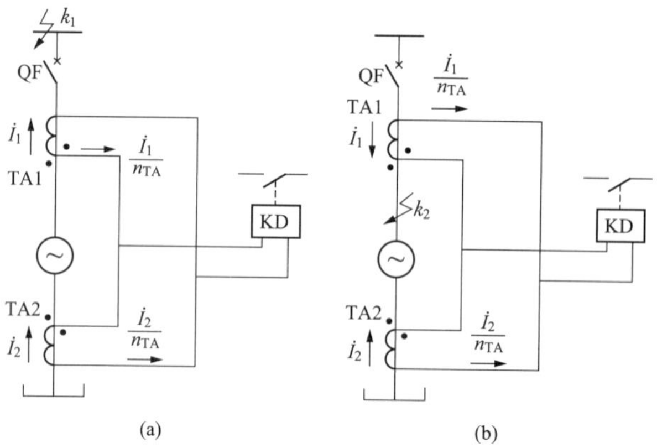

图 9-1　纵差保护原理图

（a）外部故障；（b）内部故障

如图 9-1 所示，假定一次电流参考方向以流入发电机为正方向，根据基尔霍夫电流定律，正常运行时或保护范围外部故障时，流入差动继电器 KD 的两侧电流的相量和为零，因为此时$\dot{I}_1$的实际方向与参考方向相反，$\dot{I}_1$与$\dot{I}_2$大小相等，相位差为 180°。即

$$I_d=\left|\frac{\dot{I}_1+\dot{I}_2}{n_{TA}}\right|=0 \tag{9-1}$$

式中　I_d——差动电流，实际上，此电流为较小的不平衡电流时，差动继电器 KD 不动作。

在发电机纵差保护区内部故障时，$\dot{I}_1$的实际方向与参考方向相同，流入发电机，$\dot{I}_2$方向不变，流入差动继电器 KD 的两侧电流的相量和不为零，其值较大，即

$$I_d=|\dot{I}_1+\dot{I}_2|=\left|\frac{\dot{I}'_K}{n_{TA}}\right| \tag{9-2}$$

当此电流大于 KD 的动作值时，KD 动作而作用于跳闸。

按照传统的纵差动保护整定方法，为防止纵差动保护在外部短路时误动，继电器动作电流 I_d 应躲过最大不平衡电流 I_{unb}，这样一来，纵差动保护整定动作电流 I_{set} 将比较大，降低了保护的灵敏度，甚至有可能在发电机内部相间短路时拒动。为了解决这个问题，考虑到不平衡电流随着流过 TA 电流的增加而增加的因素，提出了比率制动式纵差动保护，使动作值随着外部短路电流的增大而自动增大。

2. 微机比率制动式发电机纵差保护原理

在发电机内部轻微故障时，流入 KD 的电流较小，为提高灵敏度，需要降低差动继电器 KD 的动作电流，但是在发电机纵差保护区外故障时，不平衡电流会随之增大，为保证保护不误动作，又需要提高 KD 的动作电流，这两个方面相矛盾。因此提出了比率制动特性，使保护的动作电流随着外部短路电流的增大而自动增大。

利用比率制动特性构成的纵差保护，引入了差动电流与制动电流，有和接线与差接线两种方式，按如图 9-1 所示电流的正方向，差动电流取两侧二次电流相量和的幅值，

$I_d=|\dot{I}_1+\dot{I}_2|$（简称和接线），制动电流取两侧二次电流相量差绝对值的一半（不同的差动保护，制动电流的取法有所不同），$I_{res}=\frac{|\dot{I}_1'-\dot{I}_2'|}{2}$。

和接线的比率制动特性如图 9-2 所示 $I_{op\cdot min}$是最小动作电流，$I_{res\cdot min}$是最小制动电流，也称拐点电流，比率制动曲线 BC 的斜率为 K，$K=\tan\theta$。

保护的工作原理是基于保护的动作电流 I_{op}随着外部故障的短路电流而产生的不平衡电流 I_{unb}的增大而按比例的线性增大，且比 I_{unb}增大得更快，确保在任何情况下发生外部故障时，保护都不会误动作。将外部故障的短路电流作为制动电流 I_{res}，而把流入差动回路的电流作为动作电流 I_{op}，比较这两个量的大小，只要 $I_{op}\geqslant K_{rel}I_{res}$，保护动作；反之，保护不动作。其比率制动特性折线如图 9-2 所示。

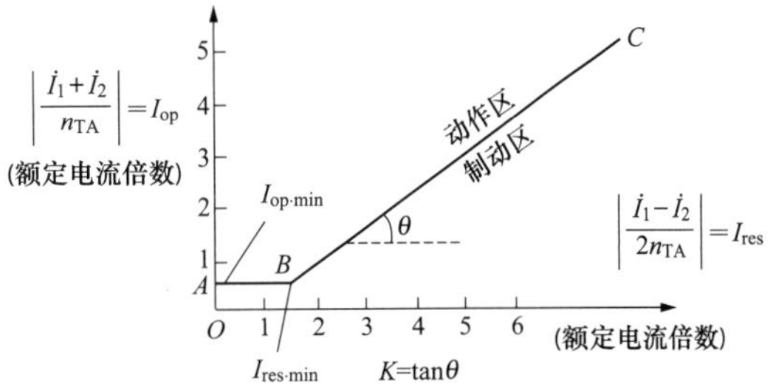

图 9-2　比率制动特性折线

动作条件

$$\begin{cases} I_{op}>I_{op\cdot min} & (I_{res}\leqslant I_{res\cdot min}) \\ I_{op}\geqslant K(I_{res}-I_{res\cdot min})+I_{op\cdot min} & (I_{res}>I_{res\cdot min}) \end{cases} \tag{9-3}$$

式中　K——制动特性曲线的斜率（也称制动系数）。

在图 9-3 中，制动电流和差动回路动作电流用以下两式表示：

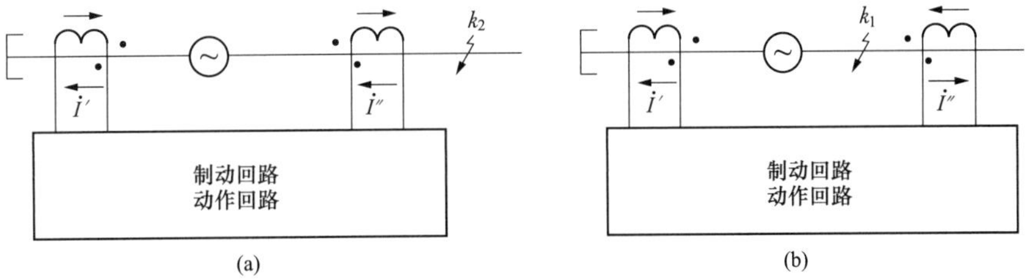

图 9-3　比率制动式纵差保护继电器的原理图

（a）正常运行及区外故障；（b）区内故障

制动电流为
$$\dot{I}_{res}=\frac{1}{2}(\dot{I}'-\dot{I}'') \tag{9-4}$$

差动回路动作电流为
$$\dot{I}_{op}=\dot{I}'+\dot{I}'' \tag{9-5}$$

（1）正常运行时，$\dot{I}'=-\dot{I}''=\frac{\dot{I}}{n_{TA}}$，制动电流为$\dot{I}_{res}=\frac{1}{2}(\dot{I}'-\dot{I}'')=\frac{\dot{I}}{n_{TA}}=\dot{I}_{res\cdot min}$。当 $I_{res}\leqslant I_{res\cdot min}$时，可以认为无制动作用，在此范围内有最小动作电流为 $I_{op\cdot min}$，而此时 $\dot{I}_{op}=\dot{I}'+\dot{I}''\approx 0$，保护不动作。

（2）当外部短路时$\dot{I}'=-\dot{I}''=\frac{\dot{I}_K}{n_{TA}}$，制动电流为$\dot{I}_{res}=\frac{1}{2}(\dot{I}'-\dot{I}'')=\frac{\dot{I}_K}{n_{TA}}$，数值大。动作电流为$\dot{I}_{op}=\dot{I}'+\dot{I}''$，数值小，保护不动作。

(3) 当内部故障时，$\dot{I}''$的方向与正常或外部短路故障时的电流方向相反，且$\dot{I}'\neq\dot{I}''$；$\dot{I}_{res}=\frac{1}{2}(\dot{I}'-\dot{I}'')$，为两侧短路电流相量差，数值小；$\dot{I}_{op}=\dot{I}'+\dot{I}''=\frac{\dot{I}_{K\Sigma}}{n_{TA}}$，数值大，保护动作。特别是$\dot{I}'=\dot{I}''$时，$\dot{I}_{res}=0$。此时，只要动作电流达到最小值 $I_{op\cdot min}$（$I_{op\cdot min}$取 0.2～0.3$I_{N\cdot T}$，$I_{N\cdot T}$为变压器额定电流），保护就能动作，可见，保护灵敏度大大提高了。

如图 9-2 所示为比率制动式纵差保护动作特性，纵差保护的动作电流$\dot{I}_{act}$随外部短路电流$\dot{I}_K$ 增大而增大的性能，通常称为“比率制动特性”（折线 BC）。折线 ABC 以上的部分为动作区。

3. 纵差保护的动作逻辑

发电机纵差保护的动作逻辑如图 9-4 所示。纵差保护并不是满足动作方程式就动作的，为了防止 TA 断线引起保护的误动，还需要加一些其他的逻辑判据。比较常见的判别 TA 断线的逻辑出口方式有循环闭锁方式。

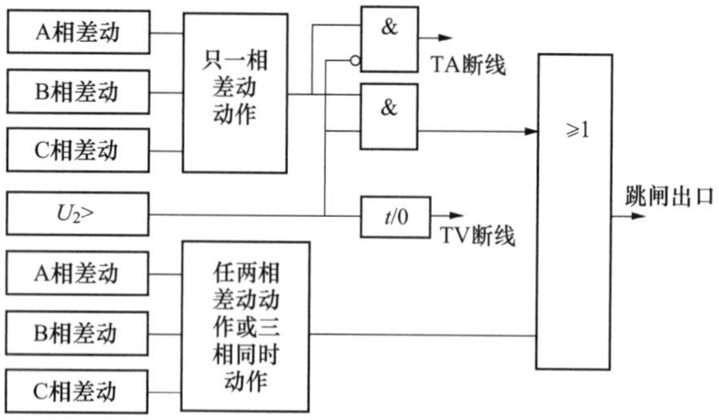

图 9-4 发电机纵差保护的动作逻辑

由于大、中型机组发电机中性点一般为经高阻接地的方式，因此不存在单相差动动作的问题。循环闭锁式的工作原理正是根据这一特点构成的，当两相或三相差动同时动作时，即可判断为发电机内部发生相间短路；同时为了防止一点在区内、另外一点在区外的两点接地故障的发生，当有一相差动动作且同时有负序电压时也出口跳闸。

此时若仅一相差动动作，而无负序电压时，即认为 TA 断线。而若负序电压长时间存在，同时无差电流时，则为 TV 断线。

9.2.3 比率制动式纵差保护定值整定

在图 9-2 中，比率制动式纵差保护的动作特性是由比率制动特性的 A、B、C 三点决定的。因此，发电机纵差保护的整定计算需要确定三个参数：A 点的差动保护最小动作电流 $I_{op\cdot min}$，B 点的最小制动电流也称拐点电流 $I_{res\cdot min}$，比率制动曲线 BC 的斜率 K。

1. 最小动作电流 $I_{op\cdot min}$

为保证发电机在最大负荷状态下运行时纵差保护不误动作，应使最小动作电流 $I_{op\cdot min}$大于最大负荷时的不平衡电流，在最大负荷状态下，差动回路中产生的不平衡电流主要是由两侧的 TA 电流比误差、二次回路参数及测量误差引起的，同时考虑暂态特性的影响，一般取

$$I_{op\cdot min}=(0.2\sim0.4)I_{g\cdot N} \tag{9-6}$$

式中 $I_{g\cdot N}$——发电机额定二次电流。

2. 最小制动电流或拐点电流 $I_{res\cdot min}$

图 9-2 中，B 点称为拐点，最小制动电流或拐点电流 $I_{res\cdot min}$ 的大小，决定保护开始产生制动作用的电流大小，一般按躲过外部故障切除后的暂态过程中产生的最大不平衡差流来整定，一般取

$$I_{res\cdot min} = (0.5 \sim 0.8) I_{g\cdot N} \tag{9-7}$$

3. 比率制动曲线 BC 的斜率 K

图 9-2 中，比率制动曲线 BC 的斜率 K 应按躲过保护区外三相短路时产生的最大暂态不平衡差流来整定。通常，当发电机采用完全纵差保护时，取

$$K_{res} = 0.3 \sim 0.5 \tag{9-8}$$

发电机纵差保护的灵敏度校验。发电机纵差保护的灵敏系数可按下式计算

$$K_{sen} = \frac{I_{K\cdot min}^{(2)}}{I_{op}} \tag{9-9}$$

式中　$I_{K\cdot min}^{(2)}$——发电机在未并入系统时出口两相短路时 TA 的二次电流；

I_{op}——制动电流 $I_{res} = 0.5 I_{K\cdot min}^{(2)}$ 时的动作电流。

GB/T 14285—2006《继电保护和安全自动装置技术规程》规定：$K_{sen} \geqslant 2$。

9.3　定子绕组匝间短路保护

9.3.1　发电机定子绕组匝间短路特点

现代的同步发电机，定子绕组有的每相只有一个绕组，大型发电机的定子绕组通常采用双层绕组，并且每相可能包括两个或两个以上的并联分支。匝间短路故障主要是指属于同一分支的位于同槽的上下层导体间发生短路，或者属于同一相但不同分支的位于同槽上下层导体间发生短路，当然还有绕组端部匝间短路以及因两点接地引起的匝间短路。由于匝间短路发生在同一相绕组，从该相绕组中性点侧与机端侧的 TA 上测得的电流相同，故上述纵差保护不反应匝间短路。计算和运行经验表明，匝间短路处电流可能超过机端三相短路电流，会严重损伤铁芯和绕组，因此匝间短路是发电机的一种严重故障。规程规定，大型发电机组必须装设高灵敏专用匝间短路保护，瞬时动作于全停。

发电机定子绕组发生匝间短路故障时，三相绕组的对称性遭到破坏，在定、转子绕组中将出现如下特征电量：

(1) 目前国内大型汽轮发电机大多为每相两并联分支，匝间短路时，属于第一分支的三相绕组中性点与属于第二分支的三相绕组中性点之间的连线上会产生以基波为主的不平衡电流，如图 9-5 所示。它可以用来构成横差保护。

(2) 定子绕组中性点侧与机端侧相线上出现的负序电流、机端出现的负序电压，它们在定子绕组中产生与同步旋转磁场反向旋转的负序磁场，它相对于转子以两倍同步转速运动，在转子绕组中感应出二次谐波电流。这些电量可以用来构成反映转子二次谐波电流和机端负序功率方向的匝

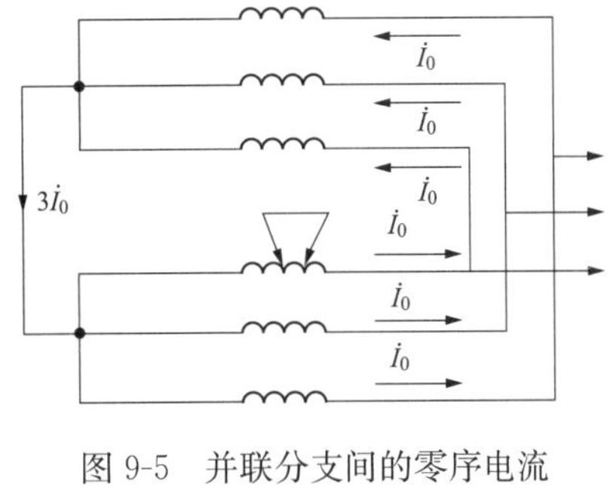

图 9-5　并联分支间的零序电流

间短路保护。

（3）机端三相对发电机中性点出现的基波零序电压 $3U_0$，它可以用来构成纵向零序电压匝间短路保护。

下面介绍发电机的匝间短路保护：横差保护、反应纵向零序电压的匝间短路保护和反应转子回路二次谐波电流的匝间短路保护。

9.3.2 发电机横差保护

发电机横差保护是电流横差（横联差动）保护的简称，主要用来防御定子绕组匝间短路、定子绕组开焊故障，也可兼顾定子绕组相间短路故障。

1. 单元件横差保护

大型汽轮发电机大多为每相两并联分支绕组，当三相第一分支的中性点和第二分支的中性点分别引出机外时，可采用单元件横差保护，原理接线如图 9-6 所示。在图 9-6 中，发电机定子绕组每相有两个并联分支，故在三相绕组中性点侧可接成两个中性点 O_1 和 O_2，在 O_1 和 O_2 连线上接入横差电流互感器 TA0。横差保护反应具有零序性质的中性点连线上的基频电流，因此也常称为零序横差保护。当发电机正常运行时，流过 TA0 的电流很小（仅为不平衡电流）；而当定子绕组发生相间短路或匝间短路时，TA0 上会流过较大的基频零序短路电流，当电流越过动作门槛，横差保护出口动作。

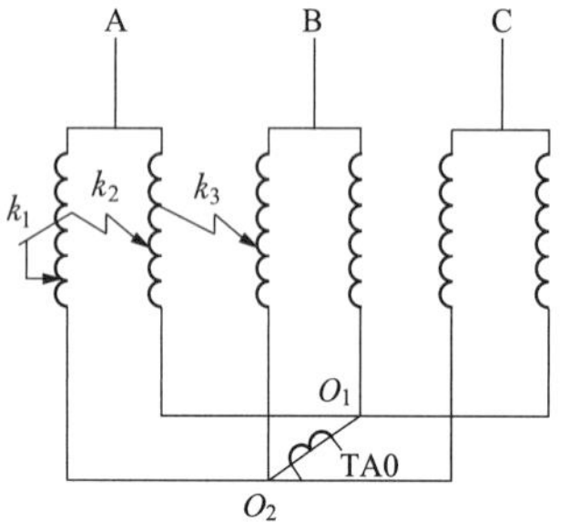

图 9-6 单元件零序横差保护原理接线

这种零序横差保护采用简单的横差电流基频分量越限动作判据为

$$I_d > I_{d\cdot set} \tag{9-10}$$

式中 I_d——横差电流的基频分量；

$I_{d\cdot set}$——横差保护电流定值。

当发电机正常运行时，TA0 也会流过不平衡电流，其中三次谐波电流占很大比例。为减小不平衡电流，提高匝间短路的灵敏性，要求采用优良的过滤三次谐波分量的滤波器。

微机型发电机横差保护采用数字滤波（如全周傅氏算法），可获得很强的过滤三次谐波分量的能力，其滤过比可达到 80～100。

发电机横差保护的动作逻辑框图如图 9-7 所示。

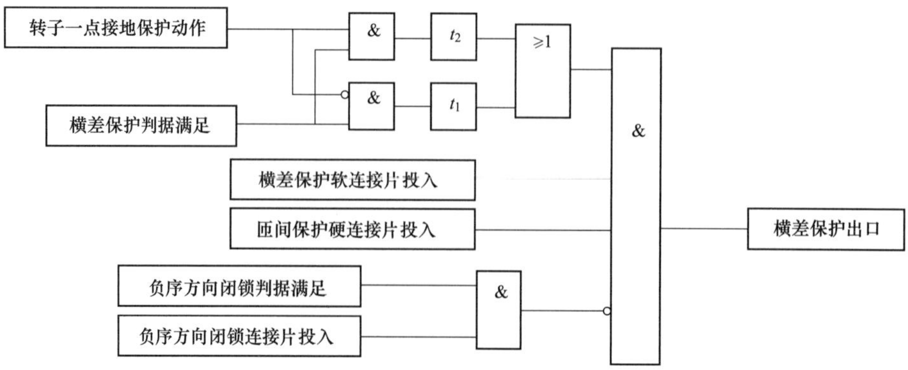

图 9-7 单元件横差保护的动作逻辑框图

在图 9-7 中，一般情况下，当发生定子绕组匝间短路时，横差保护判据满足，经短延时 t_1 出口。防御匝间短路的横差保护作为主保护之一，原则上应瞬时出口。但运行经验表明，当外部严重故障或系统振荡等情况下，可能在 TA0 上出现暂态不平衡电流，易引起横差保护判据短时越限而误动。若提高动作门槛，又会导致内部故障灵敏度降低。因此我国电力行业的有关规定中允许横差保护经不大于 0.2s 的短延时出口，以提高抗暂态不平衡电流的能力。

考虑到发电机转子绕组发生两点接地短路故障时，会造成发电机气隙磁场畸变，在 TA0 上产生周期性不平衡电流，从而可能导致横差保护误动，因此在发生转子一点接地故障后，使横差保护经较长延时 t_2（$t_2>t_1$）动作。

为提高灵敏度、动作速度以及防外部故障误动能力，横差保护可考虑增加负序方向闭锁元件（可通过控制字投入/退出），机端负序方向闭锁元件的原理可参见纵向零序电压保护部分。

2. 裂相横差保护

如图 9-8 所示，图中为一相具有两个并联分支的发电机，安装在两分支线上的电流互感器具有相同的变比和型号，它们的二次绕组按环流法接线，电流继电器并联接在 TA 连接导线之间。

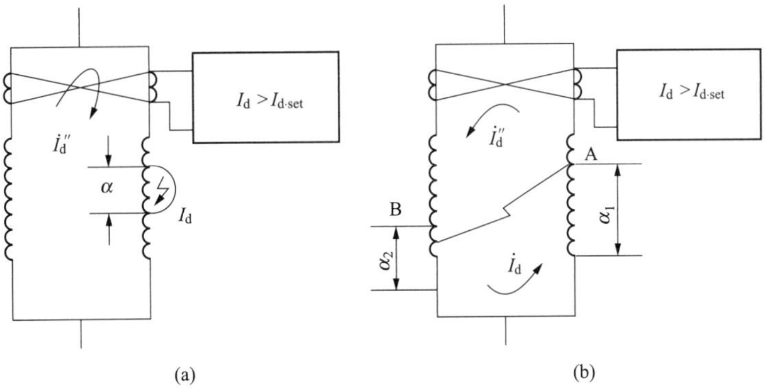

图 9-8　发电机裂相横差保护原理接线

（a）同相同分支横差保护；（b）同相不同分支横差保护

裂相横差保护实质是将每相定子绕组的分支回路分成两组，并通过将两组 TA 采集两分支电流，反极性引入到保护装置中计算差流，利用此差流来实现判断。这种接线是以并联分支作为保护整体的。

在正常情况下，每个并联分支的电动势是相等的，阻抗也相等，故两分支的电流相等，因而流入继电器的电流为 0。

当一个分支匝间短路时，两分支绕组的电动势不再相等，因而两分支的电流也不相等，并且由于两分支之间存在电动势差而产生一个环流 $\dot I_d''$ 在两绕组中流通。流入继电器的电流为 $\dot I_d=2\dot I_d''$。当 I_d 大于继电器的整定电流时，保护就动作。这就是发电机裂相横差保护的原理。

当采用横差保护时，在下列故障情况下，具有死区。

（1）图 9-8（a）所示，在某一分支内发生匝间短路时，流入继电器的电流 $\dot I_d=2\dot I_d''$，由于$\dot{I}''_{\mathrm{d}}$随α的减小而减小，当α较小时，保护可能不动作，即保护有死区。

（2）图 9-8（b）所示，在同相的两个分支上发生短路，若这种短路发生在等电位点上（$\alpha_1=\alpha_2$）时，将不会有环流。因此，$\alpha_1=\alpha_2$ 或 $\alpha_1\approx\alpha_2$ 时，保护也出现死区。

9.3.3 纵向零序电压匝间短路保护

1. 纵向零序电压保护的构成及原理

发电机定子绕组匝间短路保护的另一种方案是利用纵向零序电压 $3U_0$。如图 9-9 所示，$3U_0$ 取自机端专用电压互感器 TV0 的第三绕组（开口三角接线）。TV0 一次侧的中性点必须与发电机中性点直接连接，而不能直接接地，正因为 TV0 的一次侧中性点不接地，因此 TV0 的一次绕组必须是全绝缘的，而且它不能被利用来测量相对地的电压。

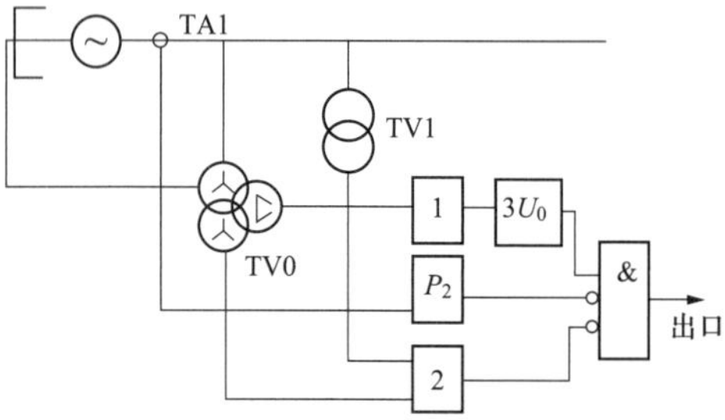

图 9-9　发电机纵向零序电压匝间短路保护原理图

1—三次谐波过滤器；2—TV 断线闭锁保护

当发电机正常运行和外部相间短路时，理论上说，TV0 的第三绕组没有输出电压，$3U_0=0$。当发电机内部或外部发生单相接地故障时，虽然一次系统出现了零序电压，中性点电位升高，使得 TV0 一次侧中性点电位随之升高，三相对中性点的电压仍然完全对称，这样第三绕组输出电压 $3U_0$ 当然等于零。

只有当发电机内部发生匝间短路或者发生对中性点不对称的各种相间短路时，即 TV0 一次侧的三相对中性点的电压不再平衡，第三绕组才有输出电压，即 $3U_0\neq0$，使零序电压匝间短路保护正确动作。由此可知，利用零序电压原理的构成保护不仅可以反映匝间短路，还可以在一定程度上反映发电机的相间短路故障。

实际应用中，在正常运行和外部故障条件下，TV0 的开口三角形存在不平衡电压，纵向零序电压保护必须按躲开此不平衡电压进行整定，使保护的灵敏度降低。根据对许多正常运行发电机的实测和分析，这个不平衡电压主要是三次谐波电压，其二次值可达零点几伏到十伏左右，而基波零序电压一般较小，为百分之几伏到十分之几伏。因此，需要在保护装置中装设三次谐波过滤器，便可显著地提高匝间保护的灵敏度。

提高了保护灵敏度之后，需要放置外部不对称短路时暂态不平衡引起纵向零序电压匝间保护装置误动作，故应当同时装设负序功率方向元件，当发电机外部故障时由负序功率方向元件闭锁纵向零序电压匝间短路保护。

根据安全要求，专用 TV0 的一次侧应装设熔断器。为了防止在一次侧熔断器熔断时零序电压继电器误动作，还需要装设电压断线闭锁元件。

2. 负序功率方向元件

不管是发电机内部发生不对称短路，还是发电机外部发生不对称短路时，必然会产生负序电压和负序电流，但发电机内部不对称短路时短路功率的方向和外部不对称短路时短路功率的方向不同。因此，可利用负序功率方向元件来区分是发电机内部短路还是外部短路，当发电机外部短路时，负序功率方向元件动作，闭锁纵向零序电压匝间短路保护；当发电机内部短路时，负序功率方向元件不动作，解除闭锁。

如图 9-10 所示，负序功率方向元件 P_2 的负序电压和负序电流都取自机端，负序电流的正方向规定为由发电机流入。由图 9-10（b）可以看出，当发电机外部不对称短路时，$P_2>0$，表示负序功率方向是由外部系统流向发电机，功率方向元件可靠动作；由图 9-10（c）、（d）可以看出，当发电机内部不对称相间短路或匝间短路时，$P_2<0$，表示负序功率方向是由发电机流向外部系统，功率方向元件可靠不动作。

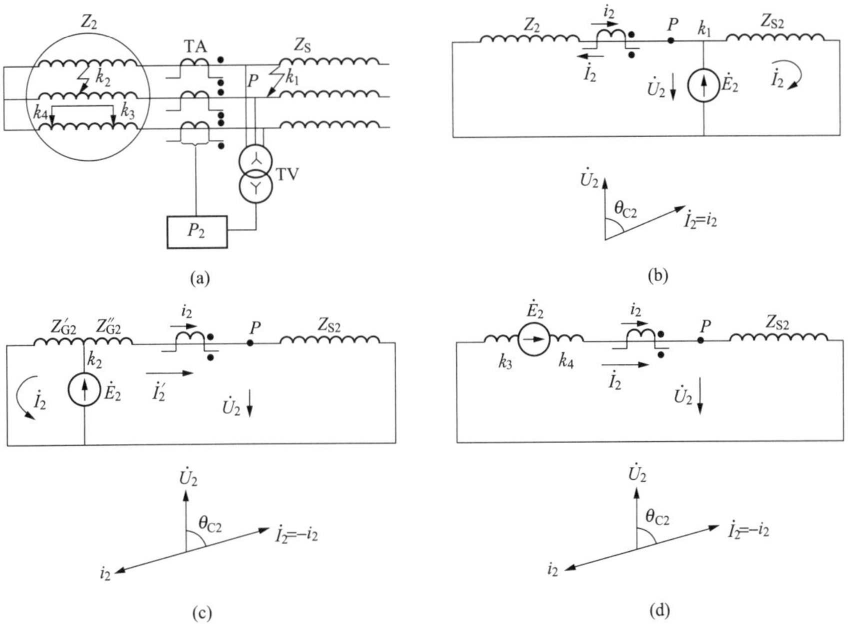

图 9-10　电流互感器在机端时的负序功率方向分析

（a）接线示意图；（b）（d）k_1 点故障等值电路及相量图；（c）k_2 点故障分析

可见，当负序功率由发电机流向系统时表示发电机内部发生了故障（包括相间和匝间短路，因为发电机内部的相间短路绝不可能是三相对称短路）。反之，若负序功率由系统流向发电机，则表示发电机本身完好，系统存在不对称故障。

3. 纵向零序电压元件的整定

发电机发生匝间短路时，其纵向零序电压受发电机定子绕组结构及线圈在各定子槽内的分布的不同的影响，可能产生的最大及最小纵向零序电压的差异很大。在对纵向零序电压进行整定计算时，首先要对发电机定子结构进行研究，并估算发生最少匝数匝间短路时的最小零序电压，以此整定其零序电压和进行灵敏度校验。

实用中，纵向零序电压按下式整定

$$U_{0\cdot set}=K_{rel}U_{unb\cdot max} \tag{9-11}$$

式中　$U_{0\cdot set}$——纵向零序电压的整定值；

K_{rel}——可靠系数，一般取 1.2～1.5；

$U_{unb \cdot max}$——区外不对称短路时最大不平衡电压。

运行经验表明，纵向零序电压的整定值一般可取为 2.5～3V。

4. 评价

纵向零序电压匝间短路保护必须装设专用的全绝缘电压互感器。保护的原理简单，具有较高的灵敏度。除能反应匝间短路故障外还能反应分支绕组的开焊故障。但发电机在启动的过程中将失去保护的作用，同时保护存在动作死区，零序电压元件的定值越大死区越大。

9.4 发电机定子单相接地保护

为了安全起见，发电机的外壳、铁芯都要接地，所以只要发电机定子绕组与铁芯之间的绝缘在某一点上遭到破坏，就可能发生单相接地故障。发电机定子绕组的单相接地故障是发电机的常见故障之一。

长期运行的实践表明，发生定子绕组单相接地故障的主要原因是高速旋转的发电机，特别是大型发电机的振动，造成机械损伤而接地；对于水内冷的发电机，由于漏水致使定子绕组接地。

发电机定子绕组单相接地故障时的主要危害有两点：

（1）接地电流会产生电弧，烧伤铁芯，使定子绕组铁芯叠片烧结在一起，造成检修困难。

（2）接地电流会破坏绕组绝缘，扩大事故，若一点接地而未及时发现，很有可能发展成绕组的匝间或相间短路故障，严重损坏发电机。

定子绕组单相接地时，对发电机的损坏程度与故障电流的大小及持续时间有关。当发电机单相接地故障电流（不考虑消弧线圈的补偿作用）大于允许值时，应装设有选择性的接地保护装置。发电机单相接地时，接地电流允许值见表 9-1。

对于大中型发电机定子绕组单相接地保护应满足以下两个基本要求：

（1）绕组有 100%的保护范围。

（2）在绕组匝间发生经过渡电阻接地故障时，保护应有足够灵敏度。

我国一般规定当接地电流小于 5A 时，保护可只发信号；当接地电流大于 5A 时，为保障发电机的安全，应立即跳闸停机。

9.4.1 发电机定子绕组单相接地的特点

发电机内部单相接地时具有一般不接地系统单相接地短路的特点，流经接地点的电流仍为发电机所在电压网络（即与发电机直接电联系的各元件）对地电容电流的总和。

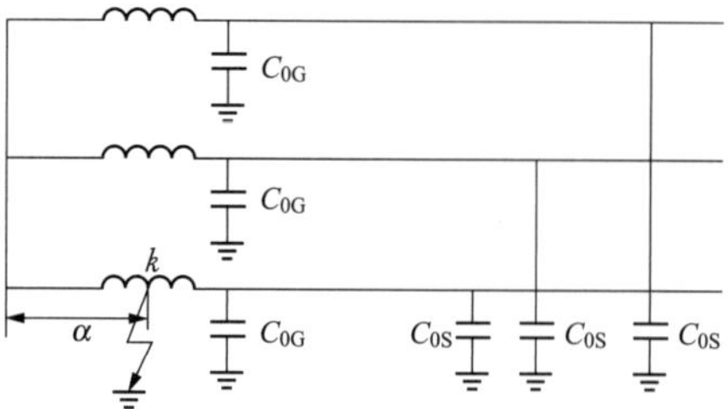

图 9-11 发电机定子绕组单相接地时的电路图

假设发电机每相对地电容为 C_{0G}，并集中于发电机端；发电机以外同电压级网络每相对地等效电容为 C_{0S}，假设发电机 A 相在距离定子绕组中性点 α 处（α 表示由中性点到故障点的绕组匝数占全部绕组匝数的百分数）发生金属性定子绕组单相接地故障，如图 9-11 所示，发电机中性点将发生位移，并同时产生零序电压。

故障点处各相对地电压为

$$\left.\begin{aligned}\dot{U}_{Ak}&=0\\ \dot{U}_{Bk}&=\alpha\dot{E}_B-\alpha\dot{E}_A\\ \dot{U}_{Ck}&=\alpha\dot{E}_C-\alpha\dot{E}_A\end{aligned}\right\}\tag{9-12}$$

因此，故障点处的零序电压为

$$\dot{U}_{k0}=\frac{1}{3}(\dot{U}_{Ak}+\dot{U}_{Bk}+\dot{U}_{Ck})=-\alpha\dot{E}_A\tag{9-13}$$

可见，故障点的零序电压将随着故障点的位置不同而不同。

实际上当发电机内部发生单相接地时，是无法直接获得故障点的零序电压$\dot{U}_{k0}$的，而只能借助于机端的电压互感器来进行测量，若忽略各相电流在发电机内阻抗上的压降，则发电机机端各相对地电压分别为

$$\left.\begin{aligned}\dot{U}_A&=\dot{E}_A-\alpha\dot{E}_A\\ \dot{U}_B&=\alpha\dot{E}_B-\alpha\dot{E}_A\\ \dot{U}_C&=\alpha\dot{E}_C-\alpha\dot{E}_A\end{aligned}\right\}\tag{9-14}$$

由此可得机端的零序电压为

$$\dot{U}_0=\frac{1}{3}(\dot{U}_A+\dot{U}_B+\dot{U}_C)=-\alpha\dot{E}_A\tag{9-15}$$

式（9-14）和式（9-15）表明发电机发生单相接地时，发电机机端三相电压是不对称的，接地相电压最低，非接地相电压升高；在中性点附近发生单相接地时，即$\alpha=0$处，零序电压最小，$\dot{U}_0=0$，而在机端发生单相接地时，即$\alpha=1$处，零序电压最大，$U_0=E_{Pn}$，达到发电机相电压。图9-12示出了发电机定子绕组发生单相接地时，机端零序电压与故障点位置的关系。

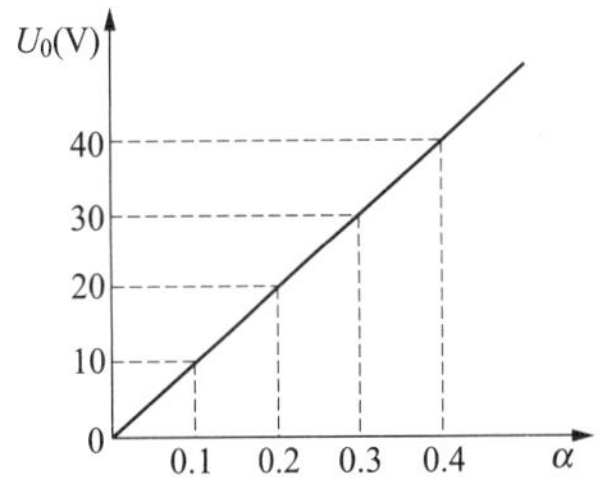

图9-12　发电机$U_0=f(\alpha)$关系

9.4.2　零序电压定子绕组接地保护

发电机$3U_0$定子绕组接地保护是根据发电机定子绕组发生单相接地时，有零序电压产生这一特征构成，如图9-13所示。过电压继电器通过三次谐波过滤器接于机端电压互感器TV开口三角形侧的两端。在正常运行时，发电机相电压中含有三次谐波，因此，在机端TV的开口三角形侧也有三次谐波电压输出；为了减小U_{op}，可以增设滤除三次谐波的环节，使$U_{unb\cdot max}$主要是反映很小的基波零序电压，大大提高灵敏度。

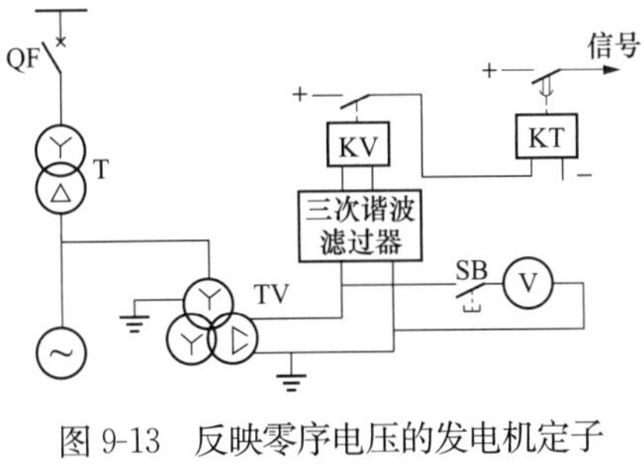

图9-13　反映零序电压的发电机定子绕组接地保护原理图

零序电压的大小与接地点距中性点的距离有关。在发电机出口处发生单相接地时，$3U_0$电压为100V；在中性点发生单相接地时，$3U_0$电压

为 0V。因此，$3U_0$ 间接反应了接地故障点的位置。动作判据为

$$|3U_0| > U_{0\cdot set} \tag{9-16}$$

式中　$3U_0$——机端零序电压；

$U_{0\cdot set}$——基波零序电压整定值。

若 $3U_0$ 保护整定为 5～10V，则可以保护从机端开始的 87％～95％定子绕组单相接地故障。由于在中性点附近发生定子绕组单相接地时，保护装置不能动作，因而出现死区。

9.4.3　三次谐波式定子接地保护

三次谐波式定子接地保护的主要任务是检测发电机中性点附近的单相接地故障。经理论分析，在不同地点发生单相接地时，可以得到机端三次谐波电压 U_{t3} 和中性点三次谐波电压 U_{n3} 与 α 之间的变化曲线，如图 9-14 所示。

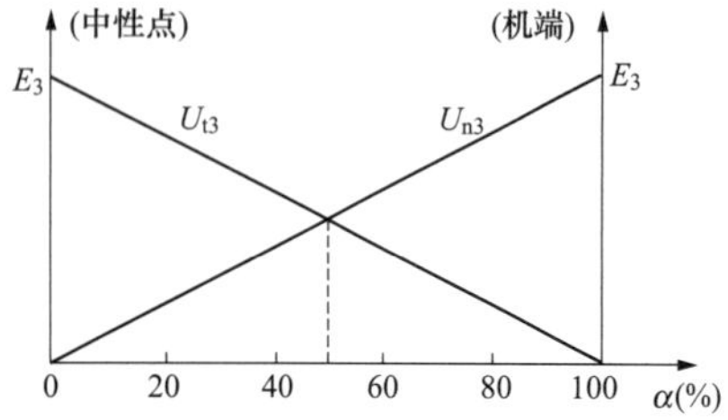

图 9-14　中性点电压 U_{n3} 和机端电压 U_{t3} 随故障点 α 的变化曲线

由发电机机端 TV 开口三角处引入机端三次谐波电压 U_{t3}，从发电机中性点 TV 或消弧线圈引入发电机中性点侧三次谐波电压 U_{n3}。

三次谐波式定子接地保护原理是反应机端和中性点三次谐波大小和相位变化而构成的。动作判据为

$$|U_{t3}/U_{n3}| > K \tag{9-17}$$

式中　U_{t3}——发电机机端 TV 输出的三次谐波电压分量；

U_{n3}——发电机中性点三次谐波电压分量；

K——调整系数，可以根据保护的灵敏度要求来调整其大小。

三次谐波式定子接地保护出口可发信或跳闸。

9.4.4　由基波零序电压和三次谐波电压构成的发电机定子 100％接地保护

上述反应基波零序电压的定子接地保护在中性点附近有死区。为了实现 100％保护区，就要采取措施消除基波零序电压保护的死区。对发电机端三次谐波电压 U_{t3} 和中性点三次谐波电压 U_{n3} 组合而成的三次谐波电压进行比较而构成的接地保护，可较灵敏的反映中性点附近的单相接地故障。它与基波零序电压定子接地保护共同组成 100％保护区的定子接地保护，常称为双频式定子接地保护。

100％定子绕组单相接地保护由基波零序电压保护和三次谐波电压保护两部分共同构成。基波零序电压保护和三次谐波电压保护组成各自独立出口回路，以满足不同配置要求（跳闸、信号），逻辑框图如图 9-15 所示。

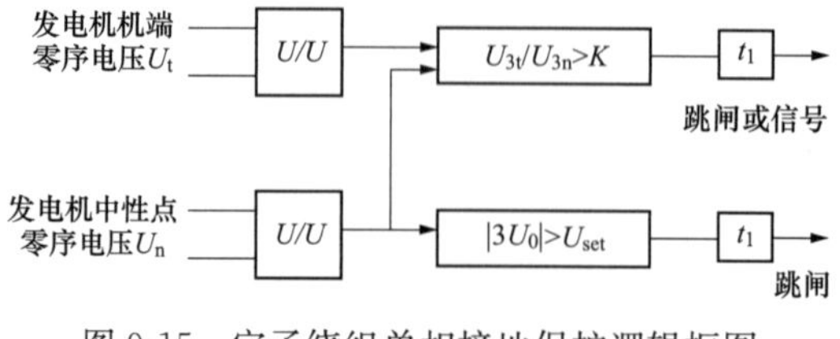

图 9-15　定子绕组单相接地保护逻辑框图

9.5　发电机励磁回路接地保护

发电机正常运行时，发电机转子电压有几百伏，且励磁系统对地是绝缘的。当励磁绕组绝缘严重下降或损坏时，会引起励磁回路的接地故障，最常见的是一点接地故障。发生一点接地故障时，由于没有形成短路回路，对发电机没有直接影响，但是一点接地后励磁回路对地电压将有所升高，在某些情况下，会诱发第二点接地。当发生第二点接地故障时，故障点流过很大的短路电流，会烧毁转子；由于部分绕组被短接，气隙磁通将失去平衡，会引起机组剧烈振动；此外，还可能使轴系和汽轮机汽缸磁化。鉴于上述危害，发电机需装设励磁回路一点接地和两点接地保护，一点接地后保护发出信号，应手动或自动投入两点接地保护，如再发生第二点接地，保护动作并立即跳闸。

相关规程规定，对于汽轮发电机，在励磁回路出现一点接地后，可以继续运行一定时间（但必须投入转子两点接地保护），同时要转移负荷，安排停机；而对于水轮发电机，在发现转子一点接地后，应立即安排停机。因此，水轮发电机一般可不设置转子两点接地保护。

9.5.1　励磁回路一点接地保护

1. 构成原理

该保护原理接线如图 9-16 所示。采用新型的叠加直流方法，U_f'为转子负极端点到故障点的绕组电压，R_{tr}为过渡电阻，E为叠加电动势（$E=50V$、内阻大于 50Ω），R_1、R_2为负载电阻。

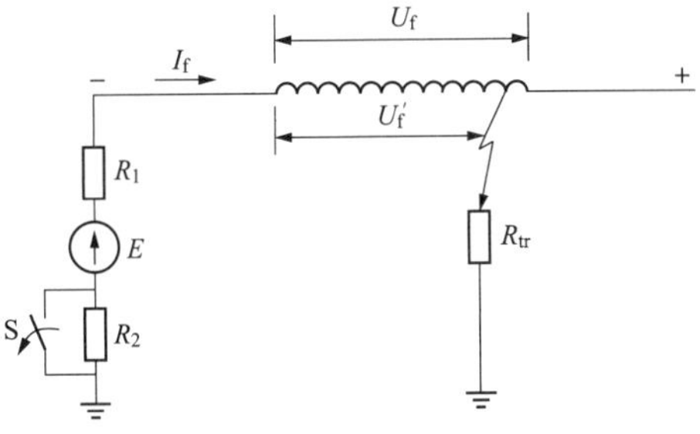

图 9-16　叠加直流的励磁回路一点接地保护

图 9-16 中，在转子的负极经 R_1、R_2 两电阻叠加一直流电动势 E，为了能测量转子的接地电阻，在电阻 R_2 上并联电子开关 S，电子开关 S 以某一固定频率开合改变电路参数，保护检测在电子开关闭合和打开的过程中的电流 I_f。定义 S 闭合时的电流 $I_f=I_c$，S 打开时的电流 $I_f=I_0$，则

$$\left.\begin{aligned} U_f'+E &= I_c(R_1+R_{tr}), \quad \text{S闭合时} \\ U_f'+E &= I_0(R_2+R_1+R_{tr}), \quad \text{S打开时} \end{aligned}\right\} \tag{9-18}$$

可以求得

$$R_{tr}=\frac{R_1I_0-R_1I_c+R_2I_0}{I_c-I_0} \tag{9-19}$$

利用微机智能化测量克服了传统保护中绕组正负极灵敏度不均匀的缺点，能准确计算出转子对地的过渡电阻值 R_{tr}。当计算值 $R_{tr}\leqslant R_{op}$时，保护动作。

2. 保护整定

对于转子非水内冷的发电机，$R_{op}=5\sim8k\Omega$；对于双水内冷发电机，$R_{op}=1\sim2k\Omega$。转子一点接地保护的动作延时，可取 6～9s。

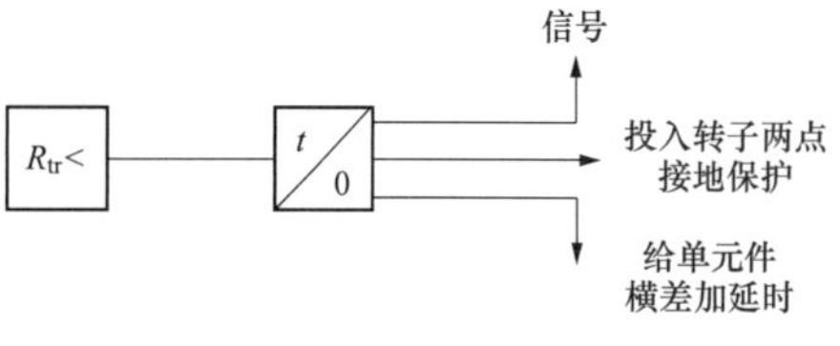

图 9-17　转子一点接地保护逻辑框图

3. 逻辑框图

逻辑框图如图 9-17 所示。保护动作后，除自动投入转子两点接地保护之外，还要对单元件式横差保护（若设置该保护时）增加动作延时。

叠加直流电源式转子一点接地保护的主要优点是保护不受发电机运行工况的影响，在发电机停运时也能正确地检测转子绕组及励磁回路的对地绝缘。

9.5.2　励磁回路两点接地保护

转子两点接地保护的方案主要有反应定子二次谐波电压式转子两点接地保护和反应接地位置变化式的转子两点接地保护。

1. 反应定子二次谐波电压式转子两点接地保护

当发电机转子绕组两点接地或匝间短路时，气隙磁通分布的对称性遭到破坏，出现偶次谐波，发电机定子绕组每相感应电动势也出现了偶次谐波分量。因此，利用定子电压的二次谐波分量，即可以实现转子两点及匝间短路保护。

定子电压中二次谐波的正序分量 $U_{2\omega1}$，是由转子绕组不对称匝间短路时，产生的二次谐波磁场以同步转速正向旋转，在定子绕组中形成的。发电机转子两点接地保护受一点接地保护闭锁，发生一点接地时两点接地保护自动投入。

（1）逻辑框图。在 DGT801 发电机-变压器组保护装置中，转子两点接地保护的逻辑框图如图 9-18 所示。其中，$U_{2\omega2}$ 和 $U_{2\omega1}$ 分别为二次谐波电压的负序和正序分量，$U_{2\omega\cdot op}$为二次谐波电压元件的整定电压。

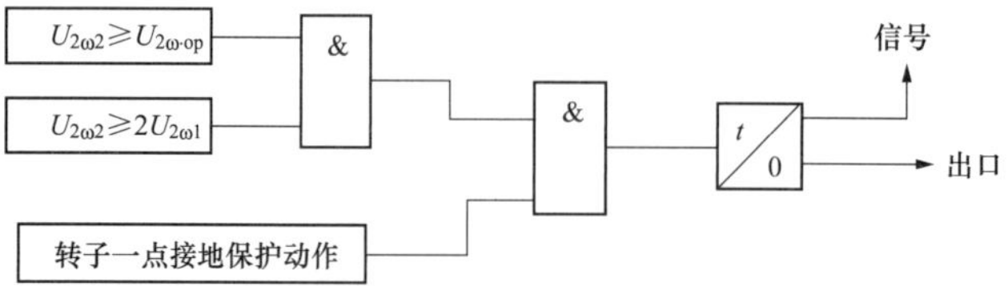

图 9-18　转子两点接地保护逻辑框图

正常运行时，该保护退出运行，当转子绕组或励磁系统发生一点接地故障时自动投入运行。其优点是不受外部故障或其他机组转子两点接地时在定子绕组中出现二次谐波电压的影响。

（2）保护整定。二次谐波动作电压可按实际测量值整定，可取

$$U_{2\omega\cdot op}=K_{rel}U_{2\omega\cdot 2g} \tag{9-20}$$

式中　K_{rel}——可靠系数，取 10～15；

$U_{2\omega\cdot 2g}$——空载额定电压时二次谐波电压负序分量的测量值。

对于多数发电机，通常 $U_{2\omega\cdot op}$＝1.5～2V。

动作延时可取 0.3～0.5s，以躲过外部故障时在定子绕组中产生的暂态二次谐波电压及瞬间的转子两点接地。

2. 反应接地位置变化式的转子两点接地保护

（1）构成原理。这种保护是基于切换采样式励磁回路一点接地保护基础之上构成

的，其硬件结构相同，所不同的只是动作判据。假设在励磁绕组 k_1 处（即离正极 α 处）发生一点接地故障后，相继在 k_2 处（即离 k_1 点 β 处）又发生第二点接地，并设接地故障电阻分别为 R_{tr1} 和 R_{tr2}，保护原理如图 9-19 所示。

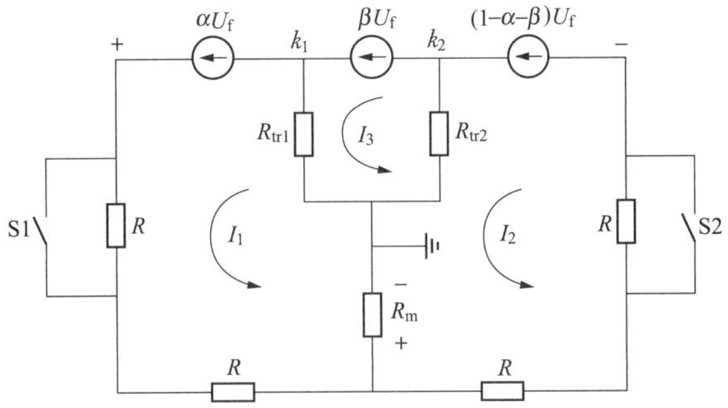

图 9-19　切换式励磁回路两点接地故障原理图

设已在一点接地故障后计算出第一点接地电阻 R_{tr1} 和距离 α，则可根据图 9-19 列出回路方程求解两故障点间的距离 β 和第二点接地电阻 R_{tr2}。

（2）保护整定。由于联立方程的计算过程较为复杂，通常采用另一种方法。当发生一点接地故障后，可利用切换采样式一点接地保护计算出 α_1，再发生另一点接地后计算出 α_2，当两次测量变化值 $\Delta\alpha$ 超过设定值 α_{op} 时，则判定发生了两点接地故障，发电机立即动作于停机。因此励磁回路两点接地保护的动作判据为

$$|\Delta\alpha| \geqslant \alpha_{op} \tag{9-21}$$

α_{op} 可整定为 1%～2%，为防止瞬间转子两点接地故障时保护误动，可取 0.3s 的动作延时。

（3）逻辑框图。反应接地位置变化（切换式励磁回路）的两点接地保护的逻辑如图 9-20 所示。由图 9-20 可见，励磁回路两点接地保护受一点接地保护闭锁，在发生励磁回路一点接地故障后经延时 t_1 将两点接地保护自动投入。

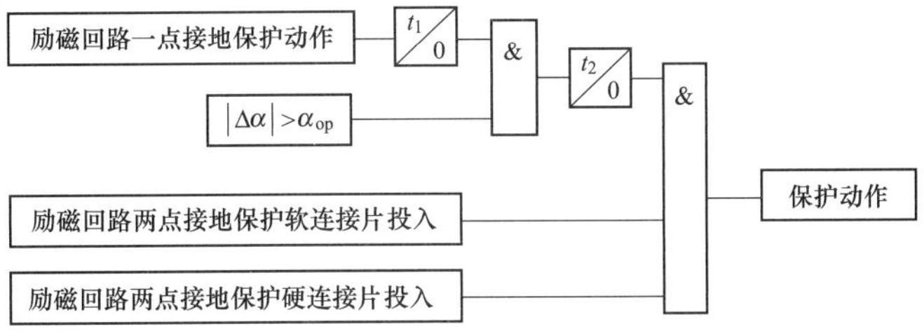

图 9-20　反应接地位置变化的两点接地保护逻辑框图

9.6　发电机失磁保护

发电机失磁是指发电机的励磁电流全部或部分消失。引起发电机失磁的主要原因有：转子绕组故障、励磁绕组故障、自动灭磁开关误跳闸、半导体励磁系统中某些元件损坏或自动调节励磁系统故障以及误操作等。

9.6.1 发电机失磁原因及危害

发电机低励和失磁是常见的故障形式。大机组励磁回路的环节和部件较多，增加了低励、失磁的机会。发电机低励或失磁的危害主要表现在以下几个方面：

（1）低励或失磁的发电机，从电力系统吸收无功功率，引起电力系统电压下降。如果电压下降幅度太大，将可能导致电力系统电压崩溃。

（2）大型发电机组失磁后系统将要向其输送大量的无功电流，将可能引起电力系统的振荡。

（3）失磁后，由于出现转差，在发电机转子回路中出现差频电流。差频电流在转子回路中产生的损耗，如果超出允许值，将使转子过热。特别是直接冷却高利用率的大型机组，其热容量的裕度相对较低，转子更易过热。而流过转子表层的差频电流，还可能在转子本体与槽楔、护环的接触面上产生严重的局部过热。

（4）低励或失磁的发电机进入异步运行后，由机端观测，发电机等效电抗降低，从电力系统中吸收的无功功率增加。低励或失磁前带的有功功率越大，转差就越大，等效电抗就越小，所吸收的无功功率就越大。因此，在重负荷下失磁进入异步运行后，如不采取措施，发电机将因过电流使定子过热。

（5）对于直接冷却、高利用率的大型汽轮发电机，其平均异步转矩的最大值较小，惯性常数也相对较低，转子在纵轴和横轴方面也呈现较明显的不对称。由于这些原因，在重负荷下失磁后，这种发电机的转矩、有功功率要发生周期性摆动。在这种情况下，将有很大的超过额定值的电磁转矩周期性地作用在发电机轴系上，并通过定子传到机座上；此时，转差也做周期性变化，其最大值可能达到45，发电机周期性地严重超速。这些情况，都直接威胁着机组的安全。

（6）低励或失磁运行时，定子端部漏磁增强，将使端部和边段铁芯过热。实际上，这一情况通常是限制发电机失磁异步运行能力的主要条件。

因此装设低励失磁保护主要是为了保证发电机的安全和电力系统的安全。

9.6.2 发电机失磁后机端测量阻抗的变化规律

发电机失磁后或在失磁发展的过程中，机端测量阻抗要发生变化。测量阻抗为从发电机端向系统方向所看到的阻抗。失磁后机端测量阻抗的变化是失磁保护的重要判据。

现规定发电机向外送出感性无功功率时，Q 为正。当发电机失磁时，发电机机端感受到测量阻抗 Z_m 的变化是个圆。由于假定失磁时有功功率 P 不变，该圆也称等有功圆，曲线如图 9-21 所示。

当发电机失磁时，测量阻抗从负荷点沿等有功圆向第四象限变化。与系统并列运行的发电机在失磁过程中，当励磁电流（从而感应电动势）降到一定数值时，发电机功率角 δ 达到静稳极限角，发电机临界失步。在不同有功功率 P 下，临界失步时机端测量阻抗（导纳）的轨迹曲线，称为静稳边界或称临界失步曲线。隐极机与凸极机的静稳边界不同。隐极发电机静稳边界曲线是个圆，称等无功圆，如图 9-22 所示。

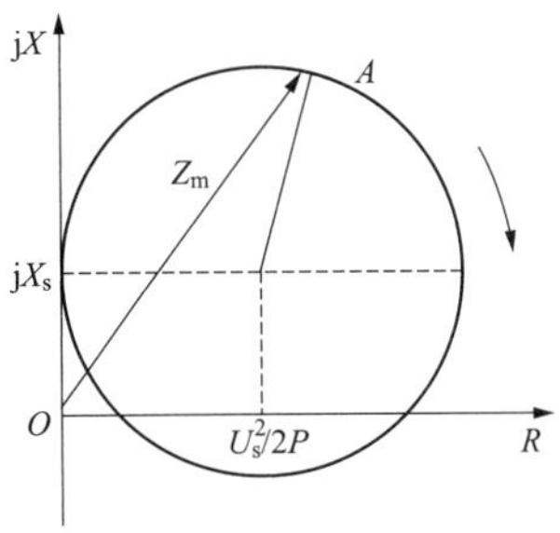

图 9-21　等有功圆

X_s—系统等值电抗；U_s—系统电压

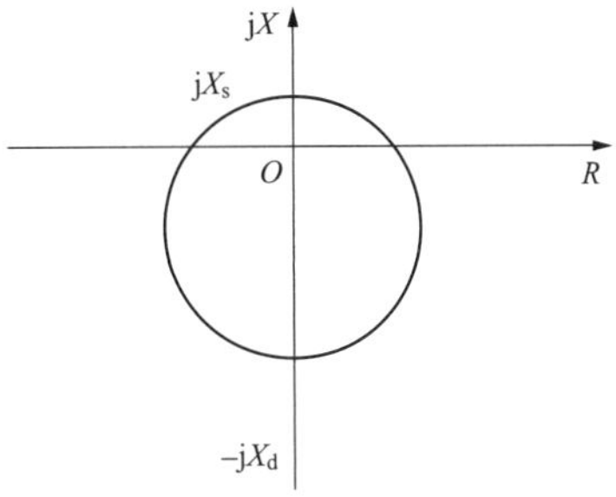

图 9-22　等无功圆

X_s—系统等值电抗；X_d—发电机纵轴电抗

当测量阻抗变化到等无功圆边界时，相应的功率角 $\delta=90°$，也即到了静稳边界，以后将进入异步运行。

9.6.3　失磁保护出口逻辑

大型发电机失磁保护需引入主变压器高压侧电压、发电机中性点（或机端）电流、发电机机端电压以及非无刷励磁系统的励磁电压。

1. 失磁保护动作逻辑图

失磁保护由发电机机端测量阻抗 Z_m 判据、转子低电压判据 $U_e<$、变压器高压侧低电压判据 $U_h<$、定子过电流判据 $I_b>$构成。发电机失磁保护逻辑框图如图 9-23 所示，一般情况下，阻抗整定边界为静稳定边界圆，也可以为其他形状。

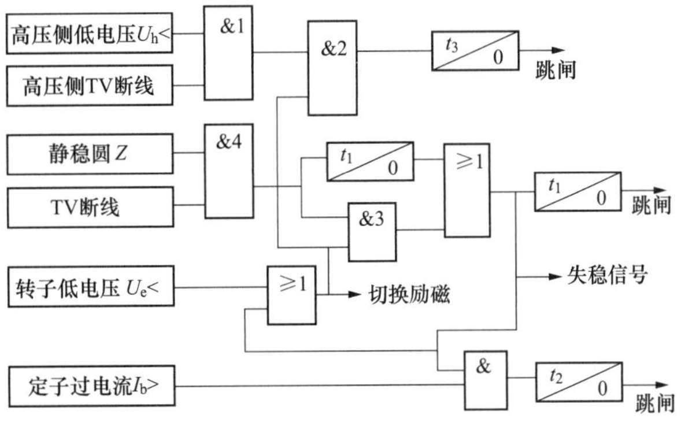

图 9-23　发电机失磁保护逻辑框图

下面以图 9-23 所示发电机失磁保护逻辑图为例说明失磁保护原理构成及动作程序。

失磁保护的主要判据通常为机端测量阻抗，阻抗元件的特性圆采用静稳边界阻抗圆。当静稳边界阻抗圆和转子低电压判据同时满足时，判定发电机已经由失磁导致失去了静稳，将进入异步运行，此时经与门“&3”和延时 t_1 后跳闸切除发电机。若转子低电压判据拒动，静稳边界阻抗圆判据也可经延时 t_4 单独跳闸切除发电机。

转子低电压判据满足时，发失磁信号，并输出切换励磁命令。此判据可以预测发电机是否因失磁而失去稳定，从而在发电机尚未失去稳定之前及早地采取措施（切换励磁等），防止事故的扩大。

对于无功储备不足的系统，当发电机失磁后，有可能在发电机失稳之前，高压侧电压就达到了系统崩溃值。所以如图 9-23 所示，转子低电压判据满足并且高压侧低电压判据满足时，说明发电机失磁已造成了对电力系统安全运行的威胁，经“&2”电路和延时 t_3 发出跳闸命令，迅速切除发电机。

转子低电压判据满足并且静稳边界判据满足，经“&3”电路发出失稳信号。此信号表明发电机由失磁导致失去了静态稳定。当转子低电压判据在失磁中拒动（如转子电压检测点到转子绕组之间发生开路时），失稳信号由静稳边界判据产生。

汽轮机在失磁时允许异步运行一段时间，此间过电流判据监测汽轮机的有功功率。若定子电流大于 1.05 倍的额定电流，表明平均异步功率超过 0.5 的额定功率，发出压低出力命令，压低发电机的出力，使汽轮机继续做稳定异步运行。稳定异步运行一般允许 2～15min，所以经过 t_1 之后再发跳闸命令。在 t_1 期间运行人员可有足够的时间去排除故障，重新恢复励磁，这样就避免了跳闸。这对经济运行具有很大意义。如果出力在 t_2 内不能压下来而过电流判据又一直满足，则发跳闸命令以保证发电机本身的安全。

保护方案体现了这样一个原则：发电机失磁后，电力系统或发电机本身的安全运行遭到威胁时，将故障的发电机切除，以防止故障的扩大。在发电机失磁而对电力系统或发电机的安全不构成威胁时（短期内），则尽可能推迟切机，运行人员可及时排除故障，避免切机。

阻抗元件电压取自发电机机端 TV，电流取自发电机机端或中性点 TA。

高压侧电压取自主变压器高压侧 TV，励磁电压取自发电机转子。

2. 发电机需进相运行按静稳边界圆整定不能满足要求时措施

当发电机需进相运行时。如按静稳边界圆整定不能满足要求时，一般可采用以下方式来躲开进相运行区。

（1）下移阻抗圆，按失步边界整定，构成发电机失磁保护阻抗边界特性，如图 9-24 所示。

（2）采用过原点的两根直线，将进相区躲开。此时，进相深度可整定。

转子低电压动作方程是一条和发电机有功功率有关的制动曲线，如图 9-25 所示。

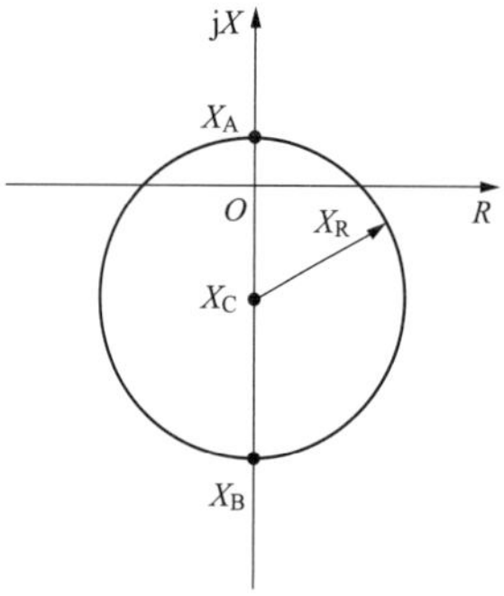

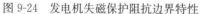

图 9-24　发电机失磁保护阻抗边界特性

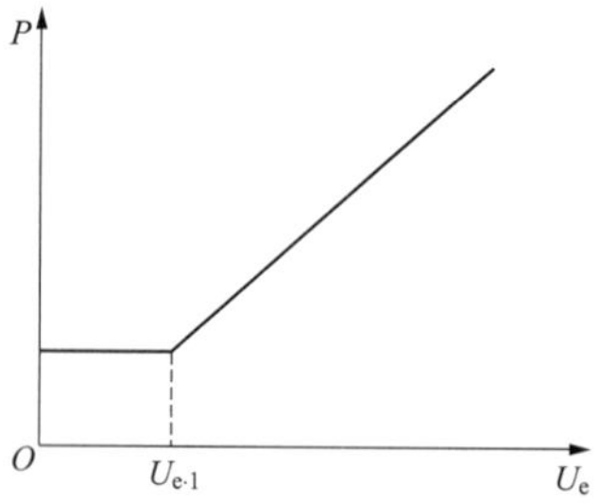

图 9-25　失磁保护转子低电压动作特性

*9.7　发电机负序电流保护

9.7.1　发电机负序电流的形成、特征及危害

对于大、中型的发电机，为了提高不对称短路的灵敏度，可采用负序电流保护，同

时还可以防止转子回路的过热。

发电机正常运行时，其定子旋转磁场与转子同方向同速运转，因此不会在转子中感应出电流；当电力系统中发生不对称短路，或三相负荷不对称时，将有负序电流流过发电机的定子绕组，该电流在气隙中建立起负序旋转磁场，以同步转速朝与转子转动方向相反的方向旋转，并在转子绕组及转子铁芯中产生 100Hz 的电流。该电流使转子相应部分过热、灼伤，甚至可能使护环受热松脱，导致发电机严重事故。同时有 100Hz 的交变电磁转矩，引起发电机振动。因此，为防止发电机的转子遭受负序电流的损伤，大型汽轮发电机都要装设比较完善的负序电流保护，它由定时限和反时限两部分组成。

9.7.2　发电机承受负序电流的能力

发电机承受负序电流 I_2 的能力是负序电流保护的整定依据之一。当出现超过 I_2 的负序电流时，保护装置要可靠动作，发出声、光信号，以便及时处理。当其持续时间达到规定时间，而负序电流尚未消除时，则应动作于切除发电机，以避免负序电流造成的损害。

发电机能长期承受的负序电流值由转子各部件能承受的温度决定，通常为额定电流的 4％～10％。

发电机承受负序电流的能力与负序电流通过的时间有关，时间越短，允许的负序电流越大，时间越长，允许的负序电流越小。因此负序电流在转子中所引起的发热量，正比于负序电流 I_{2f}的二次方与所持续的时间的乘积。

9.7.3　发电机负序电流保护的原理

1. 定时限负序电流保护

对于中、小型发电机，负序电流保护大多采用两段式定时限负序电流保护，定时限负序电流保护由动作于信号的负序过负荷保护和动作于跳闸的负序过电流保护组成。

负序过负荷保护的动作电流按躲过发电机允许长期运行的负序电流整定。对于汽轮发电机，长期允许的负序电流为额定电流的 6％～8％；对于水轮发电机，长期允许的负序电流为额定电流的 12％，通常取为 $0.11I_N$。保护时限大于发电机的后备保护的动作时限，可取 5～10s。

负序过电流保护的动作电流按发电机短时允许的负序电流整定。对于表面冷却的发电机，其动作值常取为 $(0.5～0.6)I_N$。此外，保护的动作电流还应与相邻元件的后备保护在灵敏度上相配合，一般情况下可以只与升压变压器的负序电流保护在灵敏度上配合。保护的动作时限按阶梯原则整定，一般取 3～5s。

保护的动作时限特性与发电机允许的负序电流曲线的配合情况如图 9-26 所示。

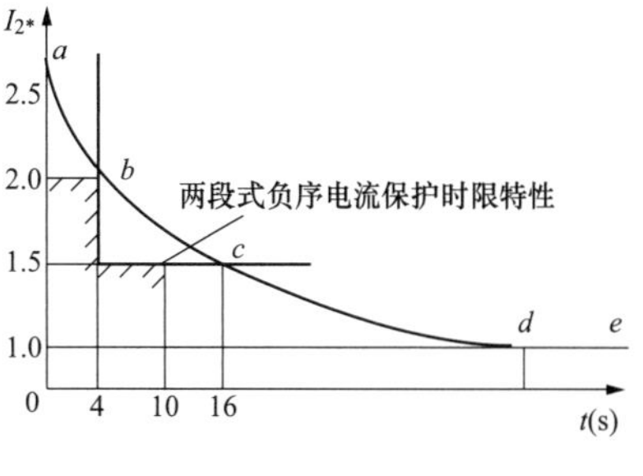

图 9-26　保护的时限特性与发电机允许的负序电流曲线的配合情况

在曲线 ab 段内，保护装置的动作时间大于发电机允许的动作时间，因此，可能出现发电机已损坏而保护未动作的情况；在曲线 bc 段内，保护装置的动作时间小于发电机允许的动作时间，没有充分利用发电机本身所具有的承受负序电流的能力；在曲线 cd 段内，保护动作于信号，由运行人员来处理，可能值班人员还未来得及处理时，发电机已超过了允许时间，所以此段只给信号也不安全；在曲线 de 段内，保护根本不反应。

两段式定时限负序电流保护接线简单，既能反映负序过负荷，又能反映负序过电流，对保护范围内故障有较高的灵敏度。在变压器后短路时，其灵敏度与变压器的接线方式无关。但是两段式定时限负序电流保护的动作特性与发电机发热允许的负序电流曲线不能很好地配合，存在不利于发电机安全及不能充分利用发电机承受负序电流的能力等问题，因此，在大型发电机上一般不采用。大型汽轮发电机应装设能与负序过热曲线较好的具有反时限特性的负序电流保护。

2. 反时限负序电流保护

反时限特性是指电流大时动作时限短，而电流小时动作时限长的一种时限特性。通过适当调整，可使保护的时限特性与发电机的负荷发热允许电流曲线相配合，避免发电机因受负序电流的影响而过热以致受到损坏，从而达到保护发电机的目的。

实际应用中反时限构成负序电流保护的判据采用式

$$t=\frac{A}{I_{2*}^{2}-K_{2}} \tag{9-22}$$

式中 I_{2*}^{2}——负序电流；

K_2——发电机发热时的散热效应系数，一般 $K_2=0.6I_{2*}^{2}$；

A——发电机的发热常数，由制造厂提供。

发电机负序电流保护的时限特性与允许负序电流曲线 $\left(t=\frac{A}{I_{2*}^{2}-K}\right)$ 的配合情况如图 9-27 所示。由图可见，负序反时限特性曲线一般由上限定时限、反时限、下限定时限三部分组成。

保护具有反时限特性，保护动作时间随负序电流的增大而减少，较好地与发电机承受负序电流的能力相匹配，这样既可以充分利用发电机承受负序电流的能力，避免在发电机还没有达到危险状态的情况下被切除，又能防止发电机受到损坏。

发电机反时限负序电流保护的逻辑框图如图 9-28 所示。当发电机负序电流大于上限整定值 I_{2up} 时，则按上限短延时 t_{2up} 动作；负序电流在上、下限整定值之间，则按反时限动作；如果负序电流大于下限整定值 I_{2dow}，但反时限部分动作时间太长时，则按下限长延时 t_{2dow} 动作。

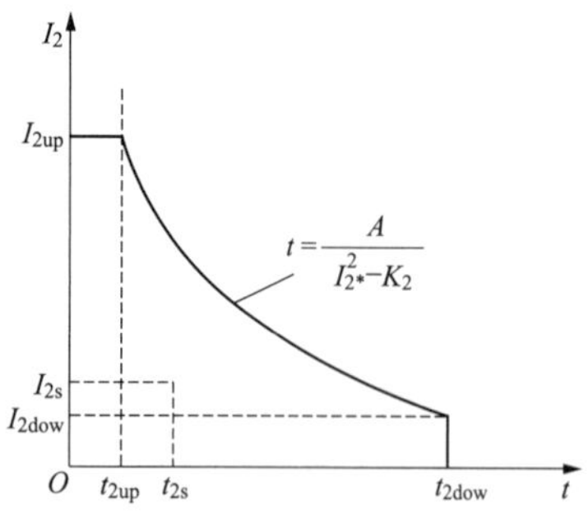

图 9-27 反时限负序电流保护动作特性

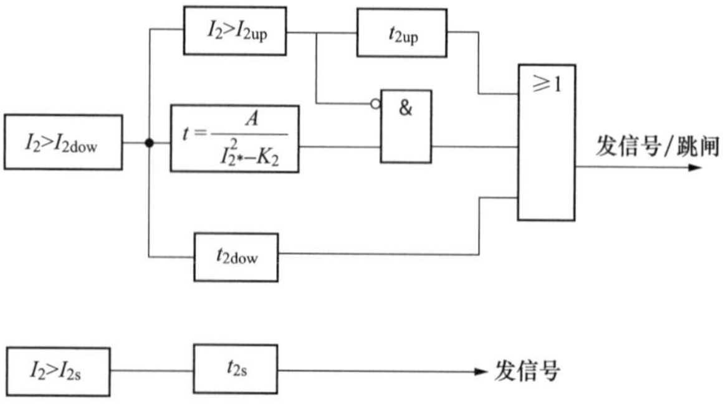

图 9-28 发电机反时限负序电流保护逻辑框图

图 9-27 中，I_{2s} 和 t_{2s} 为保护中定时限部分的电流整定值和时间整定值，若负序电流大于 I_{2s}，则保护延时 t_{2s} 发出信号。

*9.8　逆功率保护

发电机逆功率保护主要用于保护汽轮机。当主汽门误关闭或机炉保护动作于主汽门关闭而发电机并未从系统解列时，发电机就变成了同步电动机运行，从电力系统吸收有功功率。这种工况，对发电机并无危险，但由于汽轮机的鼓风损失，其尾部叶片有可能过热，造成汽轮机事故。因此发电机组不允许在这种工况下长期运行。

9.8.1　逆功率保护原理

逆功率保护有两种实现方法。其一是反应逆功率大小的逆功率保护，当发现发电机处于逆功率运行时，该保护动作。另外一种是习惯上称为程序跳闸的逆功率保护。程序跳闸的逆功率保护动作时，保护出口先关闭汽轮机的主汽门，然后由逆功率保护与主汽门触点联动跳开发电机-变压器组的主断路器。在发电机停机时，可利用该保护的程序跳闸功能，先将汽轮机中的剩余功率向系统送完后再跳闸，从而更能保证汽轮机的安全。逆功率保护反应发电机从系统吸收有功功率的大小而动作，以主汽门是否关闭为条件来决定动作时间。

逆功率保护所需电压取自发电机机端TV，电流取自发电机的中性点（或机端）TA。

9.8.2　保护逻辑框图

1. 逆功率保护

发电机逆功率保护的逻辑框图如图9-29所示。当负向逆功率值达到逆功率保护整定值 P_{set} 时，按预定时间发信或程序跳闸。

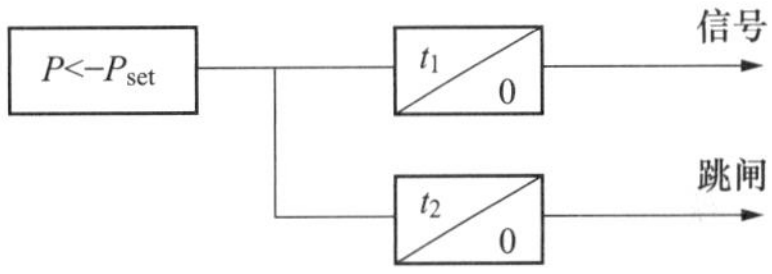

图9-29　逆功率保护的逻辑框图

逆功率的大小一般取决于发电机的有功功率损耗和汽轮机的损耗，其值一般为发电机额定功率的4%～5.5%。汽轮发电机逆功率保护的动作功率一般取 $P_{set}=(0.5\%\sim1\%)P_N$。

保护时限分两段：以 t_1 短时限延时动作于信号，t_1 按躲过系统振荡的条件整定，一般取1.0～1.5s；以 t_2 长时限延时动作于跳闸，t_2 根据发电机允许的最大逆功率运行时间整定，一般取2～3s。

2. 程序逆功率

程序逆功率主要用于程序跳闸方式，即当过负荷保护、过励磁保护、低励失磁保护等出口于程序跳闸的保护动作后，应首先关闭主汽门，等到出现逆功率状态，同时有主汽门关闭信号时，这时程序逆功率保护动作，跳开主断路器。这种程序跳闸就可避免因主汽门未关而断路器先断开引起灾难性“飞车”事故。在过负荷、过励磁、失磁等异常运行方式下，用于程序跳闸的逆功率继电器作为闭锁元件，其定值一般整定为 $P_{act}(1\sim3)P_N$，延时1.0～1.5s动作于解列。其出口逻辑框图如图9-30所示。

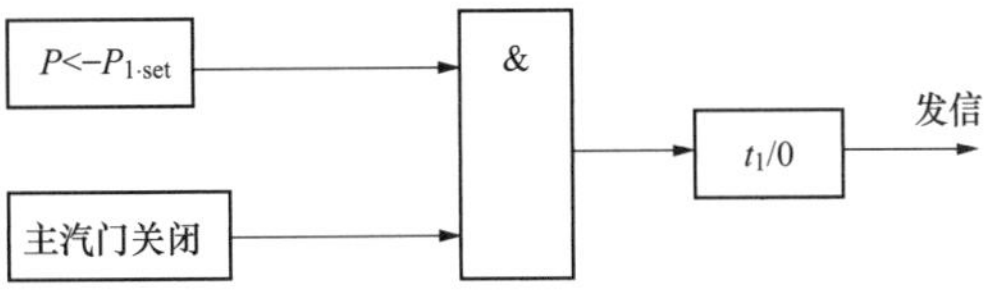

图9-30　发电机程序跳闸逆功率出口逻辑框图

本 章 小 结

发电机是电力系统中最重要的设备，因此，对发电机保护的要求不仅很高，并且由于发电机自身的特点，保护要考虑的情况也很多，而同一类故障的保护又有多种形式。本章分析了发电机可能发生的故障及应装设的保护。

反映发电机相间短路故障的主保护采用纵差保护，纵差保护的应用十分广泛，其原理与输电线路基本相同，但实现起来要比输电线路容易得多。但是，应注意的是，保护存在动作死区。在微机保护中，广泛采用比率制动式纵差保护。

反映发电机匝间短路故障，可选择采用横联差动保护、零序电压保护、转子二次谐波电流保护等。

当发电机励磁绕组与转子铁芯之间的绝缘被损坏或击穿从而导致接地故障的发生时，即发生了励磁回路接地故障，包括励磁回路一点接地和两点接地。定子绕组单相接地，可采用反映基波零序电压保护、反映基波和三次谐波电压构成的接地保护等。保护根据零序电流的大小分别作用于跳闸或发信号。

转子一点接地保护只作用于信号，转子两点接地保护作用于跳闸。

发电机失磁保护是发电机保护的难点。当发电机出现失磁故障后，对发电机本身和所在电力系统都会产生较为严重的影响，因此发电机应装设失磁保护。对于小型发电机，失磁保护通常采用失磁联动，中、大型发电机要装设专用的失磁保护。失磁保护是利用失磁后机端测量阻抗的变化反映发电机是否失磁。

对于中、大型发电机，为了提高相间不对称短路故障的灵敏度，应采用负序电流保护。为了充分利用发电机热容量，负序电流保护可根据发电机容量采用定时限或反时限特性。

发电机相间短路后备保护的其他形式可参见变压器保护。

介绍了典型发电机微机保护装置特点、原理以及微机系统组成，现场调试方法。

思 考 与 实 践

1. 发电机可能发生哪些故障和不正常工作方式？应配置哪些保护？

2. 发电机纵差保护的方式有哪些？各有何特点？

3. 发电机纵差保护有无死区？为什么？

4. 试简述发电机匝间短路保护的几个方案的基本原理、保护的特点及适用范围。

5. 发电机匝间短路保护中，其电流互感器为什么要装在中性点侧？

6. 大容量发电机为什么要采用100％定子接地保护？

7. 如何构成100％发电机定子绕组接地保护？利用发电机定子绕组三次谐波电压和零序电压构成的100％定子接地保护的原理是什么？

8. 转子一点接地、两点接地有何危害？

9. 试述励磁回路一点接地保护的基本原理。

10. 发电机失磁后的机端测量阻抗的变化规律是什么？

11. 发电机运行过程中为什么会发生失磁故障？失磁对发电机和电力系统会产生哪

些影响?

12. 如何构成失磁保护?

13. 发电机定子绕组中流过负序电流有什么危害?如何减小或避免这种危害?

14. 发电机的负序电流保护为何要采用反时限特性?

15. 为什么要安装发电机的逆功率保护?

第10章 发电机-变压器组保护

随着电力系统的发展，发电机-变压器组单元接线方式在电力系统中获得广泛应用。由于发电机-变压器组相当于一个工作元件，所以，前面介绍的发电机、变压器的某些保护可以共用，例如共用差动保护、过电流保护及过负荷保护等，下面介绍发电机-变压器组的差动保护及后备保护的特点及应用等。

本章的学习目标：

熟悉发电机-变压器组保护的组屏方案；

了解 RCS-985A 型保护功能配置、硬件配置及定值清单；

掌握 RCS-985A 型保护装置的使用方法；

掌握发电机-变压器组微机保护装置的调试方法；

能对 RCS-985A 型装置进行基本的操作。

10.1 发电机-变压器组保护典型配置

10.1.1 概述

RCS-985 型发电机-变压器组成套保护装置采用了高性能数字信号处理器 DSP 芯片为基础的硬件系统，并配以 32 位 CPU 用作辅助功能处理，是真正的数字式发电机-变压器组保护装置。

RCS-985 型发电机-变压器组成套保护装置为数字式发电机-变压器组保护装置，适用于大型汽轮发电机、水轮发电机、燃气轮发电机、抽水蓄能机组等类型的发电机-变压器组单元接线及其他机组接线方式，并能满足发电厂电气监控自动化系统的要求。

RCS-985 型发电机-变压器组成套保护装置提供一个发电机-变压器组单元所需要的全部电量保护，保护范围为主变压器、发电机、高压厂用变压器、励磁变压器（励磁机），可根据实际工程需要，配置相应的保护功能。

对于一个大型发电机-变压器组单元或一台大型发电机，配置两套 RCS-985 型保护装置，可以实现主保护、异常运行保护、后备保护的全套双重化，操作回路和非电量保护装置独立组屏。两套 RCS-985 型保护装置取不同组 TA，主保护、后备保护共用一组 TA，出口对应不同的跳闸线圈，因此，具有以下优点：

（1）运行方便，安全可靠；

（2）设计简洁，二次回路清晰，由于主后共用一组 TA，TA 总数没有增加或有所下降；

（3）整定、调试和维护方便。

10.1.2 保护功能配置及典型配屏方案

RCS-985 型保护装置充分考虑大型发电机-变压器组保护最大配置要求，包括主变压器、发电机、高压厂用变压器、励磁变压器（励磁机）的全部保护功能。

1. 典型配置方案

图 10-1 所示发电机-变压器组保护按三块屏配置，A、B 屏配置两套 RCS-985A 型保护装置，分别取自不同的 TA，每套 RCS-985A 型保护装置包括一个发电机-变压器组单元全部电量保护，C 屏配置非电量保护装置。图中标出了接入 A 屏的 TA 极性端，接入 B 屏的 TA 极性端与 A 屏相同。

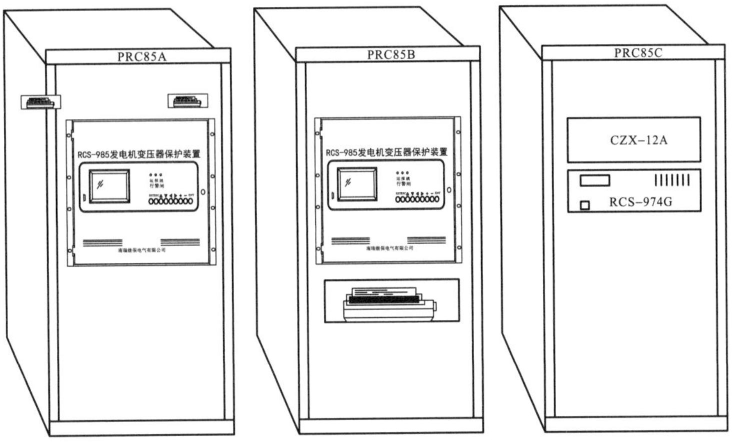

图 10-1　300MW-220kV 机组保护组屏视图

本配置方案适用于 100MW 及以上相同主接线的发电机-变压器组单元。图 10-2 所示接线，采用的是励磁机，该配置方案也适用于采用励磁变压器的主接线方式。

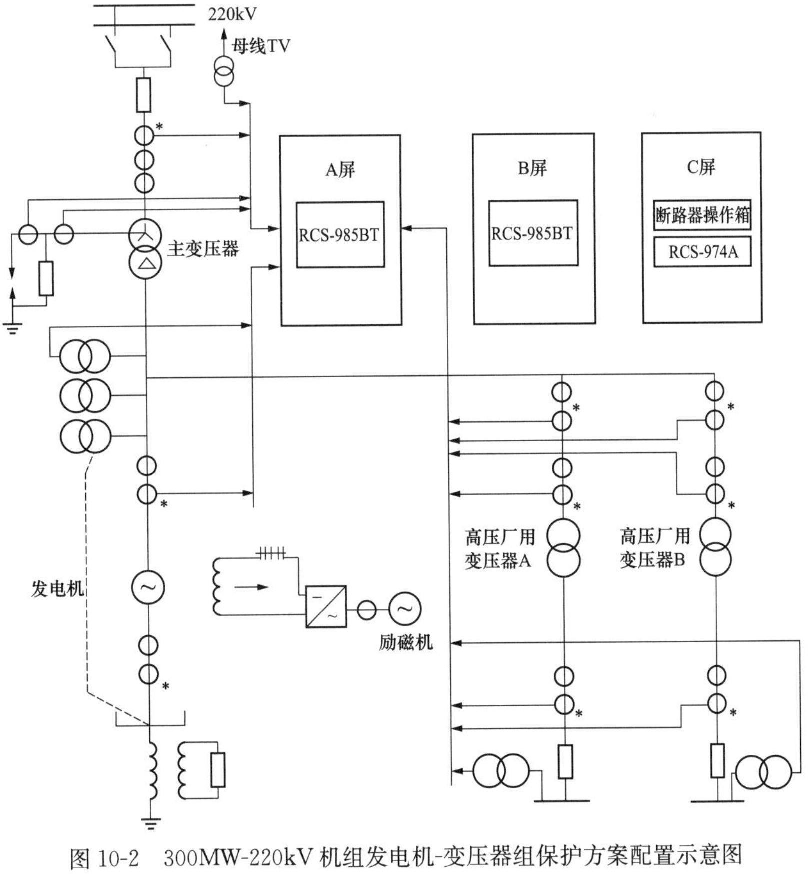

图 10-2　300MW-220kV 机组发电机-变压器组保护方案配置示意图

2. 配置说明

（1）差动保护配置说明：

1）配置方案：对于 300MW 及以上机组，A、B 屏均配置发电机-变压器组差动、主变压器差动、发电机差动、高压厂用变压器差动保护。如图 10-3 所示。

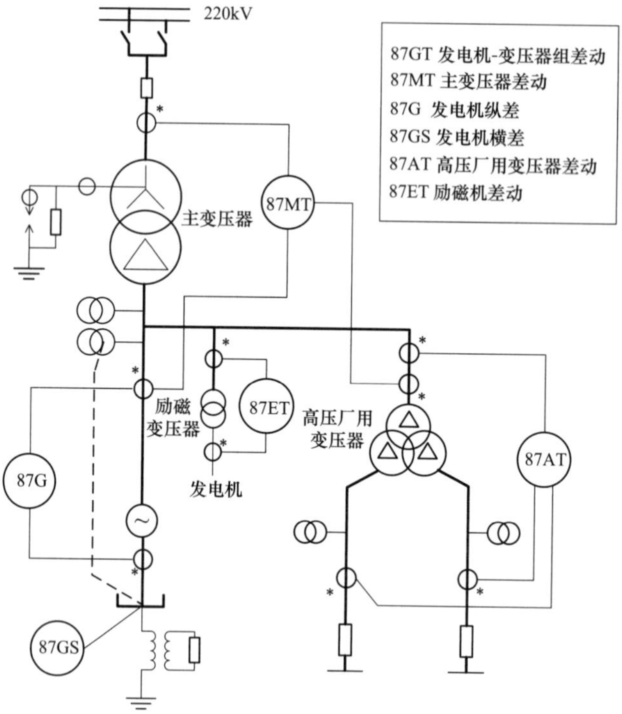

图 10-3　300MW-220kV 差动保护配置图

2）差动保护原理方案：对于发电机-变压器组差动、主变压器差动、高压厂用变压器差动，需提供两种涌流判别原理，如二次谐波原理、波形判别原理等，一般一套装置中差动保护用二次谐波原理，另一套装置的差动保护用波形判别原理。

发电机差动保护也具有两种不同原理：比率差动、工频变化量差动保护。

（2）后备保护和异常运行保护配置说明。A、B 屏均配置发电机-变压器组单元全部后备保护，各自使用不同的 TA。如图 10-4 所示。

1）对于零序电流保护，如没有两组零序 TA，则 A 屏接入零序 TA，B 屏可以采用套管 TA 装置自产零序电流。此方式两套零序电流保护范围有所区别，定值整定时需分别计算。

2）因两套转子接地保护之间相互影响，正常运行时只投入一套，需退出本屏保护装置运行时，切换至另一套转子接地保护。

3）外加 20Hz 电源定子接地保护配置。配置外加 20Hz 电源定子接地保护时，需配置 20Hz 电源、滤波器、中间变流器、分压电阻器、负荷电阻附加设备，附加设备单独组成一块屏。

（3）电流互感器配置说明。

1）A、B 屏采用不同的电流互感器。

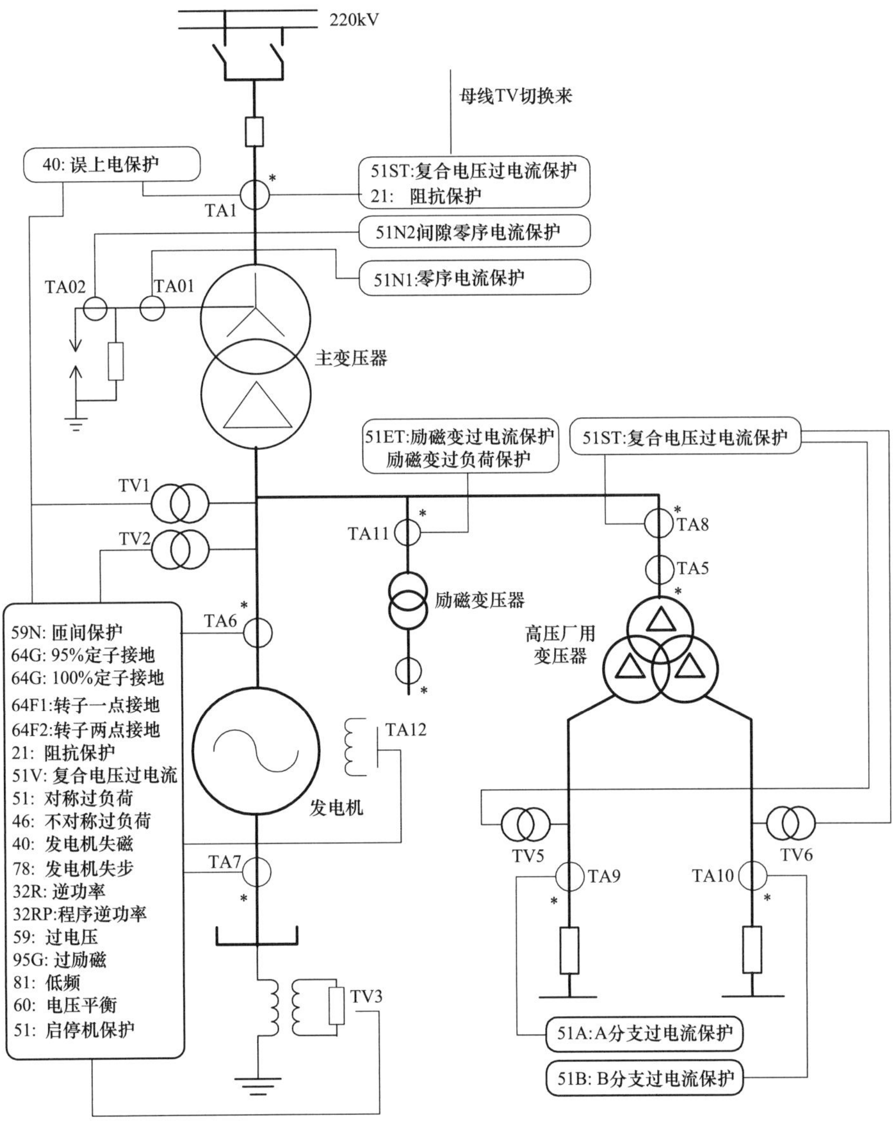

图 10-4　300MW-220kV 后备保护配置图

2）主、后备保护共用一组 TA。

3）主变压器差动、发电机差动保护均用到机端电流，一般引入一组 TA 给两套保护用，对保护性能没有影响。RCS-985 型保护装置保留了两组 TA，适用于需要两组 TA 的特殊场合。

4）主变压器差动、高压厂用变压器差动保护均用到厂用变压器高压侧电流，由于主变压器容量与厂用变压器容量差别非常大，为提高两套差动保护性能，一般保留两组 TA 分别给两套保护用，RCS-985 型保护装置通过软件选择，可以适用于只有一组 TA 的情况。

5）220kV 侧最好有一组失灵保护启动专用 TA。

（4）电压互感器配置说明：

1）A、B 屏尽量采用不同的电压互感器 TV 或 TV 的互相独立的绕组。

2）对于发电机保护，配置匝间短路保护方案时，为防止匝间短路保护专用TV高压侧断线导致保护误动，一套保护需引入两组TV。如考虑采用独立的TV绕组，机端配置的TV数量太多，一般不能满足要求。发电机机端建议配置TV1、TV2、TV3三个绕组，A屏接入TV1、TV3电压，B屏接入TV2、TV3电压。正常运行时，A屏取TV1电压，TV3作备用，B屏取TV2电压，TV3作备用，任一组TV断线，软件自动切换至TV3。

3）对于零序电压，一般零序电压互感器设有两个绕组，同时接入两套保护装置。

（5）失灵保护启动。反措的实施细则对失灵保护启动提出了详细的规定，失灵保护启动含有发电机-变压器组保护动作触点。由于断路器失灵保护的重要性，具体实施方案如下：

1）失灵保护启动不应与电量保护在同一个装置内，以增加可靠性；

2）失灵保护启动只配置一套。

10.1.3 RCS-985A型保护功能配置

RCS-985A型具体的保护功能见表10-1～表10-6。

表10-1　　发电机保护功能一览表

序号	保护功能（发电机保护部分）	备注	序号	保护功能（发电机保护部分）	备注
1	发电机纵差保护		17	失步保护	
2	发电机工频变化量差动保护		18	过电压保护	
3	发电机裂相横差保护		19	调相失压保护	
4	高灵敏横差保护		20	定时限过励磁保护	2段
5	纵向零序电压匝间保护		21	反时限过励磁保护	
6	工频变化量方向匝间保护		22	逆功率保护	
7	发电机相间阻抗保护	2段2时限	23	程序跳闸逆功率	
8	发电机复合电压过电流保护		24	低频保护	4段
9	机端大电流闭锁功能	输出触点	25	过频保护	2段
10	定子接地基波零序电压保护		26	启停机保护	
11	定子接地三次谐波电压保护		27	误上电保护	
12	转子一点接地保护	2段定值	28	非全相保护	
13	转子两点接地保护		29	电压平衡功能	
14	定、反时限定子过负荷保护		30	TV断线判别	
15	定、反时限转子表层负序过负荷保护		31	TA断线判别	
16	失磁保护				

表10-2　　励磁保护功能一览表

序号	保护功能（励磁保护部分）	序号	保护功能（励磁保护部分）
1	励磁变压器差动保护	4	定、反时限励磁过负荷保护
2	励磁机差动保护	5	TA断线判别
3	过电流保护		

表 10-3 主变压器保护功能一览表

序号	保护功能（主变压器保护部分）	备注	序号	保护功能（主变压器保护部分）	备注
1	发电机-变压器组差动保护		9	主变压器高压侧间隙零序电流保护	1段3时限
2	主变压器差动保护		10	主变压器低压侧接地零序报警	
3	主变压器工频变化量差动保护		11	主变压器定、反时限过励磁保护	
4	主变压器高压侧阻抗保护	2段4时限	12	主变压器过负荷信号	
5	主变压器高压侧复合电压过电流保护	2段4时限	13	主变压器启动风冷	
6	主变压器高压侧零序过电流保护	3段6时限	14	TV 断线判别	
7	主变压器高压侧零序方向过电流保护	2段4时限	15	TA 断线判别	
8	主变压器高压侧间隙零序电压保护	1段2时限			

表 10-4 高压厂用变压器保护功能一览表

序号	高压厂用变压器部分保护功能	备注	序号	高压厂用变压器部分保护功能	备注
1	高压厂用变压器差动保护		8	B分支零序电压报警	
2	高压厂用变压器复压过电流保护	2段2时限	9	厂用变压器过负荷信号	
3	A分支复压过电流保护	2段2时限	10	启动风冷	
4	B分支复压过电流保护	2段2时限	11	过电流输出	
5	A分支零序过电流保护	2段2时限	12	TV 断线判别	
6	B分支零序过电流保护	2段2时限	13	TA 断线判别	
7	A分支零序电压报警				

表 10-5 非电量接口功能一览表

序号	保护功能（非电量接口部分）	序号	保护功能（非电量接口部分）
1	外部重动跳闸 1	3	外部重动跳闸 3
2	外部重动跳闸 2	4	外部重动跳闸 4

表 10-6 通信和辅助功能一览表

序号	保护功能（通信及辅助功能部分）	序号	保护功能（通信及辅助功能部分）
1	4个 RS-485 通信接口	6	MODBUS 通信规约
2	两个复用光纤接口	7	CPU 板：保护录波功能
3	1个调试通信口	8	MON 板：4s（或 8s）连续录波功能
4	IEC 870-5-103 通信规约	9	汉化打印：定值、报文、波形
5	LFP 通信规约	10	汉化显示：定值、报文

10.2 装置性能特征

10.2.1 高性能硬件

1. 先进的硬件核心

RCS-985 型保护装置采用高性能数字信号处理器 DSP 芯片作为保护装置的硬件平台，为真正的数字式保护。

2. 双 CPU 系统结构

RCS-985 型保护装置包含两个独立的 CPU 系统，低通、AD 采样、保护计算、逻辑输出完全独立，CPU2 系统作用于启动继电器，CPU1 系统作用于跳闸矩阵。任一 CPU 板故障，装置闭锁并报警，杜绝硬件故障引起的误动作。

3. 独立的启动元件

管理板中设置了独立的总启动元件，动作后开放保护装置的出口继电器正电源；同时针对不同的保护采用不同的启动元件，CPU 板各保护动作元件只有在其相应的启动元件动作后，同时管理板对应的启动元件动作后才能跳闸出口。正常情况下保护装置任一元件损坏均不会引起装置误出口。

4. 高速采样及并行计算

装置采样率为每周 24 点，且在每个采样间隔内对所有继电器（包括主保护、后备保护、异常运行保护的继电器）进行并行实时计算，使得装置具有很高的可靠性及动作速度。

5. 主后一体化方案

TA、TV 只接入一次，不需串接或并接，大大减少 TA 断线、TV 断线的可能性，保护装置信息共享，对任何故障，装置可录下一个发电机-变压器组单元的全部波形量。

10.2.2 保护新原理

1. 变斜率比率差动保护性能

大型发电机造价昂贵，内部故障造成的损失巨大，内部相间故障由于故障点电势可能较低，故障时受过渡电阻影响较大，如何采用新原理，不受过渡电阻影响，提高内部故障时保护灵敏度已成为重要课题。

发电机差动保护普遍采用 P 级 TA，区外故障 TA 不平衡电流大（尤其在非同期合闸时），固定斜率的比率差动保护，不能很好的与 TA 不平衡电流变化配合。

2. 工频变化量比率差动保护性能

工频变化量比率差动保护完全反映差动电流及制动电流的变化量，不受正常运行时负荷电流的影响，可以灵敏地检测变压器、发电机内部轻微故障。同时工频变化量比率差动保护的制动系数取得较高，其耐受 TA 饱和的能力较强。

3. 涌流闭锁原理

提供了二次谐波原理和波形判别原理两种方法识别励磁涌流，可经整定选择使用任一种原理。

4. 异步法 TA 饱和判据性能

根据差动保护制动电流工频变化量与差电流工频变化量的关系，明确判断出区内故障还是区外故障，如判出区外故障，投入相电流、差电流的波形识别判据，在 TA 正确传变时间不小于 5ms 时，区外故障 TA 饱和不误动，区内故障 TA 饱和，装置快速动作。

5. 高灵敏横差保护性能

采用了频率跟踪、数字滤波、全周傅氏算法，三次谐波滤过比大于 100%。

相电流比率制动的功能：

(1) 外部故障时故障相电流增加很大，而横差电流增加较少，因此能可靠制动。

(2) 定子绕组轻微匝间故障时横差电流增加较大，而相电流变化不大，有很高的动作灵敏度。

(3) 定子绕组发生严重匝间故障时，横差电流保护高定值段可靠动作。

(4) 定子绕组相间故障时横差电流增加很大，而相电流增加也较大，仅以小比率相电流增量作制动，保证了横差保护可靠动作。

（5）对于其他正常运行情况下横差不平衡电流的增大，横差电流保护动作值具有浮动门槛的功能。

6. 比率制动匝间保护性能

采用了频率跟踪、数字滤波、全周傅氏算法，三次谐波滤过比大于100%。

发电机电流比率制动的新判据：

（1）外部三相故障时故障电流增加很大，而纵向零序电压增加较少，取电流增加量作制动量，保护能可靠制动。

（2）外部不对称故障时电流增加，同时出现负序电流，纵向零序电压稍有增加，取电流增加量及负序电流作制动量，保护能可靠制动。

（3）定子绕组轻微匝间故障时纵向零序电压增加较大，而电流几乎没有变化，有很高的动作灵敏度。

（4）定子绕组严重匝间故障时，纵向零序电压高定值段可靠动作。

（5）对于其他正常运行情况下纵向零序电压不平衡值的增大，纵向零序电压保护动作值具有浮动门槛的功能。

7. 定子接地保护性能

（1）采用了频率跟踪、数字滤波、全周傅氏算法，三次谐波滤过比大于100%。

（2）基波零序电压灵敏段动作于跳闸时，采用机端、中性点零序电压双重判据。

（3）三次谐波比率判据，自动适应机组并网前后发电机机端、中性点三次谐波电压比率关系，保证发电机启停过程中，三次谐波电压判据不误发信号。

（4）发电机正常运行时机端和中性点三次谐波电压比值、相角差变化很小，且是一个缓慢的发展过程，通过实时调整系数（幅值和相位），使得正常运行时差电压为0，发生定子接地时，判据能可靠灵敏地动作。

8. 外加20Hz电源定子接地保护性能

（1）采用数字技术，精确计算定子接地电阻。

（2）设有两段定值，一段动作于信号，另一段动作于跳闸。

（3）零序电流保护不受20Hz电源影响，直接保护较严重的定子接地。

（4）可以满足双套配置方案。

9. 转子接地保护性能

转子接地保护采用切换采样（乒乓式）原理，直流输入采用高性能的隔离放大器，通过切换两个不同的电子开关，求解四个不同的接地回路方程，实时计算转子绕组电压、转子接地电阻和接地位置，并在管理机液晶屏幕上显示出来。

若转子一点接地后仅发报警信号，而不跳闸，则转子两点接地保护延时自动投入运行，并在转子发生两点接地时动作于跳闸。

10. 失磁保护性能

失磁保护采用开放式保护方案，定子阻抗判据、无功判据、转子电压判据、母线电压判据、定子减出力有功判据，可以灵活组合，满足不同机组运行的需要。

11. 失步保护性能

失步保护采用三阻抗元件，并采用发电机正序电流、正序电压计算，可靠区分稳定振荡与失步，能正确测量振荡中心位置，并且分别实时记录区内振荡和区外振荡滑极次数。

12. TV 断线判别

发电机出口配置两组 TV 输入，任意一组 TV 断线，保护发出报警信号，并自动切换至正常 TV，不需闭锁发电机与电压相关的保护。

对于变压器、高压厂用变压器与电压有关的保护则由控制字“TV 断线投退原则”选择 TV 断线时是否闭锁相应的保护。

13. TA 断线判别

采用可靠的 TA 断线闭锁功能，保证装置在 TA 断线及交流采样回路故障时不误动。

10.3 装置整体说明

10.3.1 硬件配置

RCS-985 型保护装置采用整体面板，全封闭机箱，抗干扰能力强。非电流端子采用接插端子，使屏上走线简洁，并可配合专用的调试仪，提高生产效率，减少现场使用时调试及维护工作量。电路板采用表面贴装技术，减少了电路体积和发热，提高了装置可靠性。装置有两个完全独立的相同的 CPU 板，每个 CPU 板由两个数字信号处理芯片（DSP）和一个 32 位单片机组成，并具有独立的采样、出口电路。每块 CPU 板上的三个微处理器并行工作，通过合理的任务分配，实现了强大的数据和逻辑处理能力，使一些高性能、复杂算法得以实现。另有一块人机对话板，由一片 INTEL80296 的 CPU 专门处理人机对话任务。人机对话指键盘操作和液晶显示功能。正常时，液晶显示时间，变压器的主接线，各侧电流、电压大小，潮流方向和差电流的大小。人机对话中所有的菜单均为简体汉字，两块 CPU 板打印的报告也为简体汉字，以方便使用。通过软件，可对保护进行更为方便、详尽的监视与控制。

装置核心部分采用高性能信号处理器 DSP 和 32 位单片微处理器 MC68332、1DSP 完成保护运算功能，32 位 CPU 完成 1 保护的出口逻辑及后台功能，具体硬件模块图如图 10-5 所示。

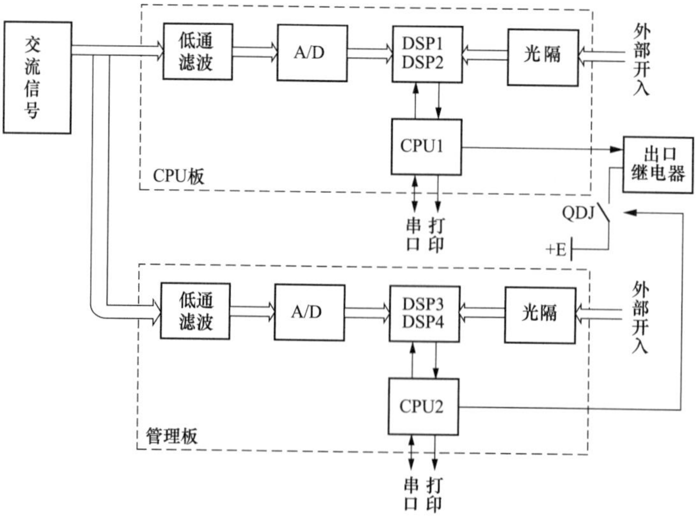

图 10-5　硬件模块图

输入电流、电压首先经隔离互感器、隔离放大器等传变至二次侧，成为小电压信号分别进入CPU板和管理板。CPU板主要完成保护的逻辑及跳闸出口功能，同时完成事件记录及打印、录波、保护部分的后台通信及与面板CPU的通信。管理板内设总启动元件，启动后开放出口继电器的正电源。另外，管理板还具有完整的故障录波功能，录波格式与COMTRADE格式兼容，录波数据可单独串口输出或打印输出。

10.3.2　通道配置

RCS-985型保护装置共设有67路模拟量输入通道，其中电压量输入共22路，电流量输入41路，转子电压、电流输入4路，可以满足100MW以上各种机组接线方式的保护需要。

RCS-985型保护装置共设有36个保护连接片、4路非电量接口、10路辅助触点输入，另外还包括打印、复归、对时、光耦电源监视等开入。

RCS-985型保护装置共设有67路开出量，其中18路用于报警信号及辅助触点输出，49路用于跳闸输出和信号。

10.3.3　装置启动元件

RCS-985型保护装置管理板针对不同的保护用不同的启动元件来启动，并且只有该种保护投入时，相应的启动元件才能启动；当各启动元件动作后展宽500ms，开放出口正电源。CPU板各保护动作元件只有在其相应的启动元件动作后，同时管理板对应的启动元件动作后才能跳闸出口；否则会有不对应启动报警。

1. 发电机-变压器组差动保护、主变压器差动保护启动

发电机-变压器组差动保护启动：当发电机-变压器组差动电流大于差动电流启动整定值时，启动元件动作。

主变压器差动保护启动：当主变压器差动电流大于差动电流启动整定值时，启动元件动作；主变压器差动差流工频变化量启动时，启动元件动作。

2. 变压器后备保护启动

相电流启动：当主变压器三相电流最大值大于相电流整定值时，启动元件动作。

工频变化量相电流启动：当相电流的工频变化量大于$0.2I_N$时，启动元件动作。

零序电流启动：当主变压器零序电流大于零序电流整定值时，启动元件动作。

间隙零序电流启动：当主变压器间隙零序电流大于间隙零序电流整定值时，启动元件动作。

间隙零序电压启动：当主变压器间隙零序电压大于间隙零序电压整定值时，启动元件动作。

3. 高压厂用变压器差动保护启动

高压厂用变压器差动启动：高压厂用变压器差动电流大于差动电流启动整定值时，启动组件动作。

4. 高压厂用变压器后备保护启动

电流启动：当高压厂用变压器高压侧三相电流最大值大于相电流整定值时，启动组件动作。

分支电流启动：当A、B分支三相电流最大值大于相电流整定值时，启动组件动作。

分支零序电流启动：当 A、B 分支零序电流大于零序电流整定值时，启动组件动作。

5. 过励磁保护启动

定时限过励磁启动：当测量值 U/f 大于定时限整定值时，启动组件动作。

反时限过励磁启动：当过励磁反时限累计值大于反时限整定值时，启动组件动作。

6. 非电量保护启动

当非电量保护延时时间大于整定值时，启动组件动作。

10.3.4 保护录波功能和事件报文

1. 保护故障录波和故障事件报告

保护 CPU 启动后将记录下启动前 2 个周期、启动后 6 个周期的电流、电压波形，跳闸前 2 个周期、跳闸后 6 个周期的电流、电压波形。保护装置可循环记录 32 组故障事件报告、8 组录波的波形资料。故障事件报告包括动作组件、动作相别和动作时间。录波内容包括差流、差动各侧调整后电流、各侧三相电流和零序电流、各侧三相电压和零序电压、零差电流和跳闸脉冲等。

保护 MON 启动后将记录下长达 4s（每周波 24 点）或 8s（每周波 12 点）的连续录波，记录装置接入的所有模拟量（采样量、差流量等）、装置所有开入量及开出量、启动标志、信号标志、动作标志、跳闸标志。特别方便事故分析。

2. 异常报警和装置自检报告

保护 CPU 还记录异常报警和装置自检报告，可循环记录 32 组异常事件报告。异常事件报告包括各种装置自检出错报警、装置长期启动和不对应启动报警、差动电流异常报警、零差电流异常报警、各侧 TA 异常报警、各侧 TV 异常报警、各侧 TA 断线报警、各侧过负荷报警、零序电压报警、启动风冷和过励磁报警等。

3. 开关量变位报告

保护 CPU 也记录开关量变位报文，可循环记录 32 组开关量变位报告。开关量变位报告包括各种连接片变位和管理板各启动组件变位等。

4. 正常波形

保护 CPU 可记录包括三相差流、差动各侧调整后电流、各侧三相电流和零序电流、各侧三相电压和零序电压等在内 8 个周波的正常波形。

*10.4 发电机-变压器组保护原理

发电机-变压器组保护为了全面保护机组及变压器运行安全，设置了几十种保护，大部分原理在前面章节中已进行了学习，本节择其主要内容简述如下：

10.4.1 发电机-变压器组差动保护

包括发电机-变压器组差动保护、主变压器差动保护、高压厂用变压器差动保护、励磁变压器差动保护。

1. 变斜率比率差动保护原理

采用了变斜率比率差动保护新原理。图 10-6 中，不设拐点，一开始就带制动特性。

动作区域上多了两块灵敏动作区，少了一块易误动区，在区内故障时保证较高的灵敏度，在区外故障时可以躲过暂态不平衡电流，提高了差动保护的可靠性。

比率差动保护的动作方程为

$$\begin{cases} I_d > K_{bl} \times I_r + I_{cdqd} \\ K_{bl} = K_{bl1} + K_{bl2} \times (I_r/I_N) \end{cases} \tag{10-1}$$

式中　I_d——差动电流；

I_r——制动电流；

I_N——额定电流；

K_{bl}——比率差动制动系数；

K_{bl1}——起始比率差动斜率，定值范围为0.05～0.15，一般取0.10；

K_{bl2}——最大比率差动斜率，定值范围为0.50～0.80，一般取0.70。

I_{cdqd}——差动电流启动定值。

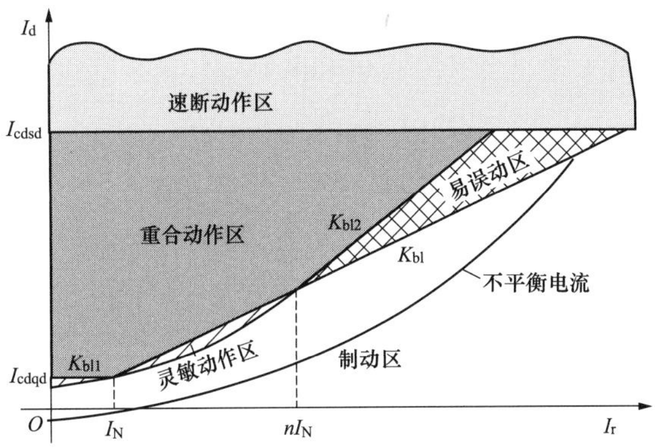

图10-6　变斜率比率差动保护的动作特性

变斜率比例差动的优点：

由于一开始就带制动，差动保护动作特性较好地与差流不平衡电流配合，因此差动起始定值可以安全地降低；

提高了发电机、变压器内部轻微故障时保护的灵敏度，尤其是机组启停过程中（45～55Hz）内部轻微故障差动保护的灵敏度；

可以防止区外故障TA不一致造成的误动。

2. 励磁涌流闭锁原理

涌流判别通过控制字可以选择二次谐波制动原理或波形判别原理。

（1）谐波制动原理。装置采用三相差动电流中二次谐波与基波的比值作为励磁涌流闭锁判据，动作方程如下

$$I_2 > K_{2b} I_1 \tag{10-2}$$

式中　I_2——每相差动电流中的二次谐波；

I_1——对应相的差流基波；

K_{2b}——二次谐波制动系数整定值，推荐K_{2b}=0.15。

（2）波形判别原理。装置利用三相差动电流中的波形判别作为励磁涌流识别判据。

内部故障时，各侧电流经互感器变换后，差流基本上是工频正弦波。而励磁涌流时，有大量的谐波分量存在，波形是间断不对称的。内部故障时，有如下表达式成立

$$\left.\begin{aligned}&S > K_b S_+\\&S > S_t\\&S_t = \alpha I_d + 0.1 I_N\end{aligned}\right\}\tag{10-3}$$

式中　S——差动电流的全周积分值；

S_+——差动电流的瞬时值+差动电流半周前的瞬时值的全周积分值；

K_b——某一固定常数；

S_t——门槛定值；

I_d——差电流的全周积分值；

α——某一比例常数。

而当励磁涌流时，以上波形判别关系式肯定不成立，比率差动保护元件不会误动作。

3. TA 饱和时的闭锁原理

为防止在区外故障时 TA 的暂态与稳态饱和可能引起的稳态比率差动保护误动作，装置采用各相差电流的综合谐波作为 TA 饱和的判据，其表达式为

$$I_n > K_{nb} I_1\tag{10-4}$$

式中　I_n——某相差电流中的综合谐波，n 为自然数，$n=1, 2, 3$；

I_1——对应相差电流的基波；

K_{nb}——某一比例常数。

故障发生时，保护装置利用差电流工频变化量和制动电流工频变化量是否同步出现，先判断出是区内故障还是区外故障，如区外故障，投入 TA 饱和闭锁判据，可靠防止 TA 饱和引起的比率差动保护误动。

4. 高值比率差动原理

为避免区内严重故障时 TA 饱和等因素引起的比率差动延时动作，装置设有一高比例和高启动值的比率差动保护，只经过差电流二次谐波或波形判别涌流闭锁判据闭锁，利用其比率制动特性抗区外故障时 TA 的瞬时和稳态饱和，而在区内故障 TA 饱和时也能可靠正确快速动作。稳态高值比率差动的动作方程如下

$$\left.\begin{aligned}&I_d > 1.2 I_N\\&I_d > 0.7 I_{res}\end{aligned}\right\}\tag{10-5}$$

其中：差动电流和制动电流的选取同上。

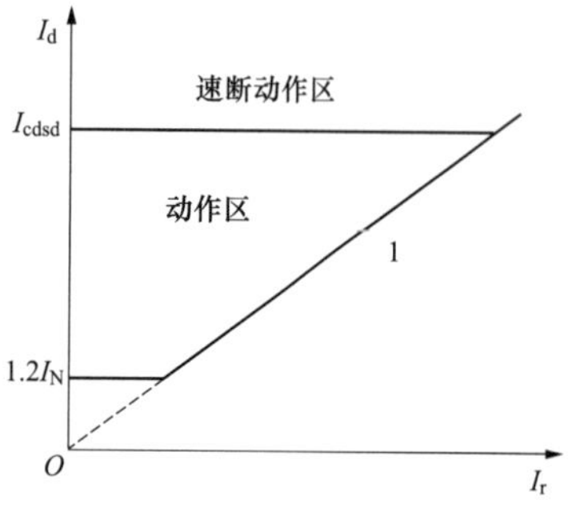

图 10-7　稳态高值比率差动保护的动作特性

动作特性如图 10-7 所示，程序中依次按每相判别，当满足以上条件时，比率差动动作。

高值比率差动保护的各相关参数由装置内部设定（勿需用户整定）。

5. 差动速断保护

当任一相差动电流大于差动速断整定值 I_{set} 时瞬时动作于出口继电器。

6. 差流异常报警与 TA 断线闭锁

装置设有带比率制动的差流报警功能，开放式瞬时 TA 断线、短路闭锁功能。通过"××断线闭锁差

动控制字”整定选择，瞬时 TA 断线和短路判别动作后可只发报警信号或闭锁全部差动保护。当“TA 断线闭锁比率差动控制字”整定为“1”时，闭锁比率差动保护。

7. 差动保护在过励磁状态下的闭锁判据

由于在变压器过励磁时，变压器励磁电流将激增，可能引起发电机-变压器组差动、变压器差动保护误动作。因此在装置中采取差电流的五次谐波与基波的比值作为过励磁闭锁判据来闭锁差动保护。其判据如下

$$I_5 > K_{5b} I_1 \tag{10-6}$$

式中　I_1、I_5——每相差动电流中的基波和五次谐波；

K_{5b}——五次谐波制动系数，装置中固定取 0.25。

注：高值比率差动不经过励磁五次谐波闭锁。

比率差动的逻辑框图如图 10-8 所示。

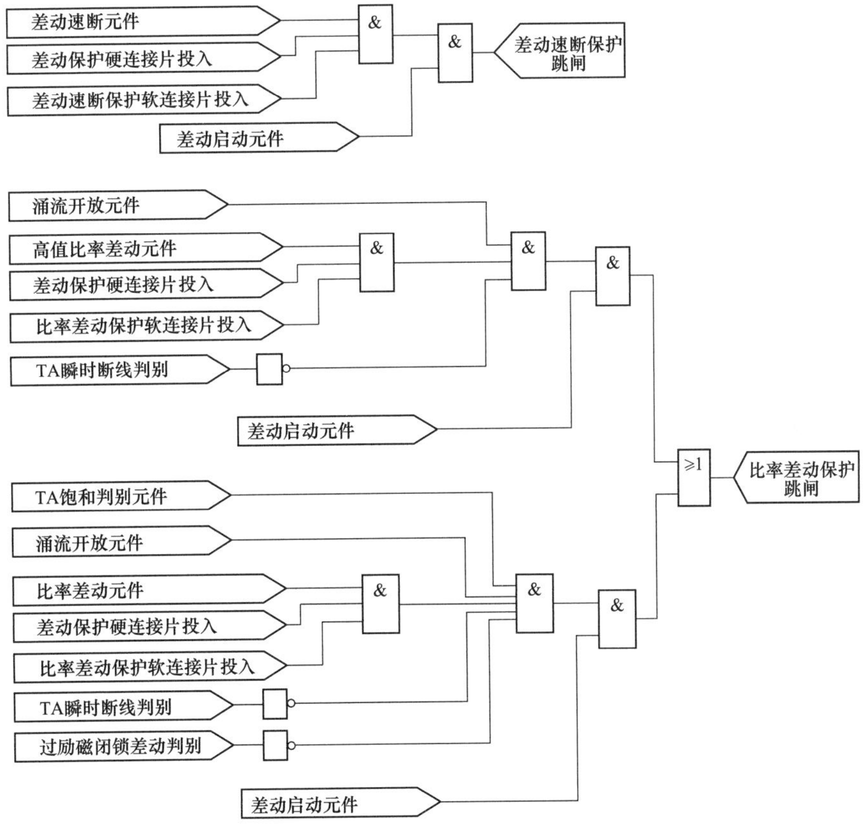

图 10-8　比率差动保护的逻辑框图

10.4.2　工频变化量比率差动保护

变压器内部轻微故障时，稳态差动保护由于负荷电流的影响，不能灵敏反应。为此本装置配置了主变压器工频变化量比率差动保护、发电机-变压器组工频变化量比率差动保护，并设有控制字方便投退。

1. 工频变化量比率差动保护原理

工频变化量比率差动动作特性如图 10-9 所示。

工频变化量比率差动保护的动作方程为

$$\begin{cases}\Delta I_{\mathrm{d}} > 1.25\Delta I_{\mathrm{dt}} + I_{\mathrm{dth}} & \\ \Delta I_{\mathrm{d}} > 0.6\Delta I_{\mathrm{r}} & \Delta I_{\mathrm{r}} < 2I_{\mathrm{N}} \\ \Delta I_{\mathrm{d}} > 0.75\Delta I_{\mathrm{r}} - 0.3I_{\mathrm{N}} & \Delta I_{\mathrm{r}} > 2I_{\mathrm{N}}\end{cases} \tag{10-7}$$

差电流工频变化量

$$\Delta I_{\mathrm{d}} = |\Delta I_1 + \Delta I_2| \tag{10-8}$$

制动电流工频变化量

$$\Delta I_{\mathrm{r}} = |\Delta I_1| + |\Delta I_1| \tag{10-9}$$

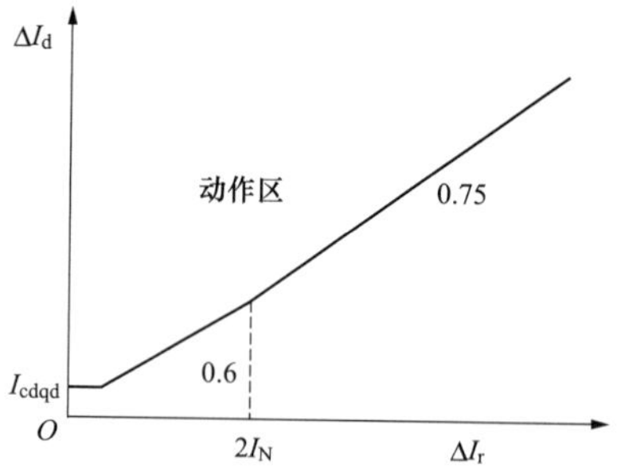

图 10-9　工频变化量比率差动保护的动作特性

式中　ΔI_{dt}——浮动门槛，随着变化量输出增大而逐步自动提高。取 1.25 倍可保证门槛电压始终略高于不平衡输出，保证在系统振荡和频率偏移情况下，保护不误动。

ΔI^{d}——差动电流的工频变化量。

I_{dth}——固定门槛。

ΔI_{r}——制动电流的工频变化量，它取最大相制动。

对于主变压器差动，ΔI_1、ΔI_2、ΔI_3、ΔI_4 分别为主变压器 Ⅰ 侧、Ⅱ 侧、发电机出口、高压厂用变压器高压侧电流的工频变化量。

对于发变组差动，ΔI_1、ΔI_2、ΔI_3、ΔI_4 分别为主变压器 Ⅰ 侧、Ⅱ 侧、发电机中性点、高压厂用变压器高压侧电流的工频变化量。

注意：工频变化量比率差动保护的制动电流选取与稳态比率差动保护不同。

程序中依次按每相判别，当满足以上条件时，比率差动动作。对于变压器工频变化量比率差动保护，还需经过二次谐波涌流闭锁判据或波形判别涌流闭锁判据闭锁，利用其本身的比率制动特性抗区外故障时 TA 的瞬时和稳态饱和。工频变化量比率差动组件的引入提高了变压器、发电机内部小电流故障检测的灵敏度。

2. 工频变化量比率差动保护的逻辑框图

工频变化量比率差动保护的逻辑框图如图 10-10 所示。

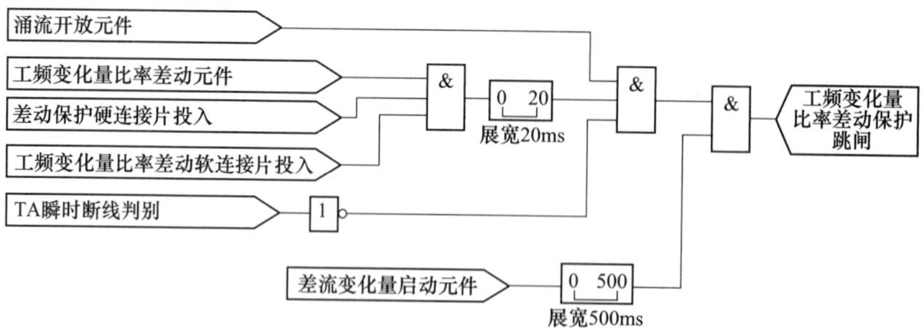

图 10-10　工频变化量比率差动保护的逻辑框图

注：工频变化量比率差动的各相关参数由装置内部设定（勿需用户整定）。

3. 工频变化量比率差动保护的优点

只反映故障分量，不受发电机、变压器正常运行时负荷电流的影响；过渡电阻影响很小；采用高比率制动系数抗 TA 饱和；提高了发电机、变压器内部轻微故障时保护的灵敏度，区外故障不会误动。

4. 差流异常报警与 TA 断线闭锁

装置设有带比率制动的差流报警功能开放式瞬时 TA 断线、短路闭锁功能通过“TA 断线闭锁差动控制字”整定选择，瞬时 TA 断线和短路判别动作后可只发报警信号或闭锁差动保护。当“TA 断线闭锁比率差动控制字”整定为“1”时，闭锁比率差动保护。

10.4.3　主变压器后备保护

1. 相间阻抗保护

阻抗保护作为发电机-变压器组相间后备保护。阻抗组件取阻抗安装处相间电压、相间电流。

主变压器阻抗保护可通过整定值选择采用方向阻抗圆、偏移阻抗圆或全阻抗圆。当某段阻抗反向定值整定为零时，选择方向阻抗圆；当某段阻抗正向定值大于反向定值时，选择偏移阻抗圆；当某段阻抗正向定值与反向定值整定为相等时，选择全阻抗圆。阻抗组件灵敏角 φ_{sen}，阻抗保护的方向指向由整定值整定实现，一般正方向指向主变压器，TV 断线时自动退出阻抗保护。阻抗组件的动作特性如图 10-11 所示。

$$90° < \mathrm{Arg}\frac{\dot{U}-\dot{I}Z_P}{\dot{U}+\dot{I}Z_n} < 270° \qquad (10\text{-}10)$$

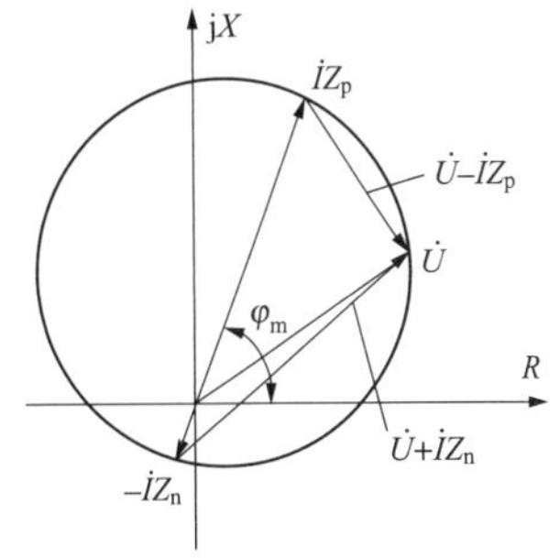

图 10-11　阻抗元件动作特性

I—相间电流；U—相间电压；Z_n—阻抗反向整定值；Z_p—阻抗正向整定值

阻抗保护的启动元件采用相间电流工频变化量或负序电流元件启动，开放 500ms，期间若阻抗元件动作则保持。启动元件的动作方程为

$$\Delta I > 1.25\Delta I_t + I_{th} \qquad (10\text{-}11)$$

式中　ΔI_t——浮动门槛，随着变化量输出增大而逐步自动提高。取 1.25 倍可保证门槛电压始终略高于不平衡输出，保证在系统振荡和频率偏移情况下，保护不误动。

I_{th}——固定门槛。

当相间电流的工频变化量大于 $0.2I_N$ 时，启动组件动作 TV 断线对阻抗保护的影响；当装置判断出变压器高压侧 TV 断线时，自动退出阻抗保护。

相间阻抗保护逻辑框图如图 10-12 所示。

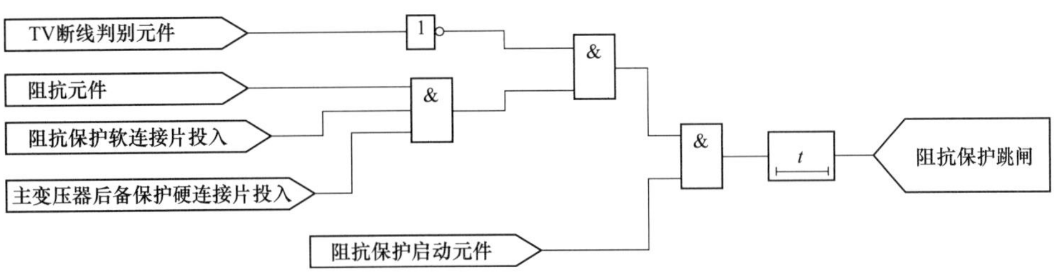

图 10-12　阻抗保护的逻辑框图

2. 复合电压闭锁过电流保护

复合电压闭锁过电流保护，作为主变压器相间后备保护。复合电压过电流保护中电

流组件取保护安装处三相电流。

通过整定控制字可选择是否经复合电压闭锁。

（1）复合电压组件：复合电压组件由相间低电压和负序电压或门构成，有两个控制字（即过电流Ⅰ段经复压闭锁，过电流Ⅱ段经复压闭锁）来控制过电流Ⅰ段和过电流Ⅱ段经复合电压闭锁。当过电流经复压闭锁控制字为“1”时，表示本段过电流保护经过复合电压闭锁。

经低压侧复合电压闭锁：控制字“经低压侧复合电压闭锁”置“1”，过电流保护不但经主变压器高压侧复合电压闭锁，而且还经低压侧复合电压闭锁，只要有一侧复压条件满足就可以出口。

TV 异常对复合电压组件的影响：装置设有整定控制字“TV 断线保护投退原则”来控制 TV 断线时和复合电压组件的动作行为。若“TV 断线保护投退原则”控制字为“1”，当判断出本侧 TV 异常时，本侧复合电压组件不满足条件，但本侧过电流保护可经其他侧复合电压闭锁（过电流保护经过其他侧复合电压闭锁投入情况）；若“TV 断线保护投退原则”控制字为“0”，当判断出本侧 TV 异常时，复合电压组件满足条件，这样复合电压闭锁方向过电流保护就变为纯过电流保护。

（2）电流记忆功能：对于自并励发电机，在短路故障后电流衰减变小，故障电流在过电流保护动作出口前可能已小于过电流定值，因此，复合电压过电流保护启动后，过电流组件需带记忆功能，使保护能可靠动作出口。控制字“电流记忆功能”在保护装置用于自并励发电机时置“1”。电流记忆功能投入，过电流保护必须经复合电压闭锁。

复合电压闭锁过电流保护逻辑框图如图 10-13 所示。

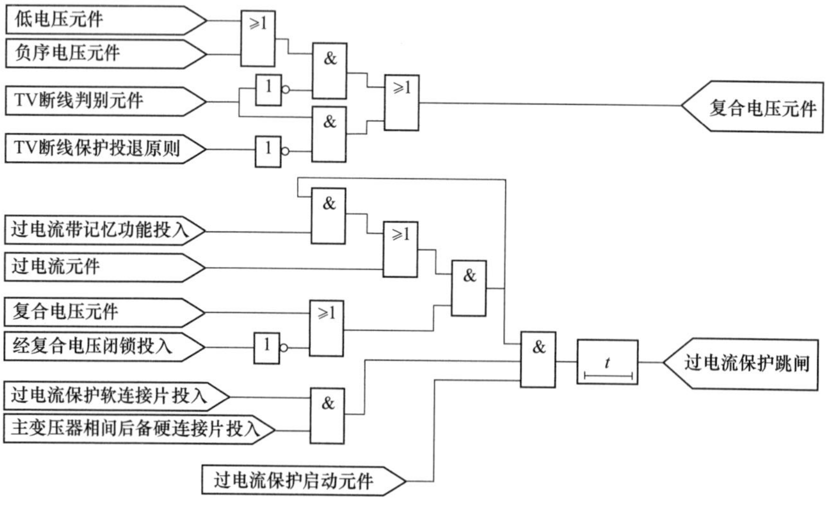

图 10-13　变压器复合电压过电流保护出口逻辑框图

3. 主变压器零序方向过电流保护

RCS-985 型设有两段四时限零序过电流保护，作为主变压器中性点接地运行时的后备保护。零序电流一般取自主变压器中性点联机上的零序 TA，也可经过自产。

零序过电流保护可选择是否经零序电压闭锁、是否经方向闭锁。其中方向组件所采用的零序电流是自产零序电流，固定指向系统母线方向，灵敏角为 75°。如果高压侧 TV

断线，则方向条件不满足。

零序过电流保护逻辑框图如图 10-14 所示。

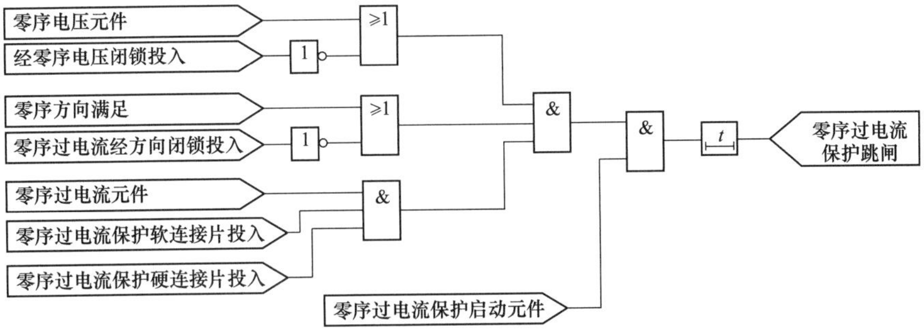

图 10-14 零序方向过电流保护逻辑框图

4. 主变压器断路器失灵联跳

装置设有高压侧断路器失灵联跳功能，用于母差或其他失灵保护装置通过变压器保护跳主变压器各侧的方式；当外部保护动作触点经失灵联跳开入触点进入装置后，经过装置内部灵敏的、不需整定的电流元件并带 50ms 延时后跳变压器各侧断路器。

失灵联跳的电流判据：断路器相电流大于 1.1 倍额定电流，或负序电流大于 $0.1I_N$，或零序电流大于 $0.1I_N$，或电流突变量判据满足条件。

其中，电流突变量判据动作方程为

$$\Delta I > 1.25\Delta I_t + I_{dth} \tag{10-12}$$

式中 ΔI_t——浮动门槛，随着变化量输出增大而逐步自动提高。取 1.25 倍可保证动作门槛值始终略高于电流不平衡值，保证在系统振荡和频率偏移情况下，保护不误动。

I_{dth}——固定门槛，取 $0.1I_N$。

ΔI——电流变化量的幅值。

失灵联跳逻辑框图如图 10-15 所示。

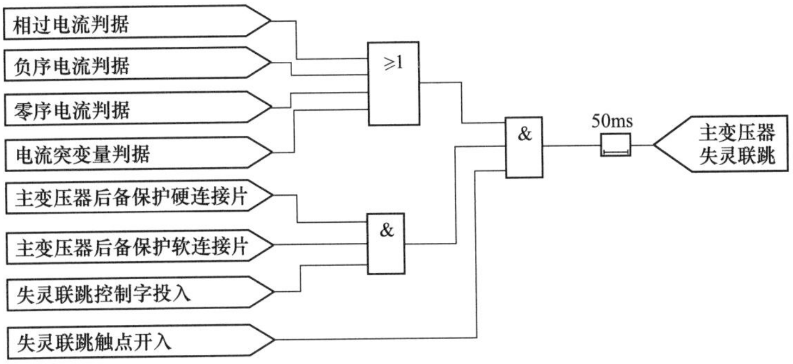

图 10-15 失灵联跳逻辑框图

10.5 发电机-变压器组装置使用说明

保护装置板面如图 10-16 所示。

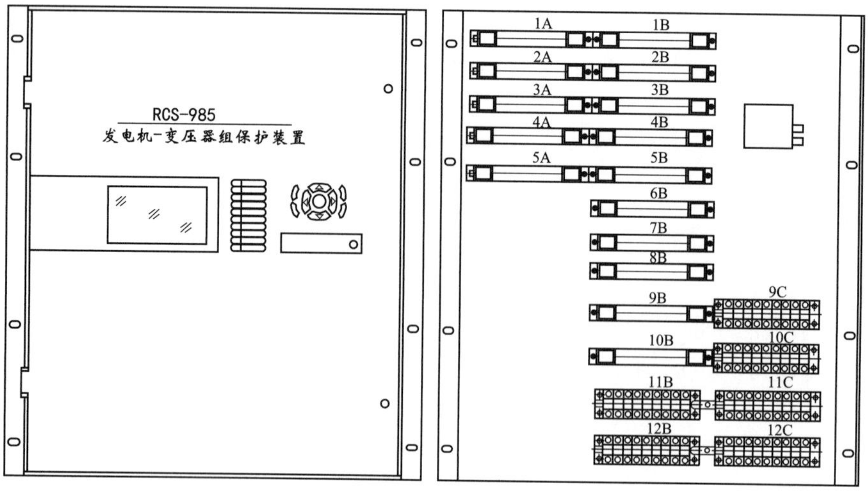

图 10-16　RCS-985 保护装置板面图（正面和背面）

10.5.1　装置液晶显示说明

1. 保护运行时液晶显示说明

装置上电后，装置正常运行，根据主接线整定，显示不同主接线。

当主接线整定为 220kV 出线两绕组主变压器的发电机-变压器组单元时，液晶屏幕将显示如图 10-17 所示信息。

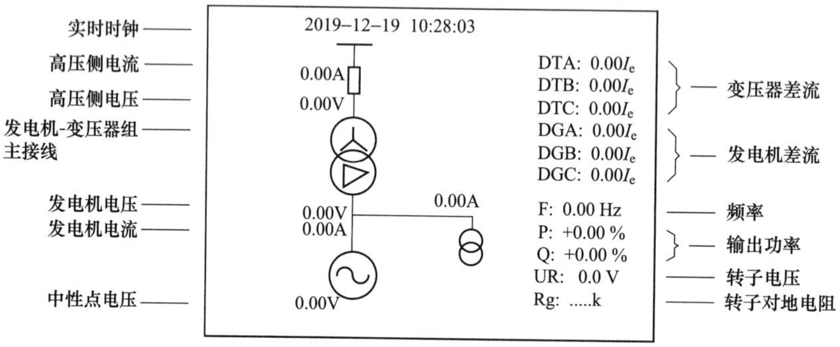

图 10-17　220kV 两绕组主变压器的发电机-变压器组信息

运行中使用面板上的键盘可以调用系统相关信息，如图 10-18 所示。

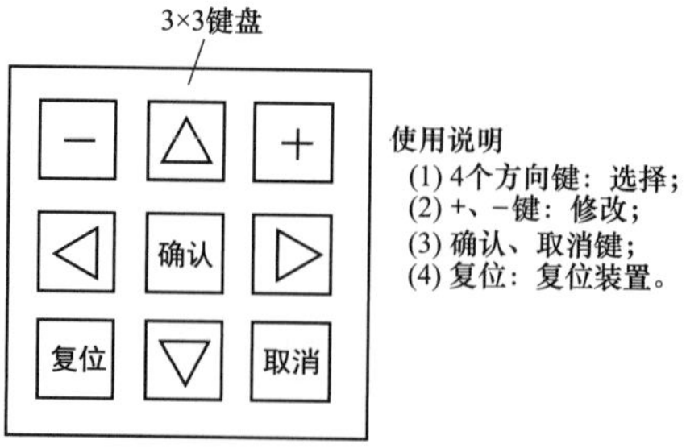

图 10-18　键盘使用

系统信息调用如图 10-19 所示。

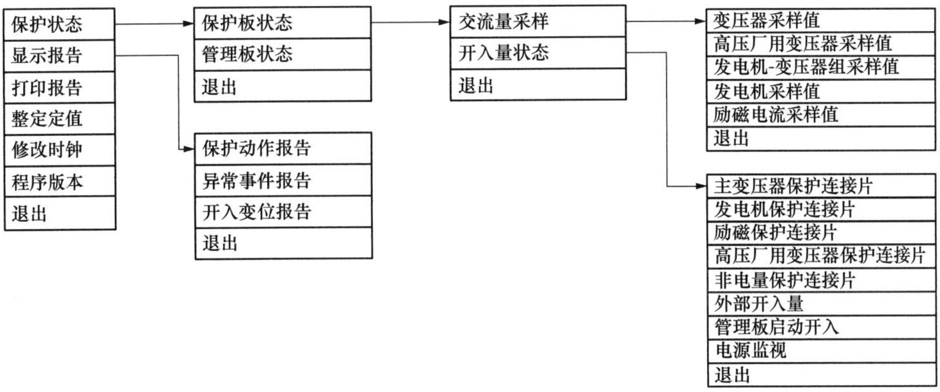

图 10-19　系统信息调用

2. 保护动作时液晶显示说明

当保护动作时，液晶屏幕自动显示最新一次保护动作报告，格式如图 10-20 所示。

图 10-20　保护动作时信息

3. 保护异常时液晶显示说明

保护装置运行中，液晶屏幕在硬件自检出错或系统运行异常时将自动显示最新一次异常报告，格式如图 10-21 所示。

图 10-21　保护装置异常时信息

4. 保护开关量变位时液晶显示说明

保护装置运行中，液晶屏幕在任一开关量发生变位时将自动显示最新一次开关量变位报告，格式如图 10-22 所示。

图 10-22　保护装置开关量变位时信息

5. 信号灯说明

（1）“运行”灯为绿色，装置正常运行时点亮，熄灭表明装置不处于工作状态。

（2）“TV断线”灯为黄色，TV异常或断线时点亮。

（3）“TA断线”灯为黄色，TA异常或断线、差流异常时点亮。

（4）“报警”灯为黄色，保护发报警信号时点亮。

（5）“跳闸”灯为红色，当保护动作并出口时点亮，并磁保持；在保护返回后，只有按下“信号复归”或远方信号复归后才熄灭。

6. 装置闭锁

正常运行时装置始终对硬件回路和运行状态进行自检，当CPU检测到装置本身硬件严重故障时，发装置闭锁信号，并灭“运行”灯，闭锁整套保护。否则只退出部分保护功能，发告警信号。

硬件故障包括：RAM异常、程序存储器出错、EEPROM出错、定值无效、光电隔离失电报警、DSP出错和跳闸出口异常等。此时装置不能够继续工作。自检出错信息见说明书，严重故障（备注带“*”）。

当CPU检测到装置长期启动、不对应启动、装置内部通信出错、开入异常、TA断线、TV断线、保护报警信号时发出装置报警信号。此时装置还可以继续工作。

7. 连接片使用说明

（1）屏柜下部配置连接片：保护功能连接片、保护出口连接片两部分。

（2）保护出口的投、退可以通过跳闸出口连接片实现。

（3）保护功能可以通过屏上连接片或内部连接片、控制字单独投退。

1）保护控制字未投入，功能连接片不起作用。

2）保护控制字投入，连接片不投，保护不能出口，但报警功能仍然可以报警。

10.5.2 命令菜单使用说明

1. 命令菜单

命令菜单如图10-23所示，采用树形目录结构（RCS-985A型保护装置）。主菜单注解：

（1）波形定义，参见波形打印报告；

（2）系统参数定义，参见整定定值；

（3）发电机-变压器组保护定值定义，参见整定定值；

（4）本目录结构为RCS-985A型保护装置的目录，RCS-985B、RCS-985C型保护装置目录结构稍有差别，具体内容见装置菜单。

2. 命令菜单详解

在主接线图状态下，按“ESC”键可进入主菜单；在自动切换至新报告的状态下，按“ESC”键可进入主接线图，再按“ESC”键可进入主菜单。

注：按键“↑”和“↓”用来上下滚动，按键“ESC”退出至主接线图。游标落在哪一项，按“ENT”键，即选中该项功能。

（1）保护状态。本菜单的设置主要用来显示保护装置电流、电压实时采样值和开入量状态，它全面地反映了该保护运行的环境，只要这些量的显示值与实际运行情况一致，则基本上保护能正常运行了。本菜单的设置为现场人员的调试与维护提供了极大的方便。

保护状态分为保护板状态和管理板状态两个子菜单：

1）保护板状态。显示保护板采样到的实时交流量、实时差动调整后各侧电流、实时连接片位置、其他开入量状态和实时差流大小。对于开入量状态，“1”表示投入或收到触点动作信号；“0”表示未投入或没收到触点动作信号。

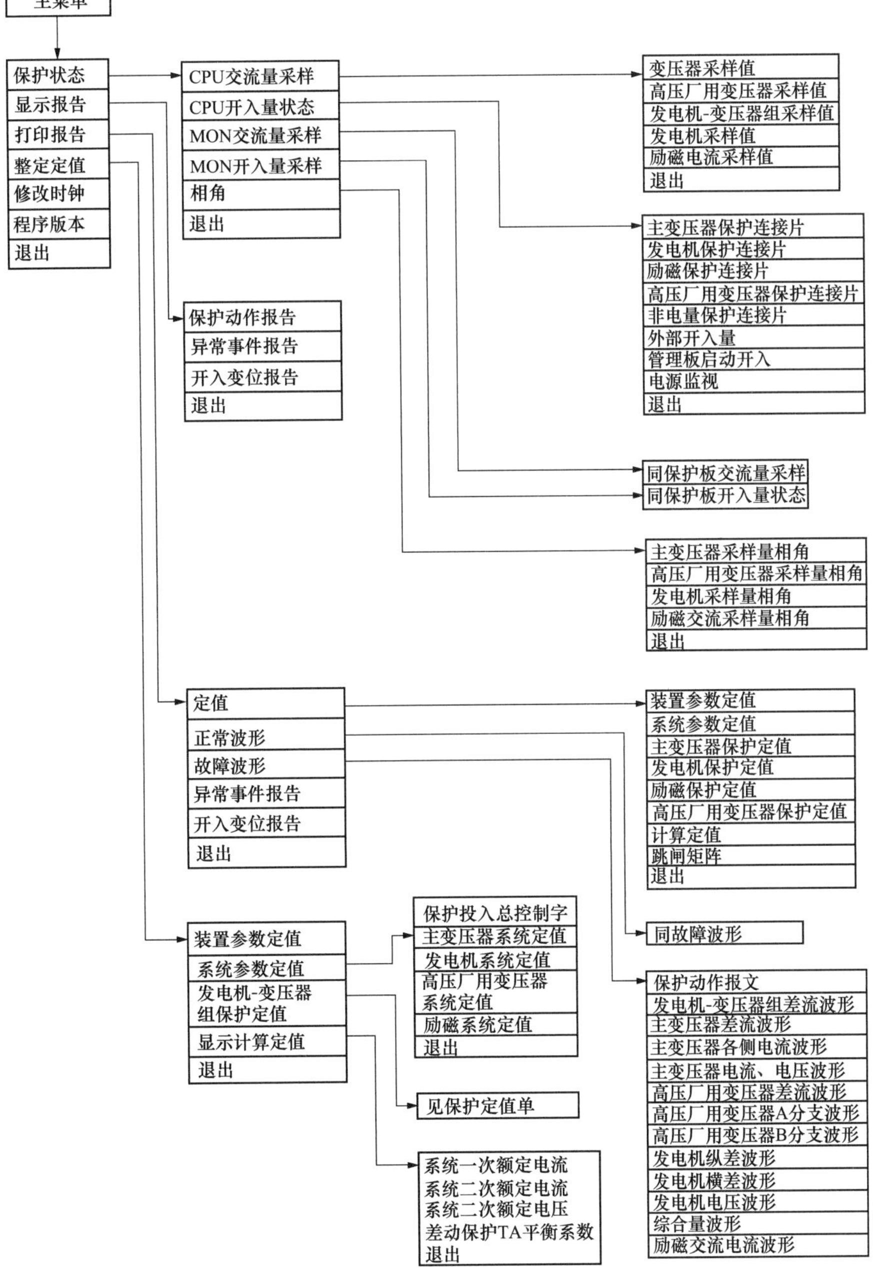

图 10-23　发电机-变压器组保护菜单结构图

2）管理板状态。显示管理板采样到的实时交流量、实时差动和零差调整后各侧电流、实时连接片位置、其他开入量状态、实时差流大小和电压与电流之间的相角。对于开入量状态，“1”表示投入或收到触点动作信号；“0”表示未投入或没收到触点动作信号。

（2）显示报告。本菜单显示保护动作报告，异常事件报告，及开入变位报告。由于本保护自带掉电保持，不管断电与否，它能记忆保护动作报告，异常记录报告及开入变位报告各 32 次。

主接线显示方式如下：

1）保护跳闸后，屏幕显示跳闸时间、保护动作组件。

2）装置发报警信号时，屏幕显示报警发出时间、报警内容，报警返回，显示自动回到主接线方式。

3）发报警信号后，装置再跳闸，保护优先显示跳闸报文。此时如报警未消失，可以按屏上复归按钮循环显示跳闸报文、异常报文、主接线方式。

按键“↑”和“↓”用来上下滚动，选择要显示的报告，按键“ENT”显示选择的报告。首先显示最新的一条报告；按键“－”，显示前一个报告；按键“＋”，显示后一个报告。若一条报告一屏显示不下，则通过键“↑”和“↓”上下滚动。按键“ESC”退出至上一级菜单。

（3）打印报告。本菜单选择打印定值，正常波形，故障波形，保护动作报告，异常事件报告及开入变位报告。

正常波形记录保护当前 8 个周波的各侧电流、电压波形、差流及差动调整前后波形。用于校核装置接入的电流、电压极性和相位。

装置能记忆 8 次波形报告，其中差流波形报告中包括三相差流、差动调整后各侧电流以及各断路器跳闸时序图，各侧电流、电压打印功能中可以选择打印各侧故障前后的电流、电压波形。可用于故障后的事故分析。

打印定值包括一套当前整定定值，差动计算定值以及各侧后备保护跳闸矩阵。以方便校核存盘。

按键“↑”和“↓”用来上下滚动，选择要打印的报告，按键“ENT”确认打印选择的报告。

（4）整定定值。此菜单分为 4 个子菜单：装置参数定值，系统参数定值，发电机-变压器组保护定值，计算定值。而系统参数定值单包括 5 个子菜单：保护投入总控制字、主变压器系统参数定值、厂用变压器系统参数定值、发电机系统定值和励磁系统定值。发电机-变压器组保护定值菜单包括 29 个子菜单。进入某一个子菜单可整定相应的定值。

按键“↑”“↓”用来滚动选择要修改的定值，按键“←”“→”用来将光标移到要修改的那一位，键“＋”和“－”用来修改数据，按键“ESC”为不修改返回，键“ENT”为修改整定后返回。

注：1）若整定定值出错，液晶会显示错误信息，按任意键后重新整定；

2）保护投入总控制字中某保护退出后，该保护的定值项隐藏将不会显示出来；

3）如果修改了系统定值而未修改保护定值装置将会报警显示错误信息，整定保护定值后错误消失；

4）程序升级后装置会报定值区出错信息，重新整定该版本默认定值后报警消失。

（5）修改时钟。液晶显示当前的日期和时间。按键“↑”“↓”“←”“→”用来选择要修改的那一位，键“＋”和“－”用来修改。按键“ESC”为不修改返回，键“ENT”为修改后返回。

注：若日期和时间修改出错，会显示“日期时间值越界”，并要求重新修改。

（6）程序版本。液晶显示保护板、管理板和液晶板的程序版本以及程序生成时间。

（7）显示控制。显示控制菜单包括液晶对比度菜单。液晶对比度菜单用来修改液晶显示对比度，按键“＋”调整对比度，键“ESC”退出。

（8）退出。主菜单的此项命令将退出菜单，显示发电机-变压器组主接线图或新报告。

本章小结

本章首先介绍了发电机-变压器组保护的组屏方案，针对 RCS-985 型发电机-变压器组微机保护装置，介绍其功能、配置、使用方法及调试方法等。

1. 全新的发电机-变压器组保护主体方案，即将发电机-变压器组单元的全套电量保护集成在一台装置中，主保护与后备保护共用一组 TA；高速数字信号处理器 DSP 和 32 位单片机的应用，实现了高速采样率前提下，对所有保护并行实时计算，装置具有快速性及可靠性。

2. 采用变斜率比率差动和工频变化量差动保护新原理提高了检测内部轻微故障的灵敏度，经受了区内故障的考验。

3. 全新的“异步法”TA 饱和判据可以正确区分内部故障和区外故障 TA 饱和。

4. 首次提出并实现的浮动门槛和电流比率制动相结合的高灵敏横差和零序电压匝间保护，在防止区外故障误动的同时提高了检测发电机内部轻微匝间故障的灵敏度，经受了区外故障考验。

5. 自适应三次谐波电压比率判据、三次谐波电压差动 100％定子接地保护方案在提高灵敏度的同时又不失安全性。

6. 开放式失磁保护方案可以满足不同的要求。

7. 采用正序电压、正序电流计算的失步保护，可以可靠区分振荡与故障，识别振荡中心是否在发电机-变压器组内部。

8. 在硬件与软件设计上，能够有效地消除各种外部干扰对保护装置的影响，装置的抗干扰能力很强。

思考与实践

1. 简述发电机-变压器组保护的组屏配置原则。

2. RCS-985A 型微机保护装置都配置了哪些保护功能？

3. 说明 RCS-985A 型装置面板上的各信号灯在什么情况下会点亮。

4. 在 RCS-985A 型装置中，可以采用什么方法投退保护功能？

5. RCS-985A 型装置在自检过程中发现严重故障时会如何处理？其硬件故障包括哪些？

6. 采用变斜率比率差动和工频变化量差动保护新原理有何特点？

7. 保护状态连接片分为那两种状态？

8. 查阅微机保护装置说明书中给出的定值清单，按照新的定值通知单修改 RCS-985A 型微机保护装置的定值。

9. RCS-985A 型微机保护装置中 TA 饱和时的闭锁原理是什么？

第11章 母线保护

作为电力系统的重要组成部分，母线上连接着发电厂和变电站的发电机、变压器、输电线路、配电线路和调相设备等重要设备，具有很多进、出线的公共电气连接点，起着汇总和分配电能的作用。所以，母线运行的是否安全可靠，将直接影响发电厂、变电站和用户工作的可靠性。此外，变电站的高压母线也是电力系统的中枢部分，如果母线的短路故障不能迅速切除，将会引起故障的进一步扩大，破坏电力系统的稳定运行，造成电力系统的解列事故。因此，母线的接线方式和保护方式的正确选择和运行，是保证电力系统安全运行的重要环节之一。

本章通过分析母线故障产生的原因及其故障的类型和特点，在分析母线差动保护基本原理的基础上，重点介绍了母线完全电流差动保护、母线不完全电流差动保护、双母线同时运行的差动保护、母联电流比相式母线差动保护以及断路器失灵保护的保护原理及动作电流的整定。

本章的学习目标：

熟练掌握母线差动保护的原理；

掌握元件固定连接的双母线完全电流差动保护的原理；

掌握母联电流相位比较式母线完全电流差动保护的原理；

熟悉典型微机母线保护原理分析；

熟悉微机母线保护程序逻辑分析；

会进行完全差动母线维护及调试；

会熟练阅读母线保护装置二次逻辑框图。

11.1 母线故障和装设母线保护的基本原则

11.1.1 母线的短路故障

1. 母线的短路故障及危害

母线是电能集中和分配的重要场所，是电力系统的重要组成元件之一。母线发生故障时，将会使接于母线的所有元件被迫切除，造成大面积停电，电气设备遭到严重破坏，甚至使电力系统稳定运行被破坏，导致电力系统瓦解，后果是十分严重的。

母线上可能发生的故障主要有单相接地或者相间短路故障。运行经验表明，单相接地故障占母线故障的绝大多数，而相间短路则较少。发生母线故障的原因很多，其中主要有：因空气污染损坏绝缘，从而导致母线绝缘子、断路器、隔离开关套管闪络；装于母线上的电压互感器和装于线路上的断路器之间的电流互感器的故障；倒闸操作时引起母线隔离开关和断路器的支持绝缘子损坏；运行人员的误操作，如带负荷拉闸与带地线合闸等。由于母线故障后果特别严重，所以，对重要母线应装设专门的母线保护，有选择地迅速切除母线故障。按照差动原理构成的母线保护，能够保证有较好的选择性和速动性，因此，得到了广泛的应用。

2. 对母线保护的基本要求

（1）保护装置在动作原理和接线上必须十分可靠，母线故障时应有足够的灵敏度，区外故障及保护装置本身故障时保护不误动作。

（2）保护装置应能快速地、有选择性地切除故障母线。

（3）大接地电流系统的母线保护应采用三相式接线，以便反映相间故障和接地故障；小接地电流系统的母线保护应采用两相式接线，只要求反映相间故障。

11.1.2　母线故障的保护方式

母线故障时，如果保护动作迟缓，将会导致电力系统的稳定性遭到破坏，从而使事故扩大，因此必须选择合适的保护方式。母线的保护方式有两种：一种是利用供电元件的保护兼作母线故障的保护，另一种是采用专用母线保护。

1. 利用其他供电元件的保护装置来切除母线故障

（1）如图 11-1 所示，对于降压变电站低压侧采用分段单母线的系统，正常运行时 QF5 断开，则 k 点故障就可以由变压器 T1 的过电流保护使 QF1 及 QF2 跳闸来切除母线故障。

（2）如图 11-2 所示，对于采用单母线接线的发电厂，其母线故障可由发电机过电流保护分别使 QF1 及 QF2 跳闸来切除母线故障。

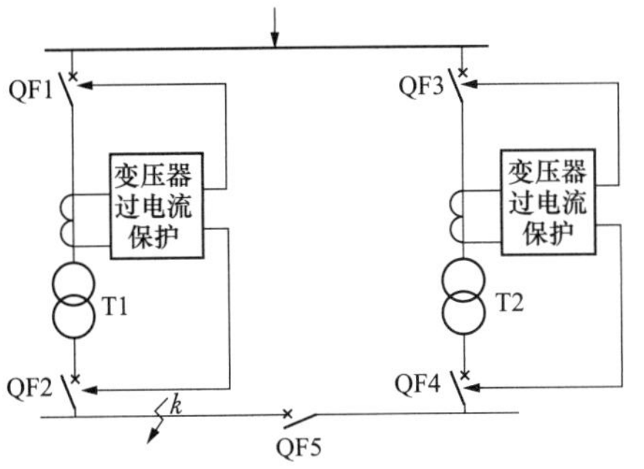

图 11-1　利用变压器的过电流保护切除母线故障

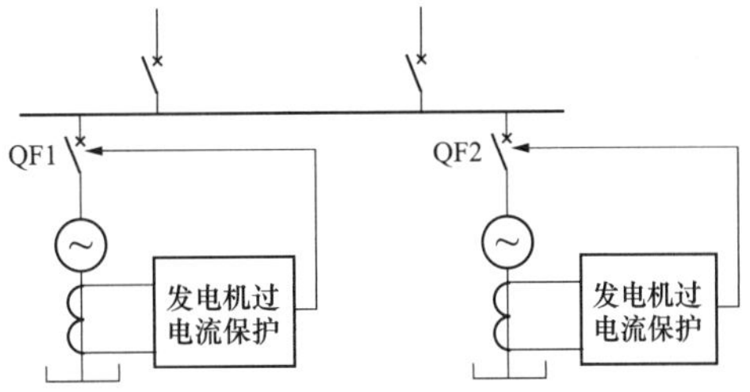

图 11-2　利用发电机的过电流保护切除母线故障

（3）如图 11-3 所示，双侧电源辐射形网络，在 B 母线上发生故障时，可以利用线路保护 1 和保护 4 的Ⅱ段将故障切除。

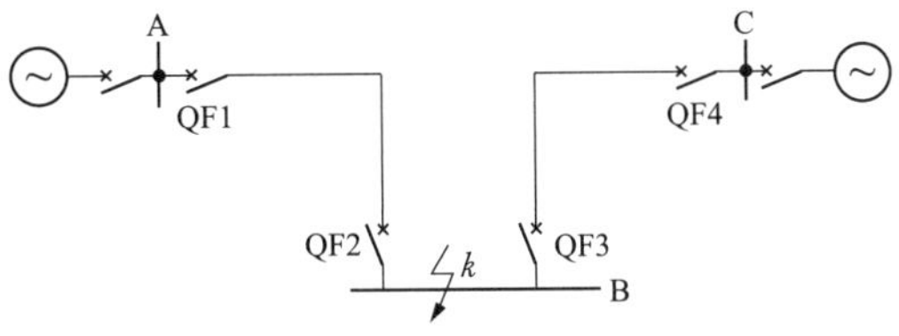

图 11-3　利用线路保护切除母线故障

利用供电元件的保护来切除母线故障，不需另外装设保护，简单、经济，但故障切除的时间一般较长。并且，当双母线同时运行或母线为分段单母线时，上述保护不能选择故障母线。

2. 专用母线保护

根据GB/T 14285—2006《继电保护和安全自动装置技术规程》的规定，在下列情况下应装设专用母线保护。

（1）110kV及以上的双母线和分段单母线，为了保证有选择性地切除任一母线故障。

（2）110kV的单母线、重要发电厂或110kV以上重要变电站的35～66kV母线，按电力系统稳定和保证母线电压等的要求，需要快速切除母线上的故障时。

（3）35～66kV电力系统中主要变电站的35～66kV双母线或分段单母线，当在母联或分段断路器上装设解列装置和其他自动装置后，仍不满足电力系统安全运行的要求时。

（4）对于发电厂和主要变电站的1～10kV分段母线或并列运行的双母线，须快速而有选择性地切除一段或一组母线上的故障时，或者线路断路器不允许切除线路电抗器前的短路时。

11.2 母线完全电流差动保护

11.2.1 母线完全电流差动保护的工作原理

母线完全电流差动是指母线上的全部连接元件按相接入差动回路，母线上各连接单元TA二次电流的相量和作为动作电流。原理接线如图11-4所示。从结构上看，母线实际上就是电路的一个节点。在正常运行以及母线范围以外故障时，在母线上所有连接元件中，注入母线的电流等于零，即

$$\sum \dot{I}_i = 0 \tag{11-1}$$

式中 i——母线上各连接元件序号，$i=1, 2, 3, \cdots$

当母线上发生故障时，所有与母线连接的元件都向故障点供给短路电流，如图11-5所示，因此

$$\sum \dot{I} = \dot{I}_k \tag{11-2}$$

式中 $\dot{I}_k$——短路点的短路电流。

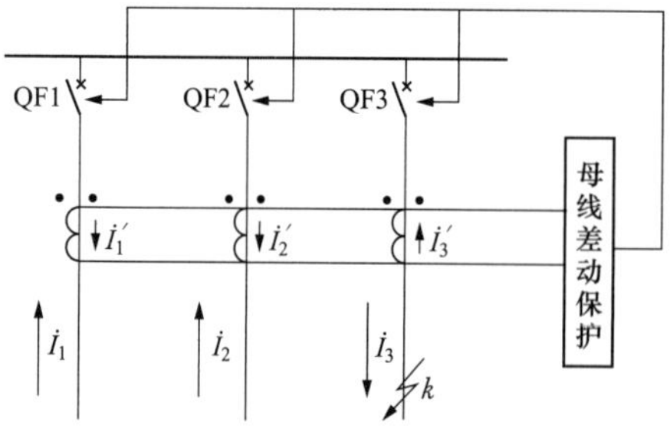

图11-4 母线完全电流差动保护区外故障（正常运行）原理接线图

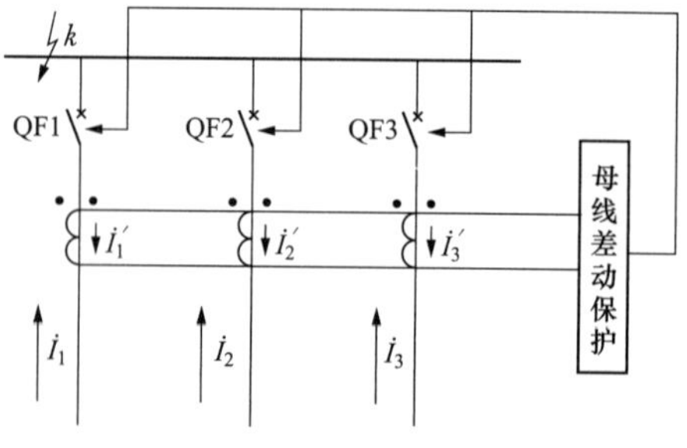

图11-5 母线完全电流差动保护区内故障原理接线图

根据上述特征，为保证一次侧电流总和为零时，二次侧的电流总和也为零，母线上的所有连接元件上都装设具有相同变比和特性的电流互感器。所有电流互感器的二次绕

组在母线侧的端子互相连接，在线路（元件）侧的端子也互相连接，然后接入差动保护。这样，保护中的电流$\sum\dot{I}_i$为各个二次电流的相量和。

在正常运行及外部故障时，流入保护的电流是由于各电流互感器的特性不同而引起的不平衡电流I_{unb}。当母线发生故障时，所有与电源连接的元件都向故障点（k点）供给短路电流，流入保护的一次差动电流为

$$\dot{I}_d = \dot{I}_1 + \dot{I}_2 + \dot{I}_3 \tag{11-3}$$

该电流为故障点的全部短路电流，使保护可靠动作，跳开母线上各连接单元的断路器QF1、QF2和QF3。

11.2.2　母线完全电流差动保护整定原则

差动电流按下述条件计算，并取其中的较大者为整定值。

（1）躲开外部短路时流入差动回路的最大不平衡电流。当所有电流互感器均按10%误差曲线选择，且差动保护具有速饱和特性时，其动作电流I_{set}计算式为

$$I_{set} = K_{rel} I_{unb\cdot max} \tag{11-4}$$

式中　K_{rel}——可靠系数，取1.3；

$I_{unb\cdot max}$——最大不平衡电流。

（2）按躲开最大负荷电流，即

$$I_{set} = K_{rel} I_{L\cdot max} \tag{11-5}$$

式中　$I_{L\cdot max}$——母线所有连接元件中最大的负荷电流。

保护中的电流为二次值，计算式为

$$I_{K\cdot set} = \frac{1}{n_{TA}} K_{rel} I_{L\cdot max} \tag{11-6}$$

式中　n_{TA}——电流互感器变比。

在母线内部短路时，灵敏系数校验式为

$$K_{sen} = \frac{I_{k\cdot min}}{I_{set}} \tag{11-7}$$

式中　$I_{k\cdot min}$——母线短路时，最小的短路电流。

其灵敏系数应不小于2。

11.3　双母线电流差动保护

前文所述母线差动保护一般仅适用于单母线或双母线经常只有一组母线运行或不并列运行的情况。对于双母线以一组母线运行的方式，在母线上发生故障后，将造成连接于母线的所有支路停电，需要把其所连接的支路倒换到另一组母线上才能供电，这是该运行方式的一个缺点。因此，对于发电厂和重要变电站的高压母线，一般采用双母线同时运行，母线联络断路器处于投入状态。为此，要求母线保护具有选择故障母线的能力，现就几种实现方法说明如下。

双母线一般采用比率制动原理的母线差动保护，由于制动电流的存在，可以克服区外故障时由于电流互感器误差而产生的不平衡电流，在高压电网中得到了广泛的应用。国内微机母线差动保护一般采用完全电流差动保护原理。

11.3.1 双母线固定连接方式的完全电流差动保护

双母线同时运行时按照一定的要求，每组母线上都固定连接约 1/2 的供电电源和输电线路。这种母线运行方式称为固定连接式母线。这种母线的差动保护称为固定连接式母线电流差动保护。对于双母线按固定连接方式同时运行时，就必须要求母线差动保护具有选择故障母线的能力。

对于双母线的差动保护，采用总差动作为差动保护的启动元件，反映流入Ⅰ、Ⅱ母线所有连接元件的电流之和，能够区分母线短路故障和外部短路故障。在此基础上，采用Ⅰ母线分差动和Ⅱ母线分差动作为故障母线的选择元件，分别反映各连接元件流入Ⅰ母线、Ⅱ母线的电流之和，从而区分出Ⅰ母线故障还是Ⅱ母线故障。因总差动的保护范围涵盖了各段母线，因此总差动也常被称为大差（或总差、大差动）；分差动保护范围只是相应的一段母线，常称为小差（或分差、小差动）。

1. 基本工作原理

双母线同时运行时支路固定连接的电流差动保护单相原理接线如图 11-6 所示。

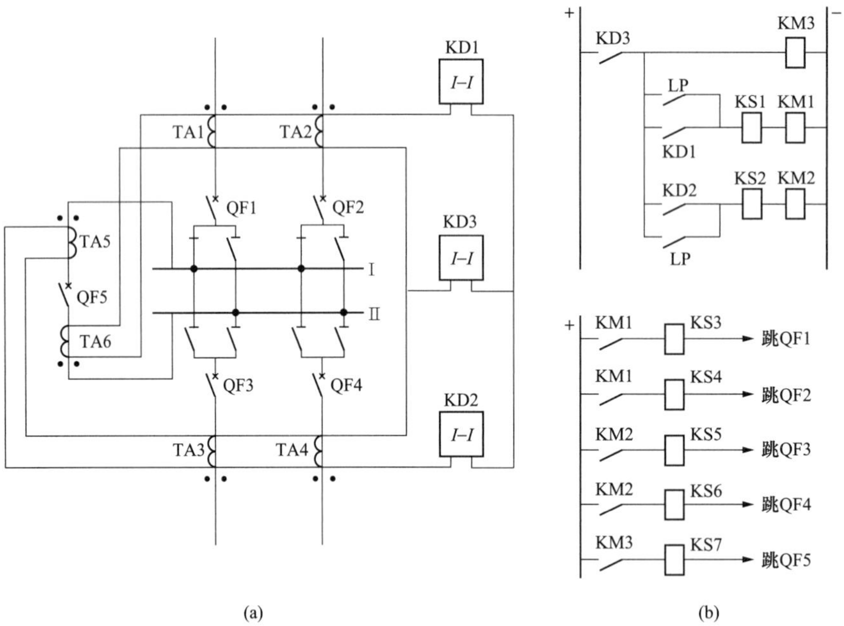

图 11-6 双母线同时运行时支路固定连接的电流差动保护单相原理接线图

（a）交流回路接线图；（b）直流回路展开图

（1）保护功能组成部分。保护功能组成部分主要由三组差动保护组成。

第一组由电流互感器 TA1、TA2、TA6，以及差动继电器 KD1 组成。该部分可构成选择母线Ⅰ故障的保护，故也被称为母线Ⅰ的小差动。母线Ⅰ故障时，差动继电器 KD1 启动后使中间继电器 KM1 动作，利用 KM1 触点将母线Ⅰ上连接支路的断路器 QF1、QF2 跳开。

第二组由电流互感器 TA3、TA4、TA5，以及差动继电器 KD2 组成。该部分构成选择母线Ⅱ故障的保护，故也被称为母线Ⅱ的小差动。母线Ⅱ故障时，KD2 启动 KM2，跳开母线Ⅱ上连接支路的断路器 QF3、QF4。这样连接可将母联断路器 QF5 附近区域置于保护范围之内。

第三组由电流互感器 TA1～TA4，以及差动继电器 KD3 组成。该部分可构成包括母线Ⅰ、Ⅱ故障均在内的保护，故也被称为母线Ⅰ、Ⅱ的大差动，实际上是整套母线保护的启动元件，任一母线故障时差动继电器 KD3 动作，首先断开母联断路器使非故障母线正常运行，同时给两个小差动（选择元件）继电器的触点接通直流电源。在 KD1 或 KD2 动作而 KD3 不动作的情况下，母线保护不能跳闸，从而有效保证了双母线固定连接方式破坏情况下母线保护不会误动，详见后文分析。

（2）正常运行或区外故障时母线差动保护动作情况。对于如图 11-6 所示的支路固定连接方式，当母线正常运行或保护区外（k_1 点）故障时，可知差动保护二次电流分布如图 11-7（a）所示。由图可见，流经差动继电器 KD1、KD2、KD3 的电流均为不平衡电流，而差动保护的动作电流按躲过外部故障时最大不平衡电流来整定的，因此差动保护不会动作。

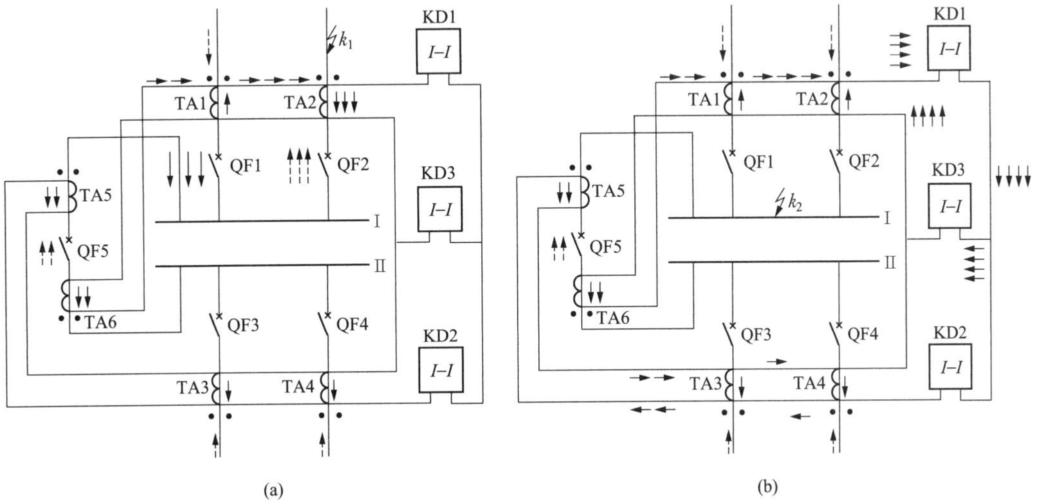

图 11-7　按正常连接方式运行时母线保护在区外、区内故障时的电流分布图

（a）外部故障；（b）母线Ⅰ故障

--►——一次电流；—►—二次电流

（3）区内故障时母线差动保护动作情况。保护区内故障时，如母线Ⅰ的 k_2 点发生故障，差动保护二次电流分布如图 11-7（b）所示。

母线Ⅰ故障时，由二次电流分布来看，流经差动继电器 KD1、KD3 的电流为全部故障二次电流，而差动继电器 KD2 中仅有不平衡电流流过。因此，KD1、KD3 动作，KD2 不动作。

实际应用中，母线差动保护的动作逻辑是差动继电器 KD3 首先动作并跳开母线联络断路器 QF5，之后差动继电器 KD1 仍有二次故障电流流过，即对母线Ⅰ的故障具有选择性，动作于跳开母线让连接支路的断路器 QF1、QF2；而差动继电器 KD2 无二次故障电流流过，因此，无故障的母线Ⅱ继续保持运行，提高了电力系统供电的可靠性。读者可自行分析。

同理，当母线Ⅱ故障时，只有差动继电器 KD2、KD3 动作，使断路器 QF3、QF4、QF5 跳闸，切除故障母线Ⅱ；而无故障母线Ⅰ可以继续运行。

综上所述，差动继电器 KD1、KD2 分别只反应母线Ⅰ、母线Ⅱ的故障，也称为小差动，或故障母线选择元件。差动继电器 KD3 反应于两个母线中任一母线上的故障，作为母线保护的启动元件，称为大差动。

2. 双母线固定连接方式破坏后母线差动保护的工作情况

双母线固定连接方式的优点是完全电流差动保护可有选择性地、迅速地切除故障母线，没有故障的母线继续照常运行，从而提高了电力系统运行的可靠性。但在实际运行过程中，由于设备检修、支路故障等原因，母线固定连接很可能被破坏。

如图 11-8 所示，若Ⅰ母线上其中一条线路切换到Ⅱ母线时，由于电流差动保护的二次回路不能跟着切换，从而失去了构成差动保护的基本原则。即按固定连接方式工作的两母线各自的差电流回路都不能客观准确地反应该两组母线上实际的流入、流出值。

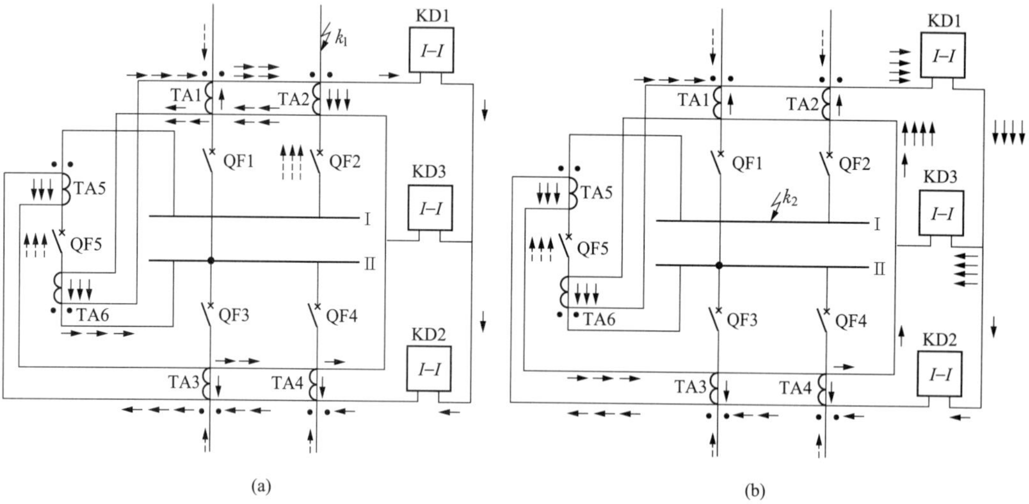

图 11-8　双母线固定连接方式破坏后母线保护在区外、区内故障时的电流分布图

（a）外部故障；（b）母线Ⅰ故障

- - →— 一次电流；——→— 二次电流

（1）正常运行或区外故障时母线差动保护动作情况。当保护区外 k_1 点发生故障时，差动保护二次电流分布如图 11-8（a）所示。由图可见，差动继电器 KD1、KD2 都将流过一定的差流而误动作；而差动继电器 KD3 仅流过不平衡电流，不会动作。由图 11-6 可知，KD1、KD2 触点的正电源受 KD3 触点所控制，而此时差动继电器 KD3 不动作，就保证了电流差动保护不会误跳闸。因此，在双母线固定连接被破坏的时候，作为启动元件的大差动继电器 KD3 能够防止外部故障时小差动保护的误动作。

（2）区内故障时母线差动保护动作情况。保护区内故障时，如母线Ⅰ的 k_2 点发生故障，如图 11-8（b）所示。由图可见，差动继电器 KD1、KD2、KD3 都有故障电流流过，因此，它们都将动作并切除两组母线。

在此情况下，母线差动保护的动作逻辑是差动继电器 KD3 首先动作于跳开母联断路器，之后差动继电器 KD1、KD2 上仍有二次故障电流流过，因此，差动继电器 KD1 和 KD2 不能起到选择故障母线的作用，两者均动作并切除母线Ⅰ与母线Ⅱ，失去了选择性。读者可参考图 11-8（b）自行分析。

双母线固定连接方式的完全电流差动保护接线简单、调试方便，在母联断路器断开和闭合情况下保护都具有选择故障母线的能力。但是，该保护希望尽量保证固定连接的运行方式不被破坏，这就必然限制了电力系统运行调度的灵活性，这是该保护的主要缺点。

11.3.2　母联电流相位比较式差动保护

双母线固定连接方式运行的完全差动保护的缺点在于缺乏灵活性。目前。为了克服此缺陷，在双母线同时运行的系统中，广泛采用母联电流比相式母线差动保护，它更适用于双母线连接元件运行方式经常改变的母线保护。

母联电流相位差动保护的原理接线如图 11-9 所示。

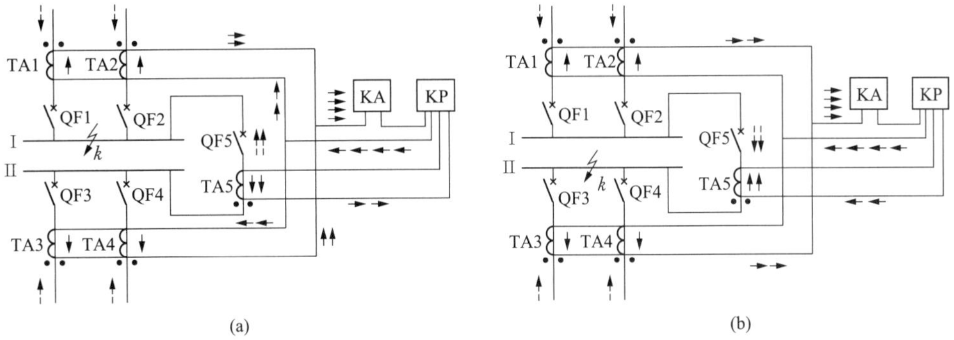

图 11-9　母联电流相位差动保护的原理接线图及母线故障时的电流分布

(a) 母线Ⅰ故障；(b) 母线Ⅱ故障

--►——一次电流；—►—二次电流

母联电流相位差动保护主要由以下两部分组成。

第一部分由电流互感器 TAl～TA4，以及总电流差动继电器 KA 组成。该部分中，总电流差动继电器 KA 的输入回路由母线上所有连接支路的电流互感器的二次回路同极性并联组成。总电流差动继电器 KA 仅在母线范围内故障时才动作，它是母联电流相位差动保护的启动元件。总电流差动继电器 KA 在正常运行或外部故障时不动作，起闭锁保护的作用。

第二部分由电流互感器 TAl～TA4 的总差流、母联断路器的电流互感器 TA5 和相位比较继电器 KP 组成。其中，相位比较继电器 KP 比总差流与母联互感器 TA5 二次电流的相位，实现对故障母线的选择。

在正常运行或区外故障时，母联相位差动保护中的总电流差动继电器 KA 不启动，因此母联保护不会误动作。图 11-9（a）、（b）分别表示母线Ⅰ、Ⅱ故障时电流的方向。由图可见，任一母线故障时，流入 KA 的总差动电流的相位是不变的。而流过母联的电流方向取决于故障的母线，即在母线Ⅰ和母线Ⅱ上故障时母联电流相位相差 180°。因此，利用总差流和母联电流进行相位比较，就可以选择出故障母线。

母联相位差动保护要求正常运行时母联断路器必须投入运行，但不要求各支路固定连接于两组母线，可大大提高母线运行方式的灵活性。其缺点是当单母线运行时，母线失去保护。为此，必须配置另一套单母线运行的保护。

11.4　微机母线差动保护

微处理器强大的计算、存储、逻辑判断等能力使得微机母线保护迅速发展起来。微机母线差动保护主要采用电流差动保护原理。将母线上所有单元（包括母联或分段）的三相电流，通过各自的模拟量输入通道、数据采集变换，形成相应的数字量，按各相别实现分相式微机母线差动保护。母线差动保护要求各支路的电流互感器变比相同、极性一致。若变比不一致时，微机母线差动保护可在差动判据中，将各支路电流乘以各自相应的平衡系数，使所有支路的传变变比相同。

微机型母线保护装置在制动特性、电流互感器饱和检测、运行方式的自动识别以及网络化等方面作出了重要的改进。

11.4.1 启动元件

对于双母线的差动保护，采用总差动作为差动保护的启动元件，反映流入Ⅰ、Ⅱ母线所有连接元件的电流之和，能够区分母线短路故障和外部短路故障。在此基础上，采用Ⅰ母线分差动和Ⅱ母线分差动作为故障母线的选择元件，分别反映各连接元件流入Ⅰ母线、Ⅱ母线的电流之和，从而区分出Ⅰ母线故障还是Ⅱ母线故障。因总差动的保护范围涵盖了各段母线，因此总差动也常被称为大差（或总差、大差动）；分差动保护范围只是相应的一段母线，常称为小差（或分差、小差动）。下面以动作电流为例说明大差与小差的电流取得方法。

母线差动保护由分相式比率差动元件构成，TA 极性要求各支路 TA 同名端在母线侧，母联 TA 同名端在一母侧。差动回路包括母线大差回路和各段母线小差回路，如图 11-10 所示。母线大差是指除母联断路器和分段断路器外所有支路电流所构成的差动回路。某段母线的小差是指该段母线上所连接的所有支路（包括母联断路器和分段断路器）电流所构成的差动回路。母线大差比率差动用于判别母线区内和区外故障，小差比率差动用于故障母线的选择。

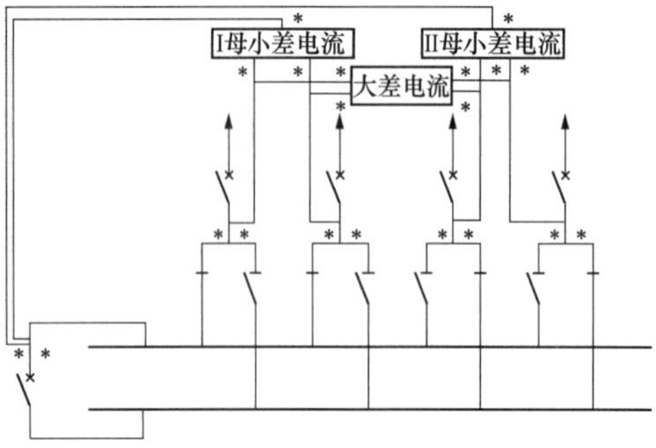

图 11-10　标准双母线保护

1. 电压工频变化量元件

当两段母线任一相电压工频变化量大于门槛（由浮动门槛和固定门槛构成）时电压工频变化量元件动作。其判据为

$$\Delta u = \Delta U_t + 0.05U_N \tag{11-8}$$

式中　Δu——相电压工频变化量瞬时值；

$0.05U_N$——固定门槛；

ΔU_t——浮动门槛，随着变化量输出变化而逐步自动调整。

2. 差流元件

当任一相差动电流大于差流启动值时差流元件动作。其判据为

$$I_d > I_{d\cdot set} \tag{11-9}$$

式中　I_d——大差动相电流；

$I_{d\cdot set}$——差动电流启动定值。

母线差动保护电压工频变化量元件或差流元件启动后展宽 500ms。

11.4.2 比率差动元件

1. 常规比率差动元件

动作判据为

$$\left|\sum_{i=1}^{n}\dot{I}_i\right| > I_{\mathrm{d\cdot set}} \tag{11-10}$$

$$\left|\sum_{j=1}^{m}\dot{I}_j\right| > K\left|\sum_{j=1}^{m}\left|I_j\right|\right. \tag{11-11}$$

式中 K——比率制动系数；

I_j——第 j 个连接元件的电流；

$I_{\mathrm{d\cdot set}}$——差动电流启动定值。

其动作特性曲线如图 11-11 所示。

为防止在母联断路器断开的情况下，弱电源侧母线发生故障时大差比率差动元件的灵敏度不够，大差比例差动元件的比率制动系数有高低两个定值。母联断路器处于合闸位置以及投单母或隔离开关双跨时，大差比率差动元件采用比率制动系数高值；而当母线分列运行时，自动转用比率制动系数低值。

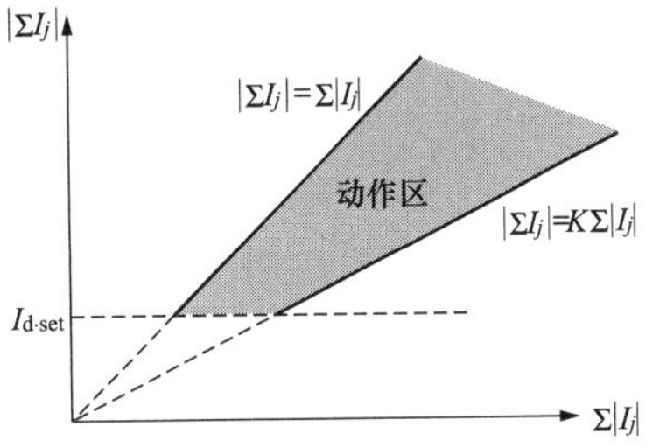

图 11-11 母线保护动作特性曲线图

2. 工频变化量比例差动元件

为提高保护抗过渡电阻能力，减少保护性能受故障前系统功角关系的影响，本保护除采用由差流构成的常规比率差动元件外，还采用工频变化量电流构成了工频变化量比率差动元件，与低制动系数（取 0.2）的常规比率差动元件配合构成快速差动保护。其动作判据为

$$\sum_{j=1}^{m}\dot{I}_j\Big| > \Delta DI_{\mathrm{t}} + DI_{\mathrm{d\cdot set}} \tag{11-12}$$

$$\sum_{j=1}^{m}\dot{I}_j\Big| > K'\Big|\sum_{j=1}^{m}\left|\Delta I_j\right| \tag{11-13}$$

式中 K'——工频变化量比例制动系数，大差变化量比例制动系数可以整定，一般取 0.75，当母线区内故障有较大电流流出时，可根据流出的电流比适当地降低变化量比率制动系数定值，小差固定取 0.75；

ΔI_j——第 j 个连接元件的工频变化量电流；

ΔDI_{t}——差动电流启动浮动门槛；

$DI_{\mathrm{d\cdot set}}$——差流启动的固定门槛，由 $I_{\mathrm{d\cdot set}}$ 得出。

11.4.3 故障母线选择元件

差动保护根据母线上所有连接元件电流采样值计算出大差电流，构成大差比例差动元件，作为差动保护的区内故障判别元件。对于分段母线或双母线接线方式，根据各连接元件的隔离开关位置开入计算出两条母线的小差电流，构成小差比率差动元件，作为故障母线选择元件。

当双母线按单母方式运行不需进行故障母线的选择时，可投入单母方式连接片。当元件在倒闸过程中两条母线经隔离开关双跨，则装置自动识别为单母运行方式。这两种情况都不进行故障母线的选择，当母线发生故障时将所有母线同时切除。

母差保护另设一后备段，当抗饱和母差动作（下述 TA 饱和检测元件二检测为母线区内故障），且无母线跳闸，则经过 250ms 切除母线上所有的元件。

另外，装置在比率差动连续动作 500ms 后将退出所有的抗饱和措施，仅保留比率差动元件（$\left|\sum_{i=1}^{n}\dot{I}_i\right|>I_{\mathrm{d\cdot set}}$，$\left|\sum_{j=1}^{m}\dot{I}_j\right|>K\left|\sum_{j=1}^{m}\left|I_j\right|\right|$），若其动作仍不返回，则跳相应母线。这是为了防止在某些复杂故障情况下保护误闭锁导致拒动，在这种情况下母线保护动作跳开相应母线，对于保护系统稳定和防止事故扩大都是有好处的，何况事实上真正发生区外故障时，TA 的暂态饱和过程也不可能持续超过 500ms。

11.4.4 母线保护的特殊问题及其解决措施

1. 复合电压闭锁元件

为了防止由于差动保护或断路器失灵保护出口回路被误碰或出口继电器损坏等原因而导致母线保护误动作，母线差动保护中一般还设有复合电压闭锁元件。

复合电压闭锁元件的动作判据为

$$U_{\varphi}<U_{\mathrm{b}} \text{ 或 } 3U_0<U_{0\cdot\mathrm{b}} \text{ 或 } U_2>U_{2\cdot\mathrm{b}} \tag{11-14}$$

式中 U_{φ}、$3U_0$、U_2——相电压、三倍零序电压以及负序电压；

U_{b}、$U_{0\cdot\mathrm{b}}$、$U_{2\cdot\mathrm{b}}$——相电压闭锁定值、三倍零序电压闭锁定值以及负序电压闭锁定值。

式（11-14）中任一判据满足条件，则复合电压闭锁元件开放，使保护可以出口跳闸。因此，复合电压闭锁元件必须保证母线在各种故障情况下其电压闭锁的开放有足够的灵敏度。

每一段母线都相应的设有一个复合电压闭锁元件，只有当母线差动保护判断出某段母线故障，同时该母线的复合电压元件动作，才认为该母线发生故障并予以切除。

2. 电流互感器饱和的检测

（1）电流互感器 TA 饱和时。当母线近端区外故障时，故障支路的电流互感器 TA 通过各支路电流之和，故可能饱和。电流互感器 TA 饱和时，其二次侧电流畸变（严重时可能接近于零），不能正确反应一次侧电流。为防止区外故障时电流互感器 TA 饱和而引起保护误动，在母线差动保护中应设置电流互感器 TA 饱和检测元件或相应的功能。

图 11-12 为电流互感器的饱和波形。电流互感器 TA 饱和时二次侧电流及其内阻变化的特点如下：

1）在故障发生瞬间，由于铁芯中的磁通不能突变，电流互感器 TA 不可能立即饱和，从故障发生到电流互感器 TA 饱和需要一段时间，在此期间内电流互感器 TA 二次侧电流与一次侧电流成正比变化。

2）电流互感器 TA 饱和时，在每个周期内一次侧电流过零点附件存在不饱和时段，在此时段内电流互感器 TA 二次电流与一次电流成正比变化。

3）电流互感器 TA 饱和时其励磁阻抗大大减小，使其内阻大大降低。

4）电流互感器 TA 饱和时二次侧电流中含有大量二次、三次谐波分量。

（2）电流互感器饱和检测的实现方法。根据上述特性，提出了各种不同的电流互感器饱和检测方法并在实践中得到应用。下面对国内外微机母线保护中的几种用于电流互感器饱和检测的实现方法给予简单介绍。

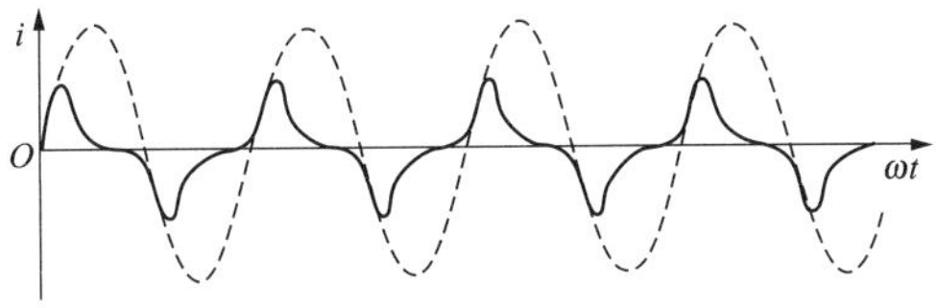

图 11-12　电流互感器的饱和波形

- - -饱和电流互感器 TA 的一次电流；——饱和电流互感器 TA 的二次电流

1）同步识别法。在区外故障时，故障发生的初始瞬间存在一个不饱和的线性传变区。在这线性传变区内差动保护不会误动，在电流互感器饱和后保护才可能误动。这就说明，差动保护误动作与实际故障在时间上是不同步的，差动保护误动作迟后一段时间。在区内故障时，因为差动电流是故障电流的实际反映，所以差动保护动作与实际故障是同步发生的。由此可见，同步识别法的实质是通过判别差动元件动作与故障发生是否同步来识别是区内故障，还是电流互感器饱和使保护误动。

2）自适应阻抗加权抗饱和方法。该方法采用了工频变化量阻抗元件 ΔZ，ΔZ 是母线电压变化量与差回路中电流变化量的比值。母线区外发生故障时出现工频电压变化量，若经过一段时间后电流互感器 TA 饱和，则出现差流变化量，则可计算出工频变化量阻抗 ΔZ。而当母线区内故障时，母线电压的变化、差流的变化以及阻抗的变化将同时出现。因此，利用工频变化量差动元件、工频变化量阻抗元件 ΔZ 以及工频变化量电压元件动作的相对时序的特点，得到抗电流互感器饱和的自适应阻抗加权判据。

3）谐波制动原理。这种原理利用了电流互感器饱和时差流波形畸变和每周波存在线性传变区等特点，根据差流中谐波分量的波形特征检测电流互感器是否发生饱和。

3. 母线运行方式的切换与自动识别

母线的各种运行方式中以双母线运行最为复杂。根据电力系统运行方式变化的需要，母线上各连接支路需要经常在两条母线间切换，因此正确识别母线运行方式直接影响到母线差动保护动作的正确性和选择性。为了使母线差动保护能自适应每一次系统支路切换和倒闸操作，可引入母线所有连接支路（包括母联断路器）的隔离开关辅助触点的位置信号来判别母线运行方式。但该方法常因隔离开关辅助触点不可靠造成误判。

为此，微机母线差动保护利用其计算、自检与逻辑处理能力，对隔离开关的辅助触点进行定时自检。只有当对应支路有隔离开关的辅助触点的位置信号，且该支路有电流时，才确认辅助触点的实际位置；若辅助触点位置与支路有无电流不对应，则发出报警信号，供运行人员检查。为可靠起见，还可在正常运行状态下计算两段母线各自的小差流，如无差流则更加证实了运行方式识别的正确性。

11.4.5　微机母线差动保护的逻辑框图

微机母线差动保护由分相式比率差动原理构成。对于单母线分段或双母线的情况，为保证母线保护的选择性，类似于图 11-6，微机母线差动保护回路除包括母线大差回路之外，还需要有各段母线小差回路。所谓母线大差是指利用除母联断路器和分段断路器外所有支路电流所构成的比率差动元件；母线小差是指各段母线上所连接的所有支路（包括母联和分段断路器）电流所构成的比率差动元件。母线大差比率差动用于判别母线区内和区外故障，小差比率差动用于故障母线的选择。

双母线或单母线分段的微机母线差动保护逻辑框图如图 11-13 所示。

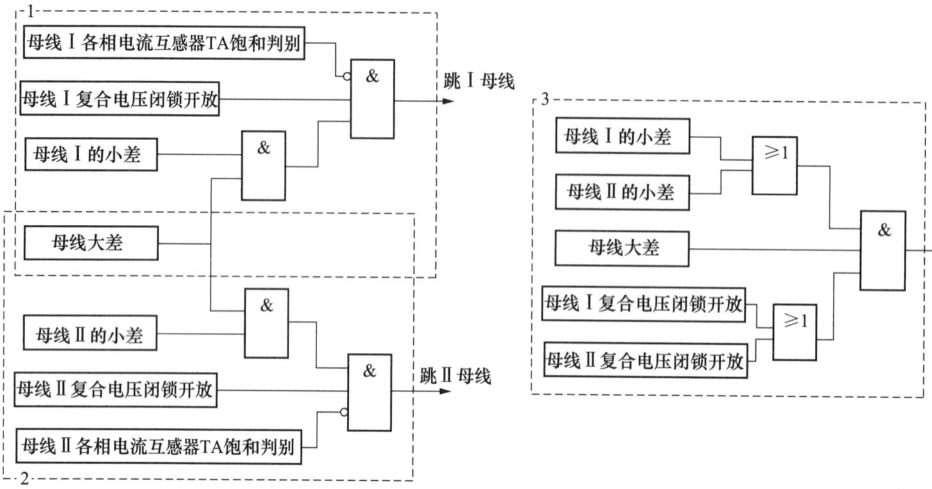

图 11-13　双母线或单母线分段的微机的母线差动保护的逻辑框图

为清晰表示，图 11-13 分为三部分。第 1、2 部分分别为母线Ⅰ、Ⅱ段各自的保护动作逻辑。当母线大差动作，某段母线小差动作，相应段母线的复合电压闭锁元件开放，且无电流互感器 TA 饱和判定的条件下跳相应段母线的各支路断路器。第 3 部分为母联断路器的跳闸逻辑关系。当母线大差动作，且母线Ⅰ、Ⅱ任一小差元件动作，以及任一母线段的复合电压闭锁元件开放时，跳开母联断路器。

综上所述，微机母线保护的主要特点有：

（1）微机母线保护不需要公共的差流回路，不需要将各回路的电流互感器二次绕组并联在一起引至保护盘，而是通过软件计算来合成动作电流和制动电流，简化了交流二次回路，提高了保护的可靠性。

（2）可以用软件来平衡各回路电流互感器变比的不同，不需要设置辅助电流互感器。

（3）利用微机的计算能力和智能作用可实现更复杂但更可靠的动作判据，创造各种检测电流互感器饱和的新方法。

（4）可利用微机的智能作用自动识别各回路所连接的母线组别，更好地保证了保护的可靠性与选择性。

*11.5　RCS-915AB 型微机母线保护

目前电力系统母线主保护一般采用比率制动式差动保护，它的优点是可以有效地防止外部故障时保护误动作。在保护区内故障时，若有电流流出母线，则保护的灵敏度会下降。

微机母线保护在硬件上采用多 CPU 技术，使保护各主要功能分别由不同的 CPU 独立完成，在软件上通过功能相互制约，提高保护的可靠性。微机母线保护通过对复杂的各路输入电流、电压模拟量、开关量及差动电流和负序、零序量的监测和显示，不仅提高了装置的可靠性，也提高了保护的可信度，并改善了保护人机对话的工作环境，减少了装置的调试和维护工作量。而软件算法的深入开发则使母线保护的灵敏度和选择性得到了不断提高。

本节以 RCS-915AB 型微机保护装置为例进行讲解。

RCS-915AB 型微机母线保护装置，适用于各种电压等级的单母线、单母分段、双母线等两段母线及以下的各种主接线方式，母线上允许所接的线路与元件数最多为 21 个（包括母联），并可满足有母联兼旁路运行方式主接线系统的要求。

11.5.1　保护配置

RCS-915AB 型微机母线保护装置设有母线差动保护、母联充电保护、母联死区保护、母联失灵保护、母联过电流保护、母联非全相保护以及断路器失灵保护等功能，面板布置如图 11-14 所示。

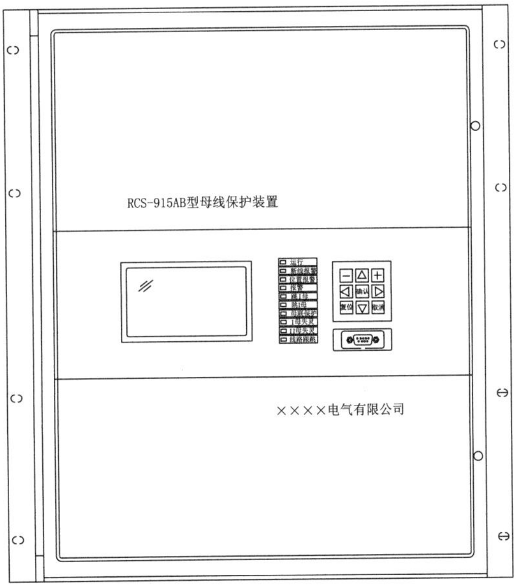

图 11-14　面板布置图

11.5.2　性能特征

（1）允许 TA 变比不同，TA 调整系数可以整定。

（2）高灵敏比率差动保护。

（3）新型的自适应阻抗加权抗 TA 饱和判据。

（4）完善的事件报文处理。

（5）友好的全中文人机界面。

（6）灵活的后台通信方式，配有 RS-485 和光纤通信接口（可选）。

（7）支持 DL/T 667—1999（IEC 60870-5-103 标准）《继电保护设备信息接口配套标准》的通信规约。

（8）与 COMTRADE 兼容的故障录波。

11.5.3 装置硬件配置

装置核心部分采用 Mortorola（摩托罗拉）公司的 32 位单片微处理器 MC68332，主要完成保护的出口逻辑及后台功能，保护运算采用 AD 公司的高速数字信号处理（DSP）芯片，使保护装置的数据处理能力大大增强。装置采样率为每周波 24 点，在故障全过程对所有保护算法进行并行实时计算，使得装置具有很高的固有可靠性及安全性。具体硬件模块图如图 11-15 所示。

输入电流、电压首先经隔离互感器传变至二次侧（注：电流变换器的线性工作范围为 $40I_N$），成为小电压信号分别进入 CPU 板和管理板。CPU 板主要完成保护的逻辑及跳闸出口功能，同时完成事件记录及打印、保护部分的后台通信及与面板 CPU 的通信；管理板内设总启动元件，启动后开放出口继电器的正电源，另外，管理板还具有完整的故障录波功能，录波格式与 COMTRADE 格式兼容，录波数据可单独串口输出或打印输出。

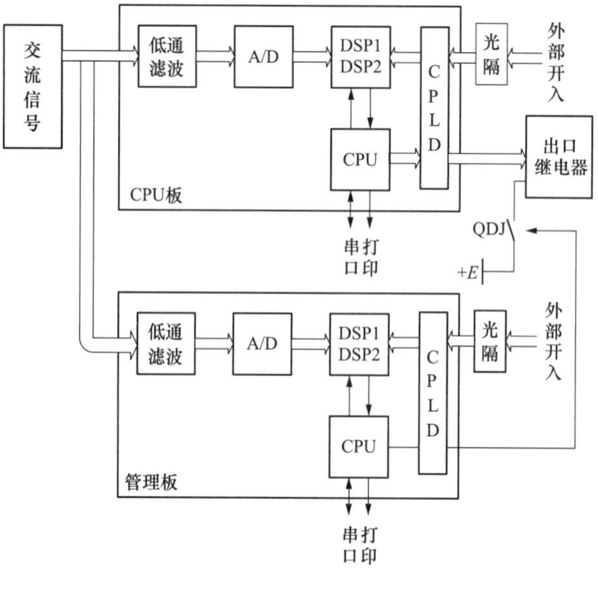

图 11-15　微机母线保护装置硬件模块图

11.5.4 母线微机保护装置的工作原理

1. 母线差动保护

母线差动保护由分相式比率差动元件构成，TA 极性要求：如图 11-16 主接线示意图，若支路 TA 同名端在母线侧，则母联 TA 同名端在Ⅰ母侧（装置内部只认母线的物理位置，与编号无关，如果母线编号的定义与本示意图不符，母联同名端的朝向以物理位置为准，单母分段主接线分段 TA 的极性也以此为原则）。差动回路包括母线大差回路和各段母线小差回路。母线大差是指除母联断路器和分段断路器外所有支路电流所构成的差动回路。某段母线的小差是指该段母线上所连接的所有支路（包括母联和分段断路器）电流所构成的差动回路。母线大差比率差动用于判别母线区内和区外故障，小差比率差动用于故障母线的选择。

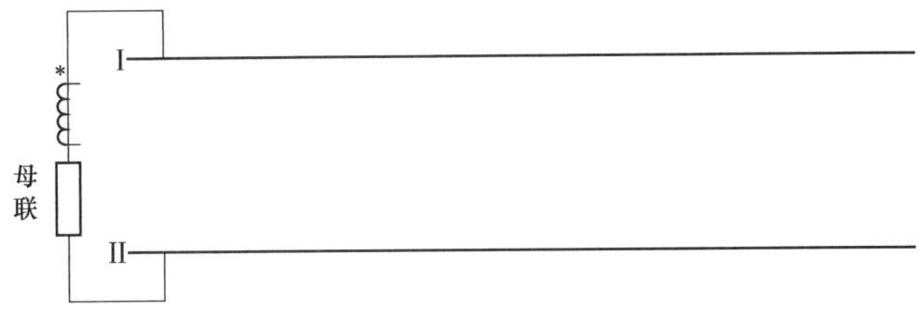

图 11-16　一次系统示意图

（1）启动元件。

1）电压工频变化量元件，当两段母线任一相电压工频变化量大于门槛（由浮动门槛和固定门槛构成）时电压工频变化量元件动作。

2）差流元件，当任一相差动电流大于差流启动值时差流元件动作，其判据为

$$I_{\mathrm{d}} > I_{\mathrm{cdzd}} \tag{11-15}$$

式中　I_{d}——大差动相电流；

I_{cdzd}——差动电流启动定值。

母线差动保护电压工频变化量元件或差流元件启动后展宽 500ms。

（2）比率差动元件。

1）常规比率差动元件。

2）工频变化量比例差动元件。为提高保护抗过渡电阻能力，减少保护性能受故障前系统功角关系的影响，本保护除采用由差流构成的常规比率差动元件外，还采用工频变化量电流构成了工频变化量比率差动元件，与制动系数固定为 0.2 的常规比率差动元件配合构成快速差动保护。其动作判据为

$$\left|\Delta\sum_{j=1}^{m} I_j\right| > \Delta DI_{\mathrm{T}} + DI_{\mathrm{cdzd}} \tag{11-16}$$

$$\left|\Delta\sum_{j=1}^{m} I_j\right| > K'\sum_{j=1}^{m} |\Delta I_j| \tag{11-17}$$

式中　K'——工频变化量比例制动系数，母联断路器处于合闸位置以及投单母或隔离开关双跨时 K' 取 0.75，而当母线分列运行时则自动转用比率制动系数低值，小差则固定取 0.75；

ΔI_j——第 j 个连接元件的工频变化量电流；

ΔDI_{T}——差动电流启动浮动门槛；

DI_{cdzd}——差流启动的固定门槛，由 I_{cdzd} 得出。

（3）故障母线选择元件。差动保护根据母线上所有连接元件电流采样值计算出大差电流，构成大差比例差动元件，作为差动保护的区内故障判别元件。

对于分段母线或双母线接线方式，根据各连接元件的隔离开关位置开入计算出两条母线的小差电流，构成小差比率差动元件，作为故障母线选择元件。

当大差抗饱和母差动作（下述 TA 饱和检测元件二检测为母线区内故障），且任一小差比率差动元件动作，母差动作跳母联断路器；当小差比率差动元件和小差谐波制动元件同时开放时，母差动作跳开相应母线。

当双母线按单母方式运行不需进行故障母线的选择时可投入单母方式连接片。当元件在倒闸过程中两条母线经隔离开关双跨，则装置自动识别为单母运行方式。这两种情

况都不进行故障母线的选择，当母线发生故障时将所有母线同时切除。

母差保护另设一后备段，当抗饱和母差动作，且无母线跳闸，则经过 250ms 切除母线上所有的元件。

(4) TA 饱和检测元件。为防止母线保护在母线近端发生区外故障时 TA 严重饱和的情况下发生误动，本装置根据 TA 饱和波形特点设置了两个 TA 饱和检测元件，用以判别差动电流是否由区外故障 TA 饱和引起，如果是则闭锁差动保护出口，否则开放保护出口。

(5) 电压闭锁元件。其判据为

$$\left.\begin{aligned} U_{\varphi} &\leqslant U_{bs} \\ 3U_0 &\geqslant U_{0bs} \\ U_2 &\geqslant U_{2bs} \end{aligned}\right\} \tag{11-18}$$

式中　U_{φ}——相电压；

$3U_0$——三倍零序电压（自产）；

U_2——负序相电压；

U_{bs}——相电压闭锁值；

U_{0bs}、U_{2bs}——零序、负序电压闭锁值。

以上三个判据任一个动作时，电压闭锁元件开放。在动作于故障母线跳闸时必须经相应的母线电压闭锁元件闭锁。

母差保护的工作框图（以Ⅰ母为例）如图 11-17 所示。

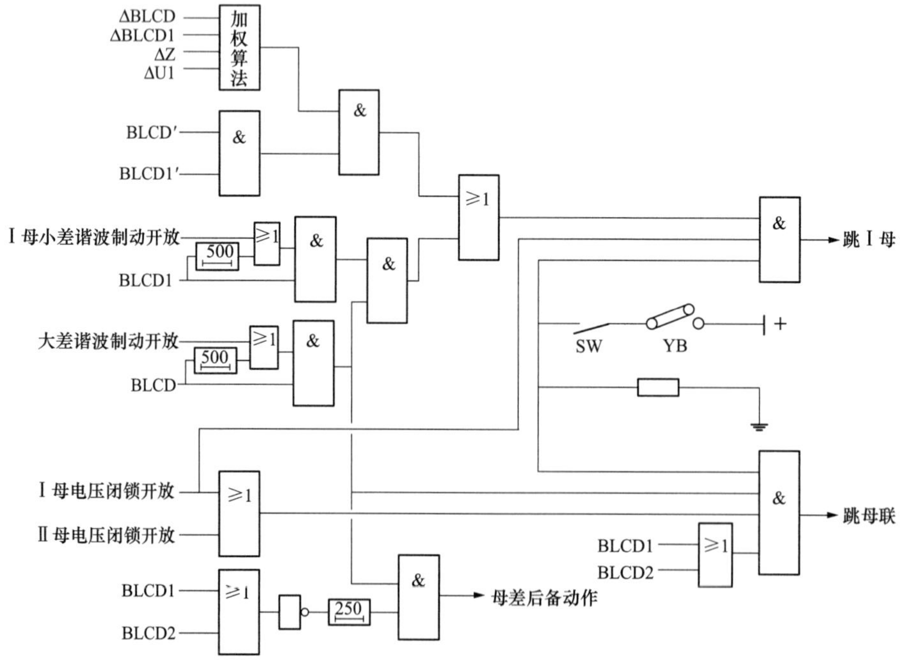

ΔU1　：Ⅰ母电压工频变化量元件
ΔZ　：工频变化量阻抗元件
ΔBLCD1：Ⅰ母工频变化量比率差动元件
ΔBLCD：大差工频变化量比率差动元件
BLCD′：大差比率差动元件（K=0.2）
BLCD1′：Ⅰ母比率差动元件（K=0.2）
BLCD　：大差比率差动元件
BLCD1　：Ⅰ母比率差动元件
SW　：母差保护投退控制字
YB　：母差保护投入连接片

图 11-17　母差保护的工作框图（以Ⅰ母为例）

2. 母联充电保护

当任一组母线检修后再投入之前，利用母联断路器对该母线进行充电试验时可投入母联充电保护，当被试验母线存在故障时，利用充电保护切除故障。

母联充电保护有专门的启动元件。在母联充电保护投入时，当母联电流任一相大于母联充电保护整定值时，母联充电保护启动元件动作去控制母联充电保护部分。

当母联断路器跳位继电器由“1”变为“0”或母联 TWJ＝1 且由无电流变为有电流（大于 $0.04I_N$），或两母线变为均有电压状态，则开放充电保护 300ms，同时根据控制字决定在此期间是否闭锁母差保护。在充电保护开放期间，若母联电流大于充电保护整定电流，则将母联断路器切除。母联充电保护不经复合电压闭锁。

另外，如果希望通过外部触点闭锁本装置母差保护，将“投外部闭锁母差保护”控制字置 1。装置检测到“闭锁母差保护”开入后，闭锁母差保护。该开入若保持 1s 不返回，装置报“闭锁母差开入异常”，同时解除对母差保护的闭锁。

母联充电保护的逻辑框图如图 11-18 所示。

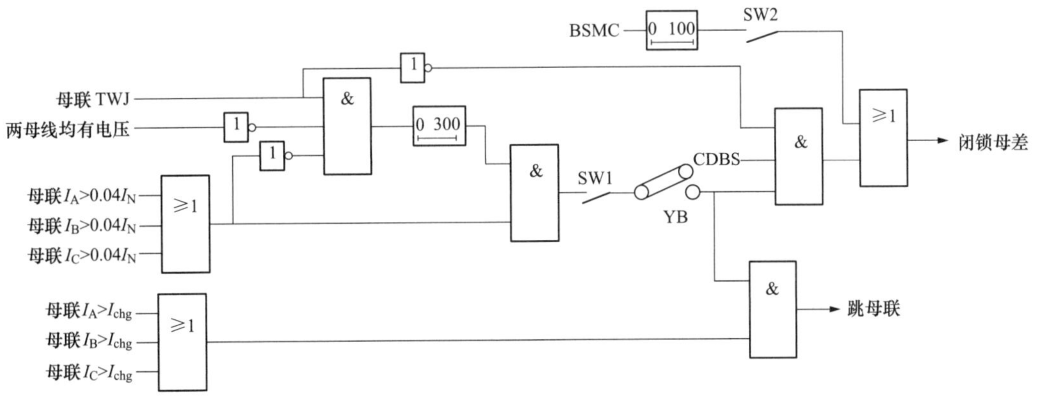

图 11-18　母联充电保护的逻辑框图

I_{chg}—母联充电保护定值；CDBS—母联充电保护闭锁母差保护控制字投入；SW1—母联充电保护投退控制字；SW2—投外部闭锁母差保护控制字；YB—母联充电保护投入连接片；BSMC—外部闭锁母差保护开入

3. 母联过电流保护

当利用母联断路器作为线路的临时保护时可投入母联过电流保护。

母联过电流保护有专门的启动元件。在母联过电流保护投入时，当母联电流任一相大于母联过电流整定值，或母联零序电流大于零序过电流整定值时，母联过电流启动元件动作去控制母联过电流保护部分。

母联过电流保护在任一相母联电流大于过电流整定值，或母联零序电流大于零序过电流整定值时，经整定延时跳母联断路器，母联过电流保护不经复合电压元件闭锁。

4. 母联失灵与母联死区保护

当保护向母联发跳令后，经整定延时母联电流仍然大于母联失灵电流定值时，母联失灵保护经两母线电压闭锁后切除两母线上所有连接元件。通常情况下，只有母差保护和母联充电保护才启动母联失灵保护。当投入“投母联过电流启动母联失灵”控制字时，母联过电流保护也可以启动母联失灵保护。

如果希望通过外部保护启动本装置的母联失灵保护，应将系统参数中的“投外部启动母联失灵”控制字置 1。装置检测到“外部启动母联失灵”开入后，经整定延时母联电流仍然大于母联失灵电流定值时，母联失灵保护经两母线电压闭锁后切除两母线上所有连接元件。该开入若保持 10s 不返回，装置报“外部启动母联失灵长期启动”，同时退出该启动功能。逻辑框图如图 11-19 所示。

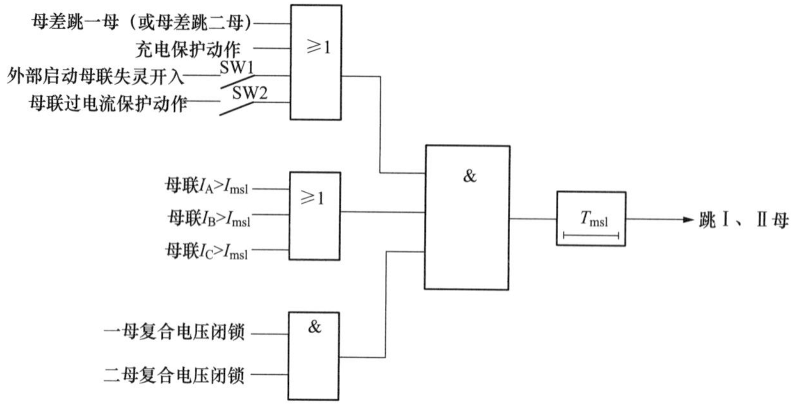

图 11-19　母联失灵保护逻辑框图

SW1—投外部启动母联失灵控制字；SW2—投母联过电流启动母联失灵控制字

若母联断路器和母联 TA 之间发生故障，断路器侧母线跳开后故障仍然存在，正好处于 TA 侧母线小差的死区，为提高保护动作速度，专设了母联死区保护。本装置的母联死区保护在差动保护发母线跳令后，母联断路器已跳开而母联 TA 仍有电流，且大差比率差动元件及断路器侧小差比率差动元件不返回的情况下，经死区动作延时 T_{sq} 跳开另一条母线。为防止母联在跳位时发生死区故障将母线全切除，当两母线都有电压且母联在跳位时母联电流不计入小差。母联 TWJ 为三相动合触点（母联断路器处跳闸位置时触点闭合）串联。逻辑框图如图 11-20 所示。

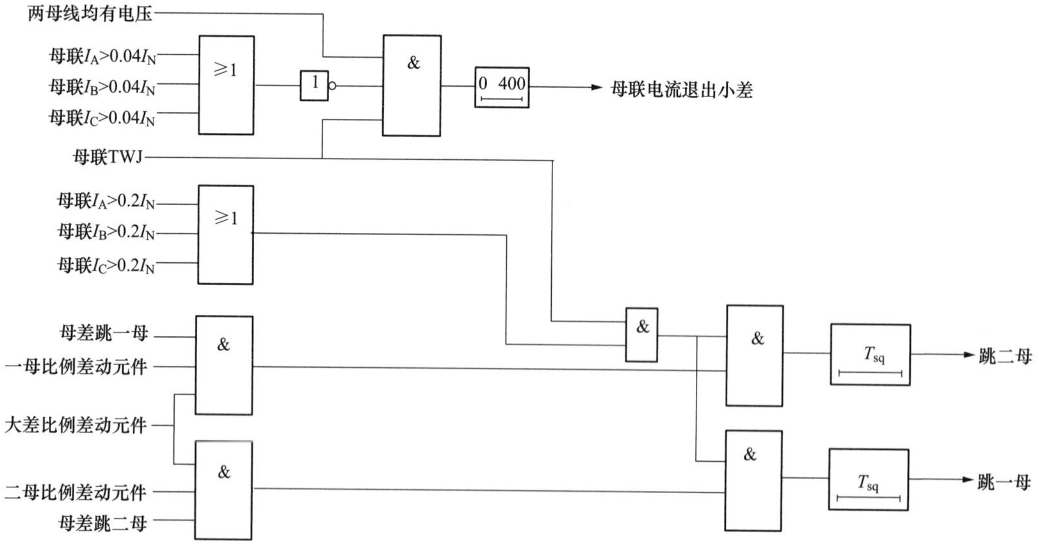

图 11-20　母联死区保护逻辑框图

5. 母联非全相保护

当母联断路器某相断开，母联非全相运行时，可由母联非全相保护延时跳开三相。

非全相保护由母联 TWJ 和 HWJ 触点启动，并可采用零序和负序电流作为动作的辅助判据。在母联非全相保护投入时，有 THWJ 开入且母联零序电流大于母联非全相零序电流定值，或母联负序电流大于母联非全相负序电流定值，经整定延时跳母联断路器。逻辑框图如图 11-21 所示。

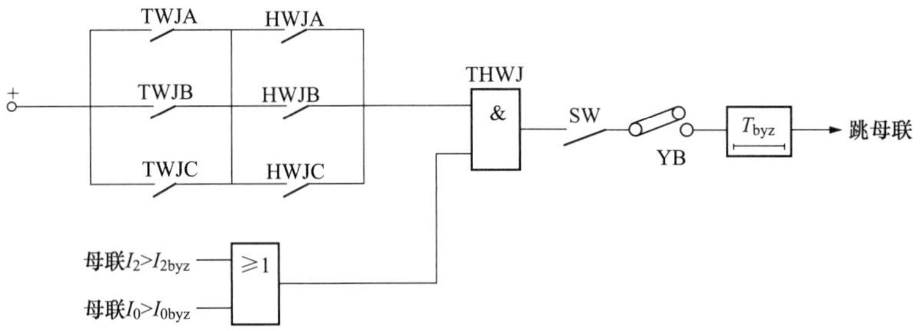

图 11-21　母联非全相保护逻辑框图

SW—母联非全相保护投退控制字；YB—母联非全相保护投入连接片

6. 断路器失灵保护

断路器失灵保护由各连接元件保护装置提供的保护跳闸触点启动，逻辑如图 11-22 所示。输入本装置的跳闸触点有两种：一种是分相跳闸触点（虚框 1 所示），分别对应元件 2、3、4、5、7、8、9、10、12、13、14、15、17、18、19、20 的跳 A、跳 B、跳 C，通常与线路保护连接，当失灵保护检测到此触点动作时，若该元件的对应相电流大

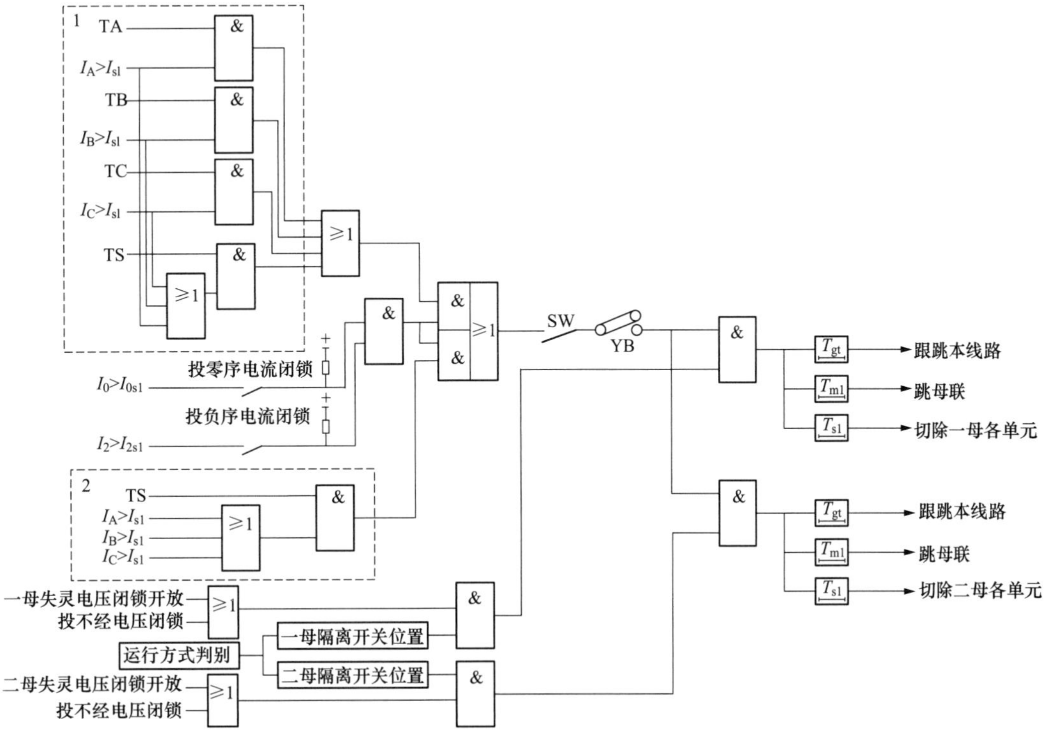

图 11-22　断路器失灵保护逻辑框图

SW—断路器失灵保护保护投退控制字；YB—断路器失灵保护保护投入连接片

于失灵相电流定值（对主变压器支路，可整定是否再经零序电流或负序电流闭锁），则经过失灵保护电压闭锁启动失灵保护；另一种是每个元件都有的三跳触点 TS（虚框 2 所示），当失灵保护检测到此触点动作时，若该元件的任一相电流大于失灵相电流定值（可整定是否再经零序电流或负序电流闭锁），则经过失灵保护电压闭锁启动失灵保护。失灵保护启动后经跟跳延时再次动作于该线路断路器，经跳母联延时动作于母联，经失灵延时切除该元件所在母线的各个连接元件。

对于该版本程序，失灵相电流定值要按低压侧故障有灵敏度整定，零序、负序电流定值按低压侧接地和相间故障有灵敏度整定。

7. 母线运行方式识别

针对不同的主接线方式，应整定不同的系统主接线方式控制字。若主接线方式为单母线，则应将“投单母线主接线”控制字整定为 1；若主接线方式为单母分段，则应将“投单母线分段主接线”控制字整定为 1；若该两控制字均为 0，则装置认为当前的主接线方式为双母线。

对于单母分段等固定连接的主接线方式无需外引隔离开关位置，装置提供隔离开关位置控制字可供整定。

双母线上各连接元件在系统运行中需要经常在两条母线上切换，因此正确识别母线运行方式直接影响到母线保护动作的正确性。本装置引入隔离开关辅助触点判别母线运行方式，同时对隔离开关辅助触点进行自检。在以下几种情况下装置会发出隔离开关位置报警信号：

（1）当有隔离开关位置变位时，需要运行人员检查无误后按隔离开关位置确认按钮复归；

（2）隔离开关位置出现双跨时，此时不响应隔离开关位置确认按钮；

（3）当某条支路有电流而无隔离开关位置时，装置能够记忆原来的隔离开关位置，并根据当前母线的电流分布情况校验该支路隔离开关位置的正确性，此时不响应隔离开关位置确认按钮；

（4）由于隔离开关位置错误造成大差电流小于 TA 断线定值，而小差电流大于 TA 断线定值时延时 10s 发隔离开关位置报警信号；

（5）因隔离开关位置错误产生小差电流时，装置会根据当前系统的电流分布情况计算出该支路的正确隔离开关位置。

另外，为防止无隔离开关位置的支路拒动，当无论哪条母线发生故障时，将切除 TA 调整系数不为 0 且无隔离开关位置的支路。

对于双母线主接线，还提供与母差保护装置配套的模拟盘以减小隔离开关辅助触点的不可靠性对保护的影响。当隔离开关位置发生异常时保护发出报警信号，通知运行人员检修。在运行人员检修期间，可以通过模拟盘用强制开关指定相应的隔离开关位置状态，保证母差保护在此期间的正常运行。

注意：当装置发出隔离开关位置报警信号时，运行人员应在保证隔离开关位置无误的情况下，再按屏上隔离开关位置确认按钮复归报警信号。

8. 交流电压断线检查

（1）母线负序电压 $3U_2$ 大于 12V，延时 1.25s 报该母线 TV 断线。

（2）母线三相电压幅值之和（$|U_a|+|U_b|+|U_c|$）小于 U_N，且母联或任一

出线的任一相有电流（$>0.04I_N$）或母线任一相电压大于 $0.3U_N$，延时 1.25s 延时报该母线 TV 断线。

（3）当用于中性点不接地系统时，将“投中性点不接地系统”控制字整定为 1，此时 TV 断线判据改为 $3U_2>12V$ 或任一线电压低于 70V。

（4）三相电压恢复正常后，经 10s 延时后全部恢复正常运行。

（5）当检测到系统有扰动或任一支路的零序电流大于 $0.1I_N$ 时不进行 TV 断线的检测，以防止区外故障时误判。

（6）若任一母线电压闭锁条件开放，延时 3s 报该母线电压闭锁开放。

9. 交流电流断线检查

（1）任一支路 $3I_0>0.25I_{\varphi max}+0.04I_N$ 时延时 5s 发该支路 TA 断线报警信号，对于母联支路发母联不平衡断线信号，该判据可由控制字选择退出。

（2）差流大于 TA 断线整定值 I_{DX}，延时 5s 发 TA 断线报警信号。

（3）大差电流小于 TA 断线整定值 I_{DX}，两个小差电流均大于 I_{DX} 时，延时 5s 报母联 TA 断线，当母联代路时不进行该判据的判别。

（4）如果仅母联 TA 断线不闭锁母差保护，但此时自动切到单母方式，发生区内故障时不再进行故障母线的选择。其他 TA 断线情况时均闭锁母差保护（其他保护功能不闭锁）。

（5）大差电流大于 TA 异常报警整定值 I_{DXBJ} 时，延时 5s 报 TA 异常报警；大差电流小于 TA 异常报警整定值 I_{DXBJ}，两个小差电流均大于 I_{DXBJ} 时，延时 5s 报母联 TA 异常报警。TA 异常报警不闭锁母差保护。TA 回路恢复正常后延时 5s TA 异常报警信号自动复归。

（6）当母线电压异常（母差电压闭锁开放或母线电压 $3U_0$ 大于 5V）时不进行 TA 断线的检测。

（7）根据母差保护中“投 TA 断线自动恢复”控制字可以选择电流回路恢复正常后 TA 断线报警是否自动复归同时解除断线闭锁（注：该控制字只对上述判据 1 判别的 TA 断线有效，对判据 2 和 3 判别的 TA 断线无效，判据 2 和 3 判别的 TA 断线必须手动复归）。若此控制字置 0 则电流回路恢复正常后，需按屏上复归按钮复归 TA 报警信号，母差保护才能恢复运行。

11.5.5　软件说明

1. 保护的程序结构

保护程序结构框图如图 11-23 所示。

主程序按固定的采样周期接受采样中断进入采样程序，根据是否满足启动条件进入正常运行程序或故障计算程序。

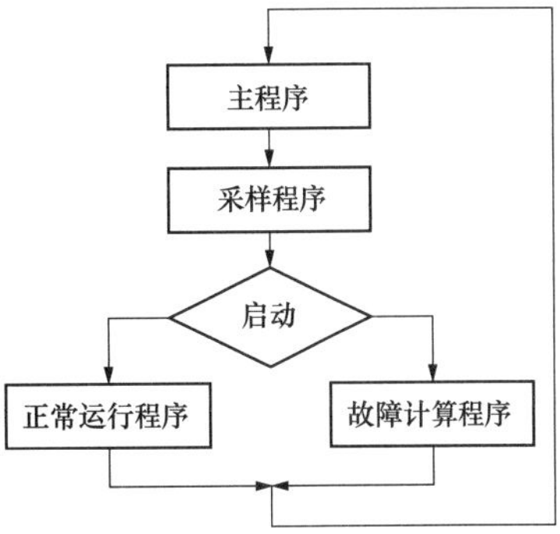

图 11-23　保护程序结构框图

2. 采样程序

在采样程序中进行模拟量采集与滤波，开关量的采集和启动判据的计算。

3. 正常运行程序

正常运行程序主要做电压自动零漂调整、装置硬件自检及运行状态检查，硬件自检内容包括 RAM、E2PROM、跳闸出口三极管等，运行状态检查包括交流电压断线、交流电流断线、TWJ 触点检查，不正常时发告警信号，信号分两种，一种是运行异常，这时不闭锁装置，提醒运行人员；另一种为闭锁告警信号，告警同时将装置闭锁，保护退出。

4. 故障计算程序

故障计算程序中进行各种保护的算法计算，跳闸逻辑判断以及事件、故障报告及波形的整理。

11.5.6 保护定值

1. 母差保护定值

注意：以下所有电流的定值均要求归算至基准 TA 的二次侧。

（1）I_{Hcd}：差动启动电流高值，保证母线最小运行方式故障时有足够灵敏度，并应尽可能躲过母线出线最大负荷电流。

（2）I_{Lcd}：差动启动电流低值，该段定值为防止母线故障大电源跳开差动启动元件返回而设，按切除小电源能满足足够的灵敏度整定，如无大小电源情况整定为 $0.9I_{Hcd}$。

（3）K_H：比率制动系数高值，按一般最小运行方式下（母联处合位）发生母线故障时，大差比率差动元件具有足够的灵敏度整定，一般情况下推荐取为 0.7。

（4）K_L：比率制动系数低值，按母联断路器断开时，弱电源供电母线发生故障的情况下，大差比率差动元件具有足够的灵敏度整定，一般情况下推荐取为 0.6。

（5）I_{chg}：充电保护电流定值，按最小运行方式下被充电母线故障时有足够的灵敏度整定。

（6）I_{gl}：母联过电流电流定值，按被充线路末端发生相间故障时有足够灵敏度整定，且必须躲过该运行方式下流过母联的负荷电流。

（7）I_{0gl}：母联过电流零序定值（$3I_0$），按被充线路末端接地故障有足够灵敏度整定。

（8）T_{gl}：母联过电流时间定值，可根据实际运行需要整定。

（9）I_{0byz}：母联非全相零序电流定值，躲过系统最大运行方式下母联的最大不平衡零序电流。

（10）I_{2byz}：母联非全相负序电流定值，躲过系统最大运行方式下母联的最大不平衡负序电流。

（11）T_{byz}：母联非全相时间定值，躲过母联断路器合闸时三相触头最大不一致时间。

（12）I_{dx}：TA 断线电流定值，按正常运行时流过母线保护的最大不平衡电流整定。

（13）I_{dxbj}：TA 异常电流定值，设置 TA 异常报警是为了更灵敏地反应轻负荷线路 TA 断线和 TA 回路分流等异常情况，整定的灵敏度应较 I_{dx}高，可按 1.5～2 倍最大运行方式下差流显示值整定。

（14）U_{bs}：母差低电压闭锁，按母线对称故障有足够的灵敏度整定，推荐值为 35～40V。（注：当“投中性点不接地系统控制字”投入时，此项定值改为母差线低电压闭锁值，推荐值为 70V）

（15）U_{0bs}：母差零序电压闭锁（$3U_0$），按母线不对称故障有足够的灵敏度整定，并应躲过母线正常运行时最大不平衡电压的零序分量。推荐值为 6～10V。（注：当“投中性点不接地系统控制字”投入时，此项定值无效）

（16）U_{2bs}：母差负序电压闭锁（相电压），按母线不对称故障有足够的灵敏度整定，并应躲过母线正常运行时最大不平衡电压的负序分量。推荐值为4～8V。

（17）I_{msl}：母联失灵电流定值，按母线故障时流过母联的最小故障电流来整定，应考虑母差动作后系统变化对流经母联断路器的故障电流影响。

（18）T_{msl}：母联失灵时间定值，应大于母联断路器的最大跳闸灭弧时间。

（19）T_{sq}：母联死区动作时间定值，应大于母联断路器TWJ动作与主触点灭弧之间的时间差，以防止母联TWJ开入先于断路器灭弧动作而导致母联死区保护误动作，推荐值为100ms。

（20）投单母方式：此控制字不同于系统参数里的“投单母主接线”控制字。“投单母主接线”控制字整定为1时，表示系统的主接线方式为单母主接线；而“投单母方式”控制字和连接片用于两段母线运行于互联方式下将母差的故障母线选择功能退出。控制字投单母方式和连接片的投单母方式是“与”的关系，就地操作时，将控制字整定为“1”，靠连接片来投退单母方式；当远方操作时，将单母连接片投入，靠远方整定单母方式控制字来投退单母方式。

（21）投一母TV、投二母TV：母线电压切换时使用，当就地用把手操作时务必整定为0。

（22）投充电闭锁母差：该控制字整定为1时，在充电保护开放的300ms内闭锁母差保护。

（23）投TA断线不平衡判据：当系统中存在不平衡负荷，可能导致TA断线不平衡判据$3I_0>0.25I_{\varphi max}+0.04I_N$误判时，应将此控制字整定为0，将TA断线不平衡判据退出，否则一般情况下该控制字均应整定为1。

（24）投TA断线自动恢复：当系统中存在冲击性不平衡负荷，可能导致TA断线不平衡判据$3I_0>0.25I_{\varphi max}+0.04I_N$短时间内误判时，应将该控制字整定为1，当TA断线不平衡判据返回后母差保护将自动解除闭锁。

（25）投母联过电流启动失灵：该控制字整定为1时，母联过电流保护动作时启动母联失灵保护。

（26）投外部闭锁母差保护：如果希望通过外部触点闭锁本装置母差保护，该控制字整定为1。

注意：本保护中除用于母线电压切换的“投一母TV”和“投二母TV”以外，各控制字和对应连接片之间均为“与”关系，即只有控制字和连接片同时投入时，相应的保护功能才能投入。

定值单见表11-1。

表11-1　　母差保护整定值

序号	定值名称	定值符号	整定范围	整定值
1	差动启动电流高值	I_{Hcd}	$0.1I_N$～$10I_N$	
2	差动启动电流低值	I_{Lcd}	$0.1I_N$～$10I_N$	
3	比率制动系数高值	K_H	0.5～0.8	
4	比率制动系数低值	K_L	0.3～0.8	
5	充电保护电流定值	I_{chg}	$0.04I_N$～$19I_N$	

续表

序号	定值名称	定值符号	整定范围	整定值
6	母联过流电流定值	I_{gl}	0.04I_N～19I_N	
7	母联过流零序定值	I_{0gl}	0.04I_N～19I_N	
8	母联过流时间定值	T_{gl}	0.01～10s	
9	母联非全相零序定值	I_{0byz}	0.04I_N～19I_N	
10	母联非全相负序定值	I_{2byz}	0.04I_N～19I_N	
11	母联非全相时间定值	T_{byz}	0.01～10s	
12	TA 断线电流定值	I_{dx}	0.06I_N～I_N	
13	TA 异常电流定值	I_{dxbj}	0.04I_N～I_N	
14	母差低电压闭锁	U_{bs}	2～100V	
15	母差零序电压闭锁	U_{0bs}	2～57.7V	
16	母差负序电压闭锁	U_{2bs}	2～57.7V	
17	母联失灵电流定值	I_{msl}	0.04I_N～19I_N	
18	母联失灵时间定值	T_{msl}	0.01～10s	
19	死区动作时间定值	T_{sq}	0.01～10s	
以下是运行方式控制字整定，“1”表示投入，“0”表示退出				
20	投母差保护		0，1	
21	投充电保护		0，1	
22	投母联过电流		0，1	
23	投母联非全相		0，1	
24	投单母方式		0，1	
25	投一母 TV		0，1	
26	投二母 TV		0，1	
27	投充电闭锁母差		0，1	
28	投 TA 断线不平衡判据		0，1	
29	投 TA 断线自动恢复		0，1	
30	投母联过电流启动失灵		0，1	
31	投外部闭锁母差保护		0，1	

2. 失灵保护定值

（1）T_{gt}：跟跳本线路动作时间，当不用跟跳功能时，该定值应与 T_{ml} 定值一致。定值整定范围为 0.1s～母联动作时间 T_{ml}，推荐值为 0.15s。

（2）T_{ml}：母联动作时间，该时间定值应大于断路器动作时间和保护返回时间之和，再考虑一定的裕度。推荐值为 0.25～0.35s。

（3）T_{sl}：失灵保护动作时间，该时间定值应在先跳母联的前提下，加上母联断路器的动作时间和保护返回时间之和，再考虑一定的裕度。失灵保护动作时间应在保证动作选择性的前提下尽可能缩短。推荐值为 0.5～0.6s。

（4）U_{sl}：失灵低电压闭锁，按连接本母线上的最长线路末端对称故障发生短路故障时有足够的灵敏度整定，并应在母线最低运行电压下不动作，而在故障切除后能可靠返回。（注：当“投中性点不接地系统控制字”投入时，此项定值改为失灵线低电压闭锁值）

（5）U_{0sl}：失灵零序电压闭锁（$3U_0$），按连接本母线上的最长线路末端不对称故障发生短路故障时有足够的灵敏度整定，并应躲过母线正常运行时最大不平衡电压的零序

分量。（注：当“投中性点不接地系统控制字”投入时，此项定值无效）

（6）U_{2sl}：失灵负序电压闭锁（相电压），按连接本母线上的最长线路末端不对称故障发生短路故障时有足够的灵敏度整定，并应躲过母线正常运行时最大不平衡电压的负序分量。

定值单见表 11-2～表 11-4。

表 11-2　失灵保护公共整定值

1	跟跳动作时间 T_{gt}	0.01～10s	
2	母联动作时间 T_{ml}	0.01～10s	
3	失灵保护动作时间 T_{sl}	0.01～10s	
4	失灵低电压闭锁 U_{sl}	2～100V	
5	失灵零序电压闭锁 U_{0sl}	2～57.7V	
6	失灵负序电压闭锁 U_{2sl}	2～57.7V	
7	投失灵保护	0，1	

表 11-3　支路 1 失灵保护整定值

1	失灵启动相电流 I_{sl01}	0～19I_N	
2	失灵启动零序电流 I_{0sl01}	0.04I_N～19I_N	
3	失灵启动负序电流 I_{2sl01}	0.04I_N～19I_N	
4	投零序电流判据	0，1	
5	投负序电流判据	0，1	
6	投不经电压闭锁	0，1	

表 11-4　支路 2 失灵保护整定值

1	失灵启动相电流 I_{sl02}	0～19I_N	
2	失灵启动零序电流 I_{0sl02}	0.04I_N～19I_N	
3	失灵启动负序电流 I_{2sl02}	0.04I_N～19I_N	
4	投零序电流判据	0，1	
5	投负序电流判据	0，1	
6	投不经电压闭锁	0，1	

支路 3～21 失灵保护整定值参照上述整定。

11.5.7 装置使用说明

1. 装置液晶显示说明

装置上电后，装置正常运行，液晶屏幕将根据系统运行方式的不同而显示不同的界面信息：

（1）单母主接线方式下，显示界面大致如图 11-24 所示。

图 11-24 中上面部分的左侧显示为程序版本号，中间为 CPU 实时时钟。

图 11-24 中间部分为主接线图，根据保护装置中的系统参数中各个支路的调整系数是否为零，决定了主接线图是否显示该支路（调整系数为零的不再显示）。图中还显示各条支路的元件编号、电流大小及潮流方向。其中，元件编号由 4 位数字组成，可任意整定。在没有任何按键的情况下，该图形自动向左缓缓移动。

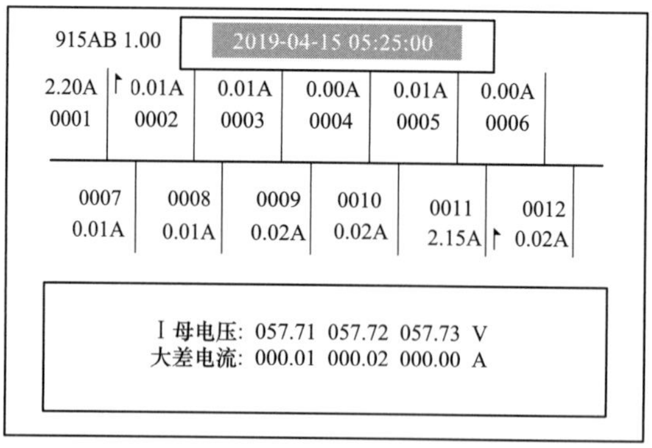

图 11-24 单母主接线方式下显示界面

图 11-24 下面部分显示了大差三相电流和该单母线的三相电压（从左至右依次为 A、B、C），其中电压的母线编号随系统定值的变化而变化。

在该界面下：按左（←）键则中间接线图加速向左移动，按右（→）键则中间接线图加速向右移动，按确认（ENT）键则中间主接线图不再移动。

（2）单母分段主接线方式下，显示界面大致如图 11-25 所示：

分段开关位置的指示原则：实心方框表示开关跳位（TWJ＝1）；空心方框表示开关处合位（TWJ＝0）。且主接线显示的支路条数不仅取决于系统参数定值的支路调整系数，还要决定于该支路在隔离开关位置控制字中是否投入。

图 11-25 的下面部分将显示两条母线的三相电压、大差三相电流及两条母线小差三相电流，其中电压及小差电流的母线编号随系统定值的变化而变化。在没有任何按键的情况下，该部分向上循环滚动（每次滚动一行）。

在按确认（ENT）键的情况下，除了中间主接线图不再滚动外，图形下面的数据也不再滚动，此时数据继续保持更新。

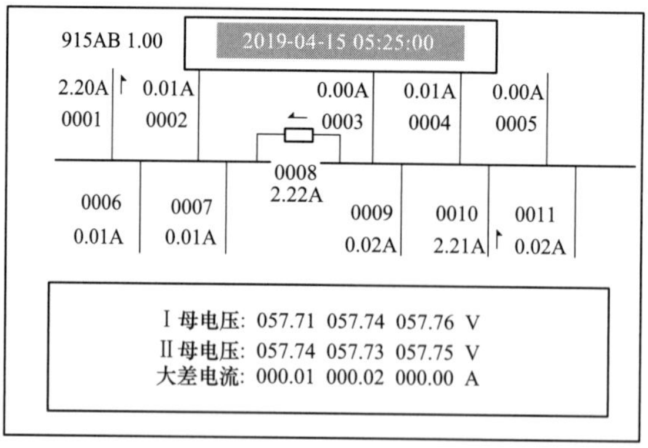

图 11-25 单母分段主接线方式下显示界面

（3）双母主接线方式，显示界面大致如图 11-26 所示。

（4）单母运行方式（以双母运行为例，见图 11-27）。在双母主接线方式投单母运行的情况下，同双母线运行方式相比，图 11-27 的上面右侧出现“单母”的汉字指示，同时，在图形中部的主接线图中的两条母线被连接在了一起；其余的各内容同双母线。

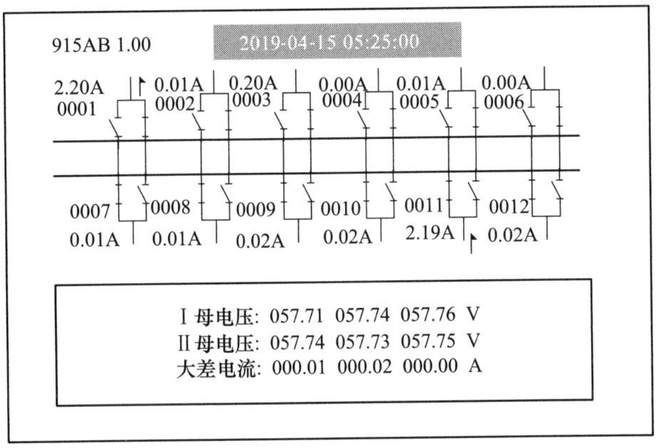

图 11-26　双母主接线方式下显示界面

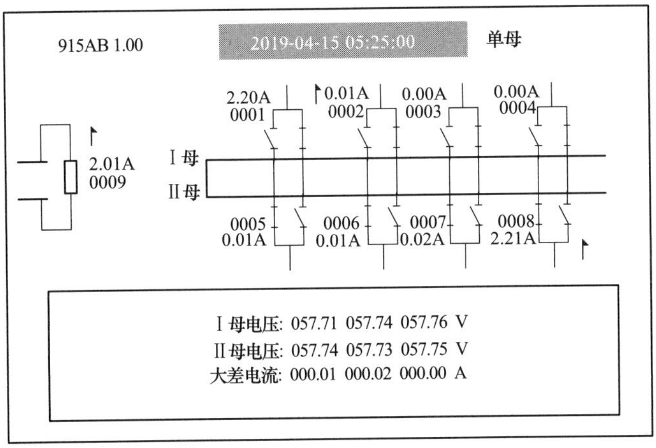

图 11-27　单母运行方式

（5）投母联兼旁路（以单母分段为例，见图 11-28）。

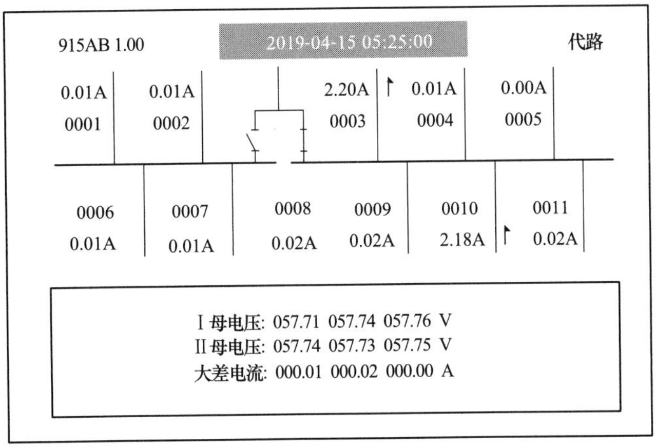

图 11-28　投母联兼旁路

此时图 11-28 中间的分段开关则变为代路显示形式，且图上面右侧出现汉字“代路”指示。图 11-27 则是指明了当前分段开关是通过右侧母线代路。

2. 保护动作时液晶显示说明

当保护动作时，液晶屏幕自动显示最新一次保护动作报告，再根据当前是否有自检报告，液晶屏幕将可能显示以下两种界面：

（1）保护动作报告和自检报告同时存在，界面如图 11-29 所示。

其中，上半部分为保护动作报告，下半部分为自检报告。对于上半部分，第一行的左侧显示为保护动作报告的记录号，第一行的中间为报告名称；第二行为保护动作报告的时间（格式为：年-月-日　时：分：秒：毫秒）；第三～五行为动作元件及跳闸元件，如果是动作元件，则动作元件前还会有动作的相对时间及动作相别；同时如果动作元件及跳闸元件的总行数大于 3，其右侧会显示出一滚动条，滚动条黑色部分的高度基本指示动作元件及跳闸元件的总行数，而其位置则表明当前正在显示行在总行中的位置；且动作元件及跳闸元件和右侧的滚动条将以每次一行速度向上滚动，当滚动到最后三行的时候，则重新从最早的动作元件及跳闸元件开始滚动。下半部分的格式可参考上半部分的说明。

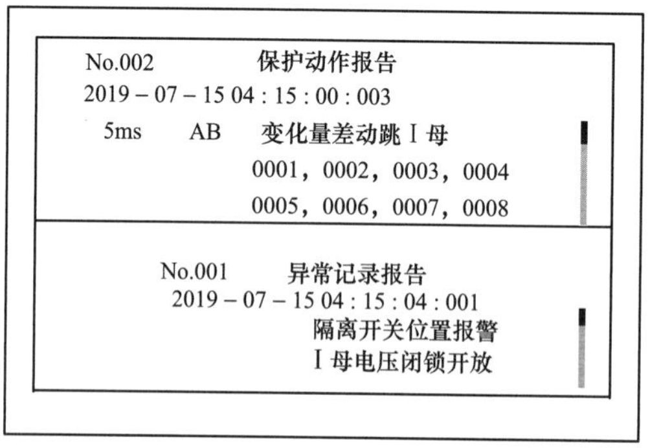

图 11-29　保护动作报告和自检报告同时存在

（2）有保护动作报告，没有自检报告，此时界面如图 11-30 所示。

图 11-30 中的内容可参考上面对保护动作报告的说明。

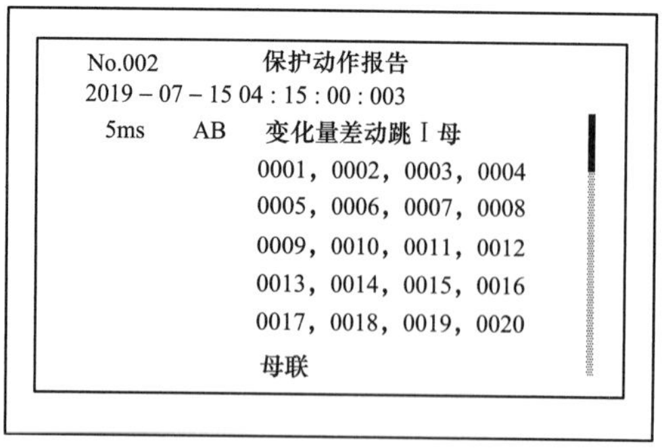

图 11-30　有保护动作报告，没有自检报告

保护装置运行中，硬件自检出错或系统运行异常将立即显示异常报告，格式同上。

按屏上复归按钮（持续 1s）可切换显示跳闸报告、自检报告和主接线图。

除了以上几种自动切换显示方式外，保护还提供了若干命令菜单，供继电保护工程师调试保护和修改定值用。

11.5.8　命令菜单使用说明

1. 命令菜单

命令菜单采用树形目录结构，如图 11-31 所示。

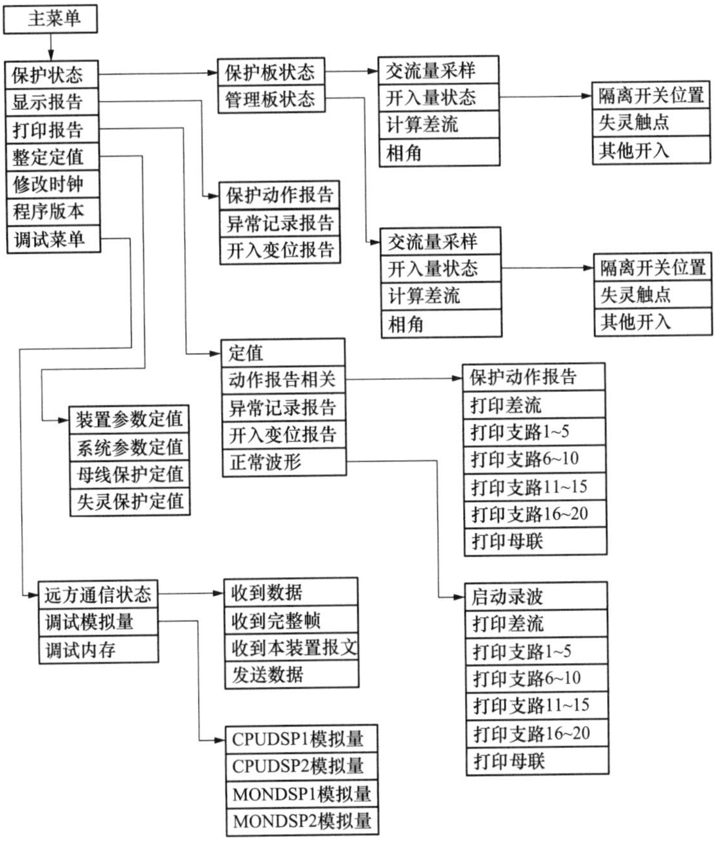

图 11-31　命令菜单的树形目录结构

2. 命令菜单详解

在主接线图或保护动作报告或自检报告状态下，按“ESC”键即可进入菜单。菜单为仿 WINDOWS 开始菜单界面，图形如图 11-32 所示。

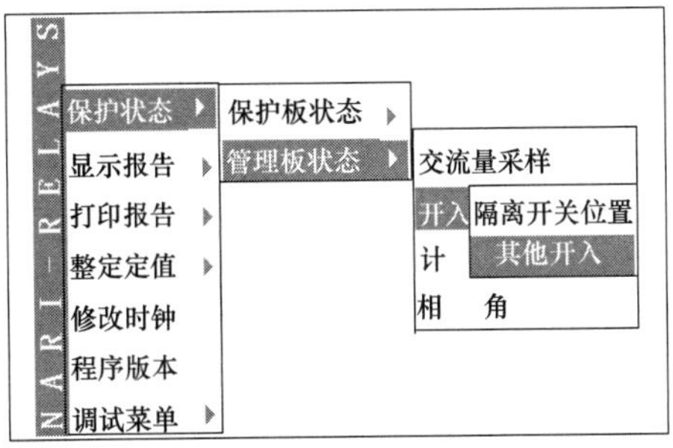

图 11-32　进入菜单

其中，反显的菜单条目为激活条目。右（→）键为弹出下一级菜单（必须是菜单项中标有箭头指向的），左（←）键为回到前一级菜单，上（↑）、下（↓）键为移动菜单项，该移动为循环移动。

（1）保护状态。本菜单的设置主要用来显示保护装置电流、电压实时采样值和开入量状态，它全面地反映了该保护运行的环境，只要这些量的显示值与实际运行情况一致，则基本上保护能正常运行了。本菜单的设置为现场人员的调试与维护提供了极大的方便。

保护状态分为保护板状态和管理板状态两个子菜单：

1）保护板状态。显示保护板采样到的实时交流量、实时隔离开关位置、其他开入量状态（包括连接片位置）和实时差流大小及电压与电流之间的相角。对于开入量状态，“1”表示投入或收到触点动作信号，“0”表示未投入或没收到触点动作信号。

2）管理板状态。显示管理板采样到的同保护板相同的各种信息。

（2）显示报告。本菜单显示保护动作报告，异常记录报告，及开入变位报告。由于本保护自带掉电保持，不管断电与否，它能记忆保护动作报告，异常记录报告及开入变位报告各 32 次。

按键“↑”和“↓”用来上下滚动，选择要显示的报告，按键“ENT”显示选择的报告。首先显示最新的一条报告；按键“－”，显示前一个报告；按键“＋”，显示后一个报告。若一条报告一屏显示不下，则通过键“↑”和“↓”上下滚动。按键“ESC”退出至上一级菜单。

（3）打印报告。本菜单选择打印定值，保护动作报告、异常记录报告及开入变位报告。

本保护能记忆 8 次波形报告，其中差流波形报告中包括大差电流波形、各母线小差电流波形和电压波形以及各保护元件动作时序图，支路电流打印功能中可以选择打印各连接元件的故障前后支路电流波形。

按键“↑”和“↓”用来上下滚动，选择要打印的报告，按键“ENT”确认打印选择的报告。

（4）整定定值。此菜单分为 4 个子菜单：装置参数定值、系统参数定值、母线保护定值和失灵保护定值，进入某一个子菜单整定相应的定值。

按键“↑”“↓”用来滚动选择要修改的定值，按键“←”“→”用来将光标移到要修改的那一位，“＋”和“－”用来修改数据，按键“ESC”为不修改返回，按“ENT”键液晶显示屏提示输入确认密码，按次序键入“＋”“←”“↑”“－”，完成定值整定后返回。

注：若整定出错，液晶会显示出错位置，且显示 3s 后自动跳转到第一个出错的位置，以便于现场人员纠正错误。另外，定值区号或系统参数定值整定后，母差保护定值和失灵保护定值必须重新整定，否则装置认为该区定值无效。

（5）修改时钟。液晶显示当前的日期和时间。

按键“↑”“↓”“←”“→”用来选择要修改的那一位，“＋”和“－”用来修改。按键“ESC”为不修改返回，“ENT”为修改后返回。

本 章 小 结

母线是电力系统中非常重要的元件之一，母线发生短路故障时，将造成非常严重的后果。母线保护方式有两种，即利用供电元件的保护作为母线保护和装设专用母线保护。

母线差动保护的工作原理是基于基尔霍夫定律，即$\sum\dot{I}=0$。若公式成立，则母线处于正常运行状况；若$\sum\dot{I}=\dot{I}_{k}$，则母线发生短路故障。

双母线比率制动差动保护中大差动元件作为总启动元件，反映母线内部是否短路故障；小差动元件判断故障发生在哪段母线上。

母线复式比率制动式差动保护的制动电流中引入差动电流，使得差动保护能十分明确地区分保护区内部和外部故障，母线差动保护的灵敏度与制动电流选取有关。

复式比率制动式母线差动保护分别采用分相复式比率差动判据和分相突变量复式比率差动判据，母线内部故障时，母线各支路故障相电流在相位上接近相等，利用相位关系母线差动保护能迅速对内部故障做出正确反应。

对于双母线或单母线分段的母线差动保护，当故障发生在母联断路器或分段断路器与母联电流互感器之间时，非故障母线的差动元件将发生误动作，而故障母线的差动元件要拒动作。

母联电流比相式母线差动保护克服了保护灵活性差的缺陷，适用于双母线连接元件运行方式经常改变的母线。母联电流比相式母线差动保护，采用双母线完全差动保护判别母线是否故障；采用方向元件判别是哪组母线故障。无论母线运行方式如何改变，只要确保每组母线上有一个电源支路，母线短路时就有短路电流通过母联回路，保护就不会失去选择性。

思考与实践

1. 母线发生短路故障时，有哪些切除方法？
2. 装设母线保护的基本原则有哪些？
3. 在哪些情况下，可以利用供电元件的保护切除母线故障？
4. 在双母线同时运行时，母线保护可以依据哪些原理来判断故障母线？
5. 简述单母线完全电流差动保护的工作原理。
6. 复式比率差动保护的原理及特点是什么？
7. 双母线差动保护如何选择故障母线？
8. 母联电流相位差动保护的基本原理是什么？与母线电流差动保护相比，其优缺点有哪些？
9. 微机型比率制动特性的母线差动保护原理是什么？其制动特性曲线是怎样的？
10. 微机型复式比率制动特性的母线差动保护原理是什么？它有何特点？
11. RCS-915AB 型微机母线保护装置有哪些保护功能？
12. 说明 RCS-915A 型微机母线保护定值清单中各定值的含义。

第12章 高压电动机保护

在电力系统70%以上的电能是通过异步电动机转变的，异步电动机由于其本身的特点在电力系统中得到了广泛的应用。异步电动机的主要故障是定子绕组的相间短路、匝间短路和单相接地等。本章主要介绍电动机常见故障及保护设置。目前，微机型电动机保护得到了广泛的应用，该保护使多种保护集于一个装置中，具有多功能的特点。与传统型的保护相比，具有简单、可靠的优点，本章也着重进行了介绍。

本章的学习目标：

掌握电动机故障和异常运行状态；

熟练掌握电动机保护配置；

熟练掌握电动机相间短路保护；

了解电动机的其他保护；

掌握微机电动机保护逻辑框图。

12.1 高压电动机故障和异常运行状态及其保护方式

12.1.1 高压电动机的故障和异常运行状态

高压电动机通常指3～10kV供电电压的电动机，运行中可能发生的主要故障有电动机定子绕组的相间短路故障（包括供电电缆相间短路故障）、单相接地短路以及一相绕组的匝间短路。电动机最常见的异常运行状态有：启动时间过长、一相熔断器熔断或三相不平衡、堵转、过负荷引起的过电流、供电电压过低或过高。

定子绕组的相间短路是电动机最严重的故障，将引起电动机本身绕组绝缘严重损坏、铁芯烧伤，同时，将造成供电电网电压的降低，影响或破坏其他用户的正常工作。因此要求尽快切除故障电动机。

高压电动机的供电网络一般是中性点非直接接地系统，高压电动机发生单相接地故障时，如果接地电流大于10A，将造成电动机定子铁芯烧损，另外单相接地故障还可能发展成匝间短路或相间短路。因此视接地电流大小可切除故障电动机或发出报警信号。

电动机一相绕组匝间短路时故障相电流增大，其电流增大程度与短路匝数有关，因而破坏电动机的对称运行，并造成局部严重发热。

电动机启动时间过长、两相运行、堵转、过负荷等，将使电动机绕组温升超过允许值，加速绝缘老化，降低电动机的使用寿命，严重时甚至烧毁电动机。

12.1.2 高压电动机保护配置

高压电动机通常装设纵差动保护和电流速断保护、负序电流保护、启动时间过长保护、过热保护、堵转保护（过电流保护）、单相接地保护（零序电流保护）、低电压保护、过负荷保护等。

1. 纵差动保护和电流速断保护

反应电动机定子绕组相间短路故障，根据电动机容量大小，可以采用电流速断保护或电流纵差动保护。电流速断保护用于容量小于 2MW 的电动机，宜采用两相式；电流纵差动保护用于容量为 2MW 及以上的电动机，或容量小于 2MW 但电流速断保护不能满足灵敏度要求的电动机。

电动机的相间短路保护动作于跳闸。

2. 负序电流保护

作为电动机匝间、断相、相序接反以及供电电压较大不平衡的保护，对电动机的不对称短路故障也具有后备作用。

负序电流保护动作于跳闸。

3. 启动时间过长保护

反应电动机启动时间过长，当电动机的实际启动时间超过整定的允许启动时间时，保护动作于跳闸。

4. 过热保护

反应任何原因引起定子正序电流增大或出现负序电流导致电动机过热，保护动作于告警、跳闸、过热禁止再启动。

5. 堵转保护（正序过电流保护）

反应电动机在启动过程中或在运行中发生堵转，保护动作于跳闸。

6. 接地保护

电动机单相接地故障的自然接地电流（未补偿过的电流）大于 5A 时需装设单相接地保护。

接地故障电流为 10A 及以上时，保护带时限动作于跳闸；接地故障电流为 10A 以下时，保护动作于跳闸或发信号。

7. 低电压保护

低电压保护反应电动机供电电压降低，应装于电压恢复时为保证重要电动机的启动而需要断开的次要电动机，或不允许或不需要自启动的电动机。

8. 过负荷保护

运行过程中易发生过负荷的电动机应装设过负荷保护。

12.2 电动机的相间短路保护

12.2.1 电流速断保护

电流速断保护作为容量小于 2MW 电动机的相间短路的主保护。保护动作于跳闸。为了在电动机内部及电动机与断路器之间的连接电缆上发生故障时，保护均能动作，保护用电流互感器安装应尽可能靠近断路器，其接线示意图如图 12-1（a）所示。

电流速断保护在电动机启动时不应动作，同时兼顾保护的灵敏度，所以有高、低两个整定值。其中，高定值电流速断保护的动作电流，按照躲过电动机的最大启动电流整定；低定值电流速断保护在电动机启动后投入，其动作电流应躲过外部故障切除后电动机的最大自启动电流，以及外部三相短路故障时电动机向外提供的最大反馈电流。保护动作逻辑如图 12-1（b）所示，其中，延时 t_1 用于躲开电动机启动开始瞬间的暂态峰值电流；延时 t_2 用于接触器控制的电动机，可整定为 0.3s，对于断路器控制的电动机，此时间可整定为 0s。

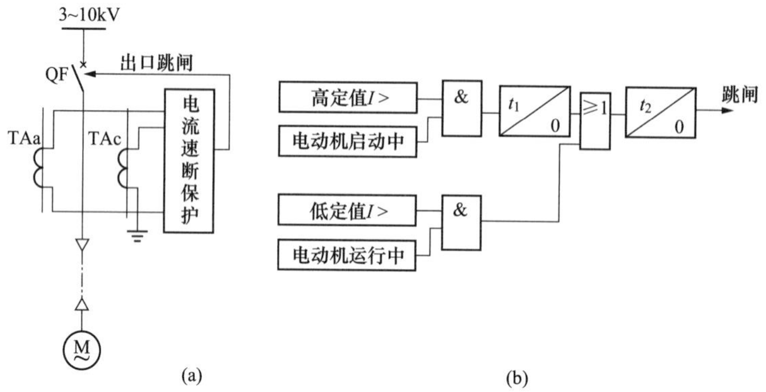

图 12-1　电动机瞬时电流速断保护

（a）接线示意图；（b）保护动作逻辑

当电动机采用熔断器-高压接触器（F-C）控制时，电流速断保护增设延时，应该与熔断器配合，延时时间大于熔断器的熔断时间并有一定的裕度。

12.2.2　纵差动保护

电流纵差动保护用于容量为 2MW 及以上或容量小于 2MW，但电流速断保护不能满足灵敏度要求的电动机，作为电动机定子绕组及电缆引线相间短路故障的主保护。电动机容量在 5MW 以下时，采用两相式接线；5MW 以上时，采用三相式接线，以保证发生一点接地在保护区内、另一点接地在保护区外时，纵差动保护能够动作，跳开电动机。电动机差动保护接线示意图（两相式）如图 12-2 所示，机端电流互感器与中性点侧

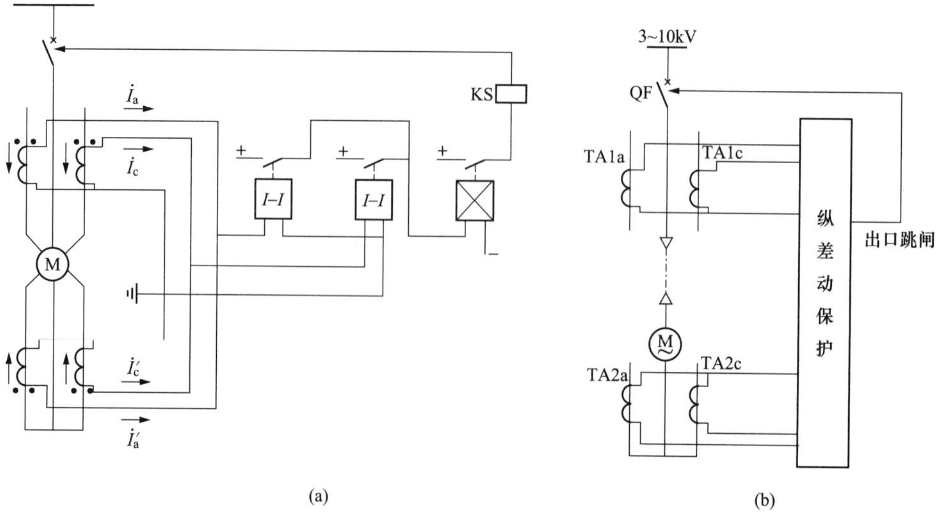

图 12-2　电动机差动保护接线示意图

（a）传统模拟保护；（b）数字式保护

电流互感器型号相同，变比相同，保护动作瞬时跳开电动机断路器。保护采用比率制动特性，应保证：

（1）躲过电动机全电压下启动时，差动回路的最大不平衡电流；

（2）躲过外部三相短路电动机向外供给短路电流时，差动回路的不平衡电流；

（3）最小动作电流应躲过电动机正常运行时，差动回路的不平衡电流。

电流互感器二次回路断线时应闭锁保护，并发出断线信号。纵差动保护中还设有差动电流速断保护，动作电流一般可取 3～8 倍额定电流。

12.2.3　磁平衡式差动保护

所谓磁平衡式差动保护（也称为自平衡式差动保护），是将电动机每相定子绕组始端和中性点端的引线分别进、出磁平衡电流互感器的环形铁芯窗口一次，如图 12-3 所示。

在电动机正常运行或启动过程中，流入各相始端的电流与流入中性点端的电流为同一电流，对于磁平衡电流互感器而言，该电流一进一出，相当于互感器一次绕组电流为零，即产生励磁作用的一次绕组处于磁平衡状态，则二次侧不产生电流，保护不动作。当电动机内部出现相间短路或接地故障时，故障电流破坏了电流互感器的磁通平衡，二次侧产生电流，当电流达到规定值时启动电流继电器，继电器使电动机配电柜内的断路器跳闸，切除电动机电源，达到保护电动机的目的。

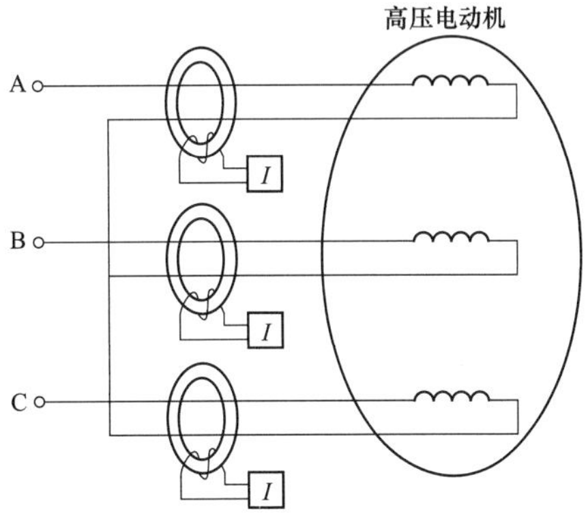

图 12-3　电动机磁平衡式差动保护原理接线图

显然，磁平衡式差动保护可以反应电动机定子绕组的相间短路故障、接地短路故障，不反应定子绕组每相自身的匝间短路故障。电动机所在供电网一般为不接地系统，其相间短路电流较大，而接地短路电流很小，若要可靠反应这两种故障，磁平衡式差动保护的整定原则应为：

（1）躲过磁平衡式差动保护的最大不平衡电流；

（2）躲过供电系统中其他线路或设备发生单相接地故障时，电动机各相的最大电容电流（不应包括保护范围以外的电动机供电电缆的电容电流，因为磁平衡电流互感器一般装设在电动机入口处，供电电缆的对地电容电流不通过互感器的环形铁芯窗口）。

在电动机没有发生短路故障的情况下，电流互感器一次励磁绕组内磁平衡，因此可以忽略磁平衡式差动保护的不平衡电流。而当变压器中性点不接地的电网发生单相接地故障时，电动机非故障相的最大电容电流为$\sqrt{3}U_N\omega C_m$（其中 U_N 为电动机供电额定相电压、C_m 为电动机相对地电容）。因此，磁平衡式差动保护的整定电流为

$$I_{K\cdot set}=K_{rel}\frac{\sqrt{3}U_N\omega C_m}{n_{TA}} \tag{12-1}$$

式中　K_{rel}——可靠系数；

n_{TA}——磁平衡式电流互感器变比，通常为 50A/5A。

前文所述的普通电流纵联差动保护需要六个电流互感器实现三相差动保护，现场运行经验表明，由于该差动继电器两臂的电流互感器在电动机自启动过程中的暂态特性往

往难以完全一致，导致不平衡电流增大，从而可能引起纵联差动保护误动。而磁平衡式差动保护只需三个电流互感器，且无须考虑电流互感器的特性差异问题，因此磁平衡式差动保护灵敏度更高。而且由于利用磁平衡原理，磁平衡式电流互感器二次侧断线也不会出现过电压现象，这些都是普通的电流纵联差动保护无法做到的。

需要指出的是，磁平衡式差动保护的电流互感器装设在电动机入口处，保护范围仅仅是电动机本体内部。而普通的电流纵联差动保护的电流互感器可以安装在供电电缆的开关柜出口处，因此其保护范围可以包含电动机以及供电电缆。

12.3 电动机的其他电流保护

12.3.1 负序电流保护（不平衡保护）

在电动机可能出现的各种不平衡条件下（不对称故障、匝间短路、断相等），均会产生较大的负序电流 I_2。

负序电流保护可以反应电动机的不对称故障、匝间短路故障、断相、相序接反和由于负序电流引起的过热以及供电电压的不平衡等。并对电动机的不对称短路故障也具有后备作用。负序电流保护动作于跳闸，其动作时限特性，可以根据需要选择定时限特性或反时限特性。

为了防止发生外部不对称短路故障时，电动机的反馈负序电流可能引起保护误动作，根据异步电动机内部、外部不对称短路时 I_2/I_1（I_2 为负序电流，I_1 为正序电流）不同，闭锁负序电流保护。经动模试验多次考核可以证明：

当电动机的负序电流大于正序电流时，可判定为外部发生两相短路；当负序电流小于正序电流时，可判定为内部发生两相短路。因此可采用判据：当满足 $I_2 \geqslant 1.2I_1$ 条件时，闭锁负序电流保护；当满足 $I_2 < 1.2I_1$ 条件时，自动解除闭锁。

负序电流保护（不平衡保护）逻辑框图如图 12-4 所示。

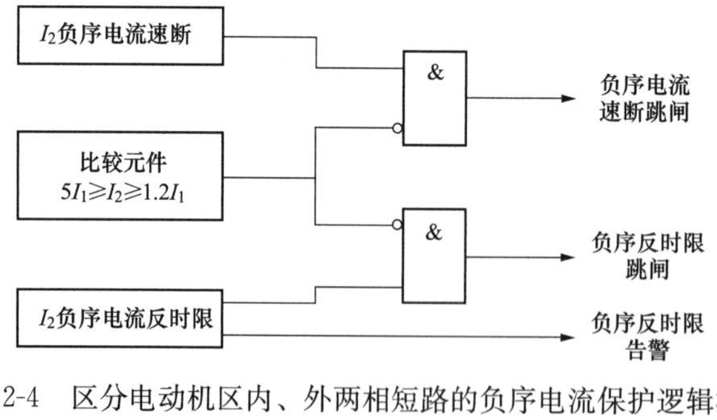

图 12-4　区分电动机区内、外两相短路的负序电流保护逻辑框图

当电动机由于相序接反而合闸后，由于电动机的反转，将会出现很大的 I_2，且 $I_2 \gg I_1$，此时应要求负序电流保护快速动作而不应该被闭锁。为此在实际保护装置中的判据应是满足下列条件时才将保护闭锁，即

$$5I_1 \gg I_2 \gg 1.2I_1 \tag{12-2}$$

对负序电流速断的整定，应按照可靠躲开电动机自启动过程中负序电流 I_2 过滤器的最大不平衡电流来考虑，并通过实验予以检验。采取上述闭锁措施之后就可以放心地提

高保护的灵敏度，以期对电动机的匝间短路、转子开焊、轻负荷状态下的断相等不对称故障提供有效的保护。

12.3.2　过热保护

过热保护综合考虑电动机正序电流、负序电流所产生的热效应，为电动机各种过负荷引起的过热提供保护，也作为电动机短路、启动时间过长、堵转等后备保护，通常，采用等效运行电流模拟电动机的发热效应，即

$$I_{eq}=\sqrt{K_1I_1^2+K_2I_2^2} \tag{12-3}$$

式中　I_{eq}——等效运行电流；

I_1、I_2——正序电流、负序电流；

K_1、K_2——正序电流发热系数、负序电流发热系数。

根据电动机的发热模型，并考虑电动机过负荷前的热状态，电动机在时间 t 内的积累过热量为

$$H=[I_{eq}^2-(1.05I_N)^2]t \tag{12-4}$$

式中　H——电动机的积累过热量；

I_N——电动机的额定电流。

电动机过热保护由过热告警、过热跳闸、过热禁止再启动构成，其逻辑框图如图 12-5 所示，图中 H_R 为过热积累告警定，H_T 为过热积累跳闸定值，H_B 为过热积累闭锁电动机再启动定值。如果电动机的过热积累跳闸定值为 $H_T=I_N^2\tau$（τ 为发热时间常数，反映电动机的过负荷能力，可由厂家提供），则电动机过热保护的定值可整定为

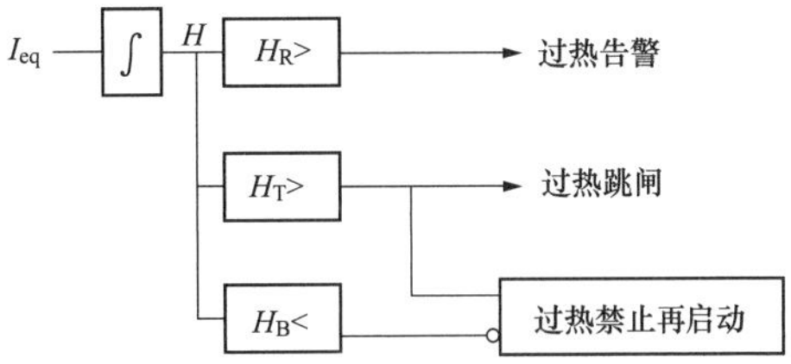

图 12-5　电动机过热保护逻辑框图

$$\left.\begin{aligned}H_R&=(0.7\sim0.8)I_N^2\tau\\H_T&=I_N^2\tau\\H_B&=0.5I_N^2\tau\end{aligned}\right\} \tag{12-5}$$

电动机被过热保护跳闸时，禁止再启动回路动作，电动机不能再启动；电动机过热跳闸后，随着散热，其积累过热量逐渐减小，当减小到 H_B 值以下时，禁止再启动回路解除，允许电动机再启动。

12.3.3　堵转保护（正序过电流保护）

当电动机在启动过程中或运行中发生堵转，转差率为 1，电流急剧增大，可能造成电动机烧毁，因此装设堵转保护。电动机堵转保护采用正序电流构成，定时限动作特性，保护的动作时间，按最大允许堵转时间整定，保护动作于跳闸。有的保护装置在启动条件中引入转速开关触点。电动机堵转保护逻辑框图如图 12-6 所示。

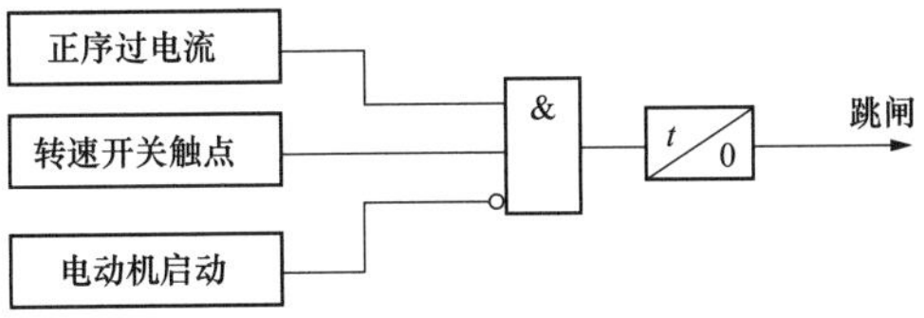

图 12-6　电动机堵转保护逻辑框图

保护在电动机启动时自动退出，启

动结束后自动投入；对于电动机启动过程中发生的堵转，由启动时间过长保护起作用。

正序过电流保护也可作为电动机的对称过负荷保护。

12.3.4 电动机的单相接地保护

在中性点非直接接地电网中的高压电动机，当容量小于 2MW，而电网的接地电容电流大于 10A，或容量等于 2MW 及其以上，而接地电容电流大于 5A 时，应装设接地保护，并瞬时动作于断路器跳闸。

电动机零序电流保护原理接线如图 12-7 所示，为了检测比较低的零序电流，一般需要采用专门的零序电流互感器。由于电缆两端的电缆头都应接地。当发生外部接地故障时，接地的零序电流可能从地流入某一端电缆头，并通过电缆外皮流向另一端电缆头再入地。这就意味着此时有电流通过了非故障线路的零序电流互感器的一次侧，从而造成零序电流保护误动作。为此，必须保证电缆头的接地线也通过零序电流互感器的一次侧，这样就使得外部接地故障时通过电缆头接地线上的零序电流与电缆外皮上的零序电流相抵消，从而保证本线路的零序电流保护不会误动作。零序电流保护的启动电流按照大于电动机本身的电容电流整定，即

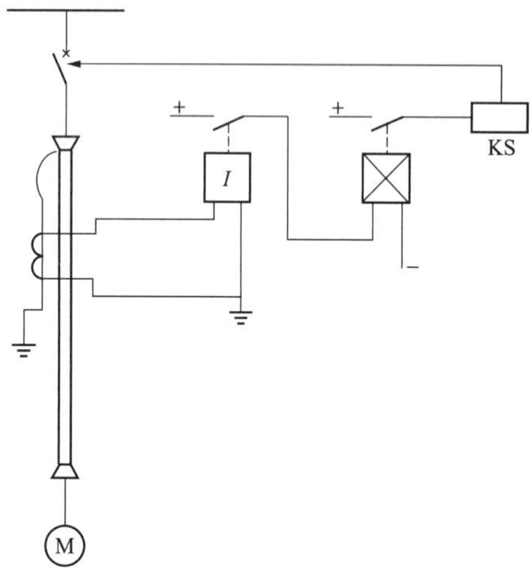

图 12-7 电动机零序电流保护原理接线图

$$I_{K\cdot set}=\frac{K_{rel}}{n_{TA}}3I_0' \tag{12-6}$$

式中 K_{rel}——可靠系数，取 4～5；

$3I_0'$——外部发生接地故障时，被保护电动机的对地电容电流。

保护装置的灵敏系数可校验为

$$K_{sen}=\frac{3I_{0f\cdot min}}{n_{TA}I_{K\cdot set}} \tag{12-7}$$

式中 $3I_{0f\cdot min}$——被保护电动机发生单相接地故障时，流过保护装置电流互感器一次侧的最小接地电容电流。

当 K_{sen} 不能满足要求时，应考虑增加保护的动作时间，以躲开故障瞬间过渡过程的影响，而将 K_{sen} 降低至 1.5～2。

如果电动机的供电电网较小，发生单相接地故障时的零序电流大小往往不足以区分电动机的内部接地或外部电网接地故障，即单纯的零序电流保护难以同时满足选择性和灵敏性的要求，则可考虑采用零序方向电流保护，即除接入零序电 $3\dot{I}_0$ 外还应接入零序电压 $3\dot{U}_0$。其原理如下。

设零序电流以流入电动机的方向为正，则在中性点不接地或经高、中电阻接地的中性点非直接接地网络中，当电动机区外单相接地故障时，流过电动机保护安装处的零序电流

$3\dot{I}_0$，即为电动机本身的对地电容电流，其相位超前零序电压 90°，即 $\arg\frac{3\dot{U}_0}{3\dot{I}_0'}=-90°$；而当电动机内部单相接地时，流过电动机保护安装处的零序电流 $3\dot{I}_0''$，为系统对地等效电容电流（不含电动机本身）及中性点接地电阻电流之矢量和，它与零序电压之间的相位关系为 $\arg\frac{3\dot{U}_0}{3\dot{I}_0''}=(90°\sim180°)$ 之间。

零序方向电流保护中的零序电流元件的启动电流按躲开相间短路时零序电流互感器的不平衡电流整定，与电动机本身的电容电流无关，这样即简化了整定计算，又极大地提高了保护的灵敏度。零序功率方向元件的最大灵敏角设计为 $\varphi_{sen}=135°$，可以同时满足中性点不接地及经高、中电阻接地网络的需要，同时能保证区外单相接地故障时不会误动作。为防止单相接地瞬间的过渡过程对功率方向元件的影响，应该采用零序电流元件动作后延时 50～100ms 后再开放零序功率方向元件，经延时判别区内故障后动作出口。

12.4 电动机的电压保护

12.4.1 电动机低电压保护装设的主要原则

首先应该明确，在电动机上装设的低电压保护，并不是为了反应其内部发生的故障，而是具有如下的功能。

（1）保证重要电动机的自启动。当电压消失或降低时，网络中所有异步电动机的转速都要减小，同步电动机则可能失去同步；而当电压恢复时，在电动机中就会流过超过其额定电流好几倍的自启动电流，因此供电网络中的电压降加大，增加了电动机自启动的时间，甚至启动不起来。在上述情况下，为了首先保证重要电动机的自启动，可以将一部分不重要的电动机切除，使网络电压尽快恢复；为此可以在不重要或次重要的电动机上装设低电压保护，在失去电压或短路时电压降低的情况下，通常以 0.5s 的时间将电动机断开。在某些工艺过程中，对于不允许电动机转速有变化的用户电动机来说，也应装设低电压保护。

例如在发电厂厂用电的每段母线上，给水泵、复水泵（回收蒸汽凝液）、循环水泵的电动机以及引风机、送风机和给粉机的电动机，都属于重要的电动机；而磨煤电动机（当电厂具有中间煤仓时）、排灰泵的电动机等则属于不重要电动机，低电压保护就可以装设在后面这些电动机上。

（2）防止在电动机启动时，由于制动转矩大于启动转矩而使电动机过热。这类电动机往往是带有恒定制动转矩的机械负荷的电动机。利用低电压保护切除这类电动机时，其动作电压和时限的整定原则是：电动机在此电压和时限内，即使电压恢复也不可能再启动起来。

（3）按照安全技术条件或工艺过程的特点，切除那些在电压恢复时不允许自启动的电动机。此任务通常由具有 10s 延时的低电压保护来实现，因为一般电网电压下降所持续的时间是小于 10s 的。

12.4.2 对高压电动机低电压保护接线的基本要求及其原理接线

（1）能够反应于对称或不对称的电压下降。提出这个要求是因为在不对称短路时，电动机也可能被制动，因而当电压恢复时也会出现自启动的现象。

（2）当电压互感器回路断线时，不应该误动作。实际上广泛采用的是利用两个（或甚至是一个）单元件式继电器来构成低电压保护，其原理接线如图 12-8 所示。低电压保护往往动作于切除一组电动机。

低电压保护的启动电压按照保证重要电动机的自启动来选择，这个电压用计算方法或根据专门的实验来决定。通常低电压保护的启动电压可取为 60%～70%U_N。

必要时低电压保护也可具有不同的时限，来分别断开某些电动机，此时在接线图内应有相应数量的时间继电器。例如，以第一个时限 0.5～0.7s 断开一组电动机，以保证该段上重要电动机的自启动，以第二个时限 6～10s 切除按生产的工艺条件，保安技术或为了启动备用电源自动投入装置，而必须断开的电动机。

在微机保护中通常用逻辑图来表示工作原理。电动机低电压保护逻辑框图如图 12-9 所示。当三个相间电压均低于整定值时，判断为供电电网电压降低，并且断路器在合闸位置，经延时跳闸。电压互感器一次侧或二次侧发生断线时，低电压保护不应动作，保护设置了电压回路断线闭锁，例如可以采用出现负序电压为电压回路断线判据。

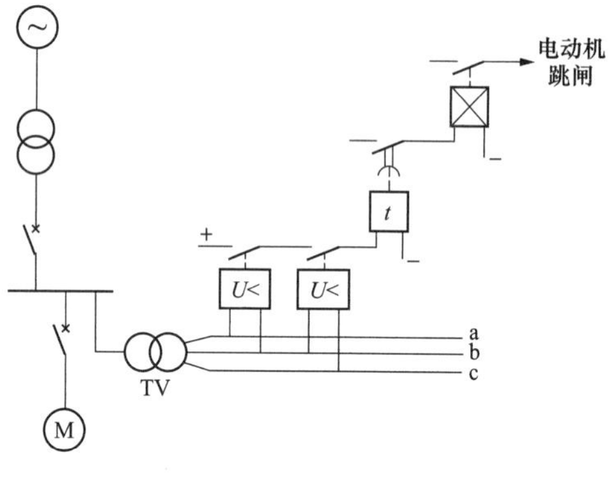

图 12-8 具有两个低电压继电器的低电压保护原理接线

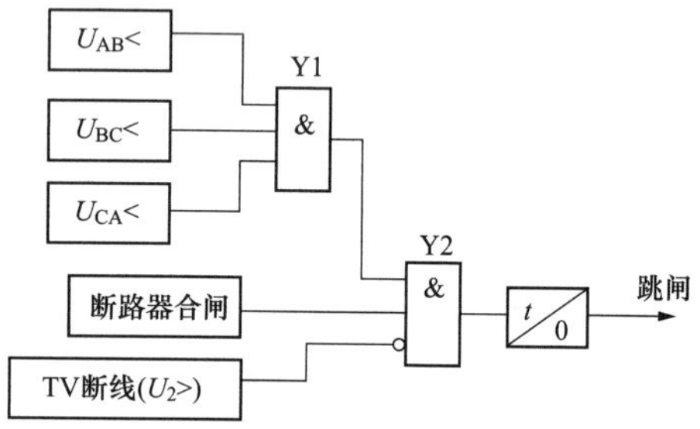

图 12-9 电动机低电压保护逻辑框图

12.5 PCS-9627D 型电动机保护测控装置

12.5.1 应用范围

南瑞继保电气有限公司生产的 PCS-9627D 型电动机保护是适用于 3～10kV 电压等级的中高压电动机的保护测控装置，可以组屏安装，也可就地安装到开关柜。装置全面支持数字化功能，既可以接入常规电磁式互感器，同时也具备电子式互感器接口和支持 IEC 61850-9-2 采样值传输协议，支持 IEC 61850 规约。典型应用如图 12-10 所示。

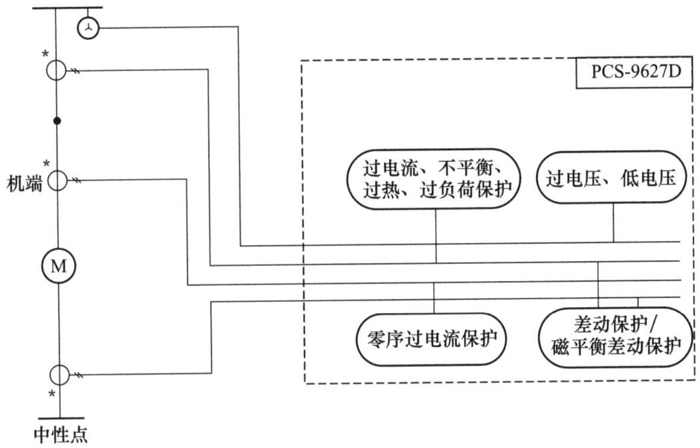

图 12-10　PCS-9627D 型典型应用

12.5.2　功能配置

1. 保护功能

PCS-9627D 型提供保护功能包括：

（1）电流纵差保护/磁平衡差动保护。

（2）短路保护、启动时间过长及堵转保护：三段定时限过电流保护。

（3）不平衡保护（包括断相和反相）：二段定时限负序过电流保护，一段负序过负荷报警，其中负序过电流Ⅱ段可选择使用反时限特性。

（4）过负荷保护。

（5）过热保护：分为过热报警与过热跳闸，具有热记忆及禁止再启动功能，实时显示电动机的热积累情况

（6）接地保护：零序过电流保护。

（7）零序过电压保护：过电压保护。

（8）低电压保护。

（9）三路非电量保护。

（10）独立的操作回路及故障录波。

另外还包括以下异常告警功能：

（1）差流异常报警。

（2）TA 断线报警。

（3）TV 断线报警。

（4）过负荷报警。

（5）负序过负荷报警。

（6）零序过电流报警。

（7）非电量报警。

（8）接地报警。

2. 测控功能

（1）11 路自定义遥信开入。

（2）一组断路器遥控分/合。

（3）I_{am}、I_{bm}、I_{cm}、U_A、U_B、U_C、U_{AB}、U_{BC}、U_{CA}、F、P、Q、$\cos\varphi$ 共 13 个遥测量。

（4）可选配 2 路 4～20mA 模拟量输出，作为与 DCS 电流、有功功率测量接口。

（5）事件 SOE 记录等。

（6）电动机启动报告记录功能。

3. 保护信息功能

（1）装置描述的远方查看。

（2）设备参数定值的远方查看。

（3）保护定值和区号的远方查看、修改功能。

（4）软连接片状态的远方查看、投退、遥控功能。

（5）装置保护开入状态的远方查看。

（6）装置运行状态（包括保护动作元件的状态和自检报警信息等）的远方查看。

（7）远方对装置信号复归。

（8）故障录波上送功能。

12.5.3 工作原理

1. 概述

主程序按给定的采样周期接受采样中断进入采样程序，在采样程序中进行模拟量采集与滤波，开关量的采集、装置硬件自检、外部异常情况检查和启动判据的计算，根据是否满足启动条件而进入正常运行程序或故障计算程序，如图 12-11 所示。

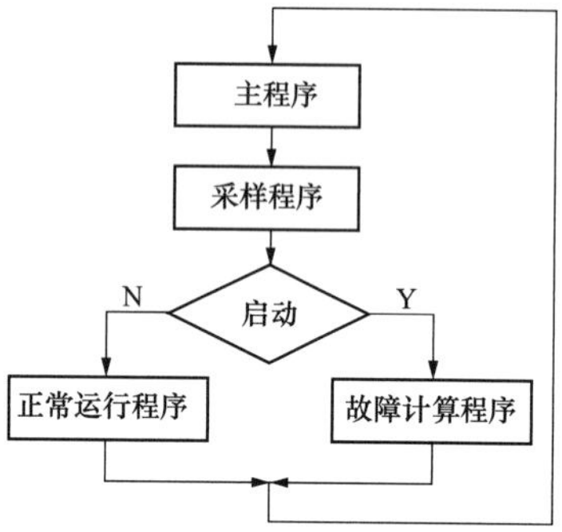

图 12-11　保护程序结构框图

正常运行程序完成系统无故障情况下的状态监视、数据预处理等辅助功能，故障计算程序中进行各种保护的算法计算，跳闸逻辑判断等。当装置硬件自检出错，发装置闭锁信号同时闭锁装置，保护退出。

2. 装置启动元件

装置启动板设有不同的启动元件，启动后开放出口正电源。只有启动板的启动元件动作，同时主 CPU 板的保护元件动作后才能跳闸出口，否则无法跳闸。各启动元件的原理如下：

（1）差流启动

$$|I_{dmax}| > I_{cdqd} \tag{12-8}$$

式中　$|I_{dmax}|$——三相差动电流最大值；

I_{cdqd}——差动电流启动整定值。

此启动元件动作开放比率差动保护和差动速断保护。

（2）相电流启动。当三相电流最大值大于 0.95 最小电流整定值时动作。此启动元件用来开放过电流保护。

（3）零序电流启动。当零序电流大于 0.95 最小整定值时动作。此启动元件用来开放零序过电流保护。

（4）负序电流启动。当负序电流大于0.95最小整定值时动作。此启动元件用来开放负序过电流保护。

（5）过热保护启动。热过负荷保护投入时，任一相电流超过热过负荷基准电流定值与热过负荷系数的乘积时，整组启动元件动作。

（6）零序电压启动。当零序电压大于0.95整定值时动作。此启动元件用来开放零序电压保护。

（7）低电压启动。当相间电压小于1.05整定值时动作。此启动元件用来开放低电压保护。

（8）过电压启动。当相间电压大于0.95整定值时动作。此启动元件用来开放过电压保护。

（9）非电量保护启动。当非电量保护投入并且开入为“1”时动作。此启动元件用来开放非电量保护。

3. 纵差保护

电动机纵差保护是电动机相间、接地短路和匝间短路的主保护。

（1）比率差动保护。PCS-9627D型采用了常规比率差动原理，其动作方程为

$$\begin{cases} |\dot{I}_T+\dot{I}_N|>I_{cdqd} & \text{当}\ |\dot{I}_T-\dot{I}_N|/2\leqslant I_N\ \text{时} \\ |\dot{I}_T+\dot{I}_N|-I_{cdqd}>I_{bl}(|\dot{I}_T-\dot{I}_N|/2-I_N) & \text{当}\ |\dot{I}_T-\dot{I}_N|/2>I_N\ \text{时} \end{cases} \tag{12-9}$$

式中　I_N——电动机额定电流；

I_{cdqd}——稳态比率差动启动定值；

I_T——电动机机端电流；

I_N——末端电流（中性点电流）；

K_{bl}——比率制动系数整定值。

高值比率差动保护的比率制动特性可抗区外故障时TA暂态和稳态饱和，而在区内故障且TA饱和时能可靠正确快速动作。高值比率差动动作方程如下

$$\left.\begin{aligned} I_d&>1.2I_N \\ I_d&>I_r \end{aligned}\right\} \tag{12-10}$$

高值比率差动保护的定值固定，无须用户整定。当差动电流启动定值I_{cdqd}大于$1.2I_N$时，高值比率差动启动值取为I_{cdqd}。

比率差动保护能保证外部短路不动作，内部故障时有较高的灵敏度，其动作曲线如图12-12所示。

任一相比率差动保护动作即出口跳闸。差动保护的动作逻辑框图如图12-13所示。

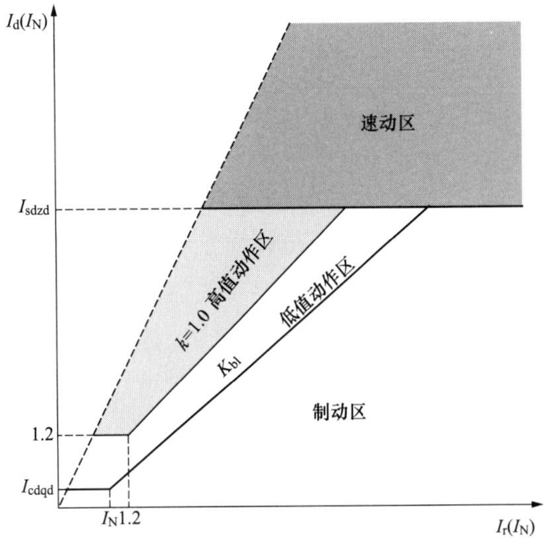

图12-12　纵差保护的动作曲线

注：I_d为差动电流$|I_T+I_N|$；I_r为制动电流$|I_T-I_N|/2$。

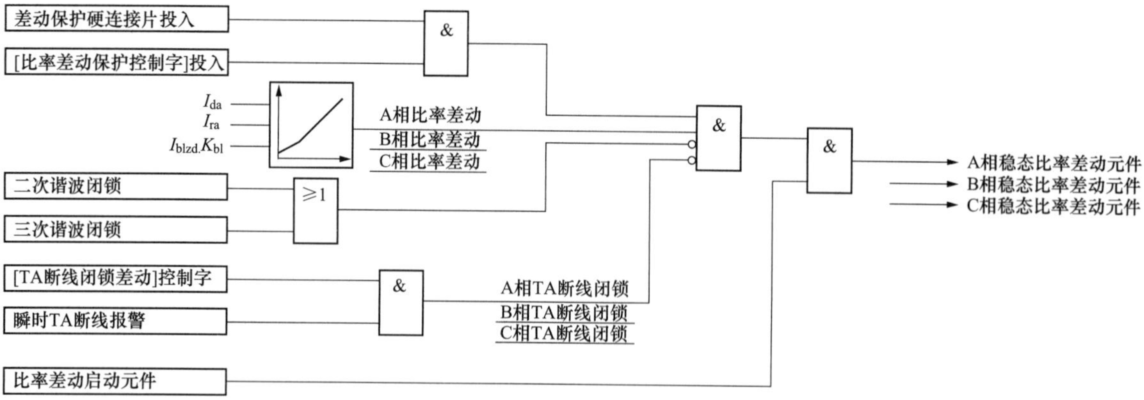

图 12-13　比率差动保护逻辑框图

(2) 饱和的判别原理。为防止电机启动状态下 TA 暂态和稳态饱和可能引起比率差动保护误动作，装置利用各侧各相二次电流中的二次谐波和三次谐波含量来判别 TA 饱和，判别方程为

$$\begin{cases} I_{\varphi-2nd} > K_{\varphi 2xb} \times I_{\varphi-1st} \\ I_{\varphi-3nd} > K_{\varphi 3xb} \times I_{\varphi-1st} \end{cases} \tag{12-11}$$

式中　$I_{\varphi-1st}$——某相电流的基波；

$I_{\varphi-2nd}$——某相电流中的二次谐波；

$I_{\varphi-3nd}$——某相电流中的三次谐波；

$K_{\varphi 2xb}$、$K_{\varphi 3xb}$——固定的比例常数。

当与某相差流有关的电流满足式（12-11）任一条件即认为此相差流为 TA 饱和引起，闭锁比率差动保护，高值比率差动保护不经差流三次谐波闭锁。

(3) 差动速断保护。保护设有一速断段，在电动机内部严重故障时快速动作。任一相差动电流大于差动速断整定值 I_{sdzd} 时瞬时动作于出口继电器，如图 12-14 所示。

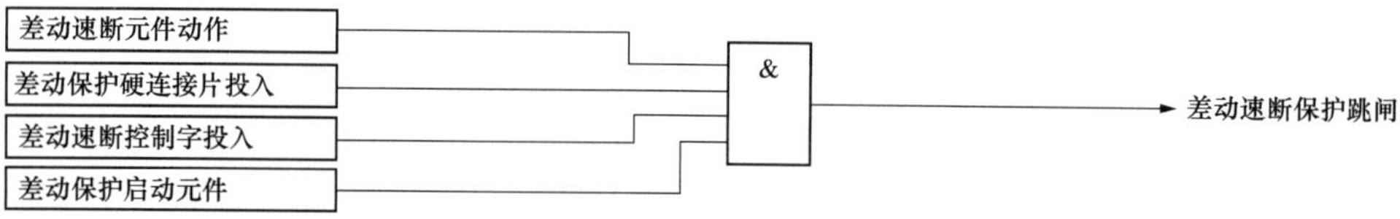

图 12-14　差动速断保护逻辑框图

(4) 差流回路异常情况判别。装置将差回路的异常情况分为两种：差流异常报警（延时 TA 断线报警）和瞬时 TA 断线报警。

1) 差流异常报警功能。差流异常报警（延时 TA 断线报警）在保护每个采样周期内进行。差动保护投入时，当任一相差流大于 $0.08I_N$ 的时间超过 10s 时发出差流异常报警信号，此时不闭锁比率差动保护。这也兼作保护装置交流采样回路的自检功能。

2) 瞬时 TA 断线报警功能。瞬时 TA 断线报警或闭锁功能在差动保护启动后进行判别。为防止瞬时 TA 断线的误闭锁，满足下述任一条件不进行瞬时 TA 断线判别：

a. 启动前各侧最大相电流小于 $0.08I_N$；

b. 启动后最大相电流大于 $1.2I_N$；

c. 启动后电流比启动前增加。

机端、末端（中性点）的两侧六路电流同时满足下列条件认为是 TA 断线：

a. 一侧 TA 的一相电流减小至差动保护启动值以下；

b. 其余各路电流不变。

通过控制字 CTDXBS 选择瞬时 TA 断线发报警信号的同时是否闭锁比率差动保护。

如果装置中的比率差动保护退出运行，则瞬时 TA 断线的报警和闭锁功能自动取消。

(5) 磁平衡差动保护。磁平衡差动保护，俗称小差动保护。当电动机安装磁平衡式电流互感器时，控制字 CPHCD 投入，CDSD、BLCD、CTDXBS 退出，此时磁平衡差动保护投入，差动速断保护、比率差动保护、TA 断线判别功能退出，如图 12-15 所示。

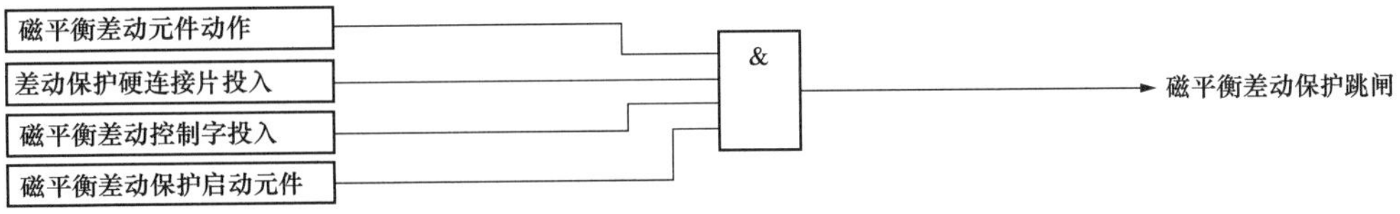

图 12-15　磁平衡差动保护逻辑框图

磁平衡差动保护的电流从装置中性点侧电流回路输入，过电流定值取自 I_{cdqd}。

若未装设磁平衡式电流互感器，但装置所引入的电流已经是差动电流，其接线和整定原则同磁平衡差动保护。

4. 定时限过电流保护

本装置设两段定时限过电流保护。Ⅰ段相当于速断段，电流按躲过启动电流整定，时限可整定为速断或带极短的时限，该段主要对电动机短路提供保护；Ⅱ段是定时限过电流段，在电动机启动完毕后自动投入，Ⅲ段作为电动机堵转提供保护，如图 12-16 所示。

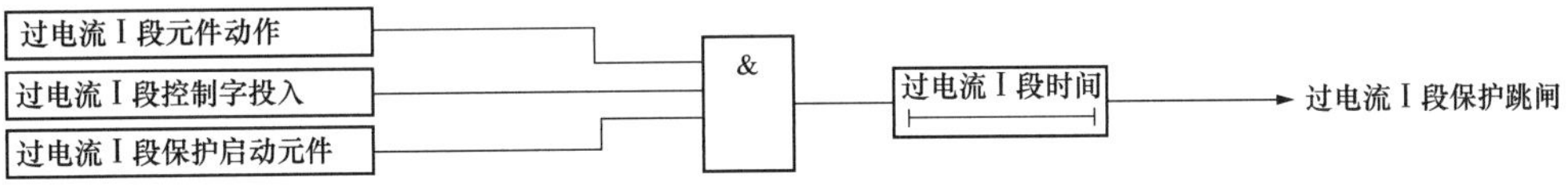

图 12-16　过电流Ⅰ段逻辑框图

5. 不平衡保护

(1) 负序过电流保护。当电动机三相电流有较大不对称，出现较大的负序电流，而负序电流将在转子中产生 2 倍工频的电流，使转子附加发热大大增加，危及电动机的安全运行。

装置设置两段定时限负序过电流保护，Ⅰ段逻辑框图如图 12-17 所示（负序过电流Ⅱ段保护和负序过电流Ⅰ段保护具有相同的逻辑框图），分别对电动机反相断相，匝间短路以及较严重的电压不对称等异常运行工况提供保护。其中负序过电流Ⅱ段作为灵敏的不平衡电流保护，可通过控制字 FGLFSX 选择采用定时限还是反时限。

根据国际电工委员会标准（IEC 255-4）和英国标准规范（BS 142.1966）的规定，本装置采用其标准反时限特性方程中的极端反时限特性方程（extreme IDMT.）

$$t=\frac{80}{(I/I_p)^2-1}t_p \tag{12-12}$$

式中　I_p——电流基准值，取负序过流Ⅱ段定值 I_{2zd2}；

t_p——时间常数，取负序过电流Ⅱ段时间定值 T_{2zd2}，范围为 0～1s。

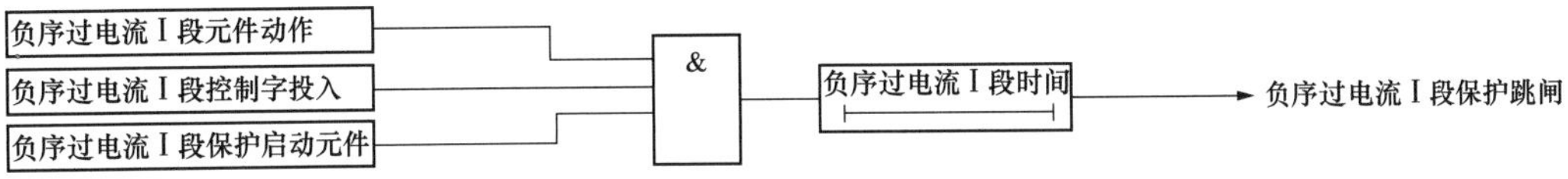

图 12-17　负序过流Ⅰ段逻辑框图

（2）负序过负荷报警。装置设置了一段负序过负荷报警，也可通过控制字 FGLFSX 选择采用定时限还是反时限，若采用定时限，其定值可按大于电动机长期允许的负序电流整定。若采用反时限，其特性方程仍然采用式（12-12）中的极端反时限特性方程，式中，I_p 取负序过负荷报警定值 I_{2gfh}；t_p 取负序过负荷报警时间定值 T_{2gfh}，范围为 0～1s。

由于负序电流的计算方法与电流互感器有关，故对于只装 A、C 相电流互感器的情况，控制字 TA2 必须整定为“1”。

6. 过负荷保护

过负荷保护反应定子电流的大小，装置设置了一段定时限段，可通过控制字选择投报警或跳闸，如图 12-18 所示。

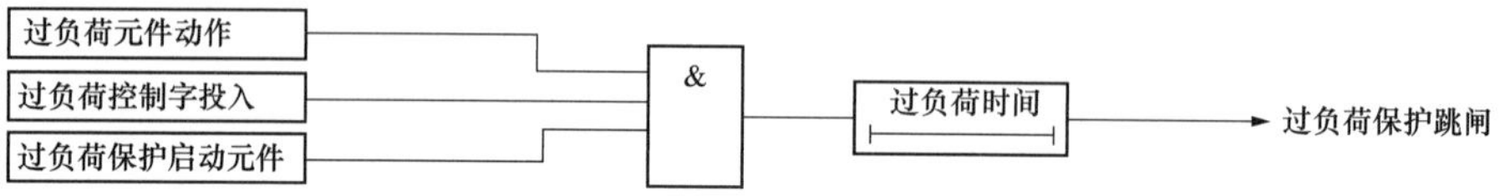

图 12-18　过负荷保护逻辑框图

7. 过热保护

过热保护主要为了防止电动机过热，因此在装置中设置一个模拟电动机发热的模型，综合计及电动机正序电流和负序电流的热效应，引入了等值发热电流 I_{eq}，其表达式为

$$I_{eq2} = K_1 I_{12} + K_2 I_{22} \tag{12-13}$$

式中　I_{12}、I_{22}——正序电流、负序电流。

$K_1 = 0.5$，防止电动机正常启动中保护误动；$K_1 = 1.0$，在整定的启动时间 T_{qd} 以后，I_{12} 值不再故意减小；$K_2 = 3 \sim 10$，模拟 I_{22} 的增强发热效应，一般可取为 6。

当热积累值达到 HEAT×GRBJ（过热报警水平）时发报警信号；当热积累值达到 HEAT 时发跳闸信号（断路器位置不在跳位时保护动作），动作逻辑框图如图 12-19 所示。

电动机被过热保护动作跳闸后，不能立即再次启动，要等到电动机散热到允许启动的温度时，才能再启动。在需要紧急启动的情况下，通过装置引出的热复归接点强制将热模型恢复到“冷态”。

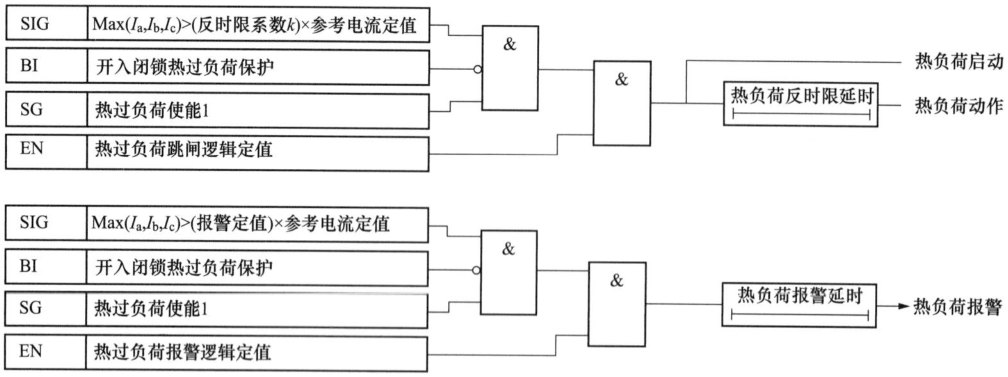

图 12-19　热过负荷逻辑框图

8. 零序过电流保护

反应电动机定子接地的零序过电流保护，可通过控制字选择投报警或跳闸，以供不同场合使用，如图 12-20 所示。

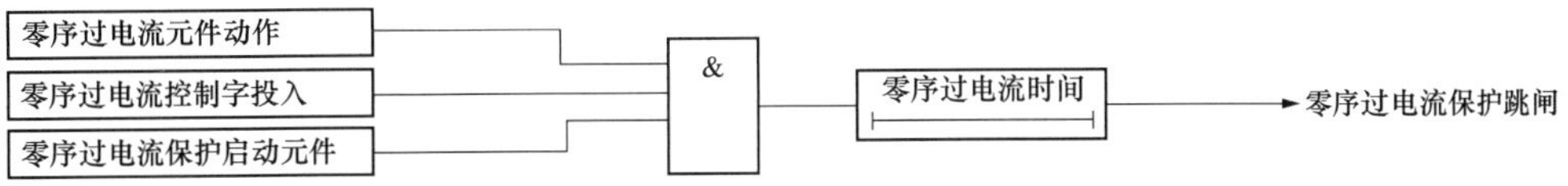

图 12-20　零序过电流逻辑框图

9. 低电压保护

三个相间电压均小于低电压保护定值，时间超过整定时间时，低电压保护动作。低电压保护经 TWJ 位置闭锁。装置能自动识别三相 TV 断线，并及时闭锁低电压保护。

10. 非电量保护

装置设有三路非电量保护，两路可以通过控制字选择跳闸或报警，一路直接跳闸。第一、二路非电量保护延时可到 100s，第三路非电量保护延时可到 100min。

11. TV 断线检查

当低电压保护投入时，装置自动投入 TV 断线检查功能。TV 断线判据如下：

(1) 最大相间电压小于 30V，且任一相电流大于 $0.06I_N$；

(2) 负序电压大于 8V。

满足以上任一条件延时 10s 报 TV 断线，断线消失后延时 2.5s 返回。

TV 断线期间，自动退出低电压保护和零序过电压保护。

12. 装置告警

当 CPU 检测到本身硬件故障时，发出装置报警信号同时闭锁整套保护。硬件故障包括 RAM 出错、EPROM 出错、定值出错、电源故障。

当装置检测出如下问题时，发出运行异常报警：

(1) 断路器有电流（机端任一相电流大于 $0.06I_N$）而 TWJ 为“1”，经 10s 延时报 TWJ 异常；

(2) TV 断线；

(3) TA 断线；

(4) 控制回路断线；

(5) 当系统频率低于 49.5Hz，经 10s 延时报频率异常；

(6) 负序过负荷报警；

(7) 过负荷报警；

(8) 过热报警；

(9) 零序过电流报警；

(10) 非电量报警。

13. 动作元件

装置主要动作元件有整组启动、过电流Ⅰ段、过电流Ⅱ段、过电流Ⅲ段、负序过电流Ⅰ段、负序过电流Ⅱ段、负序过电流反时限、过热、过负荷、零序过电流、低压保护、非电量保护、差动速断、比率差动、磁平衡差动保护。

14. 遥信、遥测、遥控功能

遥控功能主要有两种：正常遥控跳闸操作、正常遥控合闸操作。

遥测量主要有：I_A、I_C、$\cos\varphi$、P、Q 和有功电度、无功电度。所有这些量都在当地实时计算，实时累加，三相有功、无功的计算消除了由于系统电压不对称而产生的误差，且计算完全不依赖于网络，精度达到 0.5 级。

遥信量主要有：10 路遥信开入、装置变位遥信及事故遥信，并做事件顺序记录，遥信分辨率小于 2ms。

12.5.4　硬件描述

图 12-21、图 12-22 是装置的正面板布置图与背板布置图。

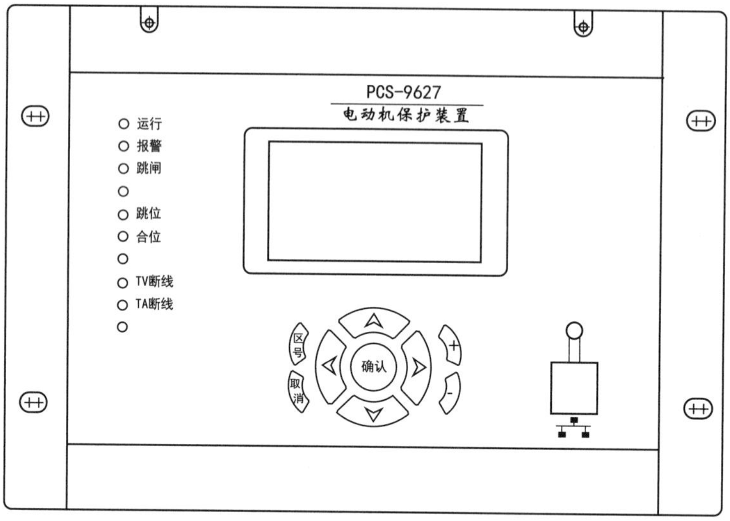

图 12-21　装置正面板布置图

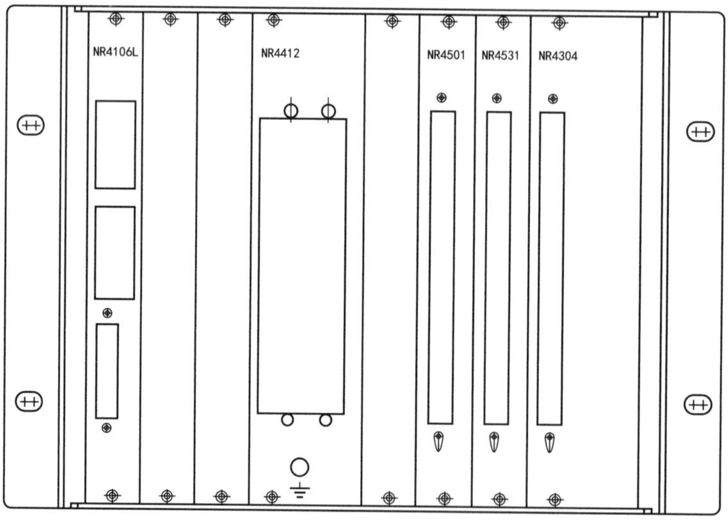

图 12-22　装置背面板布置图

本装置在后面板的电源/开出插件（PWR）上有一个接地端子（见图 12-23），可以通过扁平铜绞线接地。接地时，要使得接地用扁平铜绞线尽可能短。装置只能一点接地，不允许从装置到装置的接地端子连接成环路。

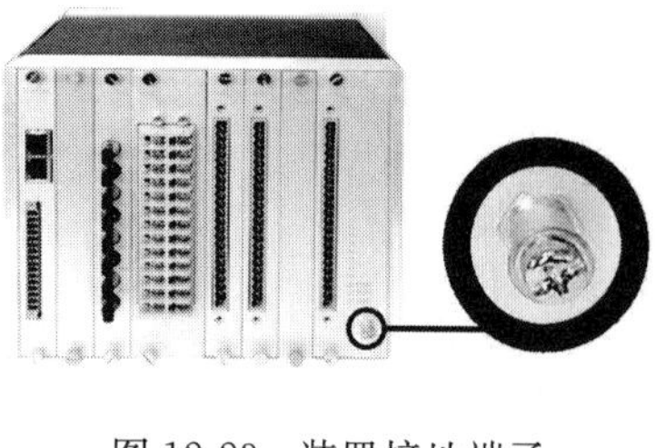

图 12-23　装置接地端子

当电源/开出插件（PWR）可靠紧密地插入装置机箱时，该接地端子和装置机箱金属外壳相连接。装置的其他一些接线端子排上也有接地标示，所有这些有接地标示的端子在装置内部已经和装置机箱连接。因此，整个装置只需要通过电源/开出插件（PWR）上的接地端子接地。

12.5.5　保护装置操作使用

1. 面板指示灯说明

LED 指示灯说明如下：

（1）“运行”灯为绿色，装置正常运行时点亮，熄灭表明装置不处于工作状态；

（2）“报警”灯为黄色，装置有报警信号时点亮；

（3）“跳闸”灯为红色，当保护动作并出口时点亮；

（4）“跳位”灯为绿色，指示当前断路器位置；

（5）“合位”灯为红色，指示当前断路器位置；

（6）“TV 断线”灯为黄色，当发生电压回路断线时点亮；

（7）“TA 断线”灯为黄色，当发生 TA 瞬时断线及 TA 延时报警时点亮；

（8）其他指示灯备用。

注意：“跳闸”信号灯只有在按下“信号复归”或远方信号复归后才熄灭。

2. 液晶显示说明

（1）正常运行显示。装置上电后，正常运行时液晶屏幕将显示主画面，如果不能在一屏内完全显示，所有的显示信息将从下向上以每次一行的速度自动滚动显示。主画面显示格式如图 12-24 所示。

（2）主画面报告显示。装置在运行过程中，硬件自检出错或检测到系统运行异常时，主画面将立即显示自检报警信息，如图 12-25 所示。先按住“确认”键，再按“取消”键，可在报告显示界面和正常运行主画面间互相切换。

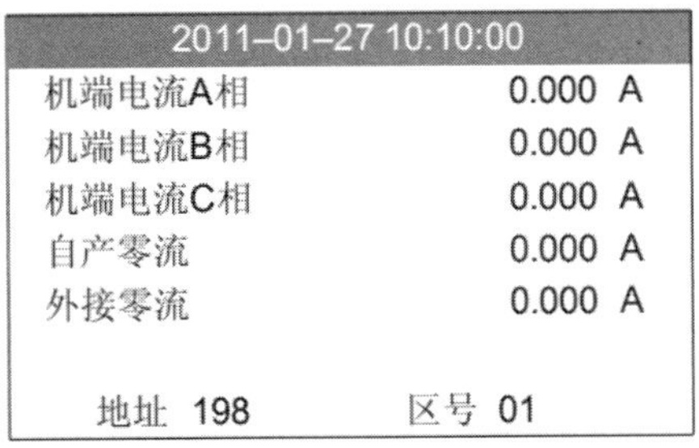

图 12-24　装置正常运行主画面图

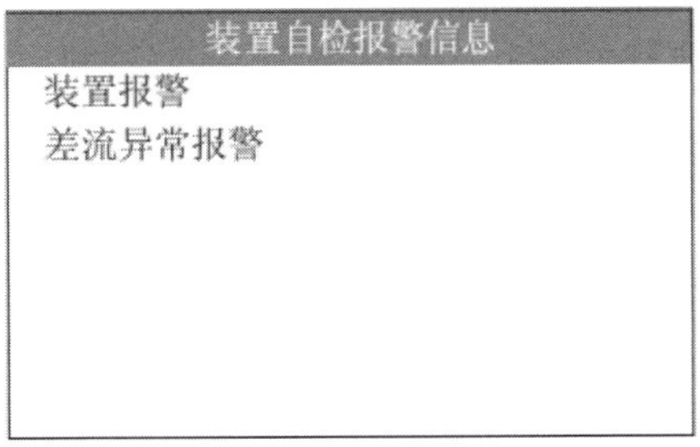

图 12-25　自检报告界面图

当装置新增保护动作报告时，主画面将显示最新一次动作报告。动作报告界面显示动作报告的记录号，动作时间（格式为：年—月—日　时：分：秒：毫秒）及动作元件名称，并且在动作元件前显示保护动作的相对时间和相别，如图 12-26 所示。如果不能在一屏内完全显示，所有的显示信息将从下向上以每次一行的速度自动滚动显示。

如果动作报告和自检报告同时存在，则主画面上半部分显示动作报告，下半部分显示自检报告，如图 12-27 所示。如果不能在一屏内完全显示，动作报告和自检报告的显示信息将分别从下向上以每次一行的速度自动滚动显示。

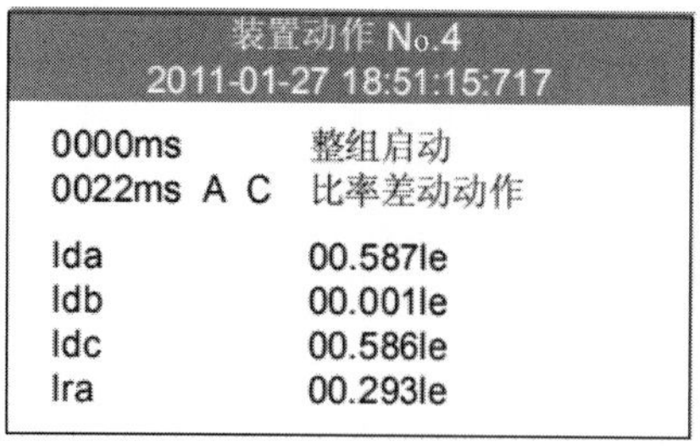

图 12-26　动作报告界面图

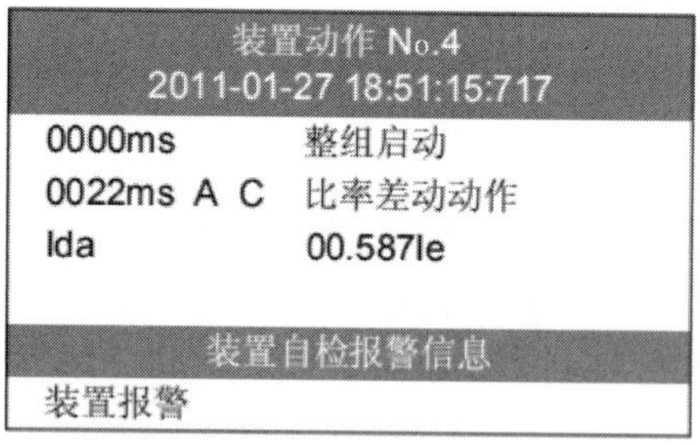

图 12-27　动作报告和自检报告界面图

按屏上复归按钮或同时按“确认”“取消”键或进入菜单“本地命令→信号复归”，可切换显示动作报告界面、自检报告界面和装置正常运行主画面。除了以上几种自动切换显示方式外，保护还提供了若干命令菜单，供继电保护工程师调试保护和修改定值用。

3. 命令菜单使用说明

在主画面状态下，按“▲”键可进入主菜单，通过“▲”“▼”“确认”和“取消”键选择子菜单。菜单结构如图 12-28 所示。

（1）模拟量。本菜单主要用于实时显示保护装置电流、电压采样值及相角等。

（2）状态量。本菜单主要用于实时显示开入量、开出量及自检状态等状态量。

“模拟量”与“状态量”子菜单全面地反映了保护装置的运行环境和状态，只有这些量的显示值与实际运行情况一致，保护才能正确工作，投运时必须对这些量进行检查。上述菜单的设置为现场人员的调试与维护提供了极大的方便。

（3）报告显示。本菜单显示保护动作报告、自检报警报告、变位报告及装置日志等各类报告，装置动作后请先检查、记录这些报告。

通过“▲”“▼”键上下滚动可选择显示的报告类型，按“确认”键进入报告显示界面。首先显示最新的一条报告；按“－”键显示前一个报告，按“＋”键显示后一个报告。如果一个报告的所有信息不能在一屏内完全显示，则通过“▲”“▼”键上下滚动查看。按“取消”键退出至上一级菜单。

（4）整定设置。本菜单主要用来整定或查看装置的参数和定值。

通过“▲”“▼”键上下滚动可选择整定的定值分组，按“确认”键进入整定定值界面；当有多级分组子菜单时，按“确认”键或“▶”键逐级进入下一级子菜单，最后按“确认”键进入定值整定界面。

通过“▲”“▼”键上下滚动选择要修改的定值项，按“确认”键进入定值项编辑界面；按“◀”“▶”键移动光标至要修改的数据位，使用“＋”“－”键修改数值。定值编辑完成后按“确认”键自动退出至整定定值界面，按相同的方法继续编辑其他定值项；定值修改完毕，按“◀”“▶”或“取消”键，LCD 提示“是否保存?”，根据提示，选择“是”按“确认”键后输入四位密码（“＋”“◀”“▲”“－”）完成定值整定，否则选择“否”按“确认”键后退出当前整定，或者选择“取消”按“确认”键取消当前定值项的修改。

对于多区定值（如保护定值），进入整定定值界面前需要选择定值区号，“整定区号”可通过“＋”“－”键修改。

“拷贝定值”可将“当前区号”内的保护定值拷贝到“拷贝区号”内，“拷贝区号”

可通过“+”“−”键修改。

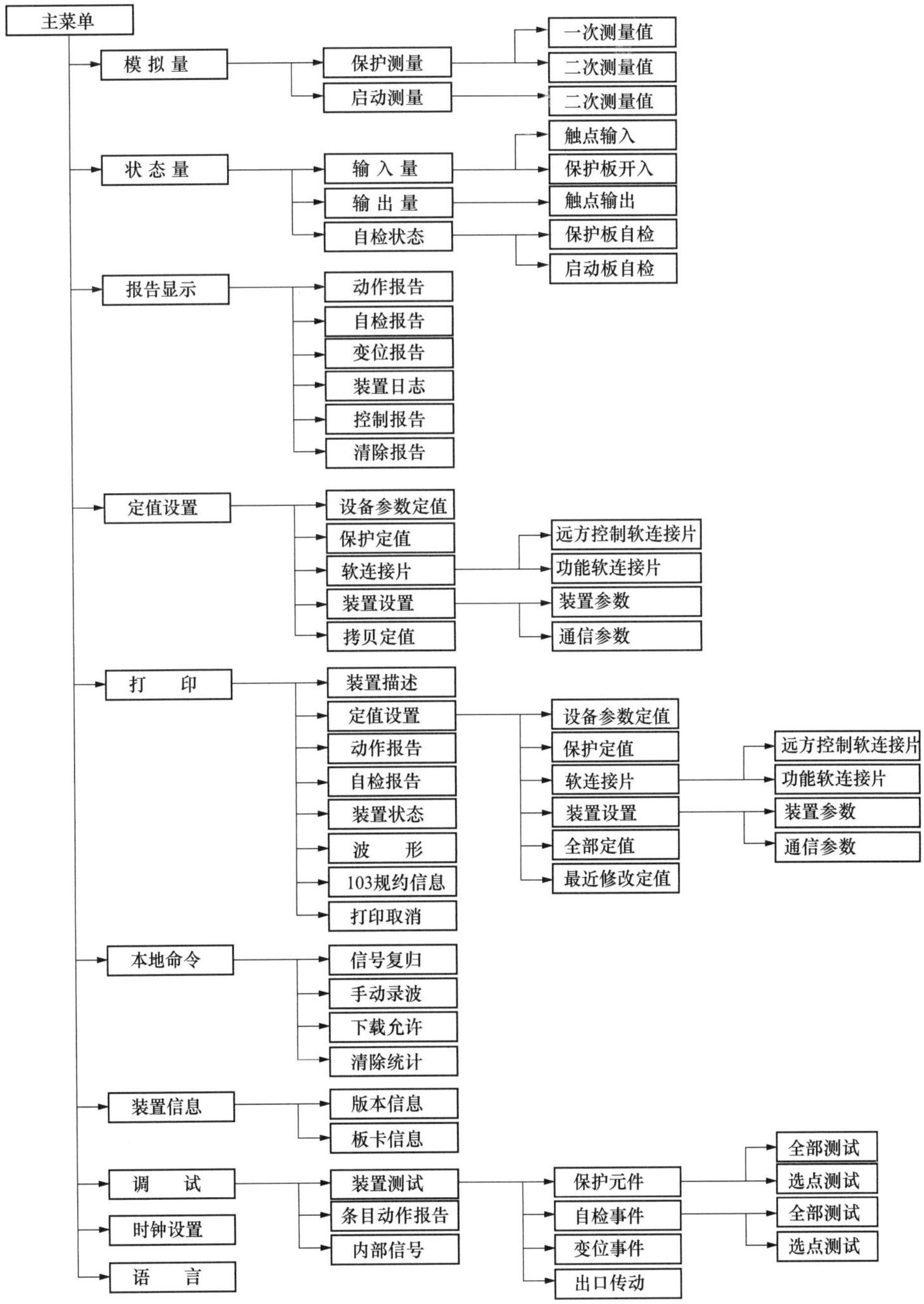

图 12-28 装置菜单结构图

（5）打印。本菜单用于打印装置描述、各类定值、装置状态、各类报告，以及故障波形和103规约相关信息等。

通过“▲”“▼”键上下滚动可选择要打印的内容，按“确认”键打印输出；当有多级分组子菜单时，按“确认”键或“▶”键逐级进入下一级子菜单，最后按“确认”键打印输出。

“103 规约信息”用于打印 103 规约相关的功能类型（FUN）、信息序号（INF）表、通用分类服务组号、通道号（ACC）表，方便通信调试。

（6）本地命令。“信号复归”子菜单用于复归跳闸磁保持继电器、装置信号灯及 LCD 显示，同信号复归开入。“手动录波”用于正常运行情况下录取当前装置采集到的波形数据。“下载允许”为下载联锁文件时就地使能操作，“清除统计”用于清除相关统计信息。

（7）装置信息。本菜单用于显示“版本信息”和“板卡信息”。版本信息包括公司名称、装置类型、型号、各个智能插件的版本、程序形成时间以及校验码等，板卡信息包括装置配置的各个插件的类型及其工作状态等。

“板卡信息”界面可以设置默认选配的智能插件是否需要配置。

（8）调试。本菜单包含装置测试、模拟量精度校准、内部统计信息显示、内部调试信号显示等功能子菜单。

通过“▲”“▼”键上下滚动可选择调试子菜单，按“确认”键进入选择的调试界面；当有多级分组子菜单时，按“确认”键或“▶”键逐级进入下一级子菜单，最后按“确认”键进入调试界面。

“装置测试”→“保护元件”、“自检事件”、“变位事件”等用于通信传动（顺序或选点试验），即在不加任何输入的情况下，产生各种报文以上送后台，便于现场通信调试。

“装置测试”→“出口传动”用于出口传动，即在不加任何输入的情况下，传动各个出口回路，以检查出口回路是否正常。

“条目动作报告”用于顺序显示装置的动作报告。

（9）时钟设置。本菜单用于设置装置内部时钟。

通过“▲”“▼”键选择要修改的单元，“＋”“－”键修改数值。按“确认”键修改时间后返回，按“取消”键取消修改并返回。

本 章 小 结

高压电动机通常指 3～10kV 供电电压的电动机，运行中可能发生的主要故障有电动机定子绕组的相间短路故障（包括供电电缆相间短路故障），单相接地短路以及一相绕组的匝间短路。电动机最常见的异常运行状态有：启动时间过长、一相熔断器熔断或三相不平衡、堵转、过负荷引起的过电流、供电电压过低或过高。

高压电动机通常装设纵差动保护和电流速断保护、负序电流保护、启动时间过长保护、过热保护、堵转保护（过电流保护）、单相接地保护（零序电流保护）、低电压保护、过负荷保护等。

微机型电动机保护得到了广泛的应用，该种保护使多种保护集于一个装置中，具有多功能的特点。与传统型的保护相比，具有简单、可靠的优点。PCS-9627D 型适用于 3～10kV 电压等级的中高压电动机保护测控装置，可在开关柜就地安装。

思 考 与 实 践

1. 电动机可能发生哪些故障和异常运行情况？有什么后果？

2. 电动机应装设哪些保护？各起什么作用？

3. 电动机的电流速断保护为什么设置高、低两个整定值？

4. 电动机的电流纵差动保护在什么情况下使用？

5. 异步电动机的启动电流有何特点？电动机的快速过电流保护和纵联差动保护整定原则是怎样的？

6. 电动机磁平衡式差动保护的基本原理及其整定原则是怎样的？

7. 电动机过热保护是怎样构成的？

8. 什么情况下应装设电动机接地保护，其接地保护的基本原理是什么？

9. 电动机启动时间过长、堵转带来的危害是什么？相应的启动时间过长保护和堵转保护是如何实现的？

10. 电动机为什么要装设低电压保护？保护的构成是怎样的？

11. PCS-9627D 型提供的保护功能包括哪些？

电力系统继电保护与自动装置

第13章 电力系统安全自动装置

电力系统应该在保证自身安全、稳定运行的前提下为用户提供连续、优质、充足的电能。为实现这一目标，当今电力系统常采用多种自动装置以应付危及系统安全运行的各种故障，这些装置的共同任务是，当系统发生某种故障时，相应的自动控制装置按预定的控制规律迅速动作，以避免事故扩大。

电力系统中采用的自动控制装置种类繁多，本章重点介绍使用较普遍的备用电源自动投入装置、自动低频减载装置、发电机自动调节励磁装置、同步发电机的自动并列等的有关知识。

本章的学习目标：

能够熟练分类和识别各种电源的备用方式；

备用电源自动投入装置的基本工作情况；

熟悉自动按频率减负荷装置的接线及配置；

掌握自动按频率减负荷装置的使用；

熟悉发电机自动调节励磁装置；

了解准同期自动并列装置的原理及与运行维护。

13.1 备用电源自动投入装置

13.1.1 备用电源自动投入装置的作用

备用电源自动投入装置，是当工作电源因故障自动跳闸后，自动迅速地将备用电源自动投入的一种自动装置，简称AAT。备用电源自动投入装置动作时，通过合备用线路断路器或备用变压器断路器实现备用电源的投入。

1. 备用电源自动投入装置的作用

（1）提高供电的可靠性，节省投资。采用备用电源自动投入装置自动投入，中断供电时间只是自动装置的动作时间，时间很短，对生产无明显影响，可以提高供电可靠性，同时结构简单，造价便宜。

（2）简化继电保护。因为采用了备用电源自动投入装置后，环形网络可以开环运行，变压器可以分列运行等，因此，可以采用方案相对简单的继电保护装置。

（3）限制短路电流，提高母线残余电压。在受端变电站，如果采用开环运行和变压器分裂运行，将使短路电流受到一定限制，不需要再装出线电抗器，这样，既节省了投资，又使运行维护方便。

2. 一般在下列情况下应装设备用电源自动投入装置

（1）具有备用电源的发电厂的厂用电和变电站的站用电。

（2）由双电源供电的变电站，其中一个电源经常断开作为备用电源。

（3）降压变电站内有备用变压器或有互为备用的母线段。

（4）生产过程中某些重要机组有备用设备（属备用设备自动投入），如给水泵、循环水泵等。

（5）政治文化中心、医院、城市高层建筑等重要用电负荷场所。

13.1.2　备用电源自动投入装置分类

备用电源自动投入装置按其备用方式可分为明备用方式和暗备用方式两种。

1. 明备用方式

明备用方式是指备用电源在正常情况下不运行，只有在工作电源不能正常工作，备用电源才投入运行的备用方式。如图 13-1（a）所示，正常运行情况下，变压器 T0 处于备用状态，断路器 QF3、QF4、QF5 断开运行，断路器 QF1、QF2、QF6、QF7 闭合运行，变压器 T1 给母线Ⅰ供电，变压器 T2 给母线Ⅱ供电。当 T1（或 T2）故障时，QF1、QF2（或 QF6、QF7）由变压器继电保护动作跳开，备用电源自动投入动作将 QF3、QF4（或 QF3、QF5）合上，母线Ⅰ（或Ⅱ）由变压器 T0 供电。

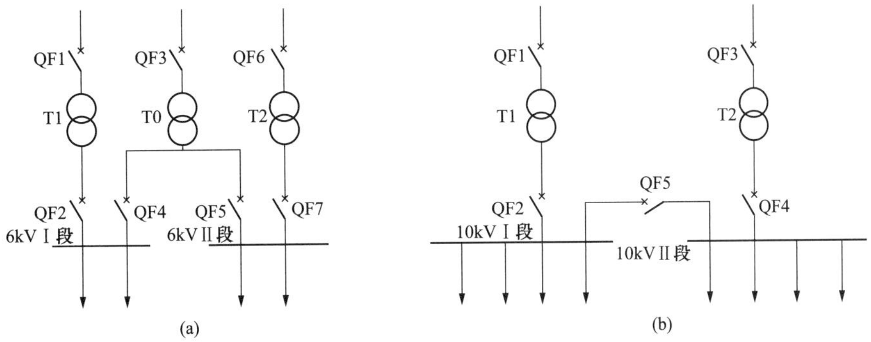

图 13-1　备用电源自动投入一次接线方式

（a）明备用；（b）暗备用

2. 暗备用方式

暗备用方式是指两个电源平时都作为工作电源各带一部分自用负荷且均保留有一定的备用容量，当一个电源发生故障时，另一个电源承担全部负荷的运行方式。如图 13-1（b）图所示，正常运行情况下，断路器 QF5 断开运行，断路器 QF1、QF2、QF3、QF4 闭合运行，变压器 T1 给母线Ⅰ供电，变压器 T2 给母线Ⅱ供电。当 T1 故障时，QF1、QF2 由变压器 T1 继电保护动作跳开，备用电源自动投入动作将 QF5 合上，母线Ⅰ由变压器 T2 供电。T2 故障时，QF3、QF4 由变压器 T2 继电保护动作跳开，备用电源自动投入动作将 QF5 合上，母线Ⅱ由变压器 T1 供电。

13.1.3　备用电源自动投入装置的基本要求

针对一次系统的接线，备用电源自动投入的一次接线方案不同，但都必须满足一些基本要求。参照有关规程，对备用电源自动投入装置的基本要求如下：

1. 工作电源断开后备用电源才能投入

这是为了防止：①将备用电源投入到故障元件上（如内部故障的工作变压器），而造成事故扩大；②工作电源发生故障，工作断路器尚未断开时，就投入备用电源，也就是将备用电源投入到故障元件上，造成事故扩大；③母线虽非永久性故障，但电弧尚未熄灭而造成备用电源自动投入失败；④防止某些情况下可能出现的非同期合闸。备用电源与工作电源往往存在电压差或相位差，工作电源未断开就投入备用电源，可能导致非同期并列。

为了实现这一要求，使备用电源断路的合闸部分由供电元件受电侧断路器的动断辅助触点来启动。

2. 工作母线突然失压时装置应能动作

工作母线突然失去电压，主要有：①工作变压器发生故障，继电保护动作；②工作母线本身故障，继电保护使断路器跳闸；③工作母线上的出线发生故障，而该出线断路器或继电保护拒绝动作，引起变压器断路器跳闸；④变压器断路器误跳闸（人为误操作或保护误动作）；⑤系统故障，高压工作电源电压消失。这时，备用电源自动投入装置都应启动，使备用电源自动投入，以确保不停电地对负荷供电。

为了实现这一要求，AAT 装置在工作母线上应设置独立的低压启动部分，以保证在工作母线失压时，AAT 装置可靠启动。

3. 备用电源自动投入装置只应动作一次

当工作母线发生永久性故障，备用电源第一次投入后，由于故障仍然存在，继电保护装置动作，将备用电源跳开，此时工作母线又失压，若再次将备用电源投入，就会扩大事故，对系统造成不必要的冲击。

为了实现这一要求，控制备用电源断路器的合闸脉冲，使之只能合闸一次。

4. 备用电源自动投入装置动作过程应使负荷中断供电的时间尽可能短

从工作电源失去电压到备用电源投入恢复供电，中间有一段停电时间，为保证电动机自启动成功，这段时间越短越好，一般不应超过 0.5～1.5s；另外还须考虑故障点的去游离时间，以确保备用电源自动投入装置动作成功，因此，备用电源自动投入装置的动作速度应保证在躲过电弧去游离时间的前提下，尽可能快地投入备用电源。另外，当工作母线上装有高压大容量电动机时，工作母线停电后因电动机反送电，若备用电源自动投入动作时间太短，工作母线上残压较高，此时，若备用电源电压和电动机残压之间的相位差较大，会产生较大的冲击电流和冲击力矩，损坏电气设备。运行经验证明，装置的动作时间以 1～1.5s 为宜。

5. 工作母线电压互感器二次侧熔断器熔断时备用电源自动投入装置不应误动作

运行中电压互感器二次侧断线是常见的，但此时一次侧工作母线仍然正常工作，并未失去电压，所以此时不应使备用电源自动投入装置动作。

6. 备用电源无电压时装置不应动作

备用母线无电压时，备用电源自动投入装置应退出工作，以避免不必要的动作，因为在这种情况下，即使动作也没有意义。当供电电源消失或系统发生故障造成工作母线与备用母线同时失去电压时，备用电源自动投入装置也不应动作，以便当电源恢复时仍由工作电源供电。为此，备用电源必须具有电压鉴定功能。

7. 正常停电操作时备用电源自动投入装置不应启动

因为此时工作电源不是因故障而退出运行，备用电源自动投入装置应予闭锁。

8. 备用电源投于故障时应使其保护加速动作

因为此时仍有继电保护的固有动作时间动作去跳闸，则不能达到快速切除故障的目的。

9. 备用电源自动投入装置运行方式应灵活

在一个备用电源同时作为几个工作电源的备用电源情况下，备用电源已代替某一工作电源后，若其他工作电源又被断开，必要时装置仍应动作；当备用电源自动投入装置不应动作时，如备用电源检修，手动断开工作电源或备用电源已带满负荷，备用电源自动投入装置也应该能相应地做退出切换。

13.1.4 备用电源自动投入装置的一次接线方案

根据我国变电站的一次主接线情况，备用电源自动投入装置主要接线方案有以下几种：

1. 低压侧母线分段备用电源自动投入装置接线

低压侧母线分段备用电源自动投入装置接线如图 13-2 所示，正常运行时，母联断路器 QF3 断开，断路器 QF1、QF2 闭合，母线分段运行，1 号电源和 2 号电源互为备用，是暗备用方式。可以称 1 号电源为Ⅰ段母线的主供电源、Ⅱ段母线的备用电源；2 号电源为Ⅱ段母线的主供电源、Ⅰ段母线的备用电源。因此，备用电源自动投入装置的动作过程可以描述为：主供电源失电或供电变压器故障跳闸时，跳开主供电源断路器。在确认断路器跳开后，判断备用电源正常运行，闭合分段断路器，具体可分为以下两种情况：

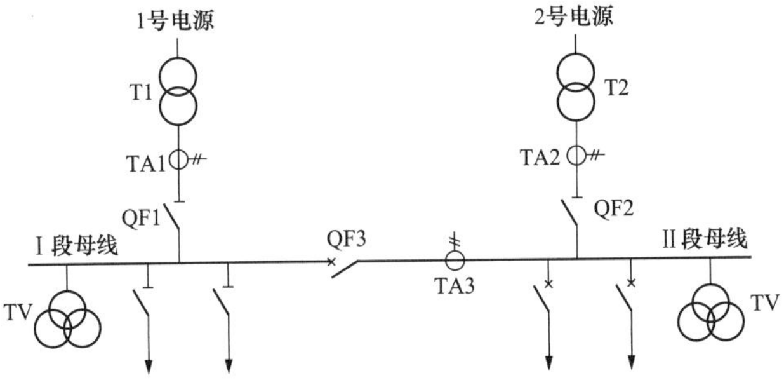

图 13-2 低压母线备用电源自动投入装置一次接线

Ⅰ段母线任何原因失电（如 1 号电源失电或变压器 T1 故障）时，跳开 QF1，确认进线无电流，再判断Ⅱ段母线正常运行时闭合 QF3。

Ⅱ段母线任何原因失电（如 2 号电源失电或变压器 T2 故障）时，跳开 QF2，确认进线无电流，再判断Ⅰ段母线正常运行时闭合 QF3。

2. 变压器备用电源自动投入装置接线

变压器备用电源自动投入装置一次接线如图 13-3 所示。

图 13-3（a）中，T1 和 T2 为工作变压器，T0 为备用变压器，是明备用方式。正常运行时，Ⅰ段母线和Ⅱ段母线分别通过变压器 T1 和 T2 获得电源，即 QF1 和 QF2 合闸，QF3 和 QF4 合闸，QF5、QF6 和 QF7 断开；当Ⅰ段（或Ⅱ段）母线任何原因失电时，断路器 QF2 和 QF1（或 QF4 和 QF3）跳闸，若母线进线无电流、备用母线有电压，

QF5、QF6（或 QF5、QF7）合闸，投入备用变压器 T0，恢复对Ⅰ段母线（或Ⅱ段母线）负荷的供电。

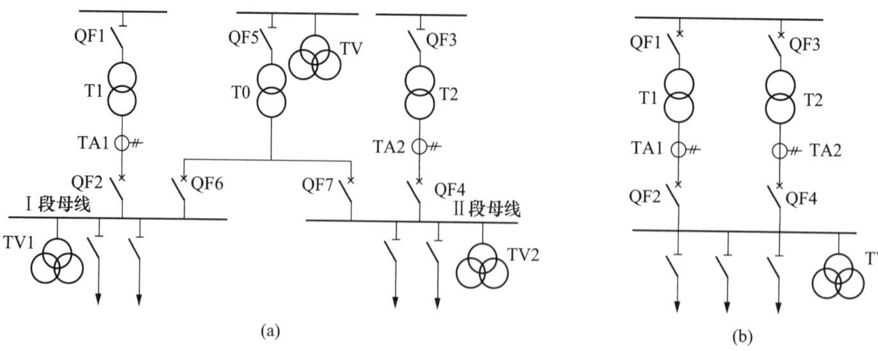

图 13-3　变压器备用电源自动投入装置一次接线

（a）T0 为 T1 和 T2 的备用时；（b）T2 为 T1 的备用时

图 13-3（b）中 T1 为工作变压器，T2 为备用变压器，是明备用方式。正常运行时，通过工作变压器 T1 给负荷母线供电；当 T1 故障退出后，投入备用变压器 T2。

3. 进线备用电源自动投入装置

图 13-4（a）为单母线不分段接线，断路器 QF1 和 QF2 一个合闸（作为工作线路），另一个断开（作为备用线路），显然是明备用方式。

图 13-4（b）为单母线分段接线，有三种运行方式。①线路 1 工作带Ⅰ段和Ⅱ段母线负荷，QF1 和 QF3 合闸状态，线路 2 备用，QF2 断开状态，是明备用方式；②线路 2 工作带Ⅰ段和Ⅱ段母线负荷，QF2 和 QF3 合闸状态，线路 1 备用，QF1 断开状态，是明备用方式；③线路 1 和线路 2 都工作，分别带Ⅰ段和Ⅱ段母线负荷，QF1 和 QF2 合闸状态，QF3 断开状态，即母线工作在分段状态，是暗备用方式，当任一母线失去电源时通过分段断路器合闸从另一供电线路取得电源。

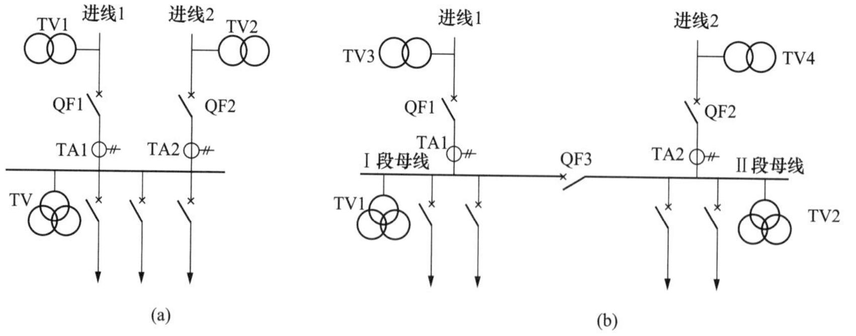

图 13 4　进线备用电源自动投入装置一次接线

（a）单母线不分段；（b）单母线分段

13.2　微机型备用电源自动投入装置

微机型的备用电源自动投入装置，不但体积小、质量轻、可靠性高，而且使用智能化，即能够根据设定的运行方式自动识别现行运行方案、选择自投方式。自动投入过程还带有过电流保护和加速功能以及自投后过负荷联切等功能。

13.2.1　微机型备用电源自动投入装置的特点

微机型备用电源自动投入装置通过精心设计，可以具有以下特点：

（1）综合功能比较齐全，适应面广。如果采用常规型装置，若想实现多种备用电源投入控制方式，则需要安装多套备用电源自动投入装置，不仅体积大，成本也高。但若采用微机型备用电源自动投入装置，则一套装置就既能实现高压母联自动投入，解决高压进线故障造成的失电问题；又能实现低压母联自动投入，解决主变压器故障造成的失电问题；对于一回进线为明备用的情况，还可实现进行断路器自动投入控制，如图13-5所示，因此可适应变电站的各种运行方式。

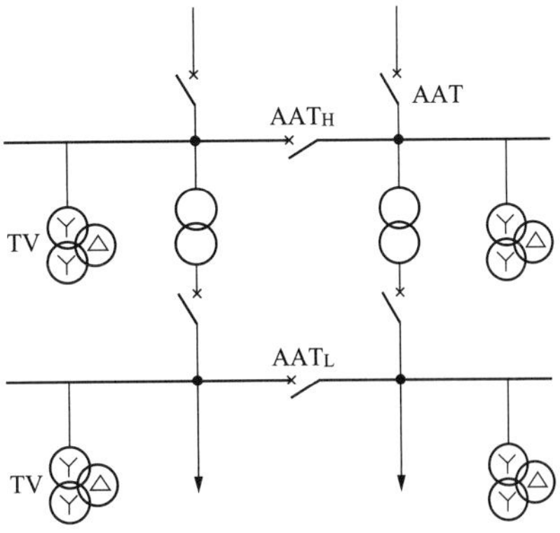

图13-5　备用电源自动投入综合控制接线

（2）具有串行通信功能，可适用于无人值班变电站。通信技术的迅猛发展给新设计的备用电源自动投入装置具有串行通信功能提供了极为方便的条件。因此，备用电源自动投入装置可以像其他微机保护装置一样，方便地与保护管理机或综合自动化系统接口，也可以适用于无人值班变电站。

（3）体积小，性能价格比高。随着大规模集成电路技术的不断发展，微处理机和单片机的价格不断下降，使得微机型备用电源自动投入装置的体积不断缩小，性价比不断提高，且这个特点会越来越明显。

（4）故障自诊断能力强，可靠性高。像其他微机保护装置一样，微机型的备用电源自动投入装置具有许多明显的优点；其动作判据主要决定于软件，工作性能稳定；装置本身具有很强的故障自诊断功能，便于维护和检修。

13.2.2　微机型AAT装置的硬件结构

微机型AAT装置的硬件结构如图13-6所示。外部电流和电压输入经变换器隔离变换后，由低通滤波器输入至A/D模数转换器，经过CPU采样和数据处理后，由逻辑程序完成各种预定的功能。

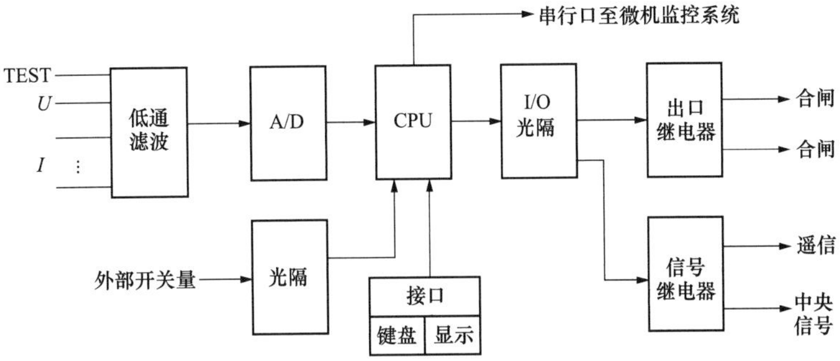

图13-6　微机备用自动投入装置硬件结构方案图

这是一个单 CPU 系统。由于备用电源自动投入的功能并不是很复杂，为简单起见，采样、逻辑功能及人机接口均由同一个 CPU 完成。由于备用电源自动投入对采样速度要求不高，此硬件中模数转换器可以不采用 VFC 型（电压频率转换器），宜采用普通的 A/D 转换器。开关量输入输出仍要求经过光电隔离处理，以提高抗干扰能力。

13.2.3 微机型 AAT 装置的投入方式

AAT 装置的应用方式主要用于 110kV 以下的中、低压配置系统中，特别以两路电源互为备用的形式最为常见，根据系统一次接线方式不同，可有进线备用电源自动投入、内桥断路器备用电源自动投入和低压母线分段断路器备用电源自动投入等功能模式。每种功能模式又有不同的运行方式。当运行方式设定后，AAT 装置可自动识别当前的备用运行方式，自动选择相应的自投方式。下面分别介绍几种常见的投入方式，并详细分析低压母线分段断路器备用电源自动投入装置的软件原理。

1. 进线备用电源自动投入的投入方式

进线备用电源自动投入的投入方式接线图如图 13-7 所示。该接线为单母线接线，一般在小型配电系统、小型化变电站或在厂用电系统中使用。

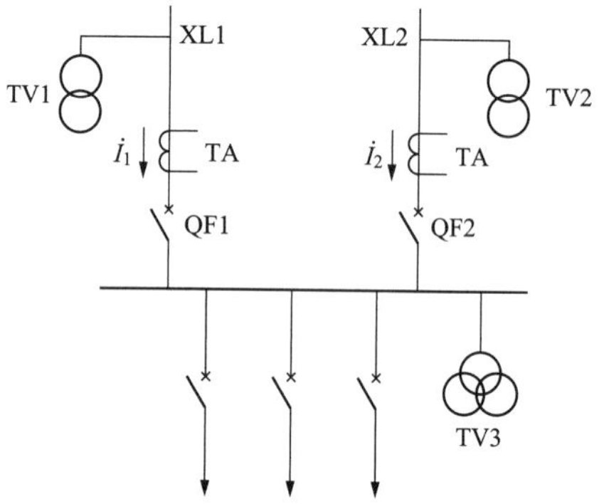

图 13-7　进线备用电源自动投入的投入方式接线图

如图 13-7 所示，设电源进线 XL1 和 XL2 中只有一个作为工作电源，另一个作为备用电源，母线为单母线，因此为明备用方式，可以有如下两种工作方式：

（1）方式 1：XL1 作为主电源，QF1 在合位，QF2 在分位，XL2 处于备用状态。因此当工作线路失压，备用线路有电压，并且$\dot{I}_1$无电流时，即可跳开 QF2，合上 QF1，由 XL2 供电。

（2）方式 2：XL2 作为主电源，QF2 在合位，QF1 在分位，XL1 处于备用状态。因此当工作线路失压，备用线路有电压，并且$\dot{I}_2$无电流时，即可跳开 QF2，合上 QF1，由 XL1 供电。

2. 内桥断路器备用电源自动投入的投入方式

单母线分段备用电源自动投入或内桥备用电源自动投入的接线方式如图 13-8 所示。由图可看出，XL1 和 XL2 为两条电源进线，QF3 为桥断路器或母线分段断路器，该备用电源自动投入有以下工作方式：

（1）方式 1：XL1 进线带Ⅰ、Ⅱ段运行，即 QF1、QF3 在合位，QF2 在分位时，

XL2 是备用电源；备用电源自动投入的条件是Ⅰ段母线失压、$\dot{I}_1$无电流、XL2 线路有电压、QF1 确实已跳开、QF2 在合位。

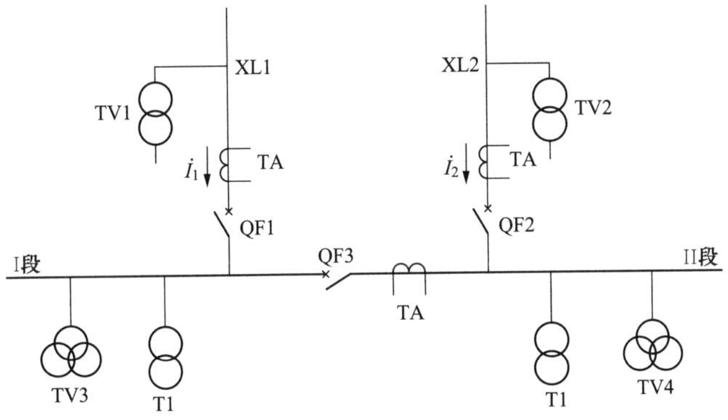

图 13-8　内桥断路器自动投入方案接线图

（2）方式 2：XL2 进线带Ⅰ、Ⅱ段运行，即 QF2、QF3 在合位，QF1 在分位时，XL1 是备用电源。备用电源自动投入的条件是Ⅱ段母线失压、$\dot{I}_2$无电流、XL1 线路有电压、QF2 确实已跳开、QF1 在合位。

上述两种方式是明备用接线方案。

（3）方式 3：Ⅰ、Ⅱ段母线分列运行，分别由 XL1、XL2 供电。QF3 在分位，而 QF1、QF2 在合位，若Ⅰ母失电，则跳开 QF1 后，QF3 自动合上，Ⅰ段母线由 XL2 供电。

（4）方式 4：Ⅰ、Ⅱ段母线分列运行，分别由 XL1、XL2 供电。QF3 在分位，而 QF1、QF2 在合位，若Ⅱ母失电，则跳开 QF2 后，QF3 自动合上，Ⅱ段母线由 XL1 供电。

上述两种方式，由于 XL1 和 XL2 互为备用电源，所以是暗备用接线方案。

3. 低压母线分段断路器备用电源自动投入的投入方式

低压母线分段断路器自动投入方式主接线如图 13-9 所示。由图可看出，该备用电源自动投入有以下工作方式：

（1）方式 1：正常时，T1、T2 同时运行，QF5 断开。当 T1 故障或Ⅰ段母线失压时，保护跳开 QF1 和 QF2，$\dot{I}_1$无电流，并且母线Ⅳ有电压，QF5 由 AAT 装置动作而自动合上，母线Ⅲ由 T2 供电。

（2）方式 2：当发生与方式 1 相类似的原因，Ⅳ母线失压，$\dot{I}_2$无电流，并且Ⅲ段母线有电压时，即断开 QF3 和 QF4，合上 QF5，母线Ⅳ由 T1 供电。

上述（1）（2）两种方式是暗备用接线方案。

（3）方式 3：正常时，QF5 合上，QF4 断开，母线Ⅲ和母线Ⅳ由 T1 供电；当 QF2 跳开后，QF4 由 AAT 装置动作自动合上，母线Ⅲ和母线Ⅳ由 T2 供电。

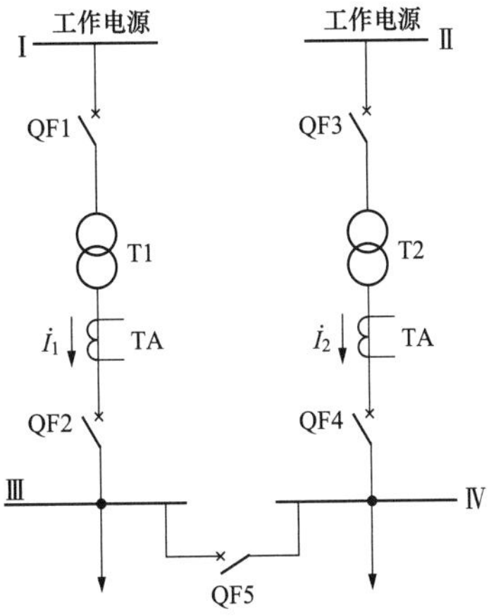

图 13-9　低压母线分段断路器自动投入方案接线图

（4）方式 4：正常时，QF5 合上，QF2 断开，母线Ⅲ和母线Ⅳ由 T2 供电；当 QF4 跳开后，QF2 由 AAT 装置动作自动合上，母线Ⅲ和母线Ⅳ由 T1 供电。

上述（3）（4）两种方式是明备用接线方案。

13.2.4 微机型 AAT 装置的软件原理

下面以低压母线分段断路器备用电源自动投入的四种投入方式为例，介绍微机型 AAT 装置的软件原理。

1. 暗备用方式的 AAT 软件原理

图 13-10 示出了低压母线分段断路器备用电源自动投入的方式 1、方式 2 的 AAT 软件逻辑框图。现以方式 1，即图 13-9 的 T1、T2 分列运行，QF2 跳开后，QF5 由 AAT 装置动作自动合上，母线Ⅲ由 T2 供电为例，说明 AAT 的工作原理。

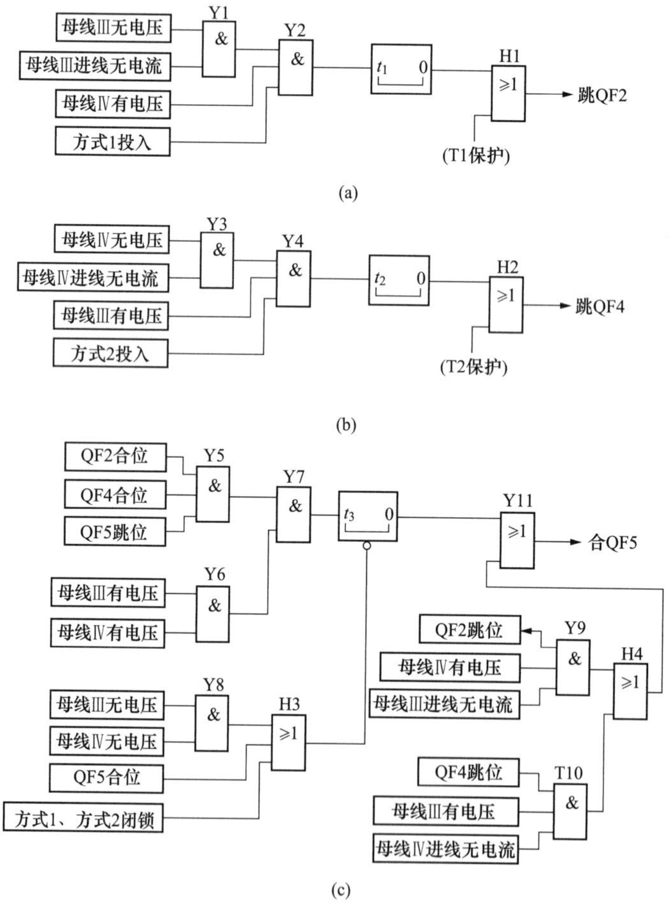

图 13-10 方式 1、方式 2 的 AAT 软件逻辑框图

（a）QF2 跳闸逻辑框图；（b）QF4 跳闸逻辑框图；（c）QF5 合闸逻辑框图

（1）AAT 装置的启动方式。图 13-10 以方式 1 正常运行时，QF1、QF2 的控制开关必在投入状态，变压器 T1 和 T2 分别供电给母线Ⅲ和母线Ⅳ。在 t_3 时间元件经 10～15s 充足电后，只要确认 QF2 已跳闸，在母线Ⅳ有电压情况下，Y9、H4 动作，QF5 就合闸。这说明工作母线受电侧断路器的控制开关（处合闸位）与断路器位置（处跳闸位）

不对应，要启动 AAT 装置（在备用母线有电压情况下）。即 AAT 的不对应启动方式，是 AAT 的主要启动方式。

然而，当系统侧故障使工作电源失去电压，不对应启动方式不能使 AAT 装置启动时，应考虑其他启动方式辅助不对应启动方式。在实际应用中，使用最多的辅助启动方式是采用低电压来检测工作母线是否失去电压。在图 13-10（a）中，电力系统内的故障导致工作母线Ⅲ失压，母线Ⅲ进线无电流，备用母线Ⅳ有电压，通过 Y2 启动 t_1 时间元件，跳开 QF2，AAT 动作。可见图 13-10（a）是低电压启动 AAT 部分，是 AAT 的辅助启动方式。这种辅助启动方式能反映工作母线失去电压的所有情况，但这种辅助启动方式的主要问题是如何克服电压互感器二次回路断线的影响。

可见，AAT 启动具有不对应启动和低电压启动两部分，实现了工作母线任何原因失电均能启动 AAT 的要求。同时也可以看出，只有在 QF2 跳开后，QF5 才能合闸，实现了工作电源断开后 AAT 才动作的要求；工作母线（母线Ⅲ）与备用母线（母线Ⅳ）同时失电无电压时，AAT 不动作；备用母线（母线Ⅳ）无电压时，根据图 13-10 的逻辑框图，AAT 不动作。

（2）AAT 装置的“充电”过程。

为了保证微机型备用电源自动投入装置正确动作且只动作一次，在逻辑中设计了类似自动重合闸装置的充电过程（10～15s）。只有在充电完成后，AAT 装置才进入工作状态。如图 13-10（c）所示，要使 AAT 进入工作状态，必须要使时间元件 t_3 充足电，充电时间需 10～15s，这样才能为 Y11 动作准备好条件。

AAT 装置的充电条件是：变压器 T1、T2 分列运行，即 QF2 处合位、QF4 处合位、QF5 处跳位，所以与门 Y5 动作；母线Ⅲ和母线Ⅳ均三相有电压（QF1、QF3 均合上，工作电源均正常），与门 Y6 动作。

满足上述条件，在没有 AAT 装置的放电信号的情况下，与门 Y7 的输出对时间元件 t_3 进行充电。当经过 10～15s 充电过程后，与门 Y11 准备好了动作条件，即 AAT 装置准备好了动作条件。与门 Y11 的另一输入信号（AAT 动作命令）一旦来到，AAT 装置就动作，最终合上 QF5 断路器。

（3）AAT 装置的“放电”功能。AAT 装置“放电”的功能，就是在有些条件下要取消 AAT 装置的动作能力，实现 AAT 装置的闭锁。

t_3 的放电条件有：QF5 处合位（AAT 动作成功后，备用工作方式 1 不存在了，t_3 不必再充电）；母线Ⅲ和母线Ⅳ均三相无电压（T1、T2 不投入工作，t_3 禁止充电；T1、T2 投入工作后，t_3 才开始充电）；备用方式 1 和备用方式 2 闭锁投入（不取用备用方式 1、备用方式 2）。

这三个条件满足其中之一，t_3 会瞬时放电，闭锁 AAT 的动作。

可以看出，T1、T2 投入工作后经 10～15 s，等 t_3 充足电后，AAT 才有可能动作。AAT 动作使 QF5 合闸后 t_3 瞬时放电；若 QF5 合于故障上，则由 QF5 上的加速保护使 QF5 立即跳闸，此时母线Ⅲ（备用方式 2 工作时为母线Ⅳ）三相无电压，Y6 不动作，t_3 不可能充电。于是，AAT 不再动作，从而保证 AAT 只动作一次。

（4）AAT 装置的动作过程。当备用方式 1 运行 15s 后，AAT 的动作过程如下：若工作变压器 T1 故障时，T1 保护动作信号经 H1 使 QF2 跳闸；工作母线Ⅲ上发生短路故障时，T1 后备保护动作信号经 H1 使 QF2 跳闸；工作母线Ⅲ的出线上发生短路故障而没有被该出线断路器断开时，同样由 T1 后备保护动作经 H1 使 QF2 跳闸；电力系统内故障使母线Ⅲ失压时，在母线Ⅲ进线无电流、母线Ⅳ有电压情况下经时间 t_1 使 QF2 跳闸；QF1 误跳闸时，母线Ⅲ失压、母线Ⅲ进线无电流、母线Ⅳ有电压情况下经时间 t_1 使 QF2 跳闸，或 QF1 跳闸时联跳 QF2。

QF2 跳闸后，在确认已跳开（断路器无电流）、备用母线有电压情况下，Y11 动作，QF5 合闸。当合于故障上时，QF5 上的保护加速动作，QF5 跳开，AAT 不再动作。可见，图 13-10 所示的 AAT 逻辑框图完全满足 AAT 的基本要求。

2. 明备用方式的 AAT 软件原理

图 13-11 为低压母线分段断路器备用电源自动投入的方式 3、方式 4 的 AAT 软件逻辑框图。方式 3 和方式 4 是一个变压器带母线Ⅲ和母线Ⅳ运行（QF5 必处合位），另一个变压器备用的工作方式是明备用的备用方式。

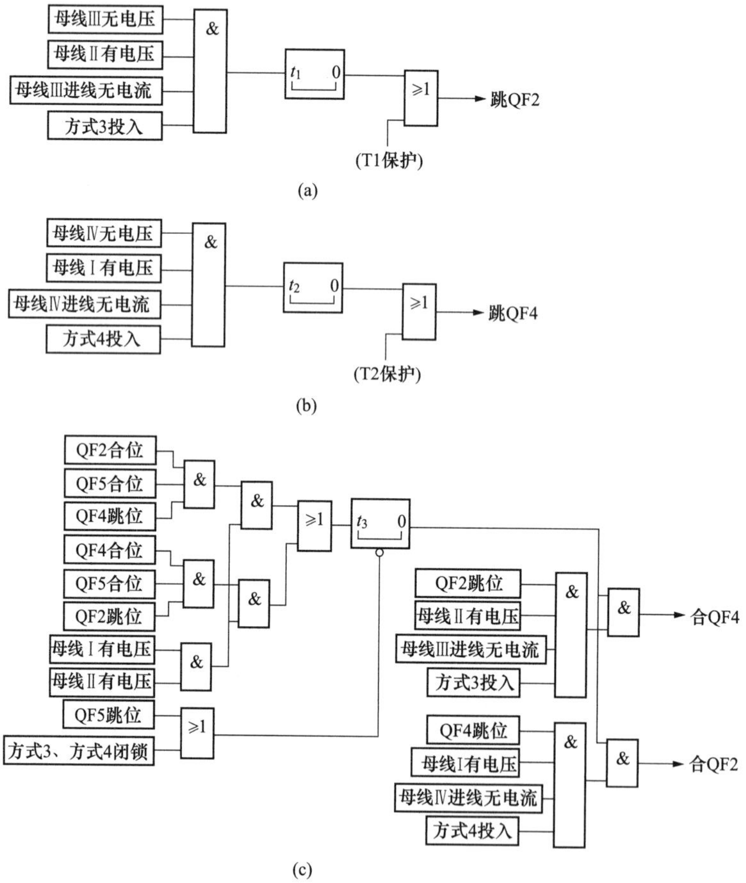

图 13-11　方式 3、方式 4 的 AAT 软件逻辑框图

（a）QF2 跳闸逻辑框图；（b）QF4 跳闸逻辑框图；（c）QF4、QF2 合闸逻辑框图

在母线Ⅰ、母线Ⅱ均有电压的情况下，QF2、QF5 均处合位而 QF4 处跳位（方式 3），或者 QF4、QF5 均处合位而 QF2 处跳位（方式 4）时，时间元件 t_3 充电，经 10～15s 充电完成，为 AAT 动作准备了条件。可以看出，QF2 与 QF4 同时处合位或同时处跳位时，t_3 不可能充电，因为在这种情况下无法实现方式 3、方式 4 的 AAT；同样，当 QF5 处跳位时，t_3 也不可能充电，理由同上；此外，母线Ⅱ或母线Ⅰ无电压时，

t_3 也不充电，说明备用电源失去电压时，AAT 不可能动作。

当然，QF5 处跳位或方式 3、方式 4 闭锁投入时，t_3 瞬时放电，闭锁 AAT 的动作。

与图 13-10 相似，图 13-11 所示的 AAT 同样具有工作母线受电侧断路器控制开关与断路器位置不对应的启动方式和工作母线低电压启动方式。因此，当出现任何原因使工作母线失去电压时，在确认工作母线受电侧断路器跳开、备用母线有电压、方式 3 或方式 4 投入情况下，AAT 动作，负荷由备用电源供电。由上述可以看出，图 13-11 满足 AAT 基本要求。

13.2.5　备用电源自动投入装置的参数整定

整定的参数包括低电压元件动作值、过电压元件动作值、AAT 充电时间、AAT 动作时间、低电流元件动作值等。

1. 低电压元件动作值

低电压元件用来检测工作母线是否失去电压的情况。当工作母线失压时，低电压元件应可靠动作。

为此，低电压元件的动作电压应低于工作母线出线短路故障切除后电动机自启动时的最低母线电压；工作母线（包括上一级母线）上的电抗器或变压器后发生短路故障时，低电压元件不应动作。考虑上述两种情况，低电压元件动作值一般取额定电压的 25%。

2. 过电压元件动作值

过电压元件用来检测备用母线（暗备用时是工作母线）是否有电压的情况。如在图 13-9 中以方式 1、方式 2 运行时，工作母线出线故障被该出线断路器断开后，母线上电动机自启动时，备用母线出现最低运行电压 U_{min}，过电压元件应处动作状态。故过电压元件动作电压 U_{set} 为

$$U_{set}=\frac{U_{min}}{K_{rel}K_{r}n_{TA}} \tag{13-1}$$

式中　K_{rel}——可靠系数，取 1.2；

K_r——返回系数，取 0.9；

n_{TA}——电压互感器变比。

一般 U_{set} 不应低于额定电压的 70%。

3. AAT 充电时间

图 13-9 以方式 1、方式 2 运行时，当备用电源动作于故障上时，则设在 QF5 上的加速保护将 QF5 跳闸。若故障是瞬时性的，则可立即恢复原有备用方式。为保证断路器切断能力的恢复，AAT 的充电时间应不小于断路器第二个“合闸—跳闸”的时间间隔，一般间隔时间取 10～15s。

可见，AAT 的充电时间是必需的，且充电时间（图 13-10、图 13-11 中的 t_3）应为 10～15s。

4. AAT 动作时间

AAT 动作时间是指由于电力系统内的故障使工作母线失压跳开工作母线受电侧断路器的延时时间。

因为网络内短路故障时，低电压元件可能动作，显然此时 AAT 不能动作，所以设置延时是保证 AAT 动作选择性的重要措施。AAT 的动作时间 t_{set}（图 13-10、图 13-11 中的 t_1 和 t_2）为

$$t_{set} = t_{max} + \Delta t \tag{13-2}$$

式中 t_{max}——网络内发生使低电压元件动作的短路故障时，切除该短路故障的保护最大动作时间；

Δt——时间级差，取 0.4s。

运行经验表明，单侧电源线路的 AAT 或三相重合闸动作时间取 0.8～1s 较为合适。

5. 低电流元件动作值

设置低电流元件用来防止 TV 二次回路断线时误启动 AAT，同时兼作断路器跳闸的辅助判据。低电流元件动作值可取 TA 二次额定电流值的 8%（如 TA 二次额定电流为 5A 时，低电流动作值为 0.4A）。

*13.3　自动按频率减负荷装置基本知识

13.3.1　自动按频率减负荷装置概述

频率是标志电能质量的基本指标之一，我国电力系统额定频率为 50Hz，电力系统正常运行时，必须维持频率在 50Hz±（0.1～0.2）Hz 的范围内。频率也是制造有关电气设备的基本参数之一。电力系统频率同时反映了系统有功功率的平衡状况。因电能不能储存，电力系统稳定运行时，系统内发电机发出的总功率等于用户消耗的（包括传输损失）总功率，此时频率维持为一稳定值。频率是由并列运行的同步发电机转速决定的，若功率平衡遭到破坏，则发电机的转速将增加或减少，于是频率也相应发生变化。

正常运行时，负荷有功功率总是在小范围内变化的，这时只要相应地改变汽轮机主汽门的进汽量或水轮机的进水量，使发电机发出的总功率与负荷所需的总功率重新平衡，频率即恢复到接近额定值。

但是在事故情况下，如一台容量较大的发电机跳闸、重要送电线路误断开，甚至整个电厂与系统解列，系统内旋转备用容量远远不能弥补这时的有功功率缺额，于是频率将迅速下降，功率缺额越大，频率降低的越严重。这时如果不及时采取措施，不仅影响供电质量，而且给电力系统安全运行带来极为严重的后果。

低频运行对发电机和系统安全运行的影响：

（1）频率降低使厂用机械的出力下降，从而导致发电机发出的有功功率降低，使系统频率进一步降低，严重时将引起系统频率崩溃。

（2）当频率降低到 46～45Hz 时，因发电机转子及励磁机的转速显著下降，致使发电机电势下降，全系统电压水平大为降低，严重时可能造成系统电压崩溃。

（3）系统频率长期在低于 49.5Hz 的频率下运行时，会影响电厂或系统运行的经济性，同时汽轮机叶片容易产生裂纹，当频率低至 45Hz 附近时，个别级叶片可能由于共振发生断裂事故。

（4）频率降低将影响某些测量仪表的准确性，影响继电保护装置的正确动作。

（5）在核电厂中，反应堆冷却介质泵对供电频率有严格要求。当频率降到一定数值时，冷却介质泵会自动跳开，使反应堆停止运行。

为了防止频率进一步降低，在短时间内尽快恢复至允许值，保证重要用户的连续供电，比较有效的措施就是根据频率下降情况自动断开一部分不重要的负荷。这种因系统发生有功功率缺额而引起频率下降时，能根据频率下降的程度自动地断开一部分不重要负荷的自动装置，称为按频率自动减负荷装置，简称 AFL 装置。

13.3.2　对按频率自动减负荷装置的基本要求

（1）在各种运行方式且功率缺额的情况下，按频率自动减负荷装置能按整定有顺序地切除负荷，系统频率回升到恢复频率范围内。一般要求恢复频率 f_h 低于系统额定频率，为 49.5～50Hz 之间。

（2）应有足够的负荷接于按频率自动减负荷装置上。当系统出现最严重功率缺额时，按频率自动减负荷装置能切除足够的负荷，能使系统频率回升到恢复频率。

（3）按频率自动减负荷装置应根据系统功率缺额的程度、频率下降的速率快速切除负荷。

（4）供电中断，频率快速下降，按频率自动减负荷装置应可靠闭锁，不应误动。

（5）电力系统发生低频振荡及谐波干扰时，不应误动。

13.3.3　自动低频减载装置的工作原理

当电力系统中出现严重的功率缺额时，AFL 装置的任务是迅速断开相应数量的用户，恢复有功功率的平衡，使系统频率不低于某一允许值，确保电力系统安全运行，防止事故的扩大。

正常运行的电力系统，频率为额定频率 f_N，总负荷为 P_{LN}。当出现有功缺额 ΔP_L 将引起系统频率下降。切除不重要的负荷抑制频率的下降或使频率上升到恢复频率。

1. 装置原理接线

自动按频率减负荷装置由 n 个基本级和一个附加级组成，每一级就有一套 AFL 装置，其典型接线如图 13-12 所示，它安装在系统内某一变电站中，属于同一级的用户共用一套装置。

图 13-11 中，低频率继电器 KF 取用母线电压互感器的二次电压，当系统频率降低到低频率继电器 KF 的动作频率时，KF 动作闭合其触点，启动时间继电器 KT，经整定时限后启动出口中间继电器 KM，断开相应各负荷。

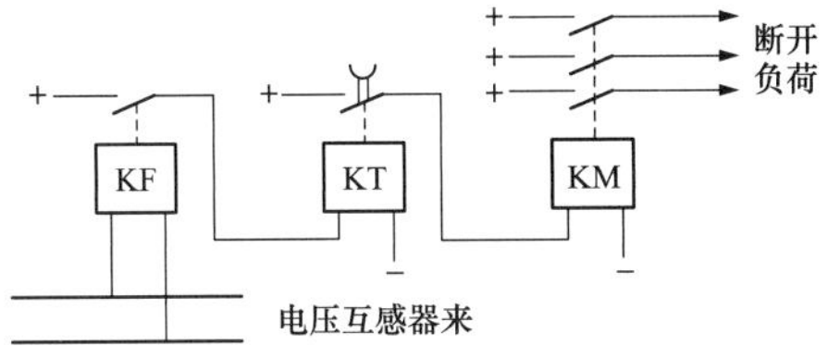

图 13-12　AFL 装置的接线

2. AFL 的配置

电力系统装设 AFL，应根据电力系统的结构和负荷的分布情况，分散设在电力系统中相关的变电站中，图 13-13 为电力系统 AFL 的配置示图。图 13-14 为某一变电站的 AFL 原理框图。

由图 13-14 可见，当系统频率降低到 f_i 时，全系统变电站内的第 i 级 AFL 均动作，断开各自相应的负荷 p_{cuti}。

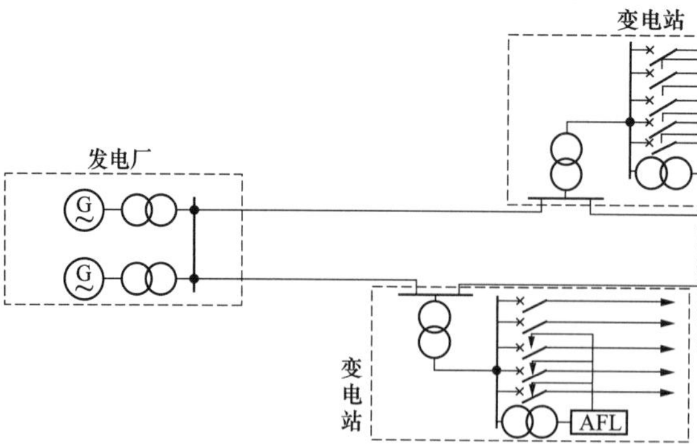

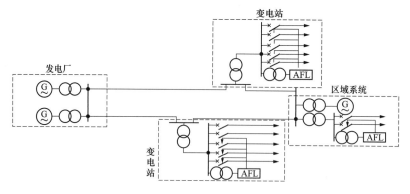

图 13-13　AFL 的配置示意图

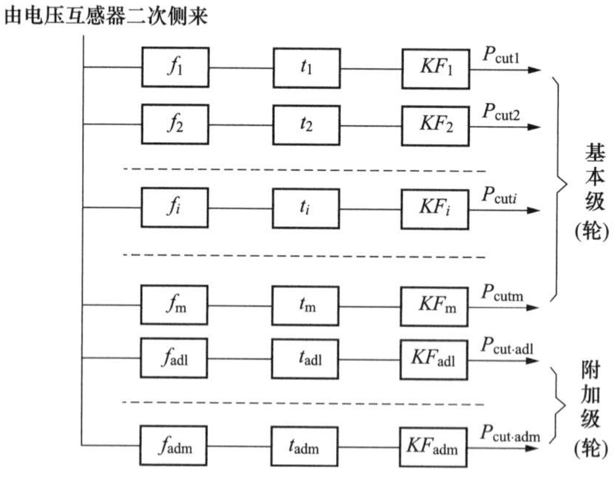

图 13-14　AFL 原理框图

13.3.4　自动低频减载装置动作顺序

在电力系统出现较大功率缺额时，必须断开部分负荷来保证系统安全运行，这对被切用户无疑会造成不小的影响，因此，应尽可能减少切除负荷。而接于低频减负荷装置的总功率是按系统最严重的功率缺额来考虑的。所以对于各种事故可能造成的功率缺额，都要求按频率自动减负荷装置能作出正确判断，分批切除相应数量的负荷功率，才能取得较为满意的结果。

按频率自动减负荷装置是在电力系统发生事故、系统频率下降过程中，按照频率的不同数值按顺序地切除负荷。也就是将接至按频率自动减负荷装置的总功率 $\Delta p_{L\cdot\Sigma max}$ 分配在不同启动频率值来分批地切除，以适应不同功率缺额的需要。根据启动频率的不同，按频率自动减负荷可分为若干级，也称为若干轮。

为了确定按频率自动减负荷装置的级数，首先应定出装置的动作频率范围，即选定第一级启动频率 f_1 和最末一级启动频率 f_n 的数值。

1. 第一级启动频率 f_1 的选择

由系统动态频率特性曲线可知，在发生事故功率缺额初期如能及早切除负荷，这对于延缓频率下降过程是有利的。因此第一级的启动频率值宜选择得高些，但又必须计及电力系统启动旋转备用容量所需的时间延迟，避免因暂时性频率下降而误切负荷，所以一般第一级的启动频率整定在 48.5～49.2Hz。

2. 末级启动频率 f_n 的选择

电力系统允许最低频率受安全运行以及可能发生“频率崩溃”的限制，对于高温高压的火电厂，频率低于 46～46.5Hz 时，厂用电已不能正常工作。在频率低于 45Hz 时，就有“频率崩溃”的危险。因此，末级的启动频率以不低于 47Hz 为宜。

3. 频率级数及级差选择

当 f_1 和 f_n 确定以后，就可在该频率范围内按频率级差 Δf 分成 n 级断开负荷，即

$$n=\frac{f_1-f_2}{\Delta f}+1 \tag{13-3}$$

级数 n 越多，每级断开的负荷越小，装置所切除的负荷量就越有可能接近于实际功率缺额，具有较好的适应性。

4. 动作时限

按频率自动减负荷装置动作时原则上应尽可能快，这样有利于减缓系统频率下降，动作延时不宜超过 0.2s。同时必须考虑系统频率短时波动时，躲过暂态过程中装置可能出现的误动。

5. 附加级

在按频率自动减负荷装置的动作过程中，当第 i 级启动切除负荷以后，如系统频率仍继续下降，则下面各级会相继动作，直到频率下降被制止为止。如果出现的情况是：第 i 级动作后，系统频率可能稳定在 f_i，低于恢复频率 f_n，但又不足以使第 $i+1$ 动作。于是系统频率将长时间在低于恢复频率 f_n 下运行，这是不允许的。因此要设置附加级来切除负荷，以使系统频率能恢复到允许值 f_n 以上。

附加级的动作频率应不低于恢复频率 f_n 的下限。由于附加级是在系统频率已经比较稳定时动作的。因此其动作时限可以取系统频率变化时间常数 T_X 的 2～3 倍，装置最小动作时间可为 10～15s。

附加级可按时间分为若干级，其启动频率相同，但动作时延不一样，各级时间差级差不宜小于 10s，按时间先后次序分批切除负荷，以适应功率缺额大小不等的需要。

附加级切除的功率应按最不利的情况来考虑，即低频减载装置切除负荷后系统频率稳定在可能最低的恢复频率值，按此条件考虑附加级所切除负荷功率的最大值，足以使系统频率恢复到 f_n。

*13.4　微机型频率、电压控制装置

电力系统由于有功缺额引起频率下降时，装置自动根据频率降低值切除部分电力用户负荷，使系统电源的输出与用户负荷重新平衡。装置频率电压均有独立的若干级输出(独立的基本级、特殊级)。电压、频率的各级输出可由定值灵活整定，每级都可以直接控制任一个出口。一般配置可以切除若干回负荷线路。

电力系统有功功率缺额较大时，微机装置具有根据 df/dt 加速切负荷的功能，在切第一级时可加速切第二级或二、三两级，快速制止频率的下降，防止出现频率崩溃事故。

13.4.1 微机型频率电压紧急控制装置的硬件

微机型频率电压紧急控制装置硬件结构如图 13-15 所示。

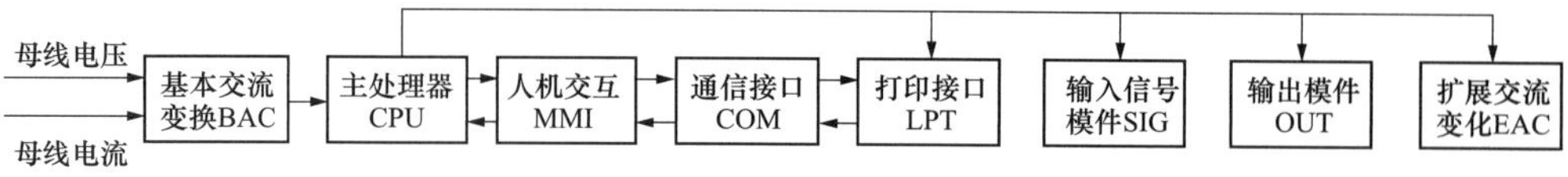

图 13-15 微机型频率电压紧急控制装置硬件结构

（1）基本交流变换模件（BAC）将母线的电压/电流转换为弱电信号，经由采样保持器送给主处理器的模/数转换器转换用。

（2）主处理器模件是装置的核心，该模件用于转换并处理来自于 BAC 模件的交流输入量，计算出功率（有功及无功）、电压及其变化率、频率及其变化率、相位等量值，若有频率电压事故发生，则向出口模件发出跳闸命令。主处理模件由单片机、A/D 转换、状态量输入、状态量输出（用于跳合闸脉冲输出、告警信号输出、闭锁继电器的开放及其他信号输出）等组成。

（3）人机对话模件（MMI）用于人机界面管理，如键盘操作、液晶显示、与变电站监控系统或远方安全自动化装置通信、GPS 对时（分/秒脉冲对时）以及与主 CPU 交换信息。

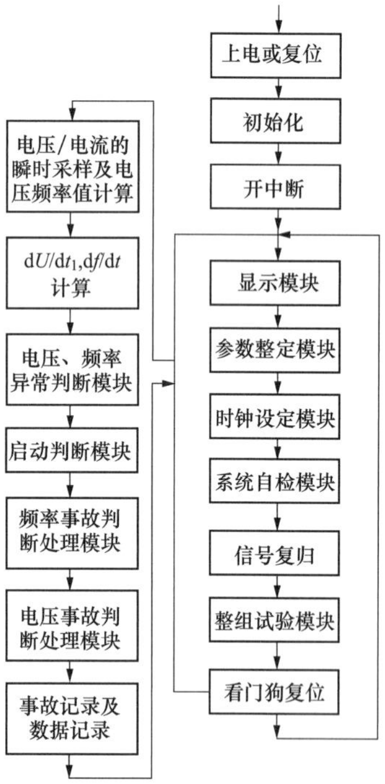

图 13-16 频率电压紧急控制装置的软件结构框图

（4）输入及信号模件（SIG）由信号继电器（KS）、开关量输入回路等组成，该模件提供装置动作信号及告警信号，这些信号可送至面板信号灯显示，也可提供给中央信号装置。

（5）输出模件（OUT）由一些出口继电器组成，每个模件提供 6 组、每组两对触点输出，一对可送至操作箱出口回路，另一对可送至闭锁重合闸回路。每台装置可以根据需要配置 1～3 个模块。为提高可靠性，出口均设闭锁回路，只在启动继电器动作后，才解除闭锁，允许出口。跳闸触点与继电器的线圈保持相连，可使跳闸触点自保持。若无需保持，将闭锁重合闸触点接至跳闸回路或短接出口板上相应二极管即可。

（6）扩展交流变换模件（EAC）是为了测量变电站或发电厂各出线功率而配备。

13.4.2 微机型频率电压紧急控制装置的软件

微机型频率电压紧急控制装置的软件部分包括数据采集模块、数字滤波模块、控制保护程序等，控制保护程序是最重要的部分，其软件框图如图 13-16 所示。

13.4.3 微机型频率电压紧急控制装置动作原理

1. 电压及频率的测量方法

装置对输入的交流电压进行高速采样，一个工频周期采样 24 点，采样周期为

0.833ms。电压幅值采用滤波算法，频率值采用硬件捕获加软件校验算法。经数字滤波后准确、快速地计算出电压、频率值及电压、频率变化率。

2. 双母线电压频率测量的自动切换方式

如图 13-17 所示，当测量的两段母线电压均正常时，装置首先选用Ⅰ段母线电压、频率进行判断，如果满足动作条件再经Ⅱ段母线电压、频率判断确定是否出口；当Ⅰ段母线电压消失或者发生 TV 断线时，装置自动选用Ⅱ段母线电压进行判断，装置仍能正常监视电网的运行。并延时后发出Ⅰ段母线电压消失或 TV 断线的告警信号；当两段母线电压均消失时，则立即闭锁出口，同时经延时后发出母线电压消失告警信号；当两段母线 TV 断线时，则装置立即闭锁电压判断功能，同时延时 5s 频率判断功能仍能正常运行。

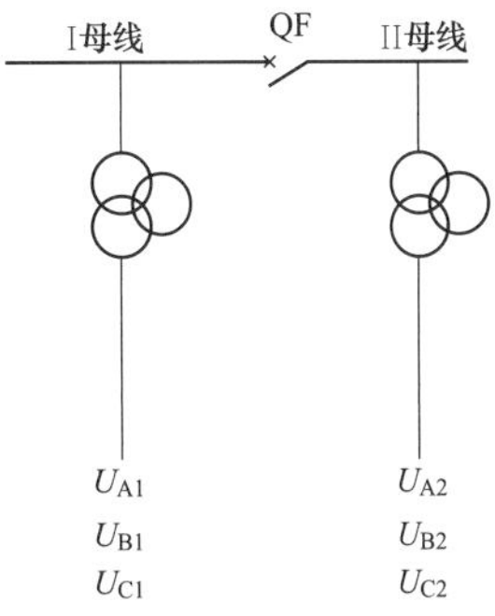

图 13-17　两段母线电压测量图

3. 微机型低频减载动作逻辑框图

微机型低频减载动作原理如图 13-18 所示，图中 u 为正序电压，f 为正序电压的频率，$u_n=100/\sqrt{3}$V。

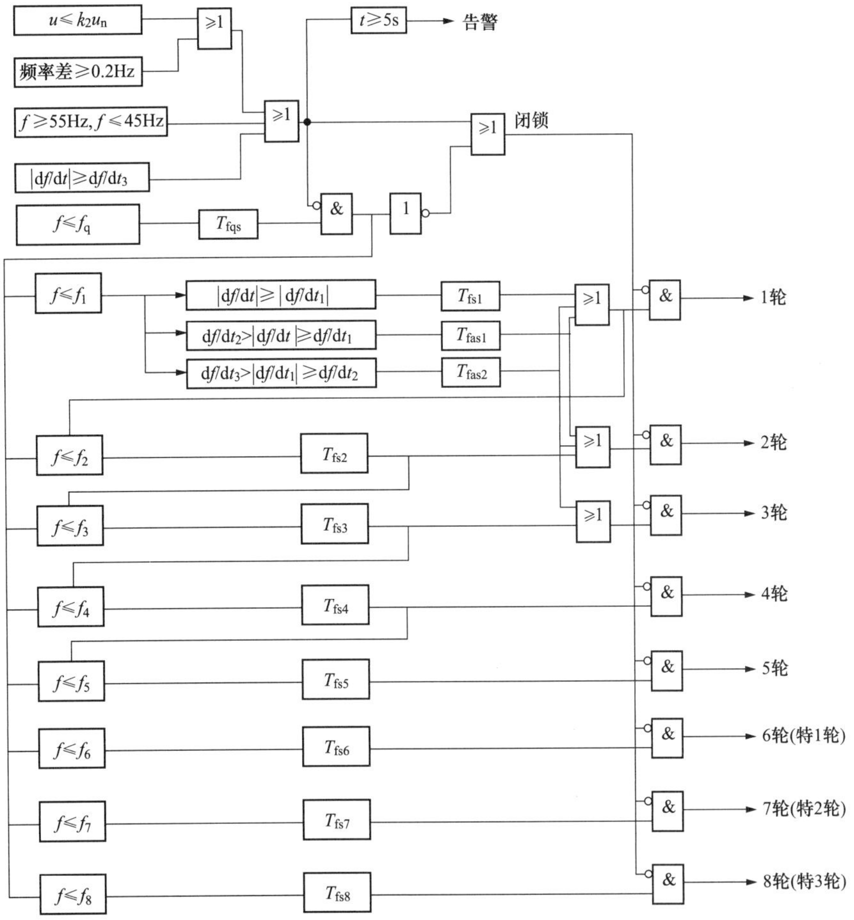

图 13-18　自动低频减载动作原理

4. 微机型低频减载装置的动作条件

（1）低频启动条件

$$f \leqslant f_q, \quad t \geqslant T_{fqs} \tag{13-4}$$

式中　f_q——低频启动定值；

T_{fqs}——低频启动延时定值。

（2）低频一级动作条件

$$f \leqslant f_1, \quad |df/dt| \geqslant df/dt, \quad t \geqslant T_{fs1} \tag{13-5}$$

式中　f_1——低频第一级启动定值；

df/dt——加速切第二级定值；

T_{fs1}——低频第一级延时定值。

（3）低频一级、加速第二级动作条件

$$f \leqslant f_1, \quad df/dt_2 > |df/dt| \geqslant df/dt_2, \quad t \geqslant T_{fas1} \tag{13-6}$$

式中　df/dt_2——加速切第二、三级定值；

T_{fas2}——加速切第二级延时值。

（4）低频第一级，加速第二、三级动作条件

$$f \leqslant f_1, \quad df/dt_3 > |df/dt| \geqslant df/dt_2, \quad t \geqslant T_{fas2} \tag{13-7}$$

式中　df/dt_3——频率变化率闭锁定值；

T_{fas2}——加速切第二、三级延时定值。

（5）低频二、三、四、五级动作条件分别如下

$$f \leqslant f_2, \quad t \geqslant T_{fs2}$$

$$f \leqslant f_3, \quad t \geqslant T_{fs3}$$

$$f \leqslant f_4, \quad t \geqslant T_{fs4}$$

$$f \leqslant f_5, \quad t \geqslant T_{fs5}$$

式中　f_2、f_3、f_4、f_5——低频第二、第三、第四、第五级启动频率整定值；

T_{fs2}、T_{fs3}、T_{fs4}、T_{fs5}——低频第二、第三、第四、第五级延时定值。

以上五级按基本级顺序相继动作。

三个特殊级的独立动作条件为：

（1）低频启动条件

$$f \leqslant f_q, \quad t \geqslant T_{fqs} \tag{13-8}$$

（2）低频特殊级第一级动作条件

$$f \leqslant f_6, \quad t \geqslant T_{fs6} \tag{13-9}$$

（3）低频特殊级第二级动作条件

$$f \leqslant f_7, \quad t \geqslant T_{fs7} \tag{13-10}$$

（4）低频特殊级第三级动作条件

$$f \leqslant f_8, \quad t \geqslant T_{fs8} \tag{13-11}$$

式中　f_6、f_7、f_8——低频特殊第一、二、三级启动频率整定值；

T_{fs6}、T_{fs7}、T_{fs8}——低频特殊第一、二、三级延时值。

5. 微机型低压减载装置工作原理

（1）动作逻辑框图。低压减载动作原理如图 13-19 所示，图中 u 为正序电压，$u_n = 100/\sqrt{3}$V。

（2）微机型低压减载装置动作条件。自动低压减载装置的动作判别方法与上述自动低频减载装置的动作判别方法相同，此处不再赘述。

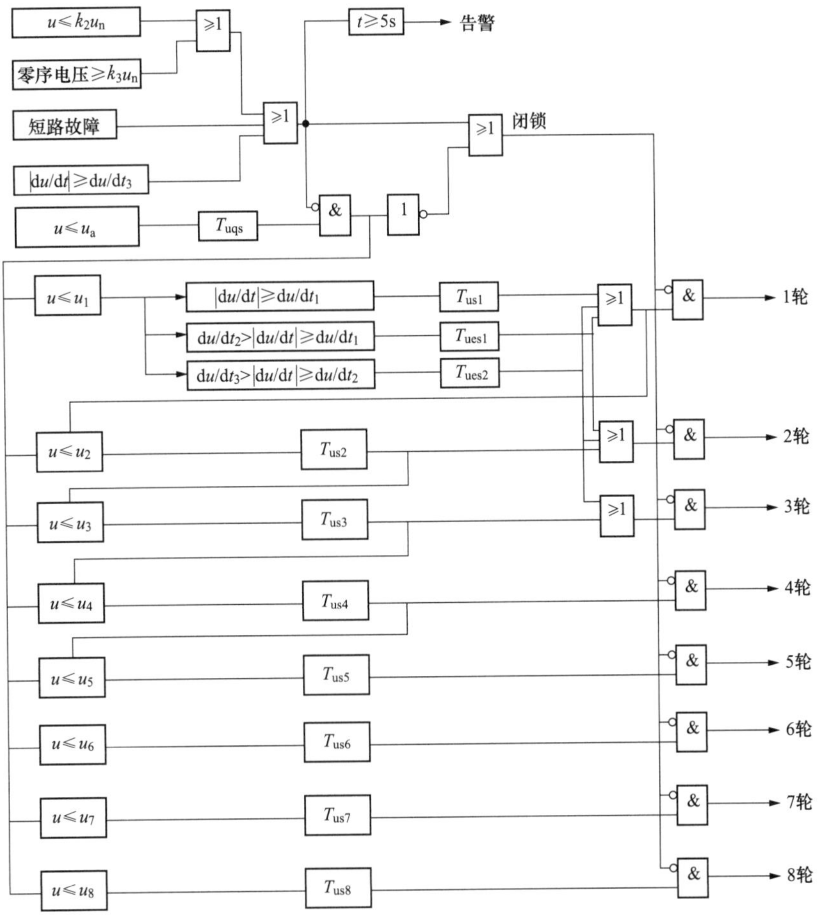

图 13-19　自动低压减载动作原理

13.4.4　装置异常闭锁措施

1. 系统短路故障时闭锁装置及故障切除后立刻允许低压切负荷功能

当系统发生短路故障时，母线电压突然降低，此时本装置立即闭锁出口，不再进行低电压判断。而当保护动作切除故障后，装置安装处的电压迅速回升，但如果恢复不到正常数值，但大于 k_1u_n（故障切除后应回升到的电压定值，该定值应大于相邻线路三相短路时的残压值，建议一般为额定电压的 0.7～0.8），装置立即解除闭锁，允许装置快速切除相应的负荷，使电压恢复。本装置不需要与保护二、三段的动作时间相配合，但需要用户设定 t_{us}（等待短路故障切除时间），一般应大于后备保护的动作时间，若后备保护最长时间为 4s，则 t_{us}应设为 4.5～5s。超过 t_{us}以后电压还没有回升到 k_1u_n 以上，装置将闭锁出口，并发出异常告警信号。

2. 电压过低闭锁

正序电压比 $u \leqslant k_2u_n$ 时，（k_2 母线电压消失定值，通常取额定电压的 0.1～0.2）判母线电压过低、消失，不进行频率判断，闭锁出口。同时切换另一母线测量，并显示Ⅰ母或Ⅱ母电压消失，延时5s告警。

3. 电压、频率突变闭锁

当电压下降转差值大于转差闭锁值，即 $|du/dt| \geqslant du/dt_3$ 或 $|df/dt| \geqslant df/dt_3$ 时，装置不进行低压、低频判断，闭锁出口。当电压、频率恢复至启动值以上时装置自动解除闭锁。

4. TV断线闭锁

当装置所测三相电压的零序电压（U_0）及相电压差大于 k_3u_n 时判TV断线，并延时5s发断线告警信号，断线故障消失后延时5s自动返回。k_3u_n 为TV断线定值，一般为额定电压的10%～15%。TV断线时如果一段母线断线则装置自动切换到另一段母线工作，若两段母线均断线时，则不进行低压判断，并闭锁低压出口，但对频率进行正常判断。

5. 频率差闭锁

当电网的各相频差大于0.22Hz时不进行频率判断，闭锁频率判断回路。

6. 频率值异常闭锁

当 $f \leqslant 45$Hz 或 $f \geqslant 55$Hz 则认为测量频率值异常，并将频率显示值置为零，闭锁频率判断回路，显示频率超限。

13.5 发电机自动调节励磁装置

同步发电机在正常运行时，对励磁电流进行调节可以维持发电机机端电压的稳定，并能够在并列运行发电机间合理有效地分配无功功率。在系统发生故障时，对励磁电流的调节可以改善并提高系统的稳定性。励磁电流的自动调节是由同步发电机的自动励磁调节装置来完成与实现的，自动励磁调节装置简称AER。

13.5.1 同步发电机励磁控制系统概述

同步发电机励磁控制系统在保证电能质量、无功功率合理分配和提高电力系统稳定性等方面都起着十分重要的作用。同步发电机的运行特性与它的空载电动势有关，而空载电动势是励磁电流的函数，因此对同步发电机励磁电流的正确控制，是电力系统自动化的重要内容。

1. 同步发电机励磁系统与励磁控制系统

同步发电机是把旋转形式的机械功率转换成三相交流电功率的设备，为了完成这一转换并满足运行的要求，除了需要原动机——汽轮机或水轮机供给动能外，同步发电机本身还需要有个可调节的直流磁场作为机电能量转换的媒介，同时借以调节同步发电机运行工况以适应电力系统运行的需要。用来产生这个直流磁场的直流电流，称为同步发电机的励磁电流，为同步发电机提供可调励磁电流的设备总体，称为同步发电机的励磁系统。

励磁系统可分为两个基本组成部分，第一部分是励磁功率单元，它向同步发电机的励磁绕组提供直流励磁电流；第二部分是励磁调节器，它感受运行工况的变化，并自动调节励磁功率单元输出的励磁电流的大小，以满足电力系统运行的要求。由励磁功率单元、励磁调节器和同步发电机共同构成的一个闭环反馈控制系统，称为励磁控制系统。

励磁控制系统的构成框图如图 13-20 所示。

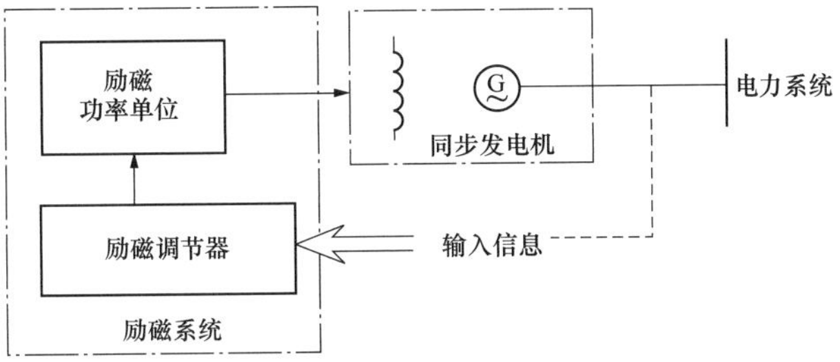

图 13-20　励磁自动控制系统的构成框图

2. 同步发电机励磁控制系统的任务

在同步发电机正常运行或事故运行中，同步发电机励磁控制系统都起着十分重要的作用。优良的励磁控制系统不仅可以保证同步发电机安全可靠运行，提供合格的电能，而且还可有效地提高励磁控制系统的技术性能指标。根据运行方面的要求，励磁控制系统应承担如下任务：

（1）在正常运行条件下，供给同步发电机的励磁电流，并根据发电机所带负荷的情况，相应地调整励磁电流，以维持发电机端电压在给定水平上。

（2）使并列运行的各同步发电机所带的无功功率得到稳定而合理的分配。

（3）增加并入电网运行的同步发电机的阻尼转矩，以提高电力系统动态稳定性及输电线路的有功功率传输能力。

（4）在电力系统发生短路故障造成发电机机端电压严重下降时，进行强励，将励磁电流迅速增到顶值，以提高电力系统的暂态稳定性。

（5）在同步发电机突然解列，甩掉负荷时，进行强减，将励磁电流迅速降到安全数值，以防止发电机端电压的过分升高。

（6）在发电机内部发生短路故障时，进行快速灭磁，将励磁电流迅速减到零值，以减小故障损坏程度。

（7）在不同运行工况下，根据要求对发电机实行过励磁限制和欠励磁限制，以确保同步发电机组的安全稳定运行。

3. 对励磁自动控制系统的基本要求

（1）励磁自动控制系统要求简单、可靠，动作要迅速，调节过程要稳定，无失灵区，以保证在稳定区内运行。

（2）在电力系统正常运行时，励磁自动控制系统能按机端电压的变化自动地改变励磁电流，维持电压值在给定水平。因此，励磁调节装置（AER）应有足够的调节容量，励磁自动控制系统应有足够的励磁容量。

（3）电力系统发生事故使电压降低时，励磁系统应有很快的响应速度和足够大的顶值励磁电压，以实现强行励磁的作用。水轮发电机的励磁系统还应有快速强行减磁能力，或增设单独的快速强行减磁装置。为了提高励磁系统的响应速度，应提高自动励磁调节装置的响应速度和励磁机的响应速度。

（4）并列运行发电机上装有励磁调节装置时，应能稳定分配机组间的无功负荷。

（5）励磁系统应有快速动作的灭磁性能，选择可在发电机内部故障或停机时迅速将磁场减小到最低，保障发电机的安全。

13.5.2 同步发电机的励磁方式

在电力系统发展初期，同步发电机的容量不大，励磁电流是由与发电机组同轴的直流发电机供给，即所谓的直流励磁机励磁系统。随着发电机容量的增大，所需励磁电流亦相应增大，机械换向器在换流方面遇到了困难，而大功率半导体整流元件制造工艺却日益成熟，于是大容量机组的励磁功率单元就采用了交流发电机和半导体整流元件组成的交流励磁机励磁系统。不论是直流励磁机励磁系统还是交流励磁机励磁系统，一般都是与主机同轴旋转，为了缩短主轴长度，降低造价，减少环节，后又出现用发电机自身作为励磁电源的方法，即以接于发电机出口的变压器作为励磁电源，经晶闸管整流后供给发电机励磁。这种励磁方式称为发电机自并励系统，又称为静止励磁系统。还有一种无刷励磁系统，交流励磁机为旋转电枢式，其发出的交流电经同轴旋转的整流器件整流后，直接与发电机的励磁绕组相连，实现无刷励磁。目前，容量在50MW以上的同步发电机组可采用交流励磁机系统，即同步发电机的励磁机也是一台交流同步发电机，其输出电压经大功率整流后供给发电机转子。

下面介绍几种具有代表性的交流励磁机励磁系统。

随着电力电子技术的发展和大容量整流器件的出现，为适应大容量发电机组的需要，产生了交流励磁机励磁系统。这种励磁系统的励磁功率单元由与发电机同轴的交流励磁机和整流器组成，其中交流励磁机又分为自励和他励两种方式；整流器又分为晶闸管整流器和非晶闸管整流器两种，每一种又有静止和旋转两种形式。励磁系统的自动励磁调节器又有模拟式的，也有数字式的。功率单元和调节器的各种不同形式的组合配用，使交流励磁机励磁系统的类型多种多样。

1. 他励交流励磁机励磁系统

他励交流励磁机励磁系统是指交流励磁机备有他励电源——中频副励磁机或永磁副励磁机。在此励磁系统中，交流励磁机经非晶闸管整流器供给发电机励磁，其中非晶闸管整流器可以是静止的，也可以是旋转的，因此又分为以下两种方式。

（1）他励交流励磁机静止整流励磁系统。图13-21所示是他励交流励磁机静止整流励磁系统原理接线图。交流主励磁机EX和交流副励磁机SE均与发电机同轴旋转。副励磁机输出的交流电经晶闸管整流器整流后供给主励磁机的励磁绕组。由于主励磁机的励磁电流不是由它自己供给的，故称这种励磁机为他励交流励磁机。主励磁机的频率为100Hz，副励磁机的频率一般为500Hz，以组成快速响应的励磁系统。

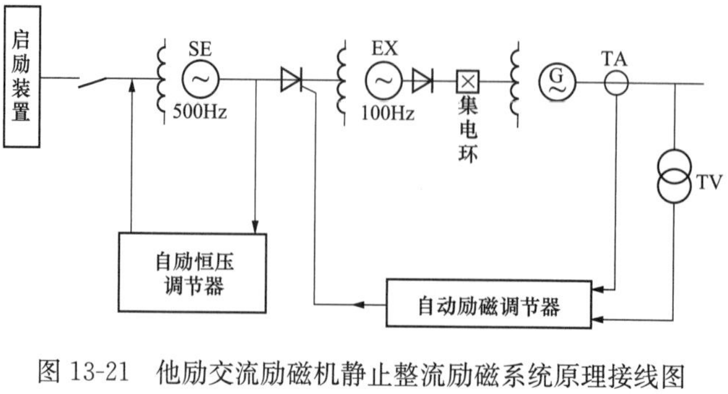

图13-21　他励交流励磁机静止整流励磁系统原理接线图

在这种励磁系统中，自动励磁调节器根据发电机端口电气参数自动调整晶闸管整流器件的控制角改变主励磁机的励磁电流，来控制发电机励磁电流，从而保证发电机端电压在给定水平。副励磁机是一个自励式的交流发电机，为保持其端电压的恒定，有自励恒压调节器调整其励磁电流，其正常工作时的励磁电流由本机发出的交流电压经晶闸管整流（在自励恒压调节器中）后供给，由于晶闸管的可靠起励电压偏高，所以在启动时必须外加一个直流起励电源，直到副励磁机发出的交流电压足以使晶闸管导通时，副励磁机的自励恒压调节器才能正常工作，起励电源方可退出。

（2）他励交流励磁机旋转整流励磁系统（无刷励磁）。图 13-22 是他励交流励磁机旋转整流励磁系统原理接线图。他励交流励磁机静止整流励磁系统是国内使用最多的一种系统。由于发电机的励磁电流是经过集电环供给的，当发电机容量较大时其转子的励磁电流也相应增大，这给集电环的正常运行和维护带来困难。为了提高励磁系统的可靠性，就必须设法去掉集电环，使整个励磁系统都无滑动接触元件，这就是所谓的无电刷励磁系统。

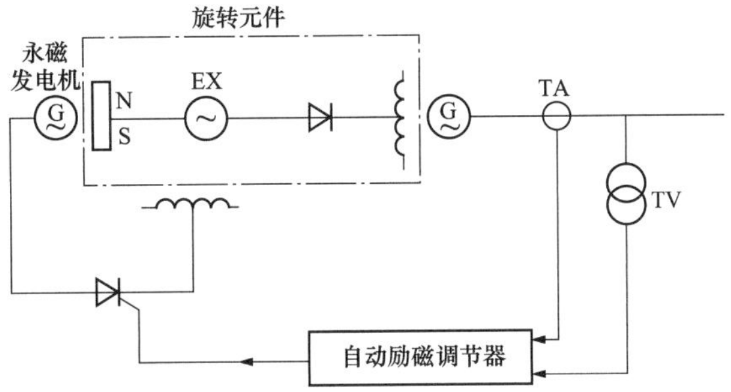

图 13-22　他励交流励磁机旋转整流励磁系统原理接线图

在该系统中，主励磁机的电枢及磁极的位置与一般发电机相反，即励磁绕组放在定子上静止不动，电枢绕组放在转子上与发电机同轴旋转。这样就可以将主励磁机电枢中产生的交流电经整流后（整流元件固定在转轴上）与发电机励磁绕组直接相连，省去集电环部分，实现了无电刷励磁。因主励磁机的电枢、硅整流元件、发电机的励磁绕组都在同轴上旋转，故又将这种系统称为他励交流励磁机旋转整流励磁系统。该系统的性能和特点为：

1）无电刷和集电环，维护工作量小。

2）发电机励磁由主励磁机独立供电，副励磁机为永磁发电机，整个励磁系统无电刷和集电环，其可靠性较高。

3）没有炭粉和铜末对电机绕组的污染，故电机的绝缘寿命较长。

4）发电机励磁控制是通过调节交流励磁机的励磁实现的，因而整个励磁系统的响应速度较慢。必须采取相应措施减小励磁系统的等值时间常数。

5）发电机的励磁回路随轴旋转，因此在励磁回路中不能接入灭磁设备，发电机励磁回路无法实现直接灭磁，也无法实现对励磁系统的常规检测，必须采取特殊的测试方法。

6）要求旋转整流器和快速熔断器等要有良好的机械性能，并能承受高速旋转的离心力。

2. 自励交流励磁机励磁系统

自励交流励磁机静止整流励磁系统原理接线如图 13-23 所示，发电机 G 的励磁电流由交流励磁机 AE 经硅整流装置 VD 供给，电子型励磁调节器控制晶闸管整流装置 VS。以达到调节发电机励磁的目的。这种励磁方式与图 13-22 所示励磁方式相比响应速度较慢，因为在这里还增加了交流励磁机自励回路环节，使动态响应速度受到影响。

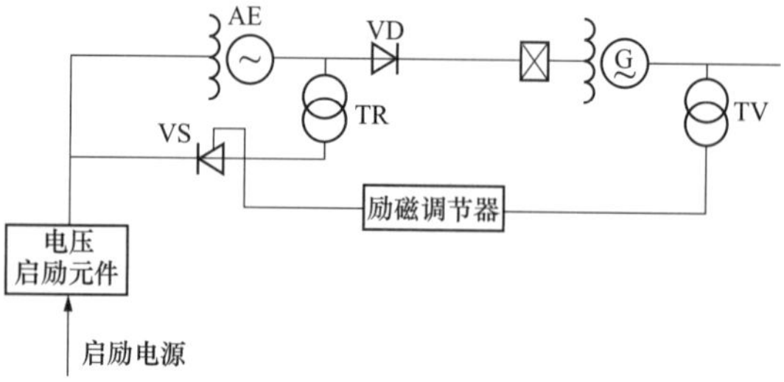

图 13-23　自励交流励磁机静止整流励磁系统原理接线图

3. 发电机自并励系统（静止励磁系统）

图 13-24 所示是静止励磁系统原理接线图。发电机的励磁是由机端励磁变压器经整流装置直接供给的，它没有其他励磁系统中的主、副励磁机旋转设备，故称静止励磁系统。由于励磁电源是发电机本身提供，又称发电机自并励系统。

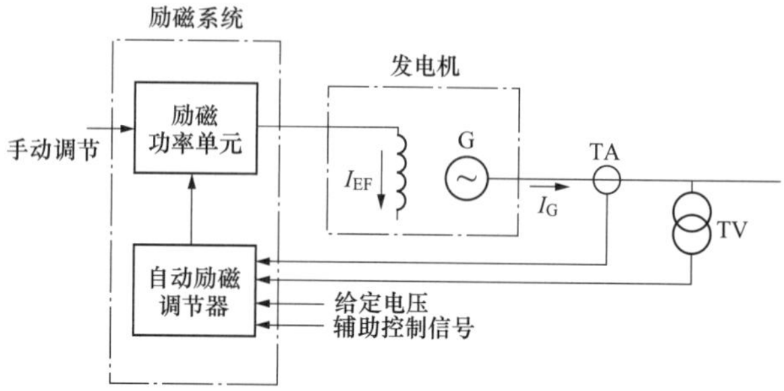

图 13-24　静止励磁系统原理接线图

该系统的主要优点是：

（1）励磁系统接线和设备简单，无转动部分，维护方便，可靠性高。

（2）不需要同轴励磁机，可缩短发电机主轴长度，降低基建投资。

（3）直接用晶闸管控制励磁电压，可获得近似阶跃函数那样的快速响应速度。

（4）由发电机机端取得励磁电源。机端电压与机组转速成正比，故静止励磁系统输出的励磁电压与机组转速成正比。而其他励磁机励磁系统输出的励磁电压与转速的二次方成正比。这样，当机组甩负荷时静止励磁系统机组的过电压较低。

对于静止励磁系统，人们曾有过两点疑虑：

（1）静止励磁系统的顶值电压受发电机端口处系统短路故障的影响。在靠近发电机附近发生三相短路而切除时间较长时，由于励磁变压器一次侧电压急剧下降，励磁系统能否提供足够的强行励磁电压。

（2）在没有足够强励电压的情况下，短路电流的迅速衰减，能否使带时限的继电保护正确动作。

针对上述疑虑，国内外的分析和试验表明，由于大、中容量发电机组的转子时间常数较大，其励磁电流要在短路 0.5s 后才显著衰减。在短路刚开始的 0.5s 之内，静止励磁方式与其他励磁方式的励磁电流是很接近的，只是在短路 0.5s 后，才有明显的差别。另外考虑到电力系统中重要设备的主保护动作时间都在 0.1s 之内，且均设有双重保护，因此没必要担心继电保护问题。对于中、小型机组，由于转子时间常数较小，短路时励磁电流衰减较快，发电机的端电压恢复困难，短路电流衰减更快，继电保护的配合较复杂，需要采取一定的技术措施以保证其正确动作。由于水轮发电机的转子时间常数和机组的转动惯量相对较大，这种励磁系统特别适用于水轮发电机。尤其适用于发电机-变压器单元接线的发电机。因为发电机与变压器之间的三相引出线分别封闭在三个彼此分开的管道中，发生短路故障的几率极小。目前它已作为 300MW 及以上发电机组，特别是水轮发电机组的定型励磁方式。

13.5.3　励磁调节器的基本组成及工作原理

励磁调节器是励磁控制系统中的智能设备，它检测和综合励磁控制系统运行状态及调度指令，并产生相应的控制信号作用于励磁功率单元，用以调节励磁电流大小，满足同步发电机各种运行工况的需要。

自动励磁调节器的最基本部分是一个闭环比例调节器。它的输入量是发电机端电压 U_G，输出量是励磁机的励磁电流或发电机的励磁电流。它的作用首先是保持发电机的端电压不变；其次是保持并联机组间无功电流的合理分配。图 13-25 是最原始也是最简单的励磁系统，在没有自动励磁调节装置以前，发电机是依靠人工调整励磁机的励磁电阻 R_C，来维持发电机端电压 U_G 不变。运行人员通过测量仪表对发电机端电压进行观察，当端电压 U_G 较低时，减小励磁电阻 R_C，使励磁机的励磁电流 I_{EE}增加，从而使发电机的励磁电流 I_{EF}增加，发电机的端电压 U_G 也相应增加。相反，当端电压 U_G 较高时，增加励磁电阻 R_C，使励磁机的励磁电流 I_{EE}减小，从而使发电机的励磁电流 I_{EF}减小，发电机的端电压 U_G 也相应减小。

人工在调压过程中的作用可用图 13-26（a）中的线段 ab 来表示。图中 $U_{Gb}\sim U_{Ga}$。是发电机在正常运行时允许电压变动的范围；一般不超过额定电压的 10%。$I_{EEb}\sim I_{EEa}$代表励磁系统必须具备的最低调整容量。

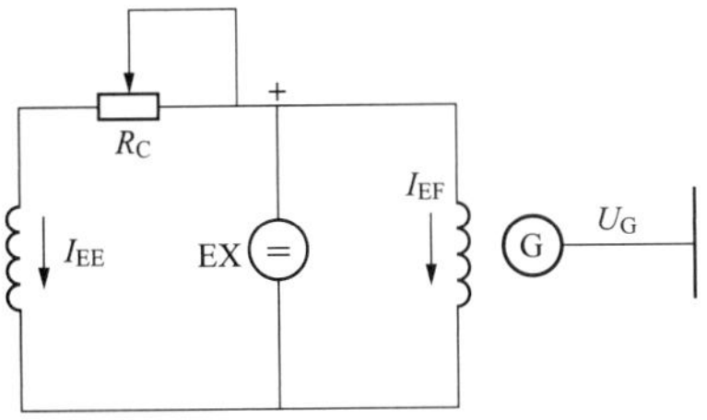

图 13-25　最简单的励磁系统

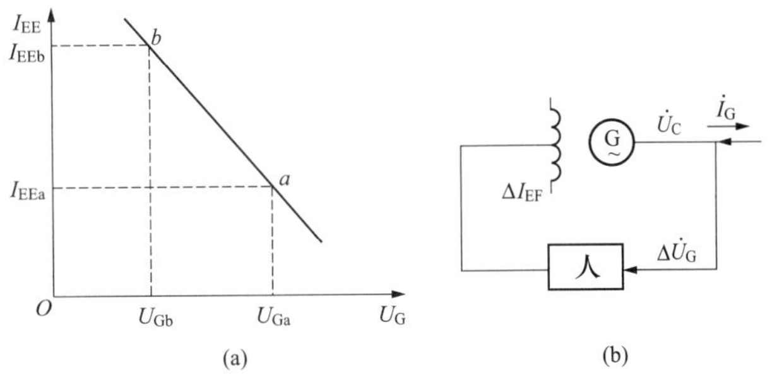

图 13-26　人工调压的作用

（a）调节特性；（b）调节过程示意图

在人工调压的过程中，可以说人与发电机形成了一个“封闭回路”，人通过测量仪表对发电机进行观察，然后按图 13-26（a）的规律做出判断，进行操作，去改变转子电流 I_{EF}，这样就达到了调压的目的。

由此可见，如能仿照上述特点制造一种设备，使它在正常运行的范围内也具有图 13-26（a）中线段 ab 的特性，而且也与发电机组成一个如图 13-27 中的封闭回路，就可以根据 U_G 的增量来改变励磁电流 I_{EE}的大小，实现自动调压的目的，从而大大减少甚至解除值班人员在这方面的频繁劳动，并且显著地提高电压的质量。

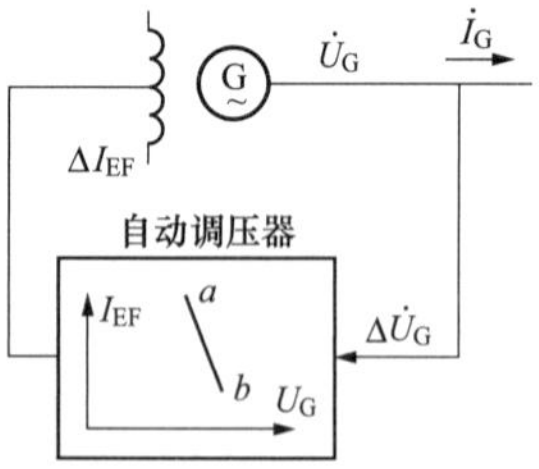

图 13-27　自动励磁调节器的概念

目前，电力系统中运行的自动励磁调节器种类很多，但就控制规律而言，绝大多数属于具有图 13-26 中的线段 ab 表示的比例式励磁调节器。其基本原理框图如图 13-28 所示。它的基本工作原理是：由测量元件测得的发电机端电压与给定基准电压进行比较，用其差值作为前置功率放大器的输入信号，再经过一级功率放大后输出一个与前面差值相反方向的励磁调节电流。使励磁调节器的输出量 I_{EE}与输入量U_G 之间达到图 13-26 中线段 ab 表示的比例关系。当发电机端电压 U_G 因某种原因降低时，励磁机的励磁电流 I_{EE} 大为增加，发电机感应电动势 E_d 随之增加，使发电机的端电压重新回到基准值附近；当发电机端电压 U_G 因某种原因升高时，在自动励磁调节器的作用下，同样使发电机的端电压 U_G 回到基准值附近。

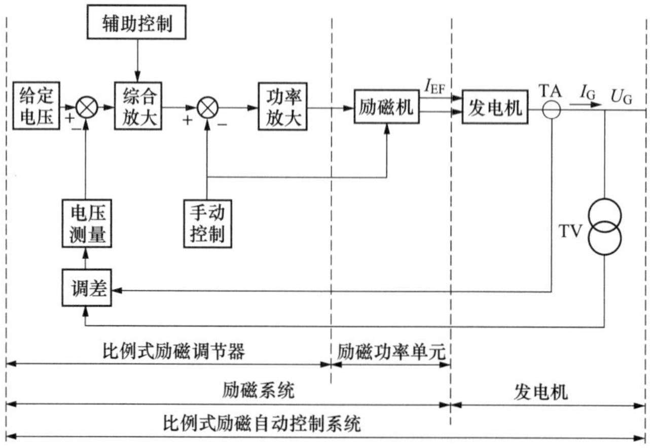

图 13-28　比例式励磁自动控制基本原理框图

13.6　微机型励磁调节装置

随着大容量发电机组的使用和大规模电力系统的形成，对发电机励磁系统的可靠性和技术性能的要求越来越高，同时计算机技术和自动控制理论的发展也为研究新型励磁调节器和励磁系统提供了良好的技术基础。目前数字励磁调节器的主导产品是以微型计算机为核心构成的。

13.6.1　微机型励磁调节装置的主要性能特点

（1）硬件简单，可靠性高。微机型励磁调节装置由于采用了微处理器，以往调节器中的操作回路、部分可控整流触发回路、各种保护功能、机械或电子的电压整定机构都可以简化或省去，而采用软件来完成。这样就使印刷电路板的数量大大减少，电路元件减少，焊点少，接插件少，使装置可靠性提高。

（2）便于实现复杂的控制方式。复杂的控制方式，如最优控制、自适应控制、人工智能等，往往要求大量的计算和判断。这对模拟式的励磁调节装置是不可能实现的，而微机型励磁调节装置为实现复杂的控制提供了可能性。

（3）硬件易实现标准化，便于产品更新换代。微机型励磁调节装置硬件的功能主要是输入发电机的参数如电压、电流、励磁电压、励磁电流等，输出各控制、报警信号及触发脉冲。这是任何晶闸管作为励磁调节装置的执行元件都必须具备的电路。对于不同容量、不同型号的发电机，只要改变软件及输出功率部分即可。这样便于标准化生产，便于产品升级换代，硬件的调试工作量也大大减少。

（4）显示直观。发电机的各种运行状态、运行参数、保护定值等都可以通过显示面板的数码管显示出来，不仅显示十进制，还可以显示十六进制数。除此之外，还可显示各种故障信号，为运行人员提供了极大的方便。

（5）通信方便。微机型励磁调节装置可以通过通信总线、串行接口或常规模拟量方式方便灵活地与上位计算机进行通信或接受上位计算机的控制命令。上位计算机可直接改变机组给定电压值，非常简单地实现全厂机组的无功成组调节及母线电压的实时控制，便于实现全厂的自动化。

13.6.2　自动励磁调节装置构成环节

不论是模拟式 AER 还是微机型 AER，其基本功能是相同的。微机型 AER 有很大的灵活性，可实现和扩充模拟式 AER 难以实现的功能，充分发挥了微机型 AER 的优越性。利用功能框图能方便地说明系统各环节的相互联系及其功能，并能方便地应用控制理论分析系统。最基本的自动励磁调节系统功能框图如图 13-29 所示，由调差环节、测量比较、综合放大、移相触发、可控整流等基本部分组成，构成以机端电压为被调量的自动励磁调节反馈控制系统。

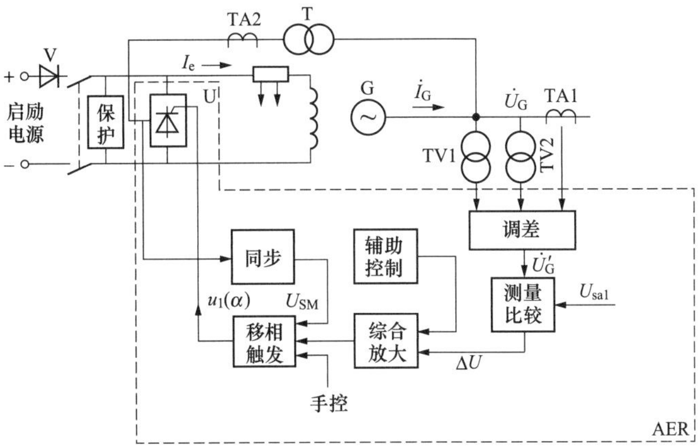

图 13-29　自动励磁调节系统功能框图

辅助控制是为了满足发电机的不同工况要求，改善电力系统稳定性和励磁系统动态性能而设置的，如为保证发电机运行的安全，设置有各种励磁限制；为便于发电机运行，装设有电压给定值系统。

在图 13-29 的主通道自动励磁调节中，若由于某种原因使发电机电压升高时，偏差电压 ΔU 经综合放大后得到一控制量，使移相触发脉冲后移，控制角 α 增大，可控整流输出电压减小，发电机的励磁减小，机端电压随之下降。反之，发电机电压下降时，综合放大后得到的这一控制量使移相触发脉冲前移，控制角 α 减小，可控整流输出电压增大，发电机的励磁增大，机端电压随之升高。因此，调节结果可使机端电压稳定在给定值水平。

除上述主通道调节外，还可切换为以励磁电流为被调量的闭环控制运行。由于采用自动跟踪系统，切换不会引起发电机无功功率的摆动。以励磁电流为被调量的闭环控制运行，也称手动运行，通常应用于发电机零起升压以及自动控制通道故障时。模拟式 AER 是用模拟电路、电子电路来实现图 13-29 所示功能，而数字式 AER 是用硬件和软件来实现图 13-29 所示功能。

随着电力系统的发展，发电机的单机容量不断增加，系统越来越复杂，对励磁调节装置的要求也日益提高。同时，随着计算机和大规模集成电路在电力工业中的广泛应用，微机（数字）型励磁调节装置将替代模拟型励磁调节装置。微机型励磁调节装置由一专用的计算机控制系统构成，如按计算机控制系统来划分，则由硬件（即电气元件）和软件（即程序）两部分组成，以下分别进行介绍。

13.6.3 微机型励磁调节装置的硬件

按照计算机控制系统的组成原则，硬件的基本配置包括主机、输入输出接口和输入输出过程通道等环节。由于大规模集成电路技术日益进步，计算机技术不断更新，具体的系统从单微处理器（CPU）、多微处理器向分布式、网络方向发展。所以微机型励磁调节装置的硬件也将随之发生变化，无固定模式可言。但典型的硬件结构基本相同，如图 13-30 所示。

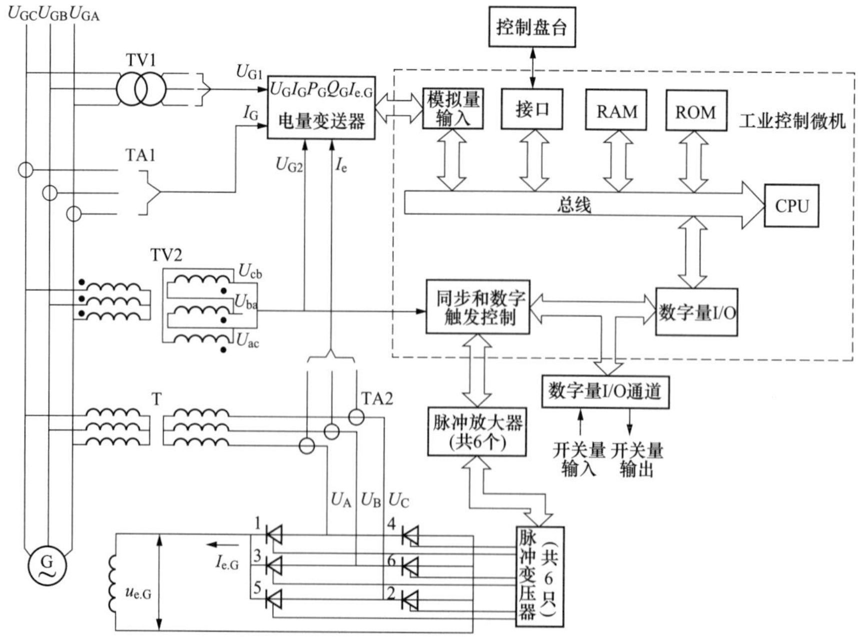

图 13-30　微机型励磁调节装置典型硬件结构框图

(1) 模拟量输入和电量变送器。一般来说，发电机微机励磁系统的输入为发电机电压U_G、电流I_G。有的产品还输入发电机有功功率P_G和无功功率Q_G、频率f和励磁电流$I_{e\cdot G}$。输入两路发电机电压U_{G1}和U_{G2}是为了防止电压互感器断线（如熔丝熔断）时产生误调节。发电机的励磁电流可以取自晶闸管整流电路的交流侧，如图13-30所示；也可以取自晶闸管整流电路的直流侧，由直流互感器供给。输入微机型励磁调节装置的这些模拟电量需转换成数字量才能输入微机型励磁调节装置的核心部分——微型计算机。

模拟量输入计算机的方式有两种，即采用电量变送器和交流采样。

1）采用电量变送器。图13-30是采用电量变送器方式的。电量变送器输出的直流电压与其输入电量成正比。发电机的运行参数U_G、I_G、P_G、Q_G、f、$I_{e\cdot G}$等分别经过各自的变送器变成直流电压。多路转换开关按照分时多路转换原理，把已经变成直流电压的各输入量按预定的顺序依次接入一个公用的A/D转换器，将模拟量转变为数字量后再送入微型计算机。

2）采用交流采样。采用交流采样时，励磁所需的发电机运行参数是通过对交流电压和交流电流采样再用一定的算法（如傅氏算法）计算出来的。

(2) CPU系统。图13-30中，虚线框内为微机型励磁调节装置配用的CPU系统（也称工业控制微型计算机）。图中，处理器（CPU）和RAM、ROM合在一起，通常又称为主机。发电机运行状态变量的实时采样数据、控制计算过程中的一些中间数据和主程序中控制用的计数值等存放在可读写的随机存储器RAM中。固定系数、设定值、应用软件和系统软件等则事先固化存放在只读存储器ROM或EPROM、EEPROM中。主机是励磁调节装置的核心部件。它根据从输入通道采集的发电机运行状态变量的实时数据，实现控制计算和逻辑判断，求得控制量。该控制量即为要求将晶闸管的控制角α控制到多少度。该控制量输入到“同步和数字触发控制”单元，发出载有控制角α的触发脉冲信号，经脉冲放大器放大和脉冲变压器整形后送到可控硅整流桥的SCR1～SCR6，从而实现对发电机励磁电流$I_{e\cdot G}$的控制。

(3) 接口电路。在计算机控制系统中，输入、输出通道是不能直接与主机交换信息的，必须由接口电路来完成两者间传递信息的任务。励磁调节装置除采用通用的接口电路如并行和管理接口（中断、计数/定时）外，还在微机中设置了与模拟量连接的模拟输入接口、与数字量连接的数字量I/O接口和与监控盘台连接的接口电路。

(4) 同步和数字触发控制电路。同步和数字触发控制电路是数字励磁调节装置的专用输出过程通道。它的作用是将微型计算机CPU计算出来的、用数字量表示的晶闸管控制角转换成晶闸管的触发脉冲。实现上述转换有两种方式：其一是将CPU输出的表征晶闸管控制角的数字量转换成模拟量，再经过模拟式触发电路产生触发脉冲，经放大后去触发晶闸管整流桥中的晶闸管；其二是用数字电路将CPU输出的表征晶闸管控制角的数字量直接转换成触发脉冲，经放大后去触发晶闸管。第二种方式称为直接数字触发。

为了保证晶闸管按规定的顺序导通，保证晶闸管触发脉冲与晶闸管的阳极电压同步，必须有同步电压信号。

(5) 并行I/O和显示接口。励磁调节装置也需要采集发电机运行状态信号，如断路器、灭磁开关等状态信号。这些状态信号经转换后与数字输入接口电路连接。

外部中断申请以及机组启动和停机、励磁系统开关量状态、过励保护等继电器触点信号等都通过并行I/O传输。

为了便于调试和运行监视，显示接口与监控盘台通信，以便在盘台上显示必要的数据，如实时控制角、调差压降、有关程序运行标志等。供运行人员操作的控制设备用于增、减励磁和监视调节器的运行。另外还有供程序员使用的操作键盘，用于调试程序、设定参数等。

励磁系统运行中异常情况的告警或保护等动作信号从接口电路输出后，也需变换，以便驱动相应的设备，如灯光、音响等。

微机型励磁调节装置（AER）一般是完全独立的两套系统，两套间可实现无缝隙自动切换，它们不同时投入运行，一套工作时另一套处于备用状态。

13.6.4　微机型励磁调节装置软件框图

1. 软件的组成

发电机的励磁调节是一个快速、实时的闭环调节，它对发电机机端电压的变化要有很高的响应速度，以维持端电压在给定水平。同时，为了保证发电机的安全运行，励磁调节装置还必须具有对发电机及励磁系统起保护作用的一些限制功能，如强励和低励限制等。

微机型励磁调节装置的调节、限制及控制等功能，都是通过软件实现的。它不仅取代了模拟式励磁调节装置中的某些调节和限制电路，而且扩充了许多模拟电路难以实现的功能，充分体现出微机型励磁调节装置的优越性。

微机型励磁调节装置的软件由监控程序和应用程序组成。监控程序就是计算机系统软件，主要为程序的编制、调试和修改服务，而与励磁调节没有直接关系，但仍作为软件的组成部分安置在微机型励磁调节装置中。应用程序包括主程序和调节控制程序，是实现励磁调节和完成数据处理、控制计算、控制命令的发出及限制、保护等功能的程序，还可实现交流信号采样及数据处理、触发脉冲的软件分相和机端电压频率测量等功能。微机型励磁调节装置的软件设计主要集中在主程序和调节控制程序。

2. 主程序的流程及功能

主程序流程如图 13-31 所示。

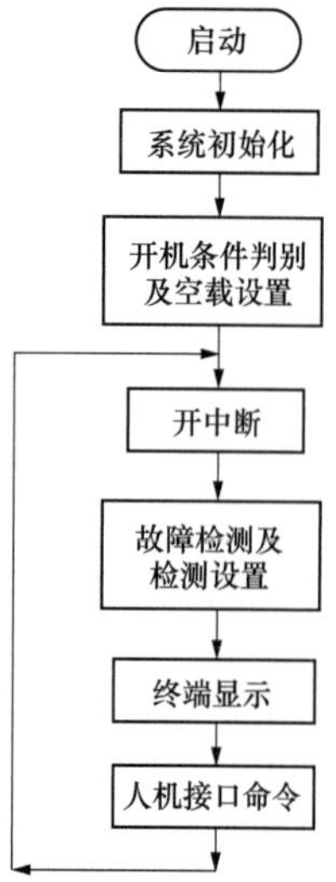

图 13-31　主程序流程图

(1) 系统初始化。系统初始化就是在微机励磁调节装置接通电源后、正式工作前，对主机以及开关量、模拟量输入输出等各个部分进行模式和初始状态设置，包括中断初始化和串行口、并行口初始化等。系统初始化程序运行结束就意味着微机型励磁调节装置已准备就绪，随时可以进入调节控制状态。

(2) 开机条件判别及开机前设置。图 13-32 是开机条件判别及开机前设置流程图。现假定微机型励磁调节装置用于水轮发电机励磁系统。首先判别是否有开机命令。若无开机命令，则检查发电机断路器的分、合状态：分，表明发电机尚未具备开机条件，程序转入开机前设置，然后重新进行开机条件判别；合，表明发电机已并入电网运行，转速一定在95%以上，程序退出开机条件判别。若有开机命令，则反复不断地查询发电机转速是否达到 95%。一旦开机条件满足，则程序结束开机条件判别，进入下一阶段。

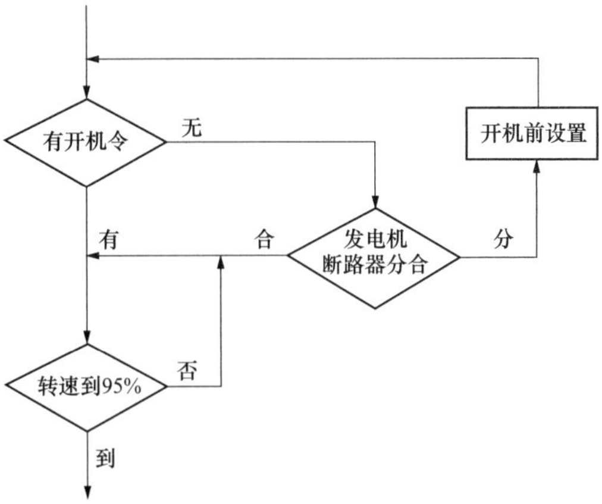

图 13-32　开机条件判别及开机前设置流程图

开机前设置主要是将电压给定值置于空载额定位置以及将一些故障限制复位。

（3）开中断。微机励磁调节装置的调节控制程序是作为中断程序调用的。因此，主程序中“开中断”一框表示微机型励磁调节装置在此将调用各种调节控制程序实现各种功能。开中断后，中断信号一出现，CPU 即中断主程序转而执行中断程序，中断程序执行完毕后返回继续执行主程序。

（4）故障检测及检测设置。微机型励磁调节装置中配备了对励磁系统故障的检测及处理程序，包括 TV 断线判别、工作电源检测、硬件检测信号、自恢复等。检测设置就是设置了一个标志，表明励磁系统已经出现了故障，以便执行故障处理程序。

（5）终端显示和人机接口命令。为了监视发电机和微机励磁调节装置的运行情况，可通过 CRT 动态地将发电机和励磁调节装置的一些状态变量显示在屏幕上。终端显示程序将需要监视的量从计算机存储器中按一定格式送往终端 CRT 并显示出来。

在调试过程中，往往需要对一些参数进行修改，为此，设计了人机接口命令程序。该程序能在线修改电压偏差的比例积分微分（PID）调节参数、调差系数等。

3. 调节控制程序的流程和功能

图 13-33 是调节控制程序的流程图。在典型晶闸管全控桥式整流电路中，每个交流周期内触发 6 次，对于 50Hz 的工频励磁电源则每秒触发 300 次。为了满足这种实时性要求，中断信号每隔 60°电角度出现一次，每次中断间隔时间约 3.3ms。要在每个中断间隔时间内执行完所有的调节控制计算和限制判别等程序是不可能的。因此，程序采用分时执行方式，在每个周期的 6 个中断区间分别执行不同的功能程序。这 6 个中断区间以同步信号为标志。

程序进入中断以后，首先压栈保护现场，将被中断的主程序断点和寄存器的内容保护起来，以便中断结束后返回到主程序断点继续运行。然后查询是否有同步信号。同步信号是通过开关量输入、输出口读入的。若没有同步信号，表示没有励磁电源，则不执行调节控制程序，退出中断；若有同步信号，则查询是否有机组故障信号。因为机组故障是紧急事件，必须马上处理。一旦查询到机组故障信号便转入逆变灭磁程序。若机组正常无故障，且发电机断路器在分开状态（即机组空载运行），则检查空载逆变条件是否满足。空载逆变条件包括：

（1）有停机命令；

（2）发电机机端电压大于 130％额定电压；

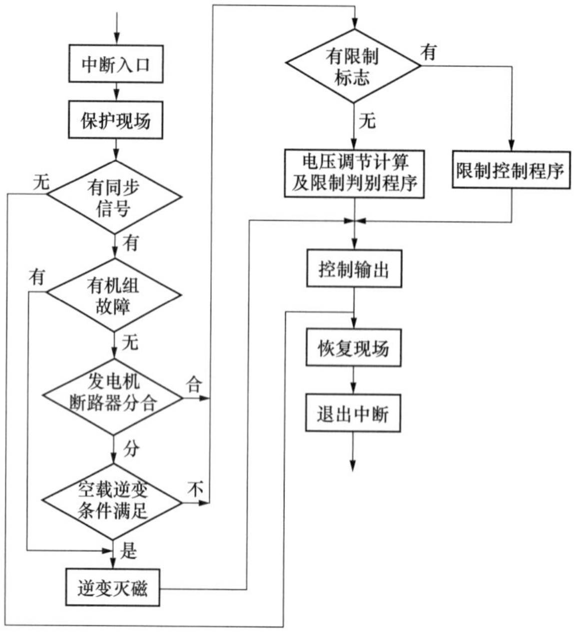

图 13-33　调节控制程序流程图

（3）发电机频率低于 45Hz。

只要任一条件成立，则转入逆变灭磁程序。如果发电机处于闭合状态（即机组并网运行），或空载运行而不需逆变灭磁，则转入调节计算程序或限制控制程序。

在执行调节计算程序或限制程序之前，首先检查是否有限制标志。限制标志包括强励限制标志、过励限制标志和欠励限制标志。若有限制标志，即转入限制控制程序；若无，则转入正常调节计算及限制判别程序。

执行电压调节计算程序或限制程序后，可得出晶闸管的控制角和应触发的桥臂号。“控制输出”环节将其输出到同步和数字触发控制电路，生成晶闸管的触发脉冲；然后恢复现场，退出中断，回到主程序。

4. 电压调节计算

电压调节计算流程包括采样控制程序、调差计算程序和对电压偏差的比例调节等。

采样控制程序的作用是将各种变送器送来的电气量经 A/D 转换成微机能识别的数字量，供电压调节计算使用。被采集的量包括发电机电压、有功功率、电感性无功功率、电容性无功功率、转子电流和发电机电压给定值。

调差计算是为了保证并联运行机组间合理分配无功功率而进行的计算，作用相当于模拟式励磁调节装置的调差单元。

在硬件配置不变的情况下，数字励磁调节装置采用不同的算法就可实现不同的控制规律，如对电压偏差的比例（P）调节、比例积分（PI）调节、比例积分微分（PID）调节等。要实现不同的控制规律，只需修改软件即可，而不需修改硬件。这样可以很方便地用同一套硬件构成满足不同要求的发电机励磁系统，体现了数字式励磁调节装置具有的灵活性。

5. 限制判别程序

为了减少电网事故造成的损失，一般希望事故时发电机尽量保持并网运行而不要轻易解列，而电网事故又往往造成发电机运行参数超过允许范围。为了保证电网事故时发电机尽量不解列，而又不危及发电机安全运行，容量在 100MW 以上的发电机一般应设置励磁电流限制。为此目的设置的限制包括强励定时或反时限限制、过励延时限制和欠励限制。为了防止发电机空载运行时由于励磁电流过大导致发电机过饱和而引起过热，还应设置发电机空载最大磁通限制。这些限制用模拟电路实现比较困难，所以，在模拟式励磁系统中一般不设置或只设置必要的一两种。在微机励磁系统中，只增加一些应用程序，不增加或很少增加硬件设备就可实现上述各种限制。因此，微机型励磁调节装置都配置有较完善的励磁电流限制功能。

限制判别程序的作用是判别发电机是否运行到了应该对励磁电流进行限制的状态。当被限制的参数超过限制值并持续一定时间后，程序设置某种限制标志，表明发电机的某一运行参数已经超过了限制值，应该进行限制了。在下一次中断进入调节控制程序之前，首先检查是否有限制标志：有，则执行限制控制程序；无，则执行调节计算程序，如图 13-33 所示。

13.7　NES6100 型微机励磁调节器

随着计算机和大规模集成电路在电力工业中的广泛应用，微机型励磁调节器已取代模拟式励磁调节装置。NES6100 型发电机励磁调节器是国电南瑞科技股份有限公司的第四代励磁调节器，适用于同步发电机各种励磁系统。

NES6100 型发电机励磁调节器在继承前三代励磁调节器 SJ800、SAVR2000 和 NES5100 的核心技术，借鉴前三代励磁调节器几十年现场运行经验的基础上，参考 IEEE421.5TM-2005 励磁系统数学模型，吸收目前数字控制领域内最先进的研究成果和工艺，在计算速度、控制周期、抗电磁干扰、可靠性方面均有极大的进步。

NES6100 型发电机励磁调节器控制单元采用高性能微处理器 PowerPC 和两块支持高速浮点运算的数字信号处理器 DSP 构成的多核硬件平台，采用嵌入式实时多任务操作系统，模块化软件程序设计，并配备网络化的人机交互系统。NES6100 型发电机励磁调节器具有设计理念超前、可靠性高、操作简单、维护方便、使用灵活、扩展和兼容性高等特点。

13.7.1　硬件配置

图 13-34 是单套 NES6100 型励磁调节器的外观示意图。图 13-35 为调节器柜整体外观图。

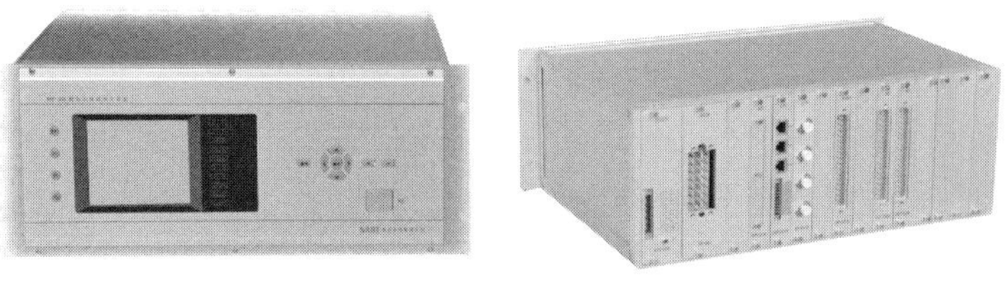

图 13-34　NES6100 型励磁调节器外观图

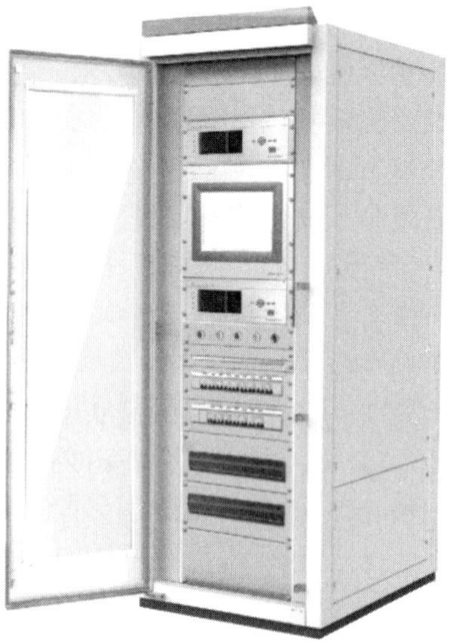

图 13-35　调节器柜整体外观图

13.7.2　工作原理概述

NES6100 型静止励磁系统通过晶闸管整流桥控制励磁电流来调节同步发电机端电压和无功功率。其中，晶闸管整流功率柜的触发控制脉冲来自 NES6100 型发电机励磁调节装置。此外，NES6100 型发电机励磁调节器对用于励磁控制的模拟量和开关量信号进行采集和处理，并且将励磁系统运行状态信息以模拟信号、节点开关或通信形式输出。

根据图 13-36 所示的 NES6100 型励磁系统的原理框图，整个系统可分为四个主要部分：

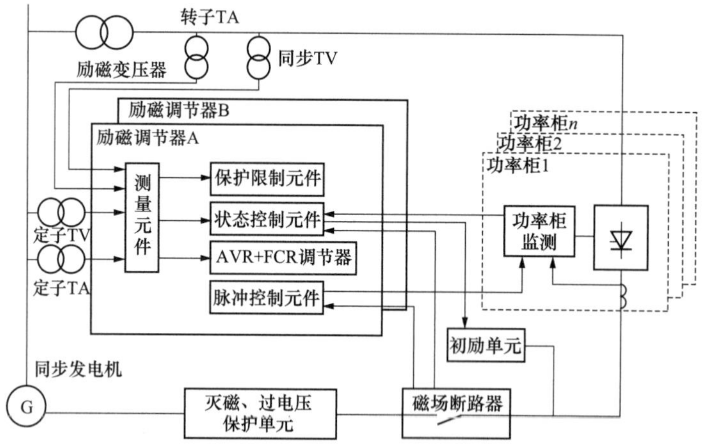

图 13-36　NES6100 型励磁系统原理框图

(1) 中频副励磁机或励磁变压器；

(2) 两套相互独立的励磁调节器（A、B 套）；

(3) 晶闸管整流装置；

(4) 起励单元、灭磁单元、过电压保护等辅助单元。

在静态励磁系统（常称自并励）中，励磁电源取自发电机机端（机端励磁变压器）。同步发电机的磁场电流经由励磁变压器、晶闸管整流桥和磁场断路器供给。

机端励磁变压器将发电机端电压降低到晶闸管整流桥所需的输入电压，为发电机端电压和磁场绕组提供电气隔离以及为晶闸管整流桥提供整流阻抗。晶闸管整流桥将交流电流转换成受控的转子直流电。

起励开始时，发电机的起励能量来自外接他励电源或发电机残压。

当晶闸管整流桥的输入电压升到一定值时，晶闸管整流桥和励磁调节器就投入正常工作，由励磁调节装置控制进行软起励过程。

机组并网后，励磁系统工作于电压闭环（AVR）方式，调节发电机的端电压和无功功率。

1. 发电机电压自动调节

NES6100 型励磁系统配备两套 NES6100 型励磁调节器（称为 A 套和 B 套），其中一套为主套投入运行，另一套调节器作为从套处于热备用状态。

每套励磁调节器都含有一个自动电压调节器 AVR 和励磁电流调节器 FCR。自动跟踪功能用于实现自动电压调节方式（自动方式）和励磁电流调节方式（手动方式）间的平稳切换。切换可以是由 TV 断相故障引起的自动切换或是人为切换。

NES6100 型励磁调节器跟踪功能，可实现 AVR 与 FCR（励磁电流调节）、OLC（开环控制）、QLOOP（恒无功）和 PFLOOP（恒功率因数）之间任意平稳切换。

双套励磁调节器装置的励磁系统，通常是从运行主套的自动方式切换至备用从套的自动方式，任何一套装置都可以工作在运行方式或备用方式。

在不能切换到备用从套自动方式时，才切换到本套手动方式。

如果两套装置都不能正常工作，励磁系统将启动闭锁状态，为保证发电机稳定运行，闭锁状态下主套仍然发出脉冲，脉冲触发角维持在故障前的状态。

2. 励磁电流闭环控制及开环控制

励磁电流闭环控制（FCR）及励磁电流开环控制（OLC）主要作为设备调试或维护时的试验手段，可分别输出控制电压 U_C 到移相触发元件，控制模式和电压闭环控制（AVR）相独立。

FCR 方式以发电机励磁电流作为调节对象，调节器运行在 FCR 方式时，开入增减磁信号对应发电机励磁电流给定值的增减。

FCR 作为 AVR 故障后的后备调节方式，在 AVR 运行故障时自动切换，如 TV 断线。开环控制（OLC）也称为定角度控制，其控制对象为整流功率单元的触发角度，定角度控制直接改变发电机励磁电流，且为开环调节。

注意：开环控制方式仅应该用于维护、试验中，不应在发电机并网状态下运行。

3. 限制功能

励磁调节器限制功能的作用是维护发电机的安全稳定运行，避免因励磁调节原因造成的发电机事故停机，增强系统运行的可靠性。

（1）低励限制器 UEL。低励限制用于限制同步发电机进相运行时允许的无功功率，防止深度进相造成不稳定运行。

低励限制器曲线由有功功率和对应的无功功率限制值组成，曲线与发电机的定子电压水平有关，发电机电压变化时，限制曲线随之偏移。

发电机进相运行时，如果无功功率小于当前有功和电压水平对应的无功限制值，经延时时间后低励限制动作，将输出减磁禁止信号。

（2）过无功限制器。过无功限制对同步发电机过励侧无功功率进行限制，限制器调节过程和低励限制器相对应。过无功限制器动作后将输出增磁禁止信号，防止调节器增磁造成无功功率进一步增大。

（3）过励限制器 OEL。过励限制器的功能是在保证励磁绕组不致过热的前提下，充分利用励磁绕组短时过载能力，尽可能在系统需要时提供无功功率，支持系统电压恢复，即保证强励能力。

同步发电机正常运行过程中，励磁电流的限制值是最大励磁电流瞬时限制值，即强励顶值电流限制值，励磁调节器可以在必要时提供强励顶值电流。

当需要强行励磁来排除故障时，如果励磁电流超出长期运行限制值，调节器就会启动一个热量累计积分器，其结果正比于励磁绕组的热量累积。当积分器的输出值超过限制值时，过励限制器启动，将转子电流限制在转子电流给定值附近。

（4）励磁电流限制器 FCL。包括最大励磁电流瞬时限制和负载最小励磁电流限制两部分。

最大励磁电流瞬时限制可以设定三段励磁电流限制值。当励磁电流超过设定的限制值并持续到设置的动作时间后，最大励磁电流瞬时限制动作，将励磁电流自动降到安全的数值（最大励磁电流瞬时限制不影响励磁系统的强励能力及长期运行能力）。

负载最小励磁电流限制用于避免机组深度进相导致失磁。该限制器为瞬时动作，设定的参数为负载最小励磁电流限制值。发电机进相运行时，励磁电流将被限制在给定励磁电流限制值以上。

（5）定子电流限制器 SCL。定子电流限制器的作用范围针对于发电机运行到超出额定有功功率的情况。当发电机输出功率超过额定有功功率时，定子电流限制将代替励磁电流限制，成为发电机容量的主要限制因素。

定子电流限制可以区分进相、滞相的过电流，根据进相侧和滞相侧运行区间分别设定反时限参数。

定子电流限制器的作用主要针对发电机无功电流发热，当定子电流中的无功分量有效值下降到下限值后，定子电流限制器的输出将闭锁，在限制器作用过程中，发电机有功电流及其有功功率将不会被限制。

（6）电压/频率限制器 VFL。发电机空载端电压与所链磁通成正比，为避免发电机组和励磁变压器铁芯过磁通饱和，励磁调节器设有电压/频率限制器（V/Hz 限制器）。

如果发电机机端电压超过某一频率下的电压限制值，限制器将自动降低机端电压给定值至当前频率下的电压限制值，同时输出增磁禁止信号。V/Hz 限制器的限制值通过 V/Hz 限制恒比例给定设置。

（7）功率柜限制器 RCL。当励磁系统功率柜出现故障时，励磁调节器将根据故障情况自动限制功率柜整流输出。其中，励磁系统发生功率柜单柜故障时，整流输出的转子电流限制在给定的单柜故障电流限制值，这个限制值仍可以满足励磁系统强励的需求；励磁系统发生功率柜两柜故障时，整流输出的转子电流限制在多柜故障电流限制值，此限制值设定为 1.1 倍负载额定励磁电流，即可以满足励磁系统额定状态长期运行的需求。

功率柜限制器动作后使用电流闭环调节方式，以限制器的转子电流给定作为调节量。如果此时的励磁电流超出限制值，将同时输出增磁禁止信号。

13.7.3　人机接口

NES6100 型励磁调节器装置面板的人机接口主要包括以下几个部分。

1. 液晶显示

主屏幕显示发电机机端电压、定子电流、励磁调节器触发角度、励磁控制状态等基本信息，方便实时查看。液晶显示屏在没有进入菜单时，将显示默认主画面。该主屏幕显示发电机机端电压、定子电流、励磁调节器触发角度、励磁控制状态等基本信息，方便用户实时查看。主画面如图 13-37 所示。

2. 装置键盘

显示屏左侧由上到下排列有 4 个按键，如图 13-38 所示，分别为：区号、F1、F2、F3。显示屏右侧按键排列如图 13-38 所示。装置键盘使用 8 个标准键，分别为“左行”键（◀）、“上行”键（▲）、“右行”键（▶）、“下行”键（▼）、“增加”（+）键、“减小”（—）键、“确认”键、“取消”键，如图 13-38 所示。

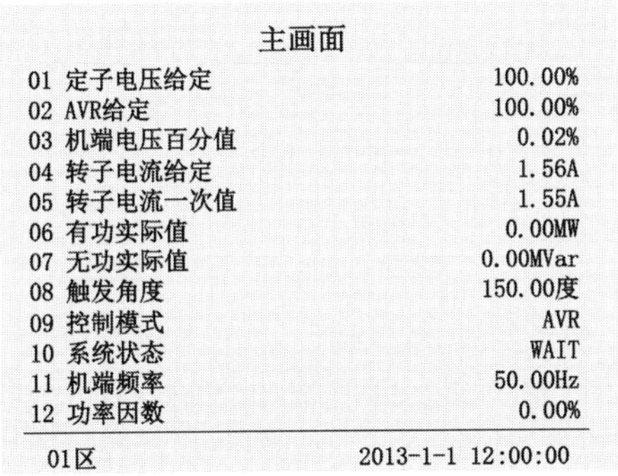

图 13-37　调节器装置液晶面板主画面

图 13-38　调节器装置面板键盘

各键盘定义见表 13-1。

表 13-1　　装置面板键盘功能

序号	项目	功能
1	“▲”和“▼”	在各目标之间上下移动光标
2	“◀”和“▶”	在各目标之间左右移动光标
3	“+”和“—”	数字的加减操作；翻页操作
4	确认	确认/执行
5	取消	退出当前菜单或返回上层菜单；取消当前操作
6	区号	修改运行定值区号
7	F1	帮助键。在多数界面下，按本键会给出相应的操作提示
8	F2	用户自定义键
9	F3	用户自定义键。出厂缺省为信号复归功能以及主画面与可能的整组报文或自检状态互相却换功能

3. LED信号指示灯

装置前面板配备7个不同颜色LED信号指示灯，见表13-2。

表13-2　　装置前面板LED信号指示灯说明

指示灯	状态	含义
运行	绿色	本套装置正常运行
装置异常	黄色	本套装置运行异常
主套	绿色	本套装置为主套
故障	红色	装置故障
告警	黄色	装置报警
限制	黄色	装置限制信号开出
脉冲	绿色	本套装置正在发出脉冲

指示灯说明：

（1）运行：只有在上电后没有任何闭锁装置的重大故障条件下才会点亮。

（2）装置异常：在装置出现异常情况下点亮，与“运行”灯为反逻辑。但发生装置通信异常或人机界面故障时，“装置异常”灯也会点亮，且此种情况不会导致装置闭锁状态。

（3）主套：点亮表示本通道当前运行在主套状态。

（4）故障/告警/限制：只要相应的异常信号存在灯就会被点亮，异常消失后，经过一定的延时指示灯自动熄灭。

（5）脉冲：点亮表示本套装置正在发出脉冲。

13.7.4　菜单结构

图13-39给出了励磁调节器装置菜单树的全部子菜单和结构。在正常运行画面或弹出报告下按“取消”键进入菜单，通过“▲”和“▼”键在各子菜单之间滚动，按“确认”键或“右行”键（“▶”）进入所选的子菜单，按“取消”键或“左行”键（“◀”）返回上一级菜单。

1. 实时显示

该菜单的各级子菜单如图13-40所示。菜单中包含了励磁系统遥测量实时值和控制给定值信息。

操作：按“▲”和“▼”移动光标来选择项目，按“确认”键可查看各项子菜单中具体信息量。

2. 状态信息

该菜单实时显示本套励磁调节器当前运行状态信息，包括硬件开入、开出状态，调节器开关量信息，各类故障、限制、告警及闭锁信息等，信息量的当前值以二进制“0”“1”显示。

菜单的各级子菜单如图13-41所示。

操作：进入菜单后，按“▲”和“▼”移动光标来选择项目，按“确认”键可查看各类信息中包含的具体信号量。按“取消”键或“左行”键（“◀”）返回上一级菜单。

其他子菜单操作与上述基本相同，详见《NES 6100系列发电机励磁调节器用户指南》。

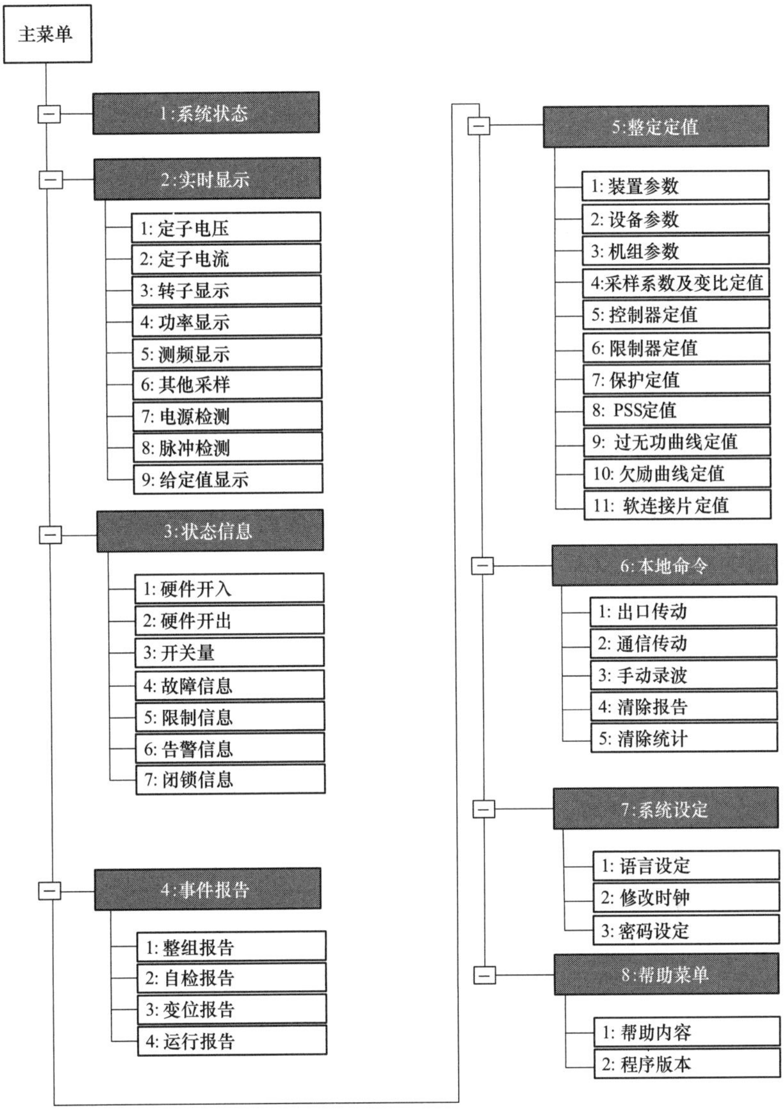

图 13-39　励磁调节器装置菜单树

图 13-40　实时显示子菜单

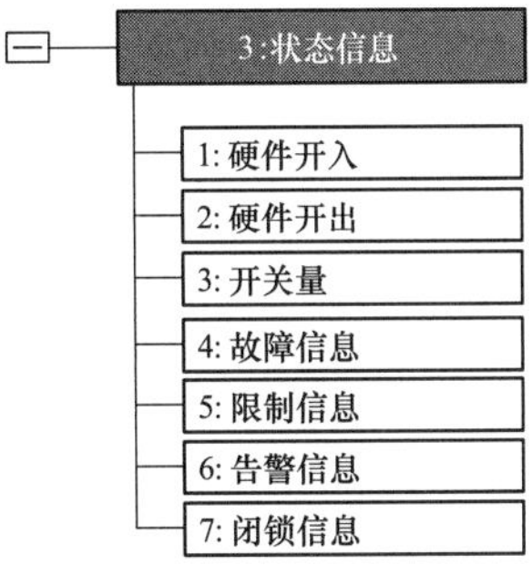

图 13-41　状态信息子菜单

13.8 同步发电机的自动并列

13.8.1 同步发电机并列操作的方法

1. 自动并列的意义

电力系统中的负荷是随机变化的，为保证电能质量，需要经常将发电机投入和退出运行；另外，当系统发生某些事故时，也常要求将备用发电机组迅速投入运行。在上述情况下，把一台空载运行的发电机经过必要的调节，在满足并列运行的条件下经断路器操作与系统并列，这种操作过程称为同步发电机的并列操作。因此，同步发电机的并列操作是发电厂中一项重要的操作。在某些情况下，需要将已经解列的电力系统的两部分重新联合运行，这种操作也属于并列操作。两电网间的并列操作与同步发电机的并列操作相比，其调节过程更为复杂，涉及的面较广，内容也较为烦琐。因此本书仅讨论同步发电机的并列操作。

在发电厂中，每一个有可能进行并列操作的断路器都称为电厂的同期点。如图 13-42 所示，每个发电机的断路器都是同期点，因为各发电机的并列操作都在各自的断路器上进行；母联断路器是同一母线上所有发电单元的后备同期点；当变压器检修完毕投入运行时，可以在变压器的低压侧进行并列操作；对于三绕组变压器，为了减少并列进行时可能出现的母线倒闸操作，保证迅速可靠地恢复供电，其高、中、低三侧都有同期点；110kV 以上线路，当设有旁路母线时，在线路主断路器因故退出工作的情况下，也可利用旁路母线断路器进行并列操作；而母线分段断路器一般不作为同期点，因为低压侧母线解列时，高压侧是连接的，因此没有设同期点的必要。

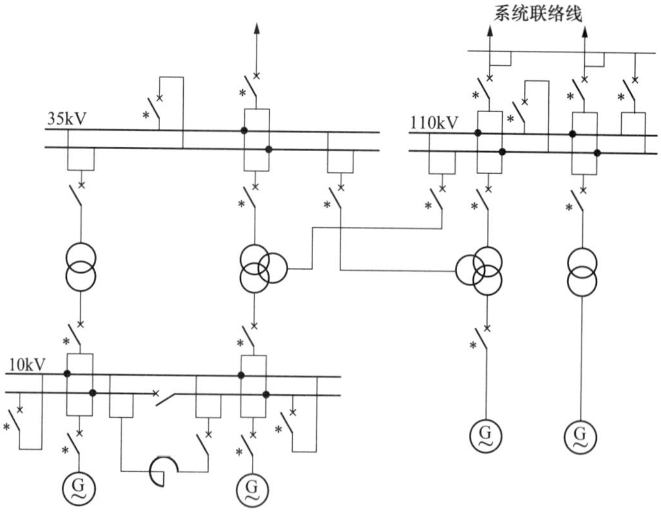

图 13-42 发电厂的同期点举例（* 表示同期点）

电力系统的容量在不断增大，同步发电机的单机容量也越来越大，如操作不当将损坏发电机并引起系统电压波动，严重时可能导致系统振荡，破坏电力系统稳定运行。因此，同步发电机组在并列时应遵循以下两个原则：

（1）并列断路器合闸时，冲击电流尽可能小，其瞬时最大值一般不超过发电机额定电流的1～2倍。

（2）发电机组并入电网后，应能迅速进入同步运行状态，其暂态过程要短，以减小对电力系统的扰动。

2. 同步发电机并列操作的方法

在电力系统中，并列操作的方法主要有准同期并列和自同期并列两种。

（1）准同期并列。这种方法是先给待并发电机加励磁，使发电机建立起电压，再调整发电机的电压和频率，当与系统电压和频率接近相等时，选择合适的时机，使发电机电压与系统电压之间的相角差接近0°时合上并列断路器，将发电机并入电力系统。

按自动化程度不同，准同期并列可分为下列三种操作方式：

1）手动准同期：发电机的频率调整、电压调整以及合闸操作都是由运行人员手动进行，只是在控制回路中装设了非同期合闸闭锁装置，即同期检定继电器，允许相位差δ不超过整定值的合闸操作，用以防止由于运行人员误发合闸脉冲所造成的非同期合闸。

2）半自动准同期：发电机电压及频率的调整由手动进行，并列装置能自动地检查同期条件，并选择适当的时机发出合闸脉冲。

3）自动准同期：并列装置能自动地调整频率，至于电压的调整，有些装置能自动地进行，也有一些装置没有设专门的电压自动调节回路，需要靠发电机的自动调节励磁装置或由运行人员手动进行调整。当同期条件满足后，装置能选择合适的时机自动地发出合闸脉冲。

有关规程规定，当采用准同期方式时，一般应装设自动准同期装置和手动准同期装置，并均应带有非同期合闸闭锁装置。对功率为6MW及以下的发电机，可只设带有非同期合闸闭锁的手动准同期装置。目前，准同期并列方式已成为电力系统中主要的并列方式。

准同期并列的优点是并列时产生的冲击电流较小，不会使系统电压降低，并列后容易拉入同步，因此在系统中得到广泛使用。

（2）自同期并列。自同期并列操作是将未加励磁电流的发电机的转速升到接近额定转速，再投入断路器，然后立即合上励磁开关供给发电机励磁电流，随即将发电机拉入同步。

自同期并列方式的主要优点是操作简单、速度快，在系统发生故障、频率波动较大时，发电机组仍能并列操作并迅速投入电力系统运行，可避免故障扩大，有利于处理系统事故。但应用自同期并列方式将发电机投入系统时，因为发电机未加励磁，没有建立起定子电压，即发电机的感应电动势E等于0，在投入瞬间，相当于系统经过很小的发电机次暂态电抗短路，合闸瞬间发电机定子吸收大量无功功率，所以合闸时的冲击电流较大，导致合闸瞬间系统电压下降较多。

由于同期并列操作是经常进行的，为了避免由于多次使用自同期产生的累积效应而造成发电机绝缘缺陷，应对自同期使用作一定的限制。因此，GB 14285—2006《继电保护和安全自动装置技术规程》规定："在正常运行情况下，同步发电机的并列应采用准同期方式；在故障情况下，水轮发电机可以采用自同期方式。"

但是，发电机母线电压瞬时下降对其他用电设备的正常工作将产生影响，且自同期并列方式不能用于两个系统之间的并列操作，所以自同期并列方法现已很少采用。本书只对准同期并列方法作介绍，不再讨论自同期并列方法。

13.8.2 准同期并列条件

准同期并列理想条件：要使一台发电机以准同步方式并入系统，进行并列操作最理想的状态是：在并列断路器主触点闭合的瞬间，断路器两侧电压的大小相等、频率相同，相角差为零等，即

（1）发电机电压和系统的电压相序必须相同；

（2）发电机电压和系统电压的幅值相同，即 $U_{Gm}=U_{Sm}$；

（3）发电机电压和系统电压的频率相同，即 $\omega_G=\omega_S$；

（4）发电机电压和系统电压的相位相同，即相角差 $\delta=0°$。

符合上述四个理想条件，并列断路器主触点闭合瞬间，冲击电流为零，待并发电机不会受到任何冲击，并列后发电机立即与系统同步运行。但是，在实际运行中，同时满足以上后三个条件几乎是不可能的，事实上也没有必要，只要并列时冲击电流较小，不会危及设备安全，发电机并入系统拉入同步过程中，对待并发电机和系统影响较小，不致引起不良后果，是允许进行并列操作的。因此，实际运行中，上述后三个理想条件允许有一定偏差，但偏差值要严格控制在一定的允许范围内。

（1）电压差允许值。在并列时要求电压差值不应超过±(5%～10%）的额定电压值。

（2）相角差允许值。并列时相角差 δ 越大（在 180°范围内），产生的冲击电流也越大。$\delta=180°$，冲击电流出现最大值，如果在此时误合闸，极大的冲击电流可能会烧毁发电机。

为了在发电机并列时不产生过大的冲击电流，应在 δ 角接近于零时合闸。通常并列操作时允许的合闸相角差不超过±10°，对于 200MW 及以上机组，合闸相角差不超过±(2°～4°)。

（3）频率差允许值。待并发电机频率与系统频率接近相等，其频率差不超过±(0.2%～0.5%）额定频率。

13.8.3 自动准同期并列装置的功能

在满足并列条件的情况下，采用准同期并列方法可将待并发电机组投入电力系统运行，只要控制得当就可使冲击电流很小且对电力系统扰动甚微，因此准同期并列是电力系统运行中的主要并列方式。

自动准同期装置（ASA）是专用的自动装置，其构成原理图如图 13-43 所示。它能自动监视电压差、频率差及选择理想的时间发出合闸脉冲，使断路器在零相角差时合闸；同时设有自动调节电压和频率单元，在压差和频差不合格时发出控制脉冲；频差不满足要求时，自动调节原动机的转速，减小或增加频率，即通过控制原动机的调速器（DEH）实现；压差不满足要求时，自动调节发电机的电压使电压接近系统的电压，即通过控制发电机励磁调节装置（AER）来实现。自动准同期装置（ASA）具有均压控制、均频控制和合闸控制的全部功能，将待并发电机和运行系统的 TV 二次电压接入自动装置后，由它实现监视、调节并发出合闸脉冲，完成同期操作的全过程。

13.8.4　自动准同期装置的组成

图 13-43 为典型自动准同期装置构成原理图。由图可见，自动准同期装置主要由频差控制单元、压差控制单元、合闸信号控制单元和电源部分组成。

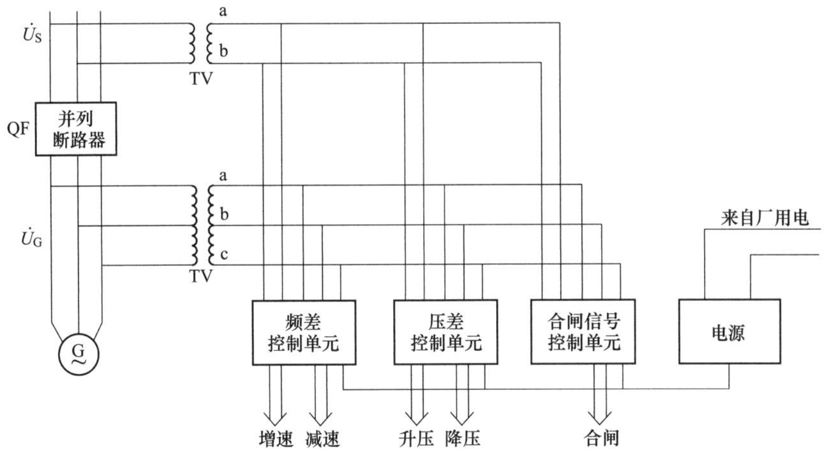

图 13-43　典型自动准同期装置构成原理图

1. 频差控制单元

其任务是自动检测$\dot{U}_G$与$\dot{U}_S$间的滑差角频率 ω_d，且自动调节发电机转速，使发电机的频率接近于系统频率。

2. 压差控制单元

其任务是自动检测$\dot{U}_G$与$\dot{U}_S$间的电压差，且自动调节发电机电压$\dot{U}_G$，使它与$\dot{U}_S$间的电压差值小于规定允许值，促使并列条件形成。

3. 合闸信号控制单元

其任务是检查并列条件，当待并机组的频率和电压都满足并列条件时，选择合适的时间发出合闸信号，使并列断路器 QF 的主触头接通时相角差 δ 接近于 0°或控制在允许范围以内；在准同期并列操作中，合闸信号控制单元是准同期并列装置的核心部件，其控制原则是当频率和电压都满足并列条件时，在$\dot{U}_G$与$\dot{U}_S$重合之前发出合闸信号。两电压相量重合之前的信号称为提前量信号。

按提前量的不同，准同期并列装置的原理可分为恒定越前相角和恒定越前时间两种：

恒定越前相角并列装置采用并列点两侧电压相量重合之前的一个角度 δ_{dq}发出合闸脉冲。恒定越前时间并列装置则采用重合点之前的一个时间 t_{dq}发出合闸脉冲。前者只有在一特定频差时才能实现零相角差并网，而后者却可保证在任何频率差时都能在零相角差实现并网。因此，恒定越前时间并列装置应用得非常广泛。

13.9　微机型自动准同期装置

13.9.1　微机型自动准同期装置的主要特点及要求

微机型自动准同期装置的主要特点及要求如下：

（1）高可靠性。自动准同期装置的原理和判据正确，采用先进、可靠的微机装置，在软件及硬件上具备很大的冗余度，确保没有误动的可能。

（2）高精度。同期装置应确保在相角差为零度时完成并网操作。捕获零相角差需要有严格的数学模型，考虑到并网过程中影响机组运行的各种因素，例如汽温、汽压、水头（水电站）变化及调速器的扰动等。微机型自动准同期装置能自动测量合闸回路的合闸时间（即断路器的合闸时间及中间继电器的时间之和），装置的高精度是发电机及系统安全的保证。

（3）高速度。同期装置的并网速度关系到系统的运行稳定性及电能质量，还关系到电厂的运行经济性。并列操作是基于系统的需求，尽快接入发电机有利于系统的功率平衡。同时，尽快完成并网操作将节约可观的空载能耗。

（4）能融入分布式控制系统（DCS）。同期装置应是DCS的一个智能终端，通过与上位机的通信完成开机过程的全盘自动化。上位机也需获得同期装置的静态定值、动态参数及并网过程状况的信息。

（5）操作简单、方便，有清晰的人机界面。同期装置的面板应能提供运行人员在并网过程中所需的全部信息，例如重要定值、压差、频差及相差的动态显示等。这些信息也可通过现场总线传送到上位机，制造商应提供装置的通信协议。

（6）二次线设计简单清晰。同期装置接入TV二次电压、断路器操动机构合闸绕组、汽轮机调速装置DEH、励磁调节装置AER等回路的接线应正确明晰。

（7）调试方便。装置调试简单，引出线方便，电压差、频率差、相角、合闸时间的整定在面板上进行，有明显的标志。

（8）有较长时间的运行实践经验。同期装置必须对发电厂和变电站负绝对责任，因此，产品的业绩及历史至关重要。目前，国内研制的微机型自动准同期装置有北京四方继保自动化股份有限公司的CSC-825A、深圳市智能设备开发有限公司的SID-2系列自动准同期装置、南瑞系统控制公司的MAS自动准同期装置、南京东大集团电力自动化研究所的MFC2051-1自动准同期装置、南京国瑞电力有限公司的WX准同期装置和许继集团有限公司的WZQ-3准同期装置等。

13.9.2 微机型自动准同期装置的结构及工作原理

1. 微机型自动准同期装置的结构

系统并网可分为差频并网和同频并网两种模式。差频并网要求在同期点断路器两侧的压差和频差满足整定值的情况下，在捕捉到第一次出现零相角差时完成断路器合闸。同频并网是同期点断路器两侧为同一系统，具有相同的频率，但存在压差和相角差（即功角δ），检测功角小于整定角度且压差满足要求时，控制断路器合闸。微机型自动准同期装置具有实现差频并网和同频并网的两种功能，它首先判断并网方式然后再进行处理，适用于发电厂和变电站的全部并列点断路器可能出现的运行情况。

微机型自动准同期装置的形式较多，但其功能及装置原理是相似的。图13-44是微机型自动准同期装置结构示意图，其结构可划分为8个部分：

（1）由微处理器、输入/输出接口构成的CPU系统；

（2）压差测量部分；

（3）频差、相角差测量部分；

（4）输入电路（开关量输入、键盘）；
（5）输出电路（显示部件、继电器组）；
（6）装置电源；
（7）通信部分；
（8）试验模块。

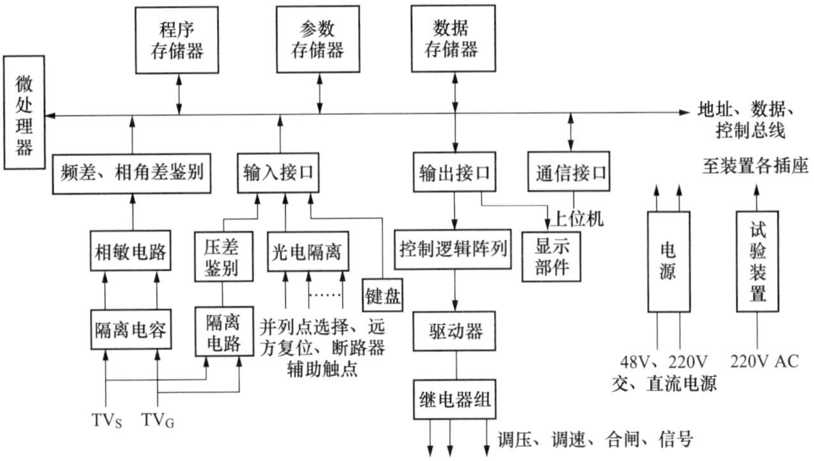

图 13-44　微机型自动准同期装置结构示意图

2. 各部分工作原理

（1）CPU 系统。CPU 系统主要由单片机、存储器及相应的输入/输出接口电路构成。同期装置的运行程序放在程序存储器（只读存储器 EPROM）中，同期参数整定值如断路器合闸时间、频率差和电压差并列的允许值、滑差角加速度计算系数、频率和电压控制调节的脉冲宽度等，为了既能固定存储，又便于设置值和整定值的修改，可存放在参数存储器（电可擦存储器 EEPROM）中。装置运行过程中的采样数据、计算中间结果及最终结果存放在数据存储器（静态随机存储器 RAM）中。输入/输出接口电路为可编程并行接口，用以采集并列点选择信号、远方复位信号、断路器辅助触点信号、键盘信号、压差越限信号等开关量，并控制输出继电器实现调压、调速、合闸、报警等功能。

（2）压差测量部分。在发电机的同期并列过程中，如果压差不满足要求，则自动准同期装置能自动检测压差方向，将发电机电压与系统电压进行幅值比较。当发电机电压高时，自动准同期装置发出降压脉冲；当系统电压高时，发出升压脉冲。这样，使发电机电压自动跟踪系统电压，从而尽快使压差进入设定范围，以缩短发电机同期并列的时间。

（3）频差、相角差测量部分。

1）频差大小及频差方向测量。在发电机的同期并列过程中，若频差不满足要求，则自动准同期装置应能自动检测频差方向，检测出发电机频率高还是系统频率高。当发电机频率高时，自动准同期装置应发出减速脉冲；当系统频率高时，应发出增速脉冲。要求发电机频率自动跟踪系统频率，尽快使频差进入设定范围，以缩短发电机同期并列的时间。

2）相角差测量和合闸命令的发出。发电机在同期并列中，自动准同期装置应在导前同期点（即 $\dot{U}_G$ 与 $\dot{U}_S$ 的同相点）t_{dq}发出导前时间脉冲 $U_{dq\cdot t}$，t_{dq}等于并列断路器总合闸时间，这样才能保证同期电压同相时刻并列断路器主触点正好接通。当压差或频差或两者均不满足要求时，导前时间脉冲被闭锁；当压差、频差均满足要求时，导前时间脉冲输出，即自动准同期装置发出合闸脉冲命令。

（4）输入电路。按发电机并列条件，分别从发电机和系统母线电压互感器二次侧的交流电压信号中提取电压幅值、频率和相角差三种信息，作为并列操作的依据。

同期电压输入电路由电压形成和同期电压变换组成。同期电压经隔离、变换及有关抗干扰回路变换成较低的适合工作的电压；再经整形电路、A/D 变换电路，将同期电压的幅值、相位变换成数字量，供 CPU 系统识别，以便 CPU 系统判断同期条件。自动准同期装置的输入信号除并列点两侧的 TV 二次电压外，还要输入如下信号：

1）并列点选择信号。自动准同期装置不论是单机型还是多机型，其参数存储器中都要预先存放好各台发电机的同期参数整定值，如导前时间、允许频差、均频控制系数、均压控制系数等。

2）断路器辅助触点信号。并列点断路器辅助触点是用来实时测量断路器合闸时间（含中间继电器动作时间）的。

3）定值输入及显示。自动准同期装置每个同期对象的定值输入可通过面板上的按键实现，或者通过面板上的专用串口由手提电脑输入。前者可通过按键修改定值，后者按键不能修改定值，只能查看定值，这可防止其他工作人员修改定值。定值一经输入，不受装置掉电的影响。显示屏除可以显示每个同期对象的定值参数外，还可显示同期过程中的实时信息、装置告警时的具体内容、每次同期时的同期信息等。

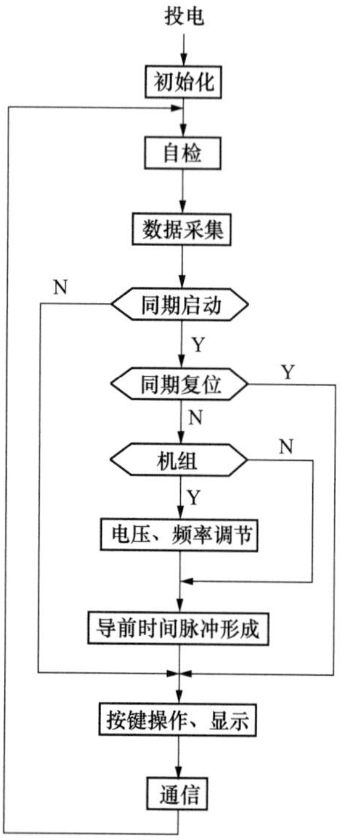

图 13-45　微机型自动准同期装置主程序框图

（5）输出电路。微机自动准同期装置的输出电路分为4类：

1）控制类，实现自动装置对发电机组的均压、均频和合闸控制；

2）信号类，实现装置异常及电源消失报警；

3）录波类，对外提供反映同期过程的电量并进行录波；

4）显示类，供使用人员监视装置工况、实时参数、整定值及异常情况等提示信息。

3. 微机型自动准同期装置软件原理

图 13-45 示出了微机型自动准同期装置主程序框图。同期装置未启动时，装置工作于自检、数据采集的循环中。当某一元件发生故障或程序出现了问题，装置立即发出告警并闭锁同期装置工作。同期装置启动后，如果同期对象为机组，则对机组进行调压、调频，当压差、频差满

足要求时，发出导前时间脉冲，命令并列断路器合闸，合闸后在显示屏上显示同期成功时的同期信息；如果同期对象为线路，则不发出调压、调速脉冲，在压差、频差满足要求的情况下，进行捕捉（等待）同期合闸，完成同期并列。

在同期过程中，如果出现同期电压参数越限、调压或调速脉冲发出后在一定时间内调压机构或调速机构不响应等情况，则闭锁同期装置并同时发出告警信号；同期装置启动后，若因故要退出同期装置工作，则只要输入复位信号即可。

13.9.3　CSC-825A 型自动准同期装置的主要功能及特点

北京四方的 CSC-825A 型数字式准同期装置为 8 同期点自动准同期装置，主要用于发电机并网和线路的检查同期合闸操作，适用于电厂、变电站等需要同期并网操作的场合，需要配套同期装置选线器 CSC-825X。CSC-825 系列数字式准同期装置及选线器的主要功能配置如表 13-3 所示。

表 13-3　CSC-825 系列装置主要功能配置

规格型号	主要功能配置								
	发电机并网	线路同期	电压、频率调节	自动转角	无电压合闸	测量断路器合闸时间	以太网通信	选线控制	选线
CSC-825A	·	·	·	·	·	·	·	·	
CSC-825B	·	·	·	·	·	·	·		
CSC-825X									·

CSC-825A 型数字式准同期装置主要具有以下特点：

（1）具备发电机同期和线路同期功能，根据外部信号自动切换到相应的同期点。

（2）具有差频并网、同频并网和无电压合闸功能。

（3）发电机同期时，采用 PID 控制方式调节电压和频率，快速、平稳地使压差、频差进入整定范围，实现快速并网；如果出现同频状态，可自动调频，创造并网机会。

（4）可实现无逆功率并网。

（5）测量并记录合闸回路动作时间。

（6）电压类型可为线电压或相电压，可对同期点两侧电压进行相角补偿和幅值补偿。

（7）大容量录波功能，记录同期过程，便于用户分析。

（8）大容量事件存储，详细记录动作过程各个关键点的状态。

（9）完善的自检功能，运行过程实时自检，定位故障并报警。

（10）采用通用的软硬件平台，运行稳定、可靠。

（11）采用高性能工业微处理器和嵌入式操作系统，低功耗设计。重要环节采用冗余设计，采用多重隔离保护，可靠性高。

（12）全汉化界面，人机交互简单、方便。每个插件的输入、输出信号配置有指示灯，方便现场调试。

13.9.4　CSC-825A 型外形结构与工作原理

1. 外形结构

CSC-825A 型装置外形图如图 13-46 所示，CSC-825X 选线器装置外形图如图 13-47 所示。

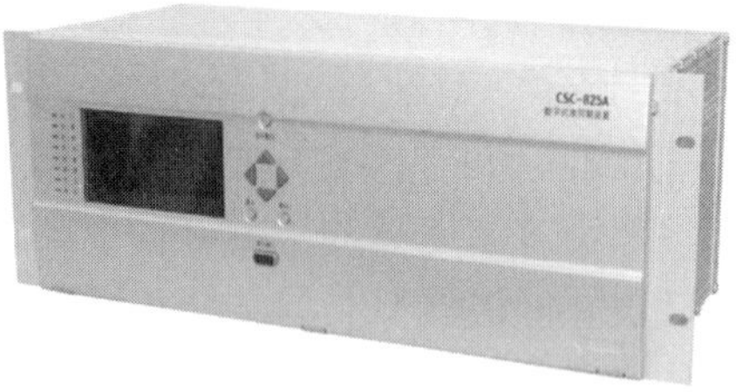

图 13-46　CSC-825A 型装置外形图

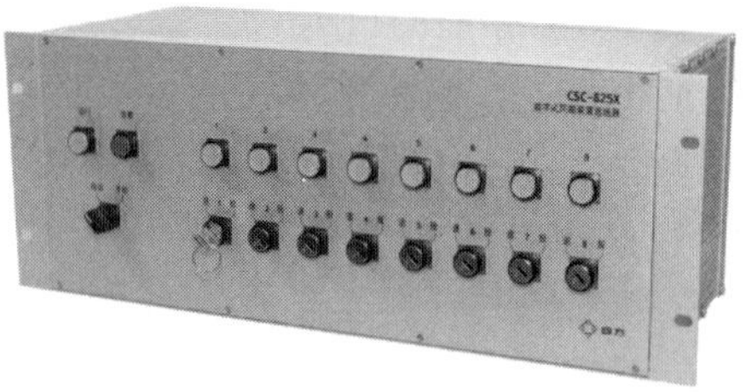

图 13-47　CSC-825X 选线器装置外形图

2. 主要功能插件介绍

装置采用功能模块化设计思想，不同的产品由相同的各功能组件按需要组合配置，实现了功能模块的标准化。装置由交流插件、CPU 插件、开入插件、开出插件、电源插件和人机接口组件构成，见表 13-4、表 13-5。

CSC-825A 型插件组成见表 13-4，槽号 X2、X4、X7、X9、X12 为空面板。

表 13-4　CSC-825A 型插件组成

槽号	X1	X3	X5	X6	X8	X10	X11	X13、X14
插件型号	PW107	CM103/CM104	DI102T	DI102T	DM101T3	DO103T	DO103T	AI155T
类型	电源	CPU	DI	DI	DI/DO	DO	DO	交流

CSC-825X 插件组成见表 13-5，槽号 X10、X11、X12、X13 为空面板。

表 13-5　CSC-825X 插件组成

槽号	X1	X2～X9	X10～X13	X14
插件型号	DM103T	DO107T1	空	DO107T2

(1) 交流插件（AC）。用于采集同期电压信号。

(2) CPU 插件（CPU）。CPU 插件是本装置的核心插件，采用专业嵌入式硬件结构设计。CPU 硬件采用 PowerPC 嵌入式双内核处理器，集成通信处理器，芯片处理能力强，低功耗，寿命长，高可靠性，适合严酷的工作环境场合。CPU 插件直接提供 2 路 10M/100M 以太网口。

(3) 开入插件（DI）。提供 16 路开关量输入通道，查询电压为 DC24V。每路信号输入采用了限压处理、阈值电压控制、限流滤波电路和光电隔离。防抖动时间可设置。外部查询电压的有效范围为 75%～120%。

(4) 开出插件（DO）。开关量输出插件输出信号形式为机械式继电器的无源空触点，用于完成合闸、调速、调压等各种操作，或用于发告警信号。

(5) 人机接口（MMI）。与 CPU 插件数据交换，提供对装置的本地操作接口，包括液晶显示、LED 指示、按键操作。

(6) 电源插件（POW）。电源插件利用逆变原理将直流 220V/110V 输入转换为装置工作所需的三组直流电压，几组工作电压均不共地且采用浮地方式，起到电气隔离的作用。为提高电源回路的抗干扰性能，插件在内部其直流输入和引出的外部 24V 电源回路中均装设抗干扰滤波器件。插件还配备有完善的电源保护功能（欠电压、过电压、过电流、过功率等）以防止电源故障造成装置损坏。

3. 同期启动过程

同期启动方式包括：现场启动、远方启动的自准同期和手动同期 3 种方式。

（1）现场启动自准同期，在同期屏完成同期并网操作。

1）复归同期装置（按 CSC-825A 型或 CSC-825B 型面板的“信号复归键”，以下相同）。

2）将同期屏同期转换开关切至“自准”方式，选线器 CSC-825X 切至“自动”模式。

3）选择待并网同期点：通过操作同期屏上配置的操作把手或按钮选择待操作同期点，同期选线装置 CSC-825X 相应通道指示灯亮，装置 CSC-825A 型液晶报“选择 *N* 号同期点成功或失败”，操作按钮时保持时间大于 0.5s。

4）在需要无电压合闸时，检查同期点两侧电压，符合要求时，投入无电压确认按钮并保持，非无电压合闸时直接进入下一步。

5）选择同期点成功后启动自准同期：操作同期屏启动同期把手或按钮到投入状态，同期装置进入自动准同期过程，操作按钮时保持时间大于 0.5s。

6）同期成功或延时时间到同期失败，装置液晶弹出报告，同期装置进入闭锁状态。

（2）远方启动自准同期，通过监控系统完成同期并网操作。与现场启动自准同期过程类似，但是在监控后台画面发控制命令。

1）复归同期装置（遥控命令驱动的 DO 触点，接 CSC-825A 型或 CSC-825B 型的 X5.1“信号复归”开入）。

2）将同期屏同期转换开关切至“自准”方式，选线器 CSC-825X 切至“自动”模式。

3）选择待并网同期点：通过监控系统监控画面发遥控命令，驱动 DO 触点（接 CSC-825A 型的 X6.1～X6.8），选择待操作同期点，同期装置反馈选线成功信号（X10.5～X10.6），要求 DO 触点闭合时间大于等于 0.5s。

4）在需要无电压合闸时，检查同期点两侧电压，符合要求时，通过监控系统监控画面发遥控命令进行无电压确认；遥控命令驱动的 DO 触点接装置的 X5.3 或 X5.4，非无电压合闸时直接进入下一步。

5）选择同期点成功后启动自准同期：通过监控系统监控画面发遥控命令启动同期，同期装置进入自动准同期过程；遥控命令驱动的 DO 触点接装置的 X5.5，要求 DO 触点闭合时间大于等于 0.5s。

6）同期成功或延时时间到同期失败，监控系统弹出动作事件，同期装置进入闭锁状态。

（3）手准同期作为备用方式，利用同期选线装置、同步表和手动操作把手、按钮完成同期并网操作。

1）将同期屏同期转换开关切至“手准”方式，选线器 CSC-825X 切至“手动”模式。

2）选择待并网同期点：通过操作同期装置选线器的钥匙开关选择待操作同期点，同期选线装置相应通道指示灯亮。

3）观察同步表，进行必要的调频、调压操作，在适当时机，通过同期屏把手或按钮合开关。

（4）无电压合闸如前所述，在自准同期需要无电压合闸时，需要人工给装置持续保持的无电压确认信号，通过投入同期屏上的无电压确认按钮，或者通过监控后台发遥控命令驱动 DO 触点实现。

（5）单点同期。与上述多点同期操作相似，但不需要选线，不配选线器 CSC-825X。

4. 选线器工作原理

CSC-825X 选线器主要功能是选择同期点。工程应用时，需要将每个同期点同期操作需要的信号线、控制线一一对应的接到 CSC-825X 的 1～8 号切换插件（X2～X9），对应 8 个同期点。这些信号线、控制线包括：同期点两侧的交流电压信号、同期点开关位置以及合闸、调速、调压控制线。

选线器有 2 种切换模式：“自动”模式和“手动”模式，通过面板上的转换开关进行选择。自动模式是指 CSC-825A 型接收外部的同期点选择命令触点信号（接开入 X6.1～X6.8），经逻辑判别后通过插件 X11 的控选同期点输出（开出触点），接 CSC-825X 的插件 X1 的控选同期点输入（开入 X1.1～X1.8），自动控制 CSC-825X 的切换。手动模式是通过 CSC-825X 面板上每个通道的钥匙开关进行选线切换。自动模式和手动模式是相互闭锁的，在自动模式时，面板上的钥匙开关不起作用；手动模式时 CSC-825X 的 X1.1～X1.8 控选 1～8 号同期点输入不起作用。

面板设有“运行”和“告警”的状态指示灯。设有 8 个通道切换状态指示灯，灯亮时表示此路通道导通。

当通过自动模式或手动模式切换（选通）1～8 号中的第 n 号路通道时，CSC-825X 面板 n 号指示灯点亮，同时在装置内部将 n 号切换插件（1～8 号切换插件分别对应 X2～X9）的端子与 X14 插件的端子 1～13 一一连通。然后将 X14 插件的端子与 CSC-825A 型的对应端子相连，或与手准同期配套的设备（同步表等）相连，即可对 n 号路同期点进行同期控制操作。

手动模式时，应注意：同一时刻只切换一路通道，当重选时，选线器会告警并闭锁选线功能直至重选消失。

13.9.5 CSC-825A 型人机接口及操作

1. 操作面板

操作面板如图 13-48 所示。

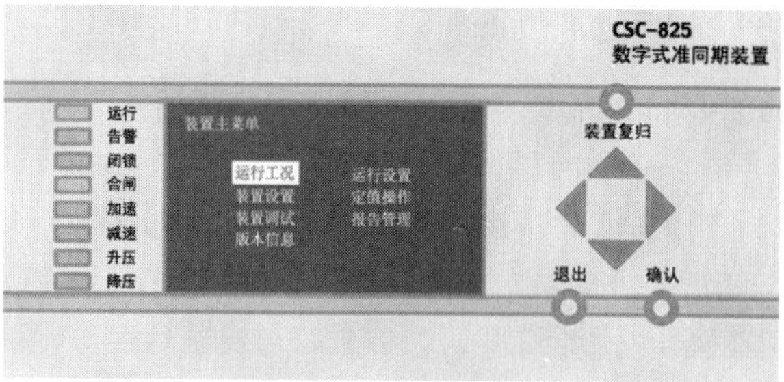

图 13-48　准同期装置正面布置

准同期装置具有人性化设计的操作界面，主要特点：

（1）键盘的功能定义符合操作使用习惯，使用四方键盘可以在功能菜单中方便地浏览信息、修改定值和完成相应的控制。

（2）简单快捷的运行监视和运行方式控制操作。

（3）8 个 LED 指示灯指示当前主要状况。

（4）提供密码保护防止误操作。

2. LCD 显示屏

LCD 显示屏可显示 7 行汉字，满屏显示 105 个汉字。

(1) 一般状态下，循环显示当前时间、测量值和当前定值区号。

(2) 装置运行异常或保护动作时，显示屏背光增强，以高亮度模式主动显示事件信息。

(3) 响应键盘命令，显示屏背光增强，以高亮度模式显示人机对话界面。

(4) LCD 显示屏规格为 240×160。

3. 四方键盘

四方键盘由［↑］［↓］［→］［←］［确认］［退出］键组成，使用四方键盘可以完成所有人机对话操作。

［确认］键：

(1) 在循环显示状态下，按下“确认”键激活主菜单。

(2) 在进行整定定值、切换定值区、设置时间、设置装置地址等操作时，“确认”键相当于电脑的回车键，按下“确认”键执行。

［退出］　键：

(1) 清屏。

(2) 当进行菜单操作时，按一下“退出”键可以取消操作，或者退回上级菜单。

［↑］［↓］［←］［→］方向键：

(1) 控制光标向上、下、左、右四个方向移动。

(2) 输入数字时，用［←］［→］键控制光标左右移动到要更改数字位上，用［↑］［↓］增大或减小数字。

4. LED 指示灯

LED 指示灯共有八个，其含义见表 13-6。

表 13-6　　准同期装置 LED 含义

编号	名称	功能说明
1	运行	正常运行时常亮
2	告警	告警总信号。装置检测到内部参数错、装置内部故障（如 AD 采样错）、装置外部故障（如无电压合闸确认信号异常）时点亮。通过液晶上事件记录可查询具体告警内容
3	闭锁	同期功能被闭锁时点亮。当装置检测到外部闭锁信号或同期参数非法、装置故障时闭锁同期功能
4	合闸	合闸后点亮，若合闸失败则常亮，若合闸成功 2s 后自动熄灭
5	加速	加速出口触点动作时点亮
6	减速	减速出口触点动作时点亮
7	升压	升压出口触点动作时点亮
8	降压	降压出口触点动作时点亮

5. 复归按钮

复归同期逻辑、告警信息及告警灯。

13.9.6　菜单功能说明

1. 菜单功能

准同期装置菜单功能见表 13-7。

表 13-7　准同期装置菜单功能

一级菜单	二级菜单	功能
运行工况	交流量	浏览装置采样计算值，包括各电压量的有效值、相角、频率等
	开关量	浏览装置开入量状态
	状态量	浏览装置的状态量，包括具体的告警信息
运行设置	时间设置	设置装置的当前日期、时间
	对时方式	设置对时方式
	语言选择	选择语言
装置设置	地址设置	设置装置地址
	网络设置	设置 IP 地址
	液晶调节	调节液晶对比度
定值操作	定值调阅	浏览任一区定值内容
	定值整定	整定任一区定值内容，并可以固化到任一定值区中
	定值切换	切换定值区。装置接收到选线开入命令时自动切换定值区
	定值删除	删除当前定值区以外的其他任一定值区的所有定值，防止意外切换到该区运行。当前定值区不能删除
装置调试	交流测试	测试时显示交流量
	开入测试	测试装置开关输入状态，此时 SOE 信息不会主动弹出
	开出传动	执行开关和信号触点传动测试
	灯光测试	测试装置面板信号灯
报告管理	动作记录	显示最近 200 次故障报告记录
	告警记录	显示最近 200 次告警事件记录
	运行记录	显示最近 200 次装置运行记录
	操作记录	显示最近 200 次装置操作记录
	记录清除	分类清除动作记录、告警记录或运行记录
版本信息	CM 版本	显示 CPU 插件的版本信息
	IO 版本	显示各 IO 插件版本信息
	MMI 版本	显示 MMI 版本信息

2. 定值说明与整定

CSC-825A 型装置存储每个同期点定值参数，0～7 区定值分别对应 1～8 号同期点的定值，在接收到选线开入命令时，自动调取对应同期点定值参数，完成同期控制功能。CSC-825B 型装置采用当前区定值。

每个同期点定值清单见表 13-8。

表 13-8　同期点定值清单

定值名称	整定范围	单位	备注
控制字Ⅰ	0000～FFFFH	无	参见控制字Ⅰ说明
控制字Ⅱ	0000～FFFFH	无	参见控制字Ⅱ说明
系统侧额定电压	50.00～110.00	V	
待并侧额定电压	50.00～110.00	V	
断路器合闸时间	20～990	ms	步长 1ms
同频同期允许功角	5～80	(°)	步长 1°
允许压差	1～20	%	步长 1%

续表

定值名称	整定范围	单位	备注
允许频差	0.10～1.00	Hz	步长 0.01Hz
系统侧应转角	0～360	°	系统侧电压超前待并侧电压的角度
调速脉冲间隔	1000～30000	ms	步长 100ms
调速比例系数	1～1000		步长 1
调速最大脉冲宽度	10～1000	ms	步长 1ms
调速最小脉冲宽度	10～1000	ms	步长 1ms
调压脉冲间隔	1000～30000	ms	步长 100ms
调压比例系数	1～1000		步长 1
调压最大脉冲宽度	10～500	ms	步长 1ms
调压最小脉冲宽度	10～500	ms	步长 1ms
过电压保护值	105～120	%	步长 1%
低电压闭锁值	30～90	%	步长 1%
同频调频脉冲宽度	10～500	ms	步长 1ms
装置允许同期时间	1～30	min	步长 1min

控制字Ⅰ定义见表 13-9 和表 13-10。

表 13-9　　控制字Ⅰ定义

位	置 1 含义	置 0 含义
B15～B6	备用	
B5	同期超时功能投入	同期超时功能退出
B4	备用	
B3	禁止无功进相	允许无功进相
B2	禁止逆功率合闸	允许逆功率合闸
B1	并网模式设定，定义见表 13-10	
B0		

表 13-10　　控制字　B0～B1 定义

B0	B1	含义
0	0	同频模式
1	0	差频模式
0	1	混合模式
1	1	混合模式

控制字Ⅱ：备用。

整定计算时的相关说明如下：

（1）当设定为“差频模式”时，则不进行同频与差频的自动识别，直接按差频并网模式进行控制。当设定为“同频模式”时，则不进行同频与差频的自动识别，直接按同频并网模式进行控制。当设定为“混合模式”时，则需要进行并网模式的识别，并按照识别后的同期模式进行控制。

（2）调速比例系数：根据调速器调节 0.01Hz 所需的调速脉冲宽度（ms）进行计算，设置值要小于计算值。

(3) 调压比例系数：根据励磁调节额定电压 1.00%所需的调压脉冲宽度（ms）进行计算，设置值要小于计算值。

(4) 禁止无功进相时，要求待并侧电压大于系统侧电压。

(5) 禁止逆功率时，要求待并侧频率大于系统侧频率。

(6) 过电压保护值：指允许待并侧（一般是发电机侧）过电压值，是待并侧电压对额定电压值的百分数。当待并侧电压超过过电压保护值时，自动调压，调整到限值以下。

(7) 低电压闭锁值：指允许系统侧和待并侧最低工作电压值，是对额定电压值的百分数。

(8) 无电压判定值：固定取额定电压值的 20%。

本章小结

本章主要介绍了在电力系统中应用比较广泛的几种自动装置：备用电源自动投入装置、自动低频减载装置、发电机自动调节励磁装置和同步发电机的自动并列装置。

备用电源自动投入装置（AAT）能在工作电源因故障断开后，迅速地将备用电源投入工作或将用户切换到其他工作电源上去。

自动低频减载装置（AFL）能够在电力系统发生严重有功功率缺额时，通过计算迅速切除一定的负荷用户，从而保护电力系统免遭严重的破坏。

同步发电机励磁控制系统在保证电能质量、无功功率合理分配和提高电力系统稳定性等方面都起着十分重要的作用。不论是模拟式 AER 还是微机型 AER，其基本功能是相同的。微机型 AER 有很大的灵活性，可实现和扩充模拟式 AER 难以实现的功能，充分发挥了微机型 AER 的优越性。

同步发电机投入电力系统并列运行的操作，或者电力系统解列的两部分进行并列运行的操作称为并列或同期操作。实现并列运行的装置称为自动并列装置。本章重点介绍的是准同期自动并列装置（ASA）。其中自动准同期装置的功能、构成、并列条件及整定是重点，需要读者认真掌握。

思考与实践

1. 正常状态下，电网的频率允许范围是多少？事故情况下的最低频率是多少？
2. 低频对电网有何不良影响？
3. 对备用电源自动投入装置的基本要求是什么？
4. 备用电源自动投入装置的基本功能是什么？
5. 典型备用电源自动投入装置的参数整定原则什么？
6. 微机型备用电源自动投入装置有何优点？
7. 试分析进线备用电源自动投入的两种投入方式的区别。
8. 试说明电力系统低频运行的危害性。
9. 什么是 AFL 装置？
10. AFL 装置为何要分级动作？

11. 如何确定 AFL 装置的首、末级动作频率?
12. 用微机实现自动按频率减负荷的方法有哪两种? 各自有何特点?
13. 微机型自动低频减负荷装置有何优点?
14. 微机型 AFL 装置能实现哪些基本功能?
15. 什么是微机型频率电压紧急控制装置?
16. 什么是励磁系统?
17. 励磁系统由哪两个部分组成? 各有何作用?
18. 同步发电机励磁控制系统有哪些主要任务?
19. 同步发电机常见的几种励磁方式是哪些? 各自有何特点?
20. 励磁调节器按其调节原理可分为哪两种方式? 有何区别?
21. 励磁系统中可控整流电路的作用是什么?
22. 微机型自动励磁调节装置由哪些部分组成? 各种作用是什么?
23. 微机型 AER 有哪些主要输入量? 引入各量有何作用?
24. 什么是并列操作?
25. 并列的方法有哪两种? 如何定义? 各有何特点?
26. 什么是同步点?
27. 同步发电机准同期并列的理想条件是什么?
28. 准同期并列的实际条件是什么? 实际条件如果不满足，会有什么后果?
29. 自动准同期装置由哪几个部分构成? 各部分的作用是什么?
30. 微机型自动准同期装置的硬件构成及各部分的功能是什么?

附录 1　常用一次设备的图形及文字符号

名称	图形符号	文字符号	名称	图形符号	文字符号
交流发电机		G	电容器	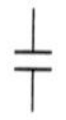	C
双绕组变压器		T	三绕组自耦变压器	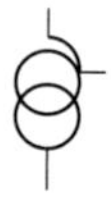	T
三绕组变压器	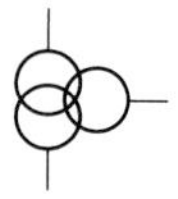	T	电动机		M
隔离开关		QS	断路器		QF
熔断器		FU	调相机		G
普通电抗器		L	消弧线圈		L
分裂电抗器	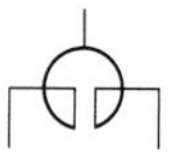	L	双绕组、三绕组电压互感器	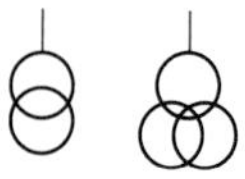	TV
负荷开关		Q	具有两个铁芯和两个二次绕组、一个铁芯和两个二次绕组的电流互感器	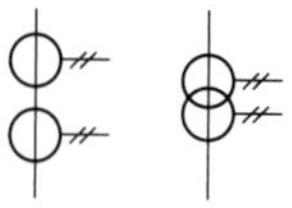	TA
接触器的主动合、主动断触点	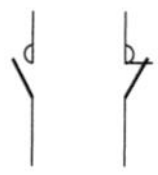	K	避雷器		F
母线、导线和电缆	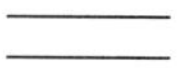	W	火花间隙		F
电缆终端头		—	接地		E

附录 2　二次电路图常用的图形符号

序号	名称	图形符号		序号	名称	图形符号	
		新	旧			新	旧
1	一般继电器及接触器线圈			12	切换片		
2	电铃			13	接触器动合触点		
3	蜂鸣器			14	接触器动断触点		
4	按钮开关（动合）	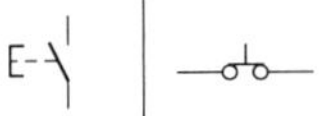		15	指示灯		
5	按钮开关（动断）	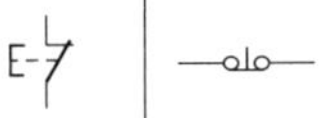		16	位置开关的动合触点	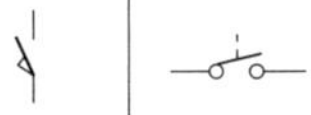	
6	动合（常开）触点			17	位置开关的动断触点	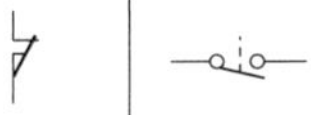	
7	延时闭合的动合触点			18	熔断器	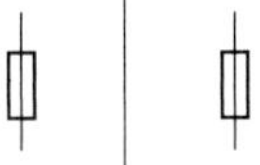	
8	延时断开的动合触点			19	非电量继电器的动合触点	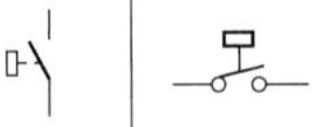	
9	动断（常闭）触点	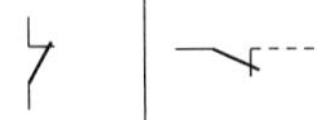		20	非电量继电器的动断触点	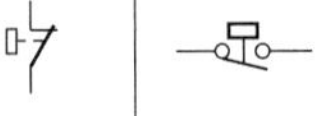	
10	延时闭合的动断触点			21	气体继电器		
11	延时断开的动断触点			22	接通的连接片 断开的连接片	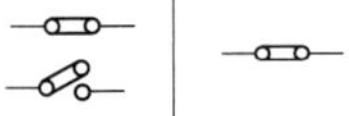	

附录3　二次电路图常用的文字符号

序号	元件名称	新符号	旧符号
1	电流继电器	KA	LJ
2	电压继电器	KV	YJ
3	时间继电器	KT	SJ
4	控制继电器	KC	ZJ
5	信号继电器	KS	XJ
6	温度继电器	KT	WJ
7	气体继电器	KG	WSJ
8	继电保护出口继电器	KCO	BCJ
9	自动重合闸继电器	KRC	ZCJ
10	合闸位置继电器	KCC	HWJ
11	跳闸位置继电器	KCT	TWJ
12	闭锁继电器	KCB	BSJ
13	监视继电器	KVS	JJ
14	脉冲继电器	KM	XMJ
15	合闸线圈	YC	HQ
16	合闸接触器	KM	HC
17	跳闸线圈	YT	TQ
18	控制开关	SA	KK
19	转换开关	SM	ZK
20	一般信号灯	HL	XD
21	红灯	HR	HD
22	绿灯	HG	LD
23	光字牌	HL	GP
24	蜂鸣器	HA	FM
25	电铃	HA	DL
26	按钮	SB	AN
27	复归按钮	SB	FA
28	音响信号解除按钮	SB	YJA
29	试验按钮	SB	YA
30	连接片	XB	LP
31	切换片	XB	QP
32	熔断器	FU	RD
33	断路器及其辅助触点	QF	DL
34	隔离开关及其辅助触点	QS	G
35	电流互感器	TA	LH
36	电压互感器	TV	YH
37	直流控制回路 电源小母线	+ −	+KM −KM
38	直流信号回路 电源小母线	700 −700	+KM −KM
39	直流合闸 电源小母线	+ −	+HM −HM
40	预告信号小母线 （瞬时）	M709 M710	1YBM 2YBM
41	事故音响信号小母线 （不发遥信）	M708	SYM
42	辅助小母线	M703	FM
43	“掉牌未复归” 光字牌小母线	M716	PM
44	闪光母线	M100(+)	(+) SM

参 考 文 献

[1] 贺家李. 电力系统继电保护原理. 5 版. 北京：中国电力出版社，2018.
[2] 许建安. 电力系统继电保护技术. 北京：机械工业出版社，2018.
[3] 宋志明. 继电保护原理与应用. 北京：中国电力出版社，2011.
[4] 杨利水. 电力系统继电保护与自动装置. 北京：中国电力出版社，2014.
[5] 张明君. 电力系统继电保护. 北京：人民邮电出版社，2012.
[6] 张沛云. 电力系统继电保护原理及运行. 北京：中国电力出版社，2011.
[7] 王松廷. 电力系统继电保护原理与应用. 北京：中国电力出版社，2013.
[8] 杜荣君. 变电站继电保护与自动装置. 北京：中国电力出版社，2014.
[9] 许世辉. 继电保护及自动装置. 北京：中国电力出版社，2014.
[10] 王灿. 电力系统微机自动装置. 重庆：重庆大学出版社，2013.
[11] 李凤荣. 电力系统自动装置. 北京：机械工业出版社，2017.
[12] 王伟. 电力系统自动装置. 北京：北京大学出版社，2011.
[13] 王艳丽. 继电保护及自动化实验实训教程. 北京：中国电力出版社，2012.
[14] 李进. 继电保护作业操作资格培训考核教材. 北京：团结出版社，2018.
[15] 陈灵根. 110kV 及以下微机保护装置检修实用技术. 北京：中国电力出版社，2014.
[16] 周武仲. 继电保护、自动装置及二次回路应用基础. 北京：中国电力出版社，2013.
[17] 霍利民. 电力系统继电保护. 北京：中国电力出版社，2013.
[18] 李火元. 电力系统继电保护及自动装置. 北京：中国电力出版社，2013.
[19] 杨新民. 电力系统微机保护培训教材. 北京：中国电力出版社，2008.
[20] 裘愉涛. 继电保护. 北京：中国电力出版社，2010.
[21] 张保会. 电力系统继电保护. 2 版. 北京：中国电力出版社，2010.